U0189742

功能性粮油食品

主　编　张金诚　白满英
副主编　王　晶　张玉东　舒全武
主　审　陈文麟

中国轻工业出版社

图书在版编目(CIP)数据

功能性粮油食品/张金诚,白满英主编.—北京:中国轻工业出版社,2019.12

ISBN 978-7-5184-2681-2

Ⅰ.①功… Ⅱ.①张… ②白… Ⅲ.①疗效食品—粮食 ②疗效食品—食用油 Ⅳ.①TS218

中国版本图书馆 CIP 数据核字(2019)第 215671 号

责任编辑:贾 磊
策划编辑:贾 磊 张 靓 责任终审:张乃东 封面设计:锋尚设计
版式设计:砚祥志远 责任校对:吴大鹏 责任监印:张 可

出版发行:中国轻工业出版社(北京东长安街 6 号,邮编:100740)
印 刷:三河市万龙印装有限公司
经 销:各地新华书店
版 次:2019 年 12 月第 1 版第 1 次印刷
开 本:787×1092 1/16 印张:32
字 数:750 千字
书 号:ISBN 978-7-5184-2681-2 定价:280.00 元
邮购电话:010-65241695
发行电话:010-85119835 传真:85113293
网 址:http://www.chlip.com.cn
Email:club@ chlip.com.cn
如发现图书残缺请与我社邮购联系调换
181243K1X101ZBW

发展功能性粮油食品，助推健康中国。

全国政协原副主席
中华全国供销合作总社原理事会主任　白立忱

二〇一九年十一月一日

发展功能性粮油食品，

为国民营养健康服务。

原国家粮食局副局长 吴翔

2019年11月28日

本书编委会

主　　编　张金诚　白满英

副　主　编　王　晶　张玉东　舒全武

主编助理　刘会振　杜大雪　林晓晓　王宗英

参　　编　刘小平　朱雪松　刘　静　董　岩　丹军贤
　　　　　张玲玲　陈　锐　董跃州　易晓萍　南　梅
　　　　　何绍裘　杨宏亮　邝荣熙　罗德忠　黄少军
　　　　　胡立奇　黄蓓蓓　黄万军　刘建华　罗泽宇
　　　　　白鹏冕　李　娜　赵建嵩　常美莲　李翌晨
　　　　　王伟峰　刘佩兰　崔子赟

主　　审　陈文麟

内容提要

———

　　本书共分十八章。系统介绍了功能性粮油食品概述、功能性粮油食品的主要营养成分及其特性、稻谷和大米、小麦和小麦粉、玉米和玉米粉（糁）、主要粮谷复制品类食品、黑色谷物杂粮及其制品、主要谷物杂粮及其制品、特种谷物杂粮及其制品、主要杂粮（豆类）及其制品、主要薯类（特种）及其制品、主要食用植物油料和油脂、植物蛋白食品及制品、国外功能性粮油食品及糖尿病人、肾脏病人、心血管病人的功能性粮油食品等。

　　本书适合于粮油类专业研究生、相关科研机构和企业的管理及技术人员学习、参考。

主编简介

　　张金诚,曾先后就读于武汉轻工大学、江南大学、清华大学和中共中央党校,现任中国供销冷链物流有限公司副董事长、中国供销集团(宁波)海洋经济发展有限公司董事长。为中国水产品流通与加工协会副会长、中国农产品流通经济人协会副会长、国家科技进步奖评审专家、国家发改委产业与技术经济研究所客座研究员、品牌中国战略规划院专家委员会农(渔)产品经济专家委员。

　　曾任中华全国供销合作总社海南果蔬食品配送有限公司总经理、董事长,中国供销集团综合部总经理和国际贸易部总经理,中国保健协会食物营养与安全专业委员会副会长。有近30年的从事农(水)产品、食品科学、生物工程等方面的教学、科研、企业管理经验和坚实的专业基础、理论知识。

　　主编《掺伪粮油食品鉴别检验》,副主编《多肽营养学》和《电子商务理论与实务》,参编《食品卫生必备》《粮油食品加工技术》等,发表的论文有《功能性食品现状与发展趋势》《磷脂的作用机理及其应用》等,在食品、营养等专业方面有较深的理论基础和造诣。

　　获得主要荣誉:主编的《掺伪粮油食品鉴别检验》曾荣获原国家粮食储备局科技进步三等奖,主持设计的"浓香花生油项目"的产品曾荣获广东省优质产品奖、中国商业联合会科技进步三等奖,曾先后荣获"湖北省青年科技精英"和"湖北省新长征突击手"称号,多次荣获"中华全国供销合作总社先进个人"称号。

主编简介

　　白满英,毕业于郑州粮食学院,曾任职于原国家粮食部、商业部、国内贸易部等,高级工程师,《中国食品报》和《中国商业报》特约记者。

　　主要从事粮油加工,粮油工业企业计划、统计、基建和技改计划管理等工作。曾参加制定粮油工业的一系列年度计划、规划、方案、管理办法与措施。

　　主编《粮油方便食品》《粮油食品营养与卫生》《掺伪粮油食品鉴别检验》《粮油食品》。其中《掺伪粮油食品鉴别检验》于1999年荣获原国家粮食储备局科技进步三等奖。先后发表过综述和科技文章30余篇,曾荣获《新农村》杂志社二等奖、农业科普百花奖三等奖、《中国食品报》终身免费读者奖。

　　个人传略已编入《中国粮食经济工作者名录》《科学中国人·中国专家人才库》和"1999年世纪经典《中华百年》(人物篇)"中。

序

————————

  《功能性粮油食品》两位主编张金诚、白满英，数十年如一日，孜孜不倦，为粮油食品产业的发展默默奉献，成绩卓著。这本书稿的形成，就是他们不忘初心，牢记使命，和其他参编人员一道，日积月累，笔耕不辍，终成专著，为粮油食品产业献上的一份厚礼。更是以老带新、助新成长、传承发展的典范。他们为粮油食品产业辛勤耕耘、锲而不舍的崇高职业操守，令人肃然起敬。

  粮油食品是人们生活中的主食品，是人们一日三餐的必需品，粮油食品产业是整个食品工业中最重要、最基础的部分，随着经济的发展和人们生活水平的提高，人们对粮油食品提出了更高的要求，不仅要求所有的粮油食品都要"安全、营养、好吃"，还要求部分产品具有某些特定的功能，这就是功能性粮油食品。随着粮油食品产业空前发展，人们对功能性粮油食品的需求不断提升，同时也对这类食品提出了更高、更新的要求。

  粮油食品的原料中具有多种功能成分，这些功能成分分散在不同的产品中，如何把这些既具有营养功能，又具有调节身体机能、促进身体健康的功能成分进行科学配置，生产出功能性粮油食品，是大健康产业中重要的发展方向。随着经济发展，人民生活水平的提高，对食品的消费趋势在重视"色、香、味、形"的基础上，快速转向要求具有合理的营养搭配和一定的健康功效，功能性粮油食品应运而生，具有广阔的市场前景。

  本书的两位主编均具有粮油食品专业的教育和从业背景，前者曾在粮油食品领域工作多年，后又从事海洋食品领域的工作，但仍心系粮油食品，后者更是粮油食品行业的资深专家，两位主编在粮油食品领域经过数十年的合作，终于完成了这部《功能性粮油食品》著作。该书的出版，将改善我国有关粮油食品的著述不少，而有关功能性粮油食品的著述不多的局面。

  本书系统地介绍了主要功能性粮油食品的营养成分及特点，包括稻谷、小麦、玉米、各种杂粮、各种薯类及制品，植物油脂、植物蛋白及制品中的功能性成分，从大营养、大健康的角度，分析探讨这些功能性成分与人体健康的关系，为功能性粮油食品的研发、生产和销售提供理论依据，为公众提供粮油产品中功能性成分的知识，以便人们根据自身的情况安排健康的一日三餐。该书是一部内容翔实、系统完整、实用性强的粮油食品科技专著，具有很高的学术价值和应用价值。

　　值此《功能性粮油食品》付梓之际，衷心感谢两位主编张金诚、白满英及全体参编人员为粮油食品产业做出的重要贡献，并向广大读者郑重推荐，这是一本增长营养知识、有利于身体健康的好书。

李庆龙

2019 年 10 月于武汉

前言

PREFACE

————

  功能性食品主要是指具有营养功能、感觉功能和调节生理活动功能的食品,其范围包括:增强人体体质的食品;预防疾病(高血压、糖尿病和冠心病等)的食品;恢复身体健康的食品;调节身体节律的食品和延缓衰老的食品,具有上述特点的食品,都属于功能性食品。

  而以粮油食品为载体的功能性粮油食品,主要是指以粮油原料、粮油成品或副产品为主要生物资源,作为食品原料和辅料的功能性食品。它们具有一般食品的共性,除了能补充人体所需的营养外,还有利于人体健康,但不以治疗疾病为目的。

  目前,功能性食品被誉为"21世纪的食品"。随着健康饮食观念深入人心,食品的健康化与功能化已经成为世界食品工业的一大趋势。具有营养功能和调节生理活动功能的功能性食品将成为健康产业新的发展方向,并将进入中国百姓的家庭餐桌。因此,功能性食品是未来食品产业新的增长点。

  对于粮食行业而言,随着我国经济发展进入新常态,粮食丰收,品质优良,仓廪充实,依托我国传统养生文化,并以现代营养学和"治未病"的思路为指导,发展功能性粮油食品,应时应势,正逢其时。

  我国自古就有"药食同源"的文化,功能性食品与中国传统的食疗内涵极为一致,中医食疗经过几千年的发展为我们提供了宝贵的财富,可供借鉴。据此,我们相信,在生产功能性粮油食品时,优选潜在的粮谷类医食同源的功能性成分或有效活性成分,将是有望防范和改善人体代谢综合征,提高公众营养和健康水平的重要之举。因此功能性粮油食品将是不可阻挡的"明日之星"、待开的"明日之花"。

  盘点我国食品行业的大市场,功能性粮油食品发展前景广阔。面对新机遇,形成新动能,要求我国粮油食品在质量上要讲营养平衡、讲健康食效,开发以粮油食品为载体的功能食品,努力为国民提供既优质又品种多样的功能性粮油食品,助力"健康中国",这是我国粮油食品科技工作者和粮油企业界有识之士义不容辞的责任和担当。同时,为普及健康知识、传播健康理念、服务健康需求、共创"健康中国"贡献正能量,这也是我国粮油食品科技工作者和粮油企业以及有关医学专业界有识之士的共同心愿和终生为之奋斗的目标。

  本书由张金诚、白满英任主编,全书由高级工程师白满英统稿。

  特邀请全国政协原副主席、中华全国供销合作总社原理事会主任白立忱和原国家粮食局副局长吴子丹分别为本书题词,感谢他们的关怀。

特邀请国务院特殊津贴专家、武汉轻工大学资深教授李庆龙为本书作序,感谢他的大力支持和指导。

特邀请武汉轻工大学陈文麟教授为本书主审,感谢他的辛勤劳动和悉心指导。

书法家李纯博欣然为本书题写了书名,在此表示感谢。

本书在编写过程中曾得到原国家粮食局、原国家粮食局老干部局离退休办、中国粮油学会、武汉轻工大学、中国食品报社、中国粮食经济杂志社等单位的有关各级领导的指导和大力支持,在此表示衷心的敬意和感谢。

由于编者水平有限,书中不妥或疏漏之处恐难避免,敬请有关专家、学者及广大读者不吝指教,将不胜感激并致以崇高的敬礼。

编者

2019 年 6 月于北京

目录

CONTENTS

————

第一章

功能性粮油食品概述

————

食品是指可供人们食用或者饮用的各种产品（或原料），以及按照传统既是食品又是药品的产品，但是不包括以治疗为目的的药品。按此定义，食品既包括食品原料，也包括由原料加工后的成品。通常人们将食物原料称为食料，而将经过加工后的食物称为食品。

此外，食品还包括传统上既是食品又是药品的物品。例如，白扁豆、黑豆、赤小豆、黑芝麻、绿豆、薏苡仁和山药等，既是食品又是中药品，这就是药食同源、药食兼备之食品。

随着国民经济的快速发展、人们生活习惯的改变和高能量食品的摄入，膳食平衡失调。由营养过剩导致的疾病如糖尿病、心血管疾病、肥胖症逐年上升，这些代谢性慢性病不仅困扰着发达国家，也同样威胁着发展中国家。因此，国内外的营养学家、科研单位都越来越多地投入到粮食营养研究领域，为预防慢性病，提高人体健康水平服务。营养、安全等已成为全球粮油食品加工业的发展主流和方向。利用生物技术生产功能性粮油食品，是当今营养学与粮食生物技术领域有机结合的前沿阵地，有巨大的市场潜力和广阔的发展空间。

近期，重点加强功能性碳水化合物、功能性蛋白质、氨基酸、肽及功能性脂肪酸等的机理研究及生产技术开发。低热量、高膳食纤维的健康食品，针对特殊人群开发更健康或具有保健、食疗功效的食品，既是如今消费者的需要，也是市场的呼唤。在崇尚健康的 21 世纪里，高品质的天然食品、功能性食品是人类获得健康经济、有效的途径之一，这就为功能性粮油食品的发展迎来前所未有的机遇。

第一节　功能性粮油食品的定义及生产方法

自古以来就有"民以食为天"的说法。随着我国建设小康社会步伐的不断推进，人们对粮油食品的要求不仅在数量上持续增长，而且在质量上要求更高，既要营养平衡，又要健康补益，合理均衡的营养极为重要。"医食同源，药食同根"，表明膳食营养和药物对于治疗疾病有异曲同工之处，因此，营养科又有"第二药房"之称。科学的膳食营养可以提高人体抗病能力，减少并发症，促使身体康复，更能体现"药补不如食补"的重要性。因此，膳食营养的食疗作用以及食疗食品、功能性粮油食品越来越受

2　　到消费者的欢迎。

一、定义

　　功能性食品主要是指具有营养功能、感觉功能和调节生理活动功能的食品。其范围包括：增强人体体质的食品；防止疾病（高血压、糖尿病、冠心病等）的食品；恢复健康的食品；调节身体节律的食品和延缓衰老的食品。具有上述特点的食品，都属于功能性食品。而以粮油食品为载体的功能性粮油食品，则主要是指以粮油和粮油成品或副产品为主要生物资源（载体），作为食品原辅料，所精制而成的功能性食品，它们具有一般食品的共性，除了能补充人体所需的营养外，还有利于人体的健康，但不以治疗疾病为目的。

　　国际上对于功能性食品的理解是：一类除了能补充人体所需的营养外，还有利于健康的食品。简而言之，就是对人体具有一定营养、保健、食疗作用的食品，低盐、低脂肪、低能量，在病理上对营养有着特殊要求或辅助食疗的食品，即称为"功能性食品"。真正既能为人体补充营养元素（如新陈代谢所需要的营养），又兼具享受功能的是我们每天的膳食，它既能调节人体的生理功能，又能减少人体患病的概率，提高人体免疫功能，这就是功能性粮油食品。

二、生产方法

　　我国粮油食品加工业随着经济的发展已跨入营养、健康新时代。如今，营养健康产业对功能性食品的生产也十分重视科技创新，功能性粮油食品的生产方法主要有五种。

（一）减法生产法

除去食品中某些对人体可引发或可能引发毒副作用的成分，如致敏性蛋白等。

（二）加法生产法

在食品生产中，加入大多数食品中没有的成分，不一定是常量营养素或微量营养素，但必须有充分的证据证明它能给人体带来健康益处，如低聚肽、功能性多肽等。

（三）成分替代法

在食品生产中，一般把过量摄入可导致人体不健康的常量营养素替换成有充分证据证明可带来有益于人体健康的成分。

（四）浓度增加法

在食品生产中，增加食品中某种天然成分的浓度，使其达到某种预期功效；或增加某种非营养素成分达到特定水平，使其产生对人体健康有益的效果。

（五）生物药效增加法

增加生物药效性或成分稳定性，减少人体疾病风险，增进健康。

三、应具备的主要条件

　　既然是功能性食品，就必须对人体具有营养、健康、疗效以及调节生理健康的功能。营养学研究认为，现今我国功能性粮油食品应该具备的主要条件如下。

　　①营养功能：也就是用来提供人体多种需要的各种营养素。

②感觉功能：以满足人们不同的食品嗜好和要求。

③调节生理功能：这是近年来食品功能的新发展，也就是食品在具备上述两项功能的基础上，同时对人体具有调节生理活动的功能。

所谓功能性食品，也就是上述三项营养、感觉和调节生理功能的完美体现和科学结合。功能性食品已成为当今世界最具有活力的食品工业领域之一，而不少国家都把功能性食品看成解决社会老龄化、降低医疗开支和预防各种成人病的一把钥匙，纷纷制定功能性食品标准，积极发展功能性食品。

美国在重点发展婴幼儿食品、老年食品和传统食品等。日本在重点发展降低血压、改善动脉硬化、降低血液胆固醇等调节血液循环系统的食品，降低血糖值和预防糖尿病等调节血糖的食品，以及减肥胖的低热量食品等。在我国，随着人们生活水平的不断提高，粮油食品工业不断增加对技术开发、技术引进及技术改造的资金投入，学习国内外先进管理方法，使粮油食品产品质量不断提高，新品种明显增多，涌现了一批名优粮油食品和质量效益型食品企业，不少粮油食品的产品质量、性能和成分达到或接近国际先进水平，在质量上讲营养平衡、讲健康疗效，对新产品要求方便化、营养化、安全、卫生、健康。我国粮油食品工业出现了蓬勃发展的大好形势，也涌现出了不少功能性粮油食品，为提高公众的营养、健康水平发挥正能量，助推"健康中国"的实现。

四、配制原则

2016 年 5 月，国家卫生和计划生育委员会发布了《中国居民膳食指南（2016）》，推荐"食物多样、谷物为主；多吃蔬果、奶类、大豆；少盐少油、控糖限酒；杜绝浪费、兴新食尚"等，为最大程度地满足人体营养、健康需要提供了建议，以推进营养事业，实现"健康中国"。《中国居民膳食指南（2016）》给出了新命题，那么食品产业应该如何实施？

对于粮食部门，新膳食指南推荐每天摄入 50～150g 全谷物和杂豆类。国家《粮食加工业发展规划（2011—2020 年）》明确提出"推进全谷物健康食品的开发""鼓励增加全谷物营养健康食品的摄入，促进粮食科学健康消费"。粮油科技协同创新，向营养型、功能型转变。并以安全、营养、健康为原则的全谷物食品发展理念，重点从传统主食切入，推广全谷物食品：对面粉成分进行科学组合，开发不同消费群体的全麦产品；根据我国杂粮功能特性，开发以荞麦、紫米为主要原料的全谷物食品；开发提高全麦馒头保鲜期的生物酶制剂，以延长馒头的货架期。据统计资料显示，如果按照全国面粉、大米现有加工精度，将出品率提高 1% 计算，每年就可以节约粮食 1000 多万吨。新膳食指南的贯彻实施，必将为功能性粮油食品产业的发展迎来黄金期。

功能性粮油食品主要是指以预防疾病、维护人体健康为目的而研发生产的一类含有特定营养与生物活性成分，具有补充特殊营养与防病健康的功能，具有特定消费人群和功能指向的食品，也称为特殊用途营养、健康粮油食品，主要包括：低热量食品、低糖食品、低钠食品、调整油脂食品、高（低）蛋白食品、低胆固醇食品、全谷物食品等。功能性粮油食品需根据病理上对营养的特殊要求，对某些营养素成分进行限制，而对另一些营养成分则进行强化。此外，还需要根据不同病人的具体情况，调整好食品的口感

4 和风味，以增加食用者的食欲。在配方和加工方法上都要尽可能提高功能性粮油食品的可消化性。功能性粮油食品的配制原则见表1-1。

表1-1 功能性粮油食品的配制原则

疾病	热量	蛋白质	碳水化合物	脂肪	食盐	矿物质	维生素	刺激性香辛料	全谷物食品
肾炎	—	低蛋白质	—	—	限制	—	—	限制	—
肾病	—	高蛋白质	—	—	限制	—	—	限制	—
糖尿病	限制	—	限制	—	—	强化	强化	限制	适当强化
肥胖病	限制	限制（保持1g/kg体重）	限制	—	限制	适当强化	适当强化	—	适当强化
高血压心血管病	限制	限制动物性蛋白质	—	限制动物性脂肪	限制	强化	强化	限制	适当强化
贫血	—	增加（特别是动物性）	—	—	—	强化（尤其铁、铜）	强化维生素C、维生素B$_2$、维生素B$_{12}$、叶酸	限制	—

注："—"指暂无考量。

第二节 功能性粮油食品的有效成分及其合理利用

一、功能性粮油食品的有效成分

食品中真正含有能够对人体起调节生理作用的有效成分，才能称作为功能性食品。关于营养健康食品的有效成分，目前国际上尚无统一定义。现被食品界所认可的功能性食品配料有十几类，主要包括膳食纤维、低聚糖、糖醇、糖苷、肽、多不饱和脂肪酸、醇、酚、维生素、胆碱、乳酸菌、矿物质（微量元素）等。这是被普遍认可的营养健康食品的功能性有效成分。当然营养健康粮油食品的有效成分也以上述种类为主。心脑血管疾病功能性粮油食品的主要有效成分，从目前的医疗营养研究可知，主要有大豆蛋白质、植物甾醇、大豆皂苷、芝麻素、亚油酸、结构脂质等，它们对人体都具有直接或间接的调节血脂、调节脂质代谢的功能。糖尿病功能性粮油食品的主要有效成分，从目前的医学、营养学研究得知，有的食品中，还可能会同时含有多种调节人体血糖的有效成分。这些有效成分，有的能促进人体胰岛素分泌或调整人体内胰岛素的水平，有的能提高胰岛素受体活性或增加受体的数量。另有些成分则有间接调节血糖的作用，这些有效成分主要有多糖类、萜类化合物、黄酮类化合物、甾体化合物、硫键化合物类、不饱和脂肪酸类、生物碱、多肽、氨基酸和胰岛素等，对人体都具有调节血糖的功能。

二、发展功能性粮油食品的重要意义

营养与健康是食物（品）之本。在我国经济发展进入新常态下，随着人们生活水平的提高，食品消费正逐步向吃出健康、吃出长寿的新阶段转变。由于近年来饮食过于追求口感风味，饮食结构严重失衡，由此引发的公共健康问题日益突出，尤其是糖、脂、酸"三大代谢紊乱"造成的各种慢性非传染性疾病，已成为健康的头号杀手，对社会和患者家庭都造成了沉重的经济负担。

2015年国家卫计委发布的《中国居民营养与慢性病状况报告》显示，全国18岁及以上成人超重率高达30.1%，高血压患病率为25.2%，糖尿病患病率为9.7%。而脂代谢紊乱引发的高血压和心脑血管疾病、酸代谢紊乱引发的结石和痛风的治疗，对社会和患者家庭也都造成了很重的经济负担。我国的高血压患者、血脂异常者人数，已超过美国，成为第一"代谢综合征"和"富贵病"大国，这些慢性病严重影响着居民的健康和生活质量。而营养结构不合理，微量营养素缺乏和营养失衡，也是影响人类及各种人群身体健康的主要问题之一。因此，我国各种人群营养改善面临着营养摄取不足和营养结构失衡的双重问题。

近年来，民众健康的刚性需求，党和政府高度重视。2016年又将"健康中国"写入了《"十三五"经济社会发展规划纲要》，其中慢性病的防控和营养状况的改善均是关注重点。其实，慢性病可防可控，只要按照《中国居民膳食指南（2016）》中的6个核心条目的要求，科学膳食，特别是杂粮的适量食用，对改善饮食结构失衡、调整"三大代谢紊乱"，提升全民健康状况等都具有重要的意义；同时，药食同源的功能性粮油食品还可助一臂之力，助推健康中国，对预防人体营养不良十分有益。

三、发展功能性粮油食品，粮油加工业应采取的有效措施

我国粮油食品加工业是一个传统产业，担负着我国军供民食的重任，在国民经济中占有重要地位，也是我国食品工业的重要支柱产业。为尽快适应国民对功能性粮油食品的迫切需求以及市场的呼唤，粮油科技协同创新，向营养型功能型转变。今后在相当长的一段时间里，粮油食品加工企业在生产粮油及制品时，需要采取的有效措施有如下几方面。

（一）要最大限度地将各种营养成分保存在成品粮油及制品中

2015年我国粮食生产实现粮食"十二"连增，但因过度加工，我国每年损失粮食已高达75亿千克，因此，全面推进粮食加工减损刻不容缓。粮油加工企业要防止过度加工造成的粮食、营养和能源的浪费，科学开展粮食加工，减少精米、精面等重外观、轻营养的产品开发，全面推进粮食加工减损，以进一步推进资源节约型和环境友好型现代粮食加工业发展。提倡在粮油加工中，"注重纯度，控制精度"的原则，改变大米过精，面粉过白，油色过浅的现象，以达到提高纯度，控制精度的目的。根据市场需要，积极生产发芽糙米、糙米、专用米、留胚米、米糠食品，全麦面粉、专用面粉、小麦麸皮制品、冷榨油、专用油脂等新型营养健康食品及系列化、优质化、方便化主食食品，以满足消费者的不同需求。

（二）重视粮油产品及其制品的营养强化

营养状况是决定公众健康和民族素质的重要因素。高品质的营养强化食品、功能食品将是人类获得健康的最经济有效的途径。经全球 80 多个国家半个多世纪的探索与实践，营养强化食物以及所独有的安全、经济、广谱、简便、不用改变饮食习惯等特性而被各国政府首选为改善公众营养的途径，并一致认为通过对主食（面粉、大米、食用植物油脂）的营养强化是提高公众营养水平的有效途径。因此，建议粮油加工企业按照我国食品工业"十三五"发展纲要的要求：重点发展营养强化面粉、营养强化米、功能性米制品、功能性面制品、强化维生素 A 食用植物油，以适应市场的需要。

（三）发展全谷物（杂粮、豆、薯类）食品

全谷物食品是指完整、碾碎、破碎或压片的谷物，基本的组成包括淀粉质胚乳、胚芽与皮层，各组成部分的相对比例与完整颖果一样。全谷物食品的营养特点是富含膳食纤维、微量营养素和植物生化物质等有益成分，并属于低血糖生成指数（GI）食物。发展全谷物食品对预防双重营养不良十分有益，可有效预防营养缺乏和营养过剩，特别是预防营养过剩。科学研究表明，全谷物食品能有效降低很多疾病的风险（包括中风、糖尿病、心脑血管疾病以及有利于体重控制等）。因此，发展全谷物食品是改善国民膳食营养状况，预防和控制慢性病的重要膳食改善措施之一。

1. 重点发展的全谷物（杂粮、豆、薯类）食品

发展全谷物食品已写入我国食品工业"十三五"发展规划，所以要大力发展全谷物的主食制品，如全小麦粉、全糙米粉、全荞麦粉和全燕麦粉等。今后重点发展的全谷物制品有全麦粉（全麦馒头、挂面、面条、面饼等）、全谷物方便冲调粉（糊状类）、糙米粉（冲调糊）、发芽糙米（糙米饭）、全粒杂粮、全谷物膨化食品等，为改善国民膳食营养状况服务。目前，全谷物食品的营养与健康作用已成为食品科学界关注的热点。谷物食品消费在我国居民膳食营养结构中占有非常重要的地位。因此，努力加强对全谷物食品系统研究，探讨全谷物的营养和生理特性，为全谷物的生产加工提供科学证据。

2. 发展全谷物（杂粮、豆、薯类）食品的健康效应

如今，"全谷"或"全粮"已经成为时髦词汇，营养专家都在提倡食用全谷杂粮食品，因为它的健康效应已经得到大量研究结果的证明。

（1）增加营养供应 在同等质量、同等能量的前提下，全谷食品可提供相当于精白米 3 倍以上的维生素 B_1、维生素 B_2 和钾、镁等矿物质；精白面粉和全麦粉相比，维生素 B_1 含量只有全麦粉的 1/4。

（2）摄入更多的防病健康成分 全谷杂粮食品中不仅含有较多的膳食纤维和多种维生素，还含有丰富的抗氧化物质。表皮红色、紫色、黑色的杂粮是花青素的重要来源，而黄色的全谷杂粮食品含有类胡萝卜素，大麦和燕麦食品中还含有丰富的 β-葡聚糖，这些功能性成分不仅对健康很有益处，还具有预防癌症和冠心病、控制餐后血糖和血胆固醇、明目和延缓衰老等多种功能。

（3）有助于降低肠癌风险 食用全谷杂粮食品，在同等质量下，可以提供更多的膳食纤维和抗性淀粉，它们不仅能帮助清肠通便，且在大肠中能够促进有益菌的增殖，

改善肠道微生态环境，有助于降低患肠癌风险。

（4）能使餐后血糖上升缓慢 糖尿病人最宜食用全谷豆类食品，越是精白细软的主食，越容易升高血糖，因为食用全谷豆类食品，消化吸收慢，餐后血糖就比较低，能减少胰岛素的需要量。

（5）增强饱腹感 食用杂粮豆粥类较耐饥饿。若要减肥，就需要控制膳食能量，同时维生素、矿物质等营养素一样都不能少，也不能感觉明显饥饿。因此选择同等能量情况下饱腹感强，营养丰富的杂粮豆粥更为适合。

（6）有助预防肥胖 研究证明，常食全谷杂粮食品的人，随着年龄增长发胖的危险性比较小，而食精白米、精白面的人，到中年就容易发福。食用全谷食品不容易饮食过量，而且餐后血糖上升缓慢，胰岛素需求量少，有利于抑制脂肪的合成，从而对控制体重十分有利。

（7）有效预防饭后困倦 食用大量精白细软的主食，会造成血糖快速被吸收入血液，胰岛素水平快速升高，而胰岛素高水平可能是人体餐后困倦状态的原因之一。而食用全谷杂粮食品能在一定程度上避免这个问题，使人精力旺盛，不易困倦。

（8）保证体力和思维能力 B族维生素，对于神经系统的高效工作和充沛体能都非常重要，特别是维生素 B_1。在膳食中维生素 B_1 的最佳来源就是全谷杂粮食品，经常食用全谷杂粮食品的人精力充沛，不易疲劳。

（9）帮助平衡激素水平 研究发现，平日食用全谷杂粮食品较多的女性，在同样条件下，体脂肪含量低。同时食用全谷杂粮食品可获得足量膳食纤维，也有利于减少膳食中胆固醇的吸收率，避免雌激素等固醇类激素水平过高。

（10）帮助改善皮肤质量 以全谷杂粮食品为主食，既能获得足量膳食纤维，使肠道排泄通畅；也能够平衡性激素水平；同时，还能提供丰富的B族维生素。从而，减少面部皮肤发生过多出油、生豆、开裂和脂溢性皮炎等情况，而使皮肤逐渐变得光洁平滑。

以上发展全谷物（杂粮、豆、薯类）食品的十大健康效应，正符合《中国居民膳食指南（2016）》实施的初衷（要求）。食物多样、谷类为主是平衡膳食模式的重要特征。要求每天摄入谷薯类食物 250～400g，其中全谷物和杂粮豆类 50～100g，薯类 50～100g。

（四）重视功能性粮油食品及制品的研发

随着我国国民经济的快速发展，民众的健康意识增强，生活方式也在改变，生活标准不断提高，功能性粮油食品，正逐渐成为我国居民改善营养、预防疾病和提升健康指数的消费品（主副食品），预示着我国的功能性粮油食品产业将要进入迅速扩张的发展机遇期。这将是今后粮油加工产业发展中新的增长点。尤其在我国居民消费升级和社会老龄化加剧的大背景下，我国功能性粮油食品行业的发展将会进一步提速，未来将会是黄金发展期。来自国家统计局数据显示，我国粮食生产呈现全面均衡增产的特点，2015年我国粮食总产量达 6.21 亿吨，实现半个世纪以来首次连续 12 年增产，为我国粮油加工行业发展提速，创造了有利条件。

粮油加工的原料有不少是"药食同源"的基础原料，富含多种具有特定保健功能

8 的生理活性物质,尤其是在副产品中的含量更为丰富。粮油加工企业及科研部门正在研究,通过应用现代提取、分离技术和生物技术将其分离、富集起来,再科学地组合到粮油产品中去,使其成为具有特定保健功能的粮油产品及其制品;在油脂加工方面,我国的油料品种繁多,尤其是特种油料资源十分丰富,在这些特种油料资源中,大多富含生理活性物质,利用好这些宝贵资源,生产功能性油脂具有较大潜力;同时,我国还是一个杂粮生产"王国",杂粮中富含多种生理活性物质可供利用,是生产功能性粮油食品的最佳原、辅料。当前,我国的粮油加工企业及科研部门正在注重功能性粮油食品的制备技术研究,研究采用超临界流体萃取技术和分子蒸馏等技术来分离提取蛋白质、多糖、黄酮类、肽类等功能因子,为功能性粮油食品及制品的开发打下有利的基础。

(五) 提倡按科学配比组织生产面粉、大米、油脂产品

在粮油加工中,提倡按科学配比组织生产配合大米、预配粉、食用植物调和油等产品,使营养互补,以提高粮油产品及制品的营养、健康价值,满足不同人群的需求和"平衡膳食、辩证用膳"。提倡大米、面粉、杂粮搭配,粗细粮搭配的饮食理念,粮油加工企业要生产出更多更好的"优质、营养、健康、安全、方便"的粮油产品及制品,尤其是粮油复制品的低脂、低盐、低能量,用以供应特需人群。因此,在我国现有情况下,大力发展功能性粮油食品是十分必要的,也是迫切需要的。中国的功能性粮油食品消费市场在呼唤,人们期盼功能性粮油食品及制品。所以发展我国功能性粮油食品,正逢其时。

第三节　功能性粮油食品生产原则及重点发展的产品

随着我国建设小康社会步伐的不断推进,国民生活水平逐步提高,今天的社会公众对健康的需求与关注,正在如几何级数激增。特别是公众对于粮油食品产业的关注与诉求,不再只是安全,而是在安全基础上的食品种类的丰富和营养功能价值的提升。这就要求我国粮油食品生产应遵循有关原则,在质量上要讲营养平衡,讲健康疗效,对以粮油食品为载体的功能性食品要求应"安全、优质、营养、健康、方便、卫生",以提高公众的营养和健康水平,助推"健康中国"。

一、生产功能性粮油食品应遵循的原则

我国已制订食品营养强化标准,生产功能性粮油食品也应遵循以下原则。

(1) 须遵照我国 GB 14880—2012《食品安全国家标准　食品营养强化剂使用标准》,GB 2760—2014《食品安全国家标准　食品添加剂使用标准》所规定的强化量和强化范围进行,使用的营养强化剂要经国家有关主管部门审定、批准,产品要质量可靠、卫生、安全,符合我国《食品安全法》的要求。

(2) 粮谷类食品的消费覆盖面越来越大,产品质量应优质、卫生、安全、营养、健康、方便,而且这种粮谷类功能食品应该是工业化生产的,符合国家(行业、部门)有关质量标准要求。

(3) 对粮谷功能性食品所强化的营养素和强化工艺,应该是成本低和技术简便,

便于操作和管理。

（4）在进一步烹调、加工、储藏及货架期内，营养素应具有较高的稳定性、安全性，不发生明显的损失。

（5）对粮谷功能性食品所加入的营养强化剂，应具有相应的检测方法，便于对其实际含量进行检测。

（6）粮油加工应坚持和提倡"注重纯度，控制精度"。

二、粮油食品行业重点发展的功能性产（食）品

粮油食品工业是国民经济的支柱产业和保障民生的基础产业。我国粮食加工业发展规划（2011—2020年）指出，重点发展适合传统食品专用粉，今后相当长的时间，我国面粉工业将以安全、营养、方便、专业型产品为主要发展方向，优化产品结构，提高优、新、特产品比重，重点发展适合中国人消费习惯的蒸煮类、速冻类、油炸类食品专用粉，满足饮食和传统主食品工业化需求，到2020年，专用粉品种达到50个以上，产量在小麦粉总量比重中达到40%以上。据此，我国粮油食品加工行业今后重点发展的功能性粮油食品主要是以下几点。

（1）研究发展营养、健康型大米，如优质大米、专用大米、营养强化米、发芽糙米、留胚米等；研究开发功能性米制主食品，如方便食品、休闲食品；开发米糠油、米糠蛋白、米糠膳食纤维、淀粉糖等新产品。

（2）研究发展功能性小麦粉、营养强化面粉、专用粉、全麦粉，功能性面制品、主食品；研究开发小麦胚芽油、小麦胚芽食品、麸皮膳食纤维、低聚糖等产品。

（3）研究发展薯类淀粉和副产物的深加工，发展薯条、薯片及以淀粉、全粉为原料的各种功能性方便食品、膨化食品，提高薯渣等副产品的综合利用水平。

（4）研究发展玉米功能性休闲、方便食品，多元醇、淀粉糖、变性淀粉，替代进口的食品级和医药级氨基酸及衍生物、高附加值的酶制剂等新产品。

（5）大力发展特色杂粮主食品加工，加快发展各种杂粮专用混合粉和多谷物食品、速冻食品等主食品及方便食品。研究发展特色杂粮功能性主食荞麦粉、荞麦面条，燕麦米、燕麦片、燕麦主食面粉、速食快餐，小米主食面粉，杂豆类主食面粉和方便、休闲食品等功能性粗杂粮食品、粗粮细作、粗细粮混作食品。

（6）研究发展具有平衡脂肪酸组成的调和油及功能性油脂产品，功能性分离蛋白、浓缩蛋白，花生蛋白饮料、花生组织蛋白，蛋白肽饮料、异黄酮、皂苷、低聚糖、浓缩磷脂、粉状磷脂、粒状磷脂、软（硬）胶囊磷脂、天然维生素E、甾醇、谷维素、芝麻素等油脂产品。

（7）大力发展稻米油、玉米油、稻米胚油、小麦胚芽油、油茶子油，重视开发利用亚麻子油、红花子油、紫苏子油、核桃油、橄榄油、葡萄子油、牡丹子油、元宝枫子油、文冠果油等功能性油脂及特种油脂产品。

（8）大力发展具有营养、健康、功能性的天然营养食用油脂，以改善我国民众的膳食结构和提高摄入质量。从而保证功能性粮油食品的质量、品质，以获得如下良好的效果：弥补粮谷类食品本身某些营养素的不足；弥补在加工、烹调、储存过程中某些营

10 养素的损失；提高粮谷类食品的营养、健康价值，以满足不同膳食人群特定营养素的需要；改善公众营养和健康，助推"健康中国"。

第四节 功能性粮油食品的发展前景

我国的《健康中国建设规划（2016—2020 年）》从大健康、大卫生、大医学的高度出发，更是突出强调以人的健康为中心。目前，具有营养与功能特性物质（食品）已被越来越多的健康产业界人士所关注，功能性粮油食品、食源性功能肽（玉米低聚肽、大豆低聚肽、菜籽低聚肽、芝麻多肽 KM-20、花生蛋白多肽、黑豆蛋白肽、绿豆多肽、豌豆多肽等）营养、健康食品，便是其中的精华产品。

一、驱动力强劲、大健康产业市场潜力巨大

随着中国老龄化进程的不断加快，大健康产业的需求在不断增加。我国功能性粮油食品、食源性功能肽等产品，作为健康产业的重要组成部分，其生产规模、年产值、产量、利润和效益均在增速。然而与其他欧美等发达国家甚至不少发展中国家相比，我国的大健康产业还处于起步阶段。

各国功能食品人均消费量，统计数据显示：美国的健康产业占国内生产总值（GDP）的比重约为 16%，欧洲为 10%~12%，日本为 8%~9%。而我国不足 6%。各国功能食品人均消费量如图 1-1 所示。

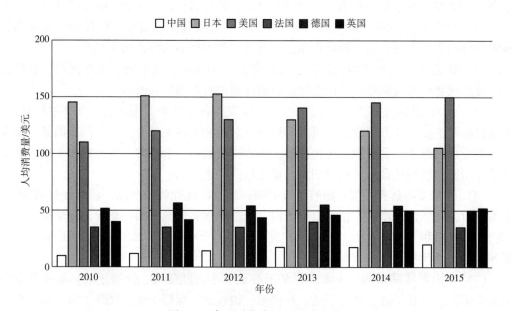

图 1-1 各国功能食品人均消费量

虽然我国大健康产业还处于起步阶段，功能食品渗透率较低，但驱动力强劲，发展潜力大，市场前景广阔。

（1）我国人均收入水平持续提高。这意味着人均功能食品支出随着人均可支配收入以及人均 GDP 的提升而提升。

（2）老龄化进程加速。中国不同年龄段功能食品渗透率如图 1-2 所示。从图 1-2 可知，55~64 岁人群消耗功能食品频率远远高于年轻人群。中国社会正呈现越来越严重的老龄化趋势。由此可以预计，功能食品需求将长期受益于我国人口结构变化的趋势。业内人士预测，随着"健康中国"战略的落地，"十三五"期间围绕大健康大卫生和大医学的医疗健康产业有望突破十万亿的市场规模。

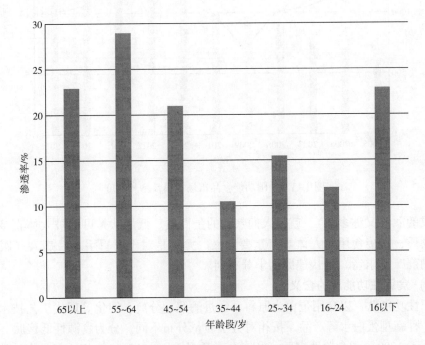

图 1-2　中国不同年龄段功能食品渗透率

（3）城镇化使农民消费市民化，功能食品支出增加。按照中国新型城镇化的目标，2020 年城镇化率要达到 60%，这就意味着从 2015 年开始城镇化率每年都有所提升，其功能食品行业将受益于这一进程。

（4）亚健康人群呈扩大趋势，人们养生、防病诉求增加。有数据显示，中国亚健康人群占比巨大（达 70%），这是我国一个庞大的功能食品消费者特殊膳食人群。

目前，我国功能食品已经逐渐在国内得以推广，尤其受到白领阶层和年轻人的认可，也有不少中老年人选用功能食品来养生、健体。功能食品行业的发展也将持续受益于居民自我保健意识的提升。中国功能食品市场规模及增长速度如图 1-3 所示。

二、研发水平高、功能特性强、食源性功能肽为大健康产业助力

科学研究发现，人体对蛋白质的吸收大多是以肽的方式进行的。肽是介于氨基酸和蛋白质之间的化合物片段，由 2 个或 2 个以上的氨基酸分子通过肽键相互连接而成。其中以 2~6 个氨基酸组成的肽（称为小分子活性肽或低聚肽）最具有生理活性，50 个氨

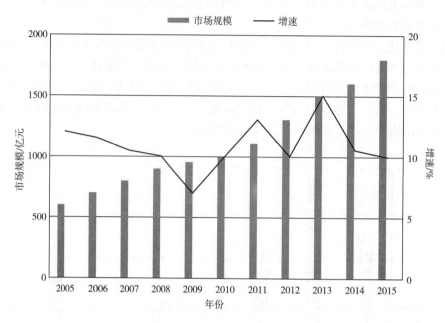

图 1-3　中国功能食品市场规模及增长速度

基酸组成的肽（又称多肽），就是人们熟知的蛋白质。低聚肽是可以被人体直接吸收的小分子物质，直接食用对人体具有重要意义。尤其是对于肠胃手术后病人（医用"肠内营养制剂"需求者）的快速康复十分有利。

（一）食源性功能肽的含义

食源性功能肽，以食用蛋白为原料，经过酶解、分离、纯化等现代工艺技术，所精制成的一种新型蛋白水解产品。按相对分子质量分布不同，分为食源性低聚肽（相对分子质量小于1000）和食源性多肽（相对分子质量大于1000）。它们不仅具有易消化吸收的营养特点，还具有诸多生理功能，目前已成为国内外研究开发的热点。

（二）食源性功能肽的营养、健康价值

食源性功能肽不需要人体消化系统二次降解，减少了肠胃负担，对消化器官的养护有重要意义。食源性功能肽人体吸收率高，可使人体更好地获得营养；肽本身具有高生理活性，在人体生理活动中具有重要作用。目前已经在食品、药品等领域得到了较多的应用。

（三）我国粮油食品工业已研发出的主要食源性功能肽产品

我国粮油食品工业已研发出了功能特性强的多种食源性功能肽产品，主要有：大米蛋白多肽、小麦低聚肽、谷胱甘肽（GSH）、玉米低聚肽、玉米多肽、燕麦肽、绿豆多肽、豌豆多肽、大豆低聚肽、大豆多肽、黑豆蛋白肽、菜籽低聚肽、花生蛋白多肽、芝麻多肽（KM-20）、核桃蛋白肽等食源性功能肽系列产品。

（四）食源性功能肽可为我国大健康产业助力

在我国人们生活逐渐向小康迈进的今天，追求健康与长寿已成为不可逆转的趋势。低聚肽是一种优质的氮源营养物质，适合所有人群食用。所以，我国粮油食品工业所研制的食源性功能肽产品，大多已应用于制作各种功能性粮油食品、医药等，其应用的食品领域主要有焙烤食品、功能性饮料、儿童食品、老年食品、特殊膳食人群食品、医疗食品等。

（1）中老年食品 大豆低聚肽营养粉、核桃蛋白多肽营养粉、核桃蛋白多肽饮料、核桃蛋白肽补钙食品、核桃蛋白肽益智食品等。

（2）功能性饮料 大豆蛋白肽饮料、大豆复合功能性饮料、黑豆蛋白肽果汁复合饮料、核桃蛋白多肽饮料等。

（3）医疗食品、术后康复食品 医用"肠内营养制剂"、流质食品、谷朊多肽医疗食品、免疫功能食品、医用"肠内全营养制剂"等。

（4）运动员食品、宇航员食品 核桃蛋白多肽运动员饮料、运动营养食品、能量棒等。

（5）儿童食品 玉米蛋白活性肽乳粉、核桃蛋白肽增智食品、核桃蛋白肽补钙食品、核桃蛋白多肽营养粉等。

（6）特殊膳食人群食品 大豆多肽木糖醇饮料、肠道营养食品、疗效食品、营养棒等。

第二章

功能性粮油食品的营养成分及其特性

————

《内经·素问·藏气法时论》载"五谷为养，五畜为益，五果为助，五菜为充"，将食物分为四大类，并以"养""益""助""充"表明其在营养上"补精益气"的价值。它既是配制完全膳食的基本原则，也是现代营养学的理论基础。

谷物是人体生长发育以及养生所需的最主要的食物；动物性食物可以保证人体健康所必需的营养素；如果再得到果品的辅助，蔬菜的充实，就会成为不可争辩的完全膳食结构，功能性粮油食品在人们的食物构成膳食营养平衡中占有重要地位。

目前，我国人民80%的食物能量和50%的蛋白质均来自粮油食品。粮油食品的主要成分有糖类（碳水化合物）、蛋白质、脂肪、维生素、无机盐（矿物质）、水、膳食纤维等。这些营养素被人体摄取后，能满足人体所需要的能量以及维持人体的正常生长和发育。粮油食品的营养价值和食用品质，主要取决于所含营养素的种类和数量。不同种类的粮油食品所含营养成分差异很大，一般情况下，各类粮油食品以含糖类（碳水化合物）为主，豆类富含蛋白质，油脂则含脂肪较多。

第一节　碳水化合物

碳水化合物，是由碳、氢、氧三种元素组成的一类多羟基醛、酮化合物及其衍生物。糖类的分子式可以用通式 $C_m(H_2O)_n$ 表示。因为分子中氢和氧的比例一般为 $2:1$，与水的组成相似，类似碳和水的化合物，俗称碳水化合物。糖类即碳水化合物，是粮食中的主要化学成分，占禾谷粮食中各种化学物质总量的 62.2%~76.6%，占豆类作物种子中各种化学物质总量的 22%~53.6%。在薯类块根、块茎及油料作物的种子中，糖类物质也占有相当大的比例。碳水化合物在自然界分布很广，储量也最丰富，是人们最经济的一种营养素。在混合膳食中，它的比例也最高，因此，它是人类主要的食物成分。

一、碳水化合物的营养价值

碳水化合物是人体热能主要来源，一般来说人体所需能量 60%~70% 是由它提供的。每克糖在人体内氧化，可以产生 17.2kJ 的热量，虽然低于同样重量脂肪所产生的热量，但含有碳水化合物的食品价格一般比较经济，大量食用不会引起油腻感，更重要的是碳水化合物能较快的氧化释放热能，供给人体能量，以满足人体的需要。碳水化合物可以起节约蛋白质和脂肪氧化耗量的作用。当蛋白质和碳水化合物一起吸收进入体内时，体内储留氮比单独摄入蛋白质为高，这样蛋白质可以不易产热消耗。碳水化合物供应充足时，人体先利用它氧化供能，这样可以防止由于大量脂肪在体内氧化不全，而产生过多的酮体（当超过人体代偿能力时，会引起丙酮酸中毒）。

碳水化合物是构成人体内各种组织的一种重要物质。人体细胞中的核糖，人体组织中的糖脂、糖蛋白，血液中的血糖等，都含有一定数量的糖类。它可以与脂类形成糖脂，是组成神经组织与细胞膜的成分；碳水化合物还可以与蛋白质形成糖蛋白，是具有重要生理功能的物质，如抗体、某些酶。黏多糖（氨基多糖）可以与蛋白质结合成黏蛋白，是构成结缔组织的基质，具有多种复杂功能。在肌肉和肝脏中贮有糖原，血液中必须含有一定糖的血糖，血糖含量不足时，会出现低血糖休克。植物性食物中的纤维素和果胶，虽不能被人体消化吸收，但能促使肠胃蠕动和刺激消化液分泌，有利于消化吸收和顺利排便，并能降低胆固醇。因此，人体需要有足够的糖类作为营养素。

二、碳水化合物的组成及其性质

碳水化合物是由 C、H、O 三种元素组成的有机化合物，按其分子中存在的"简单糖分子"的数量多少，可把它分成单糖、双糖和多糖。

（一）单糖

糖分子中存在的不能再水解的糖成为单糖。在食品中常见的单糖主要有戊糖和己糖。戊糖不易被人体利用。食品中己糖主要有葡萄糖、果糖、半乳糖。粮食中的单糖主要有葡萄糖和果糖，含量一般为 0.4%~1.0%。它们的分子式都是 $C_6H_{12}O_6$，是同分异构体。

1. 葡萄糖（己醛糖）

广泛存在于食品中，动植物食品、加工食品都含有葡萄糖。食品中的淀粉、糖原和双糖，不能被人体吸收，只有经过消化最终水解成葡萄糖和其他单糖后，才能被人体吸收。

2. 果糖（己酮糖）

它在食物中含量甚少，广泛存在于瓜果中，尤其在蜂蜜中含量较多。果糖的甜度最高，能被人体直接吸收。

3. 半乳糖（己醛糖，但与葡萄糖的结构不同）

半乳糖在食品中游离状态存在少，半乳糖是己糖中被人体吸收速度最快的单糖，它还能帮助人体吸收钙，婴儿更需要半乳糖。

以上三种单糖都能溶于水，也能形成结晶，只是果糖形成结晶比较困难。由于它们结构式不同，故在甜度、吸湿性方面都有差异。

（二）双糖（低聚糖）

糖类水解后能生成几个分子单糖的称作低聚糖。粮油籽粒中的低聚糖属于二糖（双糖）的主要有蔗糖和麦芽糖。麦芽糖和蔗糖的分子式都是 $C_{12}H_{22}O_{11}$ 都属于可溶性糖。所有的双糖都可以看作是由两个相同的或不相同的单糖分子缩合去除一分子水形成的糖苷。常见的双糖是己糖缩合的产物，其化学反应式是：

$$2C_6H_{12}O_6 \xrightarrow{\text{缩合}} C_{12}H_{22}O_{11} + H_2O$$

1. 蔗糖

蔗糖最早发现于甘蔗中，故称蔗糖。蔗糖广泛存在于绿叶植物中，蔗糖分子是由一分子葡萄糖和一分子果糖缩合而成。粮食中含有少量的蔗糖。

2. 麦芽糖

利用麦芽中的酶可以使淀粉水解，产物含有较多的麦芽糖，故而称麦芽糖。用酸使淀粉水解，则产物中主要是葡萄糖。麦芽糖由两分子葡萄糖缩合而成，是饴糖的主要成分，薯类中含有少量的麦芽糖。

3. 乳糖

乳糖主要存在于哺乳动物的乳汁中，故称乳糖。它由一分子半乳糖和一分子葡萄糖缩合而成。双糖有许多性质类似单糖，如二糖易溶于水形成真溶液等。双糖多半具有甜味，并且容易形成结晶。

（三）多糖（高聚糖）

由许多单糖分子缩合而成的较复杂的糖称为多糖。常见的多糖有淀粉、糖原、半纤维素和纤维素等。分子通式为 $(C_6H_{10}O_5)_n$。

1. 淀粉

淀粉是人体内热量的主要来源。米、面、薯类中含有大量的淀粉。营养学认为，在饮食中淀粉产生的热量占总热量的 60%~70% 比较适宜。

（1）淀粉的形态　淀粉在粮食籽粒中主要存在于胚乳的淀粉细胞里，在豆类中则主要存在于种子的子叶中。薯类则在块根和块茎中。玉米除胚乳部分外，胚中也含有少量淀粉，其他禾谷类粮食中、胚与糊粉层一般都不含有淀粉。淀粉分子在粮食中以白色固体颗粒的形式存在，故称淀粉粒。由于各种不同粮食的生理类型不同，所以也就形成不同形态的淀粉颗粒，如甘薯或马铃薯同小麦淀粉相比，前者吸水性高于后者，同为淀粉颗粒前者较大，后者较小。

同品种的粮食，由于生长条件和成熟程度不同其颗粒的饱满程度和大小也就不一样，不同品种粮食的淀粉颗粒大小与形态比较见表2-1。虽然不同品种粮食淀粉颗粒形状和大小都不同，但都是透明的。

表 2-1　　　　　　　　　　不同粮食的淀粉颗粒大小与形态比较

作物名称	大小范围/μm	平均直径/μm	淀粉颗粒形态
小麦	2~38	20	圆形、椭圆形
玉米	4~26	15	五角多面形
大米	3~9	5	六角多面形
甘薯	15~55	17	椭圆形

（2）淀粉的分子组成及其主要性质　粮食中的淀粉由两种不同特性的部分组成，即直链淀粉和支链淀粉，它们的淀粉含量也不相同，不同粮食两种淀粉含量的比较见表

2-2。

表 2-2 不同粮食的种子两种淀粉含量比较

作物名称	直链淀粉/ （g/100g）	支链淀粉/ （g/100g）	作物名称	直链淀粉/ （g/100g）	支链淀粉/ （g/100g）
大米	17	83	豌豆	75	25
小麦	19～26	81～74	绿豆	78～85	22～15
粳米	20～25	80～75	荞麦	28	72
糯米	0	100	甘薯	20～55	80～75
玉米	28 左右	72 左右	高粱	27	73

①淀粉的溶解性：淀粉的微粒不溶于冷水，直链淀粉易溶于热水，当它溶于热水后则形成黏度较低的溶液，也不易凝固；而支链淀粉只能在加压与加热条件下，才能溶于水，并能形成比较黏滞的溶液或糊状。所以含有支链多的淀粉，黏性大。

②淀粉的水解：淀粉在酸或淀粉酶的作用下，可水解成糊精、麦芽糖或葡萄糖。淀粉→淀粉糊精→红糊精→无色糊精→麦芽糖→葡萄糖，用碘液可以检查淀粉水解程度。直链淀粉遇碘呈深蓝色，支链淀粉遇碘呈蓝紫色，糊精依分子量减速的程度，遇碘呈蓝紫色、红紫色、橙色至不呈色。

③淀粉的"糊化"与"老化"：淀粉微粒与水一起加热，则淀粉微粒会吸水膨胀，膨胀体积可比原体积增大到数十倍，甚至数百倍，这时淀粉微粒由于过大的膨胀而破裂，在热水中形成糊状物，这种现象称为糊化现象，这时的温度成为糊化温度。一般淀粉粒越小，糊化温度越高。糊化后淀粉结构松弛，已被酶或酸水解成葡萄糖，发出芳香味，便于食用。糊化了的淀粉成为 α-淀粉，糊化了的淀粉放置一段时间后，由于温度降低，淀粉分子又重新排列，互相以其羟基形成氢键，使淀粉分子结构排列形成较密的高晶度化的不溶解性的分子微粒，析出水分产生离浆现象，这个变化成为淀粉的老化。老化不能使淀粉复原为生淀粉（β-淀粉的结构状态）。老化淀粉不易被淀粉酶作用，这个性质在加工中非常重要。当淀粉老化后，其食品会失去松软性，同时也会影响淀粉的水解和氧化。几种作物淀粉颗粒的糊化温度见表 2-3。

表 2-3 几种作物淀粉颗粒的糊化温度

作物名称	开始膨胀温度/℃	开始糊化温度/℃	糊化终了温度/℃
小麦淀粉	50	65	67.5
玉米淀粉	50	55	62.3
小米淀粉	53.7	58.7	61.2
马铃薯淀粉	46.2	58.7	62.5

2. 糖原

糖原又称动物淀粉，主要存在于动物肝脏和肌肉中，在微生物细胞中也含糖原，但

18　在高等植物中少见。人体吸收的单糖，除了供正常的热量消耗外，多余的部分贮藏在肝脏中，供应人体不足时的需要。肌肉中的糖原供肌肉活动时能量的需要。糖原是由许多葡萄糖分子缩合而成的，为支链淀粉的结构，但糖原的支链较多、较短、较密，能溶于水，遇碘呈紫红色。

3. 粗纤维

粗纤维是半纤维素与纤维素的统称。粗纤维是组成植物细胞壁的主要成分。人体中由于缺少水解它们的酶，很难消化它们。纤维素是由许多葡萄糖缩合而成的高分子化合物，聚合度在 1 万以上。它是由若干链状的分子结构相互并列形成的。不溶于水、稀酸、稀碱溶液。在强酸作用下它能水解，最后形成葡萄糖。半纤维素是介于淀粉和纤维素之间的高分子化合物。它是由己糖和戊糖缩合而成的混合多糖。半纤维素水解后最终产物有甘露糖、半乳糖、葡萄糖、木糖和阿拉伯糖等。从半纤维素中提出来的木糖在催化加氢下可变成木糖醇。木糖醇是一种与蔗糖甜度相近的新糖源，在不需要胰岛素的情况下，人体可吸收木糖醇，可供糖尿病患者使用，以补充热量不足。木糖醇还具有不易被微生物利用，不易焦化、难以结晶等特点，在食品工业上可利用这些特点，制成特殊的甜食品。粮食籽粒的外壳中含有较多粗纤维，在饮食中能刺激肠壁蠕动，有助于废物的排泄。

三、碳水化合物的食物来源

几种粮食中碳水化合物和粗纤维含量见表2-4。

表 2-4　　　　几种粮食中碳水化合物和粗纤维含量　　　　单位：g/100g

名称	碳水化合物	粗纤维	名称	碳水化合物	粗纤维
粳米	76.8	0.6	荞麦	66.5	6.5
籼米	76.8	0.6	小米	73.5	1.6
小麦粉	71.5	2.1	鲜玉米	19.9	2.9
燕麦	61.6	5.3	鲜甘薯	23.1	1.6

几种粮食中碳水化合物的含量见表2-5。

表 2-5　　　　　几种粮食中碳水化合物的含量　　　　单位：g/100g

名称	单糖/g		双糖/g		多糖类/g		
	葡萄糖	果糖	蔗糖	麦芽糖	淀粉	糊精	纤维素
小麦粉	—	—	0.2	0.1	68.5	5.5	—
糙米	2.0	—	0.4	—	72.9	0.9	0.3
马铃薯	0.1	0.1	0.1	—	13.0	—	0.4
玉米糖浆	21.2	—	—	26.4	—	34.7	—

续表

名称	单糖/g		双糖/g		多糖类/g		
	葡萄糖	果糖	蔗糖	麦芽糖	淀粉	糊精	纤维素
鲜玉米	0.5	—	0.3	—	14.5	0.1	0.6
干豌豆	—	—	6.7	—	38.0	—	5.0
鲜豌豆	—	—	5.5	—	4.1	—	1.1

第二节　脂肪

脂肪是人类的重要食物成分之一，我们日常食用的大豆油、花生油、芥花子油（菜子油）、亚麻子油等都是脂肪。在常温下脂肪有呈固态的，也有呈液态的。一般说来呈固态的称为脂肪，呈液态的称为油，总称为油脂。它们在化学成分上都是高级脂肪酸和甘油所产生的三酸甘油酯。脂肪是粮食、油料食品的重要营养素。油料含脂肪较多，通常在17%~55%，主要存在于油料的子叶中。谷类粮食含脂肪较少，一般在1.5%~2.0%，有些谷类粮食含脂肪量可达4%~7%，主要存在于谷类的胚部及糊粉层中。

一、脂肪的命名

天然植物油的主要成分是脂肪，还伴随有少量的磷脂、蜡、甾醇、色素、脂溶性维生素等成分。纯净的脂肪是由甘油和三分子脂肪酸合成的酯类，习惯上通常称为甘油三酯（TG），也称为中性脂肪或三酰甘油。常见脂肪酸的命名见表2-6。

表2-6　　　　　　　　　　常见脂肪酸的命名

IUPAC 系统命名	俗名	速记命名
八碳烷酸	辛酸	8:0
十碳烷酸	癸酸	10:0
十二碳烷酸	月桂酸	12:0
顺-9-十二碳烯酸	月桂烯酸	12:1 (n-3)
十四碳烷酸	豆蔻酸	14:0
十六碳烷酸	棕榈酸	16:0
顺-9-十八碳一烯酸	油酸	18:1 (n-9)
顺-9，顺-12-十八碳二烯酸	亚油酸	18:2 (n-6)
顺-9，顺-12，顺-15-十八碳三烯酸	α-亚麻酸	18:3 (n-3)
顺-6，顺-9，顺-12-十八碳三烯酸	γ-亚麻酸	18:3 (n-6)

续表

IUPAC 系统命名	俗名	速记命名
顺-8，顺-11，顺-14-二十碳三烯酸	二高 γ-亚麻酸	$20:3$ $(n-6)$
顺-5，顺-8，顺-11，顺-14-二十碳四烯酸	花生四烯酸	$20:4$ $(n-6)$
顺-13-二十二碳一烯酸	芥酸	$22:1$ $(n-9)$
顺-4，顺-7，顺-10，顺-13，顺-16，顺-19-二十二碳六烯酸	脑黄金（DHA）	$22:6$ $(n-3)$

注：IUPAC 为国际应用化学联合会的英文简称。

二、脂肪的营养价值

脂肪是人体组织细胞的一个重要组成部分，特别是磷脂和固醇。磷脂是生命的基础物质，对人体的生长发育非常重要，固醇是人体内合成固醇类激素的重要物质，中性脂肪构成人体的储备脂肪。脂肪中含有不饱和脂肪酸，包括人体不可缺少的几种必需的脂肪酸。脂肪中含有一定数量的脂溶性维生素（A、D、E、K），能保护不饱和脂肪酸不被氧化劣变和提高油脂产品的营养价值。膳食中含有一定数量脂肪还有助于人体对营养成分的消化和吸收。人类合理膳食的总能量中有 20%～30% 由脂肪供给。脂肪是一种富含热量的营养素，每克脂肪在人体内可供给 37.6kJ 的能量。脂肪是一种浓缩的食物，体积较小，在胃中停留时间较长，可使人具有饱腹感。脂肪还可增加膳食的美味。

脂肪能使人的皮肤丰满而不致皱缩，富有弹性而不松弛，能增加皮肤的光泽润滑而不至于干燥粗糙，使人体均匀而富有曲线美。脂肪有助于人体的大脑发育和智力提升，人体细胞中除去水分外，约有 60% 为蛋白质，30% 为脂肪，而人体大脑细胞中的脂肪含量却高达 60%～65%，可见脂肪在人体大脑结构物质中占有重要的地位，对于幼儿的大脑发育和成年人的智力开发具有重要的意义。人体摄入的脂肪，可以转化为体脂储存起来，具有保护人体内脏及调节体温等多种功能。油脂中的必需脂肪酸是人体细胞的组成部分。必需脂肪酸还有降低人体血液中胆固醇的作用。若人体对脂肪的摄入量过剩，可以引起肥胖症，因此，应保持膳食均衡、合理。脂肪分为植物性脂肪和动物性脂肪又称为素油和荤油，现在武汉轻工大学等单位又研发出第三类油脂——微生物油脂。人体食用素油和荤油各有利弊，偏食任何一种都不利于身体健康。因此，一个健康的人，最好还是素油、荤油均衡搭配，都适当食用一些为好。常用食用油中主要脂肪酸的组成见表2-7。

表 2-7 　　　　　　　　　常用食用油中主要脂肪酸组成　　　　　　　　　单位：%

名称	饱和脂肪酸	不饱和脂肪酸			其他脂肪酸
		油酸 $C_{18:1}$	亚油酸 $C_{18:2}$	亚麻酸 $C_{18:3}$	
椰子油	92	0	6	2	—
橄榄油	10	79	7	0.6	3.4

续表

名称	饱和脂肪酸	不饱和脂肪酸			其他脂肪酸
		油酸 $C_{18:1}$	亚油酸 $C_{18:2}$	亚麻酸 $C_{18:3}$	
芥花子油	6	64	19	10	—
花生油	19	41	38	0.4	1
茶子油	10	79	10	1	1
葵花子油	14	19	63	4	—
大豆油	16	22	52	7	3
芝麻油	15	38	46	0.3	1
玉米油	15	27	56	0.6	1
棕榈油	42	44	12	—	2
稻米油	20	43	33	3	—
文冠果油	8	31	48	—	13
猪油	43	44	9	—	3
牛油	62	29	2	1	6
羊油	57	33	3	2	3

脂肪酸在主要食用油脂中的分布见表 2-8。

表 2-8 脂肪酸在主要食用植物油脂中的分布

植物油名	脂肪酸含量/%							
	癸酸 10:0	月桂酸 12:0	豆蔻酸 14:0	棕榈酸 16:0	硬脂酸 18:0	油酸 18:1n-9	亚油酸 18:2n-6	α-亚麻酸 18:3n-3
大豆油	—	—	1.0	11.0	4.0	22.0	52.0	7.0
芥花子油	—	—	—	3.9	2.1	64.0	19.0	10.0
棉子油	—	—	0.9	24.7	2.3	17.6	53.3	0.3
花生油	—	—	1.0	15.0	3.0	41.0	38.0	0.4
稻米油	—	—	0.5	17.4	2.1	43.0	33.0	3.0
棕榈油	—	0.3	1.1	35.9	4.7	44.0	12.0	—
橄榄油	—	—	—	7.5	2.5	79.0	7.0	0.6
椰子油	14.9	48.5	17.6	8.5	2.5	0	6.0	2.0
芝麻油	—	—	—	9.9	5.5	41.2	43.2	0.2
葵花子油	—	—	2.5	6.8	4.7	19.0	63.0	4.0

现以早产儿乳粉中脂肪酸组成设计和强化功能性脂肪酸的婴儿营养模式二例，说明脂肪的营养价值及其健康功能。早产儿乳粉中脂肪酸组成设计见表2-9。

表2-9　　　　　　　　　　　早产儿乳粉中脂肪酸组成设计

脂肪酸	母乳/%	强化配方/%	普通配方/%
亚油酸［18∶2（n-6）］	10.8	11.8	13.2
α-亚麻酸［18∶3（n-3）］	0.8	0.7	1.0
γ-亚麻酸［18∶3（n-6）］	0.2	0.1	0.1
花生四烯酸［20∶4（n-6）］	0.4	0.2	—
DHA［22∶6（n-3）］	0.2	0.1	0.1

强化功能性脂肪酸的婴儿营养模式见表2-10。

表2-10　　　　　　　　　　强化功能性脂肪酸的婴儿营养模式

营养素	组成		功能性油脂含量/%			功能性脂肪酸含量/（mg/100g 干物质）		
	质量分数/%	能量/%	蛋黄卵磷脂	黑加仑油脂	鱼油	花生四烯酸［20∶4（n-6）］	γ-亚麻酸［18∶3（n-6）］	DHA［22∶6（n-3）］
蛋白质	14~16	11~13	—	—	—	—	—	—
糖类	58~61	44~48	—	—	—	—	—	—
脂质	24~27	41~44	0.5~0.7	0.5~0.7	1.0~1.2	28~39	75~90	150~180

三、脂肪的组成、分类及其主要化学性质

纯净的脂肪是由 C、H、O 三种元素构成的甘油酯。从油料或动物脂肪组织中提取的天然脂肪并不是纯净的脂肪，而是含有少量的蜡、磷脂、甾醇、色素、蛋白质、水分等非脂肪成分。这种天然的脂肪为粗脂肪。在甘油酯分子中，甘油的比例约占10%，性质比较稳定，只有在高温下才能分解脱水并具有刺鼻性气味的丙烯醛气体。甘油酯中脂肪酸占比例约占90%，所以脂肪的性质主要取决于脂肪酸的性质。按脂肪酸碳链上是否存在不饱和的碳原子，而将脂肪酸分为饱和脂肪酸和不饱和脂肪酸。

（一）饱和脂肪酸

脂肪酸的碳链上不存在有双键结构的碳原子者称为饱和脂肪酸。又按碳链上原子的数目多少分为低级饱和脂肪酸（含10个原子以下）和高级饱和脂肪酸（含10个碳原子以上），几种主要饱和脂肪酸的特点和来源见表2-11。

表 2-11　　　　　　　　　　　　　　几种主要饱和脂肪酸的特点和来源

	名称	熔点/℃	主要特征	主要来源
低级饱和脂肪酸	丁酸	3.0		乳脂
	己酸	5.5		椰子油
	辛酸	16.5	挥发性液体，可溶于水，有气味	乳脂
	癸酸	31.5		乳脂
高级饱和脂肪酸	十二碳酸	44		乳脂，椰子油
	十四碳酸	54		椰子油
	十六碳酸	63	常温下为固体，不挥发，不溶于水	动、植物油脂
	十八碳酸	70		动植物油脂
	二十碳酸	77		猪油，花生油

（二）不饱和脂肪酸

脂肪酸的碳链存在一个至多个双键碳原子的，称为不饱和脂肪酸。它们在常温下大多为液体，与双键相邻的碳原子易发生氧化反应，在双键的碳原子上易发生加成反应。几种主要的不饱和脂肪酸和来源见表 2-12。

表 2-12　　　　　　　　　　　　　　几种主要不饱和脂肪酸的来源

名称	双键数	主要来源
十二碳烯酸	1	奶油
十四碳烯酸	1	奶油、鱼肝油
十六碳烯酸	1	鱼肝油、牛油、奶油
十八碳烯酸（油酸）	1	各种动、植物油
二十碳烯酸	1	水产动物油
二十二碳烯酸（芥酸）	1	高芥酸菜子油
十八碳二烯酸（亚油酸）	2	各种动、植物油
十八碳三烯酸（亚麻酸）	3	亚麻油、大豆油、核桃油
二十碳四烯酸（花生四烯酸）	4	动物油（少量）

习惯上把含有饱和脂肪酸比例较多的固体脂肪称为"脂"，把含有不饱和脂肪酸比例较多的液体脂肪称为"油"。不饱和脂肪酸中的亚油酸、亚麻酸和花生四烯酸是人体内不能合成的必需脂肪酸。近代营养学家研究证明，这三种必需脂肪酸具有降低血液中胆固醇的功效，对防止动脉血管粥样硬化和冠心病有良好的作用。在植物油中含有亚油酸较多，而且还含有谷固醇，对降低胆固醇也有促进作用，玉米油就是一例。稻米油中的谷固醇较多，所以也有促进降低血液中胆固醇的效果。

几种功能性脂肪酸（α-亚麻酸、γ-亚麻酸和亚油酸）食用油脂资源见表 2-13。

表 2-13		几种功能性脂肪酸食用油脂资源	
油脂	亚油酸含量/%	α-亚麻酸含量/%	γ-亚麻酸含量/%
红花子油	56~81	—	—
葵花子油	51~73	—	—
核桃仁油	57~76	10~16	—
紫苏子油	—	44~70	—
葡萄子油	—	12	—
月见草油	—	—	7~15
黑加仑油	—	—	15~20
玉米油	32~62	—	1~2
小麦胚油	57	5.2	—
稻米油	20~40	1~2	—
沙棘子油	35~46	17~33	—
油莎豆油	11	2	—

(三) 脂肪中的蜡质、磷脂和固醇

1. 蜡质

蜡质是高分子一元醇和高级脂肪酸缩合而成的酯，广泛存在于植物表面，油料的表皮也有这种蜡质，经加工成油脂后，蜡质也会溶入植物油中。蜡质的存在虽不妨碍人体健康，但会降低植物油的透明度，尤其是在低温的冬天，油脂的透明度降低，其原因之一就是蜡质在低温下溶解度降低，经过"冬化"精制的植物油可以把其中的蜡质去除。

2. 磷脂

磷脂也是一种甘油酯，这种甘油酯的组成除了甘油和脂肪酸外，还有磷酸和有机碱的成分。在植物油没有精制前都含有这种磷脂。磷脂的有机碱可以防止肝脏中积存过多的脂肪，所以磷脂是对人体有益的成分。但在加工食品时，如果脂肪含磷脂过多，一经加热会产生较多的泡沫并易焦化，影响食物的外观。从植物油中"水化"精制得到的磷脂，是食品工业的乳化剂和制作健康食品的尚佳原料。

3. 固醇（甾醇）

固醇是环戊烷多氢菲的衍生物，在常温下呈固体，所以称它为固醇。固醇存在于动植物脂肪中，主要是植物固醇，如谷甾醇和豆甾醇等，麦角甾醇为菌性固醇。存在于动物脂肪中的则为胆固醇。固醇不溶于水，不会被碱皂化，它是不皂化物的成分之一。

(四) 脂肪的主要化学性质

1. 脂肪的水解和酸败

脂肪在水、碱、酶的作用下，都能发生水解反应，使甘油酯水解（还原）为甘油和游离脂肪酸。用不新鲜的油料提取的脂肪或由于贮藏在不当条件下，脂肪也会发生水解而使游离脂肪酸的含量增加。游离脂肪酸增加是脂肪变质的先决条件。因此鉴定脂肪的新鲜度，游离脂肪酸的含量（即酸价）是重要的指标。酸价是指"中和一克脂肪中

所含游离脂肪酸所需要的氢氧化钾的毫克数"。酸价增加，说明脂肪发生了水解反应。25
脂肪在碱液中水解时，产生的游离脂肪酸又与碱发生"皂化反应"，生成的脂肪酸的碱
金属盐就是肥皂。

2. 脂肪的氧化劣变

脂肪水解后生成的游离脂肪酸，其中的不饱和脂肪酸在催化剂（光、金属等）的
作用下会发生缓慢的氧化，这种氧化反应产生在不饱和碳原子的相邻的活泼的亚甲基的
碳原子上，先使亚甲基的碳原子脱去一个氢，形成新的自由基，而本身产生过氧化物。
如此进行着连锁反应，生成很多过氧化物。这种过氧化物很不稳定，会继续氧化裂解，
产生醛、酮、酸等有哈味的产物，这就是脂肪的氧化劣变，它使脂肪透明度降低，颜色
加深，浑浊度增大；产生异味、臭味且具有毒性而失去食用价值。

四、脂肪的营养价值评价

（一）必需脂肪酸的含量

人体内不能合成，必须由食物供给的不饱和脂肪酸称为"必需脂肪酸"。如亚油
酸、亚麻酸和花生四烯酸。必需脂肪酸具有重要的生理功能——是组织细胞的组成部
分，参与脂类代谢，保护皮肤，是前列腺素在体内合成的原料，如果长期缺乏，可导致
皮炎等多种疾病。常见植物油中亚油酸的含量见表 2-14。

表 2-14　　　　　　　　常见植物油中亚油酸的含量　　　　　　　　单位：%

食物名称	亚油酸含量 [C 18 : 2 $(n-6)$]	食物名称	亚油酸含量 [C 18 : 2 $(n-6)$]
棕榈油	12	稻米油	33
棉子油	53.3	芥花子油	19
大豆油	52	花生油	38
玉米油	56	茶子油	10
芝麻油	43.2	葵花子油	63

（二）脂肪的消化率

脂肪的消化率和脂肪的熔点有密切的关系，一般熔点越低，消化率越高。熔点在
37℃以下人体容易消化；熔点在 40℃以上的脂肪，消化率较低。脂肪的熔点取决于脂
肪酸的饱和度和分子质量大小。不饱和脂肪酸的含量越高，脂肪的熔点就越低，也就越
容易被人体消化吸收。几种食用油脂的熔点和消化率见表 2-15。

表 2-15　　　　　　　　几种食用油脂的熔点及消化率

食用油脂	熔点/℃	消化率/%	食用油脂	熔点/℃	消化率/%
花生油	低于 15	97	芝麻油	低于 8	98
菜子油	低于 10	98	葵花子油	低于 10	98
大豆油	低于 5	99			

（三）脂溶性维生素和不饱和脂肪酸含量

脂溶性维生素常和脂类共同存在。玉米油、小麦胚油既含有大量的不饱和脂肪酸，又含有丰富的维生素 E，营养价值高于一般油脂。几种植物油脂的脂肪酸含量见表2-16。

表 2-16	几种植物油脂的脂肪酸含量				单位:%
名称	饱和脂肪酸含量	不饱和脂肪酸含量			
		全部	油酸 [C 18:1 (n-9)]	亚麻酸（C 18:3）	其他
玉米油	15	85	28		57
橄榄油	10	90	83		7
花生油	19	81	41	0.4	39.6
芝麻油	15	85	42	0.2	44.8
大豆油	16	84	24	7.8	54.2
红花子油	8	92	15		77

五、脂肪的食物来源

主要油脂所产生的热量见表2-17。

表 2-17		主要油脂产生热量表			单位：J/14g
名称	热量	名称	热量	名称	热量
葵花子油	502	玉米油	506	猪油	523
大豆油	511	橄榄油	481		
花生油	527	奶油	419		

第三节　蛋白质和氨基酸

蛋白质是粮油食品中主要含氮的营养素。蛋白质主要是由碳、氢、氧、氮4种元素构成的复杂的高分子有机物。它与糖类、脂肪等营养物质相比，是重要的含氮物质。而碳水化合物和脂肪只含碳、氢、氧不含氮。蛋白质普遍存在于各种粮食和油料中，尤以豆类、油料种子含量较高。如大豆的蛋白质含量可高达50%以上，但谷类粮食蛋白质的含量一般只有10%左右。

一、蛋白质的生理特性

蛋白质是一切细胞中最重要的化学成分之一，是生命活动的物质基础。一切生命都是蛋白质存在的形式。蛋白质在人体生理方面具有特殊的作用。人体内的蛋白质约占体重的 18%。蛋白质的营养成分除了能产生热量外，还是体内吸取氮元素的唯一来源。它的营养成分是其他营养素所不能代替的。人类如长期缺乏蛋白质可致生长发育迟缓、消瘦、疲倦和骨折后不易愈合，病后康复缓慢等。因此蛋白质在营养上有着重要价值，必须保证充分供给。

二、蛋白质的组成和性质

（一）蛋白质的组成和性质

蛋白质是由多种氨基酸结合而成的高分子化合物。蛋白质是由许多化学元素组成的，最主要是碳、氢、氧、氮、硫、磷六种元素，此外还有铁、碘、钴、铜等微量元素。蛋白质含氮量基本上是恒定的，平均值大约是 16%。因此测定蛋白质在食品中主要是测氮的含量。纯粹的蛋白质是一种胶性高分子含氮有机物质。大多数能溶于中性盐溶液和弱酸、弱碱、醇溶液。谷类粮食中以碱溶性和醇溶性蛋白质为主。豆类种子则以水溶性和盐溶性蛋白质为主。蛋白质在遇到高温，强酸等条件下会变性凝固。蛋白质经过水解会分解成很多种氨基酸分子。氨基酸是组成蛋白质的基本单位。在人体及食物蛋白质中已经分离和鉴定的有 21 种，其中有 8 种是人体内不能合成或合成速度缓慢，这些氨基酸称人体的"必需氨基酸"。必需氨基酸包括赖氨酸、色氨酸、苯丙氨酸、亮氨酸、异亮氨酸、甲硫氨酸、苏氨酸、缬氨酸 8 种，如缺少其中一种就不能合成蛋白质，只能作为能源。必需氨基酸必须从食物中摄取，如膳食中缺乏它就会影响身体健康。几种粮谷类的氨基酸含量见表 2-18。

表 2-18　　　　　　　　　　几种粮谷类的氨基酸含量　　　　　　单位：mg/100g

食物名称	缬氨酸	亮氨酸	异亮氨酸	苏氨酸	苯丙氨酸	色氨酸	甲硫氨酸	赖氨酸	精氨酸	组氨酸	酪氨酸	脯氨酸
粳米	394	610	257	280	344	122	125	255	—			
籼米	403	662	245	283	343	119	141	277	545	159	—	162
小麦面粉	454	763	384	328	487	122	151	262	460	240		272
玉米	415	1274	275	370	426	65	153	308	394	254		201
小米	548	1489	376	467	562	202	300	229				—
黄豆	1800	3631	1607	1645	1800	462	409	2293	3146	1016		
马铃薯	113	113	70	71	81	32	30	93	—	—		28
甘薯	64	55	31	37	49	15	15	26	—	—		11
鸡蛋	1200	1842	955	1182	803	266	646	—	1703	875	948	279
牛奶	215	305	145	142	150	42	88	237	—	—		41

非必需氨基酸也是体内需要的，但可以在体内利用氮元素来合成，不需要由食物直

28　接供给。非必需氨基酸包括酪氨酸、甘氨酸、丝氨酸、谷氨酸、天冬氨酸、丙氨酸、脯氨酸、精氨酸、半胱氨酸、甲烯胱氨酸、天冬酰胺、谷氨酰胺 12 种。

（二）氨基酸的营养强化

氨基酸是构成生物体蛋白质并同生命活动有关的最基本的物质，是在生物体内构成蛋白质分子的基本单位，与生物的生命活动有着密切的关系，在机体内具有特殊的生理功能，是生物体内不可缺少的营养成分之一。氨基酸对人体具有增强体质、加强机体的防御机能，提高生命质量，延缓衰老等功能。世界上发达国家（美国和日本等）已将氨基酸列为国民首选营养健康食品。我国随着食品工业的发展，人民生活水平的不断提高以及人们营养，健康意识的强化，对氨基酸营养的需求也在逐步增长。氨基酸通过肽键连接起来成为肽与蛋白质。氨基酸、肽与蛋白质均是有机生命体组织细胞的基本组成成分，对生命活动发挥着重要的作用。

三、蛋白质的分类

根据蛋白质的营养价值及含氨基酸的种类和比例可以将蛋白质分为三类。

（1）完全蛋白质　所含的氨基酸的种类、比例都与人体蛋白质相近似。若膳食中每日有这类蛋白质，就能维持身体健康，还能促进儿童发育。肉类、鱼类、家禽、牛奶、鸡蛋及黄豆等食物中所含蛋白质为完全蛋白质。

（2）半完全蛋白质　所含的氨基酸种类与人体近似，但比例不合适。此类蛋白质不能在人体内充分被利用和满足人体合成组织细胞蛋白质的需要。如果长期只食用这类蛋白质对人体生长发育会有一定影响。面粉、米、粗粮、杂豆和干果（花生、瓜子、杏仁）等食物中所含的蛋白质就是这类蛋白质。

（3）不完全蛋白质　缺少一种或数种必需氨基酸。如果长期食用这类蛋白质，就不能维持人体健康。肉皮或蹄筋中所含的明胶，海菜中的琼脂，玉米中的蛋白质等属于这类蛋白质。

四、蛋白质的营养价值评价

各种食物中蛋白质的组成及其状态不同，因此其营养价值也有差异。评定一种食物蛋白质的营养价值主要取决于以下几点。

（一）蛋白质的含量

各种食物内蛋白质的含量相差悬殊，但各种蛋白质平均含氮量为 16% 左右。即一克氮所代表的蛋白质质量为 6.25g。因此可以将测得的氮值乘以 6.25 即为蛋白质含量。食物蛋白质中如缺乏一种或数种必需氨基酸，或必需氨基酸含量比列不适合时，这种蛋白质或氨基酸混合物便不适用于营养。因为在这种情况下人体内的蛋白质合成只能靠分解人体蛋白质才能完成，可造成负氮平衡（摄入的氮量低于排除氮量）或作为能量使用。高质量的蛋白质不但含有极丰富的必需氨基酸而且还含有大量的半必需氨基酸（人体内不能合成，但通过必需氨基酸能转化的氨基酸），比例适当，这种蛋白质的生理价值高，对人体营养也就丰富。

（二）蛋白质的消化吸收率

消化率越高，被体内吸收利用的可能性越大，其营养价值也越高。消化率的高低，取决于食物的品种、烹调及加工方法等。一般而言，动物性蛋白质较植物性蛋白质消化率高，这是由于植物性食品蛋白质往往被纤维素所包裹，与消化酶接触程度低之故。另外，有些食品中存在抗胰蛋白酶的因素而使消化率降低，如大豆和禽蛋中都含有，但经烹饪（加热）即被破坏。又如将大豆加工成豆浆、豆腐其蛋白质就比整粒食用时消化率高很多。

$$蛋白质消化率 / \% = \frac{摄入氮量 - (粪氮量 - 粪内源氮量)}{摄入氮量} \times 100$$

（三）蛋白质的生物价

蛋白质的生物价（或称生理价值）是指吸收后在体内储藏真正被利用的氮与体内被吸收氮的比值。

$$生物价 / \% = \frac{氮在体内储留量}{氮在体内吸收量} \times 100$$

$$= \frac{摄入氮量 - (粪氮量 - 粪内源氮量) - (尿氮量 - 尿内源氮量)}{摄入氮量 - (粪氮量 - 粪内源氮量)} \times 100$$

动物性蛋白质的生物价比植物性蛋白质高。生物价的高低主要取决于蛋白质中必需氨基酸的含量与比值与人体的需要相符合的程度，与人体需要越接近，生物价越高。通常将鸡蛋蛋白质作为参考蛋白质，并根据它所含必需氨基酸的构成比例作为一种理想的蛋白质中各种必需氨基酸的比例。人体必需氨基酸需要量（估计量）及其比例见表2-19。

表 2-19　　　　　　　　　　人体必需氨基酸需要量（估计量）及其比例

氨基酸种类	成人		儿童		婴幼儿	
	需要量/ [mg/(kg·d)]	比例/%	需要量/ [mg/(kg·d)]	比例/%	需求量/ [mg/(kg·d)]	比例/%
苯丙氨酸	14	4.0	27	6.8	125	7.4
赖氨酸	12	3.4	60	15	103	6.0
苏氨酸	7	2.0	35	8.8	87	5.1
甲硫氨酸	13	3.7	27	6.8	50	3.4
亮氨酸	14	4.0	45	11.3	161	9.5
异亮氨酸	10	2.8	20	7.5	87	5.1
缬氨酸	10	2.8	33	8.3	93	5.5
色氨酸	3.5	1	4	1	17	1

常见食物蛋白质，必需氨基酸含量及相互间比值见表2-20。

表 2-20　　　　　　　常见食物蛋白质，必需氨基酸含量及相互间比值

必需氨基酸	全鸡蛋		黄豆		稻米		面粉		花生	
	含量/%	比值/%	含量/%	比值/%	含量/%	比值/%	含量/%	比值/%	含量/%	比值/%
色氨酸	1.5	1.0	1.4	1.0	1.3	1.0	0.8	1.0	1.0	1.0
苯丙氨酸	6.3	4.2	5.3	3.2	5.0	3.8	5.5	6.9	5.1	5.1
赖氨酸	7.0	4.7	6.8	4.9	3.8	2.3	1.9	2.4	3.0	3.0
苏氨酸	4.3	2.9	3.9	2.8	3.8	2.9	2.7	3.4	1.6	1.6
甲硫氨酸	4.0	2.7	1.7	1.2	3.0	2.3	2.0	2.5	1.0	1.0
亮氨酸	9.2	6.1	8.0	5.7	8.2	6.3	7.0	8.8	6.7	6.7
异亮氨酸	7.7	5.1	6.0	4.3	5.2	4.0	4.2	5.2	4.6	4.6
缬氨酸	7.2	4.8	5.3	3.3	6.0	4.8	4.1	5.1	4.4	4.4

部分常用食物蛋白质生物价见表 2-21。

表 2-21　　　　　　　　　部分常用食物蛋白质生物价

食品	生物价/%	食品	生物价/%	食品	生物价/%
鸡蛋	94	大米	77	蚕豆	58
牛奶	90	小米	57	绿豆	58
大麦	64	玉米	60	花生	59
芝麻	71	面粉	52	甘薯	72
燕麦	65	大豆	64	马铃薯	67
麦麸	74	扁豆	72	葵花子	65

（四）蛋白质的互补作用

在日常生活中，人们往往是摄取混合食物，而混合食品蛋白质的生物价比单一食品生物价有相应提高。这是因为几种食品蛋白质混合使用，每一种食物蛋白质所缺少或不足的氨基酸数量可由另一种食品蛋白质来补偿，即为蛋白质的"互补作用"。一般植物蛋白质除大豆外，营养价值都较低。而我国膳食蛋白质的来源中，植物蛋白质占较大比例，所以只有混合食用，才能得到比较好的营养效果。例如，一般豆类蛋白质缺少蛋氨酸，但富含苏氨酸，而大多数粮谷类蛋白质则与之相反，因此如果谷类和豆类混合食用，两者蛋白质可以起互补作用，蛋白质的生物价就会提高。能起互补作用的食品最好能同时摄入，相距不可以超过 4h，否则就起不到互补作用。几种混合食物蛋白质的生物价见表 2-22。

表 2-22					几种混合食物蛋白质的生物价							
蛋白质来源	玉米	小麦	大豆	小米	小麦	大豆	豌豆	小麦	大米	大豆	豆腐	面筋
占总蛋白质分数/%	23	25	53	19	25	34	22	39	13	22	42	58
单进食	60	57	64	57	67	64	48	67	57	64	65	67
混合进食		73				74				89		77

五、蛋白质的食物来源

各种食物中蛋白质含量见表 2-23。

表 2-23		各种食物中蛋白质含量		单位: g/100g	
食物名称	蛋白质	食物名称	蛋白质	食物名称	蛋白质
大米	8	豆腐	7	肉类	18
面粉	11	豆腐丝	21	鸡蛋	14
大豆	36	大麦仁	10	青稞	10
糯米	9	荞麦	9	莜麦	12
燕麦	15	鲜玉米	4	黄米粉	9
小米	9	薏苡仁	12	黑芝麻	19
黑大豆	36	青豆	34	蚕豆	24

第四节　维生素

维生素是维持人体生命和健康所必需的物质，粮油食品是多种维生素的重要来源。它虽然不能供给能量，也不作为有机体的构成物质，但却在生物体的生命活动中起着很重要的作用。

一、维生素的营养价值

多种维生素不能由人体合成，或者合成量不足，所以虽然需要量很少，每天仅以 mg 和 μg 计，但必须由食物供给。维生素种类很多，化学结构各不相同。在生理功能上一般不是构造各种组织的原料，更不是能量的来源。很多维生素是辅酶的重要组成部分，在物质代谢中发挥着重要作用。如果人体长期缺乏或不足时，会引起代谢紊乱以及出现病理状态，形成维生素缺乏症；而长期轻度缺乏，尚无明显症状时，称为维生素不足症状，如仅缺乏某种维生素，可出现某种维生素特有的缺乏症状。如长期缺乏维生素的供给量，就不能保证机体处于健康水平。粮油食品中主要维生素的性质、生理功能见

32　表 2-24。

表 2-24　　　　　　　　粮油食品中主要维生素的性质及其生理功能

名称	主要性质	主要生理功能	主要来源
维生素 A	易氧化和被光破坏，耐酸、碱	抗干眼病、预防表皮细胞角质化、促进人体生长发育	黄玉米、土豆、甘薯，一般粮食中含量极少
维生素 E（生育酚）	极易氧化、耐酸、碱、热等	预防不孕症、能延缓衰老、使人体生命力旺盛	各类胚芽、植物油脂
维生素 B_1（硫胺素）	不耐碱、光，在酸中耐热、溶水	能增进食欲、促进生长、抗神经炎、脚气病	各类粮食、油料的皮、胚、糊粉层
维生素 B_2（核黄素）	同上	预防唇炎、舌炎、皮炎、角膜炎等	各类粮食、尤以花生、大豆、发芽粮
烟酸	耐酸、碱、热、稳定、溶水	预防癞皮病、调节神经系统，肠胃表皮活动	各类粮食、花生、大豆、禾谷类的皮层和胚
维生素 C（抗坏血酸）	不耐酸碱、遇铜更易氧化，在酸中耐热，溶水	能维持骨骼、牙齿、血管、肌肉的正常功能，增强对疾病的抵抗力	发芽的粮食中、黄豆芽、绿豆芽

二、维生素的类别和主要维生素

在食品中发现的维生素约有 30 余种，它的化学组成和分子结构已被人们所了解，并已能人工合成。维生素可分为脂溶性维生素（如维生素 A、维生素 D、维生素 E、维生素 K）和水溶性维生素（如维生素 B_1、维生素 B_2、维生素 C 等）。主要维生素的分类见表 2-25。

表 2-25　　　　　　　　　　主要维生素的分类表

脂溶性维生素	水溶性维生素	
维生素 A	维生素 B_1（硫胺素）	泛酸
维生素 D	维生素 B_2（核黄素）	生物素
维生素 E	烟酸	肌醇
维生素 K	维生素 B_6	对氨基苯甲酸（PABA）
	维生素 B_{12}	维生素 C
	叶酸	

（一）脂溶性维生素

它只能溶于脂肪或有机溶剂。这类维生素多存在于食品的脂肪组织中，主要有维生素 A 和维生素 A 原、维生素 E、维生素 K、维生素 D。

1. 维生素 A 和维生素 A 原

（1）性质和生理功能 维生素 A 只能在动物体中找到，包括维生素 A_1、维生素 A_2，又称视黄醇。维生素 A 原存在于植物体内的黄-红色素中，有数种不同形式，分 α-胡萝卜素和 β-胡萝卜素、γ-胡萝卜素和隐黄质。其中以 β-胡萝卜素最为重要。人体吸收这些化合物以后就在肠黏膜内转变成维生素 A，故胡萝卜素又称为维生素 A 原。

转化图解示意见图 2-1。

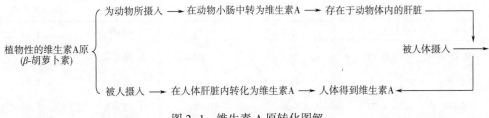

图 2-1 维生素 A 原转化图解

维生素 A 和维生素 A 原对热、酸、碱均较稳定。一般在烹调和制罐头过程中不被破坏，但易被空气中的氧所氧化破坏，特别是在高温条件下，紫外线可促进这种氧化破坏。脂肪酸败时，所含的维生素 A 和胡萝卜素将严重破坏。维生素 A 和胡萝卜素在小肠内被吸收利用，一般人体可完全利用维生素 A，而胡萝卜素在体内利用率为 50% ~ 70%，若同时摄取熔点在 50℃ 以下的脂肪，则可提高胡萝卜素的吸收利用率。为此，人体所需维生素 A 不宜完全靠胡萝卜素供给，一般是胡萝卜素可占 2/3，维生素 A 占 1/3。维生素 A 在体内的主要功用是维持和促进人体的生长发育，维持上皮组织结构的完整和健全，保证正常视力，防止干眼症和夜盲症的发生。

（2）来源 维生素 A 存在于动物性食品中，如肝脏、鱼肝油、乳制品和蛋黄等，而以鱼肝油含量较多。胡萝卜素存在于植物性食品中，在一般有色蔬菜中，如胡萝卜、番茄、杏子等食物中含量较丰富。

2. 维生素 D

维生素 D 主要包括维生素 D_2 和维生素 D_3，为固醇衍生物。维生素 D_2 由植物油或酵母中所含麦角固醇经紫外线照射后而形成。维生素 D_3 来源于动物性食品和人体皮肤和脂肪组织中所含的脱氢胆固醇经紫外线照射后的产物。所以只要有阳光接触就不会缺乏维生素 D_3。维生素 D 相当稳定，不溶于水，易溶于脂肪和脂肪溶剂内，对氧、酸、碱均较稳定，耐热，所以久经贮藏而不会被破坏，在一般烹调中损失也较少。维生素 D 在体内的主要功用，在于促进小肠壁对食物中钙、磷的吸收，调节体内钙、磷的代谢，保证骨骼的正等钙化。缺乏时，成人易患软骨病和骨质疏松，婴孩则易发生佝偻症。维生素 D 的食物来源主要是鱼肝油，它是维生素 D 含量最丰富的食物，其次是蛋黄和肝，以及牛奶和植物油等。

3. 维生素 E

维生素 E 具有抗氧化作用，它可以抑制游离基因的形成，阻止不饱和脂肪酸的氧化，减少氧自由基（氧化性很强的氧）对细胞成分蛋白质、核酸、脂质和糖等的改变和破坏，从而保护细胞，推迟它的老化。脂肪酸、氧气、维生素 E 必须维持平衡状态。如果缺乏维生素 E，会引起未老先衰，产生疾病。除此，维生素 E 还可以保护维生素 A，维生素 D 的存在使其免遭氧的破坏，从而强化了维生素 A 的抗癌作用。维生素 E 不能在体内自然产生，需从食物中摄取。它广泛存在于谷物胚芽及植物油脂中。特别是小麦胚油、玉米油和花生油中含量较多。常见粮食维生素 E 含量见表 2-26。

表 2-26　　常见粮食维生素 E 含量　　　　　　　　单位：mg/100g

名称	维生素 E 含量	名称	维生素 E 含量	名称	维生素 E 含量
粳米	1.01	青稞	1.25	小米	3.63
糯米	0.93	燕麦	3.07	鲜玉米	0.46
小麦粉	1.8	荞麦	4.4	黄米粉	4.61
大麦仁	1.23	小麦	7.96	高粱米	1.88
薏苡仁	2.08	黑芝麻	50.4	甘薯	0.28
黄大豆	18.9	黑大豆	17.36	青豆	10.95
红小豆	14.36	蚕豆	4.90	豌豆	1.97

部分食用植物油中维生素 E 的含量见表 2-27。

表 2-27　　部分食用植物油维生素 E 的含量　　　　　　单位：mg/100g

名称	维生素 E 含量	名称	维生素 E 含量	名称	维生素 E 含量
大豆油	93.08	茶子油	27.9	葵花子油	54.6
花生油	42.06	棕榈油	15.24	棉子油	86.45
芝麻油	68.53	菜子油	60.89	玉米油	51.94

（二）水溶性维生素

1. 维生素 B_1

维生素 B_1 又称硫胺素，是脱羧辅酶的主要成分。所谓辅酶就是可以和一种酶结合在一起，产生一种新的化合物，而且具有酶活性的物质。它在碳水化合物代谢过程中占有重要的地位。当葡萄糖分解产生能量时，生成丙酮酸的乳糖在维生素 B_1 的酶酸帮助下，丙酮才能很快地形成二氧化碳和乙酰辅酶 A，而乳糖则转变为肝糖。如果缺乏维生素 B_1，这种转化过程就停顿，乳糖就会积存在肌肉组织内，使肌肉纤维化，因而肌肉无力，全身怠倦。能引起人体的脚气病，食欲不振，消化不良等症状。此外，在脂肪和碳水化合物代谢的中间产物 α-酮戊二酸的脱羧作用中，也需要维生素 B_1，和焦磷酸盐的作用下进入三羧循环而继续进行代谢。维生素 B_1 能促进消化液酸分解，从而能增加食欲，是人体充分利用碳水化合物所必需的物质，可以防止神经炎和脚气病。缺乏维生素 B_1 时，会引起心脏扩张，心跳减慢，体重减轻，生长迟缓。

维生素 B_1 对空气中的氧稳定，能耐热，特别是在酸性物质中稳定，当加热到 120℃，仍不能被破坏。但在碱性溶液中极不稳定，易破坏，如煮粥、煮豆、蒸馒头中，若加入过量的碱，会造成维生素 B_1 的大量破坏损失。维生素 B_1 大量存在于米糠、麸皮、糙米、全麦粉、豆类等食物中，花生米、核桃仁、甜杏仁、江米酒及小麦芽等维生素 B_1 含量也都很丰富。常见粮食的维生素 B_1 含量见表 2-28。

表 2-28　　　　　　　　　　　常见粮食的维生素 B_1 含量　　　　　　　　单位：mg/100g

名称	维生素 B_1 含量	名称	维生素 B_1 含量	名称	维生素 B_1 含量
小麦	0.39	高粱米	0.29	大豆	0.41
荞麦	0.28	小麦粉	0.28	黑大豆	0.2
鲜玉米	0.16	粳米	0.16	小米	0.33
燕麦	0.30	薏苡仁	0.22	糯米	0.1

2. 维生素 B_2

维生素 B_2 又称核黄素，它是人体中新陈代谢酶系统中的一个组成部分，这种酶称作核黄素蛋白。它主要的作用是促进细胞的氧化还原作用，为糖脂、脂肪和蛋白质三大营养素代谢源不可缺少的物质。

维生素 B_2 能保护眼睛明亮有神。老年人如果注意饮食，摄取充分的蛋白质以及各种维生素；尤其是维生素 B_2，也可以保持良好的视力。维生素 B_2 缺乏时，容易引起舌炎和口角炎、皮炎、角膜炎等。

维生素 B_2 植物性食物中黄豆含量较多，花生、杏仁、葵花子等维生素 B_2 含量也较多。常见粮食维生素 B_2 含量见表 2-29。

表 2-29　　　　　　　　　　　常见粮食维生素 B_2 含量　　　　　　　　　单位：mg/100g

名称	维生素 B_2 含量	名称	维生素 B_2 含量	名称	维生素 B_2 含量
荞麦	0.16	黑芝麻	0.25	莜麦	0.04
青稞	0.21	高粱米	0.10	燕麦	0.13
绿豆	0.11	薏苡仁	0.15	红小豆	0.11
黑豆	0.33	马铃薯	0.04	蚕豆	0.23
黄豆	0.20	小麦粉	0.08	大麦仁	0.14
山药	0.02	糯米	0.03	粳米	0.18

3. 维生素 C

维生素 C 又名抗坏血酸，是酸性己糖衍生物。在自然界中可以找到两种形式的抗坏血酸，一种是还原形式（L-抗坏血酸）。另一种是氧化形式（L-脱氢抗坏血酸），然后变回到抗坏血酸。两种形式都存在于植物和动物组织中，两种形式都应用于人体的营养治疗。

维生素 C 与骨胶原的形式有密切关系。骨胶原是结缔组织的组成蛋白质，又名胶原蛋白。坏血病的就是因为血管壁内的胶原形式不好，所以就容易出血。维生素 C 的主要功用之一就是帮助制造胶原。胶原的作用就是把体内的细胞联合在一起。由于胶原形成的结缔组织，人体内的细胞才能获得支持和保护。这些结缔组织集中在软骨层。骨骼韧带和所有血管壁以及牙齿间。如果维生素 C 供应不足，结缔组织就会崩溃，就会产生坏血病。如牙龈出血、肿胀、牙齿脱落、下肢疼痛和身体衰弱等。维生素 C 可以促进外伤愈合。维生素 C 缺乏时容易发生骨折，血管容易破裂，特别是妇女磕碰时会出现青蓝色。

维生素 C 是一种活性很强的还原性物质，易溶于水，不耐热，加热时接触空气更易破坏，在酸性溶液中较稳定，在碱性溶液中不稳定，有微量铜、铁金属离子存在时，更易被氧化分解。

维生素 C 优良来源为酸枣、红果等。常见食物的维生素 C 含量见表 2-30。

表 2-30 　　　　　　　　　　常见食物的维生素 C 含量　　　　　　　　单位：mg/100g

名称	维生素 C 含量	名称	维生素 C 含量	名称	维生素 C 含量
黄豆芽	8	马铃薯	27	胡萝卜	13
绿豆芽	6	山药	5	菠菜	32
毛豆	19	甘薯	26	大白菜	47
鲜红豆	19	刀豆	15	草莓	35

4. 维生素 B_6

维生素 B_6 是一种吡啶的衍生物，包括吡哆醇、吡哆醛、吡哆胺三种化合物。它们都具有维生素 B_6 的活性，例如，磷酸吡哆醛在碳水化合物及脂肪的新陈代谢中发挥辅酶的作用，色氨酸的合成也需要维生素 B_6 的存在。因此，维生素 B_6 对于蛋白质的代谢具有重要意义。婴儿生长首先需要蛋白质，而蛋白质的合成离不开维生素 B_6，因此，维生素 B_6 又称氨基酸代谢维生素。在人体生长期间，随时需要维生素 B_6 的作用。如果妇女在怀孕期间缺乏维生素 B_6，会造成婴儿体重不足，容易发生痉挛、贫血、生长缓慢等现象。

维生素 B_6 还具有防治肾结石的功效。美国加利福尼亚大学洛杉矶分校诺德曼教授近期研究报告说：维生素 B_6 能干扰人体酢浆草酸的产生、酢浆草酸在人体代谢中参与肾结石的形成。医学专家认为，人体内缺乏维生素 B_6 是发生肾结石的重要作用诱因。因此，中年人应多注意适当增加富含维生素 B_6 的食物，如粗粮、米面粉、牛奶、蛋品、干酵母、新鲜白菜等。维生素 B_6 对热较稳定，在强酸、强碱溶液中，对高压下加热也较稳定，但在中性或碱性渗溶中对紫外光很敏感。维生素 B_6 广泛地存在于食物中，尤以蛋黄、动物肝脏等更为丰富。常见食物中维生素 B_6 含量见表 2-31。

表 2-31 　　　　　　　　　　常见食物维生素 B_6 含量

名称	干酵母	米糠	麦麸	白面包	大米	马铃薯	嫩豌豆
含量/（mg/100g）	2.5~5.0	5.0	1.65	0.04	0.16	0.22	0.16

5. 烟酸

维生素 PP 即维生素 B_5，又称抗癞皮病维生素。它包括烟酸和烟酰胺两种化合物，是吡啶衍生物。烟酸微溶于水，易溶于酒精，是维生素中最稳定的一种，不为酸、碱及热所破坏，对光和空气也很稳定。烟酰胺易溶于水，在酸性溶液中加热即变为烟酸。人体内能由色氨酸合成烟酸，参与糖、蛋白质和脂肪三大营养素的代谢作用，缺乏时易发生癞皮病、腹泻及痴呆。一般来说，膳食中色氨酸 60mg 可相当于烟酸 1g。烟酸优良的食物来源为粗粮（糙米、大麦米、麸皮等）、豆类、花生、芝麻等。牛奶的烟酸含量很低，但含有大量的色氨酸，可以转变为烟酸，谷类食品中烟酸的利用率很低或不能利用，加碱才能使之释放出来烟酸。常见粮食的烟酸含量见表 2-32。

表 2-32　　　　　　　　　　常见粮食的烟酸含量　　　　　　　　单位：mg/100g

名称	烟酸含量	名称	烟酸含量	名称	烟酸含量
小麦粉	2.0	薏苡仁	2.0	蚕豆	2.2
粳米	1.3	大麦仁	3.9	绿豆	2.0
小米	1.5	青稞	3.6	云豆	2.4
糯米	1.9	鲜玉米	1.8	黑豆	2.0
燕麦	1.2	黄米粉	1.3	高粱米	1.6
荞麦	2.2	黑芝麻	5.9	甘薯	0.6

第五节　无机盐（矿物质）

粮油籽粒中无机盐（矿物质）的含量一般为 0.5%～5.5%，带壳、粒小的，皮层厚的粮食含量高，如稻谷约含 5.3%，芝麻、油菜子、大豆均含 5% 左右，其他如小麦、高粱、玉米等只含 1.5%～1.8%。粮油籽粒中矿物元素分布不均匀，粮粒的壳、内层、糊粉层以及胚部含量较多，而在胚乳中含量却很少。

矿物质一般在粮食、粮油食品中以及其他食物中含量都较为充足，大都能满足人体需要。矿物质是无机物营养素。由于通常是用高温灰化的方法来测定其含量，所以也称为"灰分"或"无机盐"。粮油食品通过高温灼烧后能留下灰分的物质，无论是金属元素还是非金属元素，均可称为"矿物质"。各种粮油食品中所含的矿物质一般都在 30 种以上，其中最重要的并且人体较易缺乏的有钙、磷、铁三种。在评定粮谷和粮油食品时，常把钙、磷、铁这三种矿物质加以检测和衡量。

一、食品中的矿物质及其营养价值

存在于人体的各种元素，除碳、氢、氧和氮主要以有机化合物形式出现外，其余各种元素，无论其含量多少，统称为无机盐。其中含量较多的有钙、镁、钠、钾、磷、硫和氯 7 种元素。其他元素铁、锌、铜、硒、碘、铬等称为"微量元素"。无机盐在人体

38 　中有着重要的作用，如血液中的钙质是构成骨骼和牙齿的主要材料，还可帮助血液凝固，维持正常的心肌活动。镁参与氧化磷酸化的多种酶类构成，并参与新陈代谢的合成和分解过程。血红素中的铁、铜，甲状腺激素中的碘和胰岛素中的锌等都是维持生命的不可缺少的物质。各种无机盐之间必须保持平衡，才能维持身体的正常功能，例如钙与磷必须有适当的比例，才能维持正常的骨骼钙化及成骨作用；钾与钠的比例适当，才能维持身体内的水、渗透压及酸碱平衡，以保持人体的健康。由于机体的新陈代谢，每天都有一定数量的无机盐和微量元素、从各种途径排出体外，因而需要不断地通过食物加以补充。

二、功能性粮油食品中的主要矿物质

人体容易缺乏的无机盐和微量元素主要有钙、铁、磷、碘、钠、钾、硒等。

（一）钙

钙是构成骨骼、牙齿的主要部分，人体内含钙的总量为 1200g，约 99% 集中于骨骼、牙齿中，主要是以羟磷灰石的形式存在，余下约 1% 的钙分布于体液及软组织中。钙能降低毛细血管及细胞膜的通透性和神经肌肉的兴奋性，参与肌肉收缩，细胞分泌以及凝血等过程。钙是人体内易发生不足的无机盐，它在肠道中吸收率较低，仅为 20%～30%。吸收率的高低受很多因素的影响，如膳食中的植酸、草酸等阴离子的多少，因钙离子可与它们形成不溶性钙盐；又如膳食中蛋白质，脂肪的含量，因蛋白质中有些氨基酸（如赖氨酸、精氨酸）能使肠内的 pH 下降，从而有利于钙的磷酸盐及碳酸盐的溶解；适量的脂肪有利于钙的吸收，但脂肪量过多，钙可与未被吸收的脂肪形成钙盐，而阻碍钙的吸收；膳食中钙磷的比例为 1：1.5 较好，磷酸盐含量过多时，可与肠道中钙结合成难溶于水的磷酸钙，从而降低钙的吸收，膳食中维生素 D 可以促进钙的吸收。常见粮食中钙的含量见表 2-33。

表 2-33　　　　　　　　　　常见粮食中钙含量　　　　　　　单位：mg/100g

名称	钙含量	名称	钙含量	名称	钙含量
粳米	11	高粱米	22	豌豆	95
籼米	10	薏苡仁	42	蚕豆	49
糯米	8	荞麦	47	黑豆	224
小麦粉	31	莜麦	27	黄豆	191
大麦仁	66	小米	41	红小豆	74
燕麦	186	绿豆	81	甘薯	23

粮食籽粒中，钙含量很少，且绝大多数分布在胚和糊粉层中，所以加工精度越高的粮谷含钙量越低。禾谷类粮食中钙以不溶性植酸盐形式存在，不利于人体吸收。因此，在膳食中应适当增加豆制品、乳品、鸡蛋等，以提高钙的摄取量。钙的主要食物来源为奶和奶制品，吸收率也高；豆类也是钙的较好来源。

（二）磷

磷和钙都是组成牙齿和骨骼的重要构成材料。正常人体骨骼中含磷总量为 600 ~ 900g，约占体内含磷总量的 80%，磷也是构成组织细胞中很多重要成分的原料，如磷酸、核酸、某些辅酶等。磷还参与很多重要的生理功能，如碳水化合物和脂肪的吸收和中间代谢。磷广泛地存在于动植物组织中，黄豆及谷类中虽含磷较多，但以植物磷的形式存在，吸收和利用率不高。常见粮食中磷的含量见表 2-34。

表 2-34　　　　　　　　　　　　常见粮食中的磷含量　　　　　　　　单位：mg/100g

名称	磷含量	名称	磷含量	名称	磷含量
小麦粉	188	高粱米	329	黄豆	465
小米	229	荞麦	297	蚕豆	339
粳米	121	燕麦	291	黑豆	500
籼米	141	大麦仁	381	豌豆	175
糯米	48	薏苡仁	217	绿豆	337
鲜玉米	117	莜麦	35	红小豆	305

各种粮食中含磷量较为丰富，其中以花生和大豆中含量最多。禾谷类粮食中的磷，大都含在种皮、壳、糊粉层和胚中，而且大都以植酸盐状态存在，人体难以消化吸收。但利用酵母发面或预先将谷类浸入热水中浸泡，可将大部分植酸磷分解为无机磷，有利于人体摄入。

（三）铁

成人体内含铁总量为 4~5g，有 2/3 的铁与血红蛋白结合，存在于红细胞中，有 1/4 的铁贮存于肝脏、骨髓、脾脏和胃黏膜上皮细胞中，以备人体急需时使用，还有少量铁存在于血浆中以及与蛋白质结合贮存在肌肉中，铁还参与体内细胞色素氧化酶的组成部分，对人体内氧的输送起着重要作用。植物性食物中，一般含有较多的植酸盐和磷酸盐，与铁形成不溶性的铁盐，故吸收率低，一般不足 1%。因此，我国以谷物为主食的地区，多发生缺铁性贫血症。动物性食物中的铁能直接被肠黏膜上皮细胞吸收。铁在人体内可以反复被利用，排出损失的数量很少。膳食中铁的良好来源是动物肝脏、蛋黄、豆类等。在膳食中适当增补这些食品，可以弥补体内铁的不足。常见粮食的含铁量见表 2-35。

表 2-35　　　　　　　　　　　　常见粮食中的铁含量　　　　　　　　单位：mg/100g

名称	铁含量	名称	铁含量	名称	铁含量
粳米	1.1	薏苡仁	3.6	花生仁	2.1
籼米	1.2	芡实	0.5	黄豆	8.2
小麦粉	3.5	小米	5.1	绿豆	6.5
高粱米	6.3	大麦仁	6.4	红小豆	7.4

铁在人体内还具有产热效能，使人体具有良好的抗寒能力。如果在人体血液中缺铁就会怕冷。铁的主要食物来源有大豆、扁豆、豌豆、谷物食品和芝麻等。

（四）镁

镁是一种有机催化剂。它能维持核酸结构的稳定性，还能激活人体各种酶，例如肽酶、磷酸酯酶等。此外，镁主要的功用是调节神经的兴奋性。缺乏镁时，人体的肌肉颤抖、精神紧张，手足抽搐，还易引起惊厥及失眠。成人体内含镁 20~30g，70%以磷酸盐和碳酸盐形式参与骨骼和牙齿组成，是骨骼和牙齿的重要成分之一。日常从食物中摄取的镁，大约有 1/3 在小肠中被吸收，不能被吸收的镁由粪便排出体外。镁的食物来源，在粮食作物中主要有大麦、小麦、燕麦、花生、豆类、小米和粗粮等。常见食物中镁的含量见表 2-36。

表 2-36　　　　　　　　　　　　　常见粮食中镁含量　　　　　　　　　　单位：mg/100g

名称	镁含量	名称	镁含量	名称	镁含量
粳米	34	大麦仁	158	蚕豆	113
籼米	57	荞麦	258	黄豆	199
小麦粉	50	糯米	50	红小豆	138
小米	107	燕麦	177	豌豆	83
鲜玉米	32	甘薯	12	花生仁	178
芡实	16	马铃薯	23	薏苡仁	88

（五）钾

成年人体内含有钾约 250g，比钠的含量多 1 倍余。但正常人对钾的消耗量要小于钠的消耗。因此，人体贮钾量多于贮钠量。钾和钠、氯一样，可以维持细胞内的渗透压力。钾是细胞内液中主要的阳离子，同时也是血液中的重要成分。钾能加强肌肉的兴奋性，维持心跳规律。如果血液中钾的含量不正常，就会影响纹肌的活性，造成肌肉传导异常。此外，钾还能参与蛋白质和碳水化合物及热能的代谢，使碳水化合物产生丙酮酸。钾还可以活化某些酶类。钾存在于植物性和动物性食物中，饮水中也含有钾。食物中的麸皮、豌豆、黄豆、马铃薯、白薯、赤豆、扁豆、蚕豆和花生等含钾量较丰富。常见食物的含钾量见表 2-37。

表 2-37　　　　　　　　　　　　　常见粮食中的钾含量　　　　　　　　　　单位：mg/100g

名称	钾含量	名称	钾含量	名称	钾含量
粳米	97	小米	284	薏苡仁	238
籼米	124	小麦面粉	190	芡实	60
糯米	136	大麦仁	49	黄豆	1503
燕麦	214	鲜玉米	238	黄豆芽	68
荞麦	401	高粱米	281	绿豆芽	160

钾的主要食物来源——谷类中含钾 100～200mg/100g，豆类中含钾 600～800mg/100g，含钾量高于 800mg/100g 以上的食物有赤豆、蚕豆、扁豆、黄豆和麦麸等。

（六）硒

硒作为谷胱甘肽过氧化物酶的组成成分，在人体内起着抗氧化作用，它能使细胞膜中的脂类免受过氧化氢和其他过氧化物的影响，从而保护细胞膜和细胞。硒还可增加血液中抗体含量，提高机体免疫力，对防治克山病、冠心病有一定辅助作用。硒集多种保健功用于一身，在抗衰老方面有较好的效果。食物中硒的含量因地区而异。谷物中硒含量较丰富，一般多从红米中获取。常见食物的硒含量见表 2-38。

表 2-38　　　　　　　　　　　常见粮食中的硒含量　　　　　　　　单位：μg/100g

名称	硒含量	名称	硒含量	名称	硒含量	名称	硒含量
芡实	6.03	绿豆芽	0.5	豌豆	41.8	黄豆	6.16
马铃薯	0.78	黄豆芽	0.96	红小豆	3.8	黑豆	6.79
山药	0.55	蚕豆	4.29	绿豆	4.28	粳米	2.5

在日常生活中，如果人体内含硒量低，会导致多种疾病发生；但含硒量过高，则会引起中毒症状。因此，判断硒摄入量是否合适，最好查一下血液中的硒浓度，在 0.1～0.4μg/L 为正常。对于生活在低硒地区的人群，必须注意补硒。最好不仅仅食用当地产的粮食，还适当食用其他省（区）产的粮食。

（七）锌

锌存在于人体所有组织中，具有多种生理功能。成年人体内含锌 1.4～2.3g，主要分布在肝脏、肌肉、骨骼和皮肤中。人体缺锌时，儿童生长发育停滞、脑垂体调节机能障碍、食欲不振、脱发、创伤难愈合等。因此，人体是不可缺锌的。植物性食物以花生、玉米含锌量多。但谷类食物因植酸的影响，限制了锌的利用，谷类碾磨加工后含锌量也明显减少。常见食物的含锌量见表 2-39。锌的主要食物来源有：谷类胚芽和麦麸、燕麦、花生和花生酱等。

表 2-39　　　　　　　　　　　常见粮食中的锌含量　　　　　　　　单位：mg/100g

名称	锌含量	名称	锌含量	名称	锌含量
花生仁	2.5	粳米	1.45	小米	1.87
葵花子	6.03	籼米	1.59	鲜玉米	0.9
核桃仁	2.17	糯米	1.2	高粱米	1.64
芡实	1.24	小麦粉	1.64	黄豆	3.43
燕麦	2.59	大麦仁	4.36	黑豆	4.18
荞麦	3.62	莜麦	2.21	蚕豆	4.76

第六节 水

功能性粮油食品中的水分，就人体的需要量而言，是微不足道的。但它与粮油商品、粮油食品的安全储藏关系甚密；对粮油商品，粮油食品的食用品质和工艺性质也有着重要的影响。

一、水的生理功能

水是人体最大、最重要的组成成分，约占人体重量的2/3，水能够促进营养素的消化吸收与代谢，调节体温恒定，对机体还有润滑作用。因此，水分是一切生物体进行生命活动不可或缺的物质。各种营养素在生物体内的分解、合成以及废弃物的排泄等，都需水分参与才能正常进行。纯水对人体并无营养，但人体如缺水，食品中的营养成分不仅不能被利用，严重时（失水20%），人的生命就难以维持。在正常情况下，成年男子体内含水量占体重的55%~65%；成年妇女体内含水量占体重的45%~55%，男女之间水重的差别和体脂含量多少有关。水对人体健康非常重要，其主要功能有如下七点。

（1）水作为一种溶剂食品中的营养成分，只有在水中成为溶液状态，才能在人体内经过肠壁膜而传入血液和淋巴，被人体所吸收。

（2）水直接参与人体各种生理活动 在每一个活动的细胞中或在每一个活组织内，水是一种基本成分，是一种介质，可完成细胞内的一系列化学反应，在完成代谢以后，血液（约含水92%）就从细胞内汇集全部废物，并把它们输送排泄到体外。在内脏和内脏之间，都需要水来保护。水还是一种润滑剂，在体内起滋润细胞的作用，使其经常保持润湿状态。还能帮助维持体温。由此可见，人进行一切生命活动，不能一刻缺水，正常情况下，成人每天需水2L左右，其中60%来自饮水，40%来自食品中的水分和营养素消化时产生的代谢水（又称氧化水）。

（3）能降脂减肥 国外有医学家经实验发现，每日饮冷开水8~12杯，能使肥胖者每周减重0.5kg。

（4）有美容效果 饮用足量的水，能使肌肤组织细胞水量充足、皮肤细嫩滋润而富有光泽，减少老年斑或皱纹。

（5）有镇静作用 心情烦躁，情绪不稳时，慢慢饮少量水，有一定的安神镇静之效。

（6）有强壮效果 水可使水溶解性物质以溶解态及电解质离子态存在，有助活跃体内化学反应，增加元气。

（7）能保护眼睛 饮水有助于眼睛泪液充足，当灼热物体接近眼睛时或阳光下劳作时，泪水即在高温作用下形成一层薄薄的水蒸气，阻止高温传导的作用，减少眼睛受伤害的程度。常见食物的含水量见表2-40。

表 2-40	常见粮食中的水含量			单位：g/100g	
名称	水含量	名称	水含量	名称	水含量
黄豆	8.7	鲜豇豆	91.0	鲜甘薯	75.2
绿豆	9.9	鲜蚕豆	72.3	花生仁	8.0
黄豆芽	91.0	鲜马铃薯	80.0	鲜扁豆	88.3

二、功能性粮油食品中的游离水和结合水

在动植物食品组织中存在的水分，按其形式和特性的不同可以分为两类，即游离水和结合水。食品中的水分没有和胶体物质（如蛋白质、淀粉等）结合者，其性质与普通水相同。0℃即能结冰，在干燥情况下，通过毛细管作用可以散发而减少，在潮湿情况下，因吸水而增加。经常随着所处的条件而发生变化的这部分称为"游离水"（或自由水）。食品中还有一部分水是以氢键和食品中的胶体物质结合在一起的，称为"结合水"。其含量相当于胶体部分的约50%，在0℃时不结冰，甚至在-20℃时也很难结冰；其比重大于游离水，不能溶解可溶性物质。由于它被胶体物质所束缚，在一般的干燥和潮湿条件下，很少会发生变化。在幼小的动植物体内，由于蛋白质的含量较多，所以结合水也相应增加。食品不适当的干燥，会破坏食品中结合水，使食品的复水性受到影响，而降低食品的质量。微生物繁殖只能利用食品中的游离水，所以为了达到降低食品水分，防止微生物的繁殖，只需去除食品中的游离水即可。

近年来国外对食品水分的要求，不用百分比含量而改用"水分活性（A_w）"。因为食物水分含量的百分比不能直接反映储藏的安全条件。水分活性是食品中呈溶液状态的水的蒸汽压与纯水蒸汽压之比，即

$$A_w = \frac{P_0}{P}$$

式中　P_0——食品中呈溶液状态水的蒸汽压

P——纯水的蒸汽压

食品中只有游离水才能溶解可溶性成分（如糖、盐、有机酸）。呈溶液状态的水，其蒸气压就随着可溶性成分的增加而减少。所以食品中呈溶液状态的水，其蒸气压都小于纯水的蒸气压。食物的水分活度小于1。

三、水分对粮油商品、功能性粮油食品的影响

水分对粮油商品的影响作用甚大，充分干燥的粮食中只含有结合水，不含有游离水，这样的粮食性质十分稳定。但过分干燥的粮食，发芽率无法提高，工艺品质和食用品质均受影响。同时，这种过分干燥的原粮，由于质地硬脆，加工时破碎率高，出米率低，或者麸皮容易混入面粉，影响面粉的精白度。成品粮太干燥时，在蒸煮时淀粉等物质骤然大量吸收水分，膨胀不均，会降低食用品质，影响食品的口感和风味。

反之，当水分含量达到一定程度时，粮食中会出现游离水。水分含量越高，种子的

44　生命活动力越旺盛，消耗自身的营养越多，陈化变质就越快；同时，储粮中的虫害和各种微生物随之活跃，易造成储粮发热、酸败、变质等。水分过高的原粮，因为粮质软、皮层韧、流动性差，对加工也有不良影响。不同微生物在繁殖时所需要的水分活性范围是不同的，多数细菌最低的水分活度限是 0.86，霉菌是 0.65。经过干燥的食品，水分越低，其水分活度也随着降低。如果把水分活度降低到 0.65 以下，这种食品就能不受微生物的繁殖而变质。但在储藏条件比较潮湿时，食品吸水后，其水分活度又能升高，微生物又能繁殖而使食品变质。冰冻食品中的游离水结成冰后，其水分活度降低，可以提高食品在储藏中的稳定性。所以干燥和冷藏是食品最常用的储藏方法。

第七节　膳食纤维

膳食纤维（又称食物纤维）是人类消化道分泌的消化酶不能消化分解的，以多糖类为主体的高分子成分的总称，主要是植物性物质（如纤维素、半纤维素、木质素、戊聚糖、果胶和树胶等），是植物细胞壁间质的组成成分。研究证明膳食纤维是人体健康和平衡膳食结构的必需营养素，因而被一些营养学专家列于传统的六大营养素（蛋白质、糖类、脂肪、水、矿物质和维生素）之后，称为"第七大营养素"，其分子结构如图 2-2 所示。

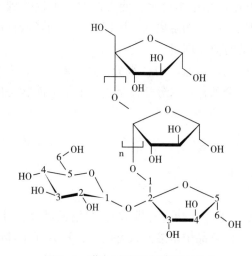

膳食纤维是一种多糖，它既不能被人体胃肠道消化吸收，也不能产生能量，因此曾一度被认为是一种"无营养物质"，而长期被忽视。直到 1956 年，英国医生 Cleave 推断现代"富贵病"是由碳水化合物过量摄入与缺乏膳食纤维所致，从而开启了膳食纤维作为当代健康卫士的功能性研究的大门。尤其是 20 世纪 80 年代，当美国前总统里根患直肠癌的消息传出后，全美甚至整个欧共体国家掀起了一股研制开发膳食纤维食品的热潮，以往不被人们重视的膳食纤维，被誉为是"迟到的营养素"，成为发达国家广泛流行的健康食品，它可以强化

图 2-2　膳食纤维的分子结构简式

人体的自我调节能力，对人体具有重要功用。因此，1999 年在第 84 届美国谷物化学家协会（AACC）年会上正式将之列为"第七大营养素"。膳食纤维食品随之成为 21 世纪的主流健康食品之一。

一、膳食纤维的主要生理功能

膳食纤维的分子结构一般由单糖（葡萄糖、半乳糖酸、半乳糖、甘露糖、阿拉伯糖）为基本单位组成的有机化合物及其衍生物，其主链和支链结构上，存在着许多羟基

和其他活泼官能团，可进行甲基化、羟甲基化、酯化、醚化等多种衍生反应和氢键等静电吸附络合等反应，这些反应决定了膳食纤维具有良好的生理功能，对人类的健康至关重要——膳食纤维可以降低罹患冠心病、糖尿病、肥胖症的风险；充足的膳食纤维摄入可以帮助降低便秘、憩室病和其他消化道功能紊乱疾病的发生率，如抗腹泻、预防肠癌、治疗便秘和胆结石、解毒、降低血液胆固醇和甘油三酯浓度、控制体重、降低成年人糖尿病患者血糖等生物学功能，已经是世界公认的科学结论。

二、膳食纤维的分类

按照水溶性膳食纤维可以分为两大类。

（一）水溶性膳食纤维（SDF）

水溶性膳食纤维是指不被人体消化道酶消化，但可溶于温、热水且其水溶液又能被其四倍体积的乙醇再沉淀的部分，主要是细胞壁内的储存物质和分泌物（果胶、树胶、葡聚糖、瓜尔豆胶和羧甲基纤维素等）。

（二）水不溶性膳食纤维（IDF）

水不溶性膳食纤维是指不被人体消化道酶消化，且不溶于热水的部分，主要是细胞壁的组成成分（纤维素、半纤维素、木质素和壳聚糖等）。

根据粮食膳食纤维素来源的不同，可以分为以下三种。

（1）谷物类膳食纤维　主要包括小麦纤维、燕麦纤维、玉米纤维和米糠纤维等，其中燕麦膳食纤维是被公认（包括 FDA）的优质保健成分。

（2）豆类膳食纤维　常用的有大豆和豌豆膳食纤维以及瓜尔豆胶、刺槐豆胶等。

（3）生化合成或转化类膳食纤维　主要包括改性纤维素、抗性糊精、水解瓜尔豆胶、微晶纤维素和葡萄聚糖等。

三、膳食纤维的食物来源

膳食纤维的食物来源，主要是粮油加工业的副产品——玉米皮、大米糠、小麦麸皮、豆渣及燕麦食品、魔芋食品等，如今已开发出膳食纤维饮料、饼干和超级膳食纤维粉等多种产品，作为食品或添加剂供应市场，如将超级纤维粉适量添加在小麦面粉里，制作营养饼干、面包和营养炒面等健康食品。在早餐、面包及糕点等粮油食品中，增加适量的膳食纤维含量，成为预防慢性疾病的功能性粮油食品，可有效阻击亚健康。常见食品中膳食纤维的含量见表 2-41。

表 2-41　　　　　　　　　　常见粮食中膳食纤维的含量　　　　　　单位：g/100g

名称	含量	名称	含量	名称	含量
黄豆	15.5	红小豆	7.70	毛豆	2.10
黑芝麻	14.0	荞麦	6.50	小麦粉	2.10
青稞	13.4	绿豆	6.40	薏苡仁	2.00
青豆	12.6	豌豆	6.00	甘薯	1.60

续表

名称	含量	名称	含量	名称	含量
玉米粉	11.40	燕麦片	5.30	小米	1.60
蚕豆	10.90	黄米粉	4.40	黄豆芽	1.0
黑豆	10.20	高粱米	4.30	山药	0.80
大麦仁	9.90	燕麦粉	4.00	糯米	0.60
云豆	9.80	鲜玉米	2.90	粳米	0.60

　　膳食纤维的健康价值高，能提高人体健康指数。但对其食用量要适量，并非多多为善。因此，人们应平衡膳食。

第三章

稻米

————

我国是世界上最大的水稻种植、生产和消费国家，稻谷产量居世界第一位。稻谷以其广泛的适应性、高产量及稻谷中富含人体所需要的多种营养素等优良品质，使之成为人类的重要食粮。

随着我国粮油工业的快速发展，米制品生产有了较快的发展。在市场上，米饭类有袋装、罐装、杯装米饭、自热米饭、冷冻饭团等，方便粥类有糙米糊（粥）、冲调糙米片、婴幼儿营养米粉、八宝粥等，用籼米制作的米线、米粉条、方便米粉等，用糯米制作的汤圆、粽子和年糕等，以米果为主的谷类膨化、休闲食品等，此外还有米制面包、米汉堡和米饮料等。方便米饭、方便米线经过 10 多年的发展，正处在自然增长状态。

我国稻谷加工行业还研发出了营养强化大米、发芽糙米、留胚米、蒸谷米等功能性大米新产品。这些新成果、新成就有力地加速了稻谷加工业的发展。为适应消费者更加注重饮食安全、营养、健康的需求，努力开发营养、健康、功能性大米及制品是粮食加工经济效益新的增长点。

第一节　大米

大米是稻谷的胚乳部分。稻谷去壳成糙米，糙米经碾磨加工除去大部分皮层和胚而得到大米（也有留胚的大米，被称作"胚芽大米"）。根据米粒的去皮（或留皮）程度高低，大米可以分为不同等级——清洁米（免淘洗米）、特等米、标一米、标二米 6 个等级。按粒形、粒质则可分为籼米、粳米和糯米三类。

一、大米的营养、健康价值

大米的营养素较为丰富，其营养成分含量因品种、产地、加工精度等不同而有较大差异。我国大米的营养成分见表 3-1。

中医药学认为，粳米性味甘、平，有补中益气、健脾和胃、除烦渴、止泻痢的作用，可用于辅助医疗消化不良、腹泻痢疾等；籼米性味甘、温，具有温中健脉，长肌肤，调脏腑的作用；糯米性味甘、温，具有补中益气的作用，可用于辅助医治烦渴溲多、自汗、便泄等症疾。大米还含有较多的膳食纤维，被人体胃肠中细菌分解，可产生醋酸、丙酸、酪酸等短链脂肪酸。这种短链脂肪酸可抑制细胞增生，避免罹患结肠癌的风险。大米蛋白以营养品质高，低过敏性著称。大米胚乳蛋白由白蛋白、盐溶性球蛋白、醇溶性谷蛋白和碱溶性谷蛋白组成。大米蛋白的可消化性超过 90%，所以大米蛋白是食品的上好营养剂，加之大米蛋白的低过敏性，非常适宜制作婴幼儿食品、中老年食品；也适合牛奶蛋白不耐症、过敏或有腹腔疾病的特殊人群食用。

表 3-1　　　　　　　　　　　　　　　我国大米的营养成分

营养成分

蛋白质	5.4~13.9	膳食纤维	0.1~0.8	维生素 B$_5$	0.7~4.8
淀粉	71.8~80.3	热量/（kJ/100g）	1435	钙	7~32
脂肪	0.4~2.9	维生素 B$_1$/（mg/100g）	0.07~0.24	磷	67~298
灰分	0.5~1.8	维生素 B$_2$/（mg/100g）	0.02~0.15	铁	1.0~9.4

将大米蛋白通过蛋白酶分解制取大米蛋白肽，对人体具有防治高血压的作用，可用于制作成抑制人体血压上升的医药制剂。大米发酵液对人体皮肤病有疗效——加入大米发酵液的护肤品，对湿疹等特异反应性皮炎有良好的效果，还可防皱、防皮肤溃疡症等。大米淀粉颗粒度均匀、可作为家庭、宾馆餐用撒粉，糖果的糖衣和药片的赋形剂。支链米淀粉具有良好的冷冻——解冻稳定性，可作为脂肪替代品用于冷冻甜点心和冷冻正餐的肉汁；高直链淀粉（≥24%）大米用于生产速煮及冷冻大米等多种产品。大米多孔淀粉，可作为营养食品基料。

二、大米的营养特性

大米是人类优良的主食品种，含大量淀粉和优良的蛋白质，与其他谷物食品相比较，含粗纤维较少，各营养成分均容易被人体消化吸收。以大米为主食，可以提供充足的热量和较多的蛋白质营养素、维生素和微量元素等。

（一）淀粉含量高

大米中糖类含量平均为 75% 左右，主要成分为淀粉，而单糖和双糖含量不及 1%。不同的大米品种的糊化温度变幅在 55~90℃，主食米饭柔软适度，易于人体消化吸收。大米糖类的平均消化率为 98%~99%，但糯米由于几乎不含直链淀粉，米饭黏度大，相对较难被人体消化吸收。淀粉在人体内主要是能源物质，人体食入 500g 籼米饭，大约可提供 7400kJ 的热量，成年男子每天需热量大约为 12500kJ，若以大米为主食，它是提供人体热量的主要来源。

（二）蛋白质的含量较低，生理学效价较高

蛋白质是大米中第二大营养成分，大米中蛋白质含量一般为 8% 左右，比许多谷类粮食低，但大米蛋白质的氨基酸组成及比例较平衡，含人体需要的 8 种必需氨基酸，又易于被人体消化吸收，其生理效价较其他谷类粮食高（小麦粉的生理效价为 52，玉米为 60，大米为 77），比被称为"植物蛋白肉"的大豆蛋白（64）还高。以稻米为主食时，人们摄取的蛋白质有 28%~35% 来自稻米。大米蛋白质的氨基酸组成与联合国粮农组织和世界卫生组织（FAD/WHO）推荐的理想蛋白质相比，其赖氨酸和异亮氨酸、苏

氨酸不足，主要的限制性氨基酸是赖氨酸。籼米蛋白质中氨基酸与理想蛋白质模式对比见表 3-2。

表 3-2　　籼米蛋白质中氨基酸与理想蛋白质模式对比表（g/100g 粗蛋白质）

氨基酸名称	FAD/WHO 参数模式	籼米 蛋白质	籼米蛋白质与 模式比较（±）	籼米蛋白质与 参数模式占比/%
（1）	（2）	（3）	（4）＝（3）－（2）	（5）＝（3）÷（2）
异亮氨酸	4.0	3.4	-0.6	85
亮氨酸	7.0	9.0	+2.0	129
赖氨酸	5.5	3.8	-0.7	69
甲硫氨酸+半胱氨酸	3.5	4.1	+0.6	117
苏氨酸	4.0	3.9	-0.1	98
色氨酸	1.0	1.6	+0.6	160
缬氨酸	5.0	5.5	+0.5	110
苯丙氨酸	3.0	4.7	+1.7	157

（三）加工中营养损失大

糙米的营养分布不均匀，其外围部分营养丰富。将糙米碾制成大米时在去除皮层中的纤维素和植酸盐，改善了米饭的适口性和食味，提高了消化性能的同时也损失了大量人体需要的维生素、矿物质、脂肪和蛋白质。

大米加工精度越高，营养素损失越大。大米在蒸煮前淘洗，水溶性的 B 族维生素也会大量流失，淘洗次数越多，浸泡时间越长，损失越大（维生素 B_1 损失可达 29%～60%，维生素 B_2 损失达 23%～25%）。稻米中钙、铁等矿物含量不多，又主要集中在皮层、糊粉层和胚部，碾制加工中大量损失，又由于稻米中含植酸较多，可与钙和铁生成不易消化吸收的植酸盐，降低了人体对钙和铁的吸收率，人体对稻米中钙的吸收率只有20%～30%，对铁的吸收率仅为 1%左右。人们以稻米为主食时，应注意补充含钙和铁丰富的食品，若长期食用精米还容易因缺少维生素 B_1 而发生脚气病等疾患。

三、提高大米营养价值的有效措施

精度高的大米加工中虽然营养素的损失较多，但因口感好、食味优、易于被人体消化吸收而受到人们的喜爱。

（一）减少大米加工中营养素的损失

从营养方面衡量，不宜追求精度过高的大米。营养学专家提倡人们要多食用标二米，虽适口性较差，不如高精度特等米、一等米口感好，但加工中营养素损失少，有利于人体健康。采用蒸谷制米工艺，可保留稻米的原有营养成分，也就是将稻谷用水浸泡后通入蒸汽，加热干燥后再制米。经此工艺处理，稻谷出糙率提高，较耐储存，糠皮中维生素进入胚乳，稻米中营养素损失相对较少，这种蒸谷制米工艺技术在我国浙江省大米加工厂已采用多年。

现在提倡在大米加工中"注重纯度，控制精度"，其目的就是防止在大米加工中因为片面追求"过精过细"而造成大量营养成分的流失。还提倡生产留胚米及发芽糙米、蒸谷米等高营养成分的大米产品。

（二）强化大米的营养

食物营养强化是全世界联合战胜人类"隐性饥饿"的共同行动，也是我国政府为改善公众微量营养素摄入不足，提高国民身体健康水平的战略决策。我国近70%的人口以大米为主食，本着以人为本的核心理念，我国政府高度关注人们的食品营养健康问题。国家推出的营养强化大米主要是添加了维生素 B₁、维生素 B₂、烟酸、叶酸四种维生素以及铁、锌两种矿物质，都是我国城乡各地区、各阶层消费者普遍缺乏的微量营养素。这标志着我国大米的生产和消费在科学、营养、健康的道路上又迈出了新的步伐，取得了新的成就。

大米的营养强化，为了弥补大米在加工过程中的营养素损失，还可在精度高的大米中添加维生素 B、矿物质或赖氨酸等营养素。精白大米强化适量赖氨酸之后，蛋白质生理效价可提高两倍以上。营养强化大米工艺是在人米颗粒上喷洒选定的强化剂，再用可食性物质的薄膜包裹米粒；食用时，将其与精白大米以一定的比例混合蒸煮，营养素被均匀分散。强化大米的食味和口感不变甚至更好。

不久前由武汉轻工大学研制的"免淘洗营养米"，就是一种新型营养强化大米产品，已达到了国家公众营养与发展中心推荐的强化营养素的有关标准。这种"免淘洗营养米"中添加了铁、锌、钙、维生素 B₁、维生素 B₂、叶酸、烟酸七种营养素的大米。专家们认为，这项成果采用了多项国内外先进技术，解决了生产"免淘洗米"的环保技术难题，使精加工的大米达到免淘洗要求的同时，也使得大米的营养素不缺失；解决了大米加工精度高，必然减少营养的难题，为营养强化大米的生产起到了示范作用。

时至今日营养强化大米在我国市场上尚未广泛推开，仍处于起步阶段。我国 GB 14880—2012《食品安全国家标准　食品营养强化剂使用标准》，规定了我国大米强化中允许使用的营养素（表3-3）。

表 3-3 我国规定允许在大米中使用的营养素

营养素	使 用 范 围	使用量
赖氨酸	加工面包、饼干、面条的面粉；谷类及其制品	1~2g/kg
维生素 A	大米	600~1200μg/kg
维生素 B₁	大米及其制品	3~5mg/kg
维生素 B₂	大米及其制品	3~5mg/kg
烟酸	大米及其制品	40~50mg/kg
叶酸	大米（仅限免淘洗大米）	1000~3000μg/kg
铁	大米及其制品	14~26mg/kg

续表

营养素	使　用　范　围	使用量
锌	大米及其制品	$10 \sim 40mg/kg$
钙	大米及其制品	$1600 \sim 3200mg/kg$
硒	大米及其制品	$140 \sim 280\mu g/kg$

（三）搭配合理的膳食

因为大米的蛋白质含量较低，以大米为主食者应增补蛋白质食品才能满足身体对营养的需要。大米与其他杂粮、杂豆合理搭配、混食，或辅以含钙、铁微量元素丰富的菜果，可使营养全面、互补、均衡，以提高大米的营养价值。在食用大米粉中加入17%的大豆粉，等于加入0.5%的赖氨酸和0.3%的苏氨酸，其营养效果很好。

第二节　特种大米

特种大米是指具有特定遗传形状和特殊用途的大米，主要是针对其用途的特殊性，借以区别普通大米。

一、特种大米的类型及特点

特种大米一般包括有色大米、香大米和专用大米三类，以及近年新研制的特种大米新品种和营养强化大米。特种大米虽然其品种、数量仅占水稻种植资源的1%左右，但由于其特殊的营养保健功能和加工利用特点，所以受到国内外人们的格外瞩目。现将有色大米（黑米和紫米、绿米及黄米、红米）、专用大米（酒米、软米）、香型红米（槟榔红香米）、香大米等分别予以介绍。

（一）有色大米

有色大米是指糙米带有色泽的大米。由于花青素在稻米果皮、种皮内大量积累；从而使糙米出现绿色、黄褐色、褐色、咖啡色、红色、红褐色、紫红色、紫黑色、乌黑色等多种颜色。我国所种植的特种有色稻谷，以红米和黑米占绝大多数，主要供人们直接食用，熬粥、制糕、做饼、酿酒及用于药膳食疗、药疗等方面，还可从中提取自然色素，用于开发新产品。

1. 黑米和紫米

黑米和紫米是一种特殊的稻种资源，主要分布于我国的云南、贵州、广西、陕西、四川、福建、湖南、江苏等省（区），米质多为糯米类型。通常多以糙米进食，营养价值和药用食疗价值较高，如云南、贵州省的有些黑糯米、紫米除滋补强身外，还兼有接骨生肌的药效。广西的东兰墨米，其黑米色素含量高，又溶于水，对人体具有提高肌体免疫力的功效，可滋阴补肾、健脾暖胃、明目活血等。黑米和紫米著名的品种有陕西洋县黑米，云南省西双版纳黑糯米、临沧黑糯米、德宏紫米、丽江紫米、保山紫米、石屏紫米、墨江接骨糯米，贵州省的惠水黑糯米、屯里黑糯米、高子黑糯米，广西容县黑糯米，隆村黑糯米，东兰墨米，福建的云霄紫米，广东韶关黑米，湖南湘西黑糯米，江苏常熟的鸭血糯米等，历史悠久，享有盛誉。

2. 绿米及黄米

我国丰富的稻种资源中蕴藏着一些绿米、黄米著名品种，如陕西的绿米和黄米，商南县的红壳稻，成熟后米色为浅绿色，黏性，米粒呈半透明，米质优良。黄米以泽县香米为代表，米色浅黄、鲜亮无白点，呈半透明，米质优良且有香气，此类品种较少，更为名贵。绿米所具有的色素不稳定，在贮藏过程中往往会褪色，需要避光保藏。

3. 红米

我国云南、贵州、河南、广西、江西、江苏、湖南、福建、山西、陕西、安徽等省区，传统品种中有一些红米品种（籼、粳、黏、糯均有）。著名的品种有山西的红香稻、红香米，陕西的平利三粒寸，江西的矮化柳条红、奉新红米，云南的红云当等。其中陕西的平利三粒寸，米色粉红，糯性，米粒特长，有香气，是安康地区的名贵品种，还有长安柳叶米、宝鸡红稻子、镇安红谷子、旬阳三粒寸等品种。红米作为特用商品米有较高的价值（也可用作酿酒，红色素和香型饮料原料米）。红米米质以半玻璃质的品种占多数。

（二）专用大米

专用大米是指专门用于食品工业加工用的大米（诸如酒米、软米、蒸谷米、糕点米、罐头米和巨胚米等品种）。

1. 酒米

酒米是专门用于酿酒的大米，分为粳酒米和糯酒米。我国的酒米多为糯米（日本的酒米则多为粳米）。酒米的特性主要是（出糙率、精米率和整精米率高，支链淀粉含量低于2%），蛋白质含量5%~6%，脂肪含量低，精米粒大，多呈圆形，通体乳白色，有光泽，吸水力强，淀粉粒易酶解。

2. 软米

软米是云南省特有的一种籼稻型优质大米，米质界于糯性和黏性之间，其米饭质软而爽口，冷却后不变硬，不回生，食用时冷热皆宜，故而得名"软米"。软米饭人们食后较耐饿，做米线筋道不易折断。有的软米具有香味，品种多样，有红白之分，还有透明、半透明和粉白色的品种。主要分布在云南德宏州和保山地区的部分县以及临沧地区等地，多集中在海拔800~1000m。产量较低。近年来，广东、湖南等地区根据市场需要已相继培育出了一些产量较高的软米新品种。

3. 香大米

香大米是指米粒含有香味的大米。香稻的谷粒、糙米和精米着有一种芬芳的香气，米饭清香可口。香稻中香气的主要成分是2-乙酰-1-吡咯啉，属羰酰基化合物，易挥发分解。香米蒸饭，煮粥，口味清香，易使人们增加食欲。香大米富含蛋白质、多种氨基酸、生物碱、维生素 B_1、维生素 B_2 以及多种人体必需的营养素，具有滋补和药用的效果。用香大米制作的元宵、米糕、米酒等食品，其味尚好，深受人们的喜爱。我国的香大米有籼、粳、黏、糯之分，果皮有白、褐、紫、黑之别，产地遍布南北方15个省区。著名的品种有陕西的洋县香谷、寸米、寸香米和汉中黑香糯，云南景洪的大香糯、香紫糯，贵州白毛香谷、红香谷，广东的罗浮香稻，江西的龙南香禾、吉水香糯，江苏的苏玉糯，浙江的香粳米，上海青浦和松江的香粳米，安徽宿县的夹沟香稻，山东的曲阜香稻、临沂大香稻和白壳香稻，河南的辉县市香糯、息县香稻，四川的凉山香稻和天全县十八道香米、泸县香谷等品种。

香大米品质综合评分按下式计算：

$$香大米品质综合评分=（香味综合评分×30+大米质量指数×70）/100$$

4. 香型红米（槟榔红香米）

香型红米是由广西象州黄氏水稻研究所培育成功的具有保健功能的新型杂交大米，其功能成分黄酮素、维生素 E、β-胡萝卜素、亚麻酸、亚油酸的含量均比普通大米高出 1 倍以上，膳食纤维高 50% 以上，其营养保健价值较高。

槟榔红香米产品分为 A 型、B 型、C 型三种。

A 型为药用全营养糙米；

B 型为半糙米，适合年老体弱及手术病人煮粥食用，中老年人、孕产妇、幼儿食用也有利于健康；

C 型为精米，多用作宾馆餐用大米。

槟榔红香米还是制作各式八宝粥的上好原料。槟榔红香米在首届国际水稻大会上，以其独特的香味受到中外水稻专家学者的关注和称赞。

二、特种大米的功能特性

（一）特种大米的营养价值

特种稻米含有丰富的蛋白质、氨基酸、脂肪、矿物质元素（钙、铁、钾、磷、镁、硒、钠等）、维生素 B_1、维生素 B_2、维生素 C、维生素 D、维生素 E、维生素 A 等人体所需的营养素。特种稻米还含有丰富的活性物质——膳食纤维、黄酮素以及其他药用活性物质。黑米、红米等特种大米多以全米的形式直接供人食用或加工食品，其膳食纤维含量十分丰富。我国已有不少食品加工厂以黑米种皮（糠）为原料，开发出了一些膳食纤维类功能食品，如"黑米素 922"，既可以作为功能食品直接食用，也可以作为功能食品辅料添加在面条、面包、饼干、蛋糕等食品中。黑米、红米等特种稻米还含有丰富的活性物质黄酮素。现代医学已经明确，黄酮素具有很高的药用价值，有着重要的生理功能，是一种有效的自由基清除剂，具有抑制细菌和抗生素的作用，调节毛细血管的脆性和渗透性等。充分利用黑米、红米中的黄酮素开发功能食品具有较大的潜力。黑米、红米中还含有其他药用活性物质，如生物碱、甾醇、皂苷和植酸等药用活性物质，都是值得利用的有效功能成分。

（二）特种大米的健康价值

在《本草纲目》中曾记载：贵州惠水的黑糯米具有"补中益气，治消渴，暖脾胃，止虚寒，发痘疮"等功效。据墨江县志《旧厅志》中记载"紫色圆颗粒碎者，蒸之其粒复续，又名接骨米，因米质糯性，当地中医学常用其拌中药治疗跌打刀伤，因而得接骨糯的美称"。民间还用这种紫糯型的接骨糯用以治疗急、慢性肝炎等疾病。从特种大米的所含营养素和活性物质、膳食纤维、黄酮素及其他药用活性物质生物碱、皂苷、甾

54　醇等都有其特殊的生理功效和保健作用。近年来又通过科学家医学临床试验，证明黑米、紫米等特种大米对人体还具有多种生理功能和用途：

（1）消除自由基、延缓人体衰老。

（2）改善人体缺铁性贫血。

（3）抗应激反应和提高免疫力。

（4）用于食疗配方。

三、特种大米的食疗药膳

我国食疗药膳历史悠久，品种丰富，不仅能满足人们对养生益寿的需求，还能起到保健作用。自古以来，我国民间已有不少用黑米、紫米等特种大米作为食疗药膳的配方，用以食疗、药疗，取得良好的效果。

（一）防治慢性泄泻病症

用熟上农香糯米水磨干粉或炒熟香糯米磨成干粉 500g，山药 60g（细粉），拌均匀每日晨取 4 匙，加白糖和水煮成糊状，作早餐食用，可治愈慢性泄泻病症。

（二）防治自汗不止病症

用上农香糯米、小麦麸皮同炒研末，每次服用 10g，每日 3 次，连服用 3d 后，可治疗自汗不止病症。

（三）养心补血

用香糯 15g，莲子芯 7 枚，焙干研成细粉，每日早晚各一次，用黄酒冲服，能养心补血。

（四）辅助治疗霍乱烦渴

用香糯 500g，水 1500mL，蜂蜜 50g，煮汁服用，对霍乱烦渴有一定疗效。

（五）防治遗尿症

（1）香粳米 50g，韭菜籽 15g，细盐少许。先将韭菜籽文火炒熟，然后慢火将香粳米与炒熟的韭菜籽加适量水煮至米熟粥稠，即可食用。每日食用 2 次，连服 7d，对遗尿症具有辅助疗效。

（2）香大米 30g，芡实 30g，茯苓 10g，捣碎共煮粥食用，对遗尿症有显著疗效。

（六）催产妇下乳

黑米 100g，带红衣花生米 45g 捣碎，加适量水共煮成粥，然后再加冰糖适量，食用可催产妇下乳。

（七）治疗缺铁性贫血症

将适量黑米、赤小豆、百合、红枣等原料洗净，加水适量，共煮成粥，随意服用，对人体具有滋阴润肺，和胃利湿，可治疗缺铁性贫血症。

（八）辅助医治再生障碍性贫血症

将适量黑米、香糯米、高粱米、玉米仁、荞麦仁、大麦仁、小麦仁等谷米加适量水，共煮成粥，作早、晚餐主食。可辅助医治再生障碍性贫血症，调中开胃，安神补虚。

（九）美容乌发

黑米 50g，黑芝麻 25g，白糖适量，加水适量，上锅用文火熬煮成粥，趁温热食用，能乌黑头发。

（十）有助身体虚弱者康复

将适量黑香糯米、精白大米、莲子仁、黄豆、带红衣花生米、芝麻、薏苡仁、淮山药等物料，分别清洗干净，加适量水，蔗糖，上锅共煮成粥，每天食用 200g，对于慢性病患者、恢复期病人、孕妇以及身体虚弱者，均有食疗效果。

（十一）补脑健肾增强体力

将适量黑糯米碾磨成细粉，加适量水上锅煮成粥，待快熟时加适量蜂蜜、核桃仁、熟芝麻、玫瑰糖调均匀后再煮片刻，趁温热服食，经常食用能补血益气，补脑健肾，增强体力。

（十二）增强人体免疫功能

将黑米、粳米、芝麻、核桃仁、红枣、银杏果仁、银耳（白木耳）、冰糖各适量，加水适量，上锅熬煮成粥，长期坚持食用，可增强人体的免疫功能。

（十三）改善营养不良增强体质

将 150g 黑米，240g 香糯米，15g 薏苡仁，分别清洗干净入锅后加入 3000mL 水，上火煮沸，再加入 15g 桂圆、15g 红枣及适量红糖共煮成粥，经常食用，对于人体的营养不良体质虚弱者，均有良好的疗效。

第三节　主要功能性大米产品

随着我国食品工业的发展，我国建设小康社会步伐的不断推进，人们对主食大米的需求是食用时"安全、放心、好吃"；烹调时"简便、方便"和"天然食品、功能性食品"。这就要使与此相适应的碾米技术由大米的外观品质为主转变为内部品质即"食味碾米技术""免淘洗米加工技术""含有糙米胚芽和糠层功能性成分"的"功能性碾米技术"等已相继开发和研制成功。我国已研制成功的功能性大米新品种主要有发芽糙米、胚芽米、发芽留胚精米、蒸谷米、维力米、抗氧化功能米（CEB）、高 γ-氨基丁酸（GABA）稻米、高营养素大米、营养强化米、珍珠米、"发丫红"糙米、人参长寿米、芝麻营养米等品种，不少已投放市场，受到了消费者的欢迎。

一、发芽糙米（全营养米）

发芽糙米是对糙米进行发芽处理后的制品。将糙米在一定的生理活性化工艺下发芽至一定芽长，在此过程中，糙米中所含有的大量酶被激活和释放，并以结合态转化为游离态，大量的 γ-氨基丁酸（γ-氨基丁酸即由谷氨酸脱羧酶转化而成）生成，属于生理活性化过程。此外，还产生多种易于为人体消化吸收的营养成分，使得糙米的营养价值提高。

发芽糙米是由幼芽和带糠层的胚乳组成的糙米制品，在发芽糙米的形成过程中，使糙米内部产生多种营养成分的同时，发芽工艺使糠层纤维酶解软化，从而改善了糙米的蒸煮、吸收性。因此，发芽糙米是一种食用性接近精白米，同时营养成分大大超过精白米的新一代主食品。发芽糙米的烹制方法类似精白米，做成米饭食用其口感如紫米和黑米一般，有嚼劲、却又不太硬，并增加了甜味和松软度，比较可口。人们平时可以在精白米中加入50%或30%的发芽糙米，混合搭配食用。如通过发酵还可制成酱、醋或粉碎后制成各种面包、点心类的加工食品等。发芽糙米被称为"全营养米"，对人体有独特的营养保健价值。

（1）含有功能成分 γ-氨基丁酸　γ-氨基丁酸是一种具有多种药理作用的生理活性成分，已被医疗界当作脑中风、头部外伤后遗症等的医用药物，还可用于老年性痴呆的康复。

（2）含有功能成分六磷酸肌醇（IP6）　具有抗氧化功能。抑制人体产生自由基，预防肿瘤的产生。

（3）含有丰富的多种维生素　维持人体正常的糖代谢，增强免疫功能。

（4）含有丰富的微量元素　由于已经与植酸离解，成为游离态，有利于人体消化吸收。

（5）含有丰富的膳食纤维　膳食纤维的含量高于糙米和精米，有益于代谢和保健。

我国发芽糙米（全营养米）的产业化项目，已先后在北京怀柔和湖南郴州分别建成并投产。吉林一家米业集团引进的现代化发芽米生产设备，采用湿米技术，出芽率均匀，质量上乘，用于烹制的饭食，口感绵软，微带韧劲，味道醇香，可作主食。

二、胚芽米

胚芽米是指胚保留率为80%以上，并且每100g大米中胚的质量为2g以上的大米产品。以米胚的完好率为测定依据。胚芽米的食味与普通大米相同，且容易被人体消化吸收。蒸煮成的米饭有黏性，饭粒整齐，颜色、口味和质地均较好。糙米由皮层、胚和胚乳三部分组成，其中米胚芽营养素最为丰富。胚芽米的营养成分比较见表3-4。

表3-4　　　　　　　　　　　　胚芽米的营养成分比较

营养成分	胚芽米	糙米	次白米	白米
水分/（g/100g）	13.7	15.5	15.5	15.5
蛋白质（g/100g）	6.4	7.4	6.6	6.2
脂肪（g/100g）	1.1	2.3	1.1	0.8
膳食纤维（g/100g）	0.4	1.0	0.4	0.3
灰分（g/100g）	0.6	1.3	0.8	0.6
糖类（g/100g）	77.8	72.5	75.6	76.6
维生素 B_1/（mg/100g）	3.0	3.6	2.1	0.9
维生素 B_2/（mg/100g）	0.8	1.0	0.5	0.9
维生素 E/（mg/100g）	17	—	—	—

注：次白米是指皮层去掉7%的米粒。

从表 3-4 可以得知，胚芽米较白米含有更丰富的蛋白质、糖类、脂肪以及较多的维生素 B_1 和维生素 E。胚芽米还含有较多的亚油酸和钙。这些营养素对人体健康起着重要的作用。胚芽米的加工特点是多机出白，轻碾轻擦，多用带喷风擦离型胚芽米碾米机。胚芽米是一种营养米，其中米胚是谷粒的初生组织和分生组织，除了含有丰富的营养素以外，还含有多种活性酶。其中解酯酶会使脂肪分解而酸败。此外，米胚易吸潮，在温度、水分适宜条件下，微生物易繁殖。因此，胚芽米的包装要求严格，通常采用真空或充气（CO_2）包装，以防止胚芽米的品质下降，而影响食用效果。

三、发芽留胚精米

发芽留胚精米是指将发芽糙米进行碾米加工，碾至胚芽残苗率在 80% 以上，使维生素 B_1 和维生素 E 等的含量增加，提高了昔日胚芽精米的功能性。在发芽糙米的基础上提高了食味、口感，含有比普通白米更多的 γ-氨基丁酸成分，进一步改善大米食营养指数，提升健康成分活性，弥补了营养缺陷，具有多种保健功能，可以获得预防高血压、美容、减肥等多重保健效果。

四、蒸谷米

蒸谷米（半熟米）具有营养价值高、出饭率高、蒸煮时间短、适口清香等特点，其出口数量逐年增加。蒸谷米的营养健康特性如下。

（1）蒸谷米使籽粒结构变得紧密、坚实、米粒黄色且透明、光泽度高、碎米率低，出米率提高 1%~4%。

（2）蒸谷米是一种营养强化米，因为蒸谷时带壳，蒸熟后才加工脱壳制米，因此米的胚芽部分没有受到损坏，在加工工艺中米表层的营养成分能渗入大米内，营养价值较高，且营养成分易被人体吸收。

（3）稻谷经蒸煮后，改善了米粒在成饭时的蒸煮特性，增加了出饭率，且饭粒松散，香甜爽口，具有蒸谷米的特殊风味。

（4）稻谷经水热处理后，破坏了籽粒内部酶的活力，减少了油脂的分解和酸败作用。同时由于蒸谷米糠在榨油前已经过一次热处理，米糠中的蛋白质变性更为完全，使稻米油容易析出，加上米糠中淀粉含量较少，所以含油率较高（含油率为 25%~30%，普通米糠的含油率为 15%~20%）。

蒸谷米是浙江省的特产，主要出口到阿拉伯国家和海湾地区，供国内消费的不多。

五、人参长寿米

人参长寿米是将人参、枸杞、玉米粒研磨成粉，经调制，加工成大米粒形状，形似大米的一类产品。这种产品是经过特殊加工工艺，将活性人参和优化玉米淀粉有机结合制成半透明米粒，食用时可与大米按所需比例做成米饭和粥，为现代人科学健康地搭配食用粗粮（粗粮细作）提供了快捷的方式。人参长寿米在制作米饭时，按比例搭配制作，一般每人每天以生晒参为标准不超过 3g（孕妇和儿童不宜食用），这样既获得滋补又没有超量。这是我国吉林珲春市研制成功的一种新型滋补主食品大米。

58 　2012 年，我国卫生部门已批准人参（人工种植）为"新资源食品"，被冠以食品之名，可应用于各种食品加工，成为餐桌上的美味佳肴。

六、"发丫红"糙米

"发丫红"糙米是近年由杂交水稻之父袁隆平院士领衔，以杂交水稻为主要原料，采用稻谷发芽生产新工艺，通过现代加工设备生产的发芽糙米新食品。具有发芽整齐，芽势旺盛，有效活性成分多，营养丰富和易于消化等特点。经检测证明，"发丫红"糙米中的 γ-氨基丁酸是糙米的 2 倍，精米的 10 倍，膳食纤维以及磷、钙、镁、锌、铁、硒等微量元素的含量也大大超过精米和糙米。"发丫红"糙米的研发成功，在提高稻米食用价值及产品附加值的同时，也有助于维护国家粮食安全。γ-氨基丁酸已被批准为"新资源食品"，"发丫红"糙米的研发成功，使我国食用稻米家族又添增了一个新成员。

七、珍珠米

珍珠米不是天然大米，是一种新型功能性大米食品，形似珍珠，食用方便，富有营养，对人体具有一定的保健功能。珍珠米的加工技术，是将大米和薏仁米按 2∶1 的搭配比例搅拌均匀，放入料汤中浸泡，同时加入辅料营养强化剂赖氨酸片及鱼粉、葱末、姜末各适量，在料汤中米粒经过磨浆、榨水、晒浆等工序，再用制粒机制成珍珠状，放入沸水中煮熟，取出淋水、晾干即成珍珠米。经常食用这种功能性珍珠米，对人体具有健脾．润肺的营养保健功效。

八、抗氧化功能米（CEB 营养米）

CEB 营养米是采用我国原创 CEB 生物技术种植的水稻获得的一种大米产品，其中富含 CEB 细胞活性因子和抗氧化因子，是现代生物抗氧化大米，可让人们在食用米饭的同时补充抗氧化营养剂。CEB 是一项生物技术，这是我国科学家在世界上首次发现"微生物与植物细胞内共存"现象，这对研究微生物与粮食作物之间的关系开辟了新的研究领域。CEB 营养米的种植原料就是使水稻种子细胞吸收提取自 CEB 的多种生物活性物质组成的营养素，随着种子细胞的分裂扩增，CEB 营养素进入作物的每一个细胞内，从而种植出既有普通营养成分，又有特殊生物活性成分的 CEB 功能性水稻。在天然粮食中含有这样高的抗氧化成分在国际上尚属首例，CEB 营养米已通过美国权威抗氧化检测机构 Brunswick Labs 对其抗氧化能力指数（ORAC）的认证。

世界上有 2/3 的人口以稻米为营养来源和膳食的基础。如果说我国著名的袁隆平院士的杂交水稻解决了人们的"吃饱"问题，那么现在的 CEB 生物水稻将进一步解决人们的"吃好"问题。食品专家称，CEB 生物技术使日常必需食物大米一举跃为 21 世纪抗氧化功能食品。抗氧化营养剂是新一代营养素。这是营养专家继对基础营养成分（蛋白质、脂肪、碳水化合物）、微量元素营养成分（矿物质、维生素等）研究后，所发现的第三类营养素。生物体衰老的过程就是氧化的过程。人体需要补充抗氧化营养剂，清除自由基，以延缓细胞的衰老进程。

2007年CEB营养大米被选为中国航天员中心特供大米。这种CEB营养素大米，在国家体育训练局运动员当中已经连续食用3年，就是最好的例证。CEB营养大米给人体生命开启了一个全新的理念：大米细胞植入"营养芯片"，日常主食变身抗氧化功能食品。CEB营养米在我国吉林、江苏、湖北均有种植基地，北京、武汉、长春、重庆等地是主要销售区域，同时在我国香港特区、韩国还设有代理。2008年进入日本、我国台湾地区等市场，以科技来提升米业的品牌内在质量。

九、高 γ-氨基丁酸大米

高 γ-氨基丁酸大米是新近由中国水稻研究所应用生物工程技术培育出的一种富含 γ-氨基丁酸的水稻新品种。该大米富含人体抑制性神经递质 γ-氨基丁酸，其含量是普通大米的6倍。试验证明，食用该大米，可有效缓解和预防血压上升。

γ-氨基丁酸是一种十分重要的生理活性物质。γ-氨基丁酸可以由人体通过谷氨脱羧酶进行生物合成，也可从食品中直接摄取得到补充。若人体内的 γ-氨基丁酸合成或外源补充不足，则容易形成高血压，而此种新型大米正是依据这一理论开发出来的一种新型疗效产品。

高 γ-氨基丁酸大米，是应用生物科技诱发水稻组织中 L-谷氨脱羧酶变异，提高该酶的生物活性，选育出 L-谷氨脱羧酶活力高、能合成大量 γ-氨基丁酸的突变体。这些富含 γ-氨基丁酸系列水稻新品种大米。此外，这种大米所富含的生育酚、三烯生育酚还可以防止人体皮肤氧化损伤，其比普通稻米多15%的膳食纤维也利于减肥。所含丰富的抗脂质氧化的物质可以促进皮肤新陈代谢，预防和减轻老年斑的出现。该大米的微量元素含量也比普通大米品种高，所以是一种新型营养保健大米。

富含 γ-氨基丁酸大米并非转基因作物，食用安全。人们经常可食用。试验证明，这种大米不会打破人体内氨基酸代谢的平衡，有利于人体高血压的缓解。这种新型大米的问世，为开发预防和辅助治疗高血压的功能性粮油食品提供了重要的原料。

十、维力大米

维力大米是一种用营养素和米粉制成的一种新型功能性大米。它以大米为原料，将其磨成粉后，与营养强化剂预混料混合，通过蒸汽和水的作用进入挤压机，再重组成类似大米形状的颗粒。其营养米粒的质量、密度、粒型和质感等都很接近天然大米。把维力米以一定比例与普通大米混合食用，相当于让那些在大米加工过程中丢失的营养素重新"回归"大米之中。

维力大米在加工过程中，维生素A、维生素B和铁、锌、钙等多种微量营养素都可以有效地添加到大米之中。这项新技术是在特定的压力、温度、速度工艺条件下，将预混的营养素和米粉挤压成型，在此加工工艺过程中还发生淀粉的凝胶化，凝胶化的淀粉会将营养素包埋起来，避免其损失。所以，维力米具有良好的物理稳定性，在储存、淘洗和蒸煮过程中，其所含微量元素都不会流失，并保持均匀稳定性。

针对中国市场，首先推出的造粒型营养强化大米的基础配方主要有两种：一种是强

60 化维生素 B_1、烟酸、锌、铁和叶酸（仅限免淘洗大米）五种营养素的配方，颜色为米白色；另一种是强化维生素 B_1、烟酸、锌、铁、叶酸、维生素 B_2 和类胡萝卜素七种营养素的配方，颜色为类胡萝卜的橘红色。根据不同的需求可以生产出各种不同形状的营养米颗粒（包括东北大米、泰国香米、籼米和长粒大米等）。

十一、宜糖大米（降血糖大米）

宜糖大米是以主栽水稻品种为材料，运用生物技术和核技术相结合的方法，于近年研究成功的适合糖尿病人食用的一种功能性大米。

这种专用宜糖大米，在国际上率先创造系列高抗性淀粉含量的新种质，从中培育了抗性淀粉含量高达 8%～20% 的系列功能型水稻。经长达 2 年多的人群食用试验，证实了宜糖米对控制人体血糖指数，增加饱腹感和节制饮食有显著功效，这对改善糖尿病人的生活质量、增强体质、恢复健康、防止和延缓并发症的发生与发展具有重要作用。这种大米上市以来，受到糖尿病人及高血糖特殊人群的欢迎。

（一）宜糖大米的有效功能成分

宜糖大米实质上是一种高抗性淀粉粳稻米，其中所含有的有效成分是"抗性淀粉"，是健康人体中不能直接在小肠内消化吸收的淀粉，对控制血糖和预防肠道疾病具有重要作用。1992 年被联合国粮农组织认定为健康食品，1998 年世界卫生组织肯定了抗性淀粉的营养价值。其宜糖大米中，所含有的抗性淀粉有效功能成分高达 10.2%，能避免在人体胃和小肠吸收，不能转化为葡萄糖，不易引发餐后血糖升高。因此，可以选作糖尿病人及高血糖特殊人群的专用大米。

（二）宜糖大米降低血糖的机理

宜糖大米降低血糖的机理：一是富含抗性淀粉；二是独特的淀粉结构，耐消化。宜糖大米除含有普通大米的营养素成分外，并富含高抗性淀粉。其含量是普通大米含量的 10 倍以上，这部分淀粉进入人体后没有被人体消化吸收，不会转化产生葡萄糖类；富含抗性淀粉的"降血糖大米"形成了一种显著有别于普通大米的特殊淀粉结构，对普通大米所含淀粉（碳水化合物）具有良好的包埋作用，可显著延缓整粒米饭中糖的释放与吸收速度，即"宜糖大米"被人体食用后，可以延缓它在胃和小肠里的消化吸收时间，大部分淀粉以平缓速度在消化，其转化生成糖的速度，节奏变慢，可缓慢而持续地向机体提供能量，有利于糖尿病人平稳餐后血糖。宜糖大米进入大肠后，在结肠微生物的作用下发酵，能刺激糖发酵，减少糖异生，从而降低人体的血糖指数。

（三）宜糖大米可有效改善糖尿病人的生活质量

糖尿病患者和高血糖特殊人群食用宜糖大米，可以像正常健康人一样三餐吃饱，以改变每天少食多餐的现象，可以明显改善糖尿病人的生活质量。在适量食用宜糖米一段时间，待血糖健康指标稳定后，就可逐步减量或停服阻断消化药物，逐渐恢复增强体质，防止和延缓并发症的发生与发展。宜糖大米可作为糖尿病人和高血糖特殊人群一日三餐的主食，也是糖尿病患者人群食疗的首选功能性粮油食品。

十二、"千石谷"营养速食米

"千石谷"营养速食米是以五谷杂粮（大米、荞麦、青稞、高粱、燕麦、薏苡仁、绿豆、红小豆、黑米、小米、大豆、红薯等）为生产原辅料，经科学配比，采用现代化生产工艺，低温熟化，颗粒再造所精制成的一种营养速食米。并充分保留原料的"原色、原味、原香"，具有美味、营养、健康、便捷的要素，正切中了养生的"温补"概念。食用时，直接用热水浸泡，8min后即可食用，有着清新的米香，同时满足了营养、健康、方便、卫生等多元素的消费需求，让五谷杂粮走进速食时代。

第四节　稻米主要功能性成分及其应用

我国"十二五""十三五"稻米深加工攻关内容，均围绕"稻米加工的新产品，是将大米转化为营养、健康、安全、方便的加工食品，如方便米粉、保鲜米粉、速食营养米、多孔淀粉、米糠蛋白等综合利用的高效增值方向，进行科技攻关和实施产业化"。使我国稻米资源利用率得到提高，促使大米加工业增值、增效，并带动稻谷加工业的可持续发展。

一、大米的主要功能性成分及其应用

大米是人们赖以生存的重要主食品，在我国以大米为主食的城乡居民已达70%以上。研究发现，大米中含有丰富的功能性成分，具有独特的营养及功能特性和保健价值，可应用于保健、医疗等制品中，既开拓了大米应用新途径，又有增值效应。

（一）大米蛋白

大米蛋白以营养品质高、低过敏性著称。米糠内蛋白含量较高，为12%~16%，米糠中主要蛋白组分是球蛋白（36%）和白蛋白（37%）。大米胚乳蛋白由白蛋白（4%~9%）、盐溶性球蛋白（10%~11%）、醇溶性谷蛋白（3%）和碱溶性谷蛋白（66%~78%）组成。碾米加工厂研磨过的大米蛋白质效价比值（PER）为1.4~2.6。大米蛋白的可消化性超过90%，所以大米蛋白是食品的极好营养添加剂。由于大米蛋白的低过敏特性，适宜制作婴儿食品、老年食品等，尤其适合牛奶蛋白不耐症、过敏或有腹腔疾病的特殊人群食用。

（二）富含 γ-氨基丁酸米胚芽

大米胚芽是稻谷加工的副产品，其中谷氨酸脱羧酶活力较高，非常适合作为富含 γ-氨基丁酸的功能性食品。γ-氨基丁酸是存在于哺乳动物脑、脊髓中的抑制性神经传递物质，由谷氨酸经谷氨酸脱羧酶催化转化而来。现代医学研究表明，γ-氨基丁酸具有降血压、改善脑机能、促进生长激素分泌及肝功能活化、抗疲劳等作用，可将其富含 γ-氨基丁酸的米胚芽应用于功能性食品、抗疲劳食品的开发中。

（三）大米蛋白多肽

将大米蛋白通过蛋白酶分解制得大米蛋白多肽，对人体具有防治高血压的作用，可用于制成抑制人体血压上升的产品。

（四）大米萃取液

从大米中可提取功能性物质，具有显著增强胃黏膜防御能力，对幽门螺旋杆菌感染引起的胃炎具有抑制作用。研究人员在此基础上研究开发的大米萃取液，具有防治胃溃疡，保护胃黏膜，防治胃病的功能。

（五）低热量食品添加剂

以全粒大米为原料，制成大米制品低热量食品添加剂，这种添加剂即使在高剪切加工条件下仍能保持粉脆性，适合用在糕点制品、燕麦花卷、冰淇淋奶油等食品中，以及苏打饼干、营养压块食品中，还可用于营养强化，生产有利于健康的低热量食品，可供超体重、肥胖症等特殊人群食用。

（六）大米汁矿物盐

可以大米汁作为调味品添加剂，制成大米汁矿物盐。这种矿物盐氯化钠含量降为57%，氯化钾29%，由于大米经微生物发酵，使口味更柔和。同时大米发酵汁中含有氨基酸等鲜味物质及营养物质，总氨基酸为调味用料酒（黄酒、清酒）的4倍。大米汁矿物盐可替代食盐、含盐调味酒等发酵调味料，能自然减盐及赋予美味效果，还可用作健康食品添加剂，制作低钠食品，供高血压症者选用。在小麦面粉中添加3%大米矿物盐，所制得的挂面、面饼、面条，其口感更适口，风味、面汁独特，更有益于人体健康。

（七）谷维素功能饮料

谷维素是从大米糠中提取的一种功能性物质，由环木菠萝醇类为主体的阿魏酸酯和甾醇类的阿魏酸酯组成的混合物。谷维素功能饮料配方中含有谷维素、柠檬酸、柠檬酸钠、果糖、葡萄糖等成分，在温度55℃条件下，搅拌至形成清液即可。这种谷维素功能饮料，对人体具有降低血清胆固醇、降低甘油三酯含量、降低肝脏脂质、降低血清过氧化脂质等生理功能，同时对人体的植物神经紊乱也有调节改善的效果。

（八）红曲米（粉）（Redyeastrice）色素

红曲色素以大米（籼米、糯米）为主要原料，运用发酵法生产，是红曲菌（Monascus）培养过程的代谢产物，为红色（或暗红色液体或粉末）糊状物。在我国目前所生产的红曲品种中，主要色素成分为红斑素（Rubrupunctation）和红曲红素（Monascorubrin）。

1. 红曲米（粉）的生理效应

"红曲"是红曲霉代谢产物和发酵后剩余大米降解物的总称。从红曲中提取的红曲色素称为红曲红素，具有重要的生理功效和应用价值。红曲中次生代谢物含有莫那克林系列、γ-氨基丁酸、氨基葡萄糖、甾醇、皂苷等功能性成分可供利用。

（1）调节血脂效果卓著　莫纳可林K是重要的调节血脂的功能因子。在调节血脂方面，红曲是一种理想的调节血脂的功能配料，它可降低低密度脂蛋白胆固醇，提高高密度脂蛋白胆固醇，降低甘油三酯，调节胆固醇构成，具备大多数降胆固醇功能配料所没有的功能效果，且无毒副作用。

（2）降低血压　在降低血压方面，红曲也表现出综合成分的效果。红曲中所含公认的降压因子γ-氨基丁酸以外，还含有其他降压功能成分或增效因子，是多成分的共同作用。目前市场销售的红曲制剂，每人每天摄入量一般规定在 1~2g。

（3）降低血糖　临床证实，红曲同时具有降低血脂、降低血糖和降低血压的生理功效。已经研制成的一种具有降血糖、降血脂、降血压功效的功能性食品，获得了国家发明专利权。

2. 红曲米（粉）色素功能性成分及应用

红曲米（粉）色素是一种符合 GB 1886. 181—2016《食品安全国家标准　食品添加剂　红曲红》规定的食用色素（天然着色剂）。使用范围为配制酒、糖果、熟肉制品、腐乳、雪糕、冰棍、饼干、果冻、膨化食品、调味酱、果蔬汁、饮料等。对其最大使用量规定为按生产需要适量使用（说明红曲红应用于食品，系安全性很高的产品）。并具备颜色鲜艳、光热稳定性好、pH 适用范围广、安全性高、无副作用等特性，可广泛应用于食品和制药等领域。

（1）在肉制品中的应用　红曲添加到肉制品中，可以部分代替肉制品中的发色剂——亚硝酸盐。红曲色素是直接染色。可赋予肉制品良好的外观色泽和风味，抑制有害微生物的生长以延长保质期，能赋予肉制品特有的"肉红色"使产品的颜色更自然。红曲红素在肉制品中的应用安全性高。高温火腿肠类，添加量为 0.1%~0.3%。

（2）在调味品中的应用

①制作红醋中的应用（红曲米醋的工艺流程）：

籼米→ 浸米 → 淋水 → 蒸饭 → 糖化发酵 → 醋酸发酵 → 勾兑 → 灭菌 →成品醋

②酿造酱油中的应用：现有糖化增香曲（酱油专用）就是以红曲为出发菌种而制得的复合红曲菌种。在酱油酿造中使用糖化增香曲，可使原料全氮利用率和酱油出品率均有明显提高，同时酱油鲜艳红润，清香明显，鲜而后甜，质量优于普通工艺酱油。还可以将红曲色素直接加入到酱醅中参入发酵，能明显提高酱油的红色指数，以达到改善了酱油的风味之目的。

③豆酱生产中的应用：将红曲和米曲以 1∶4 的比例加入到熟料中制成的红曲豆酱，色泽赤红、味道柔和爽口、风味独特、香味浓郁。红曲加入低盐豆酱中还具有抑菌防腐的作用。

④腐乳生产中的应用：把豆坯制成腌坯后，将红曲、面曲、料酒制成红曲卤作豆腐乳卤汁，在常温下发酵制成红色腐乳，色泽红艳，口感细腻，香味浓厚。

（3）红曲在酒业中的应用　丹溪红曲酒是采取压滤工艺生产的，保留了发酵过程中的粗蛋白、麦芽糖、葡萄糖、糊精、甘油、醋液、矿物质及少量的醛、脂，具有香气浓郁、酒味甘醇、风味独特、营养丰富等特点。现已有以甘薯瓜、大米为原料，采用半固态低温发酵法，研制出的甘薯红曲酒，色泽橙红鲜亮，酒体香味突出，酸甜适口，是一种色泽、风味及功能性饮料酒。还有采用红曲霉固态培养荞麦制曲，液态发酵酿酒的方法，酿造荞麦红曲酒。固态培养 5d 的荞麦红曲加入转入液态发酵，加入酿酒活性酵母，添加少量大米根霉糖化液，有助于发酵过程，可使成品荞麦红曲酒风味更佳。

（4）红曲米（粉）色素在医药及饲料方面的应用　红曲米（粉）色素是由化学结构不同、性质相近的紫、红、黄三类不同色素组成的混合物质。其"着色作用"与

64 "色素成分"具有的功能性双重效能，引起人们的特别关注。尤其是对于人体的降低血脂的功能性，已被应用在医药、医疗中，现已被开发出具有降低血脂功能的莫纳可林 K（Monacolin K）和降脂胶囊。红曲能入药的功能在我国古代《本草纲目》中记载："红曲主治消食活血健脾燥胃，治赤白痢、治跌打伤损等"。从红曲发酵液中提取的红曲霉素，其对治疗慢性肠炎、痢疾等已有特效。已经确定的红曲医疗功效有三：降低胆固醇、降低血糖及降低血压。在鸡饲料中添加 0.25% Monacolin K 后喂鸡，所产鸡蛋中的胆固醇含量，下降 15% 左右。

（5）在烹饪和食品加工中的应用　红曲在烹调菜肴方面有广泛用途，如红烧肉、红烧鱼、红焖鸡及多种炒菜都要用红曲着色。红曲还广泛用于香肠、火腿、肉罐头、糖果、果酱、糕点、饮料、糖浆及药剂加工的着色。特别是红曲用于肉类蛋白质染色时，染色十分牢固。尤其是将红曲米（粉）用于传统的中国餐饮美食业，如北京烤鸭、酱烧排骨等食品，红曲米（粉）这种药食兼备的多元价值会日渐更受人们的关注。正在形成极具潜力的红曲市场，有力地推动着红曲米（粉）色素的研究和应用的新进展。

二、米糠的主要功能性成分及应用

米糠是食品、医疗、化工制造业的重要原料，通过深度开发利用，可得到一系列高增值的产品。米糠内含有脂肪 12%~22%，可用以制油。米糠油（稻米油）是一种含多不饱和脂肪酸的功能性食用油，对于特殊人群具有良好的降低血压、降低血脂的健康作用；米糠油中含有糠蜡 3%~5%，精炼米糠油时可提取利用；从油脚和皂脚中可提取谷维素、谷甾醇等医药用品；从糠粕中提取植酸钙、肌醇等可用于医药、化工等行业；米糠还可制作饴糖、高蛋白质的食品、酿酒和酿醋等；米糠还有药用价值，可用来治疗脚气病、浮肿、腹泻及维生素 B_1 缺乏症等病症。我国中医认为，陈谷米糠、谷芽糠和糯米糠对人体均有健肠胃的医疗效果。

（一）米糠的营养价值

从营养成分看，米糠的营养价值较高，它集中了稻谷 64% 的营养成分，含有丰富的蛋白质、脂肪、维生素、矿物质和膳食纤维，其中蛋白质的含量为 12%~15%（大米中为 7%）。同时，其必需氨基酸组成接近于人体需要量模式，尤其是赖氨酸、甲硫氨酸和色氨酸含量高于大米，大大提高了米糠蛋白的营养价值。因此，研究和开发米糠蛋白食品，充分发挥其营养功能和作用，已成为粮食谷物科学领域新的研究热点。

1. 米糠蛋白中的四大蛋白质含量

米糠蛋白中的四大蛋白质含量为 37% 清蛋白、36% 球蛋白、22% 谷蛋白和 5% 的醇溶蛋白。从营养的观点看，清蛋白和球蛋白有很好的氨基酸平衡，赖氨酸、缬氨酸、色氨酸含量较高，含量高于大米，这补偿了谷物蛋白中赖氨酸不足的缺陷，提高了营养价值。

2. 米糠蛋白中氨基酸的组成

米糠蛋白中必需氨基酸含量及组成较合理。其米糠蛋白提取物中必需氨基酸的组成，以及与人体需求量、酪蛋白、大豆蛋白的比较结果见表 3-5。

表 3-5　　米糠蛋白必需氨基酸含量及与人体需求量、酪蛋白、大豆蛋白的比较

单位：mg/100g

必需氨基酸	婴儿需求量/ [mg/(kg·d)]	2~5 岁儿童需求量/ [mg/(kg·d)]	米糠蛋白 提取物	牛乳酪蛋白	大豆蛋白	理想蛋白
组氨酸	26	19	29	32	25	—
异亮氨酸	46	28	39	54	47	40
亮氨酸	93	66	74	95	79	70
赖氨酸	66	58	47	85	61	55
甲硫氨酸+半胱氨酸	42	25	38	35	25	35
苯丙氨酸+酪氨酸	72	63	79	114	87	60
苏氨酸	43	43	37	42	37	40
色氨酸	17	11	12	14	12	10
缬氨酸	55	35	63	63	48	50

从表 3-5 可以看出，米糠蛋白中必需氨基酸含量接近 FAO/WHO 推荐的理想蛋白质中的必需氨基酸组成，是一种较优质蛋白。米糠蛋白与酪蛋白、大豆蛋白相比较，米糠蛋白有相似或更高的必需氨基酸含量，尤其是蛋氨酸含量高于大豆蛋白的含量。同时，根据 2~5 岁儿童的必需氨基酸需要量，除赖氨酸以外，米糠蛋白基本达到此年龄段儿童的需求量。因此，作为一种过敏率极低，消化率在 90% 以上的蛋白质，米糠蛋白质是一种良好的蛋白来源。

（二）米糠的主要功能性成分及应用

米糠中的维生素 B 和维生素 E 以及脂多糖 γ-谷维醇、角鲨烯等多种天然抗氧化剂和生物活性物质，也是优良的开发资源。

1. 米糠神经酰胺

我国科研人员已开发出由米糠、米胚芽等为原料，萃取、精制而成的功能性食用原料米糠神经酰胺。神经酰胺系为神经鞘磷脂，对人体皮肤具有增白、保湿及缓解过敏性皮炎症状等生理功效。

2. 米糠营养素

米糠占稻谷质量的 5%~7%，是生产米糠营养素和米糠营养纤维固体饮料的重要资源。米糠之所以具有很高的营养价值，是因为它含有大量米糠营养素。米糠营养素可分为水溶性和非水溶性两类。水溶性有维生素、糖类、活性物质等成分，是一类最为重要的营养成分。以这些可溶性米糠营养素为原料，可以制作多种米糠健康食品。

我国已建成年产 1000t 米糠营养素生产线，米糠利用率高达 98%。米糠营养素健康食品已在我国实现产业化（年产 5000t 米糠营养素和米糠营养纤维固体饮料生产线）。这些米糠营养健康食品的面市，为我国稻米的高效增值又开拓了一条新途径。

3. 米糠多糖（RBS）

米糠多糖作为来自高等植物、动物细胞膜和微生物细胞壁中的天然高分子化合物，是构成生命的四大基本物质之一。多糖是由许多相同或不同的单糖以 α-或 β-糖苷键所组成的化合物，普遍存在于自然界植物体中。米糠多糖的原料是脱脂米糠（糠粕），具有多种生物活性，同维持生物机能密切相关。米糠多糖是一类结构复杂的杂聚多糖，由鼠李糖、阿拉伯糖、木糖、甘露糖、葡萄糖、半乳糖等组成。

（1）米糠多糖的生理功效　米糠多糖被认为具有与人参、当归等中草药多糖相类似的功效，米糠活性多糖不仅具有一般多糖的生理功能，而且还具有较强的提高血清肿瘤坏死因子水平、增强机体免疫力及降血糖、降血压、降血脂等防治中老年心脑血管疾病的功能，这已被科学界和医学界所证实，对人体保健十分有效。

（2）米糠多糖的应用　米糠多糖有着很强的生理功能，具有较宽的应用领域和较好的防预、治病和保健作用。可以此开发许多产品，应用于诸多方面。

①有抗肿瘤功能，米糠多糖可作为生产预防、治疗肿瘤的药物。

②有降血脂、降血糖和明显免疫功能等，可用米糠多糖生产保健食品，用于预防高血压、心脏病、肝硬化、动脉硬化和糖尿病等疾病的辅助食疗。

③有明显功能因子和确切的营养作用，米糠多糖可作为生产功能性粮油食品的原料，适用于特殊行业、需要补充营养的特殊人群。

4. 植物甾醇

米糠油中营养成分十分丰富，尤其是活性成分植物甾醇，对其开发和应用，是提高米糠油增值的有效途径。

（1）植物甾醇的来源　植物甾醇作为一种微量生理活性成分，主要来源是食用植物油脂及粮油食物等。尤其米糠油、小麦胚芽油及玉米油中含量较高。食用植物油中普遍含有甾醇。（常见的 β-谷甾醇、豆甾醇、菜油甾醇等）食用植物油中甾醇的含量见表3-6。

表3-6　　　　　　　　　食用植物油中甾醇的含量　　　　　　　单位:%

含量品名	总甾醇	β-谷甾醇含量	菜油甾醇含量	豆甾醇含量
大豆油	0.32~0.49	50~72	13~14	11~24
稻米油	2.9~3.4	49~72	14~33	9~18
玉米油	0.58~1.50	60~89	10~23	5~8.6
花生油	0.19~0.47	54~78	10~20	6~15
葵花子油	0.25~0.45	57~75	7~14	7~13
菜子油	0.35~1.07	51~63	22~41	0~2.6
棉子油	0.37~0.72	86~97	4~10	0.5~2.5

我国常见食物中植物甾醇的含量见表3-7。

表 3-7　　　　　　　　　常见粮食中植物甾醇的含量　　　　　　单位：mg/100g

食物名称	含量	食物名称	含量	食物名称	含量
大豆	61	蚕豆	124	油菜子	308
小麦	69	高粱	177	葵花子（仁）	534
赤豆	76	玉米	177	芝麻	714
核桃仁	108	花生仁	220		

（2）植物甾醇的主要生理功能成分及应用　　天然植物甾醇对人体具有重要的生理活性作用，能够抑制人体对胆固醇的吸收，促进胆固醇降解代谢，抑制胆固醇的生化合成；有良好的抗炎作用，在治疗牙周炎、口臭、牙周肿痛、促进伤口愈合已有应用。如牙周宁、口腔溃疡及支气管哮喘的谷甾醇软膏与片剂，均都采用 β-谷甾醇、豆甾醇直接入药，广泛用于治疗牙周炎引起的牙龈出血、牙周脓肿等病症，天然植物甾醇、甾体化合物被科学家誉为"生命的钥匙、开启健康的新空间"。由于天然植物甾醇的保健、医疗功能和安全性好，可作为新型营养食品添加剂，直接加入到食品、饮料中，用以提升食品的食用价值。

国外的食品商已开发出一系列含植物甾醇的冰淇淋、色拉酱、酸奶、口香糖、饼干、饮料以及其他含植物甾醇的营养补充食品。澳大利亚市场上最早出现强化植物甾醇或植物甾醇酯的人造奶油，用于蛋黄酱、奶酪、奶油、起酥油和烹饪油等。

植物甾醇在甾体药物合成、食品、保健品等方面得到了广泛的应用。植物甾醇是食用植物油脂加工的副产品，一般在生产天然维生素 E 时可以同时提取。我国已开始生产植物甾醇，产品已达到 95% 的高纯度。天然油脂伴随物的开发、提取、应用是当今盛行的一类重要的功能性食品添加剂和营养强化补充剂，其中的一类产品植物甾醇更是日渐走俏，在食品、饮料、保健食品、生物医药和化学工业等工程产业中引人注目，对它的研究成为当今世界最热门的课题之一。

三、特种稻米的主要功能性成分及应用

特种稻黑米（柴米）不仅营养素含量丰富和较为显著的健康功效，而且在其米皮中还含有大量的天然色素，这是黑（紫）色素的重要来源。因此，利用黑米、红米等特种稻米开发天然黑（紫）色素，对于食品、医药加工等行业都具有重要意义。

（一）黑米（紫米）色素

食用天然色素从植物或花果中提取，没有毒副作用，能刺激人的食欲，并保留了植物体内丰富的多种营养成分，用作食品着色剂，具有营养、健康功效，可提高被加工食品的质量档次，创造可观的经济效益。

1. 黑米（紫米）的色素含量

黑米（紫米）色素的主要成分是花青素。不同米色品种的色素含量也有很大的差异。不同米色品种的色素含量见表 3-8。

表 3-8　　　　　　　　　　　　不同米色品种的色素含量　　　　　　　　　单位：mg/100g

色米品种	产地	颜色	色素含量	色米品种	产地	颜色	色素含量
黑米 3 号	湖北	黑	174.38	紫糯 2 号	云南	紫	335.70
紫稻 5 号	陕西	紫	66.16	黑稻 1 号	云南	黑	547.88
紫糯 5 号	云南	紫	180.93	小黑谷	云南	黑	42.56
稀珍黑米	陕西	黑	118.47	Nanton 84	台湾	紫	562.89
黑糯 83	贵州	黑	101.50	Janawna	泰国	黑	829.14
黑糯 20	贵州	黑	332.28	Taplo	菲律宾	紫	557.67

　　大米色素主要集中在质量不到 10% 的外表皮部分，从外观看，糙米颜色越黑，色素含量越高。剥皮后的精米近乎白米，其色素含量极低，这种色素富集在外表的特点为色素产品的开发应用提供了极为有利的条件，剥下全米质量 10%~12% 的外表皮部分，用作提取色素原料，留下 90% 左右的精米可供选作食用粮或食品工业原、辅料。

　　2. 黑米（紫米）色素的营养、健康价值

　　黑（紫）稻米对人体具有滋阴补肾、健脾暖胃和明目活血的作用，深受人们的喜爱。

　　从乌贡药稻米中采用纯物理提取方法所获得的黑米素，已被作为一种新型全天然活性营养色素以及生物制药的原料，而被广泛应用于功能性饮料、乳制品、营养食品、健康食品和生物制药等领域。科研人员对黑米色素营养成分分析和生理活性物质检测证实，乌贡药稻米中的 B 族维生素，微量元素铁、锌、钙、硒均比同类多种黑稻米高，而黄酮类、皂苷类、原花青素等生理活性物质的含量也很丰富，尤其是其中的原花青素，含量是一般提取原料葡萄子的几倍甚至几十倍。通过新工艺技术，使乌贡药稻米中有利于人体健康的有效成分高度浓缩，并解决了有效成分的稳定性难题，因而黑米素中的营养素和对人体具有调节作用的生理功能因子容易被人体吸收并发挥功效。经医药科研部门鉴定分析，黑米色素对人体具有改善营养性贫血、清除自由基、抗疲劳等功能。

　　可以利用黑米色素制作营养挂面，利用黑米色素添加多肽研制成新兴健康食品。我国一批以黑米色素为营养强化剂研制而成的酒类、含铁豆奶、天然含铁酱油、冰淇淋、糕团、面点等健康食品也相继问世，新一代天然营养色素黑米素在功能性食品领域绽放异彩。

　　含有紫红特殊天然色素的花青素具有促进人体组织巨噬细胞的活力、增强机体抗病毒能力的作用，而黑米素中紫红色花青素含量高，溶于水并微溶于油，因此又可广泛用于食品中作为天然色素和营养性的配料中间体。另经糖尿病人服食证实，黑米素使不能多食谷类食物的特殊人群能够获取谷类食物中的多种营养素。所以，黑色食品资源的开发利用，已成为我国发展粮油功能性食品的方向之一。

　　(1) 黑米色素的颜色反应　黑米色素经不同的物理或化学条件处理，其颜色结果，黑米色素的主要颜色反应见表 3-9。

表 3-9   黑米色素的主要颜色反应

处理方法	颜色反应	处理方法	颜色反应
可见光下	紫红色	Mg^{2+} 的盐酸溶液中	粉红色
紫外光下	暗红色	Na-Hg 的盐酸溶液中	黄橙色
氨熏蒸后可见光下	蓝色	$FeCl_3$ 的溶液中	浅蓝色
碳酸钠介质中	蓝色	中性醋酸铅溶液中	浅蓝色沉淀
浓硫酸介质中	红橙色		

（2）黑米色素在食品工业中的应用 黑米色素具有独特的色泽，对其开发利用有着广阔的前景。黑米色素的应用有两个特点：一是利用其营养成分与药用有效成分；二是利用其天然色素的色泽。色素位于米粒表面即果皮中，而一些营养物质（B族维生素与矿物元素等）也位于果皮中。因此，用化学、物理方法提取黑糙米中的色素，会把果皮中的营养物质和药用有效成分一起提取出来。

①在面制品、米制品中的应用：上海农学院等直接采用物理方法，以黑米为原料制成"922黑米素"，产品不仅有调色功能，而且含有多种维生素、矿物元素及膳食纤维、黄酮类等营养成分和活性物质，作为色素添加剂广泛应用于饼干、面条、面包、汤圆、馒头等食品加工和酿造工业及饮料工业中，不仅使用方便，而且色泽鲜艳、效果好。

②在开发健康食品中的应用：黑米色素中含有丰富的铁、锌、锰、铜等微量元素，其含量为黑米的50~100倍，证实黑米色素既有调色作用，也有很高的营养价值，可作为天然色素健康食品的开发和利用。

③在调制色酒中的应用：黑米色素粗制品作为色素添加剂，用于食品加工、饮料、酿酒等行业，如白酒类中加入一定量的色素制品，调成红色或紫红色的有色酒。

④在调味品中的应用：酱油生产的过程中，在后发酵时，用黑米色素制品代替焦糖色素，加入量为0.5%~1.0%，即可达到与加入焦糖色素同样的颜色深浅，此产品成了具有天然色素的酱油。黑米色素安全、无毒，直接应用于食品、医药和化妆品行业中。

（二）红米红色素

从红米中还可以直接用物理方法，提取天然的红米红色素，其主要成分是花色苷，它与来自葡萄皮中的花色苷的糖配基是相同的，只是在组成上略有不同。因此红米红色素与从葡萄皮中提取的红色素的色调基本一致。所以，红米红色素适合调制各种红葡萄酒和果酒。

1. 红米红色素的制取

红米红色素主要是以优质黑米为原料，采用现代加工工艺和设备，经浸泡、萃取、

70　过滤、浓缩、干燥等工序，所精制而成的一种天然色素。

　　2. 红米红色素的特性及应用

　　红米红色素相比于其他红米制色素有着使用方便、单位色价高、产品溶于水和乙醇溶液、灼热后残渣低等特性。红米红天然色素可广泛应用于糖果、配制酒、冰淇淋、话梅等酸性食品，如软饮料、果酱等的着色，还可用于方便面、酱菜、水产品、肉类、糕点、色拉奶油等，是理想、安全的食品添加剂。我国已建成年产 300t 红米红色素的生产线。其产品除销售国内各地外，还出口到日本、韩国及东南亚等国家和地区，销售市场较好。

第四章

小麦和小麦粉

————

　　小麦是我国居民的主要食粮之一，有丰富的资源优势，年总产量居世界第一。数据显示，我国小麦多年连续增收，创下世界粮食生产的中国纪录。小麦加工业是食品工业的支柱产业，小麦粉和制品与国民生活息息相关。近几年，我国高效节能与清洁安全小麦加工新技术研究与应用取得突破性进展，创造了现代制粉技术，使我国制粉工艺处于国际先进水平，先后已应用到全国 400 多家面粉加工厂，1000 多条日处理小麦 200t 以上的制粉生产线，出粉率提高 4% 以上。如果在全行业推广应用，相当于增加了 800 万亩（1 亩 ≈ 667m^2）"无形粮田"，显著提高了我国小麦资源利用率。

　　为适应消费者更加注重饮食安全，营养、健康的需求，积极开发安全、绿色、营养、健康的小麦粉及面制品是小麦加工业未来的发展趋势，努力提高小麦产品加工效能和产品质量、出品率，生产全麦粉，全谷物食品、发酵面食的防霉和保鲜以及营养、功能效用的研究等，都将成为今后行业的发展重点。

第一节　小麦

　　小麦籽粒结构由皮层、胚乳、胚三部分组成。皮层重量占小麦籽粒重量的 5% ~ 8%，皮层由纤维素、半纤维素组成，并富含维生素和微量元素和少量的蛋白质等营养元素。胚乳也称为麦芯，占麦粒重量的 90% ~ 93%，胚乳外围为糊粉层，富含蛋白质，脂肪和维生素。胚乳中含有丰富的淀粉蛋白质，并含有可溶性糖，脂肪和多种维生素。胚占麦粒质量的 2% 左右。胚部富含蛋白质、脂肪、维生素 B$_1$、维生素 B$_2$、维生素 E、胆碱、甾醇和磷脂等营养素，且含有较多的糖和多种酶类，生理活性强。麦胚被誉为"人类的天然营养宝库"，是我国营养、健康与功能食品、疗效食品的重要原料。

一、小麦的加工及综合利用

　　小麦最主要的用途是用来磨制小麦面粉，小麦面粉是我国食品工业的主要原料和辅料，所以生产的各种粮油食品，是人们一日三餐的主食之一。小麦加工及综合利用如图 4-1 所示。

　　在工业方面，小麦可用来生产小麦淀粉（酒精、味精、医药、化工产品等）；在副产品酿造方面，小麦可用来生产饴糖、食醋、酱油等多种调味品和副食品。小麦还是酿

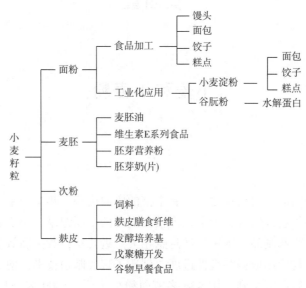

图 4-1　小麦加工及综合利用简图

酒的重要原料。小麦麸皮富含粗纤维、微量元素、蛋白质和多种维生素，并含有淀粉，是副食品酿造业的重要原料，可用于生产麦曲、膳食纤维食品，提取维生素 E 和优质蛋白，用作食品添加剂。小麦淀粉还可用于制药等多种行业。

二、小麦的生理特性

（一）小麦的营养价值

小麦胚芽中含蛋白质 35% 以上。小麦蛋白质接近完全蛋白质，其中赖氨酸、蛋氨酸、组氨酸的含量高达 8%，用其制取的小麦胚芽粉是理想的食品营养强化剂。小麦胚芽中含油量一般为 13% 左右，其中不饱和脂肪酸占 82%，磷脂占 1.3%，并含有较多的维生素 E，用其制取的小麦胚芽油营养价值高，被称为功能性油脂。其小麦胚芽的营养成分见表 4-1。

表 4-1　　　　　　　　　　　　　　小麦胚芽的营养成分

名称	含量/（g/100g）	名称	含量/（mg/100g）	名称	含量/（mg/100g）	名称	含量/（mg/100g）
粗蛋白	37.6	维生素 E	15.8	镁	336	钠	3
脂肪	11.4	维生素 B_1	2.2	钙	72	锰	13.7
糖类	14.6	维生素 B_2	0.5	磷	1327	铜	0.74
粗纤维	2.4	维生素 B_5	5.5	锌	10	叶酸	1.78
戊聚糖	4.9	维生素 B_6	1.3	钾	908	肌醇	852
淀粉	13.7	维生素 H	0.01	铁	9.4	泛酸	0.8

小麦胚芽及几种食材的 α-生育酚含量见表4-2。

表4-2		几种粮食的 α-生育酚含量			单位：mg/100g	
名称	小麦胚	小麦	糙米	大米	燕麦	玉米
含量	11.7	1.1	0.7	0.1	1.7	1.0

（二）小麦胚芽的健康价值

在植物性食物中，小麦胚芽的维生素E含量高，能抑制与清除人体内过剩的自由基，增强人体免疫力，起到防衰老、促进生育等功能。维生素E是人体内具有广泛生理功能的重要脂溶性维生素和天然抗氧化剂，在防治心脑血管疾病、糖尿病及并发症等方面有着广泛的应用。中医认为小麦胚芽性味甘、微寒、无毒，入脾胃，对人体具有良好的药效和保健功效。

（三）小麦的特异生物学特性——使人发生过敏性休克

一碗面条（一杯牛奶、一个桃子、几粒腰果……）这些在人们看来都是可口美味的食物。可是，一旦这些食物变身成为过敏原，就会危及人的生命。研究结果表明，我国正在经历过敏性疾病患病人群从稀少到众多的发展过程，以世界平均过敏性疾病发病率计算，中国过敏性疾病患者当以亿计。其中过敏性休克凶险最应引起关注。

1. 过敏性休克反应的典型症状

所谓的过敏性休克是一种严重威胁人体生命的全身多系统速发过敏反应。其典型的临床症状为人体进食后迅速出现手心、足心瘙痒、皮肤潮红、皮疹及口舌麻木感，继而出现呼吸困难、哮喘、窒息、血压下降、心律失常、意识丧失、休克。2016年9月北京协和医院变态反应科在国际上首次发布了中国人发生过敏性休克的诱因排序以及在不同年龄段人群中的分布特点。研究结果发现，在所有的过敏性休克诱因中，其中食物占77%（药物占7%，昆虫占0.6%，剩余15%为不明原因的"特发性"休克）。

2. 小麦成为"最大元凶"

在诱发过敏性休克的食物清单里，小麦占37%，豆类/花生占7%（水果/蔬菜占20%、坚果/种子占5%）。从发病严重程度看，小麦诱发了57%的重度过敏反应（而水果蔬菜类则倾向于轻、中度）。专家推测，国内缺少"免面筋"的小麦制品及国人遗传易感性或为中国小麦诱发休克比例偏高的原因。而这一重要发现，颠覆了全球此前对中国过敏性休克诱因的种种推测，成功地描绘出中国特有的致敏食谱，证明过敏性休克诱因呈显著地区性差异。如欧美最常见的诱因是坚果、花生、鱼、贝类，日韩为荞麦、小麦，新加坡则是燕窝。

3. 成人发病率高于儿童

从发病年龄上，中国成人严重过敏性反应发病率显著高于儿童，发病率最高年龄段为18~50岁。不过，随着工业化和现代化进程的推进，我国儿童食物过敏可能是未来全球趋势。

4. 运动最可能诱发加重过敏性休克

如有的"小麦依赖运动诱发过敏性休克"患者，食用面条（小麦粉制品）后如果不运动本可以避免休克，但遗憾的是，患者并不知道，且还服用了阿司匹林，最后导致悲剧发生。药物诱发过敏性休克虽为"小众"，但随着人们高血压、心血管疾病的发展趋势，预计将有不少特殊人群预防性服用阿司匹林。一旦明确诊断为小麦诱发的严重过敏性反应，其阿司匹林及解热镇痛类药物则为绝对禁忌；如因病情需要必须服用阿司匹林或解热镇痛药物者，则小麦（制品）类食物为绝对禁忌。

5. 预防与解救的有效措施

一旦发生过敏性休克，医学专家提醒，应尽快采取有效措施进行解救。

（1）预装肾上腺素的自动注射器，并需掌握肾上腺素肌肉注射方法，以备在关键时刻解救自己（或家人生命）。我国70%的严重过敏性反应医院急诊处理时，仍使用糖皮质激素，仅有25%使用肾上腺素。所以医学专家特别提醒，有关过敏性休克患者及患者家人，要提高对肾上腺素在过敏性休克治疗中重要性的认识。

（2）我国粮油食品工业部门，应尽快研制生产"免面筋"的小麦制品，供给小麦制品过敏性反应特殊膳食人群选用，用于预防小麦制品过敏性反应症的发生。

三、彩色小麦新品种及其应用

彩色小麦近年在我国研制成功。其彩色面条、彩色挂面、彩色麦仁等彩色小麦制品，已经走上了消费者的餐桌，赢得了称赞。彩色小麦，是小麦和野草杂交孕育出来的小麦新品种，并非转基因食品。主要是指籽粒彩色、面粉糯性的小麦，其颜色集中在麦皮上，麦粒是原色。富含花青素、微量元素是彩色小麦的价值所在。自古以来，小麦就是黄色的（也有白麦、黑色麦、红麦），如今新培育出来的彩色小麦已有50多种色彩，如紫色小麦（可分为紫灰色、蓝紫色、紫红色等）。彩色小麦的主要特性如下。

（一）微量元素丰富

彩色小麦富含钙、锌、硒、铁、碘五大营养微量元素，同时每种颜色小麦都有自己的营养特长，如绿色小麦铁的含量是一般小麦的10~15倍，硒和钙含量也比一般小麦高出2倍以上。黑色小麦硒和碘的含量高。彩色小麦中的花青素是一种生物黄酮类化合物，有很强的抗氧化和清除自由基、提高免疫力的功能。

（二）面筋质含量高

彩色小麦的湿面筋含量高于普通面粉2倍，其含量达到42.8%。根据国家相关规定，湿面筋在28%以上的是高筋面粉。它的发展将促进小麦加工业的换代升级，并减少面食类添加剂的使用量。

（三）黏性、糯性大

彩色小麦之所以有很大的黏性，是因为小麦与野草杂交，孕育出来的彩色小麦具有野草的"野性"。可以用彩色小麦粉来代替糯米粉做汤圆等食品。目前，已开发出多种食品——全麦粉、面条、面包、粽子和汤圆等。紫糯小麦还可用于做口香糖等食品领域。已有50多种彩色小麦问世。以彩色小麦为原料，将会催生原汁、原味的彩色速冻面条、馒头、汤圆、水饺等面制食品。从此也可以"五颜六色"，披上"五彩"外衣迎食客。因为彩色小麦本身研磨出来的面粉就是五颜六色的面粉，这将会改变原来的速冻水饺、面点、面条、汤圆等面食品，始终是"清一色"的白色传统食品，现已崭露头角。

第二节　小麦粉

　　小麦粉是以小麦为原料，经研磨工艺所制成符合一定质量标准的粉状产品。通常分为特一粉、特二粉、特一粉、标准粉和普通粉 5 种。我国《粮食加工业发展规划（2011~2020 年）》指出，重点发展适合传统食品的专用粉，我国面粉工业以安全、营养、方便、专用型产品为主要发展方向，同时把"适口、营养、健康和方便"作为发展重点，优化产品结构，提高优、新、特产品比重，重点发展适合中国人消费习惯的蒸煮类、速冻类和油炸类食品专用粉，满足饮食和传统主食品工业化之需求，到 2020 年专用粉品种达到 50 个以上，产量在小麦粉总量中达 40% 以上。

一、小麦粉的营养成分和生理功能

　　我国所产小麦粉的营养成分见表4-3。

表 4-3　　　　　　　　　　　　　　小麦粉的营养成分

营养成分	含量/（g/100g）	营养成分	含量/（mg/100g）
蛋白质	11~13	钙	20~69
脂肪	0.8~1.9	磷	101~330
碳水化合物	72.5~78.8	铁	2.6~7.0
灰分	0.5~1.6	硫胺素	0.06~0.46
膳食纤维	0.7~2.7	核黄素	0.05~0.15
热量/（kJ/100g）	7300~7400	烟酸	1.1~4.0

　　小麦粉的营养成分及其生理功能如图4-2所示。

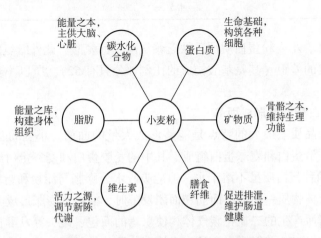

图 4-2　小麦粉的营养成分及其生理功能

二、小麦粉的营养特性

从小麦粉的营养种类、含量以及在人体内的吸收利用率等进行介绍。

（一）糖类物质含量丰富

小麦粉的淀粉和可溶性糖类含量高，一般为75%左右，每500g标准粉能产生热量7400kJ，是热量的主要来源。按合理膳食的标准，以小麦粉为主食可以满足人体对糖类的需要量。

（二）蛋白质的含量较高、生物价较低

小麦粉的蛋白质含量为11%~13%，但其生物价为52，比大米、玉米等粮谷都低。小麦粉蛋白质中氨基酸与联合国粮农组织/世界卫生组织（FAO/WHO）模式的对比见表4-4。

表4-4   小麦粉蛋白质中氨基酸与 FAO/WHO 模式的对比

氨基酸	FAO/WHO 参考模式/(g/100g)	小麦粉蛋白质含量/(g/100g)	小麦粉蛋白质与模式对比/±	小麦粉蛋白质与参考模式占比/%
(1)	(2)	(3)	(4) = (3) － (2)	(5) = (3) /(2)
异亮氨酸	4.0	3.6	-0.4	90
亮氨酸	7.0	7.1	+0.1	101
赖氨酸	5.5	2.4	-3.1	44
甲硫氨酸+半胱氨酸	3.5	3.9	+0.4	111
苏氨酸	4.0	3.1	-0.9	76
色氨酸	1.0	1.1	+0.1	110
缬氨酸	5.0	4.2	-0.8	84
苯丙氨酸	3.0	4.5	+1.5	150

由表4-4可知，小麦粉蛋白质严重缺乏赖氨酸、苏氨酸、此外缬氨酸、异亮氨酸也与参考模式有一定的差距（其氨基酸构成的比例评分只有52），所以小麦粉蛋白质属于不完全蛋白质。

（三）小麦蛋白质能够形成面筋

小麦粉在食用品质上最大的特点是能够形成大量的面筋。小麦粉蛋白质由麦胶蛋白、麦谷蛋白、麦清蛋白和麦球蛋白组成。其中的麦胶蛋白和麦谷蛋白约占小麦蛋白质的80%以上，这两种蛋白质虽不溶于水，但能吸收水分膨胀与淀粉和脂质混合形成具有弹性和延伸性的胶体物质—面筋。面筋在面团发酵时，能吸水膨胀形成具有弹性的面筋网络，保持住发酵所产生的二氧化碳气体，使烘烤的面包、馒头等发酵食品具有多孔的海绵状组织，松软可口，并能增大食品与人体消化液的接触面，易于被人体吸收（如面包中的淀粉在人体内的消化吸收率高达97%）。

（四）维生素和微量元素吸收率较高

小麦粉的铁、钙含量高于大米，维生素含量与大米相当。小麦在加工食品的过程中可以避免淘洗的流失，加之小麦粉制作发酵食品时，所含植酸盐大部分被水解而去除，有助于微量元素铁、钙的吸收。另外，小麦粉中的蛋白质含量高，蛋白质分解产生的氨基酸与微量元素铁、钙等可形成人体易于吸收的可溶性盐类，也能提高人体对微量元素的吸收率。人体对铁元素的吸收率为小麦粉5%、玉米粉3%、大米1%。

三、提高小麦粉营养价值的有效措施

《中国居民膳食指南（2016）》指出："食物多样，谷类为主"。但是，近年来城镇居民消费的粮食，不仅粗粮、杂粮少，而且大多食用精白面（米）小麦标准粉和富强粉营养成分的比较见表4-5。

表4-5　　　　　　　　　　　　小麦标准粉和富强粉营养成分比较

营养素	小麦面粉		营养素	小麦面粉	
	标准粉	富强粉		标准粉	富强粉
蛋白质/（g/100g）	11.2	10.5	铁/（mg/100g）	3.5	2.6
脂肪/（g/100g）	1.5	1.1	钾/（mg/100g）	190	128
碳水化合物/（g/100g）	71.5	74.6	钙/（mg/100g）	31	27
矿物质/（g/100g）	1.0	0.7	镁/（mg/100g）	50	32
硫胺素/（mg/100g）	0.28	0.17	锌/（mg/100g）	1.64	0.97
核黄素/（mg/100g）	0.08	0.06	磷/（mg/100g）	188	162
维生素E/mg	1.8	0.73	膳食纤维/（g/100g）	2.1	0.6
烟酸/（mg/100g）	2.0	1.5			

从表4-5得知，小麦粉加工越精细，营养素的损失越多，这样小麦粉特别是精白小麦粉的营养缺陷，主要是蛋白质中的赖氨酸含量过低，影响整个蛋白质的利用率；其次是B族维生素和钙、铁等微量元素通过加工有一部分被去掉，人们若长期食用精白小麦粉，易患脚气病等B族维生素缺乏症。提高小麦粉的营养价值直接关系到人体健康。现将提高小麦粉营养价值的有效措施，予以简介。

（一）合理搭配、营养互补

针对小麦粉的营养缺陷，选择富含蛋白质、赖氨酸、B族维生素、微量元素钙、铁等营养素的食品与小麦粉合理搭配混合食用，充分发挥食物营养的互补作用，从而提高小麦粉的营养价值。这种方法经济、易行、有效、安全，可以广泛采用。如将小麦粉与玉米、小米、高粱和大豆等多种粮食混合加工成杂合面食用，即可提高小麦粉的营养价值。

（二）营养强化

小麦粉的营养强化主要是根据营养需要向小麦粉中添加一种或多种营养素来提高其

营养价值。小麦粉强化的工艺比较为简单，只需按一定比例把营养素加到面粉中去，进行机械搅拌混合均匀即可。向小麦粉中添加的营养素有赖氨酸、维生素 B_1、维生素 B_2 和大豆粉、微量元素钙、铁等营养成分。在小麦粉中添加 0.4% 的赖氨酸，可使小麦粉蛋白质生物价大幅提高。添加 3% 的大豆粉制成的面包，其营养价值相当于含有 3% 牛奶粉的面包；添加 12% 的脱脂大豆粉，制成的面包中蛋白质可增加 30%，所含赖氨酸量比原来增加 2 倍多。在小麦粉中添加营养素时需注意：不能过量，要保持合理搭配，营养平衡；不能对小麦粉的食用品质产生不良影响；严格按照 GB/T 21122—2007《营养强化小麦粉》规定执行。

小麦粉的营养强化已是许多发达国家多年来的做法和经验，值得借鉴。

1. 国外对小麦粉的营养强化状况

目前，在世界上有不少国家，对小麦粉（玉米粉）实行强制性的营养强化。因为在小麦粉的加工工艺中，营养添加剂、功能因子易于添加，所以，小麦粉是发展不同人群所需各类营养食品、功能食品最理想的载体。已有 20 多个国家制定了在小麦粉中添加各种微量营养元素的法规。有关国家的小麦粉营养强化配方见表 4-6。

表 4-6　　　　　　　　　有关国家营养强化小麦粉的配方　　　　　　　单位：mg/kg

名称	营养素				
	维生素 B_1	维生素 B_2	烟酸	叶酸	铁
英国	2.4	—	16	—	16.5
美国	6.4	4	52.9	—	44.1
加拿大	4.4~7.7	2.7~4.8	35~64	0.4~0.5	29~43
智利	6.3	1.3	13	—	30
沙特阿拉伯	6.38	3.96	52.91	—	36.3
中国	3.5	3.5	—	2.0	20

南非营养强化小麦粉/玉米粉强化配方见表 4-7。

表 4-7　　　　　　　　南非营养强化小麦粉/玉米粉强化配方

营养素	玉米粉强化量/ （mg/200g）	小麦粉强化量/ （mg/200g）	营养素	玉米粉强化量/ （mg/200g）	小麦粉强化量/ （mg/200g）
维生素 A	25	25	维生素 B_6	25	25
维生素 B_1	25	25	叶酸/（μg/100g）	50	50
维生素 B_2	17	20	铁	25	25
烟酸	25	25	锌	20	20

注：10 岁以上人群的每日膳食营养供给量。

从表 4-6 和表 4-7 可见，智利和南非均为发展中国家，但两国在实施小麦粉营养强化方面均有很好的经验。加拿大是世界较早开展小麦粉强化的国家（实施已逾 60 年），始终走在世界前列，他们的做法和经验都值得借鉴。

2. 我国对小麦粉的营养强化

食物营养强化是全世界联合战胜人类"隐性饥饿"的共同行动，也是我国政府为改善公众微量营养素摄入不足，提高国民身体健康水平的战略决策。因此，我国小麦粉加工企业与时俱进，按照国家公众营养与发展中心推荐的营养强化配方，已生产出多种营养强化小麦粉投放市场。

（1）我国营养强化面粉的基础配方 维生素 B_1 3.5mg/kg、维生素 B_2 3.5mg/kg、烟酸 3.5mg/kg、铁（EDTA 钠铁 20mg/kg、硫酸亚铁 40mg/kg）、锌 25mg/kg、钙 1000mg/kg、叶酸 2.0mg/kg。

（2）营养强化面粉的强化配方（"7+1"） 该方案中的"7"即是上述的基础配方，"1"则是建议添加的维生素 A（2mg/kg）。

在营养强化小麦粉的基础配方和建议配方中的维生素 B_1、维生素 B_2、烟酸、叶酸、铁、锌和钙等营养素是公众营养与发展中心和国家公众营养改善项目办公室要求申请"营养强化标识"认证的面粉企业必须添加的营养素种类；维生素 A 的情况比较特殊，目前国家只是特批承德和兰州两地在退耕还林补助面粉中强化维生素 A，一旦往面粉添加，则必须符合国家有关规定和要求，符合配方中添加量的要求。

（3）营养强化小麦粉与普通小麦粉的识别 从外表上看，普通小麦粉和强化小麦粉无论颜色、味道还是手感，都难于区别，加工成馒头、面条、饺子、面饼等各种面食品，在外观、口感方面也几乎无差异，唯一的区别是营养强化面粉加进了营养素，有更高的营养价值，更有利于人体健康。识别国家营养改善项目指定的营养强化小麦粉，要注意产品外包装上是否印制有公众营养与发展中心负责审核发放的专用标识（图 4-3）。

图 4-3 公众营养与发展中心发放的专用标识

（4）小麦粉中硒的营养强化 中国缺硒地区的人群，由于粮食等天然食物中的硒含量较低，很难从食物中摄取足够的硒，而受到缺硒引起影响健康和疾病的威胁。因此，粮食加工行业已加快富硒（Se）小麦面粉的研制和生产，供应特需人群。我国已研制出有机硒制剂"硒酸酯多糖"。

按照 GB 14880—2012《食品营养强化剂使用标准》的规定及科学研究和应用结果表明：硒化卡拉胶（硒酸酯多糖）作为一种新型的有机硒制品，具有食用安全，吸收和利用率高，不与其他药物产生拮抗作用，在食物中也没有特别的禁忌等优点，是食品中理想的硒营养强化剂。对硒化卡拉胶在小麦粉中的添加，可采用随动投料技术或采用自动配粉工艺，均能达到良好的添加效果，可保证硒化卡拉胶在小麦粉中添加的均匀性，变异系数（CV）均能达到设计要求（≤10%）。还可选用硒化卡拉胶预混料，面粉厂生产富硒小麦粉时，只要按一定比例（1∶1000），将硒化卡拉胶预混料加入小麦粉中，混合均匀即可。现已生产出富硒自发粉、富硒全麦粉、富硒饺子粉、富硒麦胚、富硒挂面、富硒面包、富硒馍片等系列食品，开辟了人们进食补硒的新概念。

第三节　功能性小麦粉

我国参照国际营养强化标准规定，针对中国人群的特点，把"适口、营养、健康和方便"作为发展方向，确定了我国营养强化面粉的配方。我国生产出了多种"功能性小麦粉"。红枣有机面粉、枸杞有机面粉和鹰嘴豆有机面粉、马铃薯面粉等功能性配方小麦粉等。

一、富铁小麦粉

富铁小麦粉是以小麦粉作为载体，添加了铁元素（EDTA 钠铁，20mg/kg 的添加量），经充分混合，配制而成的营养强化小麦粉。这种产品具有铁元素含量合理，生物利用率高，食用方便、卫生、安全的特点。对人体铁元素摄入量不足所引起的铁缺乏和缺铁性贫血，有直接的补铁保健作用。富铁小麦粉的食用方法，类似普通小麦粉，可以用来制作馒头、饺子、包子和面条等各种面食品。制成品色泽良好、口感细腻、无异味。

二、富钙小麦粉

富钙小麦粉是以小麦面粉为载体，添加了符合国家公众营养与发展中心所推荐剂量（1000mg/kg）的、可为人体吸收的高效活性钙，经充分混合配制而成。这种产品具有钙含量合理，生物利用率高，食用方便、卫生、安全的特点。对人体钙元素摄入量不足所引起的钙缺乏和缺钙性软骨病、佝偻病和骨质疏松症等病症，可以起到最为直接的补钙保健作用。高效活性钙性能稳定，耐高温，蒸煮、油炸等烹调方法均不变质。增钙小麦粉食用方法类似普通小麦粉，可以用来制作馒头、包子、饺子、面条、油饼、糕点等各种面食品，制成品色泽良好、口感细腻、无异味，是人体补充钙元素最为经济的选择。

三、植物钙源强化小麦粉

纵观当前全球补钙市场，凡是高钙食品和所有的补钙保健品，大多是使用"化学钙"，"化学钙"多来自碳酸钙的石头，所以也有人把补钙幽默地称为"吃石头"。近年一种添加称作"食物钙粉"的植物钙源在我国面市生产所得植物钙源高钙、高氨基酸小麦粉，颜色呈浅绿色，完全来自植物本身所具有的叶绿素。这种植物钙源强化小麦粉，采用日常食用的蔬菜、野菜和软体动物为原料制成"食物钙粉"，选择优质小麦面粉为载体，按科学配方添加到小麦粉中，混合均匀而制成，可用来制作面包、饼干、月饼、糕点以及水饺、包子、面条和馒头等各种面制品，类似普通面粉的食用方法。在这种小麦粉中，钙含量高达 200mg/100g 以上，比普通面粉高出 5~7 倍，而且还含有多种氨基酸、维生素、微量元素以及丰富的膳食纤维和优质动物蛋白，尤其是所含的维生素 D、维生素 C，是促进钙吸收和胶原蛋白形成不可或缺的物质。全方位增加缺钙人群的综合营养，让面食成为补钙的新途径和新载体。

四、富硒小麦粉

关于硒在维护人体健康方面的研究，我国已处于国际领先水平。我国医学界最早用补硒方法防治克山病、大骨节病、糖尿病和白内障等，已取得了重大成果，且根据不同硒水平的人群，提出了我国人群最低硒所需要量、生理需要量和最大安全摄入量，制订了公众硒的膳食供给量，已为国际所公认。

富硒小麦粉是一种功能性产品，具有硒含量合理、生物利用率高、食用方便、卫生、安全的特点。对人体硒摄入量不足引起的硒缺乏症具有直接的补硒康复作用。富硒小麦粉的食用方法类似普通品种小麦粉，可以用来制作馒头、包子、面条、饺子、面饼和糕点等各种面制食品，其制成品色泽好、口感细腻、无异味、符合我国小麦粉制品的质量要求指标。

五、高蛋白小麦粉

高蛋白小麦粉采用大豆浓缩蛋白，按 5% 比例添加在小麦粉中，拌和均匀而制成的新型产品，在人体饮食量不增加的情况下，人们日蛋白摄入量可增加 4g，达到蛋白人均摄入量小康目标。大豆浓缩蛋白是大豆深加工产品，以大豆粕为原料制得，资源丰富，容易实施，健康、安全、生物效价高。这种功能性小麦粉，其使用方法类似普通小麦粉，可用于制作各种面制食品。

六、花生蛋白营养小麦粉

花生蛋白营养小麦粉是又一种功能性产品。选用的花生蛋白粉含有 8 种人体必需氨基酸及多种维生素及矿物质，具有蛋白营养均衡、口味纯正等特点。按科学配比，将其添加到小麦粉中，使每 100g 产品中的蛋白质、胆碱、肌醇和钾含量分别增加 2.5~3g、7mg、5mg、50.6mg，各项质量指标均符合标准要求。用其制作的馒头口感筋道，具有花生特有的清香味；制成的面条，入口爽滑，经煮不易浑汤。人们食用后，耐饿时间长。

七、"7+1"营养强化小麦粉

我国政府采取在面粉中添加"7+1"营养强化配方，是以平衡膳食结构，均衡人体营养，改善公众健康的科学、合理的方案。"7+1"即维生素 B_1、维生素 B_2、烟酸、叶酸、铁、锌和钙 7 种必须添加的营养素；"1"即维生素 A，是建议添加的营养素。其"7"种营养素在小麦粉中的添加量见表 4-8。

表 4-8 八种营养素在面粉中的添加量

营养素	维生素 B_1	维生素 B_2	烟酸	烟酸	铁	锌	钙	维生素 A
添加量/(mg/kg)	3.5	3.5	3.5	2.0	20	25	1000	2

"7+1"营养强化面粉和普通面粉很类似,无论从颜色、气味等感官指标都难以区别,加工成各种面制食品在外观和口感上也无差异。强化后的小麦粉营养素生物利用率高,保质期内营养素稳定,无相互反应现象,可放心食用。

八、学生小麦粉

学生小麦粉是选用优质小麦粉为载体,采用国家公众营养与发展中心推荐配方,按科学配比添加了青少年容易缺乏的维生素 B_1、维生素 B_2、烟酸和铁等营养素所精制成的一种功能性产品。学生食用后,可迅速有效补充维生素和微量营养素的不足,改善人体内新陈代谢,促进生长发育,增强智力和免疫力。学生小麦粉的食用如同普通小麦粉的食用方法,可用来制作各种面食品,不用改变原来饮食习惯,就可使营养素得到补充而健康成长。

九、南瓜小麦粉

南瓜性味甘、温、入脾和胃经,对人体具有补中益气、消炎、润肺、杀虫、止痛、清热解毒等作用。南瓜的营养成分见表4-9。

表 4-9 南瓜的营养成分

成分	含量	成分	含量	成分	含量
蛋白质/(g/100g)	0.7	钙/(mg/100g)	16	胡萝卜素/(μg/100g)	890
脂肪/(g/100g)	0.1	镁/(mg/100g)	8	维生素 B_5/(mg/100g)	0.4
糖类/(g/100g)	4.5	镁/(mg/100g)	0.4	维生素 B_1/(mg/100g)	0.03
膳食纤维/(g/100g)	0.8	锰/(mg/100g)	0.08	维生素 B_2/(mg/100g)	0.04
能量/(kJ/100g)	92	锌/(mg/100g)	0.14	维生素 C/(mg/100g)	8.0
水分/(g/100g)	93.5	铜/(mg/100g)	0.03	维生素 E/(mg/100g)	0.36
钾/(mg/100g)	145	磷/(mg/100g)	24		
钠/(mg/100g)	0.8	硒/(μg/100g)	0.46		

由表4-9得知,南瓜的营养价值较高,所以将南瓜制成粉,添加在小麦粉(或大米粉)精制成南瓜面粉(南瓜米粉),可作为糖尿病、高血糖、肥胖症等特殊膳食人群的功能性食品。南瓜面粉是将低糖南瓜粉与小麦面粉按质量(4~6):(6~8)的比例混合而成的一种保健产品[南瓜大米粉是南瓜粉与大米粉按质量(4~6):(6~8)比例混合而成的],食用方便,加水调匀后,可制成饼、煎、炸、蒸、煮均可,且美味、营养、健康兼得。将南瓜粉作为营养剂,添加到小麦粉中制成功能性产品是睿智之举。

十、低糖小麦面粉

低糖小麦面粉是选用优质小麦粉和脱脂大豆粉、苦荞粉、绿豆粉等几种粗杂粮粉，加入富含生物多糖的螺旋藻类，经特殊工艺制成的又一种功能性产品，富含蛋白质、膳食纤维素、钙、铁、锌、钾、硒等营养素，还含有维生素 B_1、维生素 B_2、维生素 A、维生素 D、维生素 E、烟酸、叶酸以及不饱和脂肪酸、芦丁、生物多糖等营养成分，而糖类含量相对减少。低糖小麦面粉采用国家公众营养与发展中心推荐的营养强化配方，所含营养素符合中国营养学会膳食营养素参考摄入量（DRIS）标准，已被授权《营养强化食品》证明标识。

该产品适合糖尿病、肥胖症、高脂血症等特殊人群以及老年人群体膳食平衡的要求，可长期适量食用。

十一、糖尿病人专用小麦粉

遵循糖尿病人饮食治疗的基本原则，兼顾制成面制食品的色、香、味和可加工性，选择了如下几种原料：小麦标准粉、小麦谷朊粉、小麦麸皮、燕麦、苦荞麦、脱脂脱腥大豆粉、蛋白糖等谷物及辅料（为改善专用小麦粉制品的口感，对小麦麸皮进行了蒸煮特殊加工，经烘干后粉碎，取 100 目筛下物作辅料）按照科学配比，将以上原辅料加工配制成的糖尿病人专用小麦粉，经检测结果表明，其形成时间、稳定时间、分别达到了 3min 和 7min 以上，符合面条专用小米粉的行业标准，可用来制作面条等多种面食。糖尿病人专用面粉的营养成分见表 4-10。

表 4-10　　　　　　　　　　　糖尿病专用面粉的营养成分

成分	蛋白质/(g/100g)	脂肪/(g/100g)	糖类/(g/100g)	膳食纤维/(g/100g)	硒/(μg/100g)	钙/(mg/100g)	铁/(mg/100g)	锌/(mg/100g)	维生素 B_1/(mg/100g)	维生素 B_2/(mg/100g)	热量/(kJ/100g)
含量	17.5	3.3	65.5	10.1	7.32	39.49	5.79	2.90	2.56	2.54	1444

十二、麦麸天然面粉（原生态小麦粉）

小麦面粉越来越白，可蒸出来的馒头却没有了麦香味，这是困扰人们的一大问题。国内首创的一种运用连续细胞破壁法加工生产的麦麸天然面粉，使这一难题得到了破解。

研究表明，小麦经过多层次深加工可以 100% 食用，采用连续细胞破壁法获得的麦麸更是一种营养功能及风味口感俱佳的面粉添加物。采用先进的超音速对撞细胞破壁机，把富含微量营养素但高度纤维化的麦麸粉破碎成容易被人体吸收的麦麸精粉，再按 6%（或 12%）的比例把麦麸精粉添加到面粉中而得不含任何化学添加剂的"原生态小麦粉"。

经检测数据显示，每 100g 小麦富强粉的膳食纤维含量为 0.6g，而"原生态小麦粉"的含量为 2.44g，用它做出的面制食品口感细腻，具有原麦香味，其各种营养成分

84 容易被人体消化吸收。

我国的小麦加工能力，每年大约产生 2500 万 t 的麦麸副产品，如果其中能有 50% 深加工成麦麸精粉供调配添加食用，等于在不增加播种面积和农业生产资料投入的情况下，相当于增加了"无形粮田"，每年可增加 1200 多万吨小麦，大大提高了小麦资源利用率。这一新产品为国家增产节约粮食的意义十分重大。

十三、全麦面粉

全麦面粉是小麦在磨粉时，仅仅经过碾碎，而不除去麸皮，是整粒小麦包含了麸皮与胚芽全部磨研成的或者小麦加工时的副产品麸皮、次粉、胚芽等经过粉碎处理后按小麦中的各个部分比例进行混合后得到的产品。全麦粉的外观发暗，加工出的馒头、水饺等颜色为暗黄色，口感香甜，具有浓郁的麦香味。是小麦粉中营养价值最高，营养素最全的一种产品。全麦食品可降低人体内血液胆固醇和甘油三酯的含量，可避免动脉内沉积斑块而引起心脏病和中风。全麦面粉是一种功能性产品，值得大力开发和推广使用。

十四、超级全麦粉（麦中宝）

麦中宝是由小麦粒中的糊粉层经采用纯物理加工新技术所精制成的一种超级全麦面粉。富含蛋白质、高膳食纤维素、高戊聚糖、多种维生素和矿物质以及木酚素、植物固醇等多种营养成分，完全保留了全麦面粉健康、营养特性；也是欧美国家流行的全谷物食品，符合国际标准的低升糖指数（GI）主食。

小麦糊粉层是一种蕴藏在小麦中的能量源，也是一种基础的天然食品原料，可广泛应用于各种低糖食品中。因此，麦中宝可作为中老年"三高"（高血压、高血脂、高血糖）特殊膳食人群的主食品。麦中宝的膳食纤维素含量高达 37.3%，可以调理人体消化系统的功能。这一新型超级全麦粉是中俄两国科学院科研人员历经多年攻关的科研成果。研究者将其称为"面粉 2.0"，为我国《食品工业"十三五"发展规划》中提出的从"吃饱、吃好"向"吃得安全、吃得健康"转变，提供了一项基础性的重大产业成果。其生产工艺简单、适用，已成为我国面粉加工行业转型升级的核心技术之一。

第四节　小麦主要功能性成分及其应用

近年来，国内外食品加工行业对小麦的功能性成分及应用，已研发出了许多新的科技成果产品、新的应用途径，有力地提高了小麦的利用价值。现将我国已研发的小麦功能性成分及应用增值新产品，分别予以介绍。

一、谷胱甘肽（GSH）

谷胱甘肽的化学名为 γ-L-谷氨酰-L-半胱氨酰-甘氨酸，它是由谷氨酸、半胱氨酸和甘氨酸通过肽键缩合而成的三肽化合物，是一种用途广泛的活性短肽，功能性食品添加剂，在小麦胚芽中含量高达 $100\sim1000\text{mg}/100\text{g}$，是一种丰富的高含量资源，可供深度开发和应用。

（一）谷胱甘肽的特性与功用

谷胱甘肽的相对分子质量为 307.33，熔点为 189~193℃，外观无色透明长粒状晶体，溶于水、稀醇、液氨和二甲基甲酰胺，不溶于乙醇、醚、丙酮。固体时其性状稳定，其水溶液在空气中易被氧化为氧化型谷胱甘肽。谷胱甘肽对人体具有抗氧化、清除自由基、解毒、增强人体免疫力、延缓衰老、抗癌、抗放射性物质危害等功能。谷胱甘肽是一种重要的功能物质，可作为功能性食品添加剂，在食品、医药工业中应用广泛。

（1）将谷胱甘肽添加到面团中，能缩短面团揉捏时间，即使在揉捏工艺结束后，先存放一定时间也不会影响到解冻后的发酵，从而可生产出质量好的面包，并有强化氨基酸营养的作用，是一种很好的面制食品的品质改良剂。

（2）谷胱甘肽可作为食品的抗氧化剂，有消除氧化脂质生成的功能，能延长食品保质期和货架期。

（3）谷胱甘肽可防止色素沉着，在水果罐头中添加可防止水果褐变；加入乳制品中，可有效防止酶与非酶褐变，是很好的褐变抑制剂。

（4）谷胱甘肽还可作为肉类风味剂、强化剂，其改善肉类食品的营养和风味、口感，是很好的肉类品质改良剂。其广谱生理功能使它能广泛地应用于食品中，特别是在抗衰老、增强免疫功能、抗肿瘤功能食品中作基料、强化营养添加剂和改良剂等。

（二）谷胱甘肽的健康价值

（1）作为解毒剂，可用于重金属及有机溶剂等的解毒。

（2）作为自由基清除剂，能抗氧化消除自由基的危害。

（3）对放射性物质所引起的白细胞减少等症状能起到保护和延缓作用。

（4）能够纠正乙酰胆碱、胆碱酯酶的不平衡，起到抗过敏作用；还可治疗眼角膜炎症等疾患。

（5）可预防人体皮肤老化及色素沉着，减少黑色素的形成，改善皮肤的抗氧化能力，使皮肤产生光泽。

二、二十八烷醇

二十八烷醇作为我国调节血脂功能的食品添加剂和配料，以及提高体育运动功能的作用，在功能性食品、运动食品、军用食品、健康食品等食品领域新产品的开发和应用，已引起粮油工业食品专业工作者的关注，并致力于研究和开发，取得了显著成效。

（一）主要来源

二十八烷醇（商品名为蒙旦醇），是天然存在的高级醇，自然界一般以蜡酯形式存在，主要存在于小麦胚芽油、米糠蜡、甘蔗蜡、葡萄表皮蜡和向日葵蜡等天然产物中。

（二）基本性质与质量规格

二十八烷醇的化学名称为 1-二十八烷醇（或 n-二十八烷醇），英文通用名称为 1-Octa-cosanol、n-Octacosanol、Policosanol，化学式为 $CH_3(CH_2)_{26}CH_2OH$，熔点为 81~83℃，沸点为 200~250℃/1mm Hg（升华），可溶于热乙醇、乙醚、苯、甲苯、氯仿、二氯甲烷、石油醚等有机溶剂，对酸、碱、还原剂稳定，不吸潮，外观呈白色粉末或鳞片状晶体。

我国天然二十八烷醇的质量规格，按含量多少分为优等品、一等品及合格品，其质量规格见表4-11。

表 4-11　　　　　　　　　　　　　天然二十八烷醇的质量规格

等级	含量/%					
	28 烷醇	30 烷醇	32 烷醇	C_x	水分及挥发物	灰分
优等品	25	40	12.0	23.0	≤0.5	≤0.4
一等品	18	50	12.0	20.0	≤0.5	≤0.4
合格品	12.5	60	12.0	15.5	≤0.5	≤0.4

（三）安全性与使用量

二十八烷醇的安全性极高，LD_{50} 为 18000mg/kg 以上，安全性比食盐（LD_{50} = 3000mg/kg）还高，每人每天摄入 5~10mg，使用 6~8 周，即可获得理想健康效果。

（四）二十八烷醇的生理功效

二十八烷醇在食品工业中的应用价值，主要由于具有的多项健康功能，是降血钙素形成的促进剂，可用于治疗血钙过多的骨质疏松症；治疗高胆固醇和高脂蛋白血型疾病，预防心脑血管疾病的发生。含二十八烷醇的化妆品，能够促进皮肤血液的循环和活化细胞，有消炎、防治皮肤病（如脚气、湿疹等）的功效。

二十八烷醇在提高体育运动功能方面也有较好的效果：

（1）强化心脏机能，增强耐力、精力和体力；

（2）提高肌肉力量，减少肌肉摩擦，改善肌肉疼痛；

（3）缩短肌神经反应时间，提高反应敏锐性；

（4）增强对高山等反应的抵抗性，提高氧的输送能力，减少需氧量；

（5）降低收缩期血压，提高基础代谢率等。

（6）国际上将二十八烷醇作为抗疲劳强化剂，已用于运动食品。

（五）二十八烷醇的应用及发展前景

二十八烷醇还具有预防血脂过氧化、治疗高血脂的功能，国外已有多个国家批准作为调节血脂的食品添加剂和配料。在美国和日本，二十八烷醇已被广泛用于功能性食品、营养制剂、医药、化妆品，应用和发展前景向好。

利用二十八烷醇作营养制剂，可以制成各种功能食品，已用来生产糕点、饮料、糖果等食品，还可作为健康食品、保健食品饮料添加剂，适宜用作新一代运动饮料和军需高能饮品的制作。我国以小麦胚芽油为原料，生产高级烷醇系列产品，已有了成熟的制作工艺，所得产品，应用于新研制的"力达营养片"，每片含12%二十八烷醇25mg，产品已投放市场。二十八烷醇添加于功能性饮料中，也获得了良好的市场反馈。

三、小麦低聚肽和谷氨酰胺

小麦低聚肽是以小麦蛋白（谷朊粉）为原料，经酶解、分离、精制和干燥等加工工艺所制得的相对分子质量在 200~800 的小分子低聚肽。2012 年小麦低聚肽被我国卫计委批准为"新资源食品"。

（一）小麦低聚肽和谷氨酰胺的功能特性

小麦低聚肽具有独特的氨基酸组成，其最大的特点是谷氨酰胺（Gln）的含量高（可达到24%）。谷氨酰胺是人体内含量最丰富的非必需氨基酸（DAA），约占总游离氨基酸的50%，在人体肝、肾、小肠和骨骼肌代谢中起重要的调节作用，是人体内各器官之间转运氨基酸和氮的主要载体。当人体在饥饿、创伤、酸中毒以及过量运动等应激状态下，人体对它的需求量会超过体内合成谷氨能力，此时就需要摄入外源的谷氨酰胺以满足保持健康的需要。

（二）小麦低聚肽和谷氨酰胺的应用

以小麦低聚肽补充谷氨酰胺，具有稳定性强、溶解性好，易于被人体吸收的特点。

1. 作医用食品

由于小麦低聚肽富含谷氨酰胺，且可不经消化直接被人体吸收，谷氨酰胺具有为肠细胞提供能量、维持肠道屏障结构的作用。所以小麦低聚肽可用于生产创伤、感染、手术及其他应激患者的医用食品，抢救处于应急状态的病人的效果很好。

2. 降低小麦致敏性

小麦粉是八大类常见过敏食物之一，小麦低聚肽能提高小麦蛋白在人体内的吸收性而降低了小麦粉的致敏性。

3. 小麦低聚肽的生理功能及质量指标

国内外学者已研究证实，小麦低聚肽具有抗氧化、调节血压、增强免疫力等功能性，小麦肽还可改善肠道黏膜状态，提高肠道吸收能力。这种生理功能，拓宽了小麦蛋白的应用范围。小麦低聚肽来源为小麦谷朊粉。以它为原料，经调浆、蛋白酶酶解、分离过滤、喷雾干燥等工艺而制成，为白色或浅灰色粉末。其小麦低聚肽质量指标要求：

（1）蛋白质（干基）≥90g/100g。

（2）低聚肽（干基）≥75g/100g。

（3）总谷氨酸含量≥25g/100g。

（4）相对分子质量小于200的蛋白质水解物所占比例≥85%。

（5）水分≤7g/100g。

（6）灰分≤7g/100g。

（7）食用量≤6g/d（婴幼儿不宜食用）。

卫生安全指标应符合我国相关标准要求。

四、抗性糊精（膳食纤维）

抗性糊精是以小麦淀粉为原料，在酸性条件下经糊精化反应所制得的一种膳食纤维，为白色或淡黄色粉末，其质量指标要求：

（1）总膳食纤维≥82g/100g（根据GB/T 22224—2008《食品中膳食纤维的测定酶重量法和酶重量法–液相色谱法》）；

（2）水分≤6g/100g；

（3）灰分≤0.5g/100g；

（4）pH4~6。

卫生安全指标应符合我国相关标准要求。

2012年"抗性糊精"被我国卫生部门批准为"普通食品"，其生理功能与天然膳食纤维无异。

五、麦麸的功能性成分及应用

麦麸是为小麦的种皮，我国麦麸年产量在0.25亿t以上，占我国小麦年产量的约20%，资源很丰富。如何充分高效高值利用这中宝贵的资源已有很多研究成果和产业化应用，如功能性产品——麦麸膳食纤维等。既增加企业的产值和效益，也做到了开源节流、物尽其用，可谓一举多得。

（一）戊聚糖

"戊聚糖"可以从麦麸之中提取，它具有高黏度、氧化胶凝等特性，可作为增稠剂和保湿剂，应用在面包、饮料、调味品、乳制品、糖果等食品加工中以提高制品的品质和质量。戊聚糖作为一种功能性多糖，对人体具有通便、降血脂、减肥等多种生理功能。我国已建成生产示范线，以麸皮为原料，开发出对人体具有降低血脂、润肠通便、瘦身减肥的保健食品，取得了良好的社会效益和经济效益。

（二）总黄酮

以麦麸为原料，用乙醇溶液可以提取获得总黄酮提取率达1.6‰。对麦麸总黄酮药理活性的研究发现：0.09g/kg剂量组对乙型流感病毒感染小鼠具有明显的保护作用（$P<0.05$），0.03g/kg和0.09g/kg剂量组能明显降低乙型流感病毒感染小鼠肺指数值（$P<0.05$，$P<0.01$），肺指数抑制率分别为20.5%和25.4%，这种产品的未来是有很大发展空间的。

（三）木糖醇

麦麸含有较多的半纤维素，经一系列的生化反应可得到木糖醇。其甜度相当于蔗糖，热量相当于葡萄糖，易为人体吸收。不仅可作糖尿病人理想的甜味剂、营养剂、治疗剂，帮助恢复体力，减轻症状；还可使肝炎病人降低转氨酶。还可作为防龋齿食品原料和醇酸树脂、离子表面活性剂的原料。

（四）维生素E

将麸皮装入布袋中，放入装有酒精的容器内，经加热后减压浓缩，可提取出维生素E。这种产品对预防人体动脉硬化、延缓早衰和记忆力减退等功效显著。

（五）低聚木糖（木寡糖）

低聚木糖是一种具有多种保健功能的食品添加剂，主要以富含半纤维素的原料经一定的加工方式制得。采用sp. E-86菌株制备木聚糖酶，以麦麸为原料，用氢氧化钠溶液预处理，通过sp. E-86菌株产木聚糖酶，制备低聚木糖。测定出所得的产物是以木糖、木二糖为主的低聚木糖产品，用途多，效果好。

（六）麦麸膳食纤维及制品

1. 麦麸膳食纤维

麦麸是一种良好的膳食纤维源。麦麸膳食纤维可与面包、酸奶等食品一起食用；成粉状的可作食品添加剂，添加到面包、饼干、面条和麻花、糕点和谷物食品以及肉丸、肉肠等肉制品中，作为品质改良剂及膳食纤维强化剂。麦麸膳食纤维 0.2~2mm 颗粒，可作为食疗纤维制品直接口服（如饮料、胶囊、口嚼片等）。

麦麸膳食纤维的主要组分（%）及特性如表 4-12 所示。

表 4-12　　　　　　　　　　　麦麸膳食纤维主要组分及特性

组分	含量/%	组分	含量/%
果胶类物质	4	脂肪	5
微量元素	≤2	纤维素	35
木质素	13	植酸	≤0.5
蛋白质	≤8	总膳食纤维	≥80
持水力	67	膨胀力（20℃水，17h）	4.7mL/g

将麦麸膳食纤维添加到食品中，不仅能提高制品膳食纤维含量，还能增加蛋白质与微量元素含量，可制作各种功能性粮油食品，用于"治未病"，有效阻击亚健康，缓解社会公共卫生问题。

2. 高纤维麦麸粉

高纤维麦麸粉是以麦麸为主要原料，通过挤压技术新工艺研制出来的一种高膳食纤维食品添加剂，可广泛应用于面包、糕点、饼干、糖果等食品的制作。高纤维麦麸粉，是一种低热能食品，可以降低与膳食相关的疾病，特别是类型（Ⅱ型肥胖症）、类型（Ⅱ型糖尿病）、心血管疾病、直肠癌等的发生率。高纤维麦麸粉，是 20 世纪 90 年代国外流行的一种新型食品营养添加剂，它可以增加食品的膳食纤维等营养素的含量，它为人类食品增添不可缺少的功能营养成分，有着超凡的价值。已将其规定为功能食品、健康食品、老人食品的营养添加剂、强化剂，广泛用于面包、糕点、饼干等面制品及糖果中在市场上十分走俏。

我国的面包、糕点、饼干等面制品加工，也有不少是选用了高纤维麦麸粉为添加剂，作为糖尿病、肥胖症、中老年等特殊膳食人群的主食品供应市场，或制成"全麦面包粉"以原料小包装形式摆上超市货架。高纤维麦麸粉的生产也为小麦深加工开源节流、物尽其用，增加了产值和效益。

3. 麦麸膳食纤维系列食品

我国已研制出了"麦麸膳食纤维口嚼片""麦麸膳食纤维胶囊""麦麸膳食纤维饮料"及"麦麸膳食纤维挂面"等系列产品，得到了市场的认可，取得了良好的社会效益和经济效益，有力地推动了面粉加工行业的良性发展。

我国研发的熟化麦麸、小麦胚芽粉等新型产品，攻克了加工熟化温度、水分、细度、口感等技术难题，产品投放市场后很深受消费者、食品加工业、保健食品行业的欢迎。

麦麸膳食纤维及系列制品有着"肠胃清道夫"的美誉，其最大特性是能够增加粪

90 便体积，高持水率（5.4g/g），是膳食纤维中效果较为最理想的一类产品，可有效降低人体与膳食相关疾病的发生率，也可使社会重要的公共卫生问题得到有效缓解。麦麸成为我国膳食纤维营养新资源。与全民健康息息相关的第七大营养素正在形成新的产业链，一定会使麦麸膳食纤维的应用走得更远。

第五章

玉米和玉米粉（楂）

———————

玉米又称苞谷、苞米，在世界粮食作物的产量仅次于小麦，位居第二，是我国的传统食品之一，近年来，在玉米食品产业中广泛应用新加工技术——超微粉碎、微胶囊、挤压膨化等，推动了我国玉米食品产业的发展。我国研制的玉米低聚肽产品具有预防酒精肝损伤的功能（可以降低人体血液中乙醇及其氧化产物乙醛的含量）。为适应消费者更加注重饮食安全、营养、健康的需求，积极开发安全、绿色、营养、健康的玉米粉和玉米制品是玉米加工业的发展趋势，努力提高加工效能、产品的质量、出品率、粗粮细作、粗细粮混作食品及新型玉米淀粉衍生物等正在成为发展的重点。

第一节　玉米

玉米籽粒由皮层、胚乳和胚三部分组成。皮层由果皮和种皮构成，皮层占全粒重量的 6%~8%。皮层由纤维素组成，含有较多的维生素和微量元素等。玉米胚乳占籽粒重量的 80%~85%，其主要营养素是淀粉（约占胚乳的 86%），其次是蛋白质（约占胚乳的 9%），还含有少量的矿物质、脂肪和维生素等。玉米胚占籽粒质量的 10%~15%，富含脂肪（占全粒脂肪的 77%~81%），蛋白质（占全粒蛋白质的 30% 以上），还含有较多的可溶性糖等，食味微甜。

（一）玉米的营养价值

1. 玉米的营养成分

鲜玉米含有浆汁，营养素丰富。鲜玉米的营养成分见表 5-1。

表 5-1　　　　　　　　　　　　　鲜玉米的营养成分

成分	含量/（g/100g）	成分	含量/（mg/100g）	成分	含量/（mg/100g）
蛋白质	4.0	铁	1.1	硒/（μg/100g）	1.63
脂肪	1.2	钾	2.38	锰	0.22
糖	19.9	钠	1.1	维生素 B$_1$	0.16
膳食纤维	2.9	镁	3.2	维生素 B$_2$	0.11
能量/（kJ/100g）	443.7	锌	0.9	烟酸	1.8
磷	0.11	铜	0.09	维生素 E	0.46

2. 玉米的蛋白质

玉米中含有 8%~14% 的蛋白质，略高于大米。玉米胚乳中所含蛋白质中赖氨酸和色氨酸含量较少，大部分是醇溶蛋白（约占 80%），其生物学价值较低（44%~59%）；玉米胚芽蛋白质所含的赖氨酸和色氨酸比较高，且富含全部人体必需氨基酸，生物学价高达 64%~72%。

玉米整粒和胚芽蛋白质中氨基酸的含量比较见表 5-2。

表 5-2　　　　　　　　玉米整粒和胚芽蛋白质中氨基酸的含量比较　　　　　　　单位：%

氨基酸	整粒	胚芽	氨基酸	整粒	胚芽
精氨酸	4.0	6.8	半胱氨酸	1.1	1.2
组氨酸	2.4	2.7	甲硫氨酸	—	2.3
赖氨酸	2.5	5.8	苏氨酸	3.6	4.4
酪氨酸	6.1	4.9	亮氨酸	21.5	16.3
色氨酸	0.6	1.3	异亮氨酸	3.6	3.7
苯丙氨酸	4.5	5.6	缬氨酸	4.6	5.8

玉米胚蛋白质氨基酸组成比较理想，其 8 种必需氨基酸组成和鸡蛋蛋白质的组成比较见表 5-3。

表 5-3　　　　　　玉米胚乳、胚芽和鸡蛋蛋白必需氨基酸组成比较　　　　　　单位：%

蛋白质	赖氨酸	色氨酸	半胱氨酸	缬氨酸	苏氨酸	亮氨酸	苯丙氨酸	异亮氨酸
胚乳	2.5	0.6	1.1	4.5	3.6	21.5	4.5	3.6
胚芽	5.8	1.3	1.2	5.8	1.4	16.2	5.6	3.7
鸡蛋白	6.4	1.7		7.4	5	8.8	5.8	6.6

由表 5-3 可知，玉米胚芽蛋白质的氨基酸组成与鸡蛋白的组成非常接近。

3. 玉米的脂肪

玉米胚芽只占玉米粒重量的 10%~15%，但是集中了玉米粒中 84% 的脂肪，是制取油脂的重要资源之一（干基含油约 50%）。玉米胚芽的组成见表 5-4。

表 5-4　　　　　　　　　　　玉米胚芽的组成

组成	蛋白	脂肪	淀粉	灰分	纤维素
含量/%	17~28	40~56	3.2~5.5	7~10	4.4~5.2

（二）玉米的健康价值

从鲜玉米的营养成分（表 5-1）可知，玉米含有的营养成分对人体具有良好的抗衰老功能。在美国著名营养学家艾尔敏德尔博士推荐的 100 种有效的抗衰老物质中，玉米包含了其中的 7 种（钾、磷、镁、硒、维生素 E、亚油酸和膳食纤维）。

中医学认为，玉米性味甘、平，对人体具有调中开胃的功能。《本草推陈》称玉米能"健胃剂，煎服亦有利尿之功用，可用来治疗水湿停滞、小便不利或水肿等"。若将玉米面 50g、豇豆 20g 共煮为粥食用，对尿路感染有辅助治疗的功效。玉米醇溶蛋白可以用于生产功能性粮油食品。玉米胚芽油富含亚油酸，人体进食后可以降低血液胆固醇，被称为功能性食用植物油。

利用玉米蛋白可生产功能性多肽和玉米肽营养剂，对人体具有护肝、醒酒、调节血压的营养健康作用。用玉米磨制、加工的玉米粉（糁）可以制作多种玉米食品和制品。玉米的必需氨基酸平均值、化学成分和限制氨基酸见表 5-5。

表 5-5　　　　　　　玉米必需氨基酸平均值、化学成分和限制氨基酸

氨基酸	氨基酸含量		FAO/WHO 模式	蛋白质中占比/%	全蛋白质模式	必需氨基酸指数/%	限制氨基酸
	g/100g 样品	g/100g 蛋白质					
缬氨酸	0.44	4.46	5.0	89.2	7.5	59.5	
亮氨酸	1.11	11.26	7.0	160.9	8.7	129.5	
异亮氨酸	0.32	3.25	4.0	81.2	5.8	55.0	
苏氨酸	0.3	3.04	4.0	76.0	5.1	59.6	
甲硫氨酸	0.23	2.33	3.5	66.6	5.3	44.0	赖氨酸
苯丙氨酸	0.44	4.46	3.0	148.7	6.7	66.6	
赖氨酸	0.27	2.74	5.5	49.8	6.7	40.9	
色氨酸	0.07	0.71	1.0	71.0	1.5	47.3	

由表 5-5 可知玉米蛋白普遍缺乏赖氨酸和色氨酸，为不完全蛋白质。

第二节　玉米粉（糁）

玉米粉和玉米糁是玉米经不同加工工艺制成的两种成品粮。前者适用于制作各种玉米食品，后者适于烹制玉米粥等。玉米粉又分为精制玉米粉和普通玉米粉以及玉米高筋粉、脱胚玉米粉、全玉米粉等。

玉米高筋粉是一种新型玉米粉，优选新鲜玉米为原料，利用干燥和生物工程技术，经精加工制成的一种产品。其质地细腻滑爽，解决了原有玉米食品口感粗糙的问题，可用来制作各种玉米食品（水饺、馄饨、通心粉、糕点、面包等）。食用口感、筋道、鲜美，提高了玉米的食用和保健价值。

一、玉米粉（糁）的营养价值

玉米粉（糁）的营养成分见表 5-6。

表 5-6   玉米粉（糁）的营养成分表

品名	蛋白质/ （g/100g）	脂肪/ （g/100g）	糖类/ （g/100g）	膳食纤维/ （g/100g）	灰分/ （g/100g）	胡萝卜素/ （g/100g）	维生素 B_1/ （mg/100g）	维生素 B_2/ （mg/100g）	烟酸/ （mg/100g）
黄玉米	8.5	4.3	72.2	1.3	1.7	0.10	0.34	0.10	2.3
白玉米	8.5	4.3	72.2	1.3	1.7	0	0.35	0.09	2.1
黄玉米糁	8.8	3.1	76.1	1.3	1.0	0	0.15	0.09	1.5
黄玉米粉	8.4	4.3	70.2	1.5	2.2	0.13	0.31	0.10	2.0
白玉米粉	8.1	4.5	71.5	1.5	1.3	—	—	0.08	1.5

二、玉米粉（糁）的营养特点

（一）淀粉的含量高热量大

玉米淀粉含量高达 70% 以上，每 500g 玉米粉约发热量为 7600kJ（比稻米、小麦粉均高）。

（二）脂肪的含量较高生理功能优

玉米粉中的脂肪含量一般在 4.3% 左右（有的品种高达 6% 以上，高油玉米可高达 8%~10%），居谷类粮食之首。玉米油的亚油酸含量高，具有很好的生理功能，玉米油被称为功能性食用油。

（三）含有一些特殊的营养素

玉米中富含谷固醇、磷脂和微量元素镁等营养素，其生理功能为：谷固醇具有降低血液胆固醇的功能，并有防止皮肤皲裂、抗哮喘等作用。磷脂具有降低血压、血脂，防止血栓形成的功能。镁能帮助血管扩张，加强肠胃蠕动，促进机体排出废物的良好保健作用。玉米中还含有胡萝卜素，胡萝卜素在人体内可以转化为维生素 A 有助于人体发育，增强对疾病的抵抗力，预防夜盲症。

（四）蛋白质含量较低质量较差

玉米蛋白质含量一般为 8% 左右，其生物价只有 60%（低于大米、大麦和燕麦）。其玉米蛋白质与（FAO/WHO）有关玉米蛋白质中氨基酸与模式对比见表 5-7。

表 5-7   玉米蛋白质中氨基酸与 FAO/WHO 模式对比

氨基酸名称	FAO/WHO 参数模式	玉米蛋白质	玉米蛋白质与 参数模式对比/±	玉米蛋白质与 参数模式占比/%
（1）	（2）	（3）	（4）=（3）-（2）	（5）=（3）÷（2）
异亮氨酸	4.0	3.2	-0.8	80
亮氨酸	7.0	15.2	+8.2	217
赖氨酸	5.5	3.7	-1.8	67
甲硫氨酸+半胱氨酸	3.5	4.2	+0.7	120

续表

氨基酸名称	FAO/WHO参数模式	玉米蛋白质	玉米蛋白质与参数模式对比/±	玉米蛋白质与参数模式占比/%
（1）	（2）	（3）	（4）＝（3）－（2）	（5）＝（3）÷（2）
苏氨酸	4.0	4.4	+0.4	110
色氨酸	1.0	0.8	-0.2	80
缬氨酸	5.0		—	100
苯丙氨酸	3.0	5.0	+2.0	167

由表 5-7 可知，玉米蛋白质中缺少赖氨酸，而亮氨酸的含量大大超过了标准。因此，玉米蛋白质的氨基酸构成不平衡，其蛋白质氨基酸的构成比例评分只有 49，营养价值较低。

（五）烟酸的利用率低

玉米中烟酸的含量并不低于一般粮食，但它为结合型，难被人体吸收利用。玉米中的色氨酸（色氨酸在人体内可以转化为烟酸）含量又偏低，因此，以玉米为主食的地区，常因烟酸不足而引起"癞皮病"。

三、提高玉米粉营养价值的有效措施

玉米蛋白质中赖氨酸和色氨酸含量的不足以及烟酸利用率过低是影响玉米营养价值的主要原因，采取以下措施可以提高玉米的营养价值。

（一）添加营养素

可以通过向玉米粉中直接添加赖氨酸和色氨酸。添加 0.4% 的赖氨酸和 0.7% 的色氨酸，可以使玉米蛋白质的营养价值提高 2 倍；在玉米粉中加入 1% 的大豆粉，其蛋白质生物效价可以提高 1.5 倍，还可以改善玉米粉的适口性。

（二）合理搭配营养互补

采用多种粮食合理搭配磨制成玉米杂合面食用，可以提高玉米的营养价值。常用的玉米杂合面组成及其生物价见表 5-8。

表 5-8　　　　　　　　　　　　常用的玉米杂合面组成及其生物价

品种	蛋白质生物价/%	混合比例/%			
		杂合粉①	杂合粉②	杂合粉③	杂合粉④
玉米	60	50	75	40	23
高粱	56	30	—	—	—
小米	57	—	—	40	25
大豆	65	20	25	20	52
杂合面的生物价/%		75	76	83	73

（三）加入氧化酶制成发酵玉米粉

以超微玉米粉为原料，加入葡萄糖氧化酶，使玉米淀粉氧化分解，从而制成发酵玉米粉，去除了一般玉米产品口感粗糙，食味辛辣和不筋道等缺点，保留了玉米粉原有的色香味和营养成分。发酵玉米粉可用来制作玉米水饺、玉米汤圆、玉米方便面和玉米糕点等食品。

（四）营养强化

营养强化玉米粉/小麦粉强化配方见表5-9。

表5-9　营养强化玉米粉/小麦粉强化配方（以200g原料计）

营养素/%	玉米粉/g	小麦粉/g	营养素/%	玉米粉/g	小麦粉/g
维生素 A	25	25	维生素 B_6	25	25
维生素 B_1	25	25	叶酸	50	50
维生素 B_2	17	20	镁	25	25
烟酸	25	25	锌	20	20

注：10岁以上人群的每日膳食营养供给量。

四、玉米超细粉系列产品

玉米超细粉是把玉米粉细度提高到200目，五谷杂粮搭配玉米达75%，既保持了玉米的品质，又提高了营养均衡价值，达到了玉米超细粉如同小麦粉，口感滑润、筋道，是众多食品制作可搭配的食品原辅料。可用它生产玉米馒头粉、玉米面条粉、玉米饺子粉、玉米汤圆粉、玉米饼干专用粉、玉米面包粉等多种系列产品，用于制作各种新型玉米食品，实现了粗粮细作、粗细粮混作，逐步趋于主食化。这种产品保持了玉米特有的营养成分和自然金黄色色泽；保留了玉米特有的谷香味；具有口感滑润，筋道，易消化吸收，不返胃酸等特点。

（一）玉米超细粉系列品种

玉米超细粉的细度有150～200目、200～300目、300～400目，是现代玉米饮料、健康食品的主料，也是幼儿、中老年人专用食品的优质辅料之一。

（二）玉米超细粉的生产和意义

1. 玉米超细粉的生产工艺

选用优质玉米（或根据需要搭配优质大豆等五谷杂粮）经精选、去杂、清理，脱皮去灰分，经低温蒸煮后研磨成200目以上细度的玉米浆，然后经烘干得到粉状产品。

2. 功能改良

由于玉米粉加工成超细粉，其口感由粗糙变筋道、适口性好，其营养成分易使人体吸收，也能解决因消化不良、胃反酸等问题。

3. 营养搭配

为弥补玉米的蛋白质含量相对较低的缺陷，可选用优质大豆等五谷杂粮进行搭配混合加工，使其达到营养全面和均衡。玉米超细粉的研制成功开辟了粗粮细作、细食的新途径，意义重大。

第三节　特种玉米

特种玉米是指普通玉米以外的各种玉米类型，具有各自特有的遗传组成，表现出各具特色的籽粒构造、营养成分、加工品质以及食用风味等特性；有着各自特殊的用途、加工要求和相应的销售市场。特种玉米主要有优质蛋白、高油、高直链淀粉、爆裂和黑玉米等品种。与普通玉米相比，特种玉米具有更高的营养和保健价值。

一、优质蛋白玉米

优质蛋白玉米（又称高赖氨酸玉米），与普通玉米相比，胚乳中非醇溶蛋白（优质蛋白）是普通玉米的 1.5 倍，赖氨酸含量是普通玉米的 2 倍多（占籽粒的 0.4% 以上）。优质蛋白玉米的籽粒产量一般比优质普通玉米增产 8%~15%，籽粒赖氨酸、色氨酸含量提高 80% 以上。我国优质蛋白玉米育种水平已处于世界前列。优质蛋白玉米水解滤液中的蛋白品质与脱脂奶相当，这对于改善以玉米为主食地区人们的营养状况，防止营养缺乏症（癞皮症）意义重大。

二、高油玉米

高油玉米是通过遗传改良而获得的具有大胚乳特性，含油量高的玉米。普通玉米含油量 4%~5%，高油玉米含油量比普通玉米高 1 倍以上（占全籽粒的 8%~10%），高油玉米使玉米本身从单纯的粮食作物变成了油粮或油饲兼用作物。高油玉米的蛋白质、赖氨酸和胡萝卜素、维生素 E 等营养成分含量均比较高，具有很高的食用价值。高油玉米杂交种产量与普通玉米杂交种产量相当，但其产值却远远高于普通玉米，$1hm^2$ 高油玉米的产值接近于 $1hm^2$ 油料作物和 $1hm^2$ 粮食作物的产值之和。现由我国所培育出的新品种"高油 116"含油量已达 8.8%，是普通玉米含油量的 2 倍，每亩地可产玉米油 40kg 以上。这是利用核磁共振（NMR）和现代遗传技术研究的独创性新成果。在我国海南地区投入产业化运作，高产稳定，已见成效。

三、高直链淀粉玉米

高直链淀粉玉米是指直链淀粉含量在 50% 以上的玉米（普通玉米平均含有 27% 的直链淀粉和 73% 的支链淀粉）。直链淀粉具有近似纤维的性能，可制造一种半透明可以食用的纸，作为糖果和面包的包袋；可作为脂肪替代物制成低脂食品，具有很好的流变学特性及稳定性，与全脂奶油产品具有相似的口感。高直链淀粉食品还是糖尿病、胆结石和高血压病人的理想之食，具有较高的医疗、健康价值。

四、爆裂玉米

爆裂玉米是一种特殊的玉米品种，籽粒小、胚乳全部为角质、半透明，在常压下加热即可爆花（优质品种的爆花率达 99% 以上，体积膨胀达 30 多倍），含有丰富的蛋白质、矿物质、维生素及烟酸，能提供同等质量牛肉所含蛋白质的67%，铁质的110%和等量的钙质。爆米花香甜酥脆、方便卫生，具有促进消化吸收和减肥的功能，是一种很受欢迎的休闲食品。

五、黑（紫）玉米

黑（紫）玉米无论是口感、味觉还是医用、营养、健康均有着更独特的功能、更诱人的价值和更广阔的市场。黑（紫）玉米及其加工食品已经成为市场和食品产业开发的新宠。

（一）黑（紫）玉米的营养价值

黑玉米的蛋白质、脂肪、膳食纤维含量分别比黄色玉米高1.23、1.3和1.1倍，"生命元素"硒含量比黄色玉米高8.5倍，17种氨基酸中有13种高于黄玉米。黑玉米籽粒中的矿物质含量也比黄玉米高，钙含量是普通玉米的4倍，好比"天然钙片"，而铁、锰、铜、锌的含量分别比黄玉米提高了23.05%、59.66%、4.01%、12.00%，被营养学家称为健康食品、功能食品和益寿食品。

（二）黑（紫）玉米的保健价值

黑玉米的保健价值颇高。种皮中富含水溶性黑色素，其含量比黑米、黑麦、黑芝麻高2~2.5倍。主要成分是花青素（又称花色苷），具有很强的抗氧化作用，可以清除人体内的自由基，降低氧化酶的活性，同时还有一定的抗变异、抗肿瘤、抗过敏、保护胃黏膜等多种食疗功能。另外，黑玉米还富含赖氨酸、膳食纤维、谷胱甘肽、"生命元素"硒等营养物质，更有助于黑玉米的营养，健康价值的提升。

（三）黑（紫）玉米功能性成分及应用

黑玉米的食用方法很多，我国人民素有煮食鲜玉米的习俗，将黑玉米不加任何调料，直接蒸煮至熟，原汁原味，口感清香。黑玉米特别适合于开发生产营养健康食品和一些特色食品。

（1）黑玉米为原料可以加工罐头、玉米粉、面包、面条、饮料、糖果、营养粥（糊）、粉条、粉皮、玉米片、玉米粉、膨化食品等系列食品。

石磨紫色玉米片在2016年国际第41届（在美国旧金山）"冬季创意特色食品展"会上引起客商极大兴趣，获得金奖。

（2）用酶法生产的黑玉米饮料，保留了黑玉米的色、香、味和营养特性，具有玉米特有的芳香、酸甜适口，适合大众四季饮用。

（3）黑玉米还可用于提取花青素，用于食品工业和医药等领域。

黑（紫）玉米的抗氧化成分——花色苷的特点为人所熟知。0.17%的紫玉米色素可以用于果酱、橘皮果冻；焙烤食品用0.05%~0.2%，腌制品用0.12%，乳酸饮料用0.03%。紫玉米的抗氧化成分具有健康功效，全球大多数含有紫玉米成分的食品和饮料产品使用的是紫玉米提取物花青素（占比63%），这说明紫玉米提取物的前景向好。

第四节　玉米主要功能性成分及其应用

在我国粮食生产中，玉米的产量仅次于稻谷和小麦，居第三位，具有重要的食用价值和健康价值。玉米营养成分丰富，除食用外，可供深度开发：玉米低聚肽、玉米黄色素、玉米变性淀粉、糯玉米淀粉、麦芽低聚糖等新产品及食品领域中的功能性食品添加剂、乳化剂等。全方位、多层次对玉米深度开发利用，全面提升玉米深加工产业化水平，已成为我国农产品深加工水平提高的当务之急。其专项成果的终端产品，对保障公共健康与安全，提高国民生活具有重要的意义。

一、玉米淀粉

每吨玉米可生产淀粉 650kg。淀粉用途十分广泛，除直接利用外，以淀粉为原料经不同工艺处理生产的产品是食品、医药等工业中的重要原料。淀粉经一定量酸碱催化生产的淀粉糖（葡萄糖、果糖、麦芽糖、高果糖浆），可广泛应用于食品和饮料中。葡萄糖液氢化所得的山梨醇，是一种重要的添加剂，添加在面包、蛋糕中，可防食品干裂，保持食品柔软新鲜，延长保质期；山梨醇代谢不引起血糖值升高，可作为糖尿病人的甜食品；山梨醇在口腔中不会引起 pH 降低，可以作为防龋齿食品的原辅料。山梨醇是生产维生素 C 起始原料。淀粉经改性可生产变性淀粉，添加变性淀粉的方便面，可提高面条的韧性、弹性，提高产品品质。淀粉及产品的诸多应用途径充分说明，利用前景十分广阔。

（一）糯玉米淀粉

糯玉米（蜡质玉米）所含淀粉几乎 100% 为支链淀粉，其淀粉因其特殊的性质，而有着独特的用途。糯玉米淀粉具有高度的膨胀力（是普通玉米淀粉的 2.5 倍）；较高的透明度；较强的黏滞性和成膜性以及糊液稳定性好，不易老化等特性。这些特性赋予糯玉米淀粉在食品加工上可替代糯米粉制作花样繁多的糕点制品和食品原辅料，可适应产品的膨胀度、脆酥度、表面光洁度及特有的形态等特定的需要。还可加工成变性淀粉、交联淀粉和预糊化淀粉等系列品种，应用的领域非常广泛。

1. 糯玉米熟化淀粉

将糯玉米乳制成熟化淀粉，使淀粉在冷水中可溶，并具有良好的冷水分散性和糊液透明度。可用于膨化食品、饼干和布丁等食品加工。

2. 糯玉米交联淀粉

在糯玉米淀粉变性过程中，加入适量的环氧氯丙烷、己二酸、三偏磷酸钠等交联剂，于碱性的淀粉乳中加温反应，形成酯键或醚键而实现交联作用以改善糯玉米淀粉的性能，适用于乳制品、膨化食品、冷冻食品等加工行业，提高产品的质量、品质，保证产品的良好体态。

（二）玉米变性淀粉

玉米变性淀粉是重要的食品工业原料，主要品种有预糊化淀粉、交联淀粉、降解淀粉、淀粉衍生物等。在我国玉米变性淀粉现已开发出 40 多种产品，应用到食品、医药卫生等多个行业。玉米食用变性淀粉的应用见表 5-10。

表 5-10　　　　　　　　　　　玉米食用变性淀粉的应用

范围	产品名称	应用效果
米面制品	方便面、挂面、保险湿面、米粉、保险米粉	提高复水性、口感爽滑筋道、降低吸油率、延长货架期
速冻食品	速冻水饺、速冻混沌、速冻汤圆	外表光洁、冻融稳定性好、抑制开裂、不浑汤、口感爽滑筋道、执品晶莹剔透
煎炸粉	裹浆、裹粉、炸鸡粉	提高黏着性、保水性好、口感脆酥、抗吸潮、降低吸油率
膨化制品	膨化豆、薯片、粟米脆、通心脆、米饼	提高膨化度、改善组织结构、增强酥脆度、降低破碎率、抗吸潮、降低吸油率
乳制品	酸奶、乳饮料、布丁	增稠稳定、耐酸、耐剪切、体态细腻、冻融稳定性好、延长货架期
肉制品	火腿肠、灌肠、鱼丸、贡丸	保水保油性好、提高产品得率、改善切片性、弹性好、口感爽脆、冻融稳定性好
调味品	耗油、调味酱、调味沙司、酱油、番茄沙司、色拉酱、巧克力攀司	增稠、耐机械加工、稳定性好、赋予产品良好体态
果酱	烘焙果酱、水晶果膏、月饼馅料、涂抹果酱、酸奶果酱	增强光滑、短丝效果；提高耐烘焙稳定性
糖果	胶质软糖、淀粉软糖、奶糖、口香糖	低黏、透明度高、凝胶性强、成膜性好
冰冻食品	冰淇淋、雪糕、冰棍、冰糕	提高膨胀度、增强抗融性、增强咬劲、增加抗丝性、改善细腻口感、提高保型性
其他	水晶饺、水晶饼、吉士粉、冰皮月饼粉、涂膜剂	提高冻融稳定性、透明度高、保型性好

二、麦芽低聚糖

　　麦芽低聚糖是以精制玉米淀粉为原料，采用生物技术制成的一种集营养、保健于一体的新型甜味剂，是玉米淀粉深加工产业链的新型糖源。麦芽低聚糖具有低甜度、低热量、低渗透压的特性，在防止大量乳酸产生和血压凝结的同时，可被人体吸收并提供能量，快速增强人体耐力和作功能力。对于过量消耗体力出现的低血糖症，有着良好的疗效，可用于制成婴儿食品、糖果、饮料、冰淇淋、啤酒等各种健康食品。

　　这种产品还可作为医药制剂、营养制品的添加剂，用于胰脏切除病人的饮食治疗、肾脏病患者的能量来源等，具有低甜度、低热量、低黏度、保湿性、非发酵性、耐酸和耐热等特性，可作为功能性食品的基料；还具有促进双歧杆菌增殖、抗龋齿、消除疲劳、促进钙吸收、润肠通便、增强机体免疫力等生理功能，已经广泛应用于保健食品行业以提高产品质量和档次。

三、玉米蛋白质

玉米蛋白质由白蛋白、球蛋白、醇溶蛋白和谷蛋白组成。醇溶蛋白占蛋白质总量50%~55%（每吨玉米生产约45kg蛋白粉），醇溶蛋白在食品工业中可作为被膜剂，具有防潮和防氧化作用。喷在水果表面所制成的膜能增加水果的光泽、延长货架期。玉米醇溶蛋白的氨基酸组成中谷氨酸占31%（可从中提取谷氨酸）。谷氨酸是生产味精的原料；还可用于医药。谷氨酸对于神经衰弱、易疲劳、记忆力下降、肝昏迷等都有一定疗效。玉米蛋白粉含有天然的黄色素，提取出的玉米黄色素可直接用于多种糖果等食品中以增加美感和食欲。

四、玉米低聚肽

"玉米低聚肽"是以玉米蛋白为原料，经酶解、分离、精制和干燥等工艺制得的相对分子质量200~800的小分子低聚肽。其氨基酸组成与玉米蛋白的氨基酸组成相似，富含支链氨基酸（亮氨酸、异亮氨酸、缬氨酸）、谷氨酸、丙氨酸和脯氨酸。这种独特的氨基酸组成，有利于促进肝脏中酒精的代谢，有助于控制酒精中毒，从而增强肝功能，发挥保护肝脏的作用。

五、玉米多肽

玉米多肽是以玉米蛋白为原料，采用定向酶切技术提取的相对分子质量为800~2000的多肽产品。

（一）玉米多肽的营养价值

为了提高玉米蛋白的营养价值而生产的玉米多肽，其营养价值与鸡蛋相似。有预防和减轻乙醇毒性和消除疲劳的功效。

（二）玉米多肽的特性及应用

玉米多肽不含脂肪，蛋白质含量丰富，具有肽类物质高浓度、低黏度以及酸性条件下不易凝聚等特点，可生产低热高能蛋白饮料，蛋白质强化的营养补给饮料，运动及早餐饮料。这种含有多种氨基酸并具有良好的吸收性的玉米多肽，对于恢复运动后的疲劳有良好效果；能刺激人体胃肠高血糖分泌、降低血清胆固醇、增强内源性胆固醇代谢、增加胆固醇从肠道的排泄，因此具有抑制胆固醇上升、降低血清胆固醇浓度的作用，并达到降血压之目的。

我国已研制成功"玉米油和玉米蛋白活性多肽酶法联产新技术"，使油脂释放出来、蛋白质溶于水中，然后再进行水、油分离，所提取的玉米油色泽清亮、风味美好，提高了玉米油的品质和健康价值；蛋白质变成了相对分子质量为200~1000的功能肽，是一种功能性食品原料，具有多种生理活性，已广泛应用于医药、运动食品和保健食品等领域。

六、玉米膳食纤维

玉米膳食纤维具有预防肠道疾病和心血管疾病，降低血糖，降低血压等生理功效。在食品工业中的应用效果很好。在烘烤食品原料中添加 5%～10% 的玉米膳食纤维，可提高蛋糕、面包的保水性，增加其产品的柔韧性和松疏性；过 100 目的玉米膳食纤维在面包原料中加入 8%，可生产出高质量的膳食纤维面包，并能提高面包的营养和健康价值。每吨玉米能生产 40kg 玉米膳食纤维。

七、新型玉米胶原蛋白

科研人员发明了一种用玉米生产出的，可用于人类注射填充的"新型玉米胶原蛋白"，其最大的特点是稳定和安全。其相对分子质量大小得到有效改善，能延长胶原蛋白在人体中的被吸收周期。

（一）胶原蛋白的功效

胶原蛋白是人和许多动物体内含有的一种蛋白质，有延缓皮肤衰老，可帮助伤口止血，修复皮肤凹痕，协助补钙及改善睡眠质量等多种功能。

（二）胶原蛋白的制取

国外用转基因玉米生产用于人类的注射类玉米胶原蛋白。由于玉米易于种植、储存和加工处理，用玉米生产比用动物组织提取胶原蛋白的成本更低，这是玉米深度开发利用的新的有效途径。

八、玉米醇溶蛋白粉

以玉米或玉米蛋白粉为原料，可提取玉米醇溶蛋白，提高玉米的食用价值、健康价值。其提取玉米醇溶蛋白的方法如下。

（1）在玉米或玉米蛋白粉原料中，加入乙醇搅拌，以 L：kg 的液料比记为（4～8）：1，调整 pH，超声波萃取 10～60min。

（2）将所得玉米醇溶蛋白进行离心分离，离心液为醇溶蛋白的乙醇溶液。

（3）离心液经冷却沉淀蛋白质，或离心液在 50℃ 以下经真空浓缩后，冷却沉淀蛋白质。

（4）将蛋白质干燥，粉碎后得成品玉米醇溶蛋白粉。

九、玉米精油

采用玉米为原料，运用萃取和酶解技术精制而得的玉米精油，不但保留了天然玉米的营养成分，同时还增强了芳香风味，可用于食品生产。新鲜玉米精油色泽金黄透明、口味清香，适合快速烹炒与拌和面条，被作为一种高级食用精油被广泛食用，享有"健康精油""功能性谷物精油"的美称。玉米精油为纯天然提取物，其口感甘甜、清新、不油腻、香味醇厚、温和适口，可广泛用于糖果、饼干、饮料的调制，功效和风味比普通玉米油更胜一筹。玉米精油的制取工艺如下。

将新鲜甜玉米粒粉碎后，加适量水和酶，一定温度下酶解 3h，酶解物过滤，滤液用大孔吸附树脂吸附，再经纯水淋洗后，用食用酒精洗脱，减压回收酒精后，即到产品——玉米精油。

第六章

主要谷物及其制品

————————

主要粮谷类功能性食品包括面制类、米制类、玉米类、米面混合类、粗细粮混合类，粗粮细作、粗粮精做类食品等。这些都是我国粮油食品工业部门的大宗产品，是中国 14 亿多人口一日三餐主食的主要品种，与国民生活息息相关。本章重点介绍我国粮食部门工业化生产的功能性食品、营养强化的粮谷类食品以及国家公众营养改善项目《营养强化食品》范围内的粮谷类食品的原辅料生产配方。为适应消费者更加注意饮食的安全、营养、健康的需求，积极开发安全、绿色的功能性粮油食品是粮油科技工作者努力的目标所在。

第一节　功能性面制食品

用小麦粉制成的面制品是我国的主要粮油食品之一，各地因地制宜地制作出了各具独特风味、特色、品质优良的面制食品供应着广大市场，满足着消费者之需。

一、馒头类

（一）麦胚馒头

小麦胚含有丰富的营养及生理活性成分，被誉为"天然的营养宝库"，具有很高的营养价值，添加其制作的麦胚馒头，质地松软、口感筋道、风味香甜、品质优良。

1. 原辅料配方

100 份中筋小麦粉中加入即发干酵母（0.4%），食用白糖（5%），灭酶麦胚（6%），食用油脂（4%）和水（45%）。

2. 工艺流程

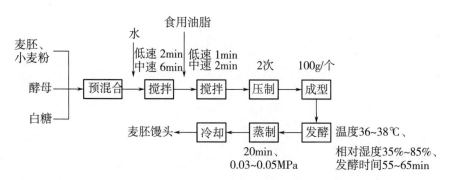

（二）麦麸馒头

麦麸馒头营养丰富、口感香润，是一种新型营养、健康的功能性面制食品，以小麦面粉为主料，添加20%的"熟化麦麸"，采用馒头现代制作工艺制作的产品。

熟化麦麸是通过对麦麸进行蒸煮、灭菌烘干的新工艺，使麦麸变性（改变其内在结构），使口感变得香润、质量卫生达标。人们每天食用两个这种馒头，就可以达到对膳食纤维的需要量，经济实惠，大众化，很受消费者的欢迎。

二、面包类

（一）全麦主食面包
全麦主食面包使用葡萄酵母液发酵，成品具有浓郁香味，营养全面。

1. 原辅料配方

（1）葡萄酵母液配方　葡萄干200g加水适量制成"母液"备用。

（2）种子面团配方　全麦粉20g，葡萄酵母液（8g），水（7g）。

（3）主面团配方　全麦粉70g，种子面团（30g），食盐（1.8g），水（64g），强力粉（10g），即发活性干酵母（0.05g），麦芽浆（0.2g）。

2. 制作工艺及要点

（1）葡萄酵母液的制作　将葡萄干放入30℃的温水中，在25~30℃发酵1周（期间每天搅拌，并注意勿染杂菌）。

（2）种子面团的调制　将全麦粉、葡萄发酵母液和水捏合成面团，在温度25~28℃，相对湿度85%的条件下发酵12~15h，面团的体积达到2~2.5倍即可使用。

（3）主面团的调制和发酵　将主面团配料全麦粉、强力粉、种子面团、食盐、麦芽浆、水以及即发活性干酵母等物料全部倒入和面机中进行搅拌，低速5min后中速2min，面团温度为26℃。调制后的面团在温度28℃，相对湿度80%条件下发酵1h。

（4）面团的分割、静置与成型　经发酵的面团进行分割，每块350g，经折叠或搓圆后在室温下静置30min，然后成型为棒形或圆形，并在表面用小刀切口。

（5）成型发酵与烘烤　成型后的面包坯在温度30℃、相对湿度80%的条件下发酵150min，然后放入温度为230℃的烤炉中烘烤40min。

（6）成品入库　将烘烤熟的面包出炉，冷却至室温，包装、入库。

（二）小麦胚芽面包
小麦胚芽是面包营养丰富，与麦胚馒头有异曲同工之妙。

1. 原辅料配方（见表6-1）

表6-1　　　　　　　　小麦胚芽面包的原辅料配方

种子面团/g		主面团/g	
		富强粉	30/份
富强粉	70/份	水	20
		食用白糖	14
水	40	小麦胚（片）	6

续表

种子面团/g		主面团/g	
		食用植物油	2
干酵母	1.4	食用盐	1
		大豆磷脂	0.5

2. 工艺流程

第一次调粉 → 第一次发酵 → 第二次调粉 → 第二次发酵 → 分块、搓圆 → 静置 → 成型 → 醒发 → 烘烤 → 冷却 → 小麦胚芽面包 → 包装入库

3. 制作要点

（1）原料的预处理　将小麦胚（片）置于105℃烘烤15min后再添加使用，有利于提高面包品质，片状小麦胚较粉末状小麦胚更有利于增大面包体积。将干酵母用30℃水活化，加入70份的小麦富强粉调制种子面团，时间5~10min。

（2）第一次发酵　温度28~30℃，时间2h。

（3）第二次调粉　加入剩余的原辅料调制主面团，和面时间为15~20min（因为加入了小麦胚（片）面团会发黏，适当延长和面时间以保证面包品质）。

（4）第二次发酵　温度28~30℃，时间1.5h。

（5）醒发　温度38~40℃，相对湿度70%~80%，时间50~60min。

（6）烘烤　温度为200~220℃，时间15min。

（7）成品入库　出炉冷却至室温，包装、检验、成品入库。

（三）莲藕面包

莲藕面包是添加了莲藕粉的一种面包新产品。莲藕粉是一种药食兼用的优质全淀粉。莲藕性味甘、平、涩，有凉血、止血、祛瘀补肺的功用，对人体具有清热、解暑、解酒的功效。把富有营养健康价值的莲藕粉添加到面粉中制成的莲藕面包，是一种功能性粮油食品。

1. 原辅料配方

面包专用小麦粉100g，奶粉（4g），莲藕粉（6g），食用精盐（2g），活性干酵母（1g），食用植物奶油（3g），鸡蛋（8g），白砂糖（5g），水（50g）。

2. 制作技术要点

（1）莲藕粉的制备　先将莲藕洗净，清理，去皮，切成1.5mm左右藕片，放入干燥箱中，在55~60℃干燥3~3.5h，取出冷后粉碎过筛，即得莲藕粉（含水量在13%以下）。

（2）酵母的活化　按配方称取定量的酵母，加适量的30℃的温水，在28℃条件下静置5~8min。当酵母体积膨胀，出现大量气泡时，则可用来调制面团。

（3）辅料的处理　将蛋白和蛋黄一起放入搅拌罐内，搅拌均匀；糖、盐用温水溶解并过滤，植物奶油熔化待用。

3. 工艺流程

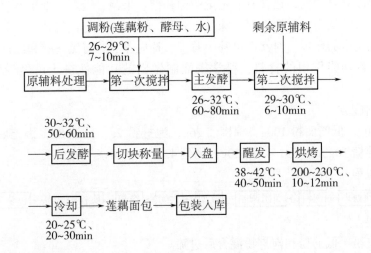

(四) 中国汉堡包

中国汉堡包（肉夹馍），美国媒体认定中国的肉夹馍是汉堡包的"祖先"。《赫芬顿邮报》称，世界上的第一个汉堡包其实来自中国，其名字是肉夹馍。肉夹馍其实是相当于"肉汉堡包"或"肉三明治"一类的食品。

中国人把切碎的肉块夹在切口的面饼中间，这种食物在公元前就出现在中国秦朝。这种传统特色食品起源于中国陕西省，现在已经发展到全国各地。有人说，"肉夹馍是中式汉堡包""汉堡包是西式肉夹馍"，这种美味食品，地球两边的人们都喜欢食用。

三、饼干类

(一) 富硒木糖醇功能饼干

富硒木糖醇功能饼干是以富硒麦芽粉为主要原料、木糖醇为主要甜味剂，结合选用多功能膳食纤维粉、大豆磷脂等辅料，所制得的功能性粮油食品。木糖醇作为功能性甜味剂，能参与人体代谢（不会引起血糖值升高），是适合于血糖高及糖尿病者的食糖替代品，可提高人体免疫力，改善肠胃功能。

1. 原辅料配方

小麦面粉100g，富硒麦芽粉1.4g，膳食纤维8.5g，大豆磷脂1.2g，起酥油8.6g，液体木糖醇14.5g，高果糖浆（42%~55%）5.7g，食用盐1.2g，$NaHCO_3$ 0.6g，$(NH_4)HCO_3$ 0.3g，水适量。

2. 制作要点

（1）先将富硒麦芽粉与部分小麦粉预混合，在和面机内与主料面粉混合均匀。

（2）将其余原辅料混合后并入和面机中，加适量水，进行搅拌和面。控制温度25~30℃，时间10~15min，和好的面团含水量约15%。

（3）将和好的面团静置熟化10min后，经冲压成型，送入烤炉中烘烤，温度240~260℃，时间3~4min，出炉，冷却至室温、检验、包装入库。

108 　　**（二）芝麻红糖饼干**

红糖主要成分是蔗糖，还含有一定量的葡萄糖、果糖、糖蜜、维生素、微量元素等营养成分，中医学认为，红糖性温、味甘、入脾，对人体具有益气补血、健脾暖胃．缓中止痛、活血化瘀的作用，对女性可补中益气、补血养肝。将黑芝麻和红糖这两种营养丰富，又有良好功能作用的食料，科学搭配制做出的功能性饼干已经受到消费者的青睐。

1. 原辅料配方

全麦粉 30g，低筋面粉 100g，棕榈油 26g，泡打粉 2g，黄油 8g，黑芝麻 20g，卵磷脂 0.7g，麦芽糖 10g，水 8g，红糖 20g，鸡蛋 4g，红糖糖浆 10g。

2. 工艺流程

原料预处理 → 配料 → 面团调制 → 成型 → 烘烤 → 冷却 → 质检 → 成品 → 包装入库

3. 制作要点

（1）全麦粉、低筋粉和泡打粉混合后过筛。

（2）红糖糖浆、红糖、麦芽糖加到融化的黄油和棕榈油中，用打蛋器打发至蓬松。

（3）鸡蛋打成的蛋液分两次加入打发蓬松的物料中，打发细腻。

（4）将黑芝麻粉加入打发细腻的物料中，并揉成面团。

（5）揉好的面团冷藏 40min。

（6）取出面团压制成不同形状后焙烤，温度 170℃、15min 冷却后即得"芝麻红糖饼干"。

（三）猴菇饼干

猴菇饼干是优选上等猴头菇为原料，以 11% 的比例加入小麦面粉制成的一种功能性饼干。我国中医学认为，猴头菇（猴头菌）性味甘、平，入胃经，对人体具有助消化、利五脏、扶正固本、健脑提神之功效。猴头菇药食兼用，早已被制成了中成药"猴头菌片"，具有养胃和中的作用，已被医院广泛用作胃和十二指肠及慢性胃炎的治疗用药。

猴菇饼干面市以来赢得了胃病患者等特殊膳食人群的广泛认同。取得销量和口碑的双丰收，于 2015 年荣获"2015 中国医药行业原创品牌奖"。

（四）核桃饼干

核桃饼干是一种营养滋补型的功能性粮油食品。

1. 原辅料

小麦面粉、核桃仁、奶油、鸡蛋、白砂糖。

2. 工艺流程

选料 → 预处理 → 混合 → 制面团 → 成型 → 烘烤 → 冷却 → 检验 → 包装打印 → 成品 → 入库

3. 制作要点

（1）预处理。

①将奶油放入容器中，加热至软化，备用；

②将白砂糖粉碎成通过 60 目筛的糖粉，备用；

③将核桃仁切成碎块，备用；

④将鸡蛋打碎，放在盆中，备用。

（2）混合。

①将软化奶油．白糖粉加入搅拌机，打到体积膨胀，色泽略浅即可；

②加入鸡蛋液、碎核桃仁搅拌均匀；

③加入小麦面粉搅拌均匀，揉成面团，盖上保鲜膜，静置20min。

（3）成型 将面团放在操作平台上制成方形，切成大小适中的面块。

（4）烘烤 将面块整齐地摆放在铺有纸的烤盘里，送入预热好的烤箱，进行烘烤，温度控制在150~180℃，时间为10~15min。

（5）冷却 将烘烤好的饼干及时移出烤箱，冷却至室温。

（6）包装入库 将经检验质量合格的饼干进行包装，检验，成品，入库。

四、月饼类

（一）麦芽糖醇月饼

我国的传统食品月饼以皮薄馅厚，油润甘香，风味独特，香甜可口，便于携带而受到人们的欢迎，并成为传统喜庆中秋佳节馈赠亲朋好友的礼品。然而人们要求膳食平衡合理，食品要健康营养。因此，"麦芽糖醇低能量月饼"应时而生。这是一种新型无糖低能量食品，对人体具有润肠通便、滋生双歧杆菌等独特的生理功能，符合粮油加工行业的创新、升级和功能性粮油食品的发展方向。

1. 原辅料配方

（1）饼皮的原辅料 小麦粉、花生油、麦芽糖醇、结晶果糖、柠檬酸碱水。

（2）馅的原辅料 湘莲子、结晶果糖、异麦芽糖醇、膳食纤维（包括葡聚糖、高活性香菇纤维）、麦芽糖醇、山梨醇、花生油、碳酸钠（纯碱）。

2. 工艺流程

面粉+花生油+碱水+糖浆→ 和面 →月饼皮

湘莲子→ 脱衣 → 精磨成蓉 → 均质 → 调配 → 铲蓉 → 冷却 → 包馅 → 成型 → 烘烤 → 冷却质检 → 包装打印 → 成品 → 入库

3. 制作要点

（1）精磨后的莲蓉要经过增加1~2次高压均质处理，以降低莲蓉的黏度，才能有效地解决馅料不够滑爽的问题。

（2）烘烤温度不超过200℃。

（3）烘烤后的月饼放在温度较低的车间内冷却，经质检合格后再进行包装。要选用密闭性好的包装材料，达到隔湿的严格控制。

（4）单个月饼，宜选择迷你型（小型），便于人们品尝和食用方便。

（二）菌菇月饼

菌菇月饼以小麦粉、食用植物油、食糖和草菇等为原辅料，按照月饼的生产工艺制成的一种独具特色的健康型月饼，具有低脂肪、高蛋白、高膳食纤维得特点，有营养、

110 清热的健康功能。其制作工艺为：

（1）将草菇洗净、切碎、煮到五分熟，用绞肉机绞成草菇蓉；

（2）在草菇蓉中加入白糖、绿豆沙，在容器中搅拌均匀，并加热、翻炒到浓稠状时，停止加热，制得草菇馅料；

（3）在馅料中加入适量的菌菇制品保鲜剂、蔬菜防腐保鲜剂，搅拌均匀，制得月饼馅料；

（4）按月饼制作工艺，制作月饼坯，焙烤至成品。

健康是食品消费的永恒主题。传统月饼高脂肪、高糖、高热量等"三高"特点，是众多消费者担心会引起高血糖、高血脂的心理障碍，是影响月饼产业发展的一大瓶颈，因此，开发菌菇月饼这种独具特色的健康型月饼，是一个很有市场眼光的选择。

五、挂面类

随着人们消费水平的提高以及饮食习惯的变化，我国挂面市场也迎来了新的变革，消费者已经不再满足口味单一的用来果腹的产品，而是希望食用营养健康的产品，这就意味着营养健康型挂面品种将会越来越受到人们的青睐。营养互补的鸡蛋挂面、辣木挂面，便是其中之优良产品。

（一）鸡蛋挂面

原味挂面缺乏人体必需的营养元素赖氨酸，因此在挂面制作中添加一定比例的鸡蛋（新鲜鸡蛋），能有效补充赖氨酸的不足，是营养互补的方式之一。这种因为互补形成的优质蛋白，还能很好地提升人们对面制品中营养元素的吸收率和利用率。同时，在挂面中添加鸡蛋，可有效提高挂面的品质，增强挂面的光滑度和韧性，口感柔滑、筋道，使鸡蛋挂面更能迎合消费者味蕾，在营养与口味中求得最大公约数。另外，在挂面制作中添加鸡蛋会让消费者在购买时，有真材实料、物有所值的感觉，而增加购买欲望。

挂面是深受人们喜爱的传统食品，我国面制品行业的市场占有份额正在逐年递增。有调查数据显示，在口味选择上喜欢食用鸡蛋挂面的消费者比率最高（占26.2%）。从中可知，鸡蛋挂面是最能打动消费者舌尖上味蕾的挂面品类。为了满足人们对健康膳食日益增长的需要，营养健康型挂面的市场占有额会日趋增加，鸡蛋挂面将会越来越受欢迎，并可带动和促进我国传统挂面主食品的营养健康升级，为我国健康产业助力。

（二）辣木和辣木挂面（面条）

辣木是一种新奇植物，具有独特的食用和医学价值，是现今全球最热门的高营养多用途植物之一。2014年国家主席习近平在古巴访问时，将辣木籽做为"国礼"赠送给古巴革命领袖菲德尔·卡斯特罗，作为中古友谊新的见证。它就是被誉为"生命之树"、2012年被国家卫生部门批准为"新资源食品"、产于云南元谋金沙江河谷（中国最大辣木基地）的辣木籽。

1. 辣木

辣木（又称鼓槌树），属多年生常绿乔木，是一种亚热带植物。其果荚像豇豆，籽粒有棱角，药食兼备，具有较高的养生和医药价值。其营养成分丰富，因身价高，而广受关注。辣木籽粒的形态特征如图6-1所示。

　　辣木与西洋参和灵芝被誉为世界三宝，是源自古老印度的健康之物。辣木因为高钙、高蛋白质、高膳食纤维、低脂肪而被欧美国家视为保健品。辣木现在古巴、欧美、日、韩等国家已被重点开发和利用，且已成为新兴健康食品；能为人们提高生活及饮食品质、增强免疫力、促进身体健康和预防疾病的神奇植物。

图 6-1　辣木籽粒形态

　　2014 年已研发出了辣木系列食品（辣木茶、辣木籽粉、辣木精粉、辣木面条（挂面）、辣木方便面、辣木月饼、辣木酒以及辣木叶压片糖果、辣木复合片等），成为市场的新宠，食品界的一枝奇葩。

　　辣木在我国将有着十分广阔的前景，既可以直接上餐桌，也能推动热作产业由数量向质量效益的双重转变。辣木已被列入国家农业、健康产业"十三五"发展规划重点，将辣木进行深加工，开发辣木系列制（食）品，让辣木食品早日走进寻常百姓餐桌，助力健康中国。

　　（1）辣木的营养价值　辣木的叶、花、果药食兼用。成熟的豆荚可直接煮熟食用，被称为"鸡腿"，在有的国家还被制成罐头出口；其嫩叶可作为蔬菜食用（类似菠菜），或经萃取制成"辣木复合片"可供食疗；叶子烘干后碎成粉可用于做汤和调味汁等；其花白色有淡淡的香味，可作为凉拌菜或干燥后泡茶，味道如同蘑菇。干种子和幼苗的根干燥后制成粉，可作为辛香调味料供人们食用。

　　辣木有较高的营养价值。辣木叶中富含的维生素 A、维生素 B_3、维生素 C、维生素 E、叶绿素、膳食纤维、微量元素（钙、铁、钾等）以及多种人体必需氨基酸（每 100g 辣木叶中含蛋白质 27g），多种抗氧化营养素等，能够提供大量人体健康所需的营养物质。辣木籽是纯天然绿色食品，含有多种营养活性成分，对人们"亚健康""治未病"具有辅助食疗作用。辣木的营养成分见表 6-2。

表 6-2　　　　　　　　　　　　　　　　辣木的营养成分

成　分	含　量	成　分	含　量	成　分	含　量
水分	6.3	磷/(mg/100g)	280.80	维生素 A/(μg/100g)	41870
能量/(kJ/100g)	1191.00	钾/(mg/100g)	1759.37	维生素 B_1/(mg/100g)	0.14
蛋白质/(g/100g)	27	硒/(μg/100g)	13.10	维生素 B_2/(mg/100g)	0.99
脂肪/(g/100g)	8.7	铜/(mg/100g)	0.5	维生素 B_3/(mg/100g)	10.74
糖类/(g/100g)	47.47	硫/(mg/100g)	870	维生素 C/(mg/100g)	73.90
膳食纤维/(g/100g)	23.77	锌/(mg/100g)	2.78	维生素 E/(mg/100g)	155.67
钙/(mg/100g)	2357.03	铁/(mg/100g)	13.54		
镁/(mg/100g)	395.03	钠/(mg/100g)	416.47		

（2）辣木的健康价值　辣木的根、叶、花、果、种子、树胶等均可药用，可谓人体"健康之宝"。其根富含生物碱、皂素（辣木素），对于革兰阳性菌具有抑制作用；树叶富含铁、叶绿素，可用于预防改善贫血症；荚果能除湿、怯寒、健脾胃；辣木花气味芳香，是良好的蜜源植物，富含钙、钾元素，其花的汁（液）能减轻喉炎症状（但孕妇勿食）。辣木花茶可以预防感冒。辣木籽还具有治疗口臭和醒酒的作用。

辣木的生理特性决定了它可以多元化开发，可被广泛用于食品、保健、药品和美容等领域。

2. 辣木挂面

辣木挂面（面条）是以小麦面粉为原料，将辣木鲜叶萃取汁液（或辣木叶粉末）以一定比例加入其中，按照挂面现代制作工艺和技术精制而成。这种新型面制品，其营养价值和健康价值不凡，市场广阔可期。

六、全谷物健康面筋（新型面制休闲食品）

全谷物健康面筋2016年的研制成功，彻底改变了传统的麻辣食品采用高糖、高盐和化学添加剂来改善产品品质和保质期的传统做法。这种产品的主要原、辅料，是选择不含任何添加剂的"1+1"天然面粉，适合面筋产品生产的天然面筋专用粉（中筋小麦粉）；将食盐的使用量控制在4.4%；选择天然食品配料魔芋精粉和糯小麦粉添加到产品中产生协同增效作用，代替了乳化剂（单甘酯）的使用，均为纯天然食品物料，所以产品营养丰富、安全、健康、口感兼具，符合国家食品发展方向和市场需求，有力地推动了我国面筋生产行业的健康发展。

麻辣面筋（辣条）是一种调味挤压面制品，主要以小麦粉为原料，经和面、挤压、熟化、切分等工艺加工制成的具有咸、香、辣等特色的挤压糕点类食品。因其味道诱人，已成为畅销市场的健康小食品。

第二节　功能性米制食品

大米是我国人们的传统主食品，由于各地饮食习惯和大米品种的不同，所制作的米制食品，品种繁多、风味独特。本章节将重点介绍粮食部门工业化生产并供应市场的主要品种，富有营养健康、营养强化的功能性米制品，以及国家公众营养改善项目《营养强化食品》范围的米制食品。

一、蒸（煮）制品

（一）麦芽糖醇八宝饭

八宝饭（又称糯米饭），是大米熟制品。是将糯米蒸熟后，直接制作而成的，具有甜糯油润、韧而不黏，口味多样，别具风味的特点。特别是加入了功能性甜味剂麦芽糖醇（代替蔗糖）后良好的保湿性能可延长食品的货架期和降低热值，食用后不会引起血糖值升高，是一种功能性的主食品。

1. 原辅料配方

糯米 1000g，麦芽糖醇 200g，木糖醇 200g，猪油 150g，无核蜜枣 50g，冬瓜丁 50g，豆沙 500g，桂圆肉 25g，瓜子仁 25g，莲子 50g，松子仁 25g，无核青梅 10 个。

2. 制作要点

（1）将糯米淘洗干净，放盆中加水泡约 2h，待其涨发（泡透）后捞出。

（2）取蒸笼 1 只，笼内垫纱布，将糯米上笼蒸 30min。糯米蒸熟后，取出入盆中，加入部分木糖醇和猪油，与糯米饭一起搅拌均匀待用。

（3）取饭碗 5 只，碗边涂上猪油，将蜜枣、冬瓜丁、青梅、莲子（蒸烂）、桂圆肉、松子仁及瓜子仁等量分成 5 份，放入每只碗中，放时可根据原料形状、色泽等排列成图案。

（4）将糯米饭铺放在碗中，掀成锅底状，放糯米饭时应注意不要把图案破坏，放入豆沙馅心，在上面盖上糯米饭，用手掀一下，使成馒头状且与碗口相平。

（5）将装好碗的八宝饭连碗上蒸笼，用旺火蒸约 30min 蒸透，使木糖醇和猪油熔化在米饭中。吃时倒扣入盘，将碗取下，在饭上再浇剩余的麦芽糖醇液即可食用。

（二）方便营养米饭

方便营养米饭是一种符合传统的饮食习惯和现代快节奏的军、民两用方便食品。复水 6min 后，有与新鲜米饭相似的风味与口感。

1. 主要原料

东北优质大米。

2. 工艺流程

大米→ 淘洗 → 预浸加酶 → 预蒸 → 二次浸泡 → 二次上蒸 → 离散 → 冷却 → 解块 → 干燥 →
筛选 → 包装 → 杀菌 →成品（方便营养米饭）

3. 制作要点

方便营养米饭采用了酶解法和二次浸泡、二次上蒸与热风组合干燥相结合的工艺，其主要技术参考是预浸温度 41℃，时间为 90min，加酶量为 0.11%，预蒸时间 15min；二次浸泡温度 69℃，时间为 31min，二次上蒸 21min；所得大米饭的含水量最大为 62.7%。

（三）八宝粥罐头

八宝粥是我国传统的民族食品，是利用谷物、豆类及药食兼用的薏苡仁、麦仁、桂圆经加汤料，杀菌锅蒸煮而制成的口味独特，营养丰富的功能性粮油方便食品。

1. 主要原辅料

大米、糯米、红豆、芸豆、花生仁、薏苡仁、小麦仁和桂圆等。

2. 工艺流程

原料预处理 → 充填 → 汤料充填 → 真空脱气 → 封盖 → 叠罐装笼 → 蒸煮杀菌 → 冷却 → 风干 →
真空打检 → 暂存 → 二次真空打捡 → 包装 → 成品入库

3. 制作要点

（1）原辅料预处理

八宝粥原辅料按比例配方称料，分别清理、去杂清洗、沥干后备用。

114　　（2）糖液配制　先把乳化稳定剂与白糖干拌，再加水，加热溶解至均匀无颗粒，并保温（90~95℃）备用。

　　（3）红豆、芸豆预煮　先把红豆、芸豆预煮 10~15min，然后再加入罐中。

　　（4）充填　空罐清洗后，先以人工定量充填桂圆、芸豆、花生，再以自动充填机充填其他小粒物料（红豆、绿豆、糯米、小麦仁、薏苡仁）加汤料，控制罐上部空隙约 5mm，内容量必须符合罐外标识。充填物中心温度控制在 90℃ 以上。

　　（5）脱气　密封后罐头的真空度以 59kPa 为宜。用温水洗净罐外的油污和糖浆。

　　（6）杀菌　以自动叠罐机整齐排列罐头，装入杀菌笼。置于杀菌锅内 121℃、50min 蒸煮杀菌，冷却后风干。若是汽杀，则杀菌温度至 123℃ 左右。

　　（7）打检剔除与保温　自动卸罐机将粥罐卸于自动真空打检机处打检剔除真空不良罐，再以自动卸罐整列机堆栈置仓库在（37±2）℃保温 7d。

　　（8）再次检验与封口出库　粥料罐 7d 后再以自动真空打检机打检，剔除真空不良罐及损害罐，然后装箱封口打印生产日期，出库销售。

（四）即食糙米芽麦片

即食糙米芽麦片是一种以糙米芽、小麦粉、燕麦粉为主要原料，以奶粉、食用白糖、β-环糊精等为辅料，经过特定加工技术所精制成的一种速溶即食功能性食品。具有口感好，能量均衡、即冲即饮、食用方便、卫生、安全的特点。即食糙米芽麦片可根据不同人群的营养需要，通过适当调整配方，容易形成系列化产品，满足各种消费群体的需求、市场前景广阔。

1. 原辅料配方

糙米芽粉 20g，小麦粉 20g，白糖粉 35g，β-环糊精 0.7g，燕麦粉 15g，奶粉 5g。

2. 工艺流程

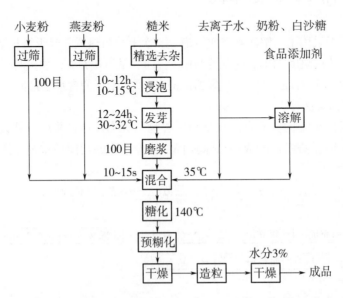

成品即食糙米芽麦片，色泽呈浅黄色，无结块、干燥、松散，沸水冲溶后，仍保持原色泽，具有米芽麦片的天然固有风味、气味，形态成碎片状。搅拌均匀成糊状，口感

细腻香甜。

（五）麦芽糖醇人参汤圆

汤圆（又名元宵），馅大皮薄，熟后白而透亮，圆润如珠，香甜味美，是我国的传统食品，每年的正月十五吃元宵是中国人的传统风俗。汤圆馅的品种非常丰富，其中麦芽糖醇人参汤圆更是汤圆中的珍品。原料中所选用的人参医食同源，对人体可补中益气，安神强心，非常适合中老年人食用。

1. 原辅料配方

糯米粉500g，人参粉5g，蜂蜜30g，液体麦芽糖醇200g，玫瑰蜜15g，黑芝麻30g，鸡油30g，小麦粉15g。

2. 制作要点

（1）将鸡油熬熟，滤去渣，晾凉，备用；小麦面粉放干锅内炒黄备用。

（2）将黑芝麻炒香捣（压）碎，同玫瑰蜜、樱桃蜜混合压成泥状，加入麦芽糖醇，撒入人参粉，加入鸡油、小麦粉，调和均匀，做成汤圆心子。

（3）将糯米粉加水和匀，包上心子，做成汤圆，煮熟即可食用。

二、米制主食品

（一）富锌豆米粉

儿童和青少年，缺锌会造成发育停滞、智力发育不良。可以通过补充乳酸锌得以纠正。大米中缺乏赖氨酸（蛋氨酸相对较多），而大豆中缺乏蛋氨酸，大豆中赖氨酸相对丰富，将大米、大豆适当搭配可起到氨基酸互补作用。在这种豆米粉中强化锌作为儿童和青少年的功能性食品，其效果尚佳。

1. 原辅料配方

大米粉60g，大豆粉20g，乳酸锌（以锌计）50mg/kg，蔗糖粉20g，赖氨酸0.2g，葡萄糖酸钙0.5g，食盐0.3g。

2. 工艺流程

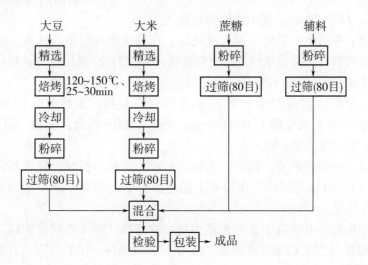

116　　　该产品呈淡黄色粉状；具有浓郁的米香、豆香味；开水冲调时呈糊状，黏稠性好，无沉淀，无异味，口感好。

（二）速溶高蛋白米粉

大米经淀粉酶解处理后，淀粉降低大约 60%（主要转化成麦芽低聚糖、糊精、葡萄糖等），蛋白质含量提高了 3 倍多，接近或超过全脂奶粉蛋白含量（25%~29%）。在全脂奶粉中，蛋白含量高，而有些人群天生体内缺乏足够的乳酸酶，不能消化牛奶中的乳糖，这部分人群食用牛奶后会有过敏症状，常感腹胀腹泻等不良现象。若用高蛋白米粉替代，其中的麦芽糖可被吸收，而蛋白质含量则与全脂奶粉相似。食用方法如同奶粉。高蛋白米粉加工和碎米的综合利用，是大米增值的有效途径之一。

1. 高蛋白米粉配方

碎米 5~10g，去离子水 90~95g，α-淀粉酶 0.01~0.05mg/L。

2. 速溶高蛋白米粉配方

高蛋白米粉 26g，白糖粉 45g，麦芽糖浓缩液 28.3g，β-环糊精 0.7g。

3. 工艺流程

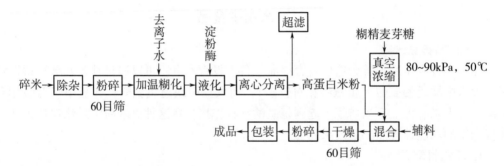

4. 制作要点

（1）除杂、粉碎　将除杂的碎米粉碎，过 60 目筛。

（2）糊化　将米粉进罐，按比例加入去离子水，边加边搅拌，直至调成米粉浆，加热至 100℃，保温 30min，使米粉浆彻底糊化。

（3）液化　将糊化的米粉浆泵入液化罐，在液化罐夹层泵入冰水，使米粉浆温度降至 60℃，再按淀粉酶活力单位及比例要求投入 α-淀粉酶液化。一般糊化了的淀粉颗粒基本上全部被液化，裂解成糊精和麦芽糖。

（4）离心分离　将液化后的米粉浆进行离心分离，未被液化的蛋白质可放在 8000r/min 的离心分离机中离心分离 30min，沉淀物即为高蛋白米粉。清液中为糊精、麦芽糖等碳水化合物及淀粉酶。

（5）超滤　将酶用超滤器回收，重新用来液化其他米粉浆。超滤器装有相对分子质量截获值为 10000 的超滤膜，能捕集上层溶液中平均相对分子质量为 50000 的酶分子，可再加以利用。

（6）真空浓缩　上清液中含有大量糊精和麦芽糖，泵入真空浓缩锅，在真空度为 80~90kPa、温度为 50℃的条件下浓缩 7~8 倍，以利储藏。浓缩液可做其他食品添加剂用，也可部分添加进速溶高蛋白米粉中。

（7）混合、干燥 将高蛋白米粉与各种辅料在搅拌机中混合均匀，用常压滚筒干燥器使之干燥。

（8）粉碎、包装 将干燥的速溶高蛋白米粉片粉碎（过60目筛），然后密封包装。喷码，即为成品。

速溶高蛋白米粉，色泽溶前呈奶白色，冲溶后微黄色；粉粒细小均匀、松散、无结块、无肉眼可见杂质，并具有大米香味，无异味。

（三）米糠膳食纤维饼干

米糠膳食纤维饼干是以米糠、低筋小麦粉、食用植物油为主要原料，配以蜂蜜、蔗糖、鸡蛋、食盐、蛋白粉、小苏打等辅料，按照饼干的制作工艺加工成的一种功能性粮油食品。

1. 原辅料配方

米糠在105℃下烘至水分<5%，过80目筛备用，在配方中用量占5%。食用植物油20%、蜂蜜5%、低筋面粉30%、蔗糖10%、鸡蛋24%、食盐1.5%、水4%、小苏打0.5%。

2. 工艺流程

配料→预处理→计量→面团调制→辊轧→成型→烘烤→冷却→整理→质检→包装→成品→入库

3. 制作要点

（1）配料、面团调和 先加入各种辅料，搅拌成糊状，再加入低筋面粉和米糠和成面团。

（2）轧辊碾压、成型

（3）烘烤 由于加入蜂蜜，对色泽影响较大，需在205℃烘7min左右。

（4）出炉 出炉后冷却至室温。

（5）整理、包装 拣出破碎、不规则饼干，定量、称重、封入包装袋。

（四）经典美味米发糕

在第15届中国国际焙烤展览会上一款米发糕食品引得参观者驻足，争先品尝这种美食。米发糕是我国南方传统的大米发酵食品，属于营养健康米制品类，它和米粉、年糕、粽子、米汉堡、汤圆等米制食品一样，已经进入当地人们一日三餐的主食系列。

1. 米发糕的特点及制作

米发糕以籼型（或粳型）大米为原料，经清理、清洗、浸泡、磨浆、调味、发酵、成型、蒸制等工艺精制而成。其成品外观色泽洁白、均匀，口感松软、香甜、风味独特，具有方便、大众、即食的特色。对人体还具有开胃、助消化、滋补养身等营养健康作用，符合人们的传统食俗而深受欢迎。

我国市场上现有大包装米发糕预拌粉（5kg/袋、25kg/袋）。原料通过科学的配比，选用直链淀粉含量较高的早籼米，用水磨法制得米浆（粉），并配有活力好，安全、卫生的专用发酵剂，适合现代规模化工业生产。还有适合家庭装米发糕预拌粉（300g/包），消费者可以在家制作米发糕可促使其食品走进千家万户。充分利用发糕预拌粉生产营养健康的米发糕食品，前景很广阔。

2. 米发糕的营养、健康价值

米发糕选用新研制的米发糕预拌粉为原料，除含有原料早籼米的营养素成分外，所选用的专用发酵剂，是一种可食用且营养丰富的单细胞微生物，营养学上把它称为"取之不尽的营养源"，每1kg干酵母所含有的蛋白质相当于5kg大米、2kg大豆或2.5kg猪肉的蛋白质含量。因此，米发糕中所含的营养成分比米粉、年糕要高出3~4倍，使米发糕的营养价值显著提高。

发酵后的酵母还是一种很强的抗氧化剂，可以保护肝脏，有一定的解毒作用。酵母里的微量元素硒、铬等物质，还能抗衰老，预防动脉粥样硬化，可提高人体免疫力，这就使米发糕的保健价值倍增。经发酵后，所含各种营养素更容易被人体吸收和利用，主要是因为酵母中的酶能促进营养物质的分解。因此，身体消瘦的病人、儿童和老人等消化功能较弱的特殊人群，更适宜食用米发糕食品。

（五）米汉堡

说到汉堡，人们第一时间想到的肯定是用面包夹着肉和菜的传统汉堡包。现今市场上出现的用米饼替代面包的"米汉堡"，营养、方便、养生成为产品创新的思路，也给广大的汉堡迷提供了一种新选择。米汉堡中西合璧，结合西方汉堡做法，同时融入了中方传统食品的元素，具有中西方的特色。

1. 米汉堡的特点及制作

米汉堡口感软糯、香甜爽口、细滑，属于冷冻（速冻）食品，需在（-18℃）以下低温储藏运输。只需微波加热2~3min，即可食用。"米汉堡"的制作是选用优质的大米和糯米制成米饼，冷冻成型，将整块鸡腿排铺以独特的秘制酱料，再配上子母扣包装，由上下层的米饼和中间层的肉排合制而成。其系列产品有：珍珠米汉堡，青豆米汉堡，紫米汉堡等。

2. 米汉堡的前景展望

米汉堡这种新型营养、健康米制品，一经推出就受到了广大食客的青睐和追捧。已在上海、厦门、福州、北京等地面市。米汉堡，用米饼代替传统西式汉堡的面包，夹着风味肉片，使喜爱米食文化的亚洲人，也有了速食类的汉堡食法，开创了东方人的汉堡时代。

三、米制饮料

（一）糙米芝麻乳饮料

糙米果属颖果，含有丰富的营养素，中医学认为，糙米性味甘、平，对人体具有补中益气、健脾和胃、除烦渴、止泄痢的作用。可用于治消化不良、腹泻、调节植物神经紊乱等。以优质糙米为主料，以生芝麻、牛奶、稳定剂、白糖等为辅料，采用现代工艺精制成糙米复合饮料，其口感香甜浓郁、爽口顺滑、稳定均匀，是一种新型的功能性饮料。

1. 工艺流程

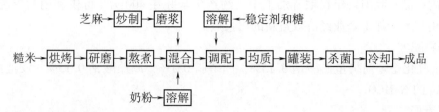

2. 制作要点

（1）奶粉充分溶解，待用。

（2）将糙米特有的香味烘烤出来后，研磨成细粉（过 100 目筛）再用文火熬煮成浆待用。

（3）芝麻炒制出浓郁的香味后，浸泡 10~30min，打浆过 2 遍胶体磨，待用。

（4）稳定剂先与适量的白砂糖干拌混合后，用 60~70℃ 热水搅拌溶解，并过胶体磨，使之成均匀一致的胶溶液。

（5）将以上三种液体按一定比例混合，调配后的混合液加热至 70~80℃，25~35MPa 均质两遍。

（6）罐装后采用 10′→15′→10′/121℃ 灭菌，冷却后包装成品。

（二）米露营养饮料

米露是一种谷物营养健康饮料，富含果糖、维生素 C，维生素 E、谷维素和植物蛋白等营养成分，有良好的口感。

1. 原辅料配方

水定量，大米 1.5%~2.5%，小米 0.5%~1.5%，燕麦片 0.5%~1.5%，玉米粉 0.5%~1.5%，乳化剂和植物油适量。

2. 制作要点

（1）将大米、小米清洗干净后加水浸泡。

（2）将浸泡好的大米、小米滤去水分，加入燕麦片、玉米粉和水上笼蒸熟。

（3）将上述物料再用胶体磨循环处理，去除糟粕。

（4）将所得的乳液里，加入乳化剂，经调配和均质制成饮料成品。

（三）糙米乳

糙米乳以糙米为原料，按现代制作工艺精制而成的一种谷物功能性饮料，是纯植物饮品，不含乳成分，完全是由大米加工而成，呈乳白色，口感有淡淡的甜味和清香，其品种主要有营养或坚果米乳，橘子味、巧克力味、原味米乳等。糙米乳的脂肪含量低，适合低脂饮食的人群，特别是素食者。糙米乳不含乳糖，更适合乳糖不耐受膳食人群，可像豆浆、牛奶一样，作为早餐配食。家庭自制时，可将糙米洗净浸泡约 6h，沥出水分，放入豆浆机中，再按个人口味加入花生和糖，加入适量的水混合即可。

（四）米胚芽饮料

米胚芽饮料是一种植物蛋白功能性饮品，其固型物、蛋白、脂肪提取率分别为 36.37%、34.89%、48.32%，富含多种维生素和微量元素等营养成分，可以储藏 3 个月

120 以上。米胚芽作为谷物籽粒的初生组织和分生组织，是籽粒生理活性最强的部分，属稻谷加工厂的副产品。我国每年在稻谷加工中大约产生米胚芽 400 万 t 可供利用的资源，充分加以利用是大米加工企业经济效益新的增长点。

1. 原辅料配方

米胚芽，乳化稳定剂络蛋白酸钠 0.15%，卵磷脂 0.1%，海藻酸钠 0.15%，浸泡溶剂为 50mg/kg 的 $NaHCO_3$。

2. 工艺流程

大米胚芽→ 去杂 → 浸泡 → 磨浆 → 浆渣分离 → 调配 → 均质 → 灌装、封口 → 灭菌、冷却 →成品→ 入库

3. 操作要点

（1）选择优质米胚芽原料，去除杂质。

（2）浸泡温度 70℃，浸泡时间 10min，浸泡溶剂为 50mg/kg 的 $NaHCO_3$。

（3）乳化稳定剂的配比为酪蛋白酸钠 0.15%、卵磷脂 0.1% 和海藻酸钠 0.15%，可使米胚芽饮料储藏 90d 以上。采用无菌利乐包设计。

（五）高能量液体食品

高能量液体食品是一种新型高能量营养流食粮油食品，填补了我国高能量营养流质工业化生产的空白，可为营养不良患者及战时部队（或抢险救灾），提供营养补充，也可为年老体弱、婴幼儿童、运动员、野外作业等特殊人群补充能量，具有便于携带和开罐即饮的特点。

该产品选用优质大米、玉米、麦芽糊精等为主要原料，以红枣、山楂为辅料，通过生物酶解技术使固化物液化，再通过高效分离技术提取其中高效营养物质成分制成高能量营养流质食品。能为人体提供充足的能量和各种营养素：每 250mL 产品含优质蛋白质 8g、碳水化合物 50g、能量 1047kJ，还含有维生素 A、维生素 B_1、维生素 B_2 等多种维生素和钙、铁、锌等多种矿物质，能迅速补充所需营养素，其能量超过同等体积的牛奶。

这种新型高能量营养液体功能食品，可用于手术前后病人的营养维持，能有效地改善病人手术后氮平衡，促进病人手术后创伤愈合和提高肌体免疫功能，可为患者迅速补充能量、蛋白质和水分等所需营养素，恢复体力。

（六）发酵百合豆乳

发酵百合豆乳以大米、百合、大豆、稳定剂等为主要原、辅料，经现代工艺精制成的，是新型功能性清凉饮品。其外观呈乳白色微黄，口感酸甜宜人，米香与豆香结合十分协调，与百合形成独特的风味，既有米酒的纯甜感和酒香，又有豆乳的乳香味。其技术参数为酸度 1.2%、糖度 10%、酒度 1% 左右、可溶性固形物含量≥14%，也是一种辅助食疗食品。

特别对于中老年、亚健康、"治未病"人群，具有滋阴润肺、止咳清热、解毒、提神、利尿等功效。尤其是对于肺痈、神经衰弱者等有良好的辅助医疗作用。百合是一种

名特健康、绿色无公害蔬菜，营养丰富，具有药食兼用的价值。中医学认为，百合性味甘、微寒、微苦，入心、肺经，具有润肺止咳、清心安神之功效。现代医学认为，百合有升高外周血液白细胞，提高淋巴细胞转化率和增加人体免疫功能的特性。选作原料显著提高了产品的营养和健康价值。

1. 工艺流程

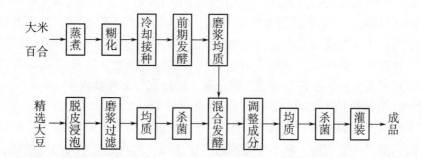

2. 制作要点

（1）豆乳制作　选用优质大豆，去杂质，脱皮洗净后浸泡于 3 倍的水中，在 30℃下浸泡 10~16h，使大豆充分吸水。磨浆时用 80~100℃ 热磨 10~15min，用 150 目筛过滤，然后冷却到 90℃，在压力 22.5MPa 下进行均质，所得豆乳浓度为 11%~12%。

（2）大米、百合发酵

①发酵：将大米和粉碎好的干百合以 5∶1 的比例混合浸泡 6~10h，沥干水分后蒸透，然后冷却到 30~32℃，接种小曲 3%，拌匀，低温发酵，温度在 25~30℃，时间为72~95h，酒精度为 5%~5.5%。

②磨浆均质：将发酵醪磨细，在 20MPa 压力下均质两次，以达到均匀细致。

③混合发酵：将以上制好的豆乳在 100~120℃ 煮沸 15~20min，冷却到 25~28℃，取大米、百合发酵醪 30% 加入豆乳中，搅拌均匀，在 25~28℃ 保持 36~48h，此时豆乳米酒液凝聚，将发酵好的凝乳在 4~5℃ 保持 24~48h。

④调整成分：将发酵好的凝乳破碎，根据口感需要可补充适量的糖和酸，使成品含糖为 10%~12%，酸度为 1.2%~1.4%（一般产品酸度较高，不必调酸）。另外将稳定剂0.2% 的藻酸丙二醇酯（PGA）或多聚磷酸盐与 CMC-Na 先用少量热水溶解，过滤杀菌后再加入，进行调配。

⑤均质、灌装：在压力 20MPa 条件下进行均质、杀菌，条件为 85℃，15~20min。然后立即进行灌装，密封，冷却后即为成品。

四、米制酒类

近年来药酒作为一种有效防病祛病的养生饮品已走进百姓的家庭。尤其是药酒饮品气味醇正、芳香浓郁、风味独特的特性，既没有"良药苦口"烦恼，又没有现代打针输液的痛苦，更容易被人们所接受。所以药酒至今在医疗保健领域中仍发挥着重要作用。

（一）黄酒

黄酒作为中国的"国粹"，距今历史悠久。它以糯米为原料，酒曲为糖化发酵剂，经酿造而成。其色泽浅黄或红褐，质地醇厚，口味香甜甘洌，回味绵长，浓郁芳香，而酒精含量仅为15%～16%（体积分数），是比较理想的酒精类健康饮料。

1. 黄酒的营养价值

黄酒是世界上最古老的酒类之一，为中国酒中的瑰宝，是一种富含人体必需氨基酸比较全面的饮料酒，含有18种氨基酸，其中7种为人体必需氨基酸，这在世界营养类酒中是少见的；还含有较高的功能性低聚糖，能提高人体免疫力和抗病能力，是葡萄酒和啤酒无法比拟的。此外，黄酒还含有糖分、有机酸、酯类、高级醇和丰富的维生素等，对人体具有美白皮肤、延缓衰老、祛胃寒、助睡眠等多种功效。

2. 黄酒的健康价值

中医学认为，黄酒性热，气味苦、甘、辛，主行药势，有通经络、行血脉、温脾胃、润皮肤、散湿气、活血、利小便等辅助治疗作用。黄酒是良好的药用配料，既是药引子，又是丸散膏丹的重要辅助配料，药用价值非凡，用它来炮制、煎熬中药，能提高中药的治疗效果。这是因为中药的有效成分在水中有的微溶或不溶，而在乙醇中溶解度却很高，效果好。

（二）功能性黄酒

黄酒富含酚类、低聚糖、γ-氨基丁酸和生物活性肽等多种功能性因子，现已鉴定出黄酒中6个生物活性肽的氨基酸序列，对人体具有提高耐缺氧能力、增强记忆能力、抗氧化、排铅、调节肠道菌群等多种健康价值。

1. 功能性黄酒的特点及制作

多种研究成果为黄酒新产品的开发提供了科学依据，有力地促进了黄酒品位的升级和产业的发展。功能性黄酒就是黄酒品位的升级和产品发展的范例。功能性黄酒色泽橙黄，清亮透明有光泽，酒香清雅，口感舒顺、淡爽，具有新型功能性黄酒的独特风味。功能性黄酒选用优质糯米为原料，并添加有效成分水苏糖和竹叶提取物竹叶黄酮等辅料，综合运用多项黄酒降度技术，酒精含量低于10%（体积分数）的功能性产品。

2. 功能性黄酒的营养、健康价值

产品中含超强双歧因子水苏糖和竹叶提取物黄酮等功能因子。其中"水苏糖"作为我国航天饮料的配料成分之一，具有调节微生态平衡、快速有效增殖人体胃肠道内双歧杆菌、乳酸杆菌的有益功效；而竹叶提取物竹叶黄酮则具有抗自由基、抗氧化活性和清除活性氧的良好性能，可增强人体免疫功能。

（三）时尚黄酒

1. 黄酒分类

黄酒根据其含糖量的高低分为四种。

（1）干黄酒 "干"表示酒中的含糖量少，糖分大部分发酵变成了酒精，因此酒中的糖分含量最低。干黄酒的口味醇和、鲜爽、无异味。其代表产品是"元红酒"。

（2）半干黄酒（加饭酒） "半干"表示酒中的糖分还未全部发酵成酒精，还保留了一些糖分。在生产上，这种酒的含水量较低，相当于在配料时增加了饭量，故又称为

"加饭酒"。其口味醇厚、柔和、鲜爽、无异味。我国大多数高档黄酒，均属此种类型。

（3）甜黄酒　甜黄酒总糖量含量较高。其口味鲜甜、醇厚、酒体协调、无异味。代表产品如香雪酒、福建沉缸酒。

（4）半甜黄酒　半甜黄酒采用的工艺独特，是用成品黄酒代水，加入到发酵罐中，使糖化在发酵的开始之际酒精浓度就达到较高的水平，成品酒中的糖分较高。其口味醇厚、鲜甜爽口、酒体协调，无异味。代表产品如膳酿酒、即墨老酒等。

2. 饮用方式

黄酒酒液呈黄褐色或红褐色，清亮透明，允许有少量沉淀的产品为佳；如果酒体已浑浊，色泽变得很深，就失去了饮用的价值。随着黄酒养生营养健康功能逐渐被人们所认识，其消费量明显提升。其中绍兴黄酒是行业中的引领者。绍兴黄酒是选用纯粮酿造的低度酒，甜酸适口，营养成分丰富，适量饮用能生津活血，促进新陈代谢，兼有提神、开胃、消除疲劳之功效，是一种有名的传统饮品。主要品种有干型的元红酒、半干型的加饭酒、半甜型的膳酿酒，其风味独特。炎热夏季，饮用者发现了绍兴黄酒的多种新饮法使这古老的传统黄酒也能时尚起来。

（1）加热　这是一种传统饮用方法。如果本身体寒者喜欢热饮，可以将盛酒器放入热水中烫热（或隔火加热）。温饮的显著特点是酒香浓郁，酒味柔和，加热后酒色浓厚，香气四溢，饮用之后暖胃活血，令人心旷神怡。

（2）加冰　夏暑之季，在玻璃酒杯中加入适量冰块，注入少量黄酒，最后加水稀释饮用。也可放一片柠檬，酒的味道好像被瞬间凝固，更加香醇。

（3）加果汁　这样的新饮法更有营养，而且更受年轻女性的欢迎，菠萝汁或雪梨汁都是不错的选择。

（4）加绿茶（或红茶）　在黄酒中加入绿茶或红茶，再加入适量冰块，饮用时别有风味，红茶偏甜，绿茶清苦。

（5）加橄榄　在黄酒中加入一枚橄榄，能有效改善酒后厌食的症状。

（6）加鸡蛋　在黄酒中打入一个生鸡蛋，就是一杯非常独特的中式鸡尾酒。

这种酒的名字更是令人叫绝——"盘古开天"，取义自"万物之初，天地混沌，盘古生其中"之语。

（四）补血葡萄酒

鲜葡萄是水果中含复合铁元素最多的水果，是贫血患者的营养食品。紫葡萄富含花青素和类黄酮，这两类物质都是强力抗氧化剂，具有对抗和清除体内自由基的功效。能减少皮肤上皱纹的产生，缓解老年人视力的退化。葡萄酒含有的葡萄多酚，是最强的抗自由基因子。以紫葡萄酒、江米酒、冰糖、白酒为原辅料酿制的补血葡萄酒是贫血患者的疗效食品。

1. 原辅料配方

紫葡萄600g，江米酒600g，冰糖210g，白酒50g。

2. 制作要点

（1）用白酒清洗葡萄，沥干、备用。

（2）用手捏破葡萄，放入广口玻璃瓶，底部先放入一层葡萄，再放层冰糖；将葡

124　萄与冰糖一层一层交互放入玻璃瓶中。

（3）最后倒入江米酒，封紧瓶口。

（4）贴上制作日期标记，放置于阴凉处，静止浸泡 3 个月后，即可开封，进行滤渣→装瓶→饮用。

（五）米胚芽清酒

米胚芽清酒是一种具有显著水果芳香味及功能性的新型清酒。利用大米胚芽浸出液或烘蒸后的浸出液作为清酒酿造时的配料用水，与蒸米、米曲一起酿造，使酒质比普通的清酒质量有明显的提高。

1. 原料的成分

米胚芽的成分：水 13.8g，淀粉 29.2g，粗脂肪 17g，粗蛋白 21.7g，灰分 8.2g。

2. 米胚芽浸出液的制取

称取清理干净的米胚芽 80g，加 65~70℃ 温水 1L，搅拌 3h，过滤去渣，制得浅黄色的胚芽浸出液（含有总糖 1.26%、粗蛋白 0.82%、灰分 0.16%）备用。

3. 清酒发酵配料及酒质

蒸米 300g、米曲 60g、加入胚芽浸出液 800mL，进行发酵制酒。其所制得的清酒：含乙醇 12.8%、氨基酸度 0.6%、总酯 0.15%、酸度 2.8%，其酒质比不用米胚芽浸渍液的有明显提高。

（六）菊花枸杞糯米酒

菊花枸杞糯米酒所用配料枸杞籽，中医认为，其性味甘平，具有滋补肝肾．益精养血．明目消翳．润肺止咳的作用，还能降低血糖、血脂、血压。枸杞子无论是泡茶还是泡酒，对于防治高血压都是理想的选择。菊花枸杞糯米酒的制作方法如下。

（1）将清理干净的菊花、枸杞籽各 1kg，一起捣碎后加水 10L，用文火煮至 5L。

（2）用此汁液再煮糯米饭 2.5kg，就成了香喷喷的大曲。

（3）再将大曲搅拌均匀后放到缸里密封，等澄清后取汁服用，即为功能性菊花枸杞糯米酒。其食与酒同源，酒与药相和。

需要者每天服用 3 次，每次 100g。"菊花枸杞糯米酒"（药膳）在辅助治疗糖尿病和动脉硬化以及对壮筋补髓、延年益寿等多方面都有良好的疗效。

五、红曲米（粉）系列健康食品

红曲米（粉）已广泛应用于食品工业及功能性食品的生产。我国传统红曲主要用于酿酒、制醋、制作红腐乳和红糟食品、面包等，以及用作食品着色剂及肉类保鲜剂等。现简介与红曲相关的系列健康食品。

（一）红曲酒

红曲酒是将糯米先行蒸煮，然后接种糖化菌和酵母，添加原料酒、红曲和水发酵而成。在台湾红曲酒称为红露酒或老红酒。红曲酒具有爽快的香味，长年贮放不易变质，深受人们喜爱。

（二）红曲醋

红曲醋以福建的红曲老醋最为著名。红曲老醋是将糯米蒸熟后拌入米量 25% 的古田红曲，经液体发酵酿制而成。其产品色泽棕黑，酸而不涩、香中带甜，风味独特。

（三）红腐乳

红腐乳是将硬质豆腐切成大小 3cm 见方的块状，接种毛霉经前期发酵和盐渍，再加入红曲酱经后期密封发酵制成的传统调味品。红腐乳在后期发酵过程中，利用红曲霉提供的色素和多种酶类，使产品表面形成诱人的红色，内部形成多种香气成分和味道成分。

（四）红糟食品

红糟是由红曲和米饭混合发酵后所制得的，是我国广为流传的传统加工食品原料。以红糟为原料，还能制成红糟肉、红糟鱼、红糟饭、红糟泡菜等美味佳肴。

（五）红曲面包

红曲面包是在制面包配料中加入 1%～3% 红曲米，其外观呈粉红色，有类似原面包的香味。

1. 原辅料配方

强力小麦粉 100g，食用植物油 5g，红曲 3g，食用白糖 6g，食用盐 1.8g，生酵母 3g，水 33g，牛奶 33g。

2. 制作要点

（1）原辅料混合均匀，和成面团。

（2）面团在 26℃ 条件下，初发酵 60min。

（3）发酵面团按要求大小重量规格分割，放置 15～20min，使之成形。

（4）成型的面包坯，再于 28～30℃ 发酵 50min。

（5）已发酵好的面包坯，置于 180～200℃ 的烤炉，烘焙 30min 至熟。

（6）烘焙熟的面包出炉，冷却至室温，包装，即为成品面包。

第三节　功能性玉米食品

玉米是一种丰富的食品资源，玉米产业被称为"黄金产业"，其产品被称为"黄金食品"。随着食品工业的快速发展和人们膳食结构的改变，玉米食品生产和精深加工已进入快车道。我国的玉米食品很丰富，品种有玉米面条、饮料、罐头、糖类、膨化食品、焙烤食品、速冻食品、各种酒类等。本节重点介绍我国粮食部门工业化生产并供应市场的富有营养健康、营养强化功能性的玉米食品，以及国家公众营养改善项目《营养强化食品》范围的玉米制品和玉米食品。

一、玉米片类食品

（一）玉米胚芽薄片

玉米胚芽薄片主要以玉米胚芽为主料，以蒟蒻粉（魔芋粉）、蜂蜜为辅料，经挤压、烘烤等工序制成的一种方便粮油食品，其风味独特、适口、富含营养。

1. 原辅料配方

玉米胚芽 50kg，蜂蜜 5kg，蒟蒻粉 1kg，水 12kg。

2. 工艺流程

玉米胚芽 → 筛选 → 混料搅拌 → 湿润 → 挤压 → 压片 → 烘烤（热风干燥） → 冷却 → 包装

3. 制作要点

（1）采用生产玉米淀粉、酒精和饴糖等产品所得到的新鲜（或干燥处理过的）优质玉米胚芽，无霉变，无哈喇味。

（2）筛选去除玉米胚芽中的玉米皮和淀粉等，保证胚芽纯度。

（3）将玉米胚芽、蜂蜜、蒟蒻粉放入搅拌机内混合并搅拌，边搅拌边喷洒温水（温水的用量为12kg），搅拌均匀。

（4）搅拌润湿后的玉米胚芽混合物料用孔径 φ0.6cm，长 70cm 的挤压机挤压成颗粒后用压片机压成薄片（轧辊的间距为 1mm）。

（5）将薄片放进烤盘，用 120℃的热风干燥 3min 后，再于 140℃条件下干燥 3min，即得到金黄色的玉米胚芽薄片。

（6）将干燥过的玉米胚芽片脱盘，自然冷却至室温后进行包装。

（二）玉米蔬菜片

玉米蔬菜片是以玉米为原料，配以大豆、胡萝卜、白糖等为辅料，经粉碎、模压成型等工序制成的一种营养早餐食品。甜咸适口、风味独特、富含营养。

1. 原辅料配方

玉米 10kg，大豆 3kg，胡萝卜 7kg，白砂糖 1kg，精盐 0.4kg，大葱 0.5kg，胡椒粉 0.1kg。

2. 工艺流程

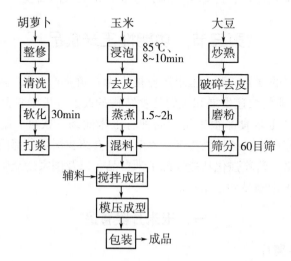

3. 制作要点

（1）玉米泥的制备　选用优质玉米为原料，经清理、清洗后用浓度为 1.5% NaOH 溶液浸泡。玉米与碱液的比例为 1：2，温度为 85℃，搅拌 8~10min 后捞出，充分搅拌、搓动；用清水漂洗去除玉米皮，漂洗 3 次以去除玉米粒上的碱液。去皮的玉米粒在加压罐内蒸煮 1.5~2h，自然冷却至室温，粉碎成玉米泥，备用。

（2）胡萝卜泥的制备　选用优质胡萝卜，整理、清洗干净，按胡萝卜与水 1：2 比例，在开水中将胡萝卜煮 30min 进行软化后，打浆。

（3）大豆粉的制备　选取优质大豆，去杂、清洗，用小火在锅中炒熟、炒香、破碎去皮后在钢磨中磨成粉（过 60 目筛），备用。

（4）制备其他辅料　白糖、精盐粉碎过 60 目筛。大葱洗净，切成碎末备用。

（5）搅拌　将玉米泥、胡萝卜泥、大豆粉、白糖、精盐、胡椒粉、葱末放进搅拌机搅拌均匀，形成面团。

（6）模压成型　将混合均匀的面团放进模压成型机，温度为 200℃ 左右，时间 1min 左右，成型为长 5cm×宽 3cm×厚 1cm（呈片状）。

（7）冷却、包装　包装物料出模，待冷却至室温，即可包装为成品。

二、玉米焙烤食品

（一）玉米燕麦面包

玉米燕麦面包是以黄玉米面、全麦粉、燕麦片为主料，以鸡蛋黄、糖稀、黄油、精盐、酒花等为辅料，按面包的制作工艺加工而成的一种粮油方便食品，营养均衡，松软适口。

1. 原辅料配方

黄玉米粉 20kg，全麦粉 20kg，燕麦片 10kg，糖稀 2.5kg，酵母粉 1.5kg，食盐 0.5kg，鸡蛋黄 3kg，黄油 3kg，酒花 50g。

2. 工艺流程

原料制备→调粉发酵→整形→醒发→烘烤→冷却→包装

3. 制作要点

（1）制备液体酵母

①冲浆子：取全麦粉 2kg，用 4kg 开水冲调成糊状，冷却后待用。

②煮酒花水：取 50g 酒花加水 4kg，煮沸后继续煮 25~30min，过滤，冷却待用。将冷却至 25℃ 左右的面糊和在酒花液里，加入酵母 1.5kg，搅拌均匀，在 25~30℃ 发酵 20~24h，发酵成熟得液体酵母待用。

（2）调粉与发酵

①第一次调粉、发酵：将 20kg 全麦粉过筛，加入 30℃ 左右的温水（食盐、糖稀、黄油溶化在水中）3.5kg 以及全部液体酵母，投入和面机中混合均匀。在 25~30℃ 下发酵 2~4h，成为种子面团。

②第二次调粉、发酵：将 20kg 玉米粉、10kg 燕麦片加入种子面团中，搅拌 10~15min，直到面团的温度上升至 26~28℃（掌握加水量）。然后在 25~30℃ 温度发酵 2~3h。

（3）整形　包括分切，称量，将面团装入醒发模内。

（4）醒发　醒发室内温度为 20~30℃，相对湿度 80%~85%，醒发 30min。醒发后面包坯表面刷上打散的鸡蛋黄，撒上少许玉米粉。

（5）烘烤　将醒发好的面包坯立即送入烤炉烘烤。烘烤温度为 200℃，烘烤 15min。

（6）冷却、包装　烘烤后的面包脱模后，冷却至室温，包装，即为成品。

（二）玉米压缩饼干

玉米粉压缩饼干是以玉米膨化粉为主料，以花生油、食盐、食用白糖等为辅料经压模等工艺所制成的一种粮油方便食品，具有香、酥、脆，不易吸水变软，宜长期保管的特点，适合军需、旅游、抗震救灾食用。

1. 原辅料配方

玉米膨化粉 10kg，食用白砂糖 2kg，花生油 2kg，食用盐 0.1kg，芝麻 0.5kg，水适量。

2. 工艺流程

（1）玉米膨化粉的制备

玉米 → 清洗 → 润湿 → 破碎 → 去皮、去胚 → 膨化 → 粉碎 → 过筛 → 膨化玉米粉

（2）压缩饼干的制作

膨化玉米粉 → 调粉 → 压模 → 冷却 → 包装

3. 制作要点

（1）制取通过 40 目筛的膨化玉米粉。

（2）调粉配料前先测定膨化玉米粉的含水量，以便掌握加水量，然后进行调粉。调粉时先将食糖、食盐、芝麻和玉米膨化粉掺和均匀后加入花生油，搅拌均匀后再加水，继续搅拌均匀。

（3）压模模子的规格为 4.8cm×7.5cm，压力为 9MPa。

（4）饼干出模冷却后进行检验、包装。每块饼干质量约为 62.5g，两块装成一包，标准质量 125g 左右，成品含水量不超过 6%。

（三）木糖醇玉米糕点

木糖醇糕点是从馅心到面皮都不使用蔗糖，而采用既有甜味，又不产生热量或热量较低的木糖醇所制成的糕点，具有防蛀齿、不增加血糖值的功能，适于糖尿病患者等特殊膳食人群食用，是一种大众粮油方便食品。

1. 原辅料配方

玉米粉 55g，蛋白 1700g，液体木糖醇 700g，水 200g，蛋黄 850g，小麦低筋粉 850g，奶粉 30g，食盐 7g，蛋糕油 800g，酵母粉 7g，水适量。

2. 制作要点

（1）将鸡蛋黄、液体木糖醇、蛋糕油加水搅拌均匀（先慢速后快速）；将玉米粉、低筋粉、酵母粉、奶粉、食盐、蛋白混匀后加入水搅拌至物料呈黏稠状；即可上模、成型。

（2）蛋糊坯料上模后及时送入烘烤箱内进行烘烤。进炉温度为 180℃，在 200～220℃烘烤，烘烤时间以烤熟为准。

（3）烘烤后的蛋糕经过降温冷却，即可出模、检验、装箱即为成品。

三、玉米膨化食品

（一）五谷香粉

五谷香粉是以膨化玉米粉为主要原料，再配以大米、小米、大豆膨化粉和熟芝麻调和均衡的一种快餐粮油食品，其营养均衡、口感细腻、气味芳香。

1. 原辅料配方

玉米膨化粉 50kg，大米膨化粉 15kg，小米膨化粉 15kg，大豆膨化粉 10kg，白砂糖 8g，熟芝麻 2g。

2. 工艺流程

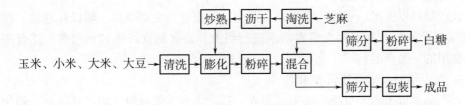

3. 制作要点

（1）原料清选　选用优质的玉米、大米、小米、大豆、芝麻为原料，并分别进行清理，去杂。玉米经清洗后，用清水漂洗 2 遍，然后破碎，除去玉米皮和胚芽，粉碎成 12～30 目的玉米糙；大豆破碎后除去豆皮，粉碎成 12～30 的大豆糙。

（2）膨化、粉碎　为简化加工程序，玉米糙、大米、小米和大豆糙经充分混合可一起膨化、粉碎并通过 60 目筛。白糖粉碎后，过 60 目筛。芝麻经清洗、沥干水分，用小火炒熟、炒香后，在粉碎膨化物时应慢慢徐徐加入。

（3）混合、筛分　将粉碎的玉米糙、大米、小米、大豆、芝麻、白糖混合，筛分（过 60 目筛）。

（4）称量、包装　将过筛的物料进行称量、包装，即为五谷香粉成品。

（二）速食健康米

速食保健康米是按照以一定比例的大米，加配一定比例的优质燕麦、荞麦、小米、玉米杂粮、杂豆、果仁等原辅料，经粉碎、混合搅拌以及微化处理新技术、挤压成型的一种新型营养合成米。其外形，口感似米，富有弹性、香味，有一定的黏性，营养成分全面、均衡。速食健康米可以通过调整配方比例，调制成适合不同年龄、不同地域、不同口味、不同需要的特殊膳食人群食用的产品。是一种口感适中、新鲜、易烹饪，方便、安全的主食品。将这种速食健康米在沸水中煮 10min 即可食用，节省烹饪加工时间，解决了杂粮营养虽好，但烹调费火费时的老大难问题。

速食健康米若长期食用，对现代人的"富贵病"、"治未病"、亚健康状态，有一定抑制作用，符合我国现代人们膳食结构新理念。

（三）玉米高筋系列营养米

玉米高筋营养米以玉米为主料，将多种维生素、营养强化剂、各种粗粮以及药食同源的食料科学组合到一起，采用电脑控制、微孔挤压技术再造成型而成的一种营养、健康的大众化杂粮主食食品。"玉米高筋营养米"除了具有大米的外观外，其营养成分和特性均与大米有所不同，色泽金黄、光滑、透亮，结构致密，品质稳定，营养均衡，食用方便（免淘洗），卫生安全。食用时可以直接蒸、焖、煮，也可以按照一定比例与普通大米混合搭配食用，所制成的米饭口感绵软，并伴有清淡的玉米香味，可以类似普通大米一样作为主食食用。为了满足各种特需人群的不同需求，"玉米高筋营养米"的系列品种有：

1. 普通型玉米高筋营养米

该产品是以玉米为主料，辅以维生素 B_1、维生素 B_2，根据营养学组方生产，适合大众食用的一类产品。

2. 中老年型玉米高筋营养米

该产品是以玉米、豆类、小麦麸、燕麦、荞麦等为主要原料，辅以乳酸钙、维生素 B_1 和维生素 B_2，根据老年人营养需求进行组方，富含膳食纤维和钙营养、适合中老年人群食用的一类产品。

3. 青少年型玉米高筋营养米

该产品是以玉米、豆类、燕麦、荞麦、高粱等为主要原料，辅以乳酸钙、葡萄糖酸亚铁、乳酸锌、维生素 B_1 和维生素 B_2，根据青少年营养需要进行组方制成、适合青少年人群食用的一类产品。

4. 糖尿病人专用型玉米高筋营养米

该产品是以玉米、苦荞麦、魔芋粉为主要原料，辅以山药、枸杞、酵母铬，根据糖尿病人的营养需要进行组方制成、食用后可控制血糖的一类产品。

"玉米高筋营养米"集营养、食疗、健康于一体，将玉米加营养配料制成特色玉米，提高了杂粮谷物原有的营养功效及风味、粗粮细作精作，为粗粮的食用扩宽了道路，增加了新品种；为人们调整膳食结构、提高健康指数、助推健康中国，提供了理想的主食品，也标志着我国在粗粮深加工、精加工技术跨上了一个新台阶。

四、玉米饮料类食品

（一）玉米汁饮料

甜玉米是特种玉米，富含蛋白质，维生素等多种营养成分，集水果和谷物的优良特性于一身。良好的口感和加工性能，用其生产的甜玉米汁饮料又甜又香、清新爽口，是一种新型的功能性健康饮料。对人体还具有调节肠胃、降低血脂、健脑益智等滋补功能。

1. 原辅料配方

甜玉米棒，稳定剂 0.2%，食用盐、食用白糖和水（适量）。

2. 制作要点

（1）原料处理　甜玉米穗剥皮、去杂、清洗干净。

（2）烫漂 将甜玉米棒放入 90~95℃的水中煮 5min，并同时加入适量食盐。烫漂后脱粒、冷藏备用。

（3）打浆 用 80~85℃水打浆，300 目筛过滤备用。玉米浆在 80~85℃搅拌 10min，使淀粉充分糊化，降温至 20~25℃后静置 1h，再经 100~200 目过滤，效果更佳。

（4）稳定剂溶解 稳定剂用适量水溶解升温至 70~75℃至溶解完全后，最好过一遍胶体磨备用。

（5）白糖溶解 300 目过滤备用。

（6）均质 将玉米浆、稳定剂溶液、白糖溶液混合定容，升温至 70~75℃均质（压力 25~28MPa，温度 70~75℃）。

（7）灌装 二次灭菌（121℃/15min）后进行灌装。

（8）冷却 杀菌后的产品，迅速冷却至室温即得产品。

（二）婴儿断奶胚芽乳

婴儿断奶胚芽乳是一种新型婴儿低糖断奶辅助食品。是利用发芽的谷物、豇豆和玉米在一定温度下分别进行干燥，再用 95℃的炉火烘烤 3min，研磨成过筛 60 目的粉状产品。由于胚芽乳中富含低聚异麦芽糖，具有糖类某些共同的特性，可直接代替糖料；作为断奶婴儿的甜食品配料，具有不被人体胃酸、胃酶降解，不在小肠吸收，直达大肠部，被有益菌利用，促进人体双歧杆菌的增殖，抑制有害菌滋长的功能，有利于促进婴儿的健康发育，茁壮成长。我国已将低聚异麦芽糖列入轻工行业标准（QB/T 2492—2000《功能性低聚糖通用技术规则》），可单独食用也可做功能甜味料加入各种食品。每日摄入有效剂量为 10~15g（成人量），小儿酌减量使用。

（三）健脑玉米乳

健脑玉米乳是用甜玉米原汁和鲜牛奶（或奶粉）为主要原料，辅以蔗糖，乳化稳定剂等经高温灭菌工艺加工而成的、具有甜玉米特有的清香风味、口感细腻、清爽、营养丰富的一种甜乳饮品。食品营养学家在玉米蛋白中发现了一种具有改善人体健忘功能的功能肽中含有脯氨酸，并含有膳食纤维等营养成分。对人体具有增强智力、抗健忘、强健体质等功能。

1. 原辅料

甜玉米棒，全脂奶粉 4%，稳定剂 SA-4A 0.2%，蔗糖、食盐和水各适量。

2. 制作要点

（1）原料处理 甜玉米穗采收，剥皮，去杂。

（2）烫漂 将甜玉米棒放入预先加入少量食盐的 90~95℃的水中煮约 5min，然后脱粒冷藏备用。

（3）打浆 用 80~85℃水打浆（300 目过滤）备用。

（4）酶解 用高温 α-淀粉酶在 90℃左右将玉米浆酶解 1~2h，酶解彻底（以碘液检验）后 300 目筛过滤备用。

（5）稳定剂溶解 用适量的水溶解稳定剂，升温至 70~75℃，并保持温度搅拌 15~20min 至溶解完全（最好过胶体磨）。

（6）奶粉溶解 用适量的水于 50~55℃溶解奶粉 30min 后备用。

132

（7）蔗糖溶解　将蔗糖适量水溶解后用 300 目过滤备用。

（8）混合定容　将玉米浆、稳定剂溶液、奶粉溶液和蔗糖溶液混合定容并升温至 70~75℃进行均质。

（9）均质　在 25~28MPa、70~75℃条件下进行均质。

（10）灌装、灭菌、入库　灌装、灭菌、二次灭菌（121℃/15min）后将产品冷却、检验合格者打印入库。

（四）五谷奶

五谷奶是用糯米、小米、小麦仁，玉米糁、薏苡仁等为主料精制加工成的一种产品，色泽微黄、口味清香、药食兼用，既可防治现代"富贵病""文明病"等亚健康，又营养健康、安全卫生，是值得推荐的一种新型功能性粮油饮品。

1. 原辅料配方

鲜牛奶 80%，玉米糁 2%，小麦仁 2%，白糖 6%，糯米 1%，薏苡仁 0.8%，小米 1%，稳定剂 0.3%，水（适量）。

2. 原料预处理

小米粉和糯米粉的制备：清理、焙烤至微褐色，研磨成粉状备用。

3. 米浆制备工艺流程

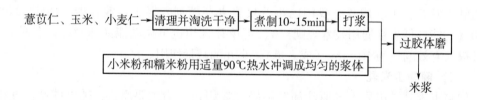

4. 五谷奶工艺流程

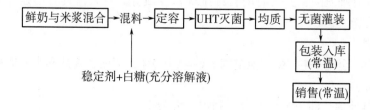

（五）紫玉米饮料

紫玉米集色香糯甜于一体，被称作"第四代玉米"，日益受到人们的欢迎。研究者发现从紫玉米中提取的紫玉米色素具有抑制肿瘤的作用。因此，将紫玉米加工成清甜可口的饮料，无疑能提高其身价并为人类健康做出极大贡献。

1. 原辅料配方

紫玉米 23%，白砂糖 7%，稳定剂 0.1%。

2. 工艺流程

精选 → 清洗 → 浸泡 → 煮沸 → 磨浆 → 精磨 → 过滤 → 配料（稳定剂，白砂糖） → 过滤 → 超高温瞬时灭菌 → 均质 → 灌装 → 二次灭菌 → 冷却 → 检验标贴 → 成品 → 入库

3. 制作要点

（1）选购材料　选购原辅材料紫玉米等。

（2）精选　选用籽粒饱满，色泽光亮，无霉变虫蛀的紫玉米原料。

（3）清理浸泡　把紫玉米清洗2遍，浸泡48h，期中换水4次。

（4）煮沸软化　煮沸时间为10min左右。

（5）磨浆　用磨浆机进行磨浆，把水加热到100℃，紫玉米与水之比为1∶10，对浆渣进行第2次反复磨浆，以提高其得率。

（6）精磨　经磨浆后的紫玉米浆液，用胶体磨进一步细化，精磨2次。

（7）过滤　紫玉米浆液用双联过滤器（150目过滤），把料液泵入配料罐中。

（8）糖液的处理　在夹层锅中，把水加热到95~100℃，边搅拌边加入白砂糖，使之充分溶解，最后经200目过滤，泵入配料罐中。

（9）稳定剂的处理　用"稳定剂"1份，加5份白砂糖，二者充分混合，徐徐投入热水中，不断搅拌和煮沸，使之充分溶解，最后用泵把稳定剂溶液打入配料罐中，与紫玉米浆液、糖液混合。

（10）混合料液过滤　用双联过滤器（150目过滤）。

（11）超高温瞬时灭菌　混合料液经135℃/4s超高温灭菌处理，出料口温度控制在70℃，便于均质。

（12）均质　使料液均匀柔腻、口感适中，均质温度70~75℃，压力25MPa。

（13）灌装　饮料成品合格后立即进行灌装、封盖。

（14）二次灭菌　把成品瓶放入灭菌车中灭菌：15′→20′→15′/121℃。

（15）冷却　灭菌后的产品，冷却至室温后检验、打印生产日期和标贴入库。

（六）玉米决明茶

玉米决明茶是以玉米和药食兼用的决明子为主要原料，辅以蛋白糖、食用白糖、乙基麦芽酚等，经浸泡、烘烤、浸提、调配、灌装等工序制成的一种健康饮料，呈琥珀色，具有浓郁的烤玉米香味和咖啡香味。

所选用的决明子为豆科植物决明的成熟种子，对人体具有清肝明目，益肾通便之功效，为临床常用保健佳品，也为眼科明目之要药。近代药理研究发现，决明子含有决明子素、决明子内酯、大黄酚、大黄素、维生素A等成分，能保护人体的视神经，降脂减肥。在我国台湾省被称为"中国咖啡"，可代茶饮。决明子经烘烤后具有浓郁的咖啡香气，与烤玉米调配，使玉米决明茶具有独特的风味。

1. 原辅料配方

烘烤玉米粒6kg，决明子1kg，食用白砂糖7.5kg，蛋白糖6g，山梨酸钾15kg，乙基麦芽酚120mg，水（适量）。

134   2. 工艺流程

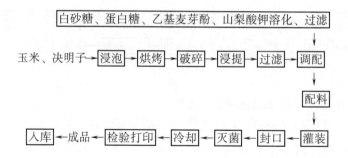

3. 制作要点

（1）原料处理　原料选择选择优质玉米粒、决明子，分别除杂清理。

（2）浸泡　决明子用水清洗干净后备用。玉米粒在常温水中浸泡 6~8h（使玉米粒吸收部分水分。有利于烘烤时风味的产生及淀粉的糊化）。

（3）烘烤决明子　放在 200℃温度下烘烤 5min（能用手碾碎即可）。将浸泡好的玉米粒沥去水分，平铺在烤盘中，烘烤温度 200℃左右，每 2min 翻动一次，直至玉米粒烤成焦褐色的半发泡状，并产生浓郁的爆玉米香味为止。

（4）破碎　将烘烤后的玉米粒破碎，至 1/4~1/3 粒大小。

（5）浸提　分别称取破碎玉米、决明子 6kg 和 1kg，加水 70kg，加热煮沸 10min，滤去提取液。余下的渣子再重复提取 2 次，每次加 42kg 水，时间 10min。

（6）调配　将三次得到的浸提液合并，注入配料罐中。将白砂糖用开水溶化，蛋白糖、乙基麦芽酚、山梨酸钾分别用少量热水溶解。开动配料罐上的搅拌器，将以上几种溶化好的辅料依次加入，最后定容至 150kg（150L）。

（7）灌装、灭菌　灌装前将玉米决明茶再过滤一次，并加热至 80℃后灌装，封口后立即进行灭菌。10min 将灭菌锅内的温度升至 115℃，并保持 15min。用 10min 将饮料罐中的中心温度降至 40℃。经检验合格，打印贴标后即为饮料产品。

五、发酵玉米食品

（一）酒酿玉米米线

酒酿玉米米线是以用大米发酵制得的糖度为 4~5°Bx 的酒酿与玉米粉按一定的比例搅拌混合均匀后，通过米线机得到熟米线，再经切割、计量、成型、杀菌、包装等工序所制得的一种快餐方便粮油食品，既保持了酒酿的甜、酸、香俱佳的特色风味，又增补了玉米的营养成分。这种粗粮细粮合理搭配产品，提高了米线的营养价值。粮食科学的搭配，混合食用比单一品种食用其蛋白质吸收率高，可起到营养互补的生物效价作用。酒酿玉米米线是一种对人体具有食补、食疗功效的新型快餐食品的面市，给我国玉米的深度开发利用延长了产业链，提高了综合效益。

（二）玉米酸奶

玉米酸奶是以玉米和鲜牛奶为主要原料，经发酵制成的一种凝固型乳酸菌饮料，兼有玉米和乳酸菌制品特有的风味、营养和健康作用。

1. 原辅料配方

玉米浆 10kg，鲜牛奶 20kg，白糖 3.5kg，琼脂 7g，黄原胶 1.8g，乳酸菌菌种适量。

2. 工艺流程

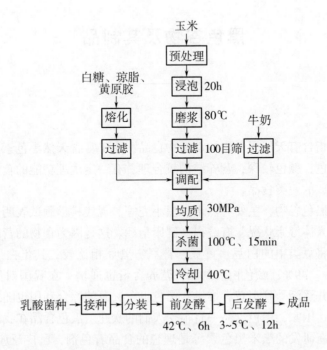

3. 制作要点

（1）玉米预处理　选取优质玉米粒清理去杂质，用清水漂洗 2 遍，沥干水分，进行破碎，去除玉米皮和胚芽，得到玉米糁。

（2）浸泡、磨浆、过滤　玉米糁用 8 倍的水浸泡 20h 左右，直至玉米糁中心吸水软化。捞出后用 7 倍于玉米糁的 80℃热水磨浆，过 100 目筛，得玉米浆。

（3）调配、均质　把玉米浆和牛奶注入调配罐内，用开水把白糖，琼脂，黄原胶分别熔化并过滤，依次加入调配罐内，边加入边搅拌均匀，然后用均质机在 30MPa 压力下均质 3 次。

（4）杀菌、接种　冷却均质后的料液在 100℃，杀菌 15min 后冷却至 40℃。发酵菌种用保加利亚乳杆菌和嗜热链球菌，两个菌种以 1∶1 的比例混合。将菌种与冷却后的料液充分混合，然后分装在玻璃瓶或塑料杯内，在 42℃发酵 6h（前发酵）；然后再置于 3~5℃温度下 12h（后发酵）后即得到玉米酸奶成品。

第七章

黑色谷物及其制品

————————

黑色食品是指含有天然黑色素的动植物食品，由于富含天然黑色素，其色泽均呈乌黑或深紫、深褐色，颜色较深，营养结构较合理，有一定生理功能的食品原辅料，经科学、合理加工而成的一类食品。

本章所指的黑色谷物，主要有黑米、黑小麦等。现代科学测试表明，适量增加食用黑色食品可改善人体健康状况，有益提高健康指标。这是因为食物的营养结果与其天然颜色密切相关。将豆类中的白豆、黄豆、青豆、黑豆相比较，其蛋白质含量则分别为25%、36%、39%、49%，颜色由浅到深，营养含量也递增。在我国对黑色食品消费的热情悄然兴起，并逐渐受到消费者推崇，黑色可食资源的综合利用也随之发展起来。

在欧美等发达国家，黑色食品一直很受人们的欢迎。黑色食品在我国也正在成为市场新宠。我国所新研发的黑米黑色素等是理想的食品着色剂，已广泛应用于食品工业，制作雪糕类冷饮、方便面和花色挂面、糕点等食品。

第一节　黑小麦及其制品

黑小麦（又称黑麦）是禾本科黑小麦的种子，它抗寒力强，能在低温（-37℃）下生长，适应性强、耐瘠、耐旱；抗逆性强，凡不适合栽培小麦、大麦的严寒地区均可栽培黑小麦。近年来，我国农业科研部门已培育出一种黑小麦新品种，试种新品种与当地小麦相比，黑小麦的产量高，且蛋白质含量高（可达到11%~16%），品质好。我国通过国际合作引进葡萄牙黑小麦优良品种，通过与中国优良黑小麦品种杂交成功，产量增加20%，蛋白质含量提高9%。

一、黑小麦

（一）黑小麦的营养价值

黑小麦的营养成分见表7-1。

黑小麦属于高镁、低钠、低脂肪、高膳食纤维谷物食品，磷含量高于普通小麦70%，维生素K高于63%，钙含量是普通小麦的3倍，硒是4倍，有着独特的抗肿瘤效果。新品种黑小麦的面筋质高达32%~35%，达到了制作面包、饺子等产品的工艺要求。黑小麦具有优良的食疗、医疗价值。

表 7-1			黑小麦的营养成分		单位：g/100g	
等级	蛋白质	脂肪	淀粉	多聚戊糖	膳食纤维	灰分
全麦粉	11.38	1.79	70.40	8.04	2.08	1.91
精粉	10.26	1.71	76.94	6.62	1.24	1.35

　　黑小麦中人体自身不能合成的 7 种氨基酸含量比普通小麦高 30% 以上，其中赖氨酸比普通小麦高 50%、高 79.3%。营养价值很高。黑小麦蛋白质中所含氨基酸的比较见表7-2。

表 7-2		黑小麦蛋白质的氨基酸含量比较				
氨基酸	氨基酸含量/（g/100g 总蛋白）			比值/%	
	黑麦	小麦	卵清蛋白	与卵清蛋白相比	与小麦蛋白相比
精氨酸	5.4	3.4	7.0	77	149
赖氨酸	3.7	2.7	6.6	56	139
苏氨酸	3.2	2.7	4.9	66	117
缬氨酸	4.8	4.3	7.0	68	111
半胱氨酸	1.8	1.7	2.2	30	104

黑小麦与普通小麦的维生素含量比较见表 7-3。

表 7-3	黑小麦与普通小麦的维生素含量比较		单位：mg/100g
维生素	黑小麦①	普通小麦②	①/②/%
维生素 B_1	0.78	0.70	111.43
维生素 B_2	0.80	0.16	500.00
维生素 E	10.0	7.50	133.33
胡萝卜素	0.3	0.27	111.11

黑小麦的膳食纤维含量比较见表7-4。

表 7-4	黑麦籽粒的膳食纤维含量		单位：g/100g
食物	总膳食纤维含量	可溶性膳食纤维含量	不溶性膳食纤维含量
黑小麦	14.0	5.0	9.0
普通小麦	10.0	2.8	7.2
燕麦	5.6	1.7	3.9

黑麦籽粒中的维生素含量见表7-5。

表 7-5 黑小麦的维生素含量 单位: mg/1000g

部位	硫胺素（维生素 B_1）	烟酸（PP）	核黄素（维生素 B_2）	泛酸（维生素 B_3）
全籽粒	2.4	12.9	1.5	10.4
胚芽	9.3	27.0	4.5	13.9
麸皮	3.3	16.7	2.5	23.1

（二）黑小麦的保健价值

黑小麦富含的黑色螯合物，是预防医学界推崇的体内排毒先锋，可以净化及解除细胞毒素，消除慢性疲劳，清除体内自由基，抗皱防衰，减少脂肪堆积，防肥胖，消除人体老化的有害物质。黑小麦以其天然的黑色素，归于肾经，所以黑小麦食品有益肾、健脑、促进人体生长与发育、延缓衰老等多种功能，其制品既可食补又可药疗。

黑小麦还有特别的健康功能，防治人体的缺铁性贫血、边缘性缺锌等症疾有效。黑小麦所含高镁，低钠，低脂的特性，对冠心病、糖尿病、肥胖症等现代"富贵病"具有特殊的辅助食疗效果。由于黑小麦面包结构紧密、湿度大，人体食用后分解的速度相对较慢，只需要较少的胰岛素就能保持人体血糖的平衡，抑制血糖升高而达到预防糖尿病的发生。黑小麦面包及制品对肥胖症者也颇有减肥的效果，这是因为黑小麦含有很高的可溶性膳食纤维。

二、黑小麦功能性制品

近年来，随着人们食品结构的改变，黑麦食品的营养价值越来越受到人们的重视，大力开发黑麦营养资源，是丰富人类营养、健康的重要途径之一。我国市场上黑小麦制品有果料黑麦面包、橄榄黑麦面包、大列巴、主食黑麦面包和黑麦饼干等，另有新研制的黑小麦饺子系列、糕点系列、挂面、方便面和八宝粥等产品正方兴未艾。

（一）黑麦橄榄面包

黑麦橄榄面包是以小麦粉、黑麦粉、麦芽糖浆、食盐、食糖、酵母液、黑橄榄等为原辅料，经和面、发酵、分割、成型、静置、成型发酵、烘烤等工艺所制成的一种方便食品。在配方中选用了 40% 的黑橄榄，它与绿橄榄相比较，含有更多的脂肪和浓郁的风味，使制品的橄榄风味更为浓厚，口感更加甘美，营养和健康价值更高。

1. 原辅料配方

（1）葡萄酵母发酵原液　葡萄干 500g，麦芽 20g，食用白糖 250g，水 1000mL。

（2）葡萄酵母二次发酵液　葡萄干 500g，麦芽 20g，食用白糖 250g，水 1000mL，葡萄酵母发酵原液 50g。

（3）面团配方　小麦强筋粉，黑小麦粉 20%，全小麦粉 20%，麦芽浆 0.5%，葡萄酵母二次发酵液 5%~10%，食盐 1.8%，黑橄榄 40%，水（适量）。

2. 制作要点

（1）葡萄酵母发酵原液的制备　将原料全部放入洁净的大口瓶中，在 28℃ 放置 5d，期间每天搅拌两次。

（2）葡萄酵母二次发酵液的制备　将原料全部放入洁净容器中，使料液温度达到 30℃（放置 40h），期间每天搅拌两次。

（3）准备　将黑橄榄洗净、去核、并切成小块。

（4）面团调制与发酵　除橄榄外，将其他原料放入调粉机中，低速搅拌 3min，中速搅拌 2min，加入橄榄继续低速搅拌 3min，面团温度为夏季 20℃，冬季 24℃；葡萄酵母二次发酵液夏季用量为 5%，冬季为 10%。经调制的面团在 25~26℃ 条件下发酵 16h 以上。

（5）分割、成型、静置　将经过发酵的面团进行分割，大面团每块质量 200g，呈长橄榄形；小面团每块重 40g，搓圆。分别在室温下静置 50min。

（6）成型发酵与烘烤　面包坯放入成型发酵箱中，在温度 28℃、相对湿度 85% 的条件下发酵 80min。然后放入烤炉中进行烘烤（上火 240℃，下火 200℃），40g 制品烘烤 25min，200g 制品烘烤 35min，烘烤至熟。

（7）出炉、冷却　将烘烤至熟的面包出炉，放在室温下冷却后包装入库。

（二）啤酒黑麦主食面包

啤酒黑麦主食面包是以小麦高筋粉、黑麦粉、小麦胚芽粉、鲜酵母、食盐、啤酒等为原辅料，经面团调制、发酵、分割、成型、后发酵、烘烤、出炉、冷却等工艺制成的一种主食面包，具有浓厚的啤酒风味和蓬松的口感。

1. 原辅料配方

小麦高筋粉 89g，黑麦面粉 11g，面包发酵面团 45g，水（适量），即发活性干酵母 0.9g，食盐 4g，鲜酵母 2g，小麦胚芽（已烘烤）5g，表面涂抹物料适量，黑麦粉 170g，啤酒 300mL。

2. 制作要点

①表面涂抹物料的制作：将黑麦粉、鲜酵母、食盐、啤酒按比例称量加入容器中，混合均匀备用。

②将小麦高筋粉、黑麦面粉、鲜酵母、面包发酵面团、即发活性干酵母、食盐、水、啤酒、小麦胚芽等物料按一定比例称量并加入调粉机中进行搅拌，低速 10min，中速 2min，调制成面团（温度为 24℃）。

③在温度 26~27℃、相对湿度 65%~70% 的条件下发酵 45min，进行撤粉后继续发酵 45min。

④对发酵面团进行分割成坯、大制品每块 400g，小制品每块 100g，分别搓圆后在室温下静置 20min。然后成型为长方形，封口向下摆在烤盘上。

⑤面包坯在温度 28℃、相对湿度 80% 条件下发酵 60min。

⑥在面包坯表面上涂抹预先制好的涂抹物料，再撒上适量的黑麦粉，放入已经喷入蒸汽的烤炉中进行烘烤。在 230℃ 烘烤 25min，将炉温调至 180~190℃，继续烘烤 10min。

⑦出炉，冷却，包装：将烘烤好的面包出炉，冷却至室温后包装入库。

（三）黑麦蜂蜜面包

黑麦蜂蜜面包是加有多种香料制成的具有独特风味的一种面包，香辛料添加的配比随人们不同饮食习惯而不同，风味各异，通常将它切成片与咖啡一起食用。制品质地紧密，耐贮存。尤其是法国人的最爱食品。

1. 原辅料配方

（1）种子面团配方　小麦粉 1kg，黑麦粉 1kg，蜂蜜 1kg，白胡椒 2g，茴香 2g，小豆蔻 1.5g，小茴香粉 0.5g，姜粉 0.5g，肉桂 6g，牛乳（适量）。

（2）主面团配方　种子面团 4kg，发酵粉 27g，蛋黄 400g，牛乳（适量），碳酸氢钠 13g，柠檬粉 3g。

2. 制作要点

（1）准备　将蜂蜜加热至 60~65℃ 备用。

（2）种子面团调制　将种子面团的原料放入调粉机中，低速搅拌 5min。将面团存放在 15~18℃ 的室内，可在 7 日至 3 个月内使用。使用的前日，放入发酵室使其软化。

（3）主面团调制　先将种子面团放入调粉机内，低速搅拌 8min 后，将发酵粉和碳酸氢钠放入蜂蜜中调匀，与蛋黄、柠檬粉一起加入调粉机中，低速搅拌 7~10min。在调粉过程中根据面团的软硬程度，加入适量的牛乳进行调节。

（4）成型与静置　在烤盘中铺上焙烤专用纸，再放上专用框（宽 34cm×长 49cm×高 5cm）。将面团倒入烤盘（厚度为 2cm 左右），并在面团表面涂上牛奶，然后在室温下静置 1~2h。

（5）烘烤　将装有面团的烤盘放入 180℃ 的烤炉内烘烤 60min。

（6）包装　将制品从炉内取出，冷却至室温，切成 16 等份后进行包装入库。

（四）德式黑麦面包

1. 原辅料配方及面团制备

（1）起始面团　黑麦粉 200g，水 100mL。

（2）连续发酵酸面团　黑麦粉 200g，起始面团 20g，水 60mL。

（3）贮存用酸面团　黑麦粉 200g，起始酸面团 200g。

（4）发酵用初始种子面团　黑麦粉 80g，贮存用酸面团 30g，水 90mL。

（5）发酵用种子面团　黑麦粉 30%，发酵用初始种子面团 3%，水 30%。

（6）主面团（第一次调制）　整粒黑麦 25%，黑麦粉 27%，食盐 2%，水 22%。

（7）主面团（第二次调制）　全麦粉 18%，鲜酵母 0.8%，水 2%。

2. 制作要点

（1）起始面团的制作　将黑麦粉和水放入容器中混合均匀，面团温度为 26~27℃，室温发酵 24h。

（2）连续发酵酸面团的制作　将黑麦粉和水放入另一容器中，再取起始面团，质量为黑麦面粉的 10%，并与黑麦粉和水混合成面团，在室温下发酵 24h，按此方法操作多次，得到连续发酵酸面团。

（3）贮存用酸面团的制作　将黑麦粉与连续发酵酸面团倒入和面机中，低速搅拌 7min，然后将其装入保鲜袋中，放入冷冻箱中贮存备用。

（4）发酵用初始种子面团的制作　将黑麦粉和水及贮存用酸面团放入容器中搅拌混合均匀，面团温度达 26~27℃，在室温下发酵 24h，得到发酵用初始种子面团。

（5）发酵用种子面团的制作 将3%的发酵用初始种子面团、黑麦粉和水放入调粉机中，低速搅拌6min，面团温度为26~27℃。将面团移入洁净的容器中，在温室（26~27）℃、相对湿度60%的条件下发酵20h，得到发酵用种子面团。

（6）整粒的黑麦预处理 先将黑麦粒清洗干净，再将整粒黑麦放入压力锅中，加入适量的水（配方以外）在火上加热，待锅内喷出蒸汽后改用小火煮制15~17min，然后移入容器中加入22%的水（配方以内）备用。

（7）主面团的调制 面团的第一次调制，将煮制后的整粒黑麦和水倒入调粉机中，加入黑麦粉和食盐，低速搅拌10min，面团温度为30℃。调制后面团在温度30℃、70%的相对湿度下静置2.5h。面团的第二次调制，使用2%的水将鲜酵母溶解，并与发酵用种子面团一同加入调粉机中，再加入全麦粉，低速混合4min，面团温度为30℃。

（8）分割、成型与发酵 经第二次调制后的面团立即进行分割，每块质量为1.2kg，成型为枕形，将封口处向下放入涂有油脂的专用模具中，并将模具放入成型发酵箱中，在温度为26~27℃、相对湿度为80%的条件下发酵40min。

（9）烘烤 使用带盖的铝制专用模具，并在其中加入温水，加水量为模具高度的一半为宜，然后放入烤炉中，烘烤温度为上火150~160℃，下火200℃，边蒸边烘烤至熟。

（10）出炉、冷却 将烘烤熟的面包出炉，冷却至室温后包装入库。

（五）黑麦营养面包

1. 原辅料配方

黑小麦粉25%，大米粉12%，米醋2.5%，大豆粉5%，鸡蛋或果泥12%，食盐1%，芝麻泥3%，酵母0.5%，白糖粉5%，谷朊粉4%，菜泥10%，水（适量）。

2. 制作要点

略。

（六）七谷面包

七谷面包是选用小麦、黑麦、大麦、玉米、燕麦、黄豆和小米七种谷物，分别研磨成粉，依照一定的科学配比，按制作面包的工艺，制出的一种功能性粮油食品。有人介绍，每天早餐食用两片七谷面包，就能增加摄取膳食纤维量，可帮助减肥，缓解便秘，预防糖尿病和动脉粥样硬化等"文明病"。这种产品符合我国营养学家倡导的"食物多样，以谷物为主，细粮、粗粮搭配"的吃法。其实即便食不到"七谷面包"，挑选一些三谷、四谷的粗粮面包也是不错的选择，关键是"七谷面包"要比常食用的白面包、奶油吐司要健康、营养多倍，是值得提倡的全营养功能性主食品。

第二节 黑稻米及其制品

黑稻米（又名黑米、贡米、紫米、长寿米、补血糯米等）是我国古老的名贵糯稻米，药食兼用，古时人们常把黑米作为珍贵的食物进贡皇府，成为大米中的珍品。黑米是我国最早的谷类作物之一。据《洋县志》记载，黑米、香米、薏米、桂花米，乃贡米也。黑米被列为洋县四种奇米之冠。黑米有黑色，紫色等品种，常用于煮粥，做饭，蒸糕等。随着我国食品工业的发展，食品加工技术水平的提高。黑米还可用于制作饼干、面包、挂面、速熟方便面、方便米饭、饮料、冰淇淋、啤酒、米酒、稠酒等食品。黑糯米还是我国重要的出口农产品。黑米种植主要分布在我国的广西、陕西、云南、贵州、广东等地，其次为江西、湖北和江苏，我国是黑米资源最丰富的国家。

一、黑稻米

黑稻米外皮墨黑、质地紧密，胚乳则为白色，因品种稀少、名贵，被称为特种稻米。不易煮烂，为糯米类型。糙米有皮层，胚乳和胚三部分组成，胚乳为白色。黑米、紫米类型有籼米、粳米、糯米、水稻、陆稻、黏稻之分，多数为黑糯或紫糯。著名的品种有陕西洋县黑米；云南西双版纳黑糯、德宏紫米、墨江接骨糯米、贵州惠水黑糯米、东兰墨米、福建云霄紫米、广东韶关黑糯米、湖南湘西的黑糯米、江苏常熟鸭血糯米等类型。黑米、紫米是一种特殊的稻种资源类型，米之多为糯米等，米粒表皮为黑色、紫色。

我国在稻米生产中，培育出许多色、香、味俱佳，且营养丰富的名优水稻品种，可归纳为4大类型——籼粳型、糯型、香型、深色型。其中深色型品种为我国所独有，（如黑米、紫米、胭脂米等），含有丰富的微量元素和维生素，既是食用珍品，又有明目、补血、健体等药用功效，因此被视为优质食用米。

（一）黑稻米的营养价值

黑米的营养成分和氨基酸含量见表7-6、表7-7。

表7-6　　　　　　　　　　黑稻米的营养成分及含量　　　　　　　　单位：mg/100g

品名	蛋白质/ （g/100g）	脂肪/ （g/100g）	磷	铁	锌	钙	维生素 B_1	维生素 B_2	维生素 C	维生素 E
黑糯米	11.5	2.77	404.5	3.9	4.8	9.9	0.05	0.02	0.30	0.33
黑线米	11.74	2.38	398.3	3.37	6.8	6.5	0.08	0.03	0.04	0.53

表7-7　　　　　　　　我国常见黑稻米氨基酸构成及含量　　　　　　　单位：g/100g

名称	黑糯14号	黑优黏3号	洋县黑米	矮黑糯米	乌贡1号	黑糯07
赖氨酸	0.49	0.51	0.907	0.997	0.571	0.576
苏氨酸	0.39	0.37	0.469	0.604	0.439	0.537
缬氨酸	0.50	0.60	0.514	0.767	0.624	1.173
甲硫氨酸	0.24	0.26	0.381	0.377	0.144	0.135
异亮氨酸	0.42	0.40	0.306	0.367	0.456	0.643
亮氨酸	0.54	0.85	1.050	1.110	0.983	1.290
苯丙氨酸	0.59	0.51	0.671	0.863	0.600	0.409
组氨酸	0.35	0.34	0.387	0.455	0.696	0.744

续表

名称	黑糯 14 号	黑优黏 3 号	洋县黑米	矮黑糯米	乌贡 1 号	黑糯 07
精氨酸	1.00	0.98	0.958	1.153	1.056	1.286
天冬氨酸	0.82	0.98	1.183	1.433	0.984	0.970
丝氨酸	0.47	0.51	0.675	0.843	0.624	0.822
谷氨酸	2.06	1.86	2.286	2.867	1.583	1.942
脯氨酸	0.42	0.52	0.641	0.897	0.407	0.954
甘氨酸	0.52	0.50	0.533	0.628	0.528	0.554
丙氨酸	0.65	0.31	0.729	0.754	0.647	0.745
酪氨酸	0.36	0.51	0.551	0.782	0.288	0.888
半胱氨酸	—	—	—	—	0.081	0.064
总量	10.12	10.01	12.24	14.897	10.703	13.744

　　黑米营养成分因品种产地不同，其含量也有差异，平均每 100g 中含蛋白质 11.5g，比普通大米高 1.9 倍，富含维生素、微量元素铁、锌、铜、硒等。氨基酸总含量高出大米 15.9%，其中赖氨酸高 2.12 倍。黑米是一种受人们喜爱的传统谷物，可补肾，养心，阻击亚健康。

　　黑米多用于煮米粥，可以单独煮食，也可以加上白果、银耳、核桃仁、花生米、冰糖或白糖煮，或制成八宝粥食疗，健康效果更佳。煮成的米粥色泽黑红，清香可口，久食不厌，对头晕、贫血、白发、眼疾等均有疗效，是一种很好的天然保健食品。

　　黑米还富含维生素 B_1、维生素 B_2、维生素 B_6、维生素 E 等，可调节人体的生理功能，刺激内分泌，促进唾液分泌，有益胃肠消化，增强造血功能，使血红蛋白增高，提高人体免疫力。

（二）黑稻米的保健价值

　　黑稻米除营养成分丰富外，还含有多种生物活性物质（花青素、类黄酮、甾醇及皂苷等），具有一定的药用价值，素有"药谷"之称。我国中医学认为，黑米性味甘，温，具有补中益气，治消渴、暖脾胃、止虚汗、发痘疹等作用。因此，对人体具有补脾、养胃、强身、医肝疾、壮肾补精、生肌润肤、安神延寿等功效。

　　《本草纲目》中记述：黑米古称"粳谷奴"，有滋阴补肾，健脾暖肝，明目活血的功效。常食用黑米能补肾，改善心、肝、脾、胃之功能，固本扶正大补气血阴阳，长期食用，对胃及消化系统功能弱的人有着较好的疗效。产妇常食用黑米，身体可早日得到恢复、跌打、骨折，常食用黑米或将黑米捣烂外敷，用黑米酒内服外擦配合治疗，可加快治愈。黑米酒还可促进睡眠，辅助治疗风湿性关节炎等。

二、黑稻米功能性制品

　　黑稻米是食品工业的优质原料，我国已研制、开发的黑米制品主要有黑米焙烤食

144 品、黑米营养饼干、蛋糕、面包、膨化果、富裼黑米挂面、速熟挂面、方便面、黑米饮料及发酵食品、黑米乳酸菌醇化饮料、冰淇淋、黑米芝麻糊、黑米啤酒、保健稠酒、黑米酒等，还有黑米八宝粥、营养米粉、方便米饭、黑米红色素等，近年在国内市场均已崭露头角并走俏。

（一）黑米饮料及发酵食品

1. 黑米稠酒

黑米稠酒是以黑米，糯米，粳米为主料，配以蜂蜜、中草药汁（党参、杜仲、当归、黄纸、枸杞子、龙眼肉、黄桂等），经发酵工艺，制成的一种营养健康药酒饮品，酒色紫红，酒体丰满，滋味适口，气味芳香。由于酒添加有适量的香醅酒、黄桂和蜂蜜，使成品酒体较稠，已久负盛名，在"不治已病治未病"保健领域发挥着不凡的作用。

黑米稠酒酒精含量为 4%~6%，总糖含量（以葡萄糖计）≥10g/100mL。其制作方法简介如下。

（1）原辅料　黑米、糯米、粳米、酵母、酒药、蜂蜜、中草药汁。

（2）工艺流程

黑米、糯米、粳米→|精选|→|调配比例|→|清洗|→|浸米|→|蒸米|→|淋饭|→|落缸|→|糖化|→

（水）　（酒药 酵母）

|发酵|→|磨浆|→|均质|→|调酒|→|灌装|→|灭菌|→|冷却|→成品

（3）制作要点

①中药汁的制备：先将党参、杜仲、当归、黄芪切成 3mm 左右薄片，然后与枸杞子、龙眼肉、黄桂混合，放入酒精含量为 45% 的优质白酒中浸泡 15d，经过滤去渣后的中药汁备用。

②香醅酒的制备：先将新鲜黄酒糟 80kg，麦曲 1.5kg 和适量酒尾混合，转入瓦缸压实，喷洒少许高纯度（70%~80%）食用酒精，然后用无菌白棉布外加一层塑料薄膜封口，发酵 80d 得香醅。把香醅转入到一定量的优质白酒中（酒精含量在 45%~50%），密闭浸泡 10d，然后压榨，精滤去渣所得香醅酒备用。

③浸米：黑米浸水 30h，糯米和粳米浸水 22h。

④蒸米、落缸：黑米蒸 1.5~2h，糯米和粳米蒸 1~1.5h，要使蒸熟的米饭疏松不黏糊，用冷开水淋饭，快速降至室温，静止 25~30min（使米饭温度内外一致）。转入缸内，加入 0.05%~0.06% 的酒药，拌均匀，搭窝，使之成为喇叭形，并在其表面撒少许酒药，然后缸口加上草盖，进行糖化。

⑤发酵：发酵落缸 32~36h，糖分为 10~32g/100mL，物料有酒香时，立即接入已活化好的酿酒酵母，进行发酵；发酵温度保持 22~28℃。6d 后品温下降，糟粕下沉，发酵醪酒精度可达 8%~10%，其环境温度调节为（22±3）℃。发酵至第 7 天，缓慢加入一定量的酒精含量为 45%~50% 的香醅酒，封缸口，发酵至所需时间。

⑥磨浆：发酵后，将发酵醪中含有部分米粒状或块状固形物，用胶体磨将其磨成浆 145
（过 100~120 目）。

⑦均质：为使物料充分乳化，采用二次均质法（条件相同），均质压力 18~20MPa，温度 45~50℃。

⑧在均质后的酒液中加入 0.5%~1% 的蜂蜜、适量的灭菌糖液，多味中药原汁，调整酒精含量为 4%~6%，总糖量（以葡萄糖计）≥10g/100mL 后进行灌装，在 85℃ 的水浴中进行灭菌后冷却至室温，即得产品"黑米稠酒"。

2. 黑米芦荟酒

黑米芦荟酒是以黑米为单料，辅以芦荟嫩茎叶、红曲、活性干酵母等为糖化发酵剂，按米酒生产工艺制成的一种保健米酒，酒体紫黑发亮，澄清透明，口感醇厚，具有黑米和芦荟特有的清香。含总糖（以葡萄糖计）约 10g/100mL、乙醇约 13%。对人体具有增强免疫功能、缓解心脑血管疾病等作用，其制作方法如下。

（1）原辅料 黑米、红曲、活性干酵母、蜂蜜、糖化酶、新鲜芦荟嫩茎叶。

（2）工艺流程

红曲、酶、活性干酵母、蜂蜜

黑米 → 浸米 → 蒸米 → 摊凉 → 主发酵 → 后发酵 → 压榨 → 澄清 → 原酒杀菌 →

灌装 → 陈酿 → 黑米原酒

鲜芦荟 → 洗净 → 去刺 → 切片 → 酒坛 → 加热 → 密封 → 放置 → 过滤澄清 → 黑米芦荟酒 → 分装 → 灭菌 → 成品

（3）制作要点

①原辅料选取选取：优质黑米，美国库拉索芦荟（3~5 年生长期），乌衣红曲。

②发酵前处理：黑米洗净，浸泡 2d（25~30℃），淋水，蒸米（35~45min，出饭率 140%~145%），冷却至 25~27℃ 备用。

③适量发酵用活性干酵母：糖化酶和红曲，蜂蜜拌入米饭进行主发酵（5~7d）后移入酒缸进行后发酵，25d 后进行压榨处理。

④发酵后经压榨所得酒汁在低温下澄清数小时，除去酒渣后在 80~85℃ 条件下进行杀菌（15~20min），封缸陈酿得黑米原酒。

⑤新鲜芦荟茎、叶 1kg，洗净，去刺，切成薄片放入酒坛，按芦荟 1kg，加黑米原酒 1.8L 进行浸泡，加热至 60~70℃，10min 后将酒坛密封，阴凉处放置 1 个月，过滤澄清后，再加部分黑米原酒进行调制。

⑥将调制好的酒液进行分装、灭菌（85℃ 水浴）、检验打印即得成品。

3. 黑米啤酒

黑米啤酒是用黑米为原料生产的啤酒系列新品种，酒体外观呈棕红色，泡沫细腻，挂杯持久；具有黑米香气，爽口且醇厚。黑米啤酒原麦汁浓度（12±0.2）°Bx；酒精含量约 2.0%，酸度 <2.6mL/100mL，双乙酰含量 <0.15mL/L，色度（EBC）45~50。

（1）原辅料配方　黑米 20%，黑麦芽 5%，浅色麦芽 60%，深色焦香麦芽 15%，啤酒花（适量）。

（2）工艺流程

黑米→预处理→糊化→糖化→麦芽汁煮沸→发酵→过滤→罐装→灭菌→成品

（3）制作要点

①黑米的处理：黑米皮含丰富的水溶性维生素和色素，冲洗时用冷水快速去杂，以免使营养素溶解流失。

②黑米的糊化：黑米粒硬，糊化时应特殊处理。其工艺为 45℃（保持 60min）后升温至 65~70℃（保持 60min）再升温至 100℃（保持 30min）。糖化时需使用耐高温 α-淀粉酶。

③黑米的糖化：为使淀粉充分降解，适当延长糖化时间。控制标准：投料温度 36~40℃，投料时间 20~30min；糖化时间 40~100min；糖化温度为 63~68℃，杀酶温度 78℃，时间 60min。

④添加麦汁和酒花：黑米中的蛋白质含量高，谷皮含有多酚类物质，为使蛋白质充分沉淀析出，需延长煮沸时间（煮沸时间为 80~120min）；煮沸结束前 15min 加入 20~30mL/kg 的麦汁澄清剂（与卡拉胶）。为突出黑米的香味，酒花的添加量可略少些。为了突出黑米啤酒的风格和保持其风味，必须保证每 100L 麦汁含 α-酶 5~6g。

⑤发酵：黑米中的蛋白质，会促进酵母的繁殖及其代谢能力，需适当降低发酵温度。麦汁冷却温度（8±0.5）℃，麦汁充氧量 8~10mg/kg；满罐时间≤12h。酵母采用德国路尔斯倍 2~4 代菌种酵母〔接种量为 0.8%，接种温度（8±0.5）℃，进罐繁殖温度（9±0.5）℃，主发酵温度 9℃，还原双乙酰温度为 11℃〕。

⑥发酵工艺完成后，对酒汁进行沉淀、澄清、过滤。

⑦将过滤后的酒液立即进行罐装。

⑧酒液罐装后，进行杀菌处理，经检验即为成品，包装入库。

4. 黑米乳饮料

黑米乳饮料具有黑米的清香，口感爽滑的特点，是一种新型粮谷类功能性饮料，制作方法如下。

（1）工艺流程

稳定剂→溶解→冷却

黑米清洗浸泡→磨浆→混合→均质→糊化→灌装→杀菌→冷却→成品→入库

奶粉→热水溶解→冷却

（2）制作要点

①黑米汁的制备：选择优质黑糯米，清理干净，用冷水浸泡 2~3h，淋水后，进行冷水磨浆（以防止黑米过早糊化）备用。

②稳定剂溶解：将稳定剂与白砂糖干混合后，加入到60~70℃热水中溶解均匀并冷却备用。

③奶粉还原：奶粉在50~55℃水中溶解后，稳定20~30min后冷却备用。

④混合与均质，各种原辅料混合后进行冷水均质，以防止淀粉吸水过多，提前糊化。均质压力为30~35MPa。

⑤糊化与灌装：糊化温度为90~95℃（时间为2~30min），期间要不断搅拌，使物料充分均匀糊化，然后灌装。

⑥杀菌：在温度121℃条件下杀菌15min。

⑦冷却：将灌装、杀菌后的黑米乳饮料冷却至室温后成品入库冷藏。

5. 黑香米饮料

黑香米饮料是以"黑香米"为原料制作的一种具有食疗作用的产品。黑香米营养丰富，氨基酸组成接近人体组成模式，是一种理想的营养米谷，能滋阴益肾、明目活血，对于贫血、头昏、眼疾等有缓解作用。黑香米饮料制作具有独特诱人的颜色、香味和口感和保健功能。

（1）工艺流程

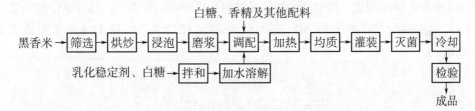

（2）制作要点

①黑香米浆的制备：将黑香米过筛，除杂质，然后用温火烘炒黑香米表皮裂开发黄，得炒黑香米。用冷水浸泡炒黑香米6~8h，浸泡水中加0.1%小苏打，期间换水1~2次。然后磨浆（加炒黑香米10倍左右的热水），过胶体磨2~3遍备用。

②溶解乳化稳定剂：先用适量白糖与稳定剂拌和后慢慢撒入50~100倍的65~75℃热水中，不停搅拌，再加热到80℃左右搅拌溶解10min备用。

③调配：把黑香米浆与溶解好的乳化稳定剂混合，按配方比例添加其他配料，搅拌均匀。同时调整基液pH在7.5左右成为浆液。

④加热、均质：把调配好的黑香米浆液加热至70℃，在30MPa条件下均质2次。

⑤灌装灭菌和冷却：均质后的浆液进行灌装后在121℃条件下，杀菌20~30min，迅速冷却至室温。

⑥对冷却后的产品进行检验、打印即为成品。

6. 黑米棒冰

黑米棒冰具有淡淡的甜润米香，清凉适口的特点，是夏季的一种新型冷饮产品。

（1）黑米棒冰配方

①原辅料配方A：黑米5g，甜蜜素0.05g，食盐0.03g，红小枣1g，砂糖15g，酥冰稳定剂0.35g，糖浆5g，乳化香芋0.004g，香兰素15mg/kg，水（适量）。

148 　　②原辅料配方B：黑米4g，枸杞0.5g，糖浆5g，乳化香芋0.004g，糯米1g，砂糖15g，食盐0.03g，甜蜜素0.05g，红小枣1g，香兰素15mg/kg，酥冰稳定剂0.35g，水（适量）。

（2）制作要点

①黑米的煮制：选用立式或卧式的杀菌罐，在内部分成上下几层。同时备用一些托盘，尺寸规格视杀菌罐容积而定。

a. 将黑米清理，清洗干净，浸泡8~12h。

b. 把浸泡过的黑米平铺到托盘里，用水浸过表面，放进杀菌罐。

c. 杀菌（120℃，蒸汽压力2.5MPa）20min。

d. 糖渍降压后取出糖渍，备用。

②混料：其他物料（糖、稳定剂、糖浆等）在混料罐中杀菌。

③把煮制好的黑米加到杀菌完毕的料液中，在冷却罐混合、冷却、加香后即可制得黑米棒冰。

7. 黑米冰淇淋

黑米冰淇淋是一种冷冻乳制品，属固体冷饮产品。其在制作时，将黑米磨成浆后添加到冰淇淋成分中调配而成。能提高传统冰淇淋的色香味和营养价值，具有独特的风味。

（1）原辅料配方　鲜牛奶30%，黑米20%，奶油6%，白糖12%，添加剂2.2%，水（适量）。

（2）工艺流程

黑米精选→粉碎→煮制→冷却

鲜牛奶验收→配合→杀菌→均质→冷却→老化→凝冻→包装→硬化

成品←检验←贮存

（3）制作要点

①黑米预处理：选择优质黑米，清洗干净，浸泡12h，粉碎，煮制（大火煮沸后，改用文火煮至汤汁黏稠为止），冷却至28~30℃备用。

②原辅料配合、杀菌、均质、冷却：在夹层锅内按配方比例将白糖，奶油融化后，倒入配料缸。将事先浸泡12h的稳定剂与其他辅料混合，搅拌均匀。同时补足水分。经过板式换热器杀菌（95℃，15min），冷却至70℃时进行均质成为基料，压力为16.66~18.62MPa，再冷却至28~30℃。

③老化：将煮制冷却后的黑米糊和基料在老化缸内搅拌均匀后，于4℃经过6h的老化成熟。

④凝冻、包装、硬化、贮存、检验、成品：将老化成熟后的物料在软质冰淇淋凝冻机中进行凝冻、包装。包装在（-28℃）条件下硬化8~10h，再移到（-18℃）条件下贮存，经检验合格后，即为成品，入库。产品的质量参数：蛋白质≥11%，脂肪≥12%，蔗糖≥12%。

8. 黑米醋

黑米醋是选用陕西阳县优质黑米和四川凉山苦荞麦为原料，经现代发酵工艺酿造而成的一种产品。醋液呈棕红色，具有黑米和苦荞特有的香气，风味柔和，醋体澄清，风味独特。黑米营养醋富含钾、磷、铁、锌、硒等多种微量元素，特别是富含硒元素，能抑制人体内氧自由基和凝血酶的生成，可有效提高人体免疫功能。同时还富含维生素和氨基酸，其中氨基酸含量是普通食醋的7倍，不失为一种集调味与食疗为一体的、新型的功能性食用醋产品。

（二）黑米焙烤食品

1. 黑米面包

（1）原辅料配方 小麦粉100kg，白糖8kg，人造奶油8kg，黑米糖化液40kg，乳化剂0.5kg，食盐2kg，活性干酵母0.6kg，改良剂0.8kg，水（适量）。

（2）工艺流程

黑米 → 膨化 → 粉碎 → 糖化 →糖化液
　　　　　　　　　　↑
　　　　　　　　　　酶

小麦粉+（白糖、食盐、酵母等）→ 面团调制 → 成型 → 醒发 → 烘烤 → 冷却 → 包装 →成品

（3）制作要点

①黑米处理：选取优质黑米，清理干净，膨化（150℃，0.5MPa）、粉碎（过60目筛）。加入黑米粉65%~70%的100℃水，拌成糊状于40℃时加入α-淀粉酶和β-淀粉酶保温糖化，再加热至60~70℃，灭菌5min并将糖化液搅拌均匀，备用。

②面包制作：按配方比例将原辅料加入和面机中搅拌（15min），使面团在26℃发酵2~2.5h，经分块，成型后，在40℃、相对湿度95%醒发1h，送入227℃烤箱，烘烤9min，出炉，冷却至室温后包装、检验、成品入库。

2. 黑米饼干

黑米饼干是以黑米，小麦粉为主要原料，配以白糖、鲜鸡蛋、奶粉、奶油、酵母、乳化剂和食盐等辅料，采用现代生产工艺制成的一种方便食品，产品表面呈紫褐色，底面紫红色，糊化层细腻，如巧克力一样鲜亮，甜香酥脆可口。

（1）原辅料配方 小麦粉56kg，人造奶油25.5kg，白糖10.7kg，黑米糖化液20kg，发酵粉0.3kg，脱脂奶粉1kg，食盐1.5kg，乳化剂0.5kg，添加剂0.3kg，酵母0.3kg，鸡蛋4kg，水（适量）。

（2）工艺流程

调粉 → 辊轧 → 冲印成型 → 烘烤 → 冷却 → 包装 →成品

（3）制作要点

①黑米预处理：选取优质黑米，清洗干净，黑米水分12%，在150℃、0.49MPa条件下，膨化后进行粉碎（过40~50目筛），得膨化粉，备用。

取黑米膨化粉，添加 0.02%食用磷酸，调节 pH 至 5.4~6，加开水 60%，降温至 60~65℃，添加 α-淀粉酶（5000U/g）1%~1.5%，β-淀粉酶（2000U/g）0.5%~1%，保温糖化 6~7h，过滤值得黑米糖化液，备用。

②调粉至成品：类似普通韧性饼干的制作工艺技术参数。将所有原辅料按配方比例称取，然后加入和面机中，搅拌均匀（10~15min）面团静置 30~35min，然后送入辊轧，冲印成型（冲印次数为 60 次/min，网带厚度 5.72mm）后送入烤炉，进行烘烤（底火 280℃左右，面火 300℃左右，烘烤 4min），出炉，冷却至室温，去除碎块，称重即得成品。

3. 黑米酥皮蛋糕

黑米酥皮蛋糕是以鸡蛋、黑米粉、白糖、小麦粉、黑芝麻、泡打粉等为原辅料，先制成黑米蛋糕坯，再以小麦粉、鸡蛋、白糖、棕榈油、泡打粉等制成外皮，把黑米蛋糕坯包起来，经烘烤制成的一种新型粮油方便食品。其外表深黄，内黑亮，外酥内软有弹性，切口整齐，入口酥松，具有特殊的香味。

（1）原辅料配方

①黑米蛋糕坯：鸡蛋 7kg，白糖 1.0kg，特二粉 3.5kg，黑米粉 3.5kg，饴糖 0.5kg，黑芝麻 0.5kg，水和酵母粉（适量），花生油少许（涂盘用）。

②黑米蛋糕外皮：特二粉 7.5kg，棕榈油 3.5kg，白糖 0.5kg，鸡蛋 1kg，酵母粉 0.2kg，水（适量）。

（2）工艺流程

（3）制作要点

①黑米蛋糕坯的制备：

a. 打蛋浆。将蛋液、白糖、饴糖放入打蛋机，搅拌至原溶液的 2~3 倍，呈乳白色细腻胶状体。

b. 调糊。将特二粉、黑米粉、酵母粉等混合均匀，加入打蛋机中，慢速搅拌均匀，至无干粉。

c. 成型、装模。类似普通蛋糕的成型和装模，表面用挂刀抹平。

d. 烘烤、冷却、切块。类似普通蛋糕的制作，将烤箱升温至 200℃。关顶火，放入模具 8s 后关底火，开顶火，烘烤至蛋糕表面呈黑亮，出炉，将蛋糕脱模，自然冷却至室温，然后切成 6~7cm 宽的长条，备用。

②甜酥面团的调制：将面粉、酵母粉混合，在案板上摊成盆型，中间放入棕榈油、白糖、鸡蛋和水，搓制均匀、乳化后调和成面团。

③成型：将甜酥面团压成薄片（厚 0.5cm），宽度是蛋糕条宽度和高度相加的 2 倍，长度和蛋糕相等，将酥皮翻面，涂上蛋液，放上蛋糕坯包好，然后在上表面涂一层蛋

液，放入铁盘入炉，进行烘烤。

④烘烤：炉温 160℃，待表皮微黄，出炉，冷却至室温，按照质量规格要求，切成小块，即为成品。

（三）黑米主食品

1. 黑米快熟挂面

黑米快熟挂面是黑米粉与小麦粉混合制成的一种粮食主食产品。与普通挂面相比，具有营养丰富、节省时间的优点。

（1）原辅料配方　特一小麦粉 93g，食用盐 2g，黑米粉 5g，食用纯碱 0.15g，粉末油脂 2.5g，羧甲基纤维素钠（CMC）0.1g，水（适量）。

①末油脂的制备：用水解大豆蛋白与大豆油调制成"水包油型（O/W）"乳化液（含油约 70%），经喷雾干燥后备用。

②米粉的制备：黑米经清理、淘洗干净后，浸泡（夏季浸泡 3~4h，冬季 5~6h），取出沥干水分，磨制成粉状，过 60 目筛备用。

（2）工艺流程

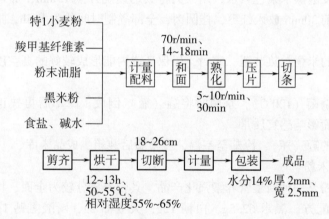

（3）产品质量

①挂面煮熟时间的比较见表 7-8。

表 7-8　　　　　　　　　　常见面条煮熟时间的比较

品种	普通挂面	普通湿切面	黑米快熟挂面	黑米快熟湿切面
煮熟时间/min	6	3	2	1

②面品质和营养素的比较见表 7-9。

表 7-9　　　　　　　　　　两种挂面品质和营养平衡的比较

品种	色泽	气味	营养平衡	烹调性	煮熟后再煮（10min）
普通挂面	正常	无异味	差	合格	有断条弹性口感差
黑米快熟挂面	黑色发亮	有黑米香味	好	合格	无断条有弹性口感劲道

2. 黑米八宝粥

黑米八宝粥是以黑米、紫糯米、薏苡仁、江米、莲子、红小豆、红枣、桂圆肉等为原辅料，加红糖和水，经煮制、装罐、杀菌等工艺过程制成的一种粮食方便食品。其色泽紫红，口感黏稠香甜，具有黑米的独特香味，食用方便、卫生、安全。

（1）原辅料配方　黑米 2kg，薏苡仁 1kg，红枣 1kg，紫糯米 2kg，桂圆肉 0.2kg，江米 1kg，莲子 0.5kg，红糖 4kg，红小豆 1kg，水 100kg。

（2）工艺流程

黑米→淘洗→浸泡→配料→煮制→装罐→密封→杀菌→冷却→检验→装箱→成品→入库

（3）制作要点

①选取优质黑米，清洗干净，先用冷水浸泡，改用 50℃温水浸泡 2h，水米比例 2∶1，将浸泡后含有大量黑米紫色素的水留用。

②将薏苡仁、紫糯米、江米、莲子、红小豆清洗干净，在水温 60℃时连同黑米一起下锅，并加入浸泡黑米紫色素水，用大火将其迅速烧开煮 15min，加入红糖改用文火慢慢煮制。出锅前 30min 放入红枣，桂圆肉，全部煮制时间约为 1.5h，这时粥汁成稳定的溶胶状态。

③将煮制好的米粥趁热装罐，密封，以保证罐内能形成较好的真空度，罐中心温度为 80℃左右。

④采用高温杀菌（120℃），杀菌时将罐（瓶）倒放，冷却后再扶正，以免在食品上层飘一层清水而影响感官质量。

⑤将杀菌后的罐（瓶），冷却至室温，经检验后装箱，成品入库。

3. 黑米营养米粉

黑米营养米粉是一种新型营养素强化产品，其营养成分较为全面、均衡。

（1）原辅料配方　黑米 62.5g，白糖 12g，大豆油 2g，磷酸氢钙 1g，大豆 12.5g，乳粉 5g，乳酸亚铁 0.5g，营养强化剂（维生素 A、维生素 B、维生素 D 各适量）。

（2）工艺流程

黑米、大豆→清理→加湿→搅拌→膨化→粉碎→配料→搅拌→筛分→计量→包装→检验→成品

（3）制作要点

①原料处理：选取优质黑米、大豆，分别清理干净，去杂，大豆去皮。

②加湿：将黑米、大豆混合，加湿，含水量达到 13.5%左右。

③膨化、粉碎：膨化温度 150℃左右，将物料膨化后，粉碎，过 80 目筛，白糖粉后，过 80 目筛，备用。

④混合配料：将营养强化剂乳酸亚铁、磷酸氢钙等按比例加入不锈钢桶中搅拌均匀，将黑米大豆混合粉、糖粉乳粉先加入 50%搅拌 5min，再加入剩余的 50%物料搅拌 10min，同时喷入大豆油搅拌均匀后计量、包装、检验合格后，成品入库。

4. 糯米营养粉

黑糯米营养粉是添加黑芝麻、奶粉和大豆粉等营养辅料制成的一种营养强化产品，有利于提高黑糯米蛋白质的生物学效价，并强化维生素 B、维生素 C、维生素 D 及微量元素铁、钙、锌等，对促进儿童、青少年生长发育、增强大脑智力、降低贫血率、防止老年人的骨质疏松症等都有一定的辅助疗效。同时也符合国家计委启动的国家公众营养改善项目《营养强化食品》的要求。

（1）原辅料配方　黑糯米 45g，黑芝麻 20g，蛋粉 5g，大豆粉 6g，白糖粉 15g，藕粉 5g，营养强化剂（葡萄糖酸锌、葡萄糖酸钙、乳酸亚铁、维生素 B、维生素 C、维生素 D）适量。

（2）工艺流程

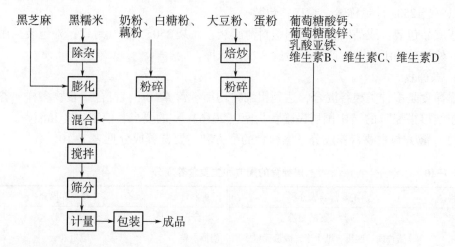

（3）制作要点

①精选除杂：将黑糯米除杂、清理干净。

②膨化：将清理干净后的黑糯米、黑芝麻膨化。

③粉碎：将膨化后的黑糯米、黑芝麻粉碎，白糖粉碎，各种强化剂混合粉碎。

④混合配制：按配方比例先将 30% 黑糯米、黑芝麻的混合粉与全部营养强化剂进行充分混合搅拌，以稀释营养强化剂，再将剩下的黑糯米、黑芝麻混合粉、蛋粉、大豆粉、藕粉、奶粉、白糖粉进行充分混合。

⑤筛程：将混合均匀的物料过 80 目进行筛理。

⑥计量：包装将物料检验、计量、包装，每包 25g，10 包为一盒，打印日期即为成品。成品黑糯米营养粉：色泽呈淡黑色粉末状，形态为粉末状无结块，松散，无杂质；口感甜而不腻，香糯可口，有浓郁的芝麻香味兼有豆香和乳香。

5. 黑米芝麻糊

黑米芝麻糊是以优质黑米、黑大豆为原料，配以芝麻、白糖、蛋黄粉为辅料，经膨化、粉碎、调和所制成的粉状方便食品。食用时用开水冲调成糊状即可，营养、卫生、方便。黑米芝麻糊色泽成灰色粉末，加沸水调呈黑色，具有黑米、芝麻特有的香味。

（1）原辅料配方　黑米 60g，白糖 25g，芝麻 9～14g，黑豆 5g，蛋黄粉 1g。

（2）工艺流程

```
精选黑米、黑大豆 → 膨化 → 加热芝麻、白糖 → 粉碎 → 拌和调配 → 称量、包装 → 检验 → 成品
```

（3）制作要点

①原辅料处理：选用优质黑黏米、黑大豆；黑大豆经粉碎，增湿（水分含量在14.5%左右）进行膨化，膨化品切成0.5~1cm的圆柱；精选黑芝麻在150℃烘烤30min至产生香味；将蛋黄放在烘箱内烘干，制成蛋黄粉，备用。

②粉碎：将膨化后的黑米黑大豆和熟芝麻、白糖按配方比例分别送入粉碎机进行粉碎处理，并通过80目筛制成混合物，备用。

③拌和配料：将黑米黑大豆、芝麻粉和蛋黄粉、白糖，按比例放入拌和机内搅拌均匀，以每袋250g计量称量，封口，包装。

④成品包装：成品内包装采用塑料薄膜袋，每袋250g，热气封口；外包装采用纸盒包装，外加玻璃纸包装。产品经检验，成品入库。

6. 黑禅食

黑禅食是多种类粮谷混合，达到粗细粮均衡、营养互补，符合"食物多样，谷物为主，粗细粮搭配"的《中国居民膳食指南（2016）》的要求，值得生产和消费。

（1）配方与主要营养成分 黑禅食的配方和主要营养成分见表7-10。

表7-10　　　　　　　　黑禅食的配方和主要营养成分

配料	主要营养成分	配料	主要营养成分
糯米	多糖类、支链淀粉	紫苏子	亚麻酸
糙米	蛋白质、脂质、维生素、微量元素	胡萝卜粒	维生素A
黑米	花色素苷	洋葱粒	维生素C
薏苡仁	油脂、蛋白质	裙带菜	碘、钙、铁、藻多糖
玉米	不饱和脂肪酸、类胡萝卜素	海带	褐藻酸、水溶性膳食纤维
小米	富含维生素B族	卷心菜	蛋白质、维生素C
大麦	蛋白质、钙、膳食纤维	青梗菜	维生素E、维生素B、维生素A、维生素C、钙、铁、胡萝卜素
小麦	蛋白质、膳食纤维、维生素E	菠菜	维生素A、维生素C、铁、钾、叶绿素
燕麦	B族维生素、膳食纤维	南瓜片	胡萝卜素
荞麦	叶绿素、芸香苷（芦丁）、维生素E	香蕉片	有机酸、黏液质、糖分
黑豆	蛋白质、花青素	香菇片	维生素D
黄豆	蛋白质、亚油酸、卵磷脂、大豆异黄酮	土豆片	维生素B、钾
绿豆	蛋白质	核桃仁	脂肪、蛋白质、维生素B
黑芝麻	钙、脂肪、花青素	葵花仁	脂肪、蛋白质
白芝麻	不饱和脂肪酸	花生仁	脂肪、蛋白质

（2）黑禅食的配料构成 黑禅食的选料有30余味，根据农作物收获季节的不同而改变。还可加入药食兼备的辅料，以提高医用、食疗价值。黑禅食的配料构成见表

7–11。

表 7–11 黑禅食的构成

品 名	用料品种数	配 料 构 成
纯粮禅食	10	糯米、糙米、黑米、玉米、大麦、燕麦、高粱、黑豆、黄豆、小米
黑禅食	9	糯米、糙米、黑米、薏苡仁、黑豆、黑芝麻、食糖、食盐、植物性奶油
营养禅食	29	糯米、糙米、黑米、薏苡仁、玉米、小米、大麦、燕麦、高粱、黑豆、绿豆、紫苏子、胡萝卜、黄洋葱粒、裙带菜、葵花仁、卷心菜、青梗菜、黑芝麻、海带、黄豆、花生仁、菠菜、南瓜片、香蕉片、枸杞子、核桃仁、土豆片
健脑益智禅食	4	亚麻子、黑芝麻、核桃仁、南瓜子
降低血糖禅食	11	大麦、燕麦、荞麦、莲子、黄瓜籽、苦瓜子、南瓜子、亚麻子、鹰嘴豆、黑芝麻、山药
降低血压禅食	6	黄瓜籽、芹菜籽、亚麻子、鹰嘴豆、黑芝麻、胡萝卜籽
安神助眠禅食	9	亚麻子、黑芝麻、酸枣仁、莲子心、莲子、茯苓、百合、红枣、远志
通便排毒禅食	10	杏仁、亚麻子、黑芝麻、葡萄子、苦瓜子、胚芽米、糙米、燕麦、山药、葛根
补钙健骨禅食	4	黄瓜籽、黑芝麻、生菜籽、鹰嘴豆
养肝明目禅食	6	决明子、枸杞、黑米、紫苏子、黑芝麻、核桃仁
健脾开胃禅食	5	淮山药、芡实、薏苡仁、红枣、糯米
补肾益气禅食	14	山药、韭菜籽、黄瓜籽、茴香籽、胡萝卜籽、黑芝麻、核桃仁、芡实、南瓜子、枸杞、黑豆、亚麻子、糯米、鹰嘴豆

（3）黑禅食的食用方法

①作为饮料：取黑禅食 40g（两匙），放入玻璃杯（300mL），加入牛奶或豆奶 100mL 和开水 100mL 后，充分混合搅拌均匀。还可依据个人喜好放入白糖、蜂蜜或少量的食用盐，会更加适口。

②作为粥食：取黑禅食 50～100g 放入茶杯中，加入适量温开水，充分搅拌均匀食用。可根据个人的食量调整禅食的用量，调成稠的或稀的粥食用。

取用后及时将口袋密封，置于阴凉通风干燥处；口袋封严冰箱中冷藏更好。

三、黑米的食疗药膳

食疗药膳是中医药学的一个重要组成部分，为中国特有的具有养生、保健、防病治病、延年益寿功能的应用医学科学。人们在长期的生活和医疗实践中积累了宝贵的经验，并形成了独特的食疗药膳保健理论。对传统食物健康养生的研究和运用成为健康养生的一种新潮流．一种新时尚。药膳既能饱口福，又能防病强身，是一种简便易行、行之有效的自我保健方式。自古以来，我国民间就有不少用黑米、紫米、香米等特种稻米作食疗药膳的配方，值得借鉴。黑米食疗药膳按功能配方介绍如下。

（一）帮助产妇催乳

将花生（不去红衣）45g 捣碎后，加黑米 100g 共煮成粥，然后再加冰糖适量，长期食用对产妇有催乳作用。

（二）增强人体免疫功能

将黑米、粳米，芝麻、核桃仁、红枣、白果仁、银耳、冰糖熬煮成型，长期食用，能增强人体的免疫功能。

（三）健身强体

将海参浸透，剖洗干净，切片煮烂后，与黑米同煲粥，每日晨空腹食用，能增强性功能。

（四）美容乌发

将黑米 50g、黑芝麻 25g、白糖适量，用文火熬煮成粥，温热服用，能乌发。

（五）帮助人体康复

将黑香粽米、大米、莲子、黄豆、花生仁、芝麻、蔗糖、薏苡仁、淮山药等淘洗干净，加水煮粥，每天食用 200g，对亚健康者恢复期的病人、孕妇及身体虚弱者有疗效作用。

（六）作早、晚餐主食，安神补胃

将黑米、香糯米、高粱米、玉米、荞麦、大麦、小麦等"七谷米"煲成粥，作早、晚餐主食食用。

将此七谷米文火炒焦，共研成粉状，加绵白糖调成糊状，每天做点心食用。这两种食疗方法，能辅助治疗再生障碍性贫血，调中开胃，安神补胃。

（七）防治缺铁性贫血

将黑米、赤豆、百合、红枣等原料清洗干净，加水适量，共煲成粥，作点心食用，能滋阴润肺、和胃利湿，可治疗缺铁性贫血。

（八）补脑健肾

将黑糯米磨研成细粉状，加水煮粥，待熟时加适量的蜂蜜、玫瑰糖、核桃仁、芝麻调和均匀，再煮片刻，温热服用，常食能补血益气，补脑健肾。

（九）增强体质

将黑米 150g、香糯米 240g、薏苡仁 15g，分别清洗干净，入锅加水 3000g 煮沸，加入桂圆肉 15g、红枣 15g 及适量红糖共煮成粥，分装 10 碗后，用 9g 玫瑰糖、9g 白糖、9g 红绿丝混匀撒在粥面上即可食用。对于营养不良，体质虚弱者有疗效。

（十）防治贫血、提高视力

将等量的上农黑糯米和乌贡米清洗干净，水浸 2~3h 后，所浸泡出的红色水连同黑米一起入锅，另将一份漂洗净的上农香糯米加入共煲粥（混合起来三种米与水比例 1：8），每日早、晚餐食用 1 碗（约含 75g 上农功能米），对肝、肾虚损，精血不足所致腰膝酸软、头昏耳鸣、遗精、视力减退、倦怠乏力、贫血等有疗效。

（十一）防治遗尿症

将黑糯米 100g，猪肝 50g、羊肚 50g 各切成片，共煲成粥食用，对遗尿症有缓解作用。

（十二）滋补养阴

取上浓黑糯米与花椒等份，炒焦后研末，然后加小米食醋，调和后做成丸子（如豌豆大），每日食用 30~40 丸，饭前服，醋汤送下，具有滋补养阴功效。

（十三）防治糖尿病

取黑米 50g，清洗干净后，浸泡 8h，将黑米连同浸泡液一同入锅，煮米粥食用，每日一次，长期坚持，对于防治糖尿病效果明显。

现代研究发现，黑米含有丰富的锌、锰等微量元素，可提高葡萄糖的利用率，并促使胰岛素合成，可预防和辅助治疗糖尿病。

（十四）防治牙龈炎

取黑米 150g、红糖 15g，将黑米淘洗干净，冷水浸泡 2h，捞起，沥干水分。然后将黑米放入锅中，加 1500mL 冷水，大火烧开后，改小火熬煮 1h。当粥浓稠时，加红糖调味，稍煮片刻停火。待粥放至温热即可食用。

黑米滋阴补肾、益气强身，富含锌、铁、钼、硒等人体必需的微量元素，常食可保护牙龈，防治牙龈炎。

第八章

主要杂粮及其制品

———

杂粮在我国有着悠久的种植历史，杂粮是公认的营养、健康资源，也是我国粮油食品工业生产的重要原料、辅料。

第一节 杂粮概述

在人们生活水平不断提高的今天，人们更加注重饮食和养生，中国谷物杂粮现已成为国内、国际农产品市场的新宠。随着我国粮油食品工业的发展，我国谷物杂粮食品的生产，呈现出如下五大发展趋势。

（1）中国传统民间食品，工业化杂粮食品品种增多　主要品种有粽子、绿豆糕、红豆沙、杂粮煎饼、荞麦主食品、高粱饴、谷糜黏豆包、燕麦主食、小米主食等。

（2）全谷物食品，新品种增加　主要品种有全麦面包、能量棒、谷物早餐奶、杂粮配餐饭、杂粮配餐粥、杂粮营养粉、杂粮发酵面团等。

（3）方便化杂粮食品，以重点破解杂粮难以煮制、费时、费力的瓶颈问题　将杂粮 α 化、物理改性，可加快烹调速度，方便家庭煮食。主要产品有全谷物杂粮挂面（青稞挂面、苦荞挂面、红高粱挂面）、方便粥、即食杂粮饭和冷冻预煮红小豆、绿豆、芸豆等。

（4）杂粮健康食品及功能成分提取新技术　提取云豆蛋白，开发减肥健康食品；提取 β-葡聚糖、芦丁，开发降血脂健康食品；提取绿豆蛋白、多糖、黄酮，开发保肝健康食品；提取高粱原花青素，开发减肥健康食品等。从杂粮副产品中提取酚类成分、α-糖苷酶、牡荆素、低聚木糖、花青素、木糖醇、黄酮、皂苷等功能成分，可用于医药及健康食品。提取燕麦肽、绿豆多肽、豌豆多肽、黑豆蛋白肽、玉米蛋白活性肽等食源性功能肽，用于医药和功能性食品、运动员食品、宇航员食品、营养棒、能量棒等，为我国大健康产业助力。

（5）发展杂粮产业，助推健康中国　随着人们膳食结构的失衡慢性非传染性疾病的增长，增加杂粮的摄入，发展杂粮产业，越来越多地得到关注和重视。

第二节　小米及其制品

谷子碾去颖壳和皮层后称为小米。我国谷子的种植面积仅次于稻谷、小麦、玉米，居第4位，以河北产量最高，其次是黑龙江、山西、山东、内蒙古、吉林、河南、辽宁、陕西等地。

我国名贵的小米品种有：河北桃花镇的"九根齐小米（桃花米）"、山西次村乡的"沁州黄小米"、山东马坡的"金谷小米"、吉林乌拉街满族乡的"乌拉街小米"以及吉林新培育的"双绿色小米"等名贵优良品种。我国生产的谷子（粟）和小米大多就地供作食用和工业、食品业用粮，有部分省间调拨和出口国外，较为紧俏。

一、小米简介

小米有粳性小米和糯性小米两种，营养价值较高，在人体内的消化吸收较好，尤其糖类的消化率可高达99.4%左右，是我国大众的传统食品之一。

（一）小米的营养价值

小米的营养成分见表8-1。

表8-1　　　　　　　　　　　　小米的营养成分　　　　　　　　　　单位：g/100g

品种	水分	蛋白质	脂肪	碳水化合物	灰分	胡萝卜素	维生素B_1/ (mg/100g)	维生素B_2/ (mg/100g)	烟酸/ (mg/100g)
北京小米	11.0	9.7	3.5	72.8	1.3	0.19	0.57	0.12	1.6
东北小米	10.8	9.3	3.8	73.7	1.6	0.16	0.53	0.11	0.9
张家口小米	11.0	9.7	1.7	76.1	1.4	0.12	0.66	0.09	1.6

由表8-1可知，小米蛋白质含量为9.3%~9.7%，在谷类粮食中是较高的。

小米与大米、小麦主要营养素含量的比较见表8-2。

表8-2　　　　　　　　小米与大米、小麦主要营养素含量的比较

营养成分	小米	大米	小麦	营养成分	小米	大米	小麦
水分/(g/100g)	11.6	13.3	12.7	Ca/(mg/100g)	41	13	31
蛋白质/(g/100g)	9.5	7.4	11.2	Mg/(mg/100g)	107	34	50
脂肪/(g/100g)	3.1	0.8	1.5	Fe/(mg/100g)	5.1	2.3	3.5
碳水化合物/(g/100g)	73.5	77.2	71.5	Mn/(mg/100g)	0.89	1.29	1.56
膳食纤维/(g/100g)	1.6	0.7	2.1	Zn/(mg/100g)	1.87	1.70	1.64
硫胺素/(mg/100g)	0.59	0.11	0.28	Cu/(mg/100g)	0.54	0.30	0.42

续表

营养成分	小米	大米	小麦	营养成分	小米	大米	小麦
核黄素/(g/100g)	0.10	0.05	0.08	P/(mg/100g)	229	121	188
烟酸/(mg/100g)	1.5	1.9	2.0	K/(mg/100g)	284	97	190
维生素 E/(mg/100g)	3.63	0.46	1.9	Se/(μg/100g)	4.74	2.23	5.36

从表 8-2 可知，小米含有丰富的微量元素，人们常食用小米，可用来平衡体内微量元素，预防人体内产生有害的过氧化物，被营养专家赞为"健康米"。小米与大米、小麦必需氨基酸含量的比较见表 8-3。

表 8-3 小米与大米、小麦必需氨基酸含量的比较 单位：mg/100g

必需氨基酸	小米	大米	小麦	必需氨基酸	小米	大米	小麦
异亮氨酸	405	278	403	色氨酸	184	128	135
亮氨酸	1205	549	768	缬氨酸	499	394	514
赖氨酸	182	239	280	组氨酸	174	394	514
甲硫氨酸	301	184	140	苏氨酸	338	141	227
苯丙氨酸	510	357	514				

由表 8-3 可知，小米蛋白质的氨基酸构成中，具有特别丰富的亮氨酸、色氨酸和甲硫氨酸等人体必需氨基酸，是禾谷类粮食所少有的。小米的主要营养成分、微量元素、必需氨基酸含量大多高于大米和小麦。

小米中所含的类似雌性激素物质，有保护人体皮肤细嫩，延缓衰老的作用，还可防止老年斑、色斑的产生，起到抗衰老的效果。小米还含有一种特殊功能的黏蛋白，能维持人体心血管壁的弹性，防止动脉粥样硬化，使皮下脂肪减少，防止肝肾中结缔组织萎缩，预防胶原蛋白缺乏病发生，并对人体的呼吸道、消化道、关节腔和浆膜腔有良好的滑润作用。

小米含糖（淀粉）量是所有谷物中最高的，而淀粉的消化吸收率达 99.4% 左右。因其能迅速分解转换、补充热量，常是我国北方一些地区产妇用来提供能量、恢复体质的主食。因为小米中含有支链淀粉较多，能迅速分解、转换供能、补充血糖，使机体在较短时期内得到恢复（这是一些糖尿病患者在食用小米后，导致血糖升高的主要原因之一）。小米的这种理化反应和生物效应，对产妇大有益处，却不利于控制糖尿病患者的餐后血糖。且小米中的蛋白质属于半完全蛋白质，缺少某些氨基酸（如赖氨酸），不适合糖尿病者作主食长期食用。

（二）小米的健康价值

粳性小米可作主粮，一般用于焖饭、煮粥或磨成小米粉食用。小米还具有一定的食疗功效。据《神农本草经》记述，小米味咸微寒，养肾气、除胃热、利小便。是一种食药兼用的功能食品。

（1）将小米 50g、黄精 10g、枸杞子 10g 制成"二精粥"，是抗衰老的食疗方。

（2）将小米 50g、生黄芪 30g、山药 10g、枸杞子 10g、玉米须 30g、藕粉 10g 制成"芪米粥"，可用于肾病的辅助治疗。

（3）将小米、粳米各 50g，红枣 5 枚，枸杞 15g，桂圆、酸枣仁各少许，先将酸枣仁煎汁去渣，与小米、粳米、红枣、枸杞、桂圆共煮成粥，睡前食用，可改善因熬夜导致的血虚眩晕、耳鸣、失眠等症。

（4）将小米、菊花制成明目的"菊花药膳"。

（5）将小米、胡萝卜制成富含维生素 A 的"小米胡萝卜粥"。

（6）将小米、山楂制成降血脂的"小米山楂药膳"，可供高血压患者长期食疗，具有良好的辅助降低血脂、血黏度的效果。

（7）将小米制成"功能性小米营养粉"，通过合理的营养搭配，使氨基酸含量均衡，有目的性进行营养强化。如老年小米营养粉、儿童补钙（锌）（铁）小米营养粉、孕妇小米营养粉等，可作为特殊膳食人群专用食品。

（8）糯性小米适宜酿酒、酿醋、制作饴糖以及方便米粥、糕点、方便食品、米粽传统食品等，都具有良好的功能特性。

（三）提高小米营养价值的有效措施

小米所含必需氨基酸构成比例不平衡，亮氨酸和色氨酸含量超出世界卫生组织（WHO）的推荐值，而赖氨酸的含量却不到 WHO 推荐值的 50%，同时小米中与赖氨酸结构近似的精氨酸含量过高，更影响了赖氨酸的合理利用。所以小米蛋白质的生物效价只有 57%，仅稍高于高粱（为 56%），而比其他谷类粮食都低。因此，小米与富含赖氨酸但缺少甲硫氨酸的豆类混合搭配食用，有良好的互补效果，显著提高两者的食用价值。

1. 粮豆混合搭配食用

将小米与玉米、高粱、大豆、小麦等多种粮食混合加工，制成杂合面食用，能显著提高小米的营养价值。小米与其他食物混合后蛋白质生物效价见表 8-4。

表 8-4　　　　　　　　　　　小米与其他食物混合后蛋白质的生物效价

食物	搭配比例/%	单独效价/%	混合效价/%
小米	13	57	
小麦	39	67	89
大豆	22	64	
牛肉	26	69	

2. 小米的营养强化

小米营养强化比较简单，只要按一定比例把有关营养素添加到小米粉中去，进行机械搅拌混合均匀，再制作小米面食品即可。

3. 糙小米及糙小米粉

小米的营养成分，大部分存在于胚芽以及外表皮和谷糠中，经过精加工的小米，在碾制过程中胚芽以及谷子釉质部分和谷糠一起被磨碾掉了，大量的营养物质而随之流失。例如，精小米中脂肪含量为 3.5%，而细谷糠中则高达 17%，维生素 E、维生素 B 及丰富的膳食纤维都流失到谷糠中，因此精小米的营养价值下降。经常食用糙小米对人体健康十分有利，尽管其口感较差。随着膳食纤维制品的开发，在许多国家和地区开始兴起食用糙米的热潮，有糙米粉、糙米饮料等制品。

二、小米功能性制品

大力开发小米营养资源，是丰富人们营养健康粮油食品的重要途径。我国粮油食品工业现已相继研制生产诸多的小米食品和小米制品新品种，受到了消费者的欢迎。

（一）小米豆粉营养饼干

1. 原辅料配方

小米粉 20kg，大豆粉 2kg，植物油 5kg，饴糖 1.5kg，玉米粉 20kg，白糖 18.5kg，小苏打 0.3kg，水 110kg，小麦粉 30kg，奶粉 1.5kg，香兰素 8g，碳酸氢铵 0.15kg。

2. 工艺流程

原辅料预处理 → 调粉 → 辊轧 → 成型 → 烘烤 → 冷却 → 整理 → 包装 → 成品

3. 制作要点

（1）原辅料预处理　选用优质小米，除杂后用水浸泡 2～3h，晾干后磨粉，细度 80～100 目，晾干备用。玉米粉过 100 目筛，小麦粉选用精制粉、豆粉过 100 目筛，备用。

（2）调粉　先将小米粉、豆粉、玉米粉、小麦粉投入搅拌机混合均匀，再加入奶粉、白糖、香兰素、食用植物油、水搅拌均匀，然后加入饴糖、小苏打、碳酸氢铵等辅料，搅拌 10min。

（3）辊轧、成型　将调制好的面团辊轧、成型。

（4）烘烤　将成型的饼干坯，放入烘烤炉中，温度控制在 250～300℃，上火、下火不超过 300℃，烘烤 10min。

（5）冷却、检验、包装　将烘烤好的饼干，冷却至室温，检验去除碎片等不规则次品后称量、包装，即为成品。成品饼干呈浅黄褐色.香酥可口，具有小米、豆粉，玉米的特有香味。

（二）小米功能性即食糊（孕产妇食品）

1. 原辅料配方

小米 28g，花生仁 7g，白糖 7g，大豆粉 15g，大枣粉 9g，红糖 5g，枸杞粉 3g，玉米 9g，芝麻 5g，乳酸钙 0.7g，大米粉 12g，硫酸亚铁 120mg/kg，葡萄糖酸锌 120mg/kg，水（适量）。

2. 工艺流程

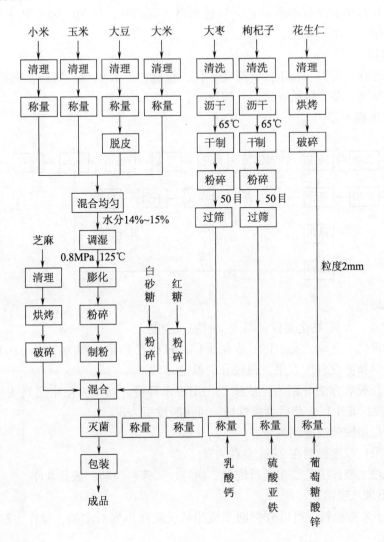

3. 制作要点

（1）将小米、大米、玉米、大豆按比例混合，经调湿、熟化制粉备用。再挤压膨化，物料含水 14%~15%，膨化温度为 125℃，压力为 0.8MPa，转速 300r/min。

（2）大枣、枸杞洗净、沥干，在 65℃ 条件下制干，粉碎过 50 目筛取粉备用。

（3）花生仁、芝麻分别焙炒至有浓郁芳香味，破碎。

（4）将上述已处理好的原辅料与已粉碎的白糖、红糖按比例混合均匀。

（5）按比例添加乳酸钙、120mg/kg 硫酸亚铁和葡萄糖酸锌，搅拌均匀。

（6）紫外线无菌处理。

（7）检验、称量、包装、成品入库。

（三）五仁小米营养糊

五仁小米营养糊是以小米、芝麻、杏仁、花生仁、葵花仁、核桃仁、大豆粉、奶

164 粉、枸杞、食糖等为原辅料，经配料、熟化、混合、灭菌等工序所精制成的一种方便功能性食品。具有小米固有的金黄色，口感绵滑、有香味，用70～90℃开水冲调需成糊粥，食用方便、卫生、安全。

1. 原辅料

小米、芝麻、杏仁、花生仁、葵花子仁、核桃仁、大豆粉、奶粉、枸杞子、红糖、白砂糖、乳酸钙、葡萄糖酸亚铁、乳酸锌。

2. 工艺流程

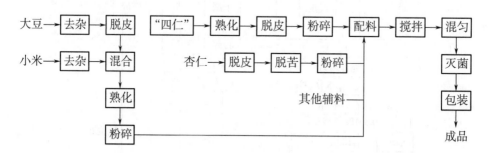

3. 制作要点

（1）小米、大豆 熟化要控制温度、时间、湿度。

（2）干果仁、芝麻、花生仁、葵花子仁、核桃仁熟化温度为130～180℃，时间为20～40min，具体熟化程度以果仁颗粒分别确定。

（3）果仁脱衣方法分别为：核桃仁先用沸水冲烫，沥干再用中温烤去皮；杏仁用沸水烫后去皮；花生仁去杂后直接烘烤，可用脱皮机去皮。

（4）杏仁用脱苦液煮制脱苦。

（5）坚果仁粒度控制在2mm左右为宜。

（6）按以上制作工艺要求进行配料、搅拌、灭菌、包装、成品入库。

（四）小米八宝粥

用优质小米做原料，可以分别制作成甜味、咸味小米八宝粥，制作方法 类似大米八宝粥

1. 甜味小米八宝粥

原辅料配方：小米100g、菠萝20g、胡萝卜30g、莲子10g、银耳15g、瓜子仁10g、白糖100g、花生仁15g、黑加仑油18mL、水1000mL。

2. 咸味小米八宝粥

原辅料配方：小米100g、瓜子仁10g、胡萝卜20g、莲子15g、银耳12g、食盐12g、香菇10g、香油10mL、花生仁15g、黑加仑油18mL、精猪肉30g、水1000mL。

咸味小米八宝粥适合于忌糖及糖尿病患者等特殊人群的食用。

甜（咸）味小米八宝粥的生产线采用易拉罐作为包装容器，批量生产，安全、方便食用。在小米八宝粥中添加黑加仑油（富含多不饱和脂肪酸）营养强化剂，使小米八宝粥成为一种新型功能性粮油食品。以小米作为八宝粥的生产主料，属于新创产品，晚餐食用小米八宝粥，对人体安眠有效。

(五) 小米锅巴

小米锅巴是以小米为原料，配以淀粉、奶粉和调味料，制成的一种适合大众食用的多品种方便、休闲小食品。

1. 原辅料配方

(1) 原料 小米粉 90kg、淀粉 10kg、奶粉 2kg。

(2) 调味料 (适量)

①海鲜味：花椒粉、食盐。

②麻辣味：辣椒粉、胡椒粉、五香粉、精盐。

③孜然味：食盐、花椒粉、孜然、姜粉。

2. 工艺流程

小米粉、淀粉、奶粉 → 混合 → 加水搅拌 → 膨化 → 冷却 → 切段 → 调味 → 称量 → 包装 → 成品

3. 制作要点

(1) 原料混合 将小米粉、淀粉、奶粉放入搅拌机内充分混合，边搅拌边喷水 30%左右，使物料成松散湿粉。

(2) 膨化 将混合物料膨化，呈半膨化状态，有弹性，有熟面颜色和均匀小孔。

(3) 冷却、切段 将出机的食料冷却后切片。

(4) 油炸 将切成片的食料放油锅内炸脆，油温为 130~140℃，料层厚 3cm。

(5) 调味 食料出油锅后，应趁热将调味料均匀地撒在表面上再冷却。

(6) 冷却、称量、包装 将冷却至室温的锅巴称量、包装、检验后即为成品。

(六) 小米营养粉

小米营养粉是通过质构重组等高新技术，对小米及米糠进行全营养利用，并改善粉体的口感；通过合理的营养搭配解决氨基酸的营养平衡问题。可根据不同人群生理特点进行针对性营养强化，生产老年小米营养粉、儿童补钙小米营养粉、孕妇小米营养粉等功能性小米营养粉，还可与豆类、玉米、麦类等谷物搭配生产营养早餐小米粉（片）。这些营养、健康、方便、安全的小米制品，符合人们的消费需求，具有较高的附加值和向好的市场前景。

1. 工艺流程

糙米（谷子） → 清理 → 清洗 → 浸泡 → 超细微粉碎 → 营养强化搭配 → 压片 → 烘烤 → 包装 → 成品

2. 制作要点

(1) 原料粉碎 50~60 目筛。

(2) 配料 按配方配料，含水量 20%~24%。

(3) 挤压膨化 机筒 3 个区域温度设定为 100、130、150℃。

(4) 冷却 冷却后的温度为 40~60℃，食料水分降至 15%~18%。

(5) 压片 厚度为 0.5mm，组织均匀，水分 10%~14%。

166

（6）烘烤　食料水分3%~6%，产生小米的特有香味。

（7）包装　装袋后佐以甜味或咸味调料包；后同其他辅料混合后包装。

小米营养粉的质量品质：蛋白质含量≥8%、水分含量≤6%、脂肪含量≥8%，色泽呈浅黄色；具有小米的清香味；内部组织均匀，速溶性好，尤其适于生活快节奏的人们食用。

（七）小米乳饮品

小米乳饮品是以小米为原料，经与乳品合理配制，以提高其赖氨酸利用率的一种，是小米制品中的新成员。谷物性饮品。

1. 原辅料配方

小米3g，健鹰XE添加剂0.1g，奶粉0.6g，健鹰XE_3添加剂0.3g，水（适量）。

2. 工艺流程

小米 → 磨粉 → 糊化 → 精磨 →

奶粉 → 溶解 → 调配、均质 → 灌装 → 杀菌、冷却 → 摇匀 → 成品

稳定剂+白砂糖 → 干混合 → 溶解 →

3. 制作要点

（1）精选优质小米去杂、清理干净后磨粉、糊化。

（2）将糊化后的小米，进行粗磨、精磨后，备用。

（3）奶粉溶解，备用。

（4）将稳定剂与白糖干混合后，在不断搅拌中加入调配罐溶解。

（5）将经均质后的小米液、奶液及其他辅料混合后进行调配，均质（25MPa）。

（6）将均质后的乳液灌装、杀菌（121℃/20min），冷却后摇匀即为成品。

（八）维他醋

维他醋以优质小米、高效生物活力酶等为原辅料，在传统制醋工艺基础上，依据中国医学理论酿造的一种调味品和饮品。维他醋含有独特的L-抗坏血酸（活性维生素C）活力因子、双歧因子和人体必需的多种氨基酸、维生素和微量元素，对人体具辅助调节血脂、血压、润肠通便的独特作用。酸味柔和、稍带甜味；呈琥珀色，澄清无悬浮和沉淀物；具有小米食醋香气。维他醋的品种有：C型维他醋、C型双歧维他醋、超浓缩维他醋、维他醋口服液、畅通口服液等系列产品。

1. 维他醋的营养价值

维他醋除含有乙酸、琥珀酸、柠檬酸、苹果酸、草酸、乳酸等多种有机酸以外，还含有蛋白质、氨基酸、脂肪、糖类，微量元素钙、磷、铁、镁等，维生素B_1、维生素B_2、维生素B_6与芳香性酯等营养成分。维他醋的营养成分见表8-5。

2. 维他醋的健康价值

（1）调节血脂　维他醋中独有的有效成分L-抗坏血酸（活性维生素C）和烟酸能促进人体血液中多余胆固醇和脂类等血液中的废物排泄，并能激发血液中红细胞活力，降低血糖黏稠度，从而达到调节人体血脂的目的。

表 8-5		维他醋营养成分含量表		单位：mg/100g	
成分	含量	成分	含量	成分	含量
天冬氨酸	120	亮氨酸	126	叶酸/(μg/100g)	20.6
苏氨酸	46	酪氨酸	4	维生素 B_6/(μg/100g)	49.5
丝氨酸	32	苯丙氨酸	40	维生素 C	416
谷氨酸	154	赖氨酸	52	烟酸/(μg/100g)	578
甘氨酸	16	组氨酸	31	硒/(μg/100g)	180
丙氨酸	126	精氨酸	62	铁	13.1
半胱氨酸	66	脯氨酸	106	镁	40
缬氨酸	58	维生素 A/(μg/100g)	9.44	锌/(μg/100g)	110
甲硫氨酸	23	维生素 B_1/(μg/100g)	394	锗/(μg/100g)	280
异亮氨酸	64	维生素 B_2/(μg/100g)	44.8		

（2）调节血压　维他醋中含有丰富的维生素 C 和烟酸成分，能促进血液胆固醇及钠盐的排泄，并增强血管的弹性和渗透力，从而达到调节人体血压的目的。

（3）润肠通便　维他醋含有双歧因子，可改善人体的肠胃功能，对润肠通便效果显著。维他醋中的主要成分是醋酸、乳酸、苹果酸和琥珀酸，可增强胃液分泌，提高肝脏代谢功能，增强肾脏功能，可利尿，防止尿中草酸钙的结晶形成，防治结石病。

三、小米主要功能性成分及应用

随着我国粮油工业的发展，对于小米功能性成分的应用已被人们所重视，尤其对小米红曲红色素、小米红曲米、小米黄色素及制品莫纳可林 K（相当于洛伐他汀），γ-氨基丁酸等有效功能成分的研究与生产日渐升温，红曲生产企业日渐增多，使小米的深加工技术水平实现了新跨越，传统食品焕然一新。

（一）小米红曲红色素

1. 红曲的应用

红曲红作为食品添加剂，已列入 GB 2760—2014《食品安全国家标准　食品添加剂使用标准》，食品添加剂着色剂品种，最大使用量为"按生产需要适量使用"，这证明红曲是比较安全的食品添加剂品种。我国食品中除了红腐乳着色、制红曲酒。近几年有应用于火腿肠的着色，并能减少肉制品中发色剂亚硝酸盐的使用量。随着功能性食品的生产与开发，红曲作为功能性食品的有效成分，应用范围将更广阔。按 GB 2760—2014《食品安全国家标准　食品添加剂使用标准》新标准、现已允许用于方便米面制品、粮食制品馅料、糕点、饼干、熟肉制品、调味品、调味糖浆、饮料、配制酒、果冻和膨化食品、调制乳、风味发酵乳、冷冻食品、果酱、腌渍的蔬菜、腐乳类、糖果、装饰糖果以及蛋制品等食品类别。红曲的广泛应用，开辟了粮食（谷物）食品医疗制剂的新领域。有人称红曲为"21 世纪心脑血管的保护神"，可见其对人体健康的重要性。

　　2．小米红曲红色素的成分

　　功能性红曲是通过菌种诱变、筛选获得的一株高产洛伐他汀的红曲霉菌种，并以优质小米为原料，进行固体深层发酵、加工而成，含有多种营养成分。小米红曲色素的主要成分见表8-6。

表 8-6　　　　　　　　　　　　小米红曲红色素的主要成分　　　　　　　　　　单位：g/100g

品种	能量/(kJ/100g)	水分	蛋白质	脂肪	膳食纤维	碳水化合物	灰分	矿物元素/(mg/100g)								
								钾	钠	钙	镁	铁	锌	锰	铜	磷
早籼米	1460	12.7	9.9	0.9	0.4	75.4	0.7	141	1.6	18	59	1.7	1.67	1.45	0.22	148
小米	1469	13.9	8.8	3.1	1.6	71.9	1.3	348	1.4	27	168	4.7	1.68	1.3	0.8	276
玉米	1381	13.4	9.6	3.6	7.5	64.8	1.1	260	0.6	—	28	0.6	0.59	0.16	0.08	97

　　市场上不少准字号的降血脂的药物，其主要有效成分就是红曲，这使小米红曲身价倍增。红曲已被列入我国十大种类具有调节血脂功能的食品功能添加剂和配料，可供开发生产调节人体血脂功能性食品和复合健康食品。

　　3．小米红曲红色素的制取

　　(1) 原辅料　小米（粳性）、醋酸巨红 3# （红曲霉菌种）。

　　(2) 工艺流程

小米→|浸米|→|沥干|→|蒸米|→|冷却|→|接种|→|试管菌种|→|三角瓶培养|→|曲种|→|堆积养花|→
|培养（经1~6次洒水培养）|→|成曲|→|干燥|→|包装|→成品

　　(3) 制作要点

　　①原料：粳性小米、除杂、清理干净。

　　②浸米：将小米放入温度15℃的水中，浸泡 5~6h。

　　③蒸米：待锅水沸后，将小米倒入木甑内，上后再蒸 10min 至小米熟透无生心备用。

　　④冷却与接种：将小米放在凉床上冷却至 40℃ 左右，进行接种。接种前将红曲种粉碎（40目以下），红曲种接种量为小米的 1%，将粉碎好的红曲种粉加无菌水 1∶4~1∶5（米∶水），放置30min 后，加 0.1%的醋酸，搅拌均匀后接种。

　　⑤曲房保温培养：曲房温度应在 30~32℃、相对湿度 70%~80%，进房时麻袋中的米温为 30~32℃，经 24~30h，待物料温度到 50℃，倒在曲床上进行培养。

　　倒包后，曲坯厚度为 22~30cm，培养温度为 43~45℃，使红曲霉大量繁殖，并采用翻拌操作，促使红曲霉菌丝体布满小米整体。根据米粒菌丝生长情况降低曲坯厚度，温度从 45℃ 降至 42~43℃，继续养花培养，直到米粒呈红色，并呈现干燥现象。

　　三天后进行第一次洒水，洒水量为 20%~25%，温度控制在 40~42℃（室内湿度 70%~80%），洒水后经 4~5h 拌翻一次，经 24h 左右繁殖，曲粒已呈干燥现象。

　　进行第二次洒水，洒水量为 20% 左右，物料温度控制在 40~41℃，曲粒呈紫红色。

再经 24h，进行第三次洒水，洒水量为 20%。每次洒水后，曲粒厚度逐渐减薄，物料温度在 38~40℃。 169

再经 24h，进行第四次洒水，洒水量为 15% 左右，物料温度在 35~38℃。

再经 24h 进行第五次洒水，洒水量为 15% 左右，物料温度在 33~35℃。

每天洒水一次，曲粒呈紫黑色，曲中心呈紫红，即可干燥成曲。色曲出曲率在 35% 左右。

⑥红曲干燥：用烘干机进行，红曲含水量控制在 12% 以下。并用有塑料薄膜内层的编织袋包装，贮藏于干燥处。

对于酿酒红曲的培养，时间为 6d 左右，出曲率 60%，红曲干燥、酿酒红曲室温在 45℃ 左右，夏天风干后再晒几小时（在早上 8：00—9：00 后）红曲水分在 12% 以下，包装后贮藏于干燥处。

功能性小米红曲是中国传统产品现代化生产的重要科技成果。采用优良的巨红 3# 红曲霉菌种，所生产的小米红曲质量优于籼米红曲，其品质色价高，出曲率达 30%~35%，为我国的小米开发提供了又一新途径。

（二）小米黄色素

小米黄色素的主要化学成分为玉米黄素（3，3′β-二羟基-β-胡萝卜素）、隐黄素 (3-羟基-β-胡萝卜素)、叶黄素（3，3′β-二羟基-α-胡萝卜素）。呈粉状，安全无毒、着色力强、色泽明亮自然、质量稳定、无溶剂残留，具有较高的营养健康价值，是人们喜爱的天然色素之一，可用于多种食品及糖果等制品的着色。

1. 小米黄色素的食用添加量

硬糖为 0.25%~0.3%，软糖为 0.3%~0.4%，人造奶油及黄油为 0.5%，冰淇淋为 0.4%，饮料为 0.4%，蛋黄酱为 0.1%。

面制品中使用时，制成 20%~30% 的水乳液或动植物油溶液添加。

2. 小米黄色素的工艺流程

黄色小米→预处理→溶剂浸提→过滤→减压浓缩→血红色素油膏状粗品→纯化→浓缩→
深红色油膏状→赋型→干燥→黄色粉末产品→检验→包装→成品

第三节　燕麦及其制品

燕麦（又称莜麦、铃铛麦、野小麦等），主要分布在内蒙古、山西、河北三省区的高寒地带。我国栽培的燕麦以裸粒型为主，又称为裸燕麦（莜麦）。燕麦对提高人类健康水平具有重要的价值，而受到重视。2014 年我国燕麦总产量为 85 万 t。我国农业标准 NY/T 892—2014《绿色食品　燕麦及燕麦粉》于 2015 年 1 月 1 日开始实施，确保燕麦食品和制品生产过程规范，产品安全，这对我国燕麦产业发展具有重要意义。

一、燕麦简介

燕麦是谷物杂粮中的营养食品，在 1985 年第二届国际燕麦会议上，美国谷物营养

170 学家指出："与其他谷物相比，燕麦具有抗血脂成分、高水溶性胶体及营养平衡的蛋白质，对提高人类健康水平具有异常重要的价值"。

（一）燕麦的营养价值

1. 燕麦的营养成分

燕麦蛋白质含量在禾谷类粮食中居首位，且营养价值较高，8种必需氨基酸齐全，配比合理，人体利用率高，其中赖氨酸是大米、小麦粉的2倍以上。燕麦中油脂的亚油酸含量约为45%。燕麦的营养成分及含量见表8-7。

表8-7　　　　　　　　　　　　　　燕麦的营养成分及含量　　　　　　　　单位：mg/100g

成分	含量	成分	含量	成分	含量
蛋白质/（g/100g）	15.0	钾	214	硒/（μg/100g）	4.31
脂肪/（g/100g）	6.7	钠	3.7	维生素 B_1	0.3
碳水化合物/（g/100g）	61.6	镁	177	维生素 B_2	0.13
膳食纤维/（g/100g）	5.3	铁	7.0	维生素 B_5	1.2
能量/（kJ/100g）	1573.9	锰	3.36	维生素 E	3.07
钙	186	锌	2.59		
磷	291	铜	0.45		

燕麦制品的营养成分及含量见表8-8。

表8-8　　　　　　　　　　　　　　燕麦制品的营养成分及含量　　　　　　　　单位：g/100g

品名	水分	蛋白质	脂肪	糖类	膳食纤维	矿物质	维生素 E/（mg/100g）
燕麦片	7.9	15.0	6.7	68.0	2.1	2.0	3.07
燕麦粉	7.6	14.0	6.6	67.8	1.2	1.9	3.00

燕麦的营养成分与5种谷物的营养成分比较见表8-9。

表8-9　　　　　　　　　　　　燕麦与5种主要谷物的营养成分比较

成分	燕麦粉（全）	粳米（特）	小麦粉（标准）	玉米粉（黄）	苦荞粉（全）
能量/（kJ/100g 可食部）	1537	1397	1439	1427	1272
碳水化合物/（g/100g 可食部）	61.6	75.3	73.6	75.2	66.0
膳食纤维/（g/100g 可食部）	5.3	0.4	2.1	5.6	5.8
蛋白质/（g/100g 可食部）	15.0	7.3	11.2	8.1	9.7

续表

成分	燕麦粉（全）	粳米（特）	小麦粉（标准）	玉米粉（黄）	苦荞粉（全）
脂肪/(g/100g 可食部)	6.7	0.4	1.5	3.3	2.7
灰分/(g/100g 可食部)	2.2	0.4	1.0	1.3	2.3
钙/(mg/100g)	70	24	31	22	39
磷/(mg/100g)	291	80	188	196	244
铁/(mg/100g)	7.0	0.9	3.5	3.2	4.4
硒/(μg/100g)	4.31	2.49	5.36	2.49	5.57
维生素 E/(mg/100g)	3.07	0.76	1.80	3.80	1.73
维生素 B_1/(mg/100g)	0.30	0.08	0.28	0.26	0.32
维生素 B_2/(mg/100g)	0.13	0.04	0.08	0.09	0.21

燕麦与 5 种谷物必需氨基酸含量的比较见表 8-10。

表 8-10　　　　　　　　　燕麦与 5 种谷物必需氨基酸含量比较　单位：mg/100g（可食部）

种类	缬氨酸	苏氨酸	亮氨酸	异亮氨酸	甲硫氨酸	苯丙氨酸	色氨酸	赖氨酸
燕麦粉（全）	962	638	1345	506	225	860	212	680
粳米（特）	360	222	509	247	144	335	124	221
小麦粉（标准）	528	318	789	414	144	528	139	288
玉米粉（黄）	408	245	935	294	142	388	74	244
荞麦粉（全）	427	299	638	321	155	596	182	568

　　从以上三表数据对比可知，燕麦营养成分中所含膳食纤维、微量元素、维生素都十分丰富，并含有禾谷类作物中独有的皂苷，因此燕麦具有较高的食用价值。随着我国粮油食品工业中健康食品、方便食品的兴起，一些燕麦片、即食方便燕麦片、即食莜麦粉、莜麦方便面、健康莜麦面茶、燕麦乳等新型燕麦食品相继问世，已逐渐成为航空人员、旅游者、婴幼儿、中老年人等特殊群体的健康食品。尤其是各种燕麦片更是受到中老年人、糖尿病患者、亚健康人群的喜爱。

　　2. 燕麦的食用禁忌

　　（1）燕麦片粥、燕麦打浆食用时，均不宜添加糖和食盐。

　　（2）有胃病患者，不宜食用燕麦全面粉制品。

　　（3）燕麦粉制品，食用时以个人健康状况，一般以半饱为宜。

　　（4）麦麸过敏者，在食用燕麦食品时，一般以半饱为宜。

　　（5）为保持燕麦营养素不被流失，在燕麦片煲粥、冲燕麦片烹调时，均不宜用水淘洗，要将麦片、麦末同煲，同冲食用为佳。

（6）选购燕麦粉时，最好是选全麦面粉，因为其食用价值最高。

（二）燕麦的健康价值

燕麦不仅营养价值高，同时还具有一定的保健价值。我国中医学认为，燕麦性味甘、平，对人体具有滑肠、润肠作用，可益肝、和脾。并可用于辅助治疗妇女难产、驱虫等病症以及产妇催乳、婴幼儿营养不良等症。燕麦具有多种生理功能，如调节血脂、减肥、调节血糖、改善胃肠功能、延缓人体衰老等。燕麦中的亚油酸是人类最重要的必需脂肪酸，不仅可用来维持人体正常的新陈代谢，而且是合成前列腺素的必要成分。燕麦中的单不饱和脂肪酸、可溶性纤维（β-葡聚糖）、皂苷素等，可以降低人体血液中的胆固醇、甘油三酯等的含量，从而减少患心血管疾病的风险。

现代科学研究表明，燕麦中的β-葡聚糖具有降低血糖、降低胆固醇、减少心血管疾病、预防糖尿病等生理功能。燕麦中含有大量的多酚类抗氧化物质如肉桂酸衍生物、对香豆酸、对羟基苯甲酸、邻羟基苯甲酸、4-羟基苯乙酸、香草醛、儿茶酚等活性成分，从而使燕麦具有降血脂、提高免疫力、抑制脂质氧化及延缓衰老等重要生理功效。此外，燕麦所含有的微量皂甙素与膳食纤维结合，可以吸收胆汁酸，减少胆石症。燕麦含有多种抗氧化物质，包括维生素 E、植酸、酚类物质。美国《时代》杂志评出的十大健康食品中，燕麦名列第五。

（三）燕麦加工技术的新突破

我国《燕麦食品产业化关键技术研究与示范》项目课题组首次提出燕麦灭酶生产技术，并进行了产业化示范和推广，获得了燕麦红外灭酶机和微波加热抑制燕麦脂肪酶活性的方法两项专利；解决了燕麦大众化方便食品加工技术问题，开发出燕麦米、燕麦专用粉、燕麦酸乳饮料、燕麦谷物饮料、燕麦酒、燕麦醋、燕麦方便面等多种燕麦新食品，且已被多家企业产业化生产，丰富了市场产品类型。

"塞外三宝"之一的燕麦是我国华北、西北地区重要的粮食作物，采用新的加工技术，生产出燕麦新产品，这对当地居民健康具有重要意义。大米、小麦和玉米是我国三大传统食品，燕麦有望跻身中国居民"第四大食粮"，发展燕麦食品前景广阔。

二、燕麦功能性制品

近年来燕麦食品越来越多地走上餐桌，成为人们日常膳食中的重要成员。

（一）燕麦焙烤食品

1. 燕麦木糖醇饼干

燕麦木糖醇饼干是以燕麦粉、小麦粉、精制大豆纤维粉、谷朊粉、玉米油、木糖醇等为原辅料，经调粉、辊轧、成型、烘烤、冷却、整理、包装等工艺制成的一种功能性粮油食品，具有酥脆可口、甜味纯正、柔和，不含蔗糖的特点，有一定的食疗功效，适合糖尿病及肥胖症等特殊膳食人群食用。

（1）原辅料配方　小麦粉 50kg，燕麦粉，精制大豆纤维粉 12kg，谷朊粉 11.2kg，玉米油 6kg，木糖醇 1kg，鸡蛋 5kg，食用精盐 0.14kg，酵母粉 0.12kg，小苏打 0.2kg，碳酸氢铵 1.2g，香兰素 0.04kg，水（适量）。

（2）制作要点

①调粉：鸡蛋搅打均匀后加入水、木糖醇、碳酸氢钠、小苏打、酵母粉、食用油及食盐，在和面机里搅拌均匀，再加入混合好的燕麦粉，谷朊粉、小麦粉、大豆纤维粉等物料，调制 15~30min，温度为 30℃左右，水分含量 16%~18%，香兰素应在调制成乳浊液后加入，以便控制香味程度。调制好的面团应硬适中，有的可塑性。

②静置、辊轧：和好的面团，静置 10min 后辊压成厚薄均匀、表面光滑、形态完善的面片。

③成型、烘烤：面片辊切成大小均匀、厚薄一致的饼干坯后送入烤炉，在 180~250℃温度下烘烤 5~8min 熟化并发出烘烤食品特有的香气。

④冷却、整理：饼干的冷却可以使用吹风加速冷却，但空气的流速不宜超过 2.5m/s，待饼干温度冷却至 45℃以下后进行整理。

⑤包装、储藏：经整理、检查合格的产品进行称量、包装即得成品。

2. 燕麦花生曲奇饼干

（1）原辅料配方　燕麦粉 13.8%，饼干专用小麦粉 12.3%，花生酱 31.6%，食盐 0.3%，米糠油 12.3%，香兰素 0.3%，米糠纤维 10.1%，蛋清液 8.2%，NH_4HCO_3 0.4%，IMO900 粉 10.4%，$NaHCO_3$ 0.3%，水（适量）。

（2）制作要点

①燕麦粉、饼干专用粉、米糠纤维粉混合均匀，备用。

②所有辅料混合搅拌均匀，备用。

③混合粉料和混合辅料混合加水搅拌均匀呈面团状。

④面团置于模具压制成型（饼干坯）。

⑤饼干坯送入烤炉，在 190℃炉温下焙烤 10min 至饼干熟化呈淡棕色。

⑥烤熟的饼干置室温下冷却后包装、检验、成品入库。

3. 燕麦大豆膳食纤维饼干

（1）原辅料配方　饼干专用粉 50kg，燕麦粉 18kg，酵母粉 0.12kg，精制大豆纤维粉 12kg，谷朊粉 12kg，食盐 0.014kg，玉米油 6kg，木糖醇 1kg，NH_3CO_3 0.4kg，IMO900 粉 10.4kg，$NaHCO_3$ 0.3kg，香兰素 0.04kg，水（适量）。

（2）制作要点

①鸡蛋搅打均匀，加水、木糖醇、酵母粉、食用油、NH_4HCO_3、$NaHCO_3$、食盐在和面机内搅拌均匀后加入混合好的燕麦粉、专用粉、精制大豆膳食纤维粉、香兰素和谷朊粉等物料，调制 15~30min，保持温度 30℃左右，面团水分含量 16%~18%，调制好的面团软硬适中，有可塑性。

②面团静置 10min 左右，然后辊压成面片。

③面片辊切成大小均匀的饼干坯，送入烤炉，在 180~250℃炉温下烘烤 8min 左右至熟化。

④饼干冷却至室温后进行整理，除去碎块及不规则形状的次品。

⑤合格品进行包装、检验、成品入库。

4. 燕麦蛋糕

燕麦蛋糕是用燕麦粉、小麦粉、鸡蛋等为原辅料，经和面、上模、烘烤等工序制成

174 的一种粮油方便食品。具有组织结构均匀、疏松有弹性、不硬不黏、形态规整丰满、色泽淡黄和燕麦特有清淡香味的特点。

（1）原辅料配方　燕麦粉 6kg，小麦粉 80kg，鸡蛋 120kg，起发剂 0.25kg，食用白糖 9kg，苹果酱和水（适量）。

（2）工艺流程

原辅料→预处理→搅打蛋浆→和面→入模成型→烘烤→冷却→定量→包装→成品

（3）制作要点

①原辅料预处理：燕麦粉、小麦粉分别通过 100 目细筛，去除粗粒及杂质，将白糖过筛除杂，备用。

②搅打蛋浆：鸡蛋、白糖放入打浆机中，搅打 10~20min 至蛋浆体积增加 2~3 倍时为止。

③拌面：将已处理好的燕麦粉、小麦粉分别按配方重量称取，均匀加入搅打好的蛋浆中，边加料边搅拌。最后加入起发剂，搅拌均匀，备用。

④上模：用模具将搅拌好的混合物料舀入预先擦过植物油的模具中，注入量为模具容积的 2/3 左右为宜，入模成型。

⑤烘烤：将模具放入预热至 180℃的烘烤箱中，烘烤 10~15min，烤熟，出炉。

⑥冷却、包装：将出炉的蛋糕立即脱模，冷却至室温，检验后定量包装。若即时食用，可抹上适量的苹果酱，则口味更佳。

5. 燕麦坚果面包

燕麦坚果面包是一种功能性面包，原料配方中使用了大量燕麦、葡萄干和柠檬皮，从而使面包含有丰富的维生素和微量元素，表皮松脆，有燕麦特有的香味和甘甜。燕麦坚果面包可以切片涂上果酱食用。

（1）原辅料配方　燕麦片 15%，小麦强力粉 70%，坚果仁 10%，食用盐 2%，小麦全麦粉 15%，鲜酵母 3%，麦淇淋粉 3%，糖渍柠檬皮 15%，葡萄干 20%，水（适量）。

（2）制作要点

①面团的调制与发酵：将燕麦片、小麦强力粉、全麦粉、鲜酵母、食盐和水按比例称取放入调粉机中进行混合搅拌，低速 2min，中速 4min，然后加入麦淇淋粉继续搅拌，低速 3min，再加入葡萄干、柠檬皮和坚果仁，低速 2min，面团温度为 28℃，经调制的面团在 28℃温度下发酵 30min，使面团体积增大。

②面团的分割、静置与成型：经发酵的面团进行分割成块，经折叠在室温下静置约 20min 后成型（棒状或圆形），并在面包坯的表面喷水后，蘸上适量的燕麦片。

③发酵与烘烤：成型后的面包坯放入发酵箱中，在温度为 30℃、相对湿度为 80% 的条件下发酵 50min 后放入温度为 220℃的烤炉中烘烤 40min。

④出炉与包装：烘烤好的面包出炉，冷却至室温后可进行包装、入库。

（二）燕麦饮料及其他产品

1. 燕麦速溶粉（固体饮料）

燕麦速溶粉是以燕麦为原料生产的一种固体饮料，适合高脂血症及糖尿病等特殊人群饮用。原料经清理去杂质、去纤毛、经热水浸泡、磨浆加入α-淀粉酶液化、加入辅料和乳化剂，进行均质后经喷雾干燥即为成品。饮品色泽乳白（或乳黄），均匀一致，有香味，滋味浓厚，在60～90℃热水中，溶解很快，放置1～2h，也有很好的流动性，无明显分层。

2. 燕麦速溶减肥茶

燕麦速溶减肥茶为粉末状制品，呈黄色（或褐色），含水量10%以下，是以燕麦胚芽、绿茶、糯米粉、酶类（β-淀粉酶、蛋白酶）以及药食兼用的绞股蓝叶等为原辅料，用热水浸出水溶性成分，干燥，超微粉碎处理后制成的一种产品。饮用时用开水冲调即可，不产生残茶叶等废弃物，具有茶叶的特有香味和茶水的颜色。燕麦速溶减肥茶既保留了茶水的消暑、解毒等功效，还有减肥效果，适合高血压、高血脂、肥胖症等特殊人群选用。

（1）原辅料配方 燕麦胚芽2kg，绿茶30kg，绞股蓝叶0.3kg，糯米淀粉20kg，氢氧化钙、β-淀粉酶、蛋白酶和水（适量）。

（2）制作要点

①将绿茶、绞股蓝叶、燕麦胚芽，添加240kg、70℃热水，搅拌5min，浸出水溶性成分，过滤得到滤液（A），备用。

②糯米淀粉及260kg水拌匀后用饱和Ca（OH）$_2$溶液将pH调整到8～9。

③将混合物搅拌并徐徐加热，待温度达到50℃时，添加0.26L混合酶的100倍稀释液，继续加热搅拌。

④加热约40min，待温度达到85℃后，将混合物放入高压锅中，用0.147MPa蒸汽压加热10min，使酶失活。

⑤混合物速冷却后过滤，得到滤液（B），备用。

⑥将滤液（A）与滤液（B）混合，充分搅拌后进行喷雾干燥（入口160℃，出口90℃），得到25kg左右的燕麦速溶减肥茶制品。

⑦成品包装，小包装3～5g/袋，再入大袋包装，即为成品。

3. 益生元复合营养燕麦片

低聚异麦芽糖（IMO）是一种公认典型的益生元，是一种水溶性膳食纤维，对人体具有多种保健功能。将其应用于燕麦片类产品生产，可以显著提高产品的食用价值，和保健功效。该产品口感爽滑、鲜香柔韧，易于人体消化吸收。

（1）原麦片配方 燕麦粉8kg，小麦粉20kg，玉米粉10kg，大豆粉5kg，白砂糖3kg，卵磷脂0.5kg，环糊精0.2kg，奶粉2.5kg，IMO5.8kg，乳化剂和水（适量）。

（2）制成品配方 原麦片55kg，植脂末15kg，麦芽糊精10kg，白砂糖8kg，麦芽糖粉6kg，奶粉5kg，食用盐0.5kg，活性钙0.06kg，乙基麦芽酚0.015kg。

（3）工艺流程

配料、水 →搅拌→ 胶体磨 → 糖化 → 预糊化 → 上浆干燥 → 造粒 → 筛分 → 原麦片配料 → 混合 → 烘干 → 包装 →成品

176 　　（4）制作要点

①配料搅拌：根据原麦片原料配方称量，加入适量 35～40℃温水后放入锅中搅拌 20min。

②均质：经胶体磨均质 2 次，使浆料乳化，提高麦片品质。

③糖化、预糊化：蒸汽滚筒干燥机的表面温度为 140℃，当浆料被输送到蒸汽滚筒干燥机的蓄料槽时，产生糖化和预糊化反应，便于干燥成型。

④上浆干燥：将蒸汽缓缓通入干燥机，待干燥机辊表面温度至 140℃时，即可用浓浆泵上浆，成片厚度 1～2mm。

⑤造粒、筛分：从干燥机落下的薄片送入造粒机，筛分所得粒度 5～6mm 为原麦片。

⑥配料、混合：将制成品所需要的原料按配方称量后投入搅拌锅中搅拌 20min 至均匀。投入时先放原麦片、白糖、麦芽糊精、麦芽糖粉、奶粉、植脂末等，后放其他原料，搅拌均匀成粉片混合体。

⑦将制成品称量、包装、检验、合格产品入库。

4. 速食燕麦粥

速食燕麦粥是以去壳燕麦、粳米、变性淀粉为原料，经膨化等工序加工，再配以各种粉末汤料（葱花型、虾酱型、香菇味型及甜味型等）制成的一种即食粥类产品，口感细腻，具有燕麦粒焙烤的麦香味，食用方便，老少皆宜。

（1）工艺流程

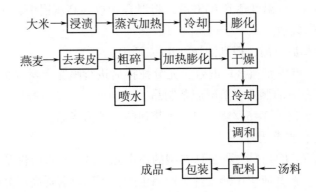

（2）制作要点

①大米净水浸渍 1.5～2h，沥干，15min 后送入蒸汽锅内加热 7min，大气压力 0.12MPa，取出冷却。

②温热大米粒通过挤压膨化，温度（200±5）℃，挤压时间为 85s 左右。

③膨化米送入连续切断成型机中，切成 φ2mm 颗粒。

④膨化米粒送入干燥箱中，于 110℃烘干 1h，至颗粒米含水量小于 6%，出箱冷却后，盛于密封容器中，备用。

⑤将燕麦（含水量小于 6%）用碾米机去表皮后入粉碎机中粉碎，筛网为 20 目，制得粗燕麦粒；向粗燕麦粒喷适量的水，并搅拌均匀。

⑥将粗燕麦粉粒通过挤压成型机，加热膨化，温度200℃左右，时间70s，挤压出 177
的燕麦粉条引入切断成型机中，切成φ2mm左右的颗粒。

⑦把膨化燕麦颗粒送入热风干燥箱中于110℃温度下烘干至含水量5%以下，冷却，备用。

⑧冷却的混合颗粒经调和配料后用铝箔复合袋按75~90g不同净重密封包装即为成品。其内配以不同风味的粉末独立小袋密封包装汤料。

5. 燕麦羊肉酥

燕麦羊肉酥是以燕麦为主料，辅以羊肉及调味料制作的一种保健休闲食品，具有营养丰富、风味独特、口感酥脆的特点，适合多种人群消费。

（1）原辅料配方

①麻辣味型：莜面100kg，羊肉5kg，花椒粉0.2kg，辣椒粉0.5kg，五香粉0.2kg，食盐0.5kg，水（适量）。

②蒜香味型：莜面100kg，羊肉5kg，大蒜粉1.1kg，食盐0.5kg，白糖0.8kg，水（适量）。

③孜然味型：莜面100kg，羊肉5kg，孜然粉0.5kg，食盐0.5kg，白糖0.5kg，五香粉0.2kg，水（适量）。

（2）主要工艺流程

羊肉→绞碎→焖煮入味→磨浆→调制面团→造型→速冻油浴→脱水→包装→成品

（3）制作要点

①选料：选用一年龄的羊肉，去除筋骨；选用焙烤后磨制的优质燕麦粉（细度为90目）。

②绞碎：将选好的羊肉进行反复清洗，并用2%的盐水进行漂洗后切成0.5kg左右的肉块，放绞肉机中绞成肉糜。

③焖煮入味：按配方先将调料放入清水中（或用卫生纱布包成料包），在沸水中煮30min左右，然后将绞碎的羊肉放入用文火焖煮2h左右，边煮边搅动。

④磨浆：将焖煮好的羊肉连同肉汤保持一定的温度在胶体磨中磨成浆（磨制时过60目的筛网），磨浆的浓度根据实际操作掌握，备用。

⑤调制面团：在和面机中按比例加入羊肉浆、大蒜粉（或辣椒酱）、燕麦粉，开动搅拌机，边搅拌边加入，待搅拌到面团均匀、未见面粒块、有一定的韧性为止，面团温度在50℃左右。

⑥造型：将面团制成各种形状（如猫耳朵形，或在造型机上将面团直接挤压成所需要的形状，如圆形、长形、方形）。为了不黏结，在表面涂一定的精制食用油。

⑦速冻：将成型后的面坯放入不锈钢网盘中，放入速冻库中速冻，温度为-17℃以下，5~6h即可冻实。

⑧油浴脱水：采用油浴脱水设备进行脱水，先将精制棕榈油加热到120℃左右，再将冻好的面坯放入，开动真空泵，将真空度抽到0.6~0.7MPa时将料筐放入油中，待油

178　面急速沸腾，温度下降，温度控制在100℃左右。待到油面平稳，无泡上浮，即面块已脱水。将料筐提出油面，开动离心机，在转速为280~300r/min的情况下，保持原来的真空度，采用离心脱油，时间5~6min。脱油后，破除真空，打开密封门，将料筐取出。

⑨冷却：冷却后的面坯有一定的脆度，从料筐下取料时注意操作防止造成大量的破损并防止产品吸湿回潮。

⑩包装：将凉透的成品（挑出残损不合格品）计量后立即进行，充氮包装。

三、燕麦主要功能性成分的应用

燕麦是一种营养健康的食料，其开发研究越来越受到人们的关注。在我国，近几年关于燕麦产品开发和深加工技术研究已取得显著成绩，并实现了产业化，生产的有燕麦肽、β-葡聚糖、燕麦系列食品等。随着我国燕麦科研与国际接轨的助推，燕麦功能性成分健康机理的研究和应用，运用现代分离、提取、重组、生产技术配合燕麦深加工研发，以及人们迫切需要既营养又可防治"富贵病"，有效阻击亚健康的燕麦食品，这就给燕麦深度开发提供了机遇。

（一）燕麦肽

肽是蛋白质的降解产物，应用酶法分解燕麦蛋白得到燕麦肽，再经过滤、超滤等新工艺将其分离，所得燕麦肽相对分子质量在1000~3000，具有抑制皮肤胶原蛋白分解酶的活力，并能提升皮肤胶原蛋白，可以广泛应用于食品、化妆品等领域。开发出的燕麦降压肽则具有抑制血管紧张素转换酶（ACE）的活力，可以广泛应用于降低血脂，降低血压等功能性食品等领域。

（二）燕麦β-葡聚糖

燕麦麦麸中含有β-葡聚糖，是麦麸中特有的水溶性膳食纤维，对人体有明显降低胆固醇的作用。β-葡聚糖是燕麦胚乳细胞壁的主要成分之一，是一种长链非淀粉的黏性多糖。

1. 燕麦麸和β-葡聚糖简介

燕麦种皮和胚乳界面明确，易于剥离，所以二者可以全部在制粉过程分离。将燕麦清理干净后，经磨粉工艺加工后筛分，即可得到燕麦麦麸。燕麦麦麸中β-葡聚糖的提取采用新工艺，提取效率可达81%，纯度达到85%以上。β-葡聚糖可用作功能性食品，疗效食品的营养剂，这种可溶性膳食纤维被誉为"贵族膳食纤维"。

2. 燕麦β-葡聚糖的制取工艺流程

（1）灭酶工艺流程

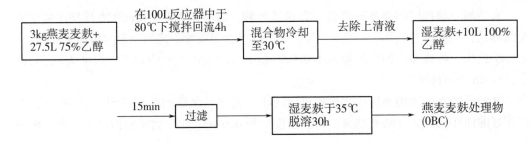

（2）提取工艺流程

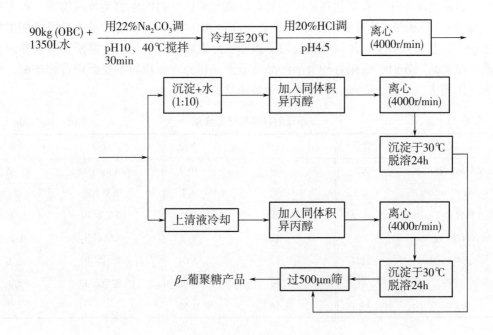

第四节　荞麦及其制品

荞麦（又名三角麦、荞子等），荞麦本来不属于禾本科的粮食作物，但其营养素及食用品质与禾本科粮食十分相似，所以粮食部门、农业部门将其列入谷类粮食系列。荞麦花朵大而多，花期长，蜜腺发达，具有香味，花蜜质量好，是我国三大蜜源作物之一。我国是荞麦生产大国，居世界第二位，主要分布在内蒙古、山西、甘肃、宁夏、云南、四川、贵州等省区。荞麦是中国重要的出口农产品，年出口量 14 万 t 左右，主要出口到日本、法国、荷兰、俄罗斯、欧盟国家、韩国、朝鲜及南亚、西亚等国家和地区。

一、荞麦简介

我国生产的荞麦有甜荞麦和苦荞麦。荞麦营养全面，具有独特食用价值。

（一）荞麦的营养价值

荞麦含有其他杂粮所没有的叶绿素、芸香苷（芦丁），与甜荞麦相比，苦荞麦中芦丁含量高 13.5 倍，维生素 B_2 高 1.16 倍。因此，荞麦的营养价值和健康价值较高。同时，含量较高的组氨酸、精氨酸，有利于儿童的健康成长。荞麦的营养成分见表 8-11。

从表 8-11 可知，荞麦的营养价值很高。其蛋白质以球蛋白为主，富含禾谷类粮食中较少的赖氨酸，其含量达 740mg/100g，为小麦的 2.8 倍；脂肪中的油酸和亚油酸含量占 75%~80%；淀粉容易糖化，人体消化吸收快，单粒淀粉直径比普通淀粉粒小 5~11 倍，多属软质淀粉，使荞麦食品具有易熟、易消化吸收的特点。荞麦还富含多种维生素，胡萝卜素、维生素 B_1、维生素 B_2、维生素 B_5、维生素 E 等均高于大米、小麦的含量；荞麦食品中还含有其他谷物所不具有的多元酚衍生物的生物类黄酮物质、荞麦糖醇、2，4-二羟基顺式肉桂酸等，芸香苷含量高达 610~800mg/100g，芸香苷是黄酮类物质之一。这些成分对于人体具有明显的降血脂、降血糖、抗氧化、改善便秘等食疗健身功能。在食品制作时，根据各种食品的品质需要，将荞麦面粉与小麦面粉合理搭配，可用来制作馒头、豆包、面包、饼干等多种粮油食品。

表 8-11　　　　　　　　　　　荞麦的营养成分及含量　　　　　　　　单位：mg/100g

成分	含量	成分	含量	成分	含量
蛋白质/（g/100g）	9.3	钾	40.1	硒/（μg/100g）	2.45
脂肪/（g/100g）	2.3	钠	4.7	胡萝卜素	20
碳水化合物/（g/100g）	66.5	镁	25.8	维生素 B_1	0.28
膳食纤维/（g/100g）	6.5	铁	6.2	维生素 B_2	0.16
能量/（kJ/100g）	1357	锰	2.04	维生素 B_5	2.2
钙	47	锌	3.62	维生素 E	4.4
磷	29.7	铜	0.56		

（二）荞麦的健康价值

荞麦同时还具有保健、食疗价值，是一种加工制作保健食品、食疗食品的理想原辅料。中医学认为，荞麦性味甘、平、寒、无毒，对人体具有清热、解毒、消食、化积的功用。可用于医治绞肠痧、肠胃积滞、慢性泄泻、噤口痢疾、赤游丹毒、瘰疬，汤火等症。现代医学研究证实，荞麦的种子、幼苗和花叶中含有能防治高血压的芸香苷（芦丁），经常食用荞麦食品对缓解高血压患者的症状很有好处。

临床应用的"全荞麦片"具有消炎、解热、化瘀的功效。在西欧国家，荞麦是作为对小麦蛋白过敏病人的推荐食物之一。经荞麦中的芦丁降解的苷元槲皮素具有消炎作用，可用于辅助治疗支气管炎、咳嗽等疾病。由荞麦生产的荞麦咖啡，由于含有天然芦丁，对减少老年斑有良好的作用。可用荞麦抗营养因子的浓缩物生产天然减肥胖药物。荞麦淀粉的工业化应用为变性淀粉工业、黏合剂生产、药物缓解剂的生产增加了新产品。

我国利用新工艺，还出产出以三种苦荞粉为原料的"复方苦荞双降粉"（降血糖、降血脂），并用其制作功能性粮油食品。以荞麦为原料，采用纯麦曲为糖化发酵剂及传统黄酒生产工艺生产，保留了荞麦固有的营养成分，又融合了麦曲中的营养，所制得的荞麦黄酒可用于辅助治疗高血压、糖尿病，是良好的保健饮料酒。荞麦中的苦味素，是清热降火、健胃的疗效成分，我国已研制出了苦荞系列食品，受到糖尿病、心血管疾病特殊膳食人群的欢迎。研究人员还发现荞麦粉中含有 8 种蛋白酶催化剂，能阻碍白血病细胞增殖，有望制作成医治白血病的新型药剂，人们在期盼它早日面市。

（三）苦荞麦保健新食品

随着研究与产业发展的日渐成熟，苦荞麦不仅可作为加工各种保健食品的原料，而且从中提取的各种天然活性成分被作为食品配料，得到广泛应用。生物类黄酮、多酚、多肽等是苦荞麦的重要功能因子，对人体具有清除超氧化自由基、软化血管、防治动脉粥样硬化以及抗脂质过氧化和保护红细胞等功效。苦荞麦中所含槲皮素和异槲皮苷是芦丁的同系衍生物，具有更多的生物活性功能。苦荞异槲皮苷具有抗抑郁症效果。新研制生产的有苦荞米茶、苦荞面食、苦荞方便米粉、苦荞保鲜湿面、荞麦方便面、苦荞醋和苦荞酒等多种食品。

1. 苦荞米和苦荞茶

苦荞米、苦荞茶是两款风味型保健饮品，其中的槲皮素和 D-手性肌醇含量分别提高了 9.08 倍和 3.63 倍。

2. 苦荞面类食品

苦荞麦的淀粉含量约 60%，是苦荞麦食品加工的主要原料，但因面筋含量低，加工品质较差。采用挤压预糊化成型工艺和苦荞功能食品配料强化技术，开发的"苦荞方便米粉""苦荞保鲜湿面""苦荞麦配方面粉"等面食产品，具有良好的抗氧化活性和口感。

3. 苦荞醋类食品

苦荞醋口服液和苦荞黄酮醋软胶囊两款新产品，在传承醋健康功能基础上，复合了苦荞富含的生物类黄酮、D-手性肌醇、酚酸、硒等功能活性成分。我国已实现苦荞醋类等食品的产业化生产。

4. 苦荞保健酒

苦荞保健酒以苦荞麦为原料，采用土家族制酒传统工艺发酵，并提取苦荞酒糟中的黄酮类活性物质，调配勾兑至酒中，保留了苦荞麦富含的功能成分和抗氧化活性，该产品面市后颇受消费者欢迎。

二、荞麦功能性制品

近年来，随着我国食品工业的发展，有关荞麦营养成分、加工特性及健康功能的发现和研究，使荞麦愈来愈受到重视，其新开发的食品、饮料、保健食品和药品越来越多，显著拓展了荞麦应用的新领域。我国农业标准 NY/T 894—2014《绿色食品　荞麦及荞麦粉》于 2015 年 1 月 1 日开始实施，可确保荞麦食品和制品生产过程规范，产品安全，这对我国荞麦产业的快速发展具有重要意义。我国荞麦食品出产方兴未艾，会有更多的新型荞麦食品和制品面市，为实现健康产业助力。

（一）荞麦焙烤食品

1. 荞麦甜豆面包

荞麦甜豆面包是以小麦粉为主料，添加荞麦粉、甜豆、大豆蛋白粉、黄油、食盐、食用糖等辅料，经和粉、发酵、分割、静置、成型、烘烤等工艺过程，制作的一种功能性粮油食品。酸甜适口，质地紧密，营养丰富。

（1）原辅料配方

①发酵面团配方：小麦面包粉 43.8%，荞麦粉 10%，大豆蛋白粉 3%，食盐 2%，甜豆 7.2%，荞麦发酵种子面团 26%，白糖 4%，黄油 4%，水（适量）。

②甜豆的配方：大豆 880g，白糖 1.4g，水 2000g。

③荞麦发酵种子面团配方：荞麦粉 100g，水 100g，发酵粉 1g。

（2）制作要点

①甜豆的制作：清洗干净的大豆放入锅中，加水煮熟透，将大豆捞出放入另一锅中加入白糖，用小火煮制后出锅，备用。

②荞麦发酵种子面团的制作：荞麦粉加等量的水与发酵粉混合均匀，进行发酵，待发酵完全后即可使用。每天使用后应添加同量的荞麦粉和水，搅拌均匀，以便再用。

③面团的调制与发酵：发酵面团配方原辅料全部放入和面机中，低速搅拌 3~5min，面团温度约为 25℃。调制后的面团在温度 30℃、相对湿度 70%条件下发酵 14~15h。

④面团的分割、静置、成型：发酵后的面团进行分割，120g/块，放在室温条件下静置 30min，成型为枕型，放入 10cm×5cm 的模具中。

⑤发酵、烘烤：成型后的面包坯在温度 30℃、相对湿度 70%的发酵箱内发酵 2h，取出后放入烘烤炉中进行烘烤，上火温度为 180℃，下火温度 200℃，烘烤 30min。

⑥出炉、冷却、包装：烘烤好的面包出炉，冷却至室温后包装入库。

2. 荞麦降血糖饼干

荞麦降血糖饼干是在普通饼干配方和工艺的基础上加以改进，降低了食糖和油脂的用量，添加了低糖南瓜粉、荞麦粉、液体木糖醇、谷朊粉，使产品既具有饼干的色、香、味等特性，又能符合糖尿病人的代谢生理需求，是一种适合糖尿病、高血压、肥胖症等特殊人群选用的功能性粮油食品。

（1）原辅料配方　荞麦粉 15kg，谷朊粉 1.5kg，高果糖浆 8kg，大米粉 7kg，低糖南瓜粉 20kg，木糖醇 5kg，脱脂奶粉 3kg，鸡蛋 2kg，小麦粉 30kg，食用盐 1.5kg，植物油 6kg，碳酸氢钠 0.5kg，碳酸氢铵 0.5kg，水（适量）。

（2）制作要点

①调粉：按配方称取高果糖浆、液体木糖醇，加水充分溶解，加热至 70℃左右，过滤去杂。再将植物油加热至 40℃后将热糖浆、蛋液、油脂、奶粉、碳酸氢铵、碳酸氢钠等物料加入和面机充分搅拌均匀，再将面粉、南瓜粉、荞麦粉、米粉、谷朊粉等物料经计量、筛分后加入和面机进行调制。

②静置、辊轧：将调制的面团静置 15~20min 后，先将其辊轧成面片，再制作成型的饼干坯。

③焙烤：将成型的饼干坯送入烤炉，炉温为 180~250℃。烘烤时间为 6~10min。

④冷却、整理、包装：将烘烤好的饼干，自然冷却至室温，进行整理（去除破碎片）、包装、检验、入库。

（二）荞麦面制品

荞麦在粮食作物中虽属小宗作物，却是重要的新型营养健康资源。随着我国食品工业的发展，粮食加工业在荞麦科研与国际接轨的推动下，我国荞麦面制品的品种增多，品质提高。

1. 苦荞葛根速食面

苦荞葛根速食面是以苦荞粉、小麦粉、葛根、调味品等为原辅料，经现代制面工艺精制而成的一种功能性面食品，呈暗黄绿色，复水后呈黄绿色，具有苦荞麦特有的清淡苦味。苦荞葛根速食面的营养和功能成分见表8-12。产品的糊化度为95.8%，复水时间为3~4min，成分保持率为76.15%。

表8-12　　　　　　　　　　苦荞葛根速食面的营养和功能成分　　　　　　　　　单位：g/100g

营养成分	含量	营养成分	含量	功能成分	含量
水分	8.5	糖类	76.6	蛋白质	11.7
脂肪	1.5	生物总黄酮/(mg/100g)	10.82	样品总黄酮/(mg/100g)	3.30

苦荞葛根速食面所选用的葛根含有葛根素、葛根苷、黄酮类化合物。中医药学认为：葛根性味凉、甘，止渴生津，对人体具有扩张冠状动脉血管、降低血压的生理功效。苦荞与葛根配伍，常食可增强人体体质，收获调节血压和血脂的保健效果。

（1）原辅料配方　苦荞粉40g，小麦粉50g，改良剂（羧甲基纤维素钠）0.4g，葛根提取液、食盐、调味品、碱、水（适量）。

（2）工艺流程

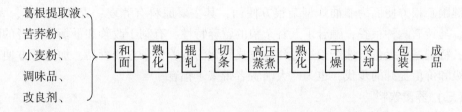

（3）制作要点

①葛根提取液：先配制强碱溶液，采用多次碱提取的方法提取葛根中的总黄酮，备用。

②和面：将改良剂（CMC-Na）、调味品分别用适量水配成溶液，先将小麦粉、苦荞粉分别加入和面机，边搅拌边加入葛根提取液、改良剂和调味剂溶液及20℃的水，总加水量为原料的30%，和面25min。

③熟化：将和好的面团置于熟化器中，静置30min，保持面团温度20~30℃，进行熟化。

④辊轧、切条：将熟化的面团通过轧辊压成厚度为1mm左右面带，用切条器切成长240mm、宽1.8mm的面条。

⑤高压蒸煮、熟化：采用高压蒸汽蒸煮工艺，0.1MPa、120℃蒸煮2min，对面条进行熟化。

⑥干燥、冷却、包装：将熟化后的面条采用35℃温度烘干，冷却至室温后检验、称量、包装、入库。

2. 苦荞挂面

苦荞挂面是以苦荞粉、小麦粉、复合添加剂、食盐等为原辅料，经现代制面加工技

184　术所精制成的一种面制品。成品具有均匀一致的绿色、入口顺滑口感好、煮熟后不糊锅、不浑汤的特点，不易断条，有特殊的轻微清苦味，属功能性粮油食品，可作为现代"文明病"、亚健康等特殊人群的保健主食。

（1）原辅料配方　苦荞粉 20kg，小麦面粉 80kg，食盐 3kg，复合添加剂（瓜尔豆胶∶微细魔芋精粉∶黄原胶=3∶3∶2）1kg，水（适量）。

（2）工艺流程

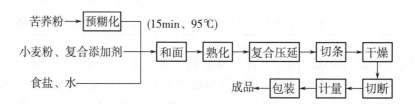

（3）制作要点　首选对苦荞麦粉进行预糊化（时间为 15min，温度 95℃），糊化结束后润水量 50%左右，有利于提高挂面的品质和口感。其他工序按照挂面制作工艺程序和技术要求进行操作即可。

3. 健康杂粮方便面

健康杂粮方便面为非油炸型杂粮方便面，其主要原料有荞麦、青稞、小麦、大米、玉米、马铃薯六种粮谷，融合了五谷杂粮的营养特性，有利于改善和平衡食用者的膳食结构；特别是将绿色天然杂粮通过科技方式转化为营养健康方便食品，加速了方便面品质升级和价值提升的步伐，也为广大消费者带来了福音。

（三）荞麦饮料

1. 荞豆珍健康饮料

荞豆珍健康饮料是以苦荞、黄豆、枸杞、山楂等为原辅料，经科学加工精制成的一种新型健康饮品，色泽黄里透红，口味清爽，酸甜适中，具有苦荞的清香及枸杞、山楂独特的风味，是适合中老年人、亚健康等特殊人群的食疗饮品。

（1）原辅料　苦荞、黄豆、枸杞、山楂、果胶酶、酒石酸、水。

（2）工艺流程

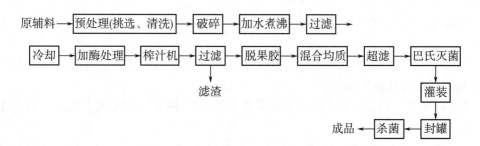

（3）制作要点

①原辅料的选择：选择优质的原辅料，去除杂质。

②破碎：分别将苦荞麦、黄豆、枸杞、山楂进行破碎，破碎时按黄豆∶苦荞麦=

1：2称料，枸杞、山楂则按果：水=1：1添加，破碎粒度为3mm为宜。

③水煮沸：将破碎后的苦荞麦与水按1：3比例，同时送入锅中煮沸30min。将黄豆与水按1：5的比例磨浆后煮沸30min。

④过滤：将煮沸过的苦荞麦液、黄豆浆分别过滤（采用中间纤维超滤机），并用薄板冷却器进行滤液冷却。

⑤加酶处理：将已破碎的山楂迅速加热至85~90℃，再迅速降至45~50℃，加入一定量的果胶酶（比例是250mL/t山楂），酶处理时间为130~150min。

⑥磨碎过滤：用榨汁机分别将山楂、枸杞磨碎过滤，最大榨汁压力为2kg/cm²。分别得到果汁，去渣。

⑦脱果胶：将山楂汁升温到50℃，保持1~3h，加入酶使果胶降解，使酒石酸沉底。

⑧混合均质：将苦荞麦汁、黄豆汁、山楂汁、枸杞汁，分别按10：7：4：2的比例混合均质；均质条件：16~18MPa，70~80℃，进行2次均质。

⑨过滤、巴氏灭菌：将混合汁再次超滤，灌装封罐杀菌（温度95℃，保持20min）后即为成品。

2. 苦荞麦茶

黑荞麦药食两用，因外壳呈深黑色，被誉为"黑珍珠苦荞"。苦荞麦茶是将黑苦荞麦叶、花和根皮超微粉碎后，加入苦荞麦粉中制成的一种新型健康饮品，即冲即饮，茶香四溢，低碳无糖，清热消暑，适宜夏天饮用。

3. 苦荞麦饮料

苦荞麦饮料是以苦荞麦为主要原料，配以甜味剂、柠檬为辅料，按饮料生产工艺和技术制成的一种对人体具有降血糖、降血脂、健胃消食、明目的功能性保健饮品。

（1）原辅料配方 苦荞麦，甜味剂，柠檬酸，水。

（2）工艺流程

苦荞麦→清理→浸泡→糊化→干燥→烘烤→粉碎→浸提→过滤→调配→加热→灌装→封口→杀菌→冷却→成品

（3）制作要点

①选取优质苦荞麦，清理干净，去除杂质，浸泡6~8h至完全浸透，滤去水分，将苦荞麦加热蒸煮至糊化。

②将糊化后的苦荞麦放在干燥器中，先低温干燥，再用高温烘烤至荞麦呈焦黄色，然后粉碎。

③用10倍60~70℃的水浸提荞麦碎粉粒，保温40~50min后过滤。

④往过滤液中加入安赛蜜糖（或阿斯巴糖等低热量甜味剂）、柠檬酸等配料，搅拌均匀，加热到85℃，趁热灌装、封口。

⑤将封口的饮料罐（瓶）进行水浴杀菌，温度为85~90℃，时间为20~30min。

⑥将杀菌后的饮料罐（瓶）冷却至室温，装箱、成品入库。

4. 脑青松酒饮料

脑青松酒饮料是选用黑苦荞麦、燕麦、核桃、野天麻、杜仲等多种食药兼备的滋补原料，科学组方，经精心酿制出的一种食疗饮品。所选用的这些药食同源主辅原料，与酒剂充分融合，以酒增药效，以药助酒威，对人体有良好的食疗效应。对神经衰弱、失眠、耳鸣、健忘等亚健康状态具有良好的调理作用。

5. 毛铺苦荞酒

毛铺苦荞酒是贵州一家酒业公司所生产的一种新型保健白酒，获2014年度"白酒国家评委感官质量奖"。毛铺苦荞酒以优质苦荞麦为原料，运用现代小曲白酒酿造工艺，经发酵和陈酿保留了苦荞麦中的营养成分，独特的酿造技术在保持传统白酒口感和风味的同时，确保其健康内涵，赋予毛铺苦荞酒风味独特、酒香优雅、酒色淡黄的产品个性。毛铺苦荞酒具有辅助降低血脂、血糖和血压的保健功能。

（四）荞麦调味品

荞麦是谷类中营养健康与风味评价较高的杂粮，用于制作荞麦酱、荞麦醋等调味品，是一种很好的原料。

1. 荞麦酱

荞麦酱是在蒸煮的黄豆中添加荞麦曲、食用盐等混合发酵精制而成的一种调味品。外观呈酱红色、酱香浓郁、口感鲜美、风味独特。含有芸香苷（1.5mg/100g），18种氨基酸总量高达1900mg/100g，比麦酱和米酱均高。其中谷氨酸达266.3mg/100g，是米酱和麦酱含量的1倍左右，这是荞麦酱营养与风味优于其他谷类酱料的最大特点和优势，制作工艺和要点如下。

（1）原料及处理　精选优质荞麦，清理、除杂，加水湿润使含水量35.4%，用饱和蒸汽使α化，冷风干燥至含水18%~28%，调整到约30℃，分离壳。脱壳后洒水使含水36%，均匀吸水，常压蒸煮45min。大豆加3倍水，浸泡16h，沥去水分，再加3倍水，于压力为0.05MPa蒸汽蒸40min，除去豆汁，放凉备用。

（2）制荞麦曲　荞麦中接入种曲，于40h出曲。成曲中含α-淀粉酶活力2200U/g，葡萄糖淀粉酶活力200U/g，酸性蛋白酶14400U/g，中性蛋白酶12890U/g，碱性蛋白酶6040U/g，酸性羧肽酶24000U/g。

（3）发酵配料　蒸煮大豆5.20kg，荞麦曲3.89kg，食盐1.24kg（食盐浓度11%），耐盐酵母40mL，种水969.5mL，pH4.8~4.9。

（4）成熟　配料后于25℃成熟30d。成品含水55.9%，食盐10.8%，pH5.0，酸度9.9，蛋白质溶解率51.5%，蛋白质分解率23.4%，还原糖生成率45.3%，含乙醇1.9%。

（5）保存　在15℃以下暗处密闭保存，防止变色。在酱中加2.0%~2.5%乙醇，混合均匀，可防止荞麦酱腐败变质。

2. 苦荞醋

苦荞醋是选用优质苦荞麦和黑米，经现代酿造工艺精制而成。这种新型产品富含硒等多种微量元素，能抑制人体内氧自由基和凝血酶的生成，可降低人体血清胆固醇，预防动脉血管粥样硬化，提高机体免疫力。同时还含有大量维生素和氨基酸，是普通食醋

的 6~7 倍，其性味酸、苦、温，能散瘀、止血、解毒。醋液呈棕红色，具有苦荞特有
的香气，醋味柔和，体态澄清，风味独特，总酸（以醋酸计）4~5g/100mL，氨基酸态
氮（以氮计）≥0.30g/100mL，还原糖（以葡萄糖计）≥ 2.0g/100mL。

三、荞麦主要功能性成分的应用

我国荞麦资源丰富，具有得天独厚的条件，杂粮消费市场在呼唤，消费群体在期盼
杂粮食品及制品，研究和拓展荞麦食品势在必行。

（一）荞麦蛋白

荞麦蛋白以球蛋白为主，含有人体必需 8 种氨基酸，富含禾谷类粮食中缺少的赖氨
酸（含量 740mg/100g），是大米的 2.7 倍、小麦的 2.8 倍。荞麦蛋白的生理功能正在被
发掘和利用，开发利用荞麦蛋白，是丰富人类营养健康食品的重要途径。

1. 荞麦蛋白的营养价值

荞麦蛋白中氨基酸组成见表 8-13。

表 8-13　　　　　　　　　　　荞麦蛋白的氨基酸组成及含量　　　　　　　　　单位：mg/100g

氨基酸	含量	氨基酸	含量	氨基酸	含量
异亮氨酸	253	甲硫氨酸	684	甘氨酸	338
亮氨酸	457	苯丙氨酸	267	缬氨酸	347
赖氨酸	340	天冬氨酸	621	色氨酸	330
脯氨酸	246	精氨酸	1098		

荞麦蛋白为优质的植物蛋白，具有较多的功能特性，所以荞麦蛋白又是优良的健康
食品原料、辅料与添加剂，可供开发荞麦蛋白功能食品。

2. 荞麦蛋白的健康价值

荞麦蛋白的提取工艺是：选用优质荞麦种子为原料，经清理、粉碎、碱抽提、分离
淀粉、中和、浓缩、杀菌、喷雾干燥等工序精制而成。荞麦蛋白提取物（BMP）具有
良好的保健功能。经试验检测，荞麦蛋白降低血液中胆固醇的效果优于大豆蛋白及酪蛋
白，能抑制脂肪肝及心脑血管的病变，其机理是荞麦蛋白能抑制人体对膳食脂肪与胆固
醇的过量吸收，促进了粪便的排泄。荞麦蛋白的生理功能正在不断被人们所发掘、
利用。

（二）荞麦生物类黄酮

荞麦富含生物类黄酮，其中苦荞以芦丁（生物类黄酮）含量较高，在抗油脂氧化，
清除自由基方面具有较强的生理活性功效。生物类黄酮提取以 60%乙醇水溶液为溶剂，
固液比 1∶10，在 50℃温度下振荡提取而得，作为健康食品的添加剂而被应用，是提高
荞麦附加值的有效途径之一。

（三）萌芽苦荞健康米茶系列食品

苦荞麦是一种功能性谷物食品，其糠麸、根、叶、籽粒所含有的含氮有机化合物、

188 黄酮、多酚类化合物、苦荞皂苷、多不饱和脂肪酸以及可溶性膳食纤维、低聚糖等有效成分，都可以经提炼加工，成为苦荞茶的功能性物质。采用萌芽技术，生物转化技术以及低温气流膨化技术，我国已成功地开发出"原生苦荞健康米茶"和"萌芽苦荞健康米茶"系列食品，具有功能成分含量高，色香味俱佳等特点。产品除供应国内市场外，还出口韩国、马来西亚等国家，发展前景喜人。

第五节 大麦及其制品

大麦是世界上最古老、分布最广的谷物之一，总产量仅次于小麦、水稻、玉米，居第四位。在我国青藏高原有些地区，青稞（裸大麦）是唯一适应种植的粮食作物，是当地藏民、牧民的主要食粮。大麦是食用和经济价值较高的禾谷类作物，是我国食品工业的重要原辅料，也是我国农作物的出口品种之一。

一、大麦简介

大麦有带稃和不带稃两种。裸大麦在江苏称为"元麦"，湖南称为"米大麦"，而青藏高原称为"青稞"。稃大麦又称"啤酒大麦"。大麦通过碾剥加工除去内、外稃，成为大麦米，又称"珠麦"。

（一）大麦的营养价值

大麦是我国食品工业的主要原辅料，药食同源，具有较高的营养和食用价值。大麦的营养成分比较见表8-14。

表8-14			大麦的营养成分及含量比较					单位：mg/100g	
品名	蛋白质/g	脂肪/g	糖类/g	钙	磷	铁	维生素B_1	维生素B_2	烟酸	维生素E
大麦	10.0	2.2	78.2	72	273	4.0	0.63	0.10	4.4	1.25
大麦米	10.2	1.4	63.4	66	381	6.4	0.43	0.14	3.9	1.20
青稞	10.2	1.2	61.6	81	332	10.7	0.32	0.21	3.6	1.21

几种其他粮食营养成分的对比见表8-15。

表8-15				几种其他粮食营养成分的对比					单位：mg/100g	
品名	蛋白质/g	脂肪/g	糖类/g	膳食纤维/g	能量/(kJ/100g)	维生素B_1	维生素B_2	烟酸	Ca	P	Fe
大米	10.2	1.4	63.4	9.9	1285.0	0.43	0.14	3.9	66	381	6.4
小麦粉	9.4	1.9	71.5	0.6	1439.9	0.28	0.1	4.0	43	330	5.9
玉米粒	8.5	4.3	66.6	1.5	1402.3	0.34	0.1	2.3	22	210	1.6

从表8-14和表8-15可知，大麦的蛋白质含量高于其他小麦粉和玉米粒的含量，主

要是胶原蛋白和谷蛋白，其生物价为 64%（比大米、小麦都低），大麦面团中面筋含量 189 也低，含粗纤维高达 4%（青稞中含 1.5% 左右）比其他禾谷类粮食高。大麦所含矿物质、维生素含量比小麦高。在食用时进行合理搭配，可提高大麦的营养价值和食用范围。

大麦籽粒含有糖类 71%~79%，其中淀粉 68% 左右，可溶性糖达 6%~7%，比其他谷类粮食高。大麦及大麦芽中含有丰富的淀粉酶，能促进淀粉的分解，所以，人们食用大麦类食品，容易被消化吸收。大麦中所含脂肪主要为不饱和脂肪酸如亚油酸、油酸等，近总数的 80%。

大麦中的钙、磷、铁、镁等矿物质元素含量比较丰富，其含量高于大米和小麦粉，这对于幼儿和青少年成长发育，促进人体纤维蛋白溶解、血管扩张、抑制凝血酶的生成，降低血清胆固醇具有一定的辅助疗效。大麦中的维生素 B_1 是增强消化机能，抗神经炎，预防脚气病的重要成分。烟酸有降低人体血脂和胆固醇的作用。裸大麦中还含有生育三烯酚和生育酚，可以抑制胆固醇的合成。大麦还是富含芦丁的谷类，有强化毛细血管的作用，所以患高血压或脑动脉硬化者，常食大麦食品对身体健康很有好处。工业用大麦主要用于发芽。对于供酿造啤酒、制麦芽等用途的大麦必须先储藏一段时间，待完成后熟期（一般为 3 个月），才能供作发芽用粮。但储藏期不宜超过一年，否则会导致发芽率下降，蛋白质变性而失去食用价值。

（二）大麦的健康价值

中医药学认为：大麦性味甘、咸、凉，对人体具有清热利水、和胃宽肠、消食去积之功效。现代生物化学、药理学、临床学对大麦营养成分提取物及其药理的研究成果，向人类揭示和证明了大麦籽粒、大麦芽、大麦嫩苗均具有很高的生物学价值。

1. 酶类

大麦中含有多种酶类，如淀粉酶、蛋白分解酶、酯化酶等，有助人体的消化吸收。

2. 膳食纤维和 β-葡聚糖

大麦中含有丰富的膳食纤维，在人体消化过程中，膳食有增大体积、助肠道有益菌群生长、抑制脂类成分吸收，以及减少代谢毒物通过肠道的时间而减少结肠癌之类病症的发生。大麦中 β-葡聚糖和戊聚糖的含量较高，容易被人体消化吸收，具有减少血液胆固醇、控制糖尿病人血糖升高的效果。

3. 尿囊素

大麦还含有尿囊素，现代药理学研究证明，尿囊素溶液能促进化脓性创伤及顽固性溃疡愈合，还可辅助治疗慢性骨髓炎和胃溃疡等病症。

4. 大麦芽

大麦芽医食兼用，具有良好的药用效果，中医药学把大麦芽效用归纳为"消食、和中、下气，主治消化不良、食欲不振、呕吐、下痢"等。大麦芽富含维生素 E 和蛋白质，有助于毛发生长，是抗衰老的食物之一，还有保护和增强消化道黏膜、改善通便和防治腹泻等生理功能，因为富含淀粉酶、麦芽糖、葡萄糖、蛋白分解酶等，中医常用于治疗食积不消、胸腹胀满、食欲不振、呕吐泄泻、乳胀不消等病症，是中医常用的一味良药。

5. 大麦苗、麦绿素、大麦嫩叶汁（粉）

"大麦苗"是大麦的幼苗，能治疗小便不畅，冬季面目手足皲疮，可煮汁洗之，这是民间的传统便方。从大麦嫩叶中提取的大麦嫩叶汁（粉），对人体 DNA 损伤具有修复作用，还有消炎、镇痛以及食疗糖尿病、降低血糖、降低血压、减肥胖等作用。麦绿素是大麦苗汁的精华，富含维生素、矿物质、活性酶、叶绿素、蛋白质等活性成分，具有改善人体细胞的健康和活力，全面增强肌体素质和免疫力，从而预防治疗多种疾患。

6. 其他

大麦可用于制醋，作为调味品。制醋剩余的糟粕、醋渣，酸而微寒，主治气滞风雍，手臂脚、膝痛，可取炒醋糟粕适量裹之，是民间的传统便方。美国食品和药物管理局不久前宣布，允许大麦食品包装上标明大麦食品能减少患冠心病的风险，为此发布的一份公报中说，在食物中加入适量的大麦以及大麦制品，有助于降低人体低密度脂蛋白胆固醇和总胆固醇水平，从而可减少患冠心病的风险。

二、大麦功能性制品

大麦营养价值高，又具有医疗和保健功效，是加工制作大众化经济型、方便型、食疗型粮油食品的优质原辅料。

（一）中国大麦茶

中国大麦茶是我国民间广为流传的一种传统清凉饮料，是选用优质整粒大麦，经清理、焙炒至表皮焦黄等工序加工成的一种纯天然固体饮料。用开水沏泡后的大麦茶，呈褐色，具有浓郁的麦香味，可作为咖啡的替代品。茶味清香甘美，性平微寒，是人们四季皆宜的天然饮品。

（1）工艺流程

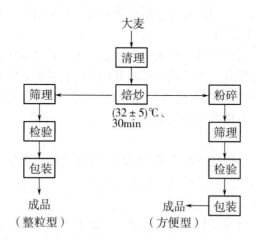

（2）制作要点

①大麦经焙炒机焙炒至表皮焦黄，冷却后，经筛理去除大麦皮，经检验、包装，即为整粒型大麦茶。食用时，须经煮沸片刻，滤去麦粒，方可饮用。

②大麦经焙炒机焙炒至表皮焦黄后粉碎，经筛理去除麦皮、检验，采用一次性小包装（5g/袋）及 150g（5g×30 袋）/大袋，即为速溶袋装方便型大麦茶。食用时，取一

袋（5g）大麦茶放入 1L 沸水中，浸泡 5~10min，将小袋取出，就成为醇香的大麦茶。可以根据口味调节水量，若置于冰箱内，冷饮口感更甘美。这种速溶袋装方便型大麦茶适合外出旅游饮用，四季皆宜。

（二）氨基酸大麦奶茶

氨基酸大麦奶茶是以焙烤大麦粉、复合氨基酸粉、奶粉、特效双歧因子等原辅料，按科学配比，经混合、造粒、烘干等工序制成的一种新型功能性固体饮料，具有麦香、奶香的独特风味和口感，具有快速消除疲劳，增加体能的功效。

主要原辅料配方：奶粉 100kg，烤大麦粉 6kg，乌龙茶粉 12kg，生姜粉 6kg，复合氨基酸粉 18kg，白糖粉 26kg，阿斯巴甜 0.5kg。

（三）日本大麦茶

日本大麦茶是以大麦、茶叶、牛骨、天然香料等为原辅料，经焙炒、粉碎、筛理、混合等工序制成的一种固体饮料。其制作方法和我国民间的传统大麦茶制作工艺基本相近。饮用前只需用热水冲泡 2~3min，即可浸泡出浓郁的香茶，茶味清香甘美。是食用、携带均方便的一种新型健康饮品。

1. 日本大麦茶 A

（1）工艺流程

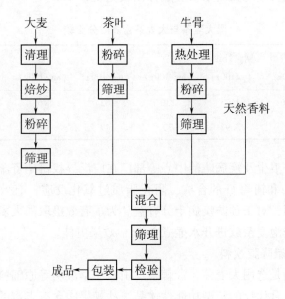

（2）制作要点

①大麦经焙炒机焙炒至表皮焦黄后进行粉碎，经筛理去除表皮杂质备用。

②大麦粉与茶叶粉按 7∶3 的比例混合均匀。

③牛骨经热处理后，用锤式粉碎机粉碎并筛理，通过筛 300 目的粉末备用。

④在大麦粉和茶叶粉的混合物中，加入天然香料 1%，牛骨粉 0.5%，混合均匀后，经筛选、检验、包装即为成品。所制得的产品清香甘美，适合人们四季饮用。

2. 日本大麦茶 B

日本大麦茶 B 是一种具有良好色香味的大麦茶。制作方法和要点如下。

（1）选择的优质大麦清理干净后在水中浸泡 12～16h，使内部浸透水分，吸水膨胀。

（2）浸泡过的大麦滤去水分后进行蒸煮，使淀粉 α 化、大麦粒外壳皲裂。

（3）已 α 化的大麦接种麦曲菌发酵，使大麦蛋白质分解和淀粉糖化，发酵温度 20～35℃，大麦各种成分溶出。

（4）发酵后的大麦，用热风焙炒（温度 180℃左右，12～15min）。

（5）焙炒后的大麦，迅速冷却，防止氧化而引起质量下降。

（6）冷却后的大麦进行筛理、检验、包装即为成品。

采用以上工艺制得的大麦茶，粒度均匀一致、外皮破裂轻微，呈褐黑色，组织形成网状蓬松的多孔质地，色香味佳。饮用时，只需用少量温开水就能把大麦茶特有的色泽和各种营养成分溶出，具有甜味、酯香味及原有的大麦风味，是适合各种人群饮用的一种新型固体饮料。

（四）黑大麦茶

黑大麦茶是选用优质黑大麦为主要原料，采用现代焙炒工艺制成，是一种集硒、蛋白质、钙、锌、铁和维生素于一体的富硒茶，口感好、香气浓郁、色泽棕红；能清热解暑、提神醒脑。黑大麦茶与大麦茶营养成分比较见表 8-16。

表 8-16　　　　　　　　　　黑大麦茶与大麦茶营养成分比较

品名	蛋白质/ （g/100g）	膳食纤维/ （g/100g）	钙/ （mg/100g）	锌/ （mg/100g）	铁/ （mg/100g）	硒/ （mg/100g）	维生素 B$_2$/ （mg/100g）
黑大麦茶	13.96	4.73	130	62	76	0.13	3.72
大麦茶	9.7	3.97	70	49	66	0.03	1.81

近年来，国内外卫生及疾病防治中心等部门在广泛寻找富硒资源。硒元素在人体内参与心肌细胞辅酶 A 和辅酶 Q 的合成，阻止脂质过氧化反应，有效清除自由基，具有调节免疫功能的作用，对于预防疾病十分有益。为了有效摄取黑大麦茶的有效成分，最好把整粒黑麦茶或袋泡麦茶放进开水壶煮 5min，效果更佳。

（五）大麦益尔康降脂饮料

大麦益尔康饮品是选用大麦芽、沙棘果、山楂、草决明等原辅料，以现代生物提取技术制成的一种可以食代疗的新型功能性饮品。沙棘果中含有丰富的黄酮类物质、维生素 E、维生素 C 以及各种皂苷，对人体具有降低血液胆固醇、甘油三酯和改善血液流动性的作用。

山楂是药食两用开胃消食的果品，含有牡荆碱鼠李糖苷、金丝桃苷等多种黄酮类化合物，对人体既能消脂减肥，又能提神醒脑。决明子药食兼用，含有功能成分大黄酚、大黄素、芦荟大黄素、大黄酸等蒽醌类化合物，对人体具有降低血脂、抑制血清胆固醇升高的作用。将药食同源的这些物料相配伍制成健康饮品，不仅四季均可饮用，而且对健康很有好处。其生产工艺流程如下。

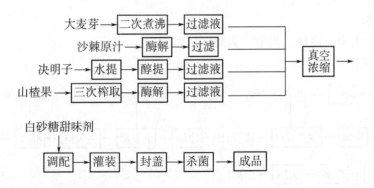

（六）大麦芽茶和麦芽香米茶

1. 大麦芽茶

大麦芽茶是选用优质大麦为原料，经发芽、清洗、杀菌、消毒、浸泡、发芽、蒸煮、烘焙、烤制等加工工序制成的一种方便固体饮料。含有丰富的营养成分，其中的硒、维生素 E、维生素 B_2，具有防止人体细胞氧化、药食兼用，食疗的生理功效，香气宜人，口感甘美，适合旅游、休闲、中老年等各种特殊人群饮用。

2. 大麦芽糙米茶

大麦芽糙米茶是以大麦芽茶为基料，另按一定比例添加荞麦芽和糙米芽制成的一种方便固体饮料，具有独特的大麦醇香味，更富有营养、食疗的生理功效，食用方便。是人们四季皆宜的饮品。

（七）大麦茶发酵清凉饮料

大麦茶发酵清凉饮料是以大麦、稞麦的浸出液为原料，添加食糖、蜂蜜、调味料等辅料制成的一种具有独特风味的清凉饮料。

1. 原辅料配方

炒麦茶 400g，蜂蜜 100g，食糖 900g，糖化淀粉酶 500mL，液化淀粉酶 50mL，乳酸 1g，苹果酸 1g，面包酵母 20g，磷酸 0.5g，水（适量）。

2. 制作要点

（1）取炒麦茶（由大麦、稞麦制成）放入 10L 沸水中浸泡 10min，过滤后添加液化淀粉酶，在 60℃ 温度下搅拌 2h，反应后用碘进行检验，反应前呈蓝色，反应后无色。

（2）将温度升高到 100℃，使液化淀粉酶钝化后降温至 55℃，添加糖化淀粉酶，然后再静置 3h。

（3）在上述处理的原液中加食糖、蜂蜜、乳酸、苹果酸、磷酸并充分混合均匀，将其 pH 调节到 3.5 后，在 95℃ 的温度下进行灭菌，时间为 10min。冷却至 5℃ 加入面包酵母，在 5℃ 温度下发酵 5~7d 后除去酵母，加压充入 CO_2 气体，装瓶后在 60℃ 的热水中杀菌 10min，即得产品。

（八）大麦可乐啤酒

大麦可乐啤酒属于可乐型啤酒，由低度大麦芽汁经发酵后，添加焦磷酸等成分，进行调色、调香制作而成，不仅保持了啤酒的特点，还具有明显的可乐风味，外观澄清，口味纯正，酸甜适中，老少咸宜。

194   1. 原辅料

大麦芽、大米、白糖、焦糖、磷酸（可乐型）。

2. 工艺流程

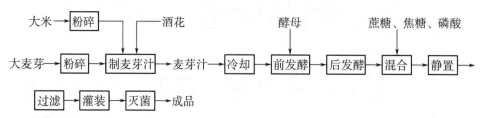

3. 制作要点

（1）原辅料选择及处理　大麦芽有突出麦芽香者，精大米，晶粒均匀无杂质，蔗糖色泽洁白，食用级磷酸，啤酒酵母。

大麦芽粉碎度为谷皮25%，粗粒20%，细粒30%，细粉25%。

大米粉碎度为粗粒60%，细粒15%，细粉25%。

（2）麦芽汁的制备　采用啤酒生产中使用的三次煮出糖化法，可适当延长50℃的蛋白质分解时间。酒花添加量0.05%，分3次添加，其添加量分别为40%、40%和20%，麦芽汁的最终浓度为5°Bx。

（3）前发酵　制得的麦芽汁经薄板冷却到温度为7℃，添加0.5%酵母菌进行前发酵。前发酵温度为：第1天7~7.5℃，第2天上升至8.5℃，第2.5天下降至7.5℃，第3天降至5℃，第3天后，发酵液的浓糖度为3.0~3.5°Bx，进入后发酵。

（4）后发酵　在可封闭且耐压的罐中进行。前发酵结束后，将发酵液导入后发酵罐中，罐满封盖密闭，产生 CO_2，并在罐内产生压力。后发酵为5~7d，室温为5℃，罐内压力为196kPa。

（5）混合　将5%白糖、0.02%磷酸和适量焦糖放入一个干净、无菌罐中，将该罐加压至147kPa，再将后酵液压入此罐中，进行充分混合。

（6）静置　将混合液在混合罐中静置2d，使其平衡。

（7）过滤、灌装灭菌　静置后的混合液，过滤装瓶后，进行巴氏杀菌30min，冷却后，贴标签即为成品。

（九）大麦面包风味饮料

该产品以五谷杂粮为原料，经糖化、发酵等工序制作出的具有特色的风味型饮料，富含氨基酸、B族维生素等营养素。

1. 原辅料配方

大麦20kg，大米20kg，小米10kg，柠檬酸0.4kg，柠檬酸钠0.2kg，面包香精0.3kg，白糖20kg，水（适量）。

2. 工艺流程

大麦、大米、小米→粉碎→糊化→糖化→过滤→发酵→过滤→调配→杀菌→灌装→成品
　　　　　　　　　　　　　　　　　↓　　　　↓　　　↓
　　　　　　　　　　　　　　　　滤渣　　　滤渣　　配料

3. 制作要点

（1）原料选择 大麦、大米、小米的质量要优质、新鲜、无杂质。

（2）粉碎 将谷物原料粉碎成细小颗粒。

（3）糊化 温度65~75℃，时间30min，谷物颗料充分吸足水分，无硬心。

（4）糖化 温度35~45℃，时间60min，在糖化酶的作用下，淀粉降解成小分子糖类，有利于发酵。

（5）过滤 进行浆渣分离。

（6）发酵、过滤、调配 采用面包酵母（温度45℃，时间15h），过滤除渣后加入其他辅料。

（7）杀菌 对调配均匀的物料进行杀菌（118℃，10~15s）。

（8）灌装 温度降至35℃以下进行物料灌装。

（9）冷却 物料冷却至室温后进行灌装即为产品，经检验入库。

（十）双歧大麦速食粥

双歧大麦速食粥是以优质大麦为原料，配以大米粉、双歧因子、卵磷脂等辅料，经挤压膨化加工技术，精制成的一种快餐粮油食品，食用方便，只需适量开水冲调即可。

1. 原辅料配方

大麦73%，大米粉15%，卵磷脂2%，低聚糖10%，水（适量）。

2. 工艺流程

原料→ 粉碎 → 调整 → 挤压膨化 → 烘干 → 粉碎 → 调配 → 包装 → 检验 →成品

3. 制作要点

（1）原料选择 优质大麦，去皮、去杂质，清理干净。

（2）粉碎 将大麦、大米分别粉碎至60目。

（3）调整 将大麦粉、大米粉按比例混合均匀，并调整水分含量为14%，搅拌5~10min，使物料着水均匀。并在物料中添加2%卵磷脂，用以提高产品的及时冲调性、溶解性。

（4）挤压膨化 将混合粉料进行膨化处理，使物料的蛋白质、淀粉发生降解而完成熟化过程。其工艺参数：物料含水分14%，螺杆转速120r/min，膨化温度Ⅰ区130℃、Ⅱ区140℃、Ⅲ区150℃。

（5）烘干、粉碎 膨化后物料水分约8%，进行烘干降低至5%以下，然后进行粉碎，物料细度80目以上。

（6）调配 粉碎后的物料略带糊香味，无甜味，添加10%~15%的双歧因子（异低聚麦芽糖等低聚糖），混合均匀，改善产品的口感。

（7）包装 将上述已调配好的物料进行称量、包装、密封，以防止物料吸潮而影响产品质量。

（8）检验、入库 物料经包装、检验合格后即为成品入库。

三、大麦主要功能性成分的应用

随着我国粮食加工业的快速发展，健康食品、方便食品、饮料的兴起，大麦的功能成分及应用在食疗、医用健康食品等生产领域已崭露头角，使新型食品独树一帜，传统食品焕然一新。

（一）大麦芽抽提物（麦精）

大麦芽提取物（简称麦精、麦芽精）是大麦芽发酵后提取的一种功能性麦香产品，有良好的营养、滋味、耐热特性，可添加到各种食品中。"麦香"作为食品的主流香型，"麦精"受到广泛的关注发展迅速。我国麦精产品起步于上世纪 90 年代末，尤其是在乳品中的应用，麦香奶、早餐奶等添加麦精的特色品种乳已经成为我国主要花色乳品之一，被誉为营养"白金"。"麦精"在国际上已成熟地应用到乳品、饮料、熟食、面包、饼干与巧克力等诸多食品中，在我国的应用，发展十分迅速，是值得关注的天然营养健康产品。

1. 麦精的营养、健康价值

麦精富含麦芽糖、果糖、葡萄糖、氨基酸、小分子蛋白肽、多种维生素和微量元素等多种营养成分，且配比均衡，容易被人体吸收和利用。

2. 麦精的理化性质

麦精是大麦芽经生物技术预处理、微波提取、高效分离、低温浓缩、低温真空干燥所获取的一种多功能型食品添加剂、风味剂、改良剂。其外观为晶体状淡黄色至黄色粉状物；滋味香浓绵长，具有良好的清甜口感，入口即化，水分含量低；溶解性能好，在冷水中就能迅速溶解；具有耐光、耐热、完全溶解等良好的加工特性。

3. 麦精在食品加工中的应用

麦精在食品加工中的应用已经有上百年的历史，在欧洲国家十分流行，并广泛应用到各类食品中。根据不同食品的需要，可选择不同类型的麦精产品。

（1）麦精的产品类型　麦精产品可分为 5 种类型：功能麦精、活性麦精、营养麦精、着色麦精和风味麦精（焙烤麦精）。

（2）麦精在食品加工中的应用方法

①选用功能麦精提高加工食品的功能特性：采用生物技术消化大麦细胞壁，溶出的功能性 β-葡聚糖等成分，添加到大米、大豆、小麦、燕麦等原料中，可提高加工食品的营养、风味及功能特性。

②选用活性麦精改善食品的组织结构：大麦在发芽过程中，产生大量有益的酶，在麦精加工过程中采用现代食品加工技术保留天然麦芽中的酶，它们不仅有益于人体健康，而且还可以改善食品的组织结构与面团的发酵过程。

③选择营养麦精用作健康食品配料：大麦在发芽过程中可富集叶酸、维生素 A、维生素 B_1、维生素 B_2、维生素 B_6 和维生素 B_{12} 等营养物质，尤其是叶酸和维生素 B_{12} 含量十分丰富，是孕妇、婴幼儿和素食者的健康食品原料。麦精中的钙、硅等矿物质和微量元素均以有机结合态存在，因此，麦精营养丰富、均衡，有利于消化吸收。

④选择着色麦精代替焦糖色素：着色麦精是在加工过程中采用生物技术充分利用美

拉德反应过程生成深色麦精（称作黑麦精），产品色泽自然、艳丽、风味浓郁、纯正，使用特性优良，对热、光稳定，能赋予食品浅黄、酱黄至棕黄的天然色泽，可代替焦糖色素使用。

⑤选择风味麦精（焙烤麦精）用于西点、饼干、面包制作：风味麦精，从麦芽中提取并保留的麦香风味以及焦香风味，具有天然、安全、诱人、耐热、持久等特性，并且配伍性能优良，主要应用于面点加工。

（3）麦精应用的前景

由于饮食回归自然，添加麦精的食品在欧美国家十分流行。英国一家麦精生产公司的品种十分丰富，年产麦精 2 万 t，广泛应用到各类加工食品中。使用时应严格参照我国 GB 14880—2012《食品营养强化剂使用标准》、GB 2760—2011《食品安全国家标准 食品添加剂使用标准》所规定的强化量和强化范围进行规范添加。

（二）β-葡聚糖

研究表明，从大麦中提取的 β-葡聚糖可作为功能性食品的成分，用于美容、医药及食品生产等多个领域。

（三）大麦多酚

"大麦多酚"得自大麦麸，是一种很好的抗氧化剂，其功能优于丁基羟基茴香醚（BHA），2，6-二叔丁基-4-甲基苯酚（BHT）和 α-生育酚，对抑制油脂等的氧化效果显著。提取大麦多酚的方法如下：

将麦麸中加入 75%（体积分数）乙醇，用高速均质机（8000r/min）粉碎、均质、抽提、过滤。滤液于 30℃ 以下减压浓缩，完全除去乙醇。抽提液中的不溶物经高速离心机（10000r/min）离心分离 15min，得到的抽提液流入 850 树脂柱被吸附后用 75% 乙醇洗脱，再减压浓缩，冻结干燥，得到淡褐色粉末即为产品，得率约为大麦麸原料的 1%。

（四）大麦在医药、医疗中的应用

1. 用大麦做孕检

用大麦做孕检经济、实用，可在家里自我检测，方法是将一位怀疑怀孕的女性和一位确定未怀孕的女性清晨起床后的尿液分别倒入两个装有大麦种子的袋子里，隔数天后，如果前者提前发芽，可确定该女子怀孕了。因为孕者体内会比未孕者产生更多具有催生发芽活性的激素；如果二者同时发芽，证明前者未怀孕。

2. 用大麦发芽食品（GBF7）为溃疡性大肠炎患者治疗

大麦发芽食品 GBF7 为粉末状，含有多种食物纤维，在肠内具有保持高水分功能，可改善溃疡性大肠炎下痢，溃疡性大肠炎患者在用药物治疗时伴以 GBF7，能使受损伤的大肠黏膜恢复正常状态，80% 以上的患者下痢、腹痛及全身症状得到改善，无任何副作用。

第六节　藜麦及其制品

藜麦（又称南美藜、印第安麦、金谷子、藜谷等）原产于南美洲安第斯山区，是印加土著居民的主要传统主食，已有 5000 多年的种植历史，由于其具有独特、丰富、全面的营养价值，养育了印加民族，印加人称之为"粮食之母"。20 世纪藜麦被美国宇航局用作宇航员的太空食品之一。联合国将 2013 年宣布为国际"藜麦年"，以促进人类营养健康和食品安全。联合国粮农组织（FAO），于 2000 年将藜麦认定为唯一一种可满足人体基本营养需求的单体植物，并正式推荐藜麦为最适宜人类的"全营养食品"，并列为全球十大健康营养食品之一。

藜麦在北美、澳洲及亚洲也有种植。近年来，藜麦在我国发展迅速，山西、陕西、青海等地均已有小规模适应性种植。2014 年中国农科院制定了藜麦米粮食行业标准，为藜麦的开发应用提供了科学依据。

一、藜麦简介

藜麦动植物分类属于藜科（与菠菜、甜菜同科），双子叶植物。植株呈扫帚状，叶像鸭掌，种子为圆形药片状，直径 1.5~2mm（大小如小米粒）。千粒重 1.4~3g，表皮有一层水溶性的皂苷。

种子为白、黑、红、紫几种颜色，其中白色口感最好。藜麦籽粒的形态特征见图 8-1；藜麦的植株形态特征见图 8-2。

图 8-1　藜麦的形态

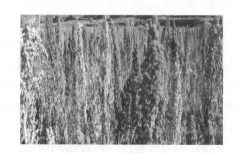

图 8-2　藜麦籽粒形态

藜麦原产地主要分布在南美洲的玻利维亚、厄瓜多尔和秘鲁，具有耐寒、耐旱、耐盐碱、耐瘠薄等特性。

（一）藜麦的营养价值

藜麦胚乳占种子的 68%，蛋白质含量高达 16%~22%（牛肉为 20%），富含多种氨基酸，其中有人体必需的全部 8 种氨基酸，比例适当且易于吸收。膳食纤维高达 7.1%，不含麸质、低脂、低热量（1277kJ/100g）、低升糖值（GI 升糖值为 35，低升糖标准值为 55）。藜麦营养和食用价值超过多数谷物。藜麦的有关成分分别见表 8-17、表 8-18、表 8-19、表 8-20 和表 8-21。

表 8-17　　　　　　　　　藜麦的主要营养成分含量　　　　　　　　单位：g/100g

成分	蛋白质	糖类	脂肪	灰分	膳食纤维	皂苷
含量	18.0	62.2	6.0	4.3	7.0	2.5

表 8-18　　　　　　　　　　藜麦的矿物质元素含量比较　　　　　　　　单位：g/100g

作物名称	钙	磷	镁	钾	钠	铁	铜	锰	锌
大麦	0.08	0.42	0.12	0.56	0.20	0.50	0.8	0.16	0.15
玉米	0.07	0.36	0.14	0.39	0.90	0.21	—	—	—
小麦	0.05	0.36	0.16	0.52	0.90	0.50	0.7	0.14	—
藜麦	0.19	0.47	0.26	0.87	0.11	0.20	0.12	0.28	0.50

表 8-19　　　　　　　　　　藜麦叶的矿物质元素含量　　　　　　　　　单位：mg/100g

部位	钙	磷	铁	钠	钾
藜麦叶	2920	370	29	16	1181

从表 8-17、表 8-18 得知，藜麦中的宏量营养素的比例比谷物更加合理；藜麦中的矿物质含量高于一般谷物中的含量。藜麦的有关成分比较见表 8-20、表 8-21。

表 8-20　　　　　　　　　藜麦与荞麦维生素和有效成分比较　　　　　　单位：mg/100g

成分	藜麦	荞麦	成分	藜麦	荞麦
维生素 B_1	0.36	0.1	总胆碱	70	20.1
泛酸	1.52	7.02	甜菜碱	630	0.5
叶酸	0.8	1.2	叶黄素+玉米黄素	163	—
维生素 B_6	0.48	0.21	β-胡萝卜素	8	
维生素 E	7.42	—	n-3 脂肪酸	307	78
维生素 K/（μg/100g）	1.1	1.9	n-6 脂肪酸	2977	961
总叶酸/（μg/100g）	184	30			

表 8-21　　　　　　　藜麦氨基酸组成及人体每日氨基酸需求比较　　　单位：g/100g 蛋白质

氨基酸	水培藜麦	大田藜麦	小麦	大豆	脱脂奶粉	FAO 推荐
异亮氨酸	3.9	5.2	3.8	4.9	6.3	4
亮氨酸	6.4	6.7	6.8	7.6	9.7	6.7
赖氨酸	5.9	6.2	2.9	6.4	7.7	5
苯丙氨酸	4.1	3.8	4.5	4.9	4.9	3.2
精氨酸	9.4	7.9	4.8	7.2	3.7	2
组氨酸	3	2.7	2.2	2.5	2.6	1.7
丙氨酸	4	4.4	3.8	4.3	4	—

续表

氨基酸	水培藜麦	大田藜麦	小麦	大豆	脱脂奶粉	FAO 推荐
天冬氨酸	9	8.1	5.3	12	8.3	—
谷氨酸	15	14	27	18	23	—
甘氨酸	5.3	5.7	4	4.2	2.2	—
脯氨酸	3.5	4.0	10	5.5	11	—
丝氨酸	4.4	4.6	5	5.6	6	—
酪氨酸	3.2	3.1	3.1	3.5	5	3.2
苯丙氨酸+酪氨酸	7.3	6.9	7.6	8.4	9.9	6.4
半胱氨酸	1	1.4	2.3	1.5	0.9	1.3
甲硫氨酸	1	1.4	1.7	1.5	2.5	1.9
苏氨酸	3.5	4.1	3.1	4.2	4.6	3.4
色氨酸	1.1	1.2	1.1	1.3	1.4	1.1
缬氨酸	4.5	4.6	4.7	5	6.9	4.6
半胱氨酸+甲硫氨酸	2	2.8	4	2.9	3.4	3.2

从表 8-20、表 8-21 得知, 藜麦的氨基酸构成和脂肪酸构成十分合理。谷物的营养"短板"在于缺少赖氨酸, 而藜麦中含量最高的正是赖氨酸。因此, 藜麦与一般谷物搭配食用时, 可起到蛋白质互补的作用。藜麦中 n-3 和 n-6 多不饱和脂肪酸的比值, 与《中国居民膳食指南 (2016)》中推荐摄入量的比值相比, 较为接近。这些数据表明藜麦中的脂肪质量适合人体的需要。从以上各表数据可知, 藜麦中大多数营养成分符合全营养食品的营养素含量要求, 是营养全面的食物。

(二) 藜麦的健康价值

藜麦是素食者的尚佳食品, 是大米等谷物的优质替代品, 是孕产妇、婴幼儿的优质营养源。藜麦属于易熟易消化食品, 口感独特, 有淡淡的坚果清香或人参香味。藜麦对人体具有均衡补充营养、增强机体功能、修复体质、调节免疫和内分泌、提高机体应激能力, 预防疾病、减肥、辅助治疗等功效, 适宜所有人群食用, 近年来已成为国际上炙手可热的时尚保健食品原料。

二、藜麦功能性制品

藜麦易熟口感好, 可以和任何食物搭配, 成品藜麦宜尽量减少加工工序, 以保全其所含的营养成分。

(一) 藜麦的传统食 (制) 品

藜麦的传统食品主要有汤类、甜品、糕点和饮料等。

1. 单独食用

煮粥、蒸制, 如五彩藜麦饭、藜麦八宝饭清炒藜麦等。

2. 混合其他谷物一起食用

藜麦小米粥、藜麦大米粥、藜麦大米焖饭、白面藜麦饼等。

3. 搭配其他食材制作特色菜肴

藜麦水果沙拉（营养减肥餐）、藜麦糕、藜麦红枣南瓜粥（排毒养颜粥）等。

4. 煮汤

藜麦具有清香味道很适合与其他食材配合作汤类，藜麦能去除鱼类、肉类腥味，如藜麦鸡丝汤、藜麦草菇汤等。

5. 饮品

藜麦打成糊、藜麦浆、藜麦豆浆、藜麦果汁饮料等。

6. 藜麦茶

将藜麦炒熟成金黄色出香味后可冲饮，每日饮用强身健体。

（二）藜麦的新型健康食（制）品

藜麦已被制成高附加值的各类商业化创新型产品，即食休闲食品、意式面食、谷物棒、能量棒和面包、饼干以及保健用途的食品或医药级别的藜麦蛋白浓缩物，可作为人类营养补充品的配料。

（三）藜麦在国外的深加工制（食）品

1. 冲调粉类

针对儿童、孕产妇、老年人的营养专用品，可替代奶粉。

2. 饮料

用藜麦加工制作的功能型饮料。

3. 酒类

藜麦经发酵制作的酒。

4. 其他食品

糕点、食品配料等。

三、藜麦主要功能性成分的应用

藜麦作为一种营养全面的食物，正受到越来越多研发者的关注。在营养健康食品的研发中，藜麦正作为一种热门的原辅料被应用。

（一）藜麦主粮营养包系列食品

藜麦主粮营养包系列食品，是我国一家营养科技公司，将消费人群锁定为备孕及孕产妇特殊人群，将藜麦、燕麦、小米、豆类、小油料、浆果及坚果等十几种天然食材为原辅料，按照特殊膳食的营养标准研发出的一种营养搭配合理且易熟化的功能性主食品。有即食休闲食品和营养棒等多种产品，做到了食材多样化、风味多样化、产品形式多样化。2016 年 7 月在上海举办的《孕婴童食品展览会》上，在铺天盖地的婴幼儿食品参展商中，由北京这家公司推出的"粮粮驾到"藜麦主粮营养包系列食品格外引人关注。

（二）藜麦全营养配方食品

我国 GB 29922—2013《特殊医学用途配方食品通则》发布之后，引发业内人士对

202　特医食品的关注。科研人员将藜麦富含的营养成分与全营养配方食品的营养素要求比较，认为藜麦的蛋白质、亚油酸、α-亚麻酸、膳食纤维等营养成分均达到了医用全营养配方食品的要求。2016 年已研发出以藜麦等为原料的藜麦全营养配方食品。经测定产品质量（营养素含量）完全符合特医食品标准中所规定指标的要求。

四、藜麦的发展前景

　　过去的 5 年中，玻利维亚的藜麦出口价格飙升了 7 倍，90% 被发达国家购买。玻利维亚政府甚至把藜麦设为"战略性物质"，并对孕妇补贴藜麦食品。强大的市场需求让藜麦从安第斯山区快速走向世界。2013 年 8 月山西静乐县被中国食品工业协会命名为"中国藜麦之乡"，是中国最大的藜麦种植生产县，种植面积 1 万亩（在全球非原产地种植规模排行中名列第二），亩产 180kg，最高单产 302kg，收购价 12 元/kg，为农民增收找到了"精准"的新途径。

　　藜麦被国际营养学家们称为被丢失的远古"营养黄金""超级谷物""未来食品"，还被素食爱好者奉为"素食之王"。是未来最具发展潜力的农作物之一。联合国 66 届大会通过将 2013 年设为"藜麦年"的决议后，全球设立 5 个宣传站（点），我国是其中之一，说明藜麦的发展潜力巨大，前景广阔。

第九章

特种杂粮及其制品

————

特种杂粮薏苡仁、鸡头米（芡实）和籽粒苋虽不属于我国粮食部门所规定的谷类杂粮，但在超市粮食供应的专柜中有这些稀有品种，且价格不菲，倍受消费者青睐。尤其是薏苡仁是稻科植物中"最高级"的果实，其营养价值高于大米、小麦、大麦等禾谷类粮食品种，且又属于禾本科植物；鸡头米（芡实）是睡莲科植物芡的果实；籽粒苋是苋科一年生草本植物。他们虽不属于禾本科的粮食作物，但其营养成分及食用品质与禾本科粮食十分相似，因为具有较高的食用价值和医疗功效而受到人们的喜爱。

第一节　薏苡仁及其制品

薏苡仁（又称苡米、苡仁、薏珠子等）是多年生草本植物薏苡的果仁，是一种营养丰富的特种杂粮，主产区分布在福建、贵州、河北、辽宁等省，2015年贵州薏苡种植面积已达68万亩，产量18.2万t，薏苡仁的大产业格局现已初步形成。我国所产薏苡仁质量品质优良，已出口泰国、韩国、新加坡、美国、欧盟等国家。

一、薏苡仁简介

薏苡是禾本科薏苡属中的一个栽培变种，为禾本科一年或多年生、非敏感性的光合C4草本植物。薏苡多为人工栽培，薏苡仁粒大、饱满、色正、质优，其外部形态如图9-1所示。薏苡仁已被国家卫生部门认定为既是食品又是药品（食药兼用）之产品。

图9-1　薏苡仁的外部形态

204　　　（一）薏苡仁的营养价值

薏苡仁的食用和药用价值很高，含有丰富的营养成分，是我国的一种传统营养杂粮，其营养成分见表9-1。

表9-1　　　　　　　　　　　　　　薏苡仁的营养成分及含量　　　　　　　　　单位：mg/100g

成分	含量	成分	含量	成分	含量
蛋白质/（g/100g）	12.8	铁	3.6	硒	3.07
脂肪/（g/100g）	3.3	钾	238	维生素 B_1	0.22
糖类/（g/100g）	69.1	钠	3.6	维生素 B_2	0.15
膳食纤维/（g/100g）	2.0	镁	88	维生素 B_{15}	2.0
能量/（kJ/100g）	1495	锰	1.37	维生素 B_{12}	0.13
钙	42	锌	1.68	维生素 E	2.08
磷	217	铜	0.29		

薏苡仁有两个品种：一种是形尖壳薄，米呈白色，粘牙，如糯米，即薏米，可供食用和药用；另一种形圆壳厚坚硬，米粒小，俗称菩提子，仅作药用。从表9-1可知，蛋白质含量接近小麦面粉，蛋白质的氨基酸组成与大豆、小麦蛋白质近似，脂肪含量为大米与小麦粉的3~4倍，可供制取薏苡仁油和薏苡仁内酯等有功能性成分。

我国开发的薏苡仁食品有饮料、挂面、饼干、糕点、桃酥、酱香酒等几十种产品。有关专家提醒，薏苡仁具有滑利性，对子宫肌有兴奋作用，可促使子宫收缩，有诱发流产的可能，孕妇应忌用。小便频者、大便干结者也不宜食用。

（二）薏苡仁的健康价值

东汉时期我国南方一带流行瘴气，得病的人手足麻木疼痛，下肢水肿，进而全身肿胀。由于本病多从下肢开始，中医称之为"脚气病"。号称"伏波将军"的马援，奉光武帝刘秀之命，远征广西平息南疆叛乱。因随军将士大都是北方人，水土不服，很多人染上了此病，仗不能打了，马援只好安营扎寨，请随军医生诊治。但医生从未见过这种病，一时不知该用什么药，眼看得病的人一天比一天多，马援便下令贴出告示：只要有人献方能治好"脚气病"，就悬赏白银五百两。

告示贴出后，有个讨饭的老人把告示揭了下来到军营献方。马援问道："你有何妙方？"老人从讨饭罐里拿出一把像珠子样的东西说："这叫薏珠子，这地方田地里就有种植，抓一把煎水喝病就会好。"马援听后半信半疑，就叫兵士采集一些薏珠子，进行试用。患病的将士服用后，病全好了。马援非常高兴拿出银子要赏这位老人，可老人早已不知去向。南疆叛乱平息后，马援将薏苡仁载了一车，准备带回北方引种。此事却被别人诬告为他搜刮大量珠宝，马援听后十分恼火，将薏苡仁分给（漓江边的）百姓，谣言不攻自破。后人为了纪念这位清廉奉公的将军，把这里的山称为"伏波山"，山中的洞称为"还珠洞"，薏苡仁也有了"薏珠子"的美名，并成为食疗之物。

1. 薏苡仁的有效成分

薏苡仁除了含有丰富的蛋白质、碳水化合物和脂肪外，还含有薏苡素（薏苡内酯）、三萜化合物等活性有效成分，是一种传统的营养健康特种杂粮食料。除食用外，还可制药酒、保健酒、油乳剂注射液等。薏苡素对人体中枢神经系统有镇静、镇痛、解热作用；薏苡仁油有抑制肌肉收缩的作用。这些与中医学所述的薏苡仁能除痹、缓筋急的功效是相符相成的。

2. 薏苡仁的药用功效

薏苡仁药食兼用。性味甘、淡、凉、无毒，对人体具有健脾、补肺、清热、利湿的功效。据《本草纲目》载："薏苡仁无毒，微寒。久服，轻身益气。治肺痿肺气，积脓血，咳嗽涕唾，煎服，破毒脓"。

薏苡仁油有抑制艾氏腹水癌细胞的作用，低浓度薏苡仁油对呼吸、心脏、横纹肌和平滑肌有兴奋作用，高浓度则有抑制作用，可显著扩张肺血管，改善肺脏的血液循环。薏苡素有解热镇痛和降低血压的作用。薏苡仁油和 β-谷固醇有抗癌作用，β-谷固醇还有降低胆固醇、止咳、抗炎作用。中医用于辅助治疗胃癌、直肠癌、乳腺癌和艾氏腹水癌等，还用于肺结核、肾炎、肝炎、肋膜炎、慢性关节炎、皮炎、神经痛和高血压的辅助治疗，还具有美容，健美等功效。

我国已研制出一种双相广谱抗癌中药制剂，可供人体医疗输注的新型乳剂。其性状呈水包油型白色乳状液体，其主要有效成分为注射用薏苡仁油。这种以薏苡仁油为主要有效成分的注射乳剂，这就是新近面世的国产抗癌新药"康莱特"注射液。

二、薏苡仁功能性制品

薏苡仁药食兼优，具有较大的开发价值和应用价值。产品有酒类、饮料、八宝粥、焙烤食品、面制品、发酵制品等多种功能性食品。

(一) 薏苡仁发酵制品

1. 薏米酒

薏米酒是一种保健产品，有酱香和浓香型之分。含有氨基酸 1.8%、糖 3.8%、乙醇 14.3%（酒度近似中国的黄酒），pH4.12，是具有爽快感的功能性酒品。其制作要点如下。

（1）选以薏米、糙大米、精白大米、压碎小麦、酶和水等原辅料。

（2）经加热杀菌后作为液体培养基，接入根霉菌进行振荡或通气培养。温度 30℃左右，时间 2~4h。

（3）振荡培养时原料糖化生成有机酸（富马酸或乳酸），生成量为固体曲生产法的 10~20 倍。

（4）在上述培养液中加入洗净、浸渍、常压蒸煮 1h 的薏米，再加水、糖化酶、酵母进行糖化与发酵生成乙醇，发酵温度 25℃左右，15~20d 后压榨分离酒糟、酒液，于 55~60℃加热杀菌，即成薏米酒。

因为在生产过程中，薏米、水、酶，分 2~3 次添加，因薏米中脂肪酶失活，不会分解脂肪和蛋白质，故酒中无脂肪异味，氨基酸生成少，酸味爽快，其风味优于固体曲制的酒品。

2. 果味薏仁米酒

果味薏仁米酒是一种新型低醇、低糖健康酒品。色泽较淡，具有桃子酒香，含有氨

206 基酸 0.05%，糖 0.03%，乙醇 15%，酸度 5.9%，清爽适口。

生产方法：将以薏米脱壳得到附一层淡肉色表皮的糙仁，洗净、水浸 20h，沥干，常压蒸煮 1~2h，加入糖化酶 55℃糖化，冷却到 30℃，加入乳酸（也可用柠檬酸、苹果酸、琥珀酸等有机酸）、酵母，于 25℃左右发酵，压榨除渣即得到产品。

3. 薏仁米酿造酒及薏仁米露

我国的薏仁米酒和薏仁米露已经实现了规模化、工业化生产。

（1）低度薏仁米酒　低度薏仁米酒是一种以薏苡仁为主要原料，并添加了药食同源的枸杞、红枣等辅料，经酿造而成的酒度在 5%~8%（体积分数）的功能性酒品。采用糖化酶与复合酒曲进行共同发酵新工艺，缩短固态糖化发酵时间；采用皂土吸附与膜处理新技术去除沉淀物，提高了产品的澄清度和稳定性。由于是酿造型低度酒，最大限度地保留了薏苡仁原料中可溶性营养成分和生理活性功能成分（氨基态氮、B 族维生素、薏苡仁多糖、薏苡素等），符合我国酒类向低度酒发展的新趋势。

（2）薏仁米露　薏仁米露是以薏苡仁、薏苡根为主要原料制作的一种新型清凉饮品。薏仁米露采用糖化、酶解、膜分离、物理吸附与 β-CD 包埋等工艺、技术，产品风味独到，澄清度和稳定性均高。

4. 薏灵酒

薏灵酒以薏苡仁为主要原料，配比适量质量上乘的糯米及灵芝菌丝体等辅料，采用黄酒类特酿传统工艺，发酵榨取技术制成的一种养生保健酒品，酒体纯润亮丽、清澈透明、馥郁清芬、口感醇厚滑润。对人体具有健脾利湿，尤其对调节血脂、调节免疫、改善睡眠等具有辅助的食疗功效。适合高血脂者、年老体弱、免疫力低下和睡眠欠佳者饮用。

5. 薏苡仁双歧杆菌酸乳

薏苡仁双歧杆菌酸乳以薏苡仁为原料，配以适量的白糖、奶粉、发酵剂等辅料制成的一种功能性冷饮食品。

（1）原辅料　薏苡仁、白糖、奶粉、发酵剂、水。

（2）工艺流程

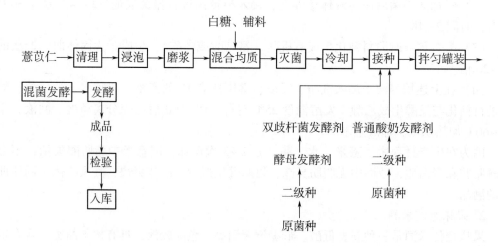

（3）制作要点

①选料、浸泡：选择优质薏苡仁，去杂，浸泡（料水比例为 1：10）12h。

②磨浆：薏苡仁粗磨后用胶体磨细磨得薏米浆。

③混合均质：在薏米浆中加入融化的 5% 白糖及 2% 奶粉等辅料混合后，在 20MPa 压力下进行均质。

④灭菌：将均质后的薏仁米乳在充分搅拌下，于 95℃ 以上灭菌 30min 左右。

⑤冷却：将灭菌后的薏仁米乳，尽快冷却至 42℃ 左右。

⑥接种：用 4% 双歧杆菌发酵剂和 2% 普通酸奶发酵剂接种，充分拌匀后灌装并快速封盖。

⑦发酵：在 38~42℃ 恒温培养，酸度达到 0.7%~0.8% 即可。

⑧后发酵：将发酵后的薏仁米乳，在 4~8℃ 条件下贮藏 12~18h，pH4.7，进一步发酵形成风味后包装、检验、入库。

（二）薏苡仁饮料

1. 速溶薏米粉

速溶薏米粉以优质薏苡仁为原料经烘焙等工艺过程制成的一种粉状方便食品。

（1）原辅料　薏苡仁及辅料。

（2）工艺流程

薏苡仁 → 精选 → 除杂 → 烘焙 → 破碎 → 浸提 → 浸提液冷却 → 澄清 → 混合 → 浓缩
　　　　　　　　　　　　　　　　　　　　　　　　　　　　　↑
　　　　　　　　　　　　　　　　　　　　　　　　　　　　辅料

喷雾干燥 → 出粉 → 冷却过筛 → 包装 → 检验 → 成品

（3）制作要点

①薏米精选：选用优质薏苡仁，去除杂质。

②烘焙：将薏苡仁烘焙至焦糖色，温度 180~250℃，搅拌下持续 15~25min。

③破碎：将烘焙过的薏苡仁破碎成 2~4 瓣（忌成粉末）。

④浸提：将薏苡仁碎瓣加入浸出罐，用 0.29~0.69MPa 水蒸气湿润后，将水蒸气排出。连续进出蒸汽数次后，注入适量热水，关闭排气阀门保持 100℃ 以上持续半小时，过滤分离出液体。再加入适量热水浸提两次后，用热水洗涤残渣，冲洗液并入浸提液中。

⑤冷却、澄清、混合、浓缩、喷雾干燥：将浸提液冷却，离心澄清（除去固体物质），加入辅料混合均匀后浓缩至固形物含量为 45% 进行喷雾干燥。

⑥出粉、冷却、包装：将干燥室内的薏米粉迅速卸出并及时进行冷却、筛理、包装，经检验合格者即为成品入库。

2. 薏仁米乳

薏仁米乳用优质薏苡仁、大米、花生仁和牛乳制成的一种新型薏米早餐奶品，口感滑顺，乳香、米香与花生香混合，适口性强，营养搭配合理，有助膳食平衡。可热饮，也可冷饮，方便卫生。

3. 薏米儿童健胃消食口服液

薏米儿童健胃消食口服液用薏苡仁、鸡内金、山楂为原料，配以蜂蜜、低聚木糖，柠檬酸等辅料制成的一种少儿功能性饮品。鸡内金药食兼用，含有胃激素、角蛋白、胃蛋白酶和淀粉酶等营养成分，具有促进胃液分泌，增强胃动力的功能，对消除儿童各种消化不良症状均有效。

（1）原辅料　鸡内金10g、薏苡仁3g、山楂10g、柠檬酸0.02g、低聚木糖4g、蜂蜜4g、山梨酸钾0.01g、果胶酶适量、纤维素酶适量、水（适量）。

（2）工艺流程

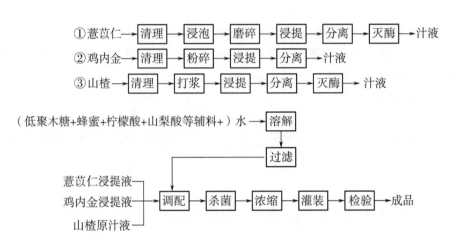

（3）制作要点

①薏苡仁浸提液的制备：选取优质薏苡仁清理干净加水浸泡（在35~40℃的温水浸泡3h），送入磨浆机磨碎，加入5倍重量的净化水于浸提罐中，浸提24h，薏苡浆用60目筛布进行过滤，得到薏苡仁原汁液；过滤的筛上物再加入适量水，加热至85~90℃，保持20~30min，冷却至室温，用60目筛二次过滤，所得汁液与第一次所得汁液混合，再加热至80℃，保持10min灭酶处理，取上清液即得澄清的薏苡仁汁液备用。

②鸡内金浸提液的制备：选取优质鸡内金清洗干净、粉碎（粒度在50~60目）后加入浸提罐中，加入5倍质量的净化水浸提（温度为45℃，pH5.0，搅拌20r/min，3h）后进行离心分离，取上清液即得鸡内金浸提液，备用。

③山楂汁的制备：选用优质山楂果清理洗净，与2倍质量的水同加入打浆机打浆。破碎30min进行软化处理，冷却至室温浸提24h，用60目的滤布过滤得到山楂原汁液。筛上物再加入适量水，加热至85~90℃，保持20~30min，冷却至室温，用60目滤布过滤，所得汁液与第一次所得汁液混合均匀；加入0.05%果胶酶和纤维素酶并加热至45℃，进行5h左右的澄清处理；之后加热至80℃，保持10min灭酶处理，取上清液，即得澄清的山楂汁液，备用。

④调配：将低聚木糖、蜂蜜、柠檬酸、山梨酸钾混合，加入适量水充分溶解并过滤，所得糖液与鸡内金、薏苡仁、山楂浸提液共同泵入调配罐，混合均匀。

⑤杀菌、浓缩：将调配液加热至90℃，进行5min灭菌处理后，泵入真空浓缩锅在

89kPa 的真空度下浓缩 2h 后冷却至室温。

⑥灌装、检验：将浓缩液用灌装机以无菌方式注入 10mL 的无菌瓶中，封口，贴标签、装盒、检验后即为成品。

4. 薏仁米儿童营养口服液

薏仁米儿童营养口服液用薏苡仁、枸杞、山楂、桂圆、红枣等为主要原料，配以蜂蜜、柠檬酸、低聚木糖，并强化牛磺酸及钙、铁、锌等辅料制成的一种少儿功能性饮品。具有预防龋齿、调节肠道微生态环境、健脾胃、促消化、补气养血等功效，尤其适合厌食，偏食的儿童饮用。

（1）口服液的主要营养成分　口服液的营养成分见表 9-2。

表 9-2　营养口服液的营养成分及含量　单位：mg/kg

成分	含量	成分	含量	成分	含量
蛋白质/(g/100g)	1.52	钾	736	核黄素	0.67
脂肪/(g/100g)	0.80	钠	208	烟酸	3.2
碳水化合物/(g/100g)	27.4	钙	2808	抗坏血酸	1596
铁	117	镁	36	β-生育酚	0.33
锰	115	锌	71	γ-生育酚	1.07

营养口服液的氨基酸含量见表 9-3。

表 9-3　营养口服液的氨基酸含量　单位：mg/kg

成分	天冬氨酸	缬氨酸	亮氨酸	异亮氨酸	甲硫氨酸	酪氨酸	苯丙氨酸	赖氨酸	组氨酸	精氨酸	脯氨酸	色氨酸
含量	79	444	530	247	126	134	383	588	18	1009	2135	2

（2）原辅料　营养口服液原辅料配方为：薏苡仁 3kg、红枣 5kg、山楂 4kg、低聚木糖 0.15kg、枸杞子 5kg、葡萄糖酸锌 0.18kg、桂圆 2kg、蜂蜜 6kg、乳酸亚铁 0.16kg、乳酸钙 0.3kg、柠檬酸 0.21kg、牛磺酸 0.2kg。

（3）制作工艺　营养口服液按照传统中药汤剂煎煮方法，离心去渣并滤清，加入蜂蜜、营养强化剂，调节 pH3.5~4，总糖在 3% 左右，加入山梨酸（用量不超过 1g/kg），分装在 10mL 的安瓿中，在 70~80℃ 水浴中灭菌 25min，冷水冲淋后，包装即为成品。

①枸杞汁的制备：选用宁夏优质枸杞，清洗干净后用 35~40℃ 温水浸泡 2h，打成浆，加入 6 倍重量的净水后泵入真空浸提罐，浸提 2~3h，温度为 45~60℃，不停搅拌，过滤除去果渣即得枸杞汁，备用。

②山楂汁的制备：选取优质山楂果，清理去杂，去核，清水冲洗干净，与 1 倍的净化水送入双联打浆机进行打浆，加入 4 倍净化水、果胶酶和纤维素酶，泵入真空浸提

罐，在45℃温度下浸提2~3h后用120目滤除去果渣，即得山楂汁，加热至80℃保温10min灭酶、冷却，备用。

③红枣汁的制备：选用优质红枣，清除杂质，入干燥箱在130℃温度下烘烤15min，冲洗干净后加入2倍重量的净化水在夹层锅内蒸煮20~30min，打浆去除枣皮、枣核，加入4倍的净化水、果胶酶和纤维素酶，泵入浸提罐，在45℃温度下浸提2h（不断搅拌），后用120目过滤去除果渣得到大枣汁，加热至80℃保温10min，进行灭酶处理、冷却，备用。

④桂圆汁的制备：选优质桂圆肉，初步粉碎后，加入5倍质量的净化水，入夹层锅熬煮1~2h后，冷却至室温，用120目过滤取汁，备用。

⑤调配：按配方比例称取蜂蜜等辅料，加入适量净化水充分溶解后，与所得到的枸杞汁、红枣汁、山楂汁、桂圆汁和薏苡仁浸提液（制备方法请见上款产品）加入配料罐中，并充分搅拌混合均匀。

⑥灌装、杀菌等：将调配均匀的汁液用灌装机分装于10mL的瓶中，采用火焰封口，用70~80℃水浴25min杀菌处理，用冷水冷却，沥干后入包装盒即为成品。

（三）薏苡仁粥类制品

1. 薏米银杏糊

银杏（白果），医食同源，营养丰富，见表9-4。

表9-4 银杏的营养成分表及含量 单位：mg/100g

成分	含量	成分	含量	成分	含量	成分	含量
蛋白质/(g/100g)	13.2	钙	54	钠	17.5	硒/(μg/100g)	14.5
脂肪/(g/100g)	1.3	磷	23	锰	2.03	维生素E	0.73
糖类/(g/100g)	72.6	铁	0.2	锌	0.69		
能量/(kJ/100g)	1486	钾	17	铜	0.45		

银杏含硒量高，性味甘、苦、涩、平、有毒，对人体具有敛肺气，定喘嗽，止带浊、缩小便的作用，可用于治哮喘、痰嗽、白浊、尿频等病症的组方。很早就用来制作炒白果、煮白果，作为果品食用。炒熟后的白果如同一颗"绿宝石"，入口香糯，别有风味，是做菜、制羹和糕点的好配料。将银杏与薏苡仁配伍制成的薏米银杏糊，具有银杏果仁和薏苡仁的特有风味，甜度适口，均匀细腻，食用方便，符合人们回归大自然的消费心理。但银杏不可生食、多食，因含有氰苷易引起中毒，只有经加工的银杏才可放心食用。

2. 薏仁米八宝粥

薏米八宝粥以薏苡仁、糯米等为主料，配以低聚木糖、魔芋粉等辅料，制出的一种低能量功能性米粥，是适合中老年人群及糖尿病人食用的粮油方便食品。具有口感柔和、细腻、香甜、组织均匀、外观金黄等特点。

（1）原辅料配方：糯米3kg、薏苡仁0.4kg、黏黄米0.4kg、魔芋粉1kg、香米

0.4kg、红小豆 0.4kg、低糖南瓜 5kg、枸杞子 0.2kg、小麦仁 0.4kg、花生 0.8kg、低糖 211
南瓜粉 0.3kg、精食盐 0.04kg、低聚木糖 1kg、羧甲基纤维素 0.3kg、水（适量）。

（2）制作要点

①红小豆、花生仁清理干净，加沸水预煮 15min（料：水 = 1：100）后沥干，备用。

②清理干净的南瓜放消毒池中浸泡 20min，再用清水冲洗、去皮、去籽，切成边长 1cm 大小的丁，备用。

③糯米、薏苡仁、小麦仁、香米清洗干净，加沸水预煮 10min（料：水 = 1：10）后加入低聚木糖、黏黄米再煮 4min（料：水 = 1：10）成粥。枸杞称量用沸水烫一下、南瓜粉、精食盐混匀后加沸水冲开，备用。

④按配方将低聚木糖、南瓜粥和其他辅料加入煮好的米粥中，搅拌均匀。

⑤先将切好的南瓜丁装入，再加入预煮好的红小豆、花生仁，热烫后的枸杞及预煮米粥，充分拌匀、装罐。封罐温度 85℃以上。

⑥将粥罐置于杀菌锅（121℃，50min），杀菌，冷却后即为成品。

3. 六味和正早餐糊

六味和正早餐糊以薏苡仁、山药、鸡内金等原、辅料，采用细胞破壁技术制成的一种粉状功能性食品，小分子，高吸收，可为人体快速补充营养，是脾胃虚弱的人群理想的食品。

三、薏苡仁主要功能性成分的应用

至今，我国已开发出薏苡仁 9 大系列产品，具体包括：

（1）富含 γ-氨基丁酸与抗性淀粉的方便速食营养功能薏米；

（2）具有多种生理活性的薏米红曲茶；

（3）微胶囊化粉末状油脂；

（4）抗氧化美白活性面膜；

（5）系列旅游休闲方便食品；

（6）无硫非水精制薏仁米；

（7）富硒富 γ-氨基丁酸薏仁胚芽米；

（8）纯天然青蒿土碱薏仁吊浆面条；

（9）薏仁红豆冲剂。

这些产品已远销泰国、美国、欧盟等国家及我国香港和台湾地区，使小薏米成了大产业，为产区农民脱贫致富开辟了新的途径。

四、薏苡仁的食疗药膳

药膳是取药物之性，用食物之味，食借药力，药助食威，二者相辅相成，相得益彰。薏苡仁药食同源，用于药膳将具有较高的食用价值和药用功效，对人体辅助治疗、病后调养有大益。有关薏苡仁食疗药膳配方及功用简介如下。

212　　　（一）薏米茅根玉米须饮

薏苡仁 30g，玉米须 30g，白茅根 15g，同用水煎，去渣加红糖食用，辅助治疗全身浮肿、尿少色黄、大便不爽等症病。

（二）薏米粟菱粥

薏苡仁、粟米、菱粉各 60g，在砂锅中加清水，先将薏苡仁、粟米煮熟，再加菱粉煮成粥，经常适量食用，可健脾利湿。

（三）薏米核桃仁粥

薏苡仁 30g，粳米 100g，核桃仁 20g，放砂锅中加清水煮粥，可清热、利湿、活血。

（四）薏米山药柿霜糊

薏苡仁 60g、山药 60g、柿饼 30g，将薏苡仁、山药先放入砂锅加适量清水煮至软烂，再加入切碎的柿饼，搅拌均匀后食用，可辅助治疗虚劳咳嗽及阴虚之症。健康人食用可滋补强体。

（五）薏苡仁山药粥

薏苡仁 30g、山药 60g、大米 60g，加清水共煮粥，是糖尿病患者理想的药膳，并具有健脾益肺的功效。

（六）薏苡仁果蔬糕

以新鲜果蔬为原料，添加薏苡仁、鱼腥草、菊花、金银花、蒲公英等辅料，制成果蔬糕，酸甜适口，具有清热、抗菌、抗病毒、平肝明目的功效，是一种专利方便药膳。

（七）薏米芡实粥

薏苡仁 20g、芡实粉 20g、大米 30g，入锅加清水共煮成粥，具有固肾益精的功效，适宜糖尿病者食用。

（八）治风湿药膳粥

薏苡仁 50g 与适量黄酒放入砂锅，上火同煮至熟成粥，可辅助治疗风湿病，还能健脾胃强筋骨。

（九）治疣美容药膳粥

取薏苡仁 100g，煮粥每天食用，扁平疣便会逐渐消退、干燥、脱落。长期食用，可使皮肤光滑细腻，白净有光泽。

（十）薏米茯苓木瓜饮

薏苡仁、茯苓、木瓜煎水服用，可以利水消肿，营养强身。

（十一）薏米山楂荷叶饮

山楂 20g、荷叶 12g、薏苡仁 12g、葱白 10g，水煎代茶饮用。适宜冠心病患者、胸闷脉滑之类症状的辅助治疗。

（十二）薏米茯苓粥

薏苡仁 60g、茯苓粉 15g，加水适量共煮成粥，调味食用，有利水渗湿，健脾补中的功效，可用于辅助治疗咳嗽痰多、心悸、头痛诸症疾。

（十三）薏米葛根五加粥

薏苡仁、葛根、粳米各 50g，刺五加 15g，将原料分别清洗干净，葛根切碎和刺五加同煎取汁，然后将薏苡仁，粳米放入锅中，加水适量。武火煮沸，文火熬成粥，加冰

糖适量，即可食用。具有祛风、除湿、止痛的功效。适宜于风寒型颈椎病的辅助食疗。 213

（十四）双粉消肿饮

红豆粉 20g、薏苡仁粉 20g、无糖豆浆 150mL。将熟红豆粉、薏苡仁粉加入已熟的无糖豆浆中，搅拌均匀可代替早餐食用。红豆粉有助于血液循环，薏苡仁粉可排除身体水肿，豆浆可排毒并帮助消化吸收。大豆是唯一能满足人体全部氨基酸需要的植物蛋白源，大豆蛋白、大豆多肽还是降低高血压、胆固醇的功能性食品。

（十五）薏苡莲子白术粥

薏苡仁 30g、莲子 20g、炒白术 18g、粳米 100g、冰糖 30g。先将薏苡仁，莲子洗净，用水浸泡 8h，白术放一纱布袋内，再加入粳米、冰糖一同煮粥，待粥熟后弃布袋即可食粥。每天吃 3 次，每次 1 碗，连吃一个月。具有补脾益肺，渗湿通窍的作用；可缓解过敏性鼻炎，减少复发。

（十六）薏苡仁白米粥

薏苡仁 10g、大米 160g、防风 10g。将防风洗干净，加入砂锅加适量水，上火煎 20 分钟，弃渣取汁液。然后将薏苡仁洗干净放入锅内，加入防风汁液和适量水，共煮成粥状，最后再同已煮熟的大米粥混合均匀即可食用，具有清热镇痛、祛痰的功效。适用于湿热痹阻型痛风患者食疗。

（十七）陈皮薏苡仁粥

薏苡仁 50g、小米 50g、陈皮 10g。将陈皮清洗干净、加水入砂锅煮 20min，去渣取汤汁 500mL，然后同薏苡仁、小米共煮熬粥。每天 1 次，连服 7 天，喉中清爽无痰止咳后方可停服。

第二节 鸡头米及其制品

鸡头米是一类睡莲科被子，水生草本植物，因花托形似鸡头故称鸡头米，药食兼备，被国家卫生部门公布为既食又药之物。是常用的中药材，历史悠久，在国内外也久负盛名。主要分布于我国中南、西南、华东、东北等地。秋季成熟，果实除去外果皮所得的种子即为此物。

一、鸡头米（芡实）简介

鸡头米原产于苏州葑门外的黄天荡，软糯香甜，补中益气，嫩滑滋补，是健脾益肾之佳品，自古作为保持青春活力，防止未老先衰之良物。因其独特，是苏南地区的传统美食和食疗药膳。

（一）鸡头米的营养成分

鸡头米的营养成分及其含量见表 9-5。

从表 9-5 可知，鸡头米中含硒元素较多（为 $6.03\mu g/100g$），其他营养素含量比较全面，是人们冬季很好的滋补营养品。鸡头米可与红枣或花生米加入红糖炖食，与牛肉一起炖，也是大补之品。

表 9-5 鸡头米的营养成分及其含量 单位：mg/100g

成分	含量	成分	含量	成分	含量
蛋白质/（g/100g）	8.3	磷	56	锰	1.51
脂肪/（g/100g）	0.3	铁	0.5	锌	1.24
糖类/（g/100g）	78.7	钾	60	硒/（μg/100g）	6.03
膳食纤维/（g/100g）	0.9	铜	0.63	维生素 B_1	0.03
能量/（kJ/100g）	1470	钠	28.4	维生素 B_2	0.09
钙	37	镁	16	烟酸	0.4

据《敦煌遗书》记载，芡实配山药制成的粥称为"神仙粥"，具有良好的养生食疗作用。鸡头米富含碳水化合物，而脂肪含量仅 0.3%，很容易被人体消化吸收。它不但能健脾益胃，还可补充营养素。消化不良，或出汗多又容易腹泻者，经常食用鸡头米粥，可收到理想的食疗效果。若将鸡头米与瘦肉同炖，对解除神经痛、头痛、关节痛、腰腿痛都具有良好的辅助疗效。

中老年人群常食鸡头米，对尿频症具有一定的辅助治疗作用。将鸡头米、山药、薏苡仁各等量，熬制成养生粥作早餐食用，具有补脾、养肺、益心、健脑、抗衰老的作用。将鸡头米、莲子肉、淮山药、白扁豆各等份，磨研成细粉状，每次 30～60g，制作时加适量白糖，蒸熟作点心食用，可用于辅助治疗慢性泄泻等病症。

（二）鸡头米的健康价值

鸡头米被誉为"水中人参"，具有滋养强壮、补中益气、开胃止渴、健脾止泻、益肾消渴、固肾养精等作用，为滋养强壮性食物。其功用和莲子相似，又常为休闲食品，常服轻身不饥，是良好的食疗药膳食品。

（三）鸡头米的禁忌人群

鸡头米虽然营养丰富，药食同源，但食品营养专家同时提示：凡患感冒初期者、便秘腹胀者、食不运化及新产后皆忌之；一般人也不宜当主食。鸡头米分生用和炒用两种，前者以补肾为主，后者以健脾开胃为主。

二、鸡头米的食疗药膳与方剂

食疗药膳（Health-Protection Food）是在中医药理论指导下，利用食物本身或者在食物中加入特定的中药材，使之具有调整人体脏腑阴阳气血生理机能以及色香味形特点，适用于特定人群的食品，包括菜肴、汤品、面食、米食、粥、茶、酒、饮品及果脯等。现将有关芡实食疗药膳的有关情况简介如下。

（一）食疗药膳

1. 芡实薏米莲子粥

鸡头米 20g、薏苡仁 20g、干莲子 40g、大米 60g、荷叶一张，分别清洗干净，放入锅内，加适量水上火共煮成粥后加适量食盐、胡椒粉调味即可食用。经常食用具有养生、益肾、固精、健脾止泻的食疗功效。

2. 芡实茯苓粥

鸡头米 30g、茯苓 10g、莲子 15g、粳米 60g，分别清洗干净放入锅内，加适量水，共煮成粥为遗尿症食疗药膳。

3. 芡实参苓糕

鸡头米、山药、茯苓、白术、莲子、薏苡仁、扁豆各 30g、人参 8g，分别研磨成粉状，同粳米粉 500g 混合均匀，以适量水调拌呈糕状，上笼蒸熟作为遗尿病症食疗药膳。

4. 芡实龙枣茶

鸡头米 12g、龙眼肉 10g、炒酸枣仁 10g，同置砂锅加水适量，浸泡 30min 左右，用文火煎煮，沸后 20min 取汁液盛杯代茶饮用，具有养心安神、益肾固精的食疗功效，适用于心悸、怔忡、失眠、神疲乏力等病症。

5. 八宝粥

芡实 50g、莲子 50g、薏苡仁 50g、大枣 10 枚；党参和白术各 15g；茯苓、淮山药各 50g；糯米 100g、白糖适量。

莲子、党参、白术、茯苓加米适量煮煎 30min，滤去药渣取其汁液，加糯米、大枣、薏苡仁、莲子、芡实、淮山药、白糖煲粥食用。具有补中益气的功效，适用于不思饮食、倦怠乏力、多汗或食后腹胀，大便稀溏等症状者食疗。

6. 芡实薏米粥

芡实 20g、薏苡仁 20g、大米 30g，入锅加适量水共煮成粥食用，具有固肾益精的功效。适宜伴有腰痛、耳鸣及头昏目眩的糖尿病患者食疗。

7. 芡实香米茯苓粥

芡实 30g、香大米 30g、茯苓 10g 捣碎共煲粥食用，对遗尿症有食疗功效。

8. 芡实红枣汤

芡实 60g、红枣 10 枚、花生仁 30g，放入砂锅中加入适量水，煮至物料熟后再加入红糖适量，搅拌均匀即成芡实红枣汤。每日一次，早或晚连汤服食，具有助消化、补调脾胃、益气养血等功效。对体虚者、脾胃虚弱的产妇、贫血者、气短者有良好的食疗效果。

9. 健肾长寿粥

淮山药 150g、芡实 40g、糯米 50g、人参 15g、茯苓 15g、莲子仁 25g，将以上用料分别清洗干净，先将茯苓加适量水煎熬取其滤汁，然后将其余各用料放入锅内，加适量清水，上火共煮成膳粥。每天服食 2 次，每次 25～35g，食用时可略加白糖调味，具有健肾、延年益寿的作用。

10. 芡实扁豆粥

炒芡实 30g、炒扁豆 20g、大枣 10 枚、糯米 100g，各自洗净，同放入锅中，加水适量煮粥服食，每日 1 次，适用于老年脾胃虚弱、便溏腹泻者食疗。

11. 芡实止泻粉

芡实、莲子肉、淮山药、白扁豆各等分，共研细粉，每次取 30～60g，放入锅中蒸熟当点心食用，对辅助治疗慢性泄泻有良效。

12. 芡实莲桂汤

莲子（去芯）、茯苓和芡实各 8g，龙眼肉 10g、红糖适量。先将茯苓放砂锅内加适

216　量清水，煎煮 15min，除去渣取汁液。再将莲子、茯苓、芡实、龙眼肉放入砂锅，加适量清水，文火炖煮 50min，至煮成黏稠状的莲子桂圆汤，再加入红糖后饮汤，此为一日量，分两次饮服。适用于惊悸怔忡、失眠健忘、乏力肢倦、贫血、神经衰弱等症的辅助治疗。

13. 芡实茯苓糕

炒大米 500g、谷芽 300g；白茯苓、山药、薏苡仁、扁豆各 150g；莲子肉、芡实、砂仁各 100g；白糖 1800g。将大米、谷芽、白茯苓、山药、薏苡仁、扁豆、莲子肉、芡实、砂仁均都磨成细粉，与白糖均匀混合制成糕，当作点心食用，具有健体、补血作用，适用于缺乏营养引起的贫血病症者。对于由贫血引起的心慌、无力、头晕、耳鸣、失眠等症状，具有较好的辅助疗效。

14. 芡实山药粥

芡实、粳米各 100g；淮山药、茯苓各 50g。将淮山药洗净切块，与芡实、茯苓、粳米一起入锅，加入适量水，上火共煮为粥。每日一次当早餐或晚餐食用，具有利耳明目、补肾固精的作用，适宜耳目不聪、遗精泄泻、体倦头昏者服食。

15. 莲实美容羹

芡实 50g、薏苡仁 50g、莲子 30g、桂圆 10g、蜂蜜 30g。将芡实、莲子、薏苡仁一起，用清水浸泡 30min，加入桂圆肉，用文火煮至烂熟，以蜂蜜调味。每日一次连汤食用，具有健脾养胃、养颜美容的作用。适于脾胃虚、肌肉消瘦、皮毛干枯者食用。

（二）食疗方剂

1. 治多尿或小便失禁症

鸡头米 30g 炒黄，红糖 15g，加适量水煎熬，兑入黄酒 15g，临睡前服食，可辅助治疗多尿或小便失禁病症。

2. 治大便溏泄症

鸡头米 250g，莲子 250g，分别炒黄研为细末，加藕粉 250g 共拌均匀，每次取 30g，加适量白糖调匀，用适量水煮成羹服食。可辅助医治大便溏泄症。

3. 缓解更年期综合征

鸡头米 18g，核桃仁 20g，粳米 60g。加适量水共煮成稀粥，适用于缓解更年期综合征和肾阳不足而见畏冷腰酸者食疗。

4. 治带状疱疹

鸡头米 50g，鸡蛋清 2 个。将鸡头米研末，用鸡蛋清调和成糊状，涂于患处，每日 1~2 次有辅助治疗效果。

5. 治五更泻

芡实 60g，百合 60g。与大米适量同煮稀饭食之，有辅助治疗效果。

6. 治急性肾小球炎

芡实、莲子、黑豆、马铃薯各 30g，水煎服食，每日 1~2 次对该病有辅助治疗效果。

7. 治妇女白带

芡实 30g，乌蛇 20g，南瓜藤 30g。水煎服，每日 2 次有辅助治疗效果。

8. 治蛋白尿

芡实 30g，先用清水浸泡 1h，锅内加水用大火煮开，转小火煎煮至芡实软烂，每日 1 剂，分 2 次服用。对肾性蛋白尿有辅助治疗效果。

第三节　籽粒苋及其制品

籽粒苋（又称西米、千穗谷）属于苋科苋属，高产量，高蛋白，是世界上被视为最有发展潜力的一年生集粮食、蔬菜、饲料等于一身多用途农作物。我国陕西、河北、山西等地多有种植，全国各地也在快速扩大其种植面积。

一、籽粒苋简介

籽粒苋种子呈圆形，有淡黄色、黄褐色、紫黑色等。是食品加工中的基础原料之一，蛋白质的含量高，氨基酸组成接近 FAO/WHO 推荐模式，作为健康食品或营养添加剂已经商品化。

（一）籽粒苋的营养价值

籽粒苋的营养成分比较见表 9-6。

表 9-6　　　　　　　　　　　籽粒苋的营养成分及含量比较

名称	蛋白质/ （g/100g）	赖氨酸/ （g/100g）	脂肪/ （g/100g）	糖类/ （g/100g）	铁/ （mg/100g）	钙/ （mg/100g）	镁/ （mg/100g）
籽粒苋	16.0	6.2	0.89	62.0	15.0	250.0	310
燕麦	14.2	3.3	0.43	68.0	4.5	53.0	120
小麦	13.3	2.9	0.32	71.0	3.4	47.2	110
大米	7.6	3.7	0.31	79.4	0.8	24.0	120
玉米	7.8	2.8	0.27	76.0	1.8	6.0	90

从 9-6 可知，苋籽粒的营养价值高于小麦、玉米、大米等主要谷物食品，特别是谷类普通缺少的赖氨酸含量较高。将籽粒苋于谷物按一定比例搭配混合制成各种食品，可以增加其蛋白质含量，弥补谷物食品中赖氨酸的不足。籽粒苋、玉米及其混合后的部分必需氨基酸含量见表 9-7。

表 9-7　　　籽粒苋、玉米及其混合后的部分必需氨基酸含量　　　　　单位：%

氨基酸	FAO/WHO	籽粒苋	玉米	玉米：苋（50：50）
赖氨酸	5.50	6.20	2.80	4.50
色氨酸	1.00	1.29	0.80	1.05
亮氨酸	7.00	5.06	12.80	8.93

续表

氨基酸	FAO/WHO	籽粒苋	玉米	玉米∶苋（50∶50）
苏氨酸	4.00	3.13	3.80	3.45
缬氨酸	5.00	4.30	5.10	4.70
异亮氨酸	4.00	3.87	3.70	3.79
酪氨酸+苯丙氨酸	6.00	6.81	8.90	7.85
半胱氨酸+甲硫氨酸	3.50	5.04	4.20	4.62

从表9-7可知，将苋籽粒和玉米按50∶50搭配混合后，赖氨酸和亮氨酸达均接近于FAO/WHO所推荐的模式。将苋籽粒应用于谷物食品的生产中，不仅使食品中蛋白质含量提高，而且品质优化，大大提高食品的营养价值。

（二）籽粒苋的健康价值

籽粒苋的茎叶柔嫩多汁，清香可口，适口性好，营养素丰富，鲜嫩可供人食用，尤其令人注目的是花蕾初期，植株鲜体含钙2.03%，对防治人体的佝偻病和骨质疏松症具有辅助效果。

二、籽粒苋功能性制品

籽粒苋独特的营养成分，受到国内外专家的格外关注。近20年来，籽粒苋食品在美洲、欧洲国家发展迅速，各种"苋食品"，受到消费者的欢迎，特别是受到特殊人群（儿童、孕妇、哺乳母亲以及老人）的欢迎，还对食品过敏的消费者，提供了一种高营养食品资源。

（一）我国的籽粒苋食品

近些年来，我国的籽粒苋食品得到了快速发展，产品种类不断增加，产品质量不断提升。

1. 苋焙烤食品

苋焙烤食品主要有糕点、饼干，品种繁多（有苋酥饼、苋酥糖、苋蛋卷、苋蛋球、苋夹心糕、苋华夫饼干、苋夹心饼干等）。它们保持或提高了原有食品的色香味，营养且健康，受到人们的青睐。

2. 苋谷物食品

苋谷物食品是由苋面粉搭配一定比例的谷物面粉混合，制成的一种营养食品，主要有苋面包、苋米粉条、苋挂面、苋荞速食面等。苋挂面不仅营养价值高，而且适口，烹煮时不易断条，不糊汤。

3. 苋酿造食品

苋酿造食品有苋酱油和苋米酒等。苋酱油比普通酱油还原糖含量高，带甜味，香气浓郁，得到消费者的好评。苋米酒是一种优良的保健酒，具有明目、利便、益气、祛寒等多重功效。

4. 籽粒苋制品

（1）籽粒苋谷物早餐

①原辅料配方：籽粒苋面粉 16%，甜荞粉 24%，奶油 8%，小麦面粉 28.5%，苦荞粉 10%，速发酵母 0.5%，小苏打 1.0%，奶粉 1.0%，食盐 1.0%，白糖 10%，水（适量），可可粉（适量）。

②工艺流程：

原料→处理→第一次面团调制→发酵→第二次面团调制→成形→烘烤→冷却→包装→成品

③制作要点：

a. 原料处理。将荞麦和籽粒苋分别制成粉。

b. 第一次面团调制。将荞麦粉、小麦粉、粒粒苋粉、食盐、速发酵母、水按顺序加入调制成面团。

c. 发酵。在 20℃，相对湿度 75% 下发酵 8h 左右，调温、调湿箱中进行。

d. 第二次面团调制。在前面团中顺序加入奶油、奶粉、白糖、NaHCO₃、可可粉等剩余辅料，调制成面团。

e. 成形。选用粒状谷物成形机成形，为防止面团粘辊可以用少许撒粉。

f. 烘烤。采用 210℃ 及 120℃ 两段烘烤工艺，首先在 210℃ 温度下烘烤 5~7min 后，再在 120℃ 左右的低温下缓慢烘烤至成熟与脆酥。

g. 冷却、包装。将物料冷却至室温，去除碎粒，然后进行包装，即为成品，入库。

（2）籽粒苋面包

①原辅料配方：籽粒苋粉 15g，酵母粉 3.2g，蜂蜜 40g，小麦粉 85g，奶粉 60g，黄油 40g，鸡蛋黄 1 个，添加剂 23g，糖-盐溶液 110mL，水（适量）。

②工艺流程：

原辅料→调粉→成型→发酵→整形→醒发→烘烤→冷却定型→成品→检验→入库

③制作要点：

a. 工艺参数。发酵温度（33±1）℃，时间 90min；醒发温度（33±1）℃，时间 45min，烘烤温度 200~220℃，时间 20min。

b. 在发酵过程中，以开始调粉计时 55min 和 80min 时，再分别揉压两次。面包规格为 100g。

c. 控制醒发时间为 45min。

d. 按面包制作常规工艺要求操作。

（3）籽粒苋酸奶　籽粒苋酸奶是一种酸奶饮品，外观均匀，凝块有一定硬度，表面光滑无龟裂，无气泡产生，无乳清分离等现象，具有籽粒苋特有的风味，每 100mL 产品中含脂肪 1.5g、蛋白质 2.1g、干物质 15.8g、活菌数≥108 个。

①原辅料配方：籽粒苋 10%，鲜牛奶 79%，白糖 5%，乳酸发酵剂 4%。

220   ②工艺流程：

籽粒苋 → 筛理 → 清洗 → 浸泡 → 磨浆 → 糊化 → 液化 → 糖化 → 过滤 → 调配 → 杀菌 → 冷却 →

接种 → 发酵 → 分装 → 成品 → 检验 → 入库冷藏

③制作要点：

a. 籽粒苋处理。将优质籽粒苋筛选、去杂、清洗后在 0.5% Na_2CO_3 溶液中浸泡 8~10h、热水磨浆。

b. 糊化/液化。在常压条件下加热使籽粒苋液糊化，然后将温度调为 85℃，加入质量浓度为 0.5% α-淀粉酶处理 30min 进行液化。

c. 糖化。将液化液的温度调至 60~65℃，加入质量浓度为 0.5% 的糖化酶进行糖化，时间约 1h 左右。

d. 过滤、调配、发酵。糖化液经 100 目过滤后添加鲜牛奶、白糖、加水，搅拌均匀。将菌种扩培后，接种于糖化液中进行发酵（43℃，4h）即为成品。

e. 包装、冷藏。成品分装，经检验后如冷藏室（库）保存。

（二）国外的籽粒苋食品

1. 籽粒苋面粉

将苋籽粒碾磨制成面粉，有高麸、低麸和发芽化苋面粉。

2. 籽粒苋焙烤食品

将籽粒苋面粉和小麦面粉按一定比例搭配混合后制成各种食品，如面包、饼干、馒头等。用苋面粉替代松脆饼干配方中 20% 的小麦面粉，饼干的松脆特性不变，营养成分增加。用苋面粉替代面包配方中 10% 的小麦粉，会使面包体积减小 7%~10%，面包褐色稍重，但对面包的其他品质无不良影响，会使面包具有一种令人愉快的独特"坚果"风味。

3. 籽粒苋-谷物食品

籽粒苋面粉（特别是发芽苋面粉）与小麦、玉米、燕麦等谷物按照一定比例搭配混合制作的苋-谷物食品，营养全面，用作早餐主食。

4. 籽粒苋休闲食品

苋籽粒按一定比例搭配玉米粉、大米粉、淀粉等混合生产的各种挤压膨化食品，松脆可口，容易消化，是一类受欢迎的休闲食品。爆裂的苋米花粒，用适量的糖浆或蜜糖粘在膨化果的外表层，是一种可口的休闲小吃食品。

5. 籽粒苋婴幼儿食品

从籽粒苋中提取高蛋白粉，是儿童食品生产的一种优质原料。将苋面粉按一定的比例搭配大麦、大豆、白糖、食用植物油、微量元素、维生素以及调味品制成的幼儿食用粉，喂养 1~3 岁的孩子，有很好的营养健康效果。

6. 籽粒苋淀粉

苋籽粒含支链淀粉约 80%，黏性大，苋淀粉颗粒为 1~3μm。利用这些特点，可作为食品增稠剂用于肉汁、酱汁、沙拉汁等。也可用作食品的喷粉。

7. 苋牛奶

苋米酒、苋啤酒、苋蜜酒在欧洲市场都是很受欢迎的饮料。将 45 份发芽苋面粉、45 份白糖和 8 份奶粉配合制成的苋牛奶，具有良好的色泽和品质，是畅销欧美市场、老少皆宜的营养保健饮品。

第十章

豆类及其制品

————————

豆类是以籽粒供人类食用的豆科植物的统称，是人类三大食用作物（禾谷类、豆类、薯类）之一，在农作物中的地位仅次于禾谷类。在我国粮食部门中，大豆和花生在习惯上不包括在食用豆类中（而是划分为油料作物）。

我国食用豆类营养成分丰富，高蛋白、低脂肪，同时也是药食兼用之物，富含生物碱、植物植醇、香豆素等多种功能性物质，具有清热解毒、抗炎等药理功用。

第一节　绿豆及其制品

我国绿豆的种植面积和产量均居世界首位，产量以河南、河北、山东、安徽等省较多，是一种紧俏的粮食商品。其中著名的优良品种有安徽明光绿豆、河北宣化绿豆、山东绿豆和四川绿豆等，都是我国传统的出口商品之一，在国内外享有盛誉。

一、绿豆简介

"绿豆"的种皮大多呈翠绿色（也有黄绿色、蓝绿色甚至黄棕或紫棕色的）。千粒重为 30~60g。

（一）绿豆的营养价值

绿豆的营养丰富，其营养成分见表 10-1。

表 10-1　　　　　　　　　绿豆的营养成分及其含量　　　　　　　　单位：mg/100g

品名	蛋白质 /(g/100g)	脂肪 /(g/100g)	糖类 /(g/100g)	膳食纤维 /(g/100g)	钾	钠	钙	镁	铁	锰	锌	磷	硒 /(μg/100g)	胡萝卜素	维生素 B_1	维生素 B_2	维生素 E	烟酸	维生素 C
绿豆	21.6	0.8	55.6	6.4	787	3.2	81	125	6.5	1.11	2.18	337	4.28	130	0.25	0.11	10.95	2.0	1.0

由表 10-1 可知，绿豆蛋白质含量高于禾谷类粮食。

绿豆蛋白质的氨基酸构成见表 10-2。

表 10-2 　　　　　　　　　　绿豆蛋白质的氨基酸构成　　　　　　　　　单位：g/100g

成分	WFO 推荐值	绿豆蛋白质	差值	占比/%
缬氨酸	5.0	5.31	+0.31	106.2
亮氨酸	7.0	8.70	+1.70	124.3
异亮氨酸	4.0	3.71	-0.29	92.8
苏氨酸	4.0	3.75	-0.25	93.8
苯丙氨酸+酪氨酸	6.0	5.64	-0.36	94
色氨酸	1.0	0.98	-0.02	98
甲硫氨酸+半胱氨酸	3.5	1.16	-2.34	33.14
赖氨酸	3.5	7.12	+1.62	129.5

绿豆、小米和籼米蛋白质的氨基酸构成比较见表 10-3。

表 10-3 　　　　　　　　　　绿豆蛋白质的氨基酸构成比较　　　　　　　单位：g/100g 粗蛋白

品名	缬氨酸	亮氨酸	异亮氨酸	苏氨酸	苯丙氨酸	色氨酸	甲硫氨酸	赖氨酸
绿豆	5.31	8.70	3.71	3.75	5.64	0.98	1.16	7.12
小米	5.30	14.40	3.64	4.52	5.44	1.95	2.90	2.21
籼米	5.50	9.04	3.35	3.87	4.69	1.63	1.93	3.79

绿豆中赖氨酸含量高于一般禾谷类粮食，所以将绿豆与小米或大米混合煮粥，能起到互补营养作用，有效地提高营养价值。

绿豆芽含有较高的维生素 C，在冬季或边远山区，边防军营哨所或某些缺少蔬菜的地区是提供维生素 C 的良好来源。

绿豆淀粉是一种优质淀粉，特别适合制作粉丝、凉粉、粉皮等。绿豆淀粉还是酿造名酒的优质原料，如四川泸州的"绿豆大曲"酒、安徽的"明绿豆酒"、山西及江苏的"绿豆烧酒"、河南的"绿豆大曲酒"等，酒质香醇，独具风味，深受国内外饮用者的赞誉。绿豆系高蛋白、低脂肪、中淀粉、医食兼用作物，是植物蛋白质的重要来源之一，被誉为"绿色珍珠"。

自古以来，我国人民一直把它作为防暑健身佳品，在环保、航空、航海高温及有毒作业场所被广泛应用。绿豆还具有特殊的清香味道，食用品质很好。每当夏令时节，人们常制作绿豆汤、绿豆粥、绿豆糕、绿豆乳、绿豆饮料等，都是人们消暑解热、清热解毒、防暑降压的传统保健食品。

营养专家提示，在烹调绿豆时，不要把绿豆皮扔掉。绿豆皮里面含有大量的抗氧化成分（如类黄酮、单宁、皂苷等），以及膳食纤维等功能性成分，一并食之受益良多。

（二）绿豆的健康价值

绿豆性味甘、凉，具有清热解毒，消暑、利水、明目的功效。所以中医常用绿豆医治暑热烦渴，水肿、泻痢、丹毒、臃肿、肿痛及解药毒等。绿豆还有降低人体血液中胆固醇含量、防治动脉粥样硬化以及明显的解毒保肝作用。民间历来就有用绿豆防治疾病

224 的习惯，如饮用绿豆汤，对熬夜上火、火眼、咽喉肿痛、大便燥结等均可解除。碰伤、撞伤、红肿瘀血等，用绿豆粉与鸡蛋清调敷患处，可以消肿止痛。

对成分及药理作用研究表明，绿豆含有许多种功能性物质，其中包括鞣酸、香豆素、生物碱、植物甾醇和黄酮类等。绿豆鞣酸和黄酮类化合物可与有机磷的农药、汞、砷、铅等有毒的元素结合形成沉淀，可减轻或失去毒性，且不被人体肠道吸收。绿豆含有的丰富蛋白质，保护肠胃黏膜的功效明显。利用现代酶工程对绿豆蛋白进行降解，获得的低分子蛋白多肽，具有明显的降低人体血液中胆固醇的作用。这是因为绿豆多肽中疏水基的疏水性与胆汁酸的结合呈正相关，同时也能刺激甲状腺素分泌的增加，促进胆汁酸化粪便排泄胆固醇增加，而起到降低血液中脂肪、胆固醇的作用，同时，绿豆多肽还是很好的解酒剂。

绿豆多肽还能调节食欲。对于因饮食失衡而发生的肥胖症，有较好的辅助治疗作用；夏季天气炎热，高温出汗，使机体丢失大量的矿物质和维生素，高温的环境下产生厌氧等肠胃功能低下症状，补充绿豆多肽饮料，可及时补充丢失的营养物质，又有清热祛暑的效果。

绿豆还可缓解皮肤瘙痒。我国医学十分重视皮肤病的整体观，即"病于内，必形于外"。绿豆还可以治疗"热痱"，"热痱"因体内发热引起，而绿豆有解热功效，因而适合治疗之，将绿豆清洗干净加水，煮到微烂，饮用绿豆水就可止痒。绿豆和大枣的组方（绿豆红枣羹），可用于治疗缺铁性贫血症；将绿豆、红枣各50g清洗干净，放入锅内，加适量清水，上火煮至绿豆开花时，另加适量红糖调味食用，每日一剂，15天为一疗程。可有效升高血色素指数；将绿豆、红小豆、花生各30g分别清洗干净，放入锅内，加水上火熬煮成粥，再加入白糖、红糖、冰糖各10g，搅拌均匀，待溶化后即可食用。可作为婴幼儿缺铁性贫血的食疗方，能有效缓解婴幼儿缺铁性贫血症状。

二、绿豆功能性制品

绿豆营养素丰富，除直接食用、生豆芽外，还可用来制作各种新型健康粮油食品，为我国豆类食品产业化开启了一条新思路。

（一）绿豆主食品类

1. 速食绿豆羹

速食绿豆羹是一种新型粮油方便食品，保持了绿豆固有的色、香、味、形，食用时，加开水，复水5min左右，可使绿豆粒吸水变软，其风味、口感与现煮绿豆羹相当，具有良好的咀嚼感和适口性，其制作工艺流程为：

绿豆→选料→清理→淘洗→浸泡→蒸煮→烘干→冷却→称量→包装→成品

绿豆经浸泡后吸水膨胀，通过蒸汽加热，使绿豆中的淀粉完全糊化后，体积增大2~3倍，而且具有均匀的多孔结构，干燥脱水后，即可包装为成品。成品含水量≤8.0%，40~60g/袋。速食绿豆羹食用方便，适合各种人群一年四季食用，清热解毒去火，不失为一种优良的天然健康食品。

2. 绿豆翡翠方便面

绿豆翡翠方便面是以小麦面粉，全绿豆，绿色新鲜蔬菜，食盐等为原辅料加工成的一种粮油方便食品，具有绿色诱人的色泽，新鲜爽口、筋道好、清香，具有清热解毒、美容和助消化之功效。

（1）原辅料配方　小麦粉100kg，全绿豆粉10kg，绿色鲜蔬菜1kg，食盐和水（适量）。

（2）工艺流程

（3）制作要点

①选豆：选取优质新鲜绿豆，去除杂质，清洗干净。

②泡豆：将绿豆放容器中加水浸泡，浸泡水温在15℃时，泡7h左右，在20℃时，浸泡5h；在25~30℃时，浸泡4h左右；在40℃时，浸泡2h。浸泡至豆皮胀裂，用手指轻压无硬质感为宜。

③选菜：选择新鲜绿色蔬菜，去除枯叶，清洗干净，切成1cm长。

④磨浆：将浸泡好的绿豆去除多余水分和洗净的碎菜一同送入胶体磨磨研，豆：水=1∶2；制成豆浆。

⑤和面：把小麦粉加入和面机，添加豆浆，进行和面。和面后的工序与普通油炸方便面相同，不再详述。

3. 保健绿豆酥

保健绿豆酥以绿豆、黑豆、麦芽饴糖等为原辅料，经粉碎、膨化、成型等工艺制成的一种粮油方便食品，具有营养健康、口感香脆的特点。

（1）原辅料配方　绿豆7~10g，黑大豆6~10g，黑香米3~5g，白糯米粉35~50g，大麦25~30g，黑芝麻6~10g，黑糯米3~5g，食用植物油65~75g，花生8~10g，黑芝麻油3~5g，枸杞3~5g，白糖1.5~3g，麦芽饴糖1.5~3g，水（适量）。

（2）制作要点

①将大麦、黑大豆、大豆、黑芝麻、绿豆、黑香米、黑糯米粉碎成碎米。

②上述原料置食品膨化机内进行膨化。

③膨化后的物料再粉碎成粉末状，加入白糯米粉。

④上述处理过的物料中加入枸杞及水，拌和均匀，将得到的润湿团状物挤压成条状，置入蒸锅内蒸熟。

⑤将蒸熟的物料压片、切丝、使其干燥后，放入油锅炸至松脆。

⑥在油锅内加入花生、黑芝麻、麦芽饴糖、白糖，使花生和熬化的糖、油及炸制的物料混合，所得的混合物冷却、成型，即为绿豆酥产品。

226 **（二）绿豆饮料**

1. 绿豆沙饮料

绿豆沙饮料以绿豆为基料，添加适量蜂蜜、白砂糖等辅料而成，口感滑润清爽，浓稠而不糊口，有豆沙的沙粒感，开胃健脾、帮助消化、解渴，是盛夏消暑的佳品。

（1）原辅料配方　脱皮绿豆4%，稳定剂 SA-4D 0.4%，白糖 3%~4%，蜂蜜 3%，水（补齐至 100%）。

（2）工艺流程

绿豆→浸泡→磨浆→煮浆→调料→灌装→杀菌→冷却→成品

稳定剂→溶解→胶磨→（调料）

糖及蜂蜜→溶解→（调料）

（3）制作要点

①绿豆用 pH7.5~8.0 的水浸泡，3~5h 至吸涨无硬心，清洗去杂。

②用胶体磨将绿豆加 8~10 倍水磨浆，经 20 目筛过滤弃渣。

③将绿豆浆加热煮沸，保持 5~10min，除去生青味。

④稳定剂 SA-4D 用配方总量 40% 左右水溶解（65~70℃），过胶体磨，备用。

⑤白糖加适量水溶解、煮沸、过滤，备用。

⑥将绿豆浆、稳定剂液、糖浆混合均匀，加水定容，搅拌均匀，灌装封口。

⑦采用 121℃/15min 杀菌后迅速冷却，经检验即为成品。

2. 绿豆汁（乳）

牛乳中含有丰富的氨基酸，其中蛋氨酸的含量较高，与绿豆搭配，可弥补绿豆中蛋氨酸之不足，起到营养互补的作用。绿豆汁（乳），不黏、不稠、口感细腻、清爽，并有绿豆和牛奶特有的清新和纯正口味。

（1）绿豆汁

①原辅料配方：绿豆 3%，白砂糖 5%，稳定剂 SA-13A 0.2%，水（补齐至 100%）。

②工艺流程：

绿豆→浸泡→脱皮→打浆→过滤→糊化→降温→混合→升温→定容均质

白糖、稳定剂→溶解→（混合）

定容均质→灌装→杀菌→包装→成品

③制作要点

a. 采用 0.5%NaHCO$_3$ 液浸泡绿豆，泡至松软有弹性，无硬心，脱皮，脱皮率≥99%。

b. 热水打浆过滤（300 目），滤液升温至糊化。

c. 稳定剂与白糖干拌均匀后放入水中溶解。

d. 绿豆浆与稳定剂液混合，定容。

e. 升温、均质，均质压力 25~30MPa。

f. 灌装、杀菌（121℃时间 15min），包装即为成品。

（2）绿豆乳

①原辅料配方：绿豆5%，全脂奶粉3%，白砂糖5%，稳定剂SA-13A 0.2%，水（补齐至100%）。

②制作工艺（与上款"绿豆汁"相同）。

③制作要点：

a. 绿豆处理与绿豆汁相同。

b. 全脂奶粉先溶于45~50℃软水中，水合30min后过滤。

c. 绿豆糊化液与稳定剂混合升温后与奶粉溶液混合。

d. 定容、升温至65~70℃后，进行均质（压力20MPa）。

e. 灌装、杀菌（温度121℃，时间15min）、包装既得产品。

3. 绿豆茶

绿豆茶以优质绿豆为主料，配以黑芝麻、白糖为辅料，采用"双轮熟化"生产绿豆茶技术制成的营养健康饮品，具有绿豆和黑芝麻特有的风味和良好的冲调性能，不同温度的水均可冲调食用，四季皆宜。绿豆茶生产的技术关键是"双轮熟化"：一次熟化，是在原料不损坏的状态下进行内部质地熟化，保持原有的营养成分；二次熟化，重点是清除绿豆中脲酸等对人体有害的物质，同时提高绿豆茶的消化吸收率。经测定，其消化吸收率高达99%，具有良好的清热、解毒、去火的功效。

4. 绿豆核桃露

绿豆核桃露以绿豆、核桃仁、白糖、稳定剂等原辅料，经磨浆等工序制成的一种营养健康饮料。核桃仁是健脑益智、益寿、美容秀发和预防心脑血管疾病的天然健康食品，味甘性平，具有补气益血、调燥化痰、治肺润肠，增强记忆力，保护视力等功效。

（1）原辅料　绿豆、核桃仁、白糖、稳定剂、水（适量）。

（2）工艺流程

绿豆粉（150目）→溶解→绿豆浆溶解←稳定剂与白糖干拌

核桃仁→脱皮、磨浆、过滤→核桃浆→混合调配→均质→灌装→杀菌→检验→成品

（3）制作要点

①核桃仁用0.2% Na_2CO_3 溶液煮2~3h，去尽皮，过2~3次胶体磨，200目筛过滤，取滤液，备用。

②绿豆粉（细度在150目以上）加水溶解，为加快溶解速度可过胶体磨。

③稳定剂先与适量的白砂糖干拌混合后加入热水搅拌溶解，再过胶体磨，使之成为均匀一致的胶溶液。

④把核桃浆，绿豆浆及稳定剂溶液混合均匀，然后加入其他辅料并定容。

⑤调配后的混合液加热至70~80℃，30~35 MPa，均质两次。

⑥罐装后采用121℃，10s→15s→10s杀菌；或采用超高温瞬时灭菌（137~142℃，3~5s）后无菌灌装。

三、绿豆主要功能性成分的应用

研究人员利用纯化及分离、提取等技术发现并证实了绿豆中的功能性成分，对人体具有抗氧化，提高免疫力及解毒等多种生理功能，这就为绿豆开发新型健康食品、功能性食品成为一种新型原料提供了科学依据。

（一）绿豆多肽

绿豆多肽是绿豆蛋白质低分子化合生成的三肽和二肽类产品。生产绿豆粉丝过程中产生的副产品绿豆蛋白质，运用酶切技术生产出的绿豆多肽，可作为功能性食材、化妆品用新材料，应用前景广阔。对其研究表明，具有降低血压，动脉粥样硬化症辅助治疗的效果，还具有提高人体对食物消化吸收的效果。

（二）绿豆衣功能食品

绿豆皮又称为绿豆衣，在食品、医药和现代生物化学领域都是很有开发利用价值之物。用理化方法将绿豆皮壳连胚芽一起脱下来，或直接取发芽绿豆、食品加工残留的绿豆皮，然后酶解、粉碎成粉体，便成为含有纤维素、鞣质、黄酮类化合物和低聚糖等的精制绿豆衣原料。这种原料具有许多保健作用，可用于研制和生产系列绿豆衣功能食品。

（三）绿豆磷脂

绿豆所含的磷脂包括磷脂酰胆碱、磷脂酰丝氨酸、磷脂酰乙醇胺、磷脂酰肌醇、磷脂酸等，是近年来被关注的开发项目。磷脂酰胆碱可提高记忆力。磷脂酰丝氨酸可促进ATP酶系统的活性，并可活跃复腺苷酸环化酶的功能。所含的磷脂酰胆碱、磷脂酰丝氨酸、磷脂酰乙醇胺、磷脂酰肌醇、磷脂酸等对动物脑、肾、肝、心等重要生命器官的细胞机能有良好的影响。脂酰乙醇胺、磷脂酰肌醇、磷脂酸等可令人强壮，并有振奋精神的作用。将绿豆与灵芝真菌"发酵"，灵芝中的多糖、胆碱、有机酸等会加强绿豆的保健作用；将绿豆与可可豆共制，后者所含的许多风味和功能物质会提高前者的食用品质，特别是可可豆中的苯胺类物质以及可可碱与绿豆成分的效果叠加，食用时会产生愉快的口感。

（四）绿豆活性物质

随着我国生物技术的发展，采用纯化及分离、提取等现代科技，现已发现绿豆中的功能性物质及其功效。

1. 抗氧化功能成分

绿豆皮中富含具有高效抗氧化作用的黄酮类物质。利用萃取方法可取得这种黄酮类物质。绿豆皮中含黄酮类化合物为 $1.32g/100g$。绿豆中的黄酮类化合物的抗氧化组分的功能包括淬灭超氧离子、羟自由基、单线态氧及螯合金属离子等。绿豆的解毒作用，主要是由于绿豆中含丰富的蛋白质及黄酮类化合物等物质可与有机磷农药、汞、砷及铅化合物结合形成沉淀物，使这些物质的毒性消失，从而保护胃肠黏膜。

2. 植物甾醇

绿豆中含有的植物甾醇结构与胆固醇相似，这样植物甾醇与胆固醇竞争酯化酶，减少了人体肠道对胆固醇的吸收，从而使血清胆固醇含量降低（降低血脂）。

3. 蛋白水解酶

从发芽的绿豆中提纯的蛋白水解酶具有广泛的专一性。绿豆中的半胱氨酸蛋白水解酶，具有抑制大肠杆菌等细菌生长的作用。

4. 鞣质

绿豆中的活性成分鞣质具有抗菌作用，有促进疮面修复的功效，可用以开发以鞣质为主要成分的药品（治疗烧伤）。

5. 超氧化物歧化酶

绿豆中含有较高的超氧化物歧化酶，即 SOD 的活力较高。每克鲜绿豆中含 500～1200 酶单位。所含 SOD 中以 Cu·Zn-SOD 为主要类型。绿豆作为提取植物性 SOD 的优质原料，可制成 SOD 口服液（保健饮品）。

绿豆的活性成分除以上几种外，还包括植物凝集素、香豆素、生物碱等。绿豆的功能研究及生物活性物质的明确，加上绿豆的高安全性，使绿豆成为保健食品和功能性食品开发的又一新型资源。

第二节 红小豆及其制品

红小豆（又称红豆、赤小豆、小豆）主要产区在我国东北三省，其次是河北、河南、山东、安徽、江苏等地。

一、红小豆简介

千粒重 150g 以上者为大粒红豆，在 90～150g 者为中粒，在 90g 以下者为小粒，多数品种属于中粒，种皮多为赤色，也有黑色、灰褐色、白色、茶绿色、淡黄色以及呈斑纹状双色的。

（一）红小豆的营养价值

种皮呈浅红、鲜红、深红或紫红色泽的小豆称为红小豆，被誉为粮食中的"红珍珠"，既是调剂人们生活的营养食品，又是食品饮料加工业的重要辅料。红小豆的营养成分见表 10-4。

表 10-4　　红小豆的营养成分及含量　　单位：mg/100g

成分	含量	成分	含量	成分	含量
蛋白质/（g/100g）	20.2	镁	138	硒/（μg/100g）	3.8
脂肪/（g/100g）	0.6	铁	7.4	胡萝卜素/（μg/100g）	80
糖类/（g/100g）	66.8	锌	2.2	维生素 B_1	0.16
膳食纤维/（g/100g）	7.7	钠	2.2	维生素 B_2	0.11
能量/（kJ/100g）	1293.4	锰	1.33	烟酸	2.0
钾	860	铜	0.64	维生素 E	14.36
钙	74	磷	3.05		

从表 10-4 可知，红小豆的蛋白质、糖类和 B 族维生素含量丰富，与禾谷类混合食用，可以营养互补而提高彼此的功效。

在我国自古以来就有食用红小豆的传统习惯。一年四季，尤其是盛夏季节，小豆汤、红豆乳，不仅解渴，还有清热解暑的功效；人们用小豆面粉和小麦粉、大米粉、小米粉、玉米粉等搭配制成杂粮面粉可制作多种高蛋白、低脂肪、多营养的功能食品。红小豆的出"沙"率约为 75%。红豆沙是制作红豆食品的主要原料。红小豆、小米、大米蛋白质的氨基酸构成见表 10-5。

表 10-5　　　　　　　　　　红小豆蛋白质的氨基酸构成比较　　　　　　　　　单位：g/100g

品名	缬氨酸	亮氨酸	异亮氨酸	苏氨酸	苯丙氨酸	色氨酸	甲硫氨酸	赖氨酸
红小豆	5.31	8.70	3.71	3.75	5.64	0.99	1.16	7.12
小米	5.30	14.40	3.64	4.52	5.44	1.95	2.90	2.21
大米	5.5	9.04	3.35	3.87	4.69	1.63	1.93	3.79

从表 10-5 可知，红小豆含赖氨酸高于小米和大米。所以红小豆是做腊八粥的当家"花旦"，具有改善食味、增强食欲和营养素之多重功效。

红小豆淀粉含量较高（达 66%~75%），糊化后呈粉沙性，我国已工业化生产红豆沙粉，广泛应用于冷饮、烘焙等食品行业，所制得的豆沙冰点、冰棒、冰淇淋、夹馅面包、蛋糕、豆包、炸糕等各种食品，其色泽自然、豆香醇厚、适口、营养，容易消化吸收。红豆沙粉已成为食品工业原料的主要角色之一。

（二）红小豆的健康价值

中医学认为，红小豆性味甘、平、酸、无毒，具有利水除湿、和血排脓、消肿解毒的功效，对金黄色葡萄球菌、福氏痢疾杆菌和伤寒杆菌都有明显的抑制作用，多用于治疗水肿、脚气、黄疸、便血、泻痢、痈肿等症疾的组方。

红小豆含有较多的功能性成分皂苷，可刺激肠道，具有通便、利尿的作用，对心脏病、肾脏病也有一定的辅助疗效作用。红小豆还含有较多的膳食纤维，"医食同源"，如将红小豆和鲤鱼煮汤食用，对水肿，脚气，小便困难等有食疗作用，还可以治疗肝硬化腹水，补体虚；与冬瓜同煮后的汤汁是水肿者的食疗饮品；与扁豆、薏苡仁同煮用于治疗腹泻；与马齿苋加食醋煎汤用于痔疮及大便带血等症状的治疗；与连翘和当归煎汤，可用于治疗肝脓肿；与蒲公英、甘草煎汤，用于治疗肠痛；用红小豆 50g、胡桃仁 60g，薏苡仁 60g，共煮稀粥食用，治疗泌尿系统结石具有良效。红小豆已被国家卫生部门公布为既食又药之物。

二、红小豆功能性制品

大力研发应用红小豆资源，是丰富国民健康食品、功能性粮油食品的热门课题之一。

（一）副食品类制品

1. 麦芽糖醇豆沙月饼

麦芽糖醇豆沙月饼是根据特种人群的需要，在豆沙馅中加入麦芽糖醇替代蔗糖，其

甜味纯正，是新型的无糖健康月饼，防龋齿，低能量。这款产品具有良好的保湿性、柔软性、保质期长等特点。 231

（1）月饼馅的原辅料配方 红小豆 100kg，麦芽糖 100kg，花生油 15kg，桂花糖 5kg，水（适量）。

（2）制作要点

①煮豆：红豆洗净，一次性加足凉水（每 500g 豆加水 1250~1500g）旺火烧开，中小火焖煮，使豆酥烂。

②取沙：红豆去皮过筛取沙。有手工操作和机器操作两种方法。手工取沙是将煮酥的红豆放在桶中钢筛上，加水搓擦，豆沙沉淀在桶底，滗去水，入袋压干即成。机器取沙是将煮酥烂的红豆放入机内，开机后湿豆沙沉入钻桶，再经过 φ1mm 的孔筛后，入袋压干即为豆沙。

③炒制：锅内放入花生油烧热，先加液体麦芽糖醇，再加豆沙同炒至豆沙中水分基本蒸发完后加桂花糖，搅拌均匀即成豆沙馅。

豆沙馅是面点中常用的馅心，用于月饼、蛋糕、面包、豆沙卷、粽子等食品的制作。

（3）月饼皮的配方 小麦粉 130kg，鸡蛋 40kg，色拉油 50kg，麦芽糖醇 20kg，苏打粉 1kg，蛋糕油 2kg。

（4）制作要点

①原料过筛：在和面前，对粉状原料过筛。

②和面：先将 1/10 的鸡蛋液与液体麦芽糖醇、蛋糕油放入搅拌机内搅拌至白糊状（约 3min），再把剩下的蛋液倒入机内搅拌均匀（约 3min），后加入色拉油、苏打粉搅拌均匀后，加入面粉，快速搅拌均匀即可。

③包馅：将和好的面团与馅按 1∶1 的比例包好，成为"出坯月饼"。

④成形：将制好的生坯饼放入模型烤盘内，用铁压模具整形压制，力度均匀，保证产品形体质量。

⑤烘烤：当炉温上火 220℃，下火 200℃ 时，进行烘烤约 20min，月饼表面呈深麦黄色。

⑥包装：冷却至室温的月饼产品，通过检测，合格的产品通过紫外线消毒，密封包装即为成品。

2. 红小豆月饼

红小豆月饼以红豆沙、玫瑰花、瓜仁等为馅料；以小麦粉、花生油、饴糖等为皮料，制成的一种传统特色食品，表面呈淡黄色，底面黄褐色；呈扁平鼓形，边缘有鹅毛片，透酥；具有皮薄、香酥爽口的特点。

（1）原辅料配方

①皮料：小麦粉 1250g，花生油 700g，饴糖 300g，水（适量）。

②馅料：红豆沙 5900g，玫瑰花、冬瓜糖、瓜仁各 250g。

（2）工艺流程

制馅 → 制皮 → 包馅成型 → 烘烤 → 冷却 → 成品 → 检验 → 包装 → 入库

（3）制作要点

①制馅：红小豆清理干净放入锅内加水煮烂，去皮，制成豆沙，再与玫瑰花、冬瓜糖、瓜仁混合调制成馅料，将馅料分成约 100g 大小的小馅料，备用。

②制皮：取配方中小麦粉的 50% 和花生油、饴糖调制成酥面，将剩下的一半小麦粉加少许沸水调制成熟面团。将酥面团、熟面团混合调制成皮料，分成 25~30g 的小面坯料，备用。

③包馅入模：将皮料包上馅料，搓圆，压入印模成型，制成为扁平鼓形。

④烘烤：将制好的月饼坯放入预先刷过油的烤盘内，再往月饼坯外层刷一层蛋清液，入炉烘烤，炉温 250~280℃，烘烤 15min 左右后即可。

⑤冷却、包装：月饼烘烤熟后出炉，出盘，自然冷却至室温，成品检验、包装、入库。

3. 六豆营养粉

六豆营养粉是以黄豆、黑豆、青豆、豌豆、红小豆、花生仁等六种原料、经除杂、清洗、浸泡、炒制等工序，按照 3∶1∶1∶1∶1∶1 的比例混合研磨制成粉状的营养健康食品。研磨后的物料先经 20~40 目的筛子筛理后，再经 50~60 目的筛子筛理即为成品。在其中添加不同的调味品，即可得到各种不同花色、品种的产品。

六豆花生粉营养互补，各种营养素、维生素和微量元素均衡，冲调方便，适合各种人群食用，是一种全价营养粮谷豆类功能性方便食品。

4. 巧克力豆沙粉

巧克力豆沙粉是一种类似咖啡，味如巧克力的红豆食品，以红小豆，可可粉为原辅料，经速溶豆粉工艺制成。加 10~12 倍开水，即成为速溶、全溶、不分层的饮品；加少量水调制成糊状，可用作馅料用于多种食品生产。该产品含水量小于 6%，易于贮存，适于远途运输，用途甚广。

5. 红豆纯奶羹

红豆纯奶羹滑嫩、香甜、可口，易于消化吸收，含钙量高，适于在家里制作的一种药食兼优的功能性食品。

（1）原辅料配方　红小豆 200g，鲜牛奶 500g，鸡蛋（取蛋清）3 个，淡奶油 40g，红糖 30g，水（适量）。

（2）制作要点

①先把红小豆清洗干净，浸泡 4h。放入锅中加水煮熟烂，捞出均匀分装在两只碗中，室温下放凉，待用。

②在其中一碗红豆中加入鲜牛奶、淡奶油和红糖，搅拌均匀，再加入鸡蛋清继续搅拌均匀，放笼屉蒸 15min 至完全凝固后撒上另一碗中的熟红豆即可。

（二）饮料、小食品类

1. 红小豆功能饮料

红小豆其膳食纤维的含量为 7.7% 左右，且多为可溶性纤维（集中在豆皮内），具有通气、通便、降低血液胆固醇的作用。以红小豆皮为主要原料，配以柠檬酸、白糖、琼脂、海藻酸钠等辅料，加工成口感适中、柔和滑爽、流动性好、淡红色的饮料，为人们提供一种功能性饮品。

（1）原辅料配方　红小豆干豆皮 8g（或湿豆皮 15g），柠檬酸 0.2g，白糖 10g，海藻酸钠 0.075g，琼脂 0.075g，水和盐（适量）。

（2）工艺流程

红小豆→清洗→浸泡→分离→豆皮→碱处理→过滤→离心干燥→磨细→混合调配→均质→巴氏灭菌→灌装→封罐→杀菌→成品

（3）制作要点

①原料清洗浸泡：将红小豆清理洗净，用清水漂洗 2~3 遍，在室温下浸泡 24h 后用热水冲洗。

②分离豆皮：将清洗、浸泡好的红小豆放入搅拌机中，用低速搅拌对红小豆进行破碎，然后用清水冲洗，丝网过滤，豆皮被分离出来。

③碱处理：将分离出的湿豆皮放入组织捣碎匀浆机中，按湿豆皮∶水=25∶80 的比例加入清水，高速搅拌 5~10min 后过滤，残渣放入 70 倍的水中搅匀，缓缓加入 5 倍的 0.1%~1% 碳酸氢钠水溶液，于 50℃ 温度下高速搅拌 5min，后用 0.1%~1% 盐酸溶液调节匀浆液 pH 为 4.8。

④离心干燥：将以上匀浆溶液转入离心机内高速离心沉淀物，经烘干后，即制成红小豆豆皮膳食纤维素。

⑤磨细：取干燥后的豆皮膳食纤维素于研磨中磨细，通过 40 目筛。

⑥混合调配：按配方将原、辅料混合均匀，加热至沸腾，保持 5min。

⑦均质：均质压力为 30~40MPa，经两次均质。

⑧巴氏灭菌、灌装、封罐、杀菌：灌装封罐后迅速进行杀菌（温度 95℃，时间 20min），即为成品。

2. 红豆（沙）饮料

三豆汤是用红小豆、绿豆和黑豆各 1/3，加适量水，文火煮熟，加红糖少许制成的，常饮可清热解毒，是盛夏消暑解渴尚佳的饮品。

"红豆沙饮料"以红小豆为基料，添加适量白糖、蜂蜜等辅料加工制成的，口感滑润，清爽怡人，浓稠而不糊口，具有红豆沙的沙粒感，可开胃健脾，有解渴、清热解毒作用，也是夏季的饮品。

（1）原辅料配方　脱皮红小豆 4%，稳定剂 SA-4D 0.4%，白糖 3%，蜂蜜 3%，水（补齐至 100%）。

（2）工艺流程

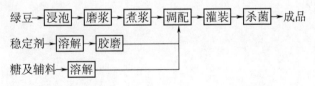

234　　　（3）制作要点

①将优质红小豆清理干净，用 pH7.5~8.0 的水浸泡，夏天 3~5h（冬天 5~8h），浸泡至吸涨无硬心，清洗去杂质。

②用胶体磨将红小豆加 8~10 倍水磨浆，经 20 目筛网过滤、弃渣。

③将红小豆浆加热煮沸，保持 5~10min。

④稳定剂 3A-4D 用配方总量 40%左右、65~70℃水溶解，过胶体磨，备用。

⑤食用白糖加适量水溶解，煮沸过滤，备用。

⑥将红小豆浆、稳定剂液、糖浆混合均匀，加水定容、搅拌均匀、灌装、封口。

⑦采用 121℃/15min 杀菌后迅速冷却。

⑧冷却后的成品罐包装、入库。

3. 红豆冰山

"红豆冰山"是一种冷冻饮品，是将刨冰放入器皿中，上面放预先调好的红豆和水果等各种食料，做成的即食冰点，是消暑的佳品。因为碎冰上覆盖着红豆，所以取名"红豆冰山"。无糖"红豆冰山"是在其中加入了麦芽糖醇，使之口感更纯正，食后留有余香，适合各种人群食用，在夏季烈日炎炎之际，糖尿病和肥胖者也能享受这款产品的清凉和舒适。

（1）原辅料　红豆沙、麦芽糖醇、冰块、草莓酱、巧克力酱、樱桃、水（适量）。

（2）制作程序

① 将红小豆清洗干净，去除杂质。

② 红小豆与水以 1：5 的比例放入锅中，焖煮 2h 左右，将红小豆煮熟烂。

③ 加入适量麦芽糖醇，用文火加热到变色为止，若在加入麦芽糖醇的同时，加入一些煮好的栗子更佳。

（3）制作要点

① 将小冰块放入刨冰机中，刨成雪花状后装于玻璃碗中。

② 将红豆沙充分覆盖于刨冰之上。

③ 加入草莓酱或巧克力酱、炼乳，放上一些水果什锦等食料。

④ 最顶层摆上一个红樱桃或草莓，会更完美，一碗晶莹透亮、色香味形俱佳的"红豆冰山"就制作成功了。

4. 红豆枣茶

红豆枣茶是以红豆、红枣为原料，配以白糖、增稠剂、乙基麦芽酚等辅料，经磨浆、调配、均质、脱气、灌装、杀菌等工序制成的一种功能性饮品。

（1）原辅料配方　红豆沙 15%，白糖 9%，复合增稠剂 0.2%，0.5g/100mL NaHCO₃ 溶液（适量），碳酸钠 0.05%，枣泥 15%，乙基麦芽酚 ≤ 200mg/kg，0.5g/100mL NaOH 溶液（适量），水（补齐至 100%）。

（2）工艺流程

红枣→清洗→浸泡→软化→打浆→过滤→精磨→枣泥┐

红豆→清理→脱皮→浸泡→清洗→灭酶→磨浆→豆沙→调配→均质→脱气→灌装→封口→杀菌→检验→包装→成品

（3）制作要点

①制备枣泥：将优质红枣清理、清洗后置于45~50℃温水中浸泡2h，放入夹层锅加入适量水，焖煮40~60min，使其充分软化后打浆（筛孔直径0.2mm）制取枣泥，过滤除去皮渣核等，再用胶体磨进行精磨，制成枣泥，备用。

②制取红豆沙：

a. 优质红豆清理、清洗、浸水膨胀，急速干燥，用脱皮机进行脱皮处理。

b. 脱皮红豆置于0.5g/100mL NaOH溶液中浸泡，温度45~50℃，浸泡4~6h后捞出，用清水冲洗干净，沥干，备用。

c. 沥干红豆放入0.5NaHCO$_3$溶液中，100℃沸水烫5min后用清水漂洗、沥干、灭酶、脱腥。

d. 灭酶、脱腥的红豆加水粗磨，再用胶体磨细磨2次，分别用150目筛网分离过滤，制取红豆沙。

③调配：增稠剂、乙基麦芽粉、碳酸钠分别用水溶解后将糖液、红豆沙、枣泥加入调和罐内进行调配（80℃，pH6~7）。

④均质、脱气：在25MPa、80℃下均质，在45~50℃、真空度0.1MPa脱气15min。

⑤灌装：自动灌装、密封（真空度0.03~0.035MPa）。

⑥杀菌：10′→20′→10′/121℃杀菌后冷却至40℃，清洁擦罐后25℃保存7d堆放、观察。

⑦经检验、包装后即为成品、入库。

三、红小豆的食疗药膳

红小豆药食同源，含有皂苷、可溶性膳食纤维等功能性成分，具有通便、利水、消肿、解毒的作用。因此，将红小豆用于食疗药膳，具有良好的食用价值和药用功效。

（一）小豆薏米粥

用红小豆50g、薏苡仁60g、大米50g、核桃仁60g共煮粥食用，可辅助治疗泌尿系结石。

（二）小豆花生汤

用红小豆60g、花生仁90g、大枣60g、大蒜30g共煎成汤剂，每日分两次服用，可辅助医治脚气病。

（三）赤豆冬瓜薏米粥

薏苡仁30g、红小豆50g与适量冬瓜煮粥食用，可辅助治疗水肿等病症。

（四）二仁豆枣粥

薏苡仁30g、花生仁30g、红小豆30g、红枣30g、大米50g分别清理淘洗干净，红

236　枣去核，加适量水共煮成粥，食盐调味食用，具有益气养血，扶正抗癌。二仁豆枣粥可用于肿瘤病人放化疗后食疗，促进白细胞增加，恢复体力。

（五）薏米、茯苓赤豆粥

薏苡仁 100g、白茯苓 20g、红小豆 50g，先将红小豆清洗干净浸泡 4h，与薏苡仁共煮成粥后加入茯苓粉再煮至成熟，加白糖食用。日服 2~3 次，具有健脾祛湿、清热解毒的功效，可辅助治疗黄疸、脘胁胀痛、便溏等病症。

（六）五红汤（羹）

红小豆 50g、红枣 20g、红皮花生仁 20g、枸杞 5g、红糖（适量），将红小豆、红枣、红皮花生仁、枸杞等物料，分别清洗干净，均放入锅内，加适量清水，煮至豆熟，加入红糖煮沸，即为五红汤（羹）。每天早晨饮汤（食羹），每天一次，食用 2~3 个疗程（十天为一疗程），可提高血色素指数（红细胞增加）有助改善贫血症状。

第三节　蚕豆及其制品

蚕豆（又称胡豆、佛豆、罗汉豆）因其豆荚形状如蚕，又成熟于养蚕时节，故名。在青海省俗称"大豆"。我国蚕豆产量占世界总产量的 70% 以上，主要产区在四川、湖北、湖南、云南、江苏、浙江、安徽等省，其次是甘肃、青海、河南等省，名优品种主要有浙江嘉善、平湖等的"天凝香蚕豆""慈溪大白蚕豆"，青海互助、湟中、大通、湟元等县的"青海大蚕豆"；上海嘉定的"嘉定白蚕豆"以其特点是粒大、皮薄、白皮、白脐、白仁，易酥、口感香糯、风味独特，不仅营养丰富，而且具有较高的医用、食用价值。尤其是青海的大蚕豆，素以产量高、质量优而闻名遐迩。

一、蚕豆简介

蚕豆种皮的颜色有青绿、灰、白、黄、褐、紫、乳白色等多种，千粒重 1300~2000g，有的大粒品种达 3000g 以上，真实展现名副其实的"大豆"风采。

（一）蚕豆的营养价值

蚕豆既是食品加工业的原料，也是我国人们的一种传统小吃食品，属于低热量食物，对于高血压、高血脂、肥胖症等特殊人群是一种良好的功能性豆类食品。蚕豆的营养成分见表 10-6。

表 10-6　　　　　　　　　　　蚕豆的营养成分及含量

品名	水分/ （g/100g）	蛋白质/ （g/100g）	脂肪/ （g/100g）	糖类/ （g/100g）	钙/ （mg/100g）	磷/ （mg/100g）	铁/ （mg/100g）	维生素/（mg/100g）			
								B₁	B₂	烟酸	C
蚕豆（带皮）	12.0	24.6	2.5	52.5	48	339	2.0	0.1	0.23	2.3	10
蚕豆（去皮）	9.0	28.6	2.6	52.9	62	568	2.9	0.13	0.24	2.8	16
鲜蚕豆	62.3	8.8	0.4	19.8	31	123	1.6	0.09	0.07	0.1	2.2

几种鲜豆的营养成分含量比较见表 10-7。

表 10-7　　　　　　　　　　　几种鲜豆的营养成分及含量比较

成分		蚕豆	青豆	菜豆	长豇豆	扁豆
水分/（g/100g 可食部分）		60.6	78	91.2	90.1	86.5
蛋白质/（g/100g 可食部分）		9.00	11.7	2.20	3.40	2.80
脂肪/（g/100g 可食部分）		2.5	4.3	0.1	0.40	0.20
碳水化合物/（g/100g 可食部分）		19.8	1.3	4.1	3	7.40
热量/（kJ/100g 可食部分）		628	381	109	121	180
膳食纤维/（g/100g 可食部分）		1.20	3.60	1.7	2.40	1.60
灰分/（g/100g 可食部分）		1.30	1.10	0.7	0.7	1.50
矿物元素	钾/（mg/100g 可食部分）	351	580	145	169	143
	钠/（mg/100g 可食部分）	31.7	6.9	0.7	2.80	1.70
	钙/（mg/100g 可食部分）	31	40	30	19	22
	磷/（mg/100g 可食部分）	123	128	52	23	27
	铁/（mg/100g 可食部分）	1.60	0.50	2.40	0.60	7.40
	镁/（mg/100g 可食部分）	78	35	32	59	36
	铜/（mg/100g 可食部分）	0.40	0.43	0.07	0.11	0.14
	锰/（mg/100g 可食部分）	0.50	1.70	0.16	0.36	0.45
	锌/（mg/100g 可食部分）	1.55	2.52	0.12	1.10	1.00
	硒/（μg/100g 可食部分）	6.84	1.14	0.31	0.43	0.42
维生素	胡萝卜素/（μg/100g 可食部分）	0.26	0.22	0.33	0.20	0.34
	硫胺素/（mg/100g 可食部分）	0.12	0.11	0.02	0.03	0.04
	核黄素/（mg/100g 可食部分）	0.09	0.05	0.02	0.04	0.02
	烟酸/（mg/100g 可食部分）	1.60	1.10	0.50	0.60	0.80
	抗坏血酸/（mg/100g 可食部分）	11	35	8	21	21

　　由表 10-6 和表 10-7 可知，蚕豆富含蛋白质和糖类，营养价值较高。几种豆类与谷物蛋白质氨基酸含量对照见表 10-8。

表 10-8　　　　　　几种豆类与谷物蛋白质氨基酸含量对照　　　　单位：g/100g 粗蛋白

食物名称	赖氨酸含量	甲硫氨酸含量	色氨酸含量
蚕豆	6.4	0.6	0.7
绿豆	7.1	1.2	1.0
豌豆	6.2	0.8	0.7
菜豆	7.2	1.0	0.7

238　　续表

食物名称	赖氨酸含量	甲硫氨酸含量	色氨酸含量
籼大米	3.8	1.9	1.6
小麦粉	2.4	1.4	1.1
小米	2.2	2.9	2.0

由表 10-8 可知，蚕豆蛋白质的必需氨基酸构成比例不够理想，所以在食用蚕豆时宜与大米等低赖氨酸的粮食搭配混合煮食，可以提高蚕豆、大米两者的蛋白质生物价，含量实现氨基酸互补。蚕豆是植物性蛋白的重要来源之一。有研究报告显示，将蚕豆去壳，研磨成蚕豆面粉，适量加入小麦面粉中，可使之营养品质大为提高，还不会影响小麦面粉加工制作各种面食，从而也可使蚕豆升值利用。

（二）蚕豆的健康价值

中医学认为，蚕豆性平、味甘、有小毒，蚕豆入脾、胃经，具有补脾益胃，清热利湿的功效。适用于脾胃不健，食少及湿热蕴结所致的水肿、小便不利、黄水疮等，还可医治膈食、水肿等病；具有止血，降低血压的功用。蚕豆的花、荚果、种仁及叶均可入药，具有止血、利尿、解毒消肿之辅助疗效。营养学研究发现，蚕豆除含有各种常见营养成分外，还含有卵磷脂、磷脂酰乙醇胺、磷脂酰肌醇、半乳糖基甘油二酯、哌啶-2-酸、腐胺、精味素、精胺、去甲精胺、抗坏血酸、巢菜碱苷和半巢菜碱苷、植物凝集素等功能成分。种皮含有多巴-O-β-D-葡萄糖苷、多巴和 L-酪氨酸、鞣质等功能成分。蚕豆所含的功能成分之丰富，是许多生物资源都难以媲美的，因此蚕豆具有相当高的食用和药用价值。

医学研究发现，食用蚕豆，可在一定程度上控制震颤，阻滞脑细胞退化，从而防止脑细胞进一步病变，而使帕金森氏病情缓解。蚕豆中所含功能成分磷脂，是人体神经组织及其他膜性组织的组成成分，所含胆碱是人体神经细胞传递信息不可缺少的化学物质，所以常食蚕豆及蚕豆制品，对营养神经组织，增强记忆力具有良好的作用，对青少年及脑力劳动者十分有益。蚕豆具有健脾利湿，止血降压的特性，将蚕豆与红糖、冬瓜等配伍，可用于辅助治疗水肿、痢疾、秃疮、胎漏等症，是一种健康食品。蚕豆是低热量食物，对高血脂、高血压和心血管疾病患者都是理想的绿色功能性食物。

1. 蚕豆粒

"蚕豆粒"具有健脾、利湿、降低血脂的功效。蚕豆粥可用于辅助医治脾胃气虚所引起的食欲不振、纳差、腹胀腹泻、消化不良、贫血性水肿、高血压、高血脂、慢性肾炎水肿等症。其蚕豆粥的制作方法（详见本节"蚕豆的食疗药膳"第十方）。科学家最新提出，蚕豆有助于防治肠癌，蚕豆中的外源凝集素蛋白质能够阻止人体内异变的细胞繁殖。

2. 蚕豆衣

蚕豆衣为蚕豆的种皮，具有利尿渗湿作用，中医常用于辅助治疗慢性肾炎等病症（详见本节"蚕豆的食疗药膳"第十一方）。

3. 蚕豆花

蚕豆花每年清明节后蚕豆开花，采收晒干（或烘干）后备用，中医认为它性味甘平，能凉血止血，用于辅助治疗咳血、高血压等病症。

（三）蚕豆的生物学特性

新鲜蚕豆嫩碧绿清香，十分诱人，是一种味美质鲜且营养价值较高的豆类食品，也是我国民间的一种传统小吃、休闲食品。但蚕豆中还含有一种致敏物质巢菜碱苷，所以年年总有一些过敏体质的人因为食用了新鲜蚕豆而患上以黄疸、贫血为主要特征的溶血反应性疾病，也就是人们常说的"蚕豆病"。它是一种遗传性疾病，因为患者缺乏葡萄糖 6-磷酸脱氢酶（G-6-PD），进食新鲜蚕豆后会突然发生急性血管内凝血。这种病常见于小儿，进食蚕豆或蚕豆制品（如粉丝、酱油、酱类等）均可致病。患者通常于进食蚕豆后 1~2d 内发病，早期症状有全身不适、厌食、发热、呕吐、迅速贫血、黄疸、血红蛋白尿，溶血严重者会出现休克、急性肾功能衰竭等症状。若不及时救治会有生命危险。发病与否，病情轻重与吃蚕豆的数量无关，有时吃 1~2 粒也难幸免，有时吸入或接触蚕豆花粉也可发病，甚至有时乳母食蚕豆也可通过乳汁使婴幼儿致病。

为了预防蚕豆病的发生，关键是不要生食蚕豆，尤其是不能生食新鲜蚕豆，就是干蚕豆食用时，也要先用清水充分浸泡，加工熟烂后方可适量食用。对于家族中有"G-6-PD"缺乏症病史的人，则不论生熟蚕豆都应禁食。蚕豆病并不多见，人们想要知道是否存在蚕豆病的发病风险，最有效的办法是进行 G-6-PD 检测，做到心中有数。

二、蚕豆的功能性制品

蚕豆含有丰富的蛋白质，在日常食用的豆类中仅次于大豆，且氨基酸种类较为齐全，特别是赖氨酸含量丰富，具有广阔的开发前景。青海人常把蚕豆与小麦、青稞等搭配一起磨粉，称为"杂合面"，烙饼、蒸馒头别具风味。将蚕豆加工成蚕豆芽，和绿豆芽、黄豆芽一样，维生素 C 含量高，是良好的菜蔬。蚕豆粉还可做糕点、面包、粉丝、甜酱、酱油等食品。虽然蚕豆属于优质农产品，但是在我国加工食品甚少，市场呼唤蚕豆制品。2010 年青海省《蚕豆精加工技术研究及产业化》项目已研究开发出青海高原蚕豆青荚保鲜、膨化食品、罐头食品和蚕豆茶叶、蚕豆月饼等 7 个蚕豆系列产品，促使青海蚕豆产业向"科研+基地+加工+市场"模式发展跨出了一大步。

（一）怪味蚕豆

怪味蚕豆是以蚕豆为主料，配以白糖、饴糖、五香粉、食用植物油等为辅料，经油炸、调味、包糖衣等工序制成的一种传统小食品，蚕豆粒不粘连、糖衣光滑、浅褐色、味香微辣、风味独特。

1. 原辅料配方

蚕豆 1500g，白糖 75g，花椒粉 0.75g，食盐 0.2g，饴糖 17.5g，熟芝麻 5g，五香粉 0.2g，甜酱 10g，辣椒粉 0.75g，植物油和水（适量）。

2. 工艺流程

原辅料 → 预处理 → 油炸 → 调味 → 包糖衣 → 冷却 → 包装 → 成品

240

3. 制作要点

（1）原辅料预处理　选取优质蚕豆，清理去杂，淘洗干净，用清水浸泡30h，滤水，剥去外壳，放入水中浸泡3~5h，取出漂洗干净、滤水、备用。白糖、饴糖加100g水溶化后过滤、备用。

（2）油炸　将食用植物油放入锅内，用旺火加热至沸，然后将预处理好的蚕豆分批放入油炸，炸制蚕豆酥脆时取出，滤油。

（3）调味　将食用植物油先放入锅内，加热后，放入甜酱、五香粉、食盐等辅料，搅拌均匀，再将炸好的蚕豆倒入酱料中，充分搅拌均匀上味。

（4）包糖衣　另取一干净锅，将溶化的糖液倒入，加火至115℃后，将糖液浇拌在拌好调味料的蚕豆上，边浇边翻动，使蚕豆表层均匀粘上糖衣。

（5）冷却包装　上好糖衣的怪味蚕豆，冷却到室温后检验、计量、包装、入库。

（二）酥脆油炸蚕豆

酥脆油炸蚕豆为休闲食品，爱食者多多，受到市场欢迎。

1. 原辅料配方

优质蚕豆50kg，水125kg，花生油80kg，水、五香调味料、食盐各适量。

2. 工艺流程

原辅料→处理→预糊化→脱水→油炸→沥油→调味→冷却→检验→包装→成品

3. 制作要点

（1）蚕豆清理干净，用浓度为0.05%的复合磷酸盐水，浸泡48h后，用离心机脱水。

（2）脱水蚕豆在80℃水中预糊化10min，捞起沥水。

（3）糊化脱水蚕豆，在温度160℃的油炸锅中炸10min至金黄色，出锅，捞起沥油，趁热拌入食盐和五香调味料，搅拌均匀；冷却至室温。

（4）将已冷却的蚕豆，经检验、称重、包装即为成品。

（三）调味蚕豆瓣

调味蚕豆瓣外观油亮、色泽诱人、口感酥脆、风味浓郁，是我国的一种传统休闲食品，深受消费者欢迎。

1. 原辅料

蚕豆、白砂糖、食用植物油、香辣调味粉、水等。

2. 工艺流程

（1）油炸蚕豆瓣制作

蚕豆→脱皮→浸泡→清洗→沥水→油炸→脱油→蚕豆瓣（备用）

（2）糖浆制作

水+白砂糖+香辣粉→加热煮沸→冷却→糖浆（备用）

（3）产品制作

蚕豆瓣→上糖浆→烘烤→冷却→包装→成品

3. 操作要点

（1）制作蚕豆瓣　蚕豆送入脱皮机内脱皮，除去杂质后入缸内3倍水浸泡制（夏季约36h，冬季约72h）。泡好的蚕豆瓣捞出，清洗，沥干后入油锅155~160℃炸约8min，脱油、冷却，备用。

（2）熬制糖浆　原料加入夹层锅，按配方配好糖水，加热煮沸，冷却备用。

（3）蚕豆瓣调味　油炸好的蚕豆瓣放冷。按豆瓣质量的8%取冷却好的糖浆加入按豆瓣质量的4%~4.5%的调味粉，搅拌均匀后将配好的糖浆均匀撒在豆瓣上。

（4）烘烤、冷却、包装　调好味的蚕豆瓣推入烘箱内（100~110℃烘干，15min）。其水分控制在5%以下为宜，出箱冷却至室温进行包装即为成品。

（四）五辣温胃酱

五辣温胃酱是以优质蚕豆为主料，配以花生油、白糖等辅料制成的一种食疗调味品，可作为暖胃食疗，用以佐餐具有开胃、止痛的功效。

1. 原辅料配方

鲜蚕豆酱20g，食醋5g，白糖10g，花椒4粒，生姜2片，大蒜2瓣（切碎），花生油、大葱、胡椒粉适量。

2. 制作要点

（1）先在锅内加入花生油少许，待油热后放入花椒、胡椒粉、生姜、大蒜、大葱煸炒出香味。

（2）加入蚕豆酱、食醋、白糖、翻炒几下即可，用以佐餐，口感甚佳。

（五）蚕豆营养粉

蚕豆营养粉是以蚕豆粉、大豆粉等五杂粮为原料，按照合理比例，营养互补的原则搭配成的一种粉状营养健康食品，是具有生物效价高、口感、风味独特，可用于加工成多种粮油食品的基料。

1. 原辅料配方

蚕豆粉30%，糙米粉25%，大豆粉5%，玉米粉20%，荞麦粉3%，小麦粉17%，水（适量）。

2. 制作要点

（1）先将优质蚕豆、大豆、荞麦、糙米、玉米、小麦等原料分别清理干净，研磨成粉状后烘干，备用。

（2）将以上粉料，按配方比例，进行搭配，混合均匀，即为成品。

（3）按照1kg、2kg、5kg、10kg等不同质量标准，进行成品包装、入库。

三、蚕豆的食疗药膳

中国食疗药膳与西方营养学相比较，有着食养医三者结合的功能，加之与中国烹饪工艺相结合，具有色香味形效的特色，这也是中国食疗药膳能逐渐走向世界的原因所在。食疗药膳既能饱口福，又能防病强身，是一种简便易行、行之有效的自我保健方式，也深受人们的欢迎，已成为健康养生的一种新潮流、新时尚。

蚕豆除了食用外，也可用作药用配制单方。

（一）防治风湿疙瘩

取适量蚕豆，洗净放锅中炒焦，再放入开水焖煮，煮至豆粒变软，出锅控水，食用蚕豆并饮豆水，有辅助治疗风湿疙瘩症之功效。

（二）防治肾炎、水肿

（1）用陈蚕豆煎汤饮水。

（2）用陈蚕豆200g、红糖150g，将蚕豆带壳和红糖放砂锅中，添5茶杯清水，用文火煮至一杯，当茶饮服。

（3）用陈蚕豆200g，炖猪肉食用；加冬瓜皮同煮，消肿效果更佳。

（三）防治肾性高血压

用蚕豆衣1000g、红糖250g、煮熬成浸膏500mL，患者每次服用20mL，日服2次（饭前空腹），服完即可见效。

（四）防治鼻出血

鲜蚕豆60g（或干蚕豆花15g），用清水煎服，每日2次，每次100mL，可辅助防治鼻出血症。

（五）防治小便不利、不通

用蚕豆皮150g，煎汤服用，1日3次，疗效明显。

（六）调整肝脾不和

蚕豆250g洗净放锅内煮烂，取出趁热撒上适量白糖，分2次服下，每日一剂，共服6d，调理肝脾不舒效果好。

（七）缓解蚊虫叮咬

生鲜蚕豆2粒，放入容器中捣成糊状，敷在患处，可缓解叮咬红肿痒痛症状。

（八）治脚气

蚕豆衣15g，加红茶6g，沏泡茶水，每日饮茶数次（适量服用），可治疗脚气、水肿、小便不利等症。

（九）治痱子

把蚕豆皮放在铁锅内炒焦后，沏泡当茶饮，每日2次，每次100~200mL，可清热解毒、消炎，预防痱子和疖子。

（十）防治高血压、高血脂、慢性肾炎水肿

（1）将陈蚕豆清理干净，研磨成细粉状，备用。

（2）优质粳米50g，清洗干净放入砂锅加清水800mL，以文火煮成粥后将适量蚕豆粉调入搅拌均匀，稍煮片刻至熟即可食用。每日早晚温热后，各服食一次，效果明显。

（十一）治疗慢性肾炎

蚕豆衣10kg、红糖2.5kg，加适量水合煮成浸膏5kg，每次服20g，一日服用2次。对于尿蛋白在"十"左右的肾炎患者具有良好的疗效。

（十二）治疗咳血

将蚕豆花9g，水煎去渣取汁液，调入冰糖溶化，一日2~3次服用，疗效好。

（十三）治疗高胆固醇血症、高血压病症

将蚕豆花30g，水煎去渣取汁液，连服15d左右，具有良好的疗效。

第四节 豌豆及其制品

豌豆（又称麦豆、戎豆）在我国产量以四川为最高，其次是陕西、河南、河北、江苏、湖北、山西、山东、云南、广东等省，豆皮有黄、白、黄绿、灰褐色等，按使用品质和用途分有菜豌豆和谷食豌豆两类，大粒白色豌豆千粒重约250g。

一、豌豆简介

"豌豆"是粮菜兼用之物，脂肪酸含量中的60%为不饱和脂肪酸，还是钾、铁、磷、硒等微量元素的营养源。

（一）豌豆的营养价值

豌豆的嫩荚和新鲜豌豆是上好的菜蔬，豌豆罐头畅销国内外。还可以酿酒、酱油，制面酱和糕点等食品。将豌豆蛋白和豌豆纤维加入到肉制品中，可生产功能性制品。豌豆的营养成分见表10-9。

表10-9　　　　　　　　　　豌豆的营养成分及含量　　　　　　　　单位：mg/100g

品名	能量／(kJ／100g)	蛋白质／(g／100g)	脂肪／(g／100g)	糖类	膳食纤维／(g／100g)	钾	钠	钙	镁	锰	锌	磷	硒／(μg／100g)	胡萝卜素	维生素B₁	维生素E	维生素C
黄豌豆	1332	21.4	1.5	57.2	6				71			271					0
白豌豆	1332	20.3	1.6	56.6	6				93			284					0
鲜豌豆	222	7.2	0.3	12.0	6				13			90			0.54		14
灰豌豆	1332	23	1.6	54.3	7.6	610	4.2	195	83	1.55	2.29	175	41.8	280	0.29	1.97	0

豌豆与谷物蛋白质氨基酸含量对照见表10-10。

表10-10　　　　　　豌豆与谷物蛋白三种氨基酸含量比较　　　　单位：g/100g 粗蛋白

品名	赖氨酸	甲硫氨酸	色氨酸
豌豆	6.2	0.8	0.7
蚕豆	6.4	0.6	0.7
籼米	3.8	1.9	1.6
小麦	2.4	1.4	1.1
小米	2.2	2.9	2.0

由表 10-10 可知，豌豆的赖氨酸含量偏高，而蛋氨酸和色氨酸含量偏低，所以使豌豆蛋白质的利用率低。将豌豆与小米、籼米、小麦等低赖氨酸的粮食混合食用，通过氨基酸的互补，能有效地提高二者的食用价值。

（二）豌豆的健康价值

中医学认为豌豆性味甘、平，具有和中益气、利小便、止泻、解疮毒之功用，幼苗可作蔬菜，新鲜豌豆叶、茎可清凉解暑，含有丰富的维生素，所以常用来辅助医治霍乱、吐痢、痈肿等疾病。豌豆能抑制人体内黑色素的形成而美容，富含膳食纤维，可用于辅助防治结肠病、利便、降低血液胆固醇等。在新鲜豌豆中还含有分解亚硝酸胺的酶，具有辅助防癌、抗癌的特殊功效，降低得前列腺癌的风险。

豌豆荚作为蔬菜可以清肠健胃。所含的赤霉素和植物凝集素等成分，具有抗菌、消炎，增强新陈代谢的作用。豌豆苗烹饪方法可清炒、做汤、涮火锅等，是非常美味的食材。

"豌豆尖"是一种高钾、低钠蔬菜，具有清肝明目的食疗功效。它含有大量的胡萝卜素、叶黄素，对保护视神经，改善视力非常有益。其中高含量的胡萝卜素，还可以保护上皮细胞完整，预防炎症，提高免疫力。尤其适合经常熬夜用眼、眼睛疲劳干涩、视力模糊者。同时，它含有大量的镁及叶绿素，有助于排出体内毒素，保护肝脏。豌豆尖是高钾、低钠食物，钾含量是钠的 50 倍，因此有消肿利尿的功效，不但对缓解熬夜出现的"熊猫眼"、肿眼泡有效，也是"三高"（高血压、高血脂、高血糖）人群上佳的菜蔬。

另外，它的草酸含量低，尤其适合老人、小儿、孕妇等缺乏矿物质的特殊人群食用。

二、豌豆主要功能性成分的应用

豌豆蛋白、低聚肽和膳食纤维等产品，现已成为多种功能性食品的添加剂，得到广泛应用。

（一）豌豆蛋白

豌豆粉用水反复冲洗得到的制成豌豆蛋白、豌豆膳食纤维等产品，添加到肉制品中可有效降低肉制品动物脂肪中的胆固醇含量，非常适合胆固醇高和高脂血症特殊人群食用。

豌豆蛋白质的纯度在 63%~68%，有较高的消化吸收率（>80%）、足够的黏度，作为食品添加剂用于食品加工中（如甜点、烘焙食品、面食、燕麦棒、蛋黄酱、火腿肠、香肠等）甚至可以替代鱼、肉和蛋产品。2015 年豌豆蛋白在食品加工中的应用获得了突破，主要是在素食蛋黄酱产品——Just Mayo 中作为鸡蛋的替代品，能满足对风味食的需求。豌豆不仅是 100% 纯素食，含铁量丰富，还具有低过敏性和容易消化吸收的特点。

（1）提取工艺流程

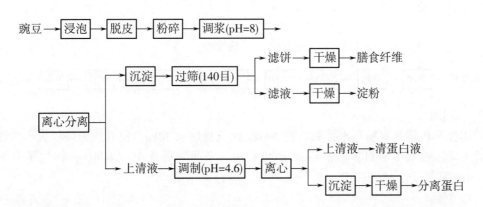

（2）制作要点

①选用3‰亚硫酸溶液，泡豆约24h，豆和水比例为1∶15，粉碎时按1∶7加水，调浆 pH=8（碱溶），等电点 pH=4.6（酸沉）。

②提取的分离蛋白、淀粉、膳食纤维分别为原料豌豆（干基）的16%、42%、9.0%。

（二）豌豆多肽

豌豆肽主要是以豌豆蛋白为原料，经酶解、分离、纯化和干燥等加工工序所制得的相对分子质量在200~800的小分子低聚肽。豌豆肽中8种氨基酸的含量除蛋氨酸较低外，其余的氨基酸比例接近于 FAO/WHO 推荐模式。豌豆多肽不仅能提供人体生长发育所需的营养物质，同时还具有良好的理化指标和功能特性（比豌豆蛋白质有更好的溶解性、保水性、吸油性、起泡性、乳化性、凝胶性等），可广泛应用于健康食品的生产。

（1）保水性、吸油性及良好的凝胶形成性，可用于火腿肠等肉制品中，作为优良的添加剂。

（2）发泡性和泡沫稳定性，可部分代替蛋类添加到糕点制品中。

（3）乳化性和乳化稳定性，可用作各类食品的乳化剂。

（4）能迅速乳化脂肪，制得的香肠可口，营养价值高。

（5）用于饼干中可增强香味，强化蛋白质，生产多种功能性产品。

（6）用于面制品，可提高面条的强度、筋力、营养价值，改善面制食品的外观和口感。

（7）pH 呈中性，没有苦味，与乳蛋白肽按一定比例添加，其营养合理、均衡，有望应用在医用食品和育儿调制奶粉方面。

三、豌豆功能性制品

豌豆具有较高的营养价值和医用食疗价值。大力开发豌豆营养资源正逢其时。

（一）豌豆面酱

豌豆面酱是我国的一种传统调味品，深受人们的喜爱。

246   1. 工艺流程

2. 制曲

用拌和机将豌豆粉与水拌和，每100kg豌豆粉加水30kg，使其成为蚕豆大小的颗粒后放入常压蒸锅中蒸料，出锅冷却至40℃接入米曲酶种0.3%~0.4%，拌匀摊平保持38~40℃环境45~60h即可。

3. 制酱

（1）入池物料100kg，加盐水100kg（14°Bé盐水）。

（2）制作要点　将14波美度盐水加热至65℃左右，物料升温至45~50℃，第一次盐水用量为面糕曲的50%，用制醅机将曲和盐水充分拌匀，入发酵容器。此时要求物料温度53℃以上，面层用再制盐加盖，物料温度维持在53~55℃，发酵7d；发酵完毕，再第二次加沸盐水；最后利用压缩空气翻匀后，即得浓稠带甜味的酱醪。酱醪成熟后，用螺旋出酱机在发酵容器内直接将酱醪磨细同时输出，磨细的面酱再通过ϕ1cm筛子过滤后加热灭菌，即得成品豌豆面酱。色泽呈黄褐色，有光泽；体态黏稠适度，无霉花，无杂质；味甜而鲜，咸淡适口；具有面酱香气。

（二）豌豆糕点

春末夏初，正是新鲜豌豆上市的季节。选择新鲜豌豆为主料，制成的糕点别有风味，表面有青绿色花纹，皮酥、瓤软，并具有新鲜豌豆的色香味。

1. 原辅料配比

（1）坯料　富强面粉3kg、奶油1.8kg、白糖粉1.2kg、鸡蛋0.6kg。

（2）豌豆馅　新鲜豌豆5kg、白砂糖2.4kg、食盐适量、水适量。

（3）黄冰淇淋馅　玉米淀粉0.25kg、鲜牛奶450mL、小麦面粉0.25kg、白兰地酒30mL、鸡蛋黄0.15kg、白砂糖0.6kg。

2. 制作要点

（1）将奶油切成小块在室温下稍软化后，放在打蛋机中搅拌成糊状，再分3次加入白糖粉，搅匀后，打入鸡蛋，继续搅拌，最后加入筛的面粉和水，搅拌成面团。夏天，须将面团放入塑料袋中放进冰箱冻硬，再进行以下步骤操作。

（2）操作台上撒些干面粉，放上面团，擀成3mm厚的面片，包进豌豆馅并用圆铜模扣切成比挞模略大的圆块，铺在模型内侧，用手指轻压后切去多余部分。用叉子在底部打几个小孔。

（3）烘烤：炉温170℃（10min），表面呈麦黄色出炉，脱模冷却即为成品。

（4）制黄冰淇淋：将蛋黄放入锅内，加少许牛奶搅匀后加入白砂糖、玉米淀粉、面粉拌匀，加入温度60℃的牛奶混合，置炉上边加热边搅拌，成糊状后离火，晾冷，滴加白兰地。

（5）制豌豆馅：新鲜豌豆置锅中，加适量水煮熟后滤去水，留取240粒，其余加糖煮至糖溶化，离火，加少许盐，捣烂成酱泥状。

（6）将黄冰淇淋装入裱花袋，挤入塔中，再挤上豌豆馅，面上加一粒煮熟的豌豆即可。

（三）豌豆乳饮料

（1）工艺流程

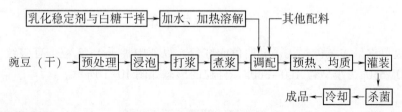

（2）操作要点

①原料的筛选、清洗及浸泡：选用籽粒饱满，品质优良的豌豆，并剔除各种杂质。豌豆（干）用 0.05%~0.10% 的小苏打溶液浸泡 6~8h，充分膨胀后捞出、冲洗干净。

②打浆：采用粗、细两次磨浆的方法，加入豌豆重 10 倍的水，经磨浆机粗磨后再经胶体磨细磨后用 100 目的滤布过滤得浆液。

③煮浆：将引起豆腥味和涩味的脂肪酶钝化，以减少产品的不良气味和滋味，也可将浆液中的淀粉糊化。方法是在浆液中添加 0.02% 的小苏打后煮沸 10min。

④调配：乳化稳定剂需预先用水溶解后与煮好的浆液混合，同时加入其他配料，充分搅拌均匀。

⑤预热、均质：为防止豆奶产品发生乳相下沉，脂肪上浮，改善豆奶口感，需要使蛋白质粒子与水分子充分水合，构成稳定体系。将调配好的浆液加热至 75℃，在 25MPa 压力下均质两次。

⑥灌装、杀菌、冷却：超高温瞬时灭菌（137℃，4s）后进行无菌灌装，也可以先罐装，再灭菌（121℃，20min）。

⑦检验、成品入库。

（四）乳香豌豆泥

选择新鲜豌豆为主料，制成乳香豌豆泥，具有新鲜豌豆的色香味。

1. 原辅料配方

豌豆 600g，猪油 40g，淡奶油 100g，白糖 60g，坚果仁和水（适量）。

2. 制作方法

（1）锅内加入适量清水，加入豌豆煮至熟软。

（2）将煮熟的豌豆，用料理机打成豌豆泥。

（3）在有猪的炒锅内加入豌豆泥，炒至浓稠后关火，拌入淡奶油和白糖出锅，撒上坚果仁和水，乳香豌豆泥，不仅养眼还能一饱口福。

第五节　鹰嘴豆及其制品

鹰嘴豆（又称桃豆、鸡嘴豆）似一般黄豆大小，只是多了一个似鹰嘴状的突出点而得名。在我国新疆、甘肃、青海、陕西、山西等省区均有出产。新疆乌什县、木垒县是我国鹰嘴豆的重点产区，主要为卡布里类型，颗粒大、皮薄，是一种优良品种，具有蛋白质营养素含量高的特点，是开发我国大西北的良好作物之一。鹰嘴豆维吾尔族语为"诺胡提"，其营养成分与功能性物质含量丰富，医食兼优，具有多种保健功效，是药膳食疗中的佳品，已成为当地的特产和资源优势，已用于健康食品、功能性食品的研究和开发。

一、鹰嘴豆简介

鹰嘴豆豆皮呈浅黄色、浅褐、白色或红色，豆荚中种子 1~2 粒，有皱纹。千粒重：大型粒 420~550g，小型粒 160~300g。籽粒的形态如图 10-1 所示。

图 10-1 鹰嘴豆籽粒的形态

（一）鹰嘴豆的营养价值

鹰嘴豆富含人体所需的 18 种氨基酸、膳食纤维、微量元素和维生素等营养物质，被誉为"营养之花、豆子之王"。鹰嘴豆主要营养成分见表 10-11。

表 10-11		鹰嘴豆主要营养成分及含量			单位：mg/100g
成分	含量	成分	含量	成分	含量
蛋白质/（g/100g）	23	维生素 C	12	磷	320
脂肪/（g/100g）	5	维生素 B_1	0.15	钙	350
淀粉/（g/100g）	55	维生素 B_2	0.74	铁	10
膳食纤维/（g/100g）	4	钾	805	锌	5

鹰嘴豆主要氨基酸成分见表 10-12。

表 10-12		鹰嘴豆蛋白的氨基酸成分及含量			单位：g/100g 蛋白质
成分	含量	成分	含量	成分	含量
赖氨酸	6.1	谷氨酸	10.0	缬氨酸	4.4
组氨酸	5.5	脯氨酸	3.7	甲硫氨酸	1.4
天冬氨酸	8.0	甘氨酸	3.6	亮氨酸	5.9
苏氨酸	3.7	色氨酸	1.83	异亮氨酸	3.9
半胱氨酸	5.6	丙氨酸	3.8	酪氨酸	4.6
丝氨酸	4.4	胱氨酸	1.0	苯丙氨酸	4.0

从表 10-12 和表 10-13 可以看出，鹰嘴豆所含营养成分全面。蛋白质含量高达　249
23%，将其与大米、小麦、面粉按比例搭配使用，有蛋白质互补的作用。每 100g 鹰嘴
豆所含钙高达 350mg、磷 320mg，脂肪的含量为 4.6%~6.1%，脂类中所含胆碱、磷脂
分别为 116~238mg/100g 和 102~136mg/100g。具有较高的食用价值和保健功效。

鹰嘴豆籽粒发芽胚中富含异黄酮、鹰嘴豆芽素 A 和鹰嘴豆芽素 C 等功能性成分，
可制成芽类食品，备受消费者欢迎的一类新型功能食品。将鹰嘴豆掺入小麦中研磨成面
粉，香味浓郁犹如榛子，可加工成各种糕点、面饼等风味独特的产品，是一类新型天然
粮谷健康食品。

（二）鹰嘴豆的健康价值

鹰嘴豆的健康价值古今评价甚高，不仅蛋白质有着较高的功效价值，所含有的 18
种氨基酸中囊括了人体必需的 8 种氨基酸，与人体需求比例极为相似，对儿童智力发
育、骨骼生长以及中老年人强身健体都大有裨益。鹰嘴豆还含有抗炎症功能成分，对维
持人体健康有着神奇作用。此外，鹰嘴豆还是一种很好的植物氨基酸补充剂，有较高的
医用保健价值。中医学认为，鹰嘴豆性味甘、平、无毒，有补中益气，温肾壮阳，主消
渴，解血毒，润肺止咳等作用。其对糖尿病、肺病、消化不良、皮肤疾病等均有良好的
药膳食疗作用。

二、鹰嘴豆的功能性制品

我国粮油食品行业已研制出了不少鹰嘴豆食品及功能性制品等新产品，市场前景
尚好。

（一）鹰嘴豆食品

1. 鹰嘴豆奶粉

利用鹰嘴豆全粉与一定量的奶粉混合制成豆奶粉，用开水冲调，可作早餐食品，是
乳糖不耐症者的理想食品（或将鹰嘴豆粉，加牛奶、糖、调制成豆浆状食用）。

2. 鹰嘴豆贝壳面

用开水煮熟做成凉拌面、炒面、汤面，可作午餐或晚餐食品。

3. 鹰嘴豆珍粒

用于煮粥或和大米各取 50% 做成米饭、抓饭，口感甚佳。有蛋白质营养互补效果，
可作午餐或晚餐食品。

4. 鹰嘴豆面粉

可做成糕点；加 30% 的小麦面粉，制成片状或条状，加蔬菜等辅料，可做炒面片、
炒面条，用作午餐或晚餐食品。

（二）鹰嘴豆营养粉

鹰嘴豆营养粉是选用新疆鹰嘴豆、巴旦木仁、杏仁、核桃仁、牛奶、奶皮、食用
盐，配以药食兼用的菊苣、南瓜子粉等辅料，制成的一种粉状方便食品。用开水冲调即
可食用，具有口感好，香味浓郁的特点，是一种营养滋补，强身健体，增加人体免疫力
的高蛋白、低脂肪健康食品。

250　　　**（三）鹰嘴豆营养馕**

馕是深受新疆人们喜爱的大众面食，也是一种传统粮油食品。馕的品种发展到今天已有几十种之多，打（制作）馕的文化也有了更为丰富的内涵，"鹰嘴豆营养馕"就是其中一例。它以优质小麦面粉为主料，配以鹰嘴豆粉、牛奶、核桃仁、杏仁、瓜子仁、食用植物油脂、食盐等辅料，以传统打馕工艺制成，口感香酥浓郁，入口筋道，油黄发亮，表层挂着芝麻、瓜子仁、花生仁，如同糕点房制出的新鲜面包，已成为新疆传统馕的新秀。

（四）鹰嘴豆盐水罐头

将粒型大，皮薄的优质鹰嘴豆清理干净，放入清水中浸泡 18h 左右，让籽粒充分吸胀、冲洗、沥水后放入沸水中软化 5~10min。捞出放入冷水中进行冷却后。装满罐头瓶（盒），并注入"罐头浇汁"热溶液，放在 68.92kPa 压力下加热 60min 后，封盖，冷却至室温即为成品。其"罐头浇汁"配方：食盐 1.5%、蔗糖 3%、食用水 95.5%。

（五）鹰嘴豆膨化食品

将鹰嘴豆筛选清理干净，放清水中浸泡 18h，籽粒充分吸胀，冲洗沥干放入预先加热到 250℃ 的干净沙子中翻炒 15~25s 膨化，过筛去除沙子后在热油锅内炸熟透，滤干油，撒上细粒食盐粉，冷却至室温，称量，包装即为成品，香酥可人，是一种营养健康的粮油小食品。

（六）鹰嘴豆芽

发芽的鹰嘴豆胚芽中含异黄酮类：鹰嘴豆芽素 A，鹰嘴豆谷芽素和鹰嘴豆芽素 C 等成分，是尚好的一种保健食材。

1. 鹰嘴豆芽的制取

新鲜优质鹰嘴豆清洗干净，放清水里浸泡 5h，捞出沥水后放容器内，保持温度 28℃，培养 5d 见芽，长到适当高时冲洗后晾干即可。

2. 鹰嘴豆芽的营养价值

鹰嘴豆芽比鹰嘴豆本身具有更高的营养价值。二者微量元素含量见表 10-13。

表 10-13　　　　　　　　　鹰嘴豆芽和鹰嘴豆矿物元素含量比较　　　　　单位：mg/kg

元素	鹰嘴豆芽	鹰嘴豆	元素	鹰嘴豆芽	鹰嘴豆
锌	23.74	21.11	铬	3.30	2.12
锡	0.56	0.79	铜	7.46	6.73
镁	1408.00	1292.00	钡	2.06	1.94
锰	31.13	24.64	锶	10.50	9.17
铁	73.55	68.85	硼	13.90	12.94
铅	0.76	0.93	镉	0.03	0.07

由表 10-13 可见，Fe、Mg、Zn 等具有生理活性者含量上升，而 Pb、Cd 有害者下降。

（七）鹰嘴豆油

鹰嘴豆含有脂肪约5%（集中在胚中），其中含有不饱和脂肪酸、磷脂等功能性成分，适量使用可滋润皮肤和辅助治疗关节、咽喉疼痛等疾患。

（八）璧源珍粉

璧源珍粉是一种集天然性、珍稀性及营养性于一身的功能食品。其原辅料是鹰嘴豆与药食同源的决明子、灵芝等配伍精制而成的一种粉状营养方便食品。

在我国新疆民族地区，人们的日常饮食多以牛羊肉、奶制品、高糖瓜果为主，如此"三高"的膳食摄入，却很少有人患糖尿病、肥胖症和心脑血管疾病的现象。联合国卫生组织科考发现他们的主食"抓饭"（由大米、食用植物油、羊肉、洋葱、红萝卜等原辅料做成）里，总有鹰嘴豆，正是它起了平衡膳食的作用。由此可见鹰嘴豆的食用价值之大。为了满足不同人群的需求，科技人员研制出了以鹰嘴豆为主料的4种璧源珍粉（A、B、C、D型）产品：

（1）A型适合高血脂、高血糖等人群；

（2）B型适合便秘、痤疮（青春痘）、脾胃不和、四肢无力等亚健康人群；

（3）C型适合高血压、脂肪肝、酒精肝等人群；

（4）D型适合体重超标者，肥胖症等人群。

一位国外华人书画家在食用璧源珍粉后欣然命笔"珠联璧合食与药，功似源同治兼疗，偶享珍馐健康补，常食粉羹百病消"。反映了消费者对这种产品的高度赞誉。

（九）鹰嘴豆 胡姆斯（humus）酱

胡姆斯酱是深受以色列人喜爱的一种传统调味品，具有独特的传统风味和神秘中东的融合味道。用于佐餐食用，方便．美味、营养、健康。胡姆斯酱以鹰嘴豆为主料，橄榄油、调味品为辅料制成。其方法如下：

（1）选择优质鹰嘴豆清理去杂、清洗干净。

（2）在室温下，用水浸泡4h，待豆粒发胀后、捞出沥水，放锅中，蒸2~3h，直至豆粒软烂。

（3）混合橄榄油研磨成浆状后添加适量的调味料，搅拌均匀。

（4）装瓶、消毒、冷却至室温即可。

三、鹰嘴豆主要功能性成分的应用

鹰嘴豆在我国食品工业中的应用很广，除了用新鲜豆作蔬菜，还可经烘干、油炸、焙烤及蒸煮制作快餐食品（鹰嘴豆沙拉等）；还可用来制作甜食和辛辣味的调味品以及罐头、膨化和发酵等；鹰嘴豆乳，是乳糖不耐症者上好的营养食品，特别是供应婴幼儿及老年人群。鹰嘴豆叶子的提取物可用来制药、醋等。

制作鹰嘴豆食品之前需要进行3个工序的预处理。

1. 清理分级

鹰嘴豆有Kabuli和Desi两种类型，具有不同特性，清理、分级，便于加工。

2. 剥外壳使其裂口

划破种皮使子叶和壳完全分开，以提高出粉率。

3. 制粉或再加工

Desi 型鹰嘴豆多用作食品加工的原料，可磨制成粉，作为膨化或焙烤食品的原料。Kabuli 型鹰嘴豆多用于作蔬菜及罐头食品，小颗粒的用来做膨化和已经发酵食品。

鹰嘴豆经过以上处理已经制作出多种食品：鹰嘴豆奶粉，膨化食品、盐水罐头、营养粉、蛋白饮料、酸牛奶、豆芽制品等，还在开发的食品有鹰嘴豆乳系列饮料、速溶食品、调味品、方便营养粥以及保健食品等。

四、鹰嘴豆食疗药膳

鹰嘴豆药食兼用，已被收入《药品标准：维吾尔药分册》和《维吾尔药志》中，鹰嘴豆的食疗药膳营养健康价值不凡，食品营养专家推荐的鹰嘴豆药膳食疗方，更是"治未病"之良方。

（一）改善血糖食疗糊

山药 50g，麦冬、生地各 30g，加适量水煮沸 20min，去渣取汁后加鹰嘴豆粉 100g，搅拌均匀，再煮沸 15min 成糊，即可食用，是具有生津止渴、健脾益肾、改善血糖指标及饱腹的功能性食品。

（二）祛湿、补心、健脾胃食疗粥

鹰嘴豆 50g、薏苡仁 50g、红小豆 50g，清洗干净，放入锅内加水烧开后熄火焖0.5h；再加火烧开焖 0.5h 即可。这款食疗粥可以加料，其讲究之处见表 10-14。

表 10-14　　　　　　　　　祛湿、补心、健脾胃食疗粥添加食料

亚 健 康 症 状	添 加 食 料
烦躁失眠，或者脸上起红疹、痘痘	百合、莲子
胃中寒痛、食欲不振、怕冷	生姜
肾虚	黑豆
咳嗽	梨
食欲不振，身体羸弱	山药
泄泻，腹痛，糖尿病	低糖南瓜
体虚，夜尿多	芡实（鸡头米）
产妇	减薏苡仁，加大枣、小米、红薯
神色晦暗，精神不足，甚至心悸、贪睡	桂圆

第十一章

主要薯类及其制品

————

薯类是指可作为粮食的农作物块根和块茎。我国种植较多的是甘薯、马铃薯，其次是木薯和山药等，是人们的重要食粮，种植面积最大和产量最高的是四川省，其次是山东、河南、安徽等省，东北三省广东、江苏、河北、湖北等省的产量也十分可观。随着我国经济的发展，薯类的营养和健康价值已引起普遍关注。我国薯类资源丰富，延伸产业链，新产品的研制和开发方兴未艾。

第一节　甘薯及其制品

甘薯（又称红薯、红苕、甜薯、白薯等）是我国主要的薯类作物，其产量约占薯类作物的70%，折粮计算其年总产量在各类粮食作物中仅次于稻谷、小麦、玉米，居第4位。随着国民健康的需要，甘薯开始进入宴席作为健康长寿食品。近年来，甘薯的营养价值和健康功效越来越受到国民的重视，高新科技产品不断涌现，使甘薯产值成倍增长，这对提高国民生活质量、支援"三农"都具有重要的意义。

一、甘薯简介

（一）甘薯的形态

甘薯的表皮呈现不同的颜色，一般有红、白两类，薯肉颜色有白、淡黄、黄、淡红、紫色等，其中白色的含淀粉较多，适用于制作淀粉；黄色的含糖分和胡萝卜素较多，味甜，适用于煮、蒸、烤食用。甘薯的特奇形态如图11-1所示。

（二）甘薯的营养价值

甘薯以肥硕块根供食用，是一种粮蔬兼用食品，食用方法颇多，蒸、煮、扒、烤、炸、炒、煎皆宜，可整只的烤，也可切段、块、条、片、丁、成泥烹制，一经巧手烹饪，即能成为席上佳肴，如四川的红苕泥，黄红油亮，香甜可口；陕西的醋熘红苕丝，酸辣脆嫩，别有风味；福建的荔香薯片、

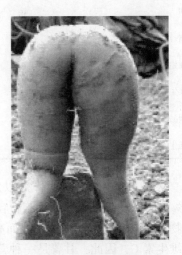

图11-1　甘薯的特奇形态

254　安徽的蜜汁红薯、湖北的苕面窝和桂花红薯饼等，皆为名闻遐迩的地方美味。因甘薯含糖量高，尤宜甜食。甘薯和面粉掺和后，还可做各类糕、包、饺、面条等。甘薯粉加蛋类可制成蛋糕、布丁等各式点心食品。其中所含维生素 C，是苹果、葡萄、梨的 10～30 倍，享有"健康食品"和"防癌尖兵"之美誉。

科学家培育的甘薯新品种，β-胡萝卜素含量高达 1.48g/100g 以上；水果型甘薯可溶性糖含量是普通甘薯的两倍以上；紫甘薯的色素含量在 2.61% 以上，并含硒元素 52μg/kg，是同类甘薯品种的 30 倍以上，用于着色食品并具有抗氧化等作用。甘薯中含有的多种营养成分见表 11-1。

表 11-1	甘薯的营养成分及含量			单位：mg/100g
成分	甘薯	甘薯片	甘薯丝	甘薯粉
水分/（g/100g）	67.1	10.9	15.9	11.3
蛋白质/（g/100g）	1.1	3.9	2.7	3.8
脂肪/（g/100g）	0.2	1.0	0.7	0.9
糖类/（g/100g）	23	80.3	75	79
热量/（kJ/100g）	414.4	1439.9	1360.4	1423.2
膳食纤维/（g/100g）	1.6	6.5	5.6	6.0
灰分/（g/100g）	0.9	2.7	2.6	2.9
胡萝卜素/（μg/100g）	750	—	—	—
钙	23	128	87	123
磷	39	—	54	—
铁	0.5	—	4.8	—
钾	130	—	—	—
硒/（μg/100g）	0.48	—	—	—
维生素 B_1	0.04	0.28	—	0.23
维生素 B_2	0.04	0.12	—	0.11
烟酸	0.5	1.8	—	1.5
维生素 C	26	—	—	—

从表 11-1 可知，甘薯是以水和淀粉为主要成分，含糖平均为 23%，有的高达 29%，所以食味较甜。甘薯淀粉容易被人体消化吸收，是一种优质淀粉。甘薯蛋白质的生物价为 72%，仅次于大米，而高于其他粮食，还含有一般谷类粮食所缺少的胡萝卜素和维生素 C，因此，甘薯是一种营养价值较高的食粮。其营养成分与大米、小麦的比较见表 11-2。

表 11-2		甘薯的营养成分的比较		单位：mg/100g	255

成分	鲜甘薯	大米	小麦粉
蛋白质/(g/100g)	1.1	7.7	11.2
脂肪/(g/100g)	0.2	0.6	1.5
糖类/(g/100g)	23.1	76.8	71.5
能量/(kJ/100g)	414.4	1435.7	1439.9
膳食纤维/(g/100g)	1.6	0.6	2.1
钙	23	11	31
磷	39	121	188
铁	0.5	1.1	3.5
胡萝卜素	0.75	0	0
维生素 B_1	0.04	0.16	0.28
维生素 B_2	0.04	0.08	0.08
烟酸	0.5	1.3	2
维生素 C	26	0	0

　　营养学上把甘薯归类为"生理碱性食物"，而肉类"生理酸性食物"。

　　采用超临界技术从甘薯中提取的 β-胡萝卜素可作为营养强化剂或功能性食品基料。甘薯经去皮、切分、膨化、粉碎等工序制成的膨化粉，用开水冲调成糊状即可食用，色泽金黄，口感细腻香甜，是一种理想的营养食品。紫甘薯醋富含维生素 E、C、紫色素、多酚及微量元素，有延缓人体老化的功效，饮用时稀释 5 倍可与苹果汁、乌梅果汁等混合饮用，是一种新型功能食醋，其中的"肝康醋"，有利于慢性肝脏疾病的康复。甘薯叶及甘薯藤尖的营养成分丰富，被称为保健菜蔬，其营养成分见表 11-3。

表 11-3			甘薯叶和藤尖的嫩芽营养成分		单位：mg/100g	

成分	甘薯叶	甘薯藤尖	成分	甘薯叶	甘薯藤尖
水分/(g/100g)	90	89	铁	2.3	1.2
蛋白质/(g/100g)	2.8	2.4	胡萝卜素	6.4	3.2
脂肪/(g/100g)	0.8	0.3	维生素 B_1	0.1	0.2
糖类/(g/100g)	4.1	5	维生素 B_2	0.3	0.2
膳食纤维/(g/100g)	1.1	1.4	烟酸	0.7	1.5
钙	16	56	维生素 C	32	21
磷	34	76			

　　甘薯叶和藤尖已成为人们餐桌上的常见菜肴。从表 11-3 可知，二者胡萝卜素含量

很高，这是多种蔬菜不可相比的。其所含维生素 B_2、维生素 C 也名列各蔬菜之前列，据检测资料，与菠菜、胡萝卜等 14 种蔬菜比较，在 14 种营养成分中，甘薯叶的蛋白质、微量元素等 13 项指标均属首位。国际营养学家已将甘薯叶誉为"长寿食品"。我国有些食品加工厂用甘薯叶加工成脱水菜、腌渍菜，畅销国际市场。甘薯藤尖可清炒、做汤、盐腌、凉拌等，鲜嫩可口，别有风味，是一种良好的减肥降脂食品。尤其是我国以生物技术新培育的高 β-胡萝卜素甘薯新品种，其维生素 A 含量高达 $50\mu g/100g$，约为普通甘薯的 50 倍，每天食用 $100\sim200g$，可有效解决人体维生素 A 缺乏问题。目前，我国正在推广种植的富含 β-胡萝卜素红心甘薯和高花青素紫薯等新品种，将给人们的健康带来更多福音。

（三）甘薯的健康价值

中医学认为，甘薯性味甘、温，具有补中和血、益气生津、宽肠胃、通便的功效。可使人体内代谢保持酸碱平衡。甘薯含有较多的膳食纤维，可促进人体肠胃蠕动，有利于防治便秘。紫薯有抗氧化和消除自由基作用，可减轻肝功能障碍，对于肝功能的康复有好处，这是因为紫薯含有丰富的花青素（一种强有力抗氧化剂），能够保护人体免受自由基等有害物质的损伤，还能增强人体血管弹性，促进血液循环，具有降血脂和降血液胆固醇的功用。

紫薯具有较高的食用和药用价值，富含花青素，有较强的抗氧化能力。现已研制的系列紫薯功能食品（紫薯醋、紫薯饮料、紫薯酒等），因具有保健功能而大受欢迎，有专家从甘薯中提取出一种称为脱氢表雄酮（DHEA）的成分，能防止结肠癌和乳腺癌的发生；通过对 26 万人的饮食调查发现：熟、生甘薯的抑癌率分别为 98.7% 和 94.4%，高居果蔬抑癌之首；广西的长寿老人都有喜食甘薯的习惯。甘薯中含有大量的多糖蛋白，属于胶原和黏多糖类物质，能预防心血管系统的脂肪沉积，保持动脉血管的弹性，防止动脉粥样硬化的发生；能防止肝脏和肾脏中结缔组织的萎缩；能保护消化道、呼吸道及关节腔的润滑。近年我国医学家应用"甘薯合剂"使 97.3% 的糖尿病患者血糖指标下降。

我国开发出的"甘薯降脂素胶囊"获国家发明专利。《本草纲目拾遗》说，甘薯能补中、和血、暖胃、肥五脏。《金薯传习录》说，它有多种药用价值：治痢疾和泻泄；治酒积和热泻；治湿热和黄疸；治小儿疳积。此外，甘薯还能生津止渴，治热病口渴。几年前世界卫生组织（WHO）评选出 13 种最佳蔬菜，其中甘薯名列第一，可见其保健功能之了得。

（四）甘薯的特异性

甘薯的特异性是不宜生吃和多吃，否则会有烧心、吐酸水、腹胀等不良反应，甚至引起消化性不良。这是因为甘薯中含糖量高，还含有"气化酶"，在肠胃中产生大量 CO_2 气体所致。

加工前先将少量食盐溶于水中，把切好的甘薯放入浸泡几分钟后捞出用清水冲洗净后再蒸煮；或直接把水烧开，再将甘薯下锅蒸煮，使其充分熟透。如此操作钝化"气化酶"而保吃后安全。

甘薯的淀粉有一层坚韧的细胞膜，生食甘薯淀粉酶不易与淀粉接触而难以消化吸

收，高温蒸煮后能使细胞膜破裂而利于淀粉酶将淀粉水解成麦芽糖和葡萄糖，消化吸收 257
就变得容易了。

二、甘薯的功能性制品

近年来，国内外掀起了甘薯食品热，一些食品厂和科研院所竞相开发甘薯食品，使之成为人们喜爱的新潮食品和功能食品。现将其产品的原辅料配方、制作工艺、操作要点等简介如下。

（一）主食品类

1. 通用能量棒（抗饥饿食品）

通用能量棒口味醇厚，能耐饥饿，食用方便，具有富含谷物提取物、乳清蛋白、水溶性膳食纤维、天然紫薯，脂肪含量低等特点。在高负荷活动中能保证充足的能量供应。是解放军总后勤部军需装备研究所运用国家专利技术加工的一种新型高效能量食品，现已广泛用于体育运动、军队特种作战及国家应急救援等领域。该产品一盒 600g（12 根），相当于一人 4d 的饭菜营养，深受救灾部队广大官兵、运动员及野外作业人员等特殊膳食人群的青睐。

2. 薯米

薯米的形态、色泽及风味都类似于天然大米，能经受淘洗、浸泡和蒸煮，制成饭后仍能保持饭粒形状及口感，是一种新型功能主食品。薯米是以薯类淀粉和谷类为主要原料，配以小麦面粉和碎大米制成的，其含水量为 11.0%~11.5%。这款产品实现了营养互补，有效地提升了原辅料的食用价值。

（1）原辅料配方　薯类淀粉 50%，小麦强力粉 30%，碎大米 20%，维生素 B_1、钙粉、赖氨酸、食用盐、氯化钙、碱类、干酵素及水（适量）。

（2）制作工艺及要点

①混合：根据配方，把原料和营养强化剂（每 500g 原料加维生素 B_1 27g，钙 6.5g，赖氨酸 1g）投入混合机充分混合，并加入适量温水和 0.2% 食盐与固结剂，再充分搅拌，使面团含水量为 35%~37%。

②制粒：用压面机将面团压成宽面带后送往制粒机制成米粒，用分离机将米粒进行筛选，去除粉状物料（回收再用）。

③蒸煮：将米粒在输送带上用蒸汽处理 3~5min，并杀菌。

④烘干：在温度 95℃条件下烘 40min，使人造米水分达到 13% 左右，再经冷却，水分降至 11%~11.5%，即为成品。

3. 富硒紫薯挂面

富硒紫薯含淀粉 33%，富含铁、硒、钙等微量元素，含糖量很低，感觉不到甜与香，主要是花青素（PAC）成分影响。富硒紫薯挂面已批量上市，是以富硒紫薯、优质小麦面粉、食盐及多种微量元素为原、辅料，按照 SB/T 10069—1992《花色挂面》的要求生产的，呈紫色，具有滑爽的口感和风味，对于改善人们日常饮食结构，补充体内微量元素起到了积极的作用，是亚健康治未病及糖尿病等特殊膳食人群食疗主食品的理想之选。

4. 五粮主食便餐

《中国居民膳食指南（2016）》强调"食物多样，谷类为主，粗细粮搭配"，是平衡膳食模式的重要特征。因此，研发符合人们饮食习惯，营养合理均衡的大众化方便主食（"五粮主食便餐"等产品），无疑会受到消费者的欢迎。

（1）原辅料配方　甘薯粉30%，炒大米粉20%，炒小麦全粉20%，火腿3%，白胡椒粉0.25%，肉豆蔻粉0.1%，爆玉米粉10%，奶粉1%，瘦猪肉5%，核苷酸0.03%，炒大豆粉5%，食盐0.75%，其他（葱、姜、生菜、淀粉、食用植物油等）4.87%，水（适量）。

（2）工艺流程

原料预制 → 配料 → 调和 → 调味 → 挤压 → 灌装 → 封扎 → 灭菌 → 冷却 → 成品 → 装箱 → 入库

（3）制作要点

①原料预制：选择优质的大米、小麦、玉米、大豆等主料，分别清理，清除杂质，然后膨化，粉碎备用；将甘薯片（薯干）直接粉碎成薯粉（最好在压碎过程中加入一定量的食盐、老姜、胡椒，可避免或减少食用时，薯干产生"胀气"）备用。

②配料、调和、调味：主料粉加薯粉按配方调和均匀后，加入调味料。

③挤压、灌装、封扎：物料混匀加适量水成团并挤压成粒状后灌装、封扎。

④灭菌、冷却、装箱、入库：封扎好的罐头用121℃蒸汽灭菌30min，冷却至室温装箱入库。

（二）糕点、汤圆类

1. 紫薯米糕

紫薯米糕是以紫薯、大米粉、糯米粉、炼乳、白糖等为原辅料，经混合、粉碎、过筛、成型，蒸制等工序制成的一种健康方便小食品。

（1）原辅料配方　紫薯500g，大米粉200g，糯米粉100g，炼乳20g，白糖粉50g，水（适量）。

（2）制作要点

①将紫薯皮刮掉，切大块放入蒸锅，大火蒸20min左右。

②蒸好的紫薯块趁热碾成薯泥。

③将大米粉等4种原料混合并搅拌，徐徐加水，搅拌至半干湿状。

④一边加水，一边把粉球粉（搓）碎，物料应均匀，越细越好，然后加入紫薯泥中，搅拌均匀。

⑤物料放入模具，用刮板刮平。

⑥垫上屉布放入蒸笼，蒸30min后出笼，脱模即为成品。

2. 紫薯蛋挞

紫薯蛋挞可口诱人、奶香四溢，能带给人们温暖、美味和健康。

（1）原辅料配方　低筋小麦粉7g，紫薯100g，鸡蛋黄2个，炼乳7g，冷冻蛋挞皮6个，淡奶油75g，牛奶70g，绵白糖30g。

（2）制作要点

①紫薯煮熟切小块，放蛋挞皮内。淡奶油、牛奶、糖、炼乳放入容器，边加热边搅拌，至糖完全融化。

②放凉后，加入 2 个蛋黄和低筋小麦粉，搅拌均匀后放入蛋挞皮内，呈八九分满成为坯料。

③将蛋挞胚料放进烤箱（200℃）烘烤 20min 即得成品。

3. 紫薯汤圆

紫薯汤圆是由河南省一家食品公司于 2014 年推出的一种通身紫色的新产品。是在糯米粉中添加紫薯粉，外皮呈紫色的一种新型功能性食品。该产品除了颜色别致可以吸引消费者眼球注目外，还具有很好的养生保健功能。

4. 紫薯糯米球

紫薯糯米食用时无须对其解冻，用中火蒸 10min 即可，也可煮、煎、炸等方式烹调后食用，口感上好。它是以紫薯为主料，配以豆沙做内馅，以糯米覆盖紫薯球表面，清新的紫薯、糯米香味，软软的豆沙，给人以不一样的嗅觉和味觉享受，既可下火锅，也能做甜点，受到消费者的喜爱。

（三）小食品类

以甘薯全粉为原料，小麦粉或淀粉为辅料，制成的油炸、油煎休闲小食品，风味纯正，花色品种纷呈，展示出甘薯全粉作为粮油食品基础原料的美好前景。

1. 甘薯-胡萝卜复合脯

甘薯-胡萝卜复合脯是以红心甘薯、胡萝卜、蜂蜜、柠檬酸等为原辅料制成的一种薯类功能小食品，呈橘黄色，组织均匀，韧性适中，不粘连，软硬适度，口感细腻，甜酸适口，具有鲜甘薯、鲜红萝卜特有的组合风味。

（1）原辅料配方　红心甘薯 6.5kg，胡萝卜 4kg，蜂蜜 0.2kg，柠檬酸 20kg，食用白糖 2kg，增稠剂 0.6kg，水和苯甲酸钠（适量）。

（2）工艺流程

红薯、胡萝卜→│挑选│→│清洗│→│修整、去皮│→│蒸熟│→│打浆│→│配料│→│浓缩│→│摊片│→│烘干│→

│造型│→│检验│→成品→│包装│→│入库│

（3）制作要点

①原料挑选：选取优质红心甘薯、橙红色胡萝卜。

②清洗、去皮：将二者分别清理、冲洗干净、去皮。

③蒸熟：将二者放在蒸锅中蒸熟透（无硬心）。

④打浆：二者切成小块后打成浆，备用。

⑤浓缩：按原辅料配方将所有物料混合浓缩，直至可溶性固形物达到 55% 以上，出锅，备用。

⑥摊片、烘干：浓缩好的混合物料在钢化玻璃（或搪瓷盘）上摊成 0.8~1.0cm 厚的薄片，送入干燥室用 60℃ 热风连续干燥 8h 直至水分为 16%~18%。

⑦造型：将烘干的物料切成 5cm×2cm 的条（或 3cm×3cm 的块），也可做成圆片或动物造型，经检验后成品包装入库。

2. 四川牛皮糖

四川牛皮糖是以甘薯、饴糖、芝麻、白糖等为原辅料，经传统工艺制成的一种传统薯类小食品，在糖制品中独具一格，有韧性，耐咀嚼，绵软化渣，香甜适口，久负盛名。

（1）原辅料配方　甘薯 27.5kg，饴糖 15kg，白糖 10kg，芝麻 2.5kg，花生油 2.5kg，水（适量）。

（2）工艺流程

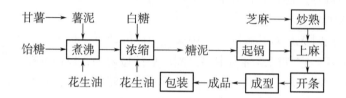

（3）制作要点

①制薯泥：将甘薯清理冲洗干净，蒸熟去皮后，在筛内揉搓，除去筋块杂质，过筛成薯泥。

②制糖泥：先将饴糖煮沸，再加薯泥，加入花生油的 25%，煮沸后下白糖浓缩，待糖泥较浓时，再加 25% 花生油，在"起火色"前将剩下的花生油加完，糖温达 120℃，糖泥色转白，不粘锅、有黏性时，即可起锅，整个炒制时间为 90min。

③上麻：芝麻清理干净，炒熟后去皮，均匀铺在案板上。将冷至 60~70℃ 的糖泥置于铺好的芝麻上，擀平，撒芝麻少许，再擀平。

④成型：待温度稍降低，糖泥有一定硬韧性时，用走锤压平，厚约 6mm，用刀切成宽约 1.2cm 的条，用木板尺 3 只，将糖条的两侧和上面压紧成长方形，再用刀切成 2~2.5mm 厚的糖片，即为成品。

（四）酒类、饮料

1. 甘薯酒

甘薯酒是用白甘薯的叶、茎、根块做原料，加入适量糖酿造出的蒸馏酒和发酵健康酒。原料中富含 B 族维生素，叶绿素及矿物元素钾、钙、镁等。为保留这些有益成分，制酒时先将其磨碎成糊状，压榨成汁，离心分离（或过滤），榨汁中加酵母一起发酵制酒。或将其蒸煮，糖化发酵酿造蒸馏酒。由于糖度低，为促进酵母发酵需添加适量蜂蜜，补充酵母营养剂磷酸铵等无机盐类和柠檬酸等。

制作要点：薯块 50%，茎、叶各 25%。混合一起磨碎，榨汁蒸煮。每升原料加蜂蜜使含糖量达 20%，加酵母营养剂 2.5g，酸味剂 2.5g（pH6.0），25℃ 发酵。后酒度 12%，含维生素 C、维生素 K、泛酸等，有较高的营养价值。

2. 甘薯汁饮料

甘薯汁饮料是用黄橙色的鲜甘薯做原料，白糖、稳定剂等为辅料，制成的一种健康饮品，外观呈浅淡的橙黄色，微浑浊，口感清爽，具有甘薯汁独特的风味。

（1）原辅料　鲜甘薯，白糖，稳定剂，水（适量）。

（2）工艺流程

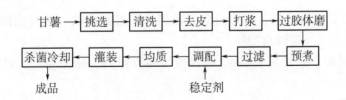

（3）制作要点

①挑选：选择优质黄橙色的鲜甘薯，清洗干净，去除杂质，沥干水分。

②去皮：甘薯放入沸水中煮烫 2~3min，使表皮组织软化后去皮。

③打浆、磨细：去皮甘薯打浆后过胶体磨磨细，过滤，先经 120 目筛粗滤，再经 200 目筛细滤，得汁液。

④预煮：将汁液加热到 90~95℃，保持 1~2min（钝化过氧化酶，防止汁液变色）后进行过滤除杂。

⑤稳定剂溶解：稳定剂用适量白糖干拌混合均匀，加入装有热水的搅拌缸内，搅拌溶解 15min，成为均匀一致的胶溶液。

⑥调配：甘薯汁与稳定剂、白糖液等辅料混合均匀并定容。

⑦均质：混合定容液加热至 70℃在 25~30MPa 压力下进行均质处理后灌装。

⑧杀菌、冷却：温度 121℃杀菌 30min，冷却至室温即为成品，经检验后入库。

（五）调味品类

1. 甘薯酱油

甘薯酱油以甘薯干为主料，利用微生物发酵酿制而成，营养价值较高，每 100mL 中含可溶性蛋白质 7.5~10g（含有多种氨基酸），具有美好的色香味。

（1）原辅料配方　甘薯干 100kg，食盐 40kg，红糖 15kg，小麦麸皮 25kg，豆饼 20kg，蛋白质发酵菌 1kg，水（适量）。

（2）制作要点

①制黄酶曲：10kg 麸皮蒸煮后，将 1kg 蛋白发酵菌加入并拌匀，放入已消毒后的制曲盘中，放置 4~5d，即得黄酶曲。

②制酱醅：将优质薯干蒸熟（2h）后洒水湿润，再蒸煮 1h 后铺放在竹簸箕内（厚度 4~5cm 为宜），温度降至 40℃，加入黄酶曲、麸皮、豆饼（过 3.5 目筛），搅拌均匀，摊放 3~6d 即成酱醅。

③发酵制酱油：把酱醅捣碎后装入布袋，自然发酵到 50~53℃加入 70℃适量开水均匀，装入缸内，并在料面上撒 1~2cm 厚的食盐，发酵缸中保持 70℃保温 24h 后往缸中加入食盐水，按每 100kg 酱醅加 110~140L 相对密度 1.120（15.5°Bé）盐水搅拌均匀，再保持 70℃发酵 48h。

④调制：去除沉淀物后得到的原汁酱油用红糖调色。为了提高酱油的鲜味，可加入

262　1%的谷氨酸钠（味精）或0.03%鸟苷酸；为了延长酱油的保质期，可加入防腐剂苯甲酸钠（最大使用量为0.1%）。

⑤装瓶包装：将调制好的酱油装瓶、包装、检验、入库。

2. 甘薯醋

甘薯醋是以甘薯为主料，小麦粉等为辅料经发酵制成的一种新型健康产品。其中"肝康醋"被称为"功能性食醋"。

（1）原辅料配方　甘薯100kg，酵母菌培养液40kg，醋种40kg，炒麦粉和水（适量）。

（2）制作要点

①把优质甘薯清理干净，切成细丝，加3倍的水浸渍2h后压榨去水，蒸煮。

②甘薯丝蒸煮后加适量的炒麦粉制成甘薯曲，备用。

③按照生甘薯100kg，加水90kg的配合比例，使曲和水在55℃温度条件下糖化5h。冷却至30℃后，加入酵母菌培养液40kg，使其在28℃温度条件下发酵4～5d后再加入醋种40kg，经过14～21d成熟。

④于60℃条件下加热30min后放置，使其料液沉淀。取出上层澄清的醋液。

⑤醋粕进行压榨取醋液，如混浊要进行过滤。两种醋液混合即得成品甘薯醋。

三、主要功能性成分及应用

（一）花青素的功能及应用

紫甘薯除具有一般甘薯的营养价值外，最大的特点就是富含花青素。而花青素具有抗氧性，抗过敏、降血压、改善循环系统、保护心脑血管及肝脏等健康功能以及较高的食用和药用价值，使其在食品界备受推崇。专家已研发出多种以紫甘薯为原料的功能性食品（紫甘薯饮料、紫甘薯胶囊PSP-ANT）、紫甘薯糕团和紫甘薯饼干等，面市后很受消费者欢迎。每100g中花青素含量达20～180mg的产品，在我国称为"天然保健食品"，在国外称为"健康食品"或"太空食品"而被珍视。

1. 花青素

紫甘薯粉（紫薯全粉）采用新鲜紫甘薯经去皮、脱水干燥等工艺加工而成。其不仅保存了紫甘薯原有的营养成分外，复水后还能在色泽、滋味和口感上达到与新鲜紫薯相同的状态，这种特性主要是它除了含有普通甘薯的营养成分外，还富含硒元素和花青素，而后者正是紫甘薯粉添加到各种食品中能产生艳丽色泽的关键所在（包括蛋糕、面包、饼干在内的一些烘烤食品以及五颜六色的休闲食品），其艳丽真实的色彩出自其具有天然着色的功能。

（1）紫薯粉的应用　富含花青素的紫甘薯粉具有天然的着色功能，非常适合应用在高档食品中，由于保存了紫薯的各种天然成分，所以能强化产品的色泽、芳香和口感，为制品提供丰满而独特的紫薯风味。

①紫薯粉加入混合饮料、固体饮料和其他冷饮产品中，不仅能提供鲜艳的紫色，还能增加饮品的浊度，强化其真实感。

②紫薯粉作为饼干、蛋糕、馍片等焙烤食品的主料或配料时，能产生鲜艳的色彩和

浓郁的紫薯风味。近年来相继开发的紫薯泥等系列紫薯产品，受到消费者的普遍欢迎。

（2）紫薯粉的健康价值　研究发现每天食用适量的紫薯及其制品，可以降低高血压，其作用与燕麦相当，而且不会导致肥胖。

（3）紫薯粉的色度　紫色素（花青素）易溶于水和乙醇溶液；在热酸性条件下容易发生酸水解，在不同 pH 下有明显的变色反应。在 pH 小于 5 时，其水溶液呈红至紫色；pH 大于 5 时，颜色随之升高，从紫红色渐渐变成不稳定的蓝绿色。专家指出，由于紫薯中的紫色素是一种有生理活性的天然色素，在酸性条件下会偏红，而在碱性条件下在与金属离子的反应中又呈现蓝色，因此，当紫薯应用到酸性食品中时应注意颜色偏红的现象。

（4）花青素的制取　甘薯花青素是我国新研制的天然食用色素中的一个新品种。是我国农业转化项目，采用超声波辅助水提取工艺代替传统的酸提和醇提工艺，提取效率达 97.8%，色素经大孔树脂精制后，得到色价为 50 的产品，畅销国内外市场（市场占有率达 60% 以上）。这项新工艺还能利用提取色素后的副产物制取淀粉和膳食纤维，无废弃物排放，为紫甘薯的深加工开拓了新途径。

2. 绿原酸

紫薯中还含有功能成分绿原酸（Chlorogenic acid），研究得知绿原酸对人体有降低高血压的功效。

（二）蛋白及红色素的功能及应用

我国已开发出甘薯活性多糖、黏性蛋白及红色素等活性功能成分与中药活性多糖相结合的功能性保健食品及甘薯淀粉磷酸单酯等产品；建成了亚洲最大的薯类淀粉生产厂，重点生产薯类淀粉、高端粉丝以及淀粉制品，淀粉下游产品深度开发产业链项目等，这为薯类资源的综合开发利用开拓了新径，取得了可喜的成绩。薯类系列产品示意如图 11-2 所示。

1. 甘薯蛋白

甘薯蛋白的氨基酸组成模式符合 WHO/FAO 的推荐标准，食用价值可与牛奶、豆奶媲美。

（1）甘薯蛋白的营养价值　甘薯中含有一种被称为"Sporamin"的可溶性蛋白质和少量的糖蛋白，具有消除 1，1-二苯基-2-三硝基苯肼（DPPH）自由基和羟基自由基、增加胰岛素活性、抑制动脉粥样硬化、增强人体免疫力、降低血脂等生理功效。甘薯蛋白粉是制作功能性植物蛋白食品各种功能性食品和饮料的优质原料。

（2）甘薯蛋白的应用　我国研发出的"甘薯汁营养饮品"是在生产红薯淀粉时得到的副产物细胞液中添加蔗糖、维生素 C、乳酸、稳定剂等辅料，经混菌自然发酵制得的一种营养饮品，不仅丰富了饮料的种类，充分利用了资源，更为有价值的是为甘薯淀粉加工企业解决了副产物的利用难题，破解了消除环境污染这一制约企业发展的瓶颈。

2. 甘薯红色素

甘薯红色素以紫甘薯和根为原料，先用水提取，再经树脂吸附等精制工艺加工而得，属于花色苷类色素。研究证实，用乙醇和柠檬酸溶液做提取剂提取效果也很好，为

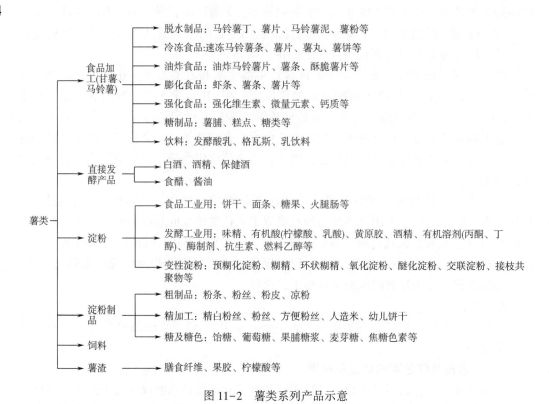

图 11-2 薯类系列产品示意

之开拓出一条新径。提取色素所产生的薯渣，可制作成粉皮、粉条等产品，为甘薯的增值、高效综合利用打下了基础。

（1）甘薯红色素的特性　甘薯红色素为紫红色液体或粉末，主要成分是花青素，溶于水和乙醇溶液，在热酸性条件下会发生酸水解，在不同 pH 下有很明显的变色反应。具有薯类的芳香，硒元素含量高，有较好的耐热性和耐光性，主要成分酰基花青素有很好的抗氧化作用。

（2）甘薯红色素的功用　甘薯红色素的特性及其所具有的营养、食疗、保健功能，将其加于制酒、碳酸饮料、果汁（味）型饮料、糖果、糕点、果酱、果冻、果脯等产品中，既能着色，又能起丰富营养、食疗、保健的作用。可谓少有的色素多面手。

（3）甘薯红色素的健康价值　甘薯红色素作为一种天然食用着色剂，效果好、无毒副作用，并具有抗氧化、清除自由基的功效；所含的 8 种多酚类黄酮物质，具有激活人体细胞利用葡萄糖的能力，具有预防心脑血管疾病，抗突变和辐射，调节血小板活性，防止血小板凝结等药用价值，可广泛应用于医药和食品加工业。天然色素比人工合成色素有着无可比拟的优点。因此，甘薯红色素这种新型食品着色剂的生产及应用前景广泛。

（4）甘薯红色素的制取　国内目前大多以稀盐酸为提取剂，采用盐酸-乙醇纯化的技术进行制取，得率可高达89.4%，色价达到35以上。其制取工艺及要点如下：

①选取优质肉质呈深红色的甘薯，清洗干净。

② 清洗干净的甘薯粉碎，加 0.5%盐酸均质后，在物料比 1∶200 和 60℃条件下搅　265
拌提取 1h。

③经减压过滤，取得的甘薯红色素粗提液在常压、80～90℃条件下脱水，得到浓色
素液。

④浓色素液在常压、80～90℃条件下脱水，得到膏状甘薯红色素。

⑤采用阳离子交换树脂法纯化和旋转蒸发仪在 40℃条件下干燥膏状色素制得甘薯
红色素成品。其工艺流程为：

原料→清洗→粉碎→盐酸提取→过滤→浓缩→干燥→纯化→红色素成品

第二节　马铃薯及其制品

马铃薯（又称洋芋、土豆）在德国称"地梨"，在法国称"地苹果"。马铃薯是国
际公认的继小麦、玉米、稻谷之后的第四大粮食作物，是具有粮食、蔬菜、工业原料和
饲料兼用的重要经济作物。我国主产区是四川，其次为黑龙江、云南、内蒙古和甘肃等
省区，年产量具世界之首。

联合国科教文组织将 2008 年定为马铃薯年，并将其誉为"隐藏的宝贝"。2015 年我
国农业部出台"马铃薯主食化战略"，其主旨是将马铃薯加工成适合中国人消费习惯的
主食产品（馒头、挂面、米粉、烘焙食品、复配米及热干面等），以及功能性主食产品
和富含马铃薯膳食纤维、蛋白、多酚和果胶的功能型产品，实现马铃薯由副食消费向主
食消费转化，由原料产品向产业化系列制成品转化，由温饱消费向营养健康消费转化。
2016 年，我国马铃薯主食专用粉已研制成功，已成功研发出含 55%马铃薯全粉的馒头、
花卷产品。这种第二代馒头（马铃薯馒头、花卷）营养更丰富、更均衡、更健康。还研
发出第二代（马铃薯粉占比达 50%）的马铃薯饼干、蛋糕、发糕、豆包、面条、糕点
等系列产品，并制定出相关产品标准和建设了马铃薯馒头等主食产品的生产线，多种产
品已陆续投放市场。目前已启动第三代馒头、花卷（无谷朊蛋白，纯马铃薯）产品的
研发。

马铃薯加工产品的类型主要包括鲜薯食用型、淀粉加工型、油炸食品加工型、特
色型和全粉加工型等系列品种。马铃薯产业开发的黄金时期已经初显，对我国食品业
供给侧结构性改革意义重大，可以改变粮食市场不抗冲击的弱点，助力民众食为天之
安全。

一、马铃薯简介

马铃薯的食用部分是块茎，表皮有黄、白、紫和红颜色，其内有黄、白、浅红及紫
色，为黄色者含有较多的胡萝卜素。

（一）马铃薯的营养价值

马铃薯是营养比较全面的薯类粮食，人体需要的各种营养素几乎都有，被誉为"植
物之王"。马铃薯的营养成分见表 11-4。

表 11-4　　　　　　　　　　　马铃薯的营养成分及含量　　　　　　　　　单位：mg/100g

成分	含量	成分	含量	成分	含量	成分	含量
蛋白质/（g/100g）	2.0	钾	342	锰	0.14	胡萝卜素/（μg/100g）	30.0
脂肪/（g/100g）	0.2	钠	2.7	锌	0.37	烟酸	1.1
糖类/（g/100g）	16.5	钙	8.0	铜	0.12	维生素 B_1	0.08
膳食纤维/（g/100g）	0.7	镁	23.0	磷	40.0	维生素 B_2	0.04
能量/（kJ/100g）	318	铁	0.8	硒/（μg/100g）	0.78	维生素 C	27
水分/（g/100g）	79.8					维生素 E	0.34

　　从上表 11-4 可知，马铃薯有较高的食用价值，除脂肪含量较少外，按 5∶1 折粮计标，其糖类含量与大米、小麦等近似；蛋白质含量分别是小麦的 2 倍、稻米的 1.3 倍、玉米的 1.2 倍，而且质量较好，其生物价为 67%，在一般粮食中仅次于大米和甘薯，含有人体所必需的 8 种氨基酸，其中赖氨酸的含量高达 93mg/100g，色氨酸达 32mg/100g，这两种氨基酸是其他谷类粮食所缺乏的，所以将马铃薯和谷类粮食搭配食用能提高其蛋白质的营养价值。

　　另外马铃薯还含有一般谷类粮食中所没有的维生素 C，在蔬菜淡季或缺少蔬菜的边远地区、边防哨所，食用马铃薯可补充维生素 C 的不足。马铃薯淀粉中支链淀粉占 80%，灰分含量比禾谷类高 1~2 倍，其中有 50% 以上的磷。磷含量与淀粉黏度呈正相关。马铃薯的灰分呈碱性，对平衡人们食物的酸碱度有效。每 100g 新鲜马铃薯能产生 318kJ 的热量，按 5∶1 折合计算，其发热量高于所有的禾谷类粮食。

　　供给部队的压缩饼干配料中的 99% 是选用马铃薯全粉；航天员在太空中的食物也是由添加马铃薯全粉加工制成的。美国农业部研究中心的 341 号研究报告表明："作为食品，全脂牛奶加上马铃薯两样便可提供人体所需的全部营养物质"；德国食品专家指出："马铃薯为低热量、高蛋白、多种维生素和矿物元素食品，每天进食 150g 即可供给人体所需的维生素 C、钾、镁等微量元素"。

　　（二）马铃薯的健康价值

　　马铃薯除了营养价值较高外，还有较高的药用价值。中医学认为，马铃薯性味甘、平，入脾经，具有和胃调中、健脾益气、消炎解毒、便通减肥的功效，可以预防和辅助治疗胃、十二指肠溃疡、慢性胃炎、习惯性便秘和皮肤湿疹等疾病。它不含单糖，在糖尿病人日常饮食中用 200g 鲜马铃薯代替 50g 大米或小麦面粉，既无使血糖升高之弊，又有将主食体积增大之利，可增加饱腹感，使之乐于接受，由此可作为糖尿病人的常用食品。坚持食用马铃薯全粉占 30% 的馒头，人体中的血糖、血脂和胰岛素等指标会日渐改善直至趋于正常。

　　马铃薯含钾量较高，属于蔬菜中的佼佼者。中老年人体内容易缺钾，正在服用利尿性降压药的高血压、水肿以及心血管病人，更容易缺钾。因此，专家建议中老年人经常食用马铃薯。还可防治习惯性便秘，对预防大肠癌也有一定作用。马铃薯还含有丰富的胶原和黏液多糖物质，不但是理想的减肥食物，还能保持动脉血管的弹性，保持关节和浆膜腔的润滑功能，防止肝脏和肾脏中结缔组织萎缩。

马铃薯食疗功效显著，可开发多种健康和功能食品，与全脂乳同用，可提供人体需要的全部营养素。在欧洲马铃薯被称为"地下面包"，既做副食，又当主食，粮菜兼用，功能齐全，颇受人们的喜爱。马铃薯还可预防中风，这是印度医学院教授多年研究的发现。马铃薯所含的雌激素能有效调整动物雌激素的产生，所以女子经常食用马铃薯及其制品有利于预防乳腺肿瘤的发生。

（三）马铃薯的特异性

马铃薯中含有龙葵素（茄素），是一种含氮配糖体，不溶于水，是有毒物质。当马铃薯茄素含量达 $38 \sim 45mg/100g$ 时，便能引起中毒事故（安全标准为 $20mg/100g$）。一般正常成熟的马铃薯中茄素的含量为 $7 \sim 10mg/100g$，食用是安全的，如果发芽或受日光照射，使其表皮呈绿色，这时会产生大量龙葵素，其含量可增至 $500mg/100g$，因此土豆芽和绿皮土豆的皮是绝对不能食用的。

龙葵素难溶于水，遇醋酸分解。它主要集中在土豆的皮层和芽眼，因此食用时一定要除去皮层，挖掉芽眼后在清水中浸泡 $1 \sim 2h$，以降低龙葵素的含量，烹调时放点食醋具有良好的解毒效果。将其彻底煮熟，煮透也可消除部分毒素。鉴于土豆所含龙葵素致人中毒的问题，开发无毒土豆成为世界的潮流，已成为世界上主要土豆生产国的一项法律制度，代表着世界土豆发展的主流。我国已开始无毒土豆的良种繁育并取得了显著效果。

土豆还含有一种称作"氧化酶"的物质，直接影响着它的加工和食用。氧化酶主要有过氧化酶、细胞色素氧化酶、酪氨酸酶、葡萄糖氧化酶、抗坏血酸氧化酶等，这些酶主要存在于发芽的部位。土豆在空气中的"褐变"就是绿原酸和酪氨酸在氧化酶的作用下发生的生化反应。因此制作土豆淀粉食品时，最好选用皮薄、光滑、芽眼浅而少、色泽新鲜、无破损、无冻伤、无病虫害的优质土豆，已保食用安全。

（四）彩色土豆新品种

我国栽培的品种大多是黄色或白色肉质的土豆。随着人们对色彩的偏爱，世界的研究热点也开始转向红色、紫色肉质的彩色土豆新品种，全球已有多种彩色品种面世。英国的紫黑色皮肉 Congo 和 Negvesse 品种，红皮突变体 King Edwam 品种；美国的 Red Nodand 和 Dark Red Nodand 品种等。我国也在研究彩色土豆的育种栽培技术，农业部 948 农业科研项目（即国际优质特色土豆引进开发），从美国、英国等国家引进处于世界科技领先技术的品种和品系，包括鲜食型、淀粉型、油炸型、沙拉型以及航空酒店配餐迷你型等新品种。经过试种，已培育出红皮黄肉型"948-A"、油炸型"948-K"、休闲食品加工型"LX-16"和"LX-22"、紫色薯肉型"LX-69"和"LX-70"等产品，并在全国推广种植。

云南培育出了紫云、红云、彩云系列的土豆新品种；四川培育出了红色、浅紫、深紫、黑色的新品种，并已投入市场。

二、土豆功能性制品

2015 年我国将土豆列为第四大主粮，主产土豆地区的企业积极响应国家的主食化

268　战略，相继开发出了多种主食产品，充分发挥了土豆产量大、易种植和营养全面的优势，正在向主食制品生产工业化、供应社会化、营养多样化、消费大众化方向推进，前景令人向往。

（一）主食品和副食品

1. 马铃薯发糕

（1）原辅料配方　马铃薯干粉20kg，小麦粉3kg，碳酸氢钠0.75kg，白糖3kg，红糖1kg，花生仁2kg，芝麻1kg，酵母、食用油和水（适量）。

（2）工艺流程

原辅料→ 混合 → 发酵 → 蒸料 → 切块 → 涂衣 → 包装 →成品

（3）制作要点

①混料：马铃薯干粉、小麦粉、碳酸氢钠、白糖加水混合均匀后加入油炸后的花生仁混匀其中。

②发酵：30~40℃对混合料进行发酵。

③蒸料：发酵后的面团揉匀，置笼屉中，铺平，旺火蒸熟。

④切块、涂衣：蒸熟后的产品切成各式各样，在面上涂融化的红糖，撒一些黑芝麻，冷却即可。

⑤包装：将产品置塑料袋中，密封、装箱、入库。

2. 马铃薯片

马铃薯片以新鲜马铃薯和玉米淀粉为主料，经膨化加工而成，呈浅黄色或黄红色（麻辣味），具有香、酥、脆的特点、土豆以及各种配料的风味是一种传统的方便食品。

（1）原辅料配方　新鲜马铃薯泥80kg，食盐1kg，玉米淀粉15kg，白糖5kg，木薯淀粉5kg，调味料和水（适量），棕榈油、花椒粉、辣椒粉、葱粉各适量。

（2）工艺流程

鲜马铃薯→ 预处理 → 清洗 → 去皮 → 汽蒸 → 制泥 → 调粉 → 糊化 → 调味 → 冷却 → 老化 →
切片 → 干燥 → 油炸 → 脱油 → 包装 →成品

3. 马铃薯三维膨化食品

马铃薯三维膨化食品是流行欧美的一种休闲食品，它以配方独特、形状特异、口感好、品种齐全等优势而走俏市场。以马铃薯雪花全粉和大米、玉米淀粉为主料，经挤压工艺制成各种立体形状的膨化干片，再经油炸制成口味多样的休闲食品，很受消费者欢迎。

（1）原辅料　马铃薯淀粉、玉米淀粉、食用植物油、大米淀粉、泡菜调味粉（BF013）、水等。

（2）工艺流程

原辅料→调和→熟化→挤压→冷却→复合成型→烘干→油炸→调味→包装→成品

（3）制作要点

①原料调和：将干物料加水调和后含水量为 28%~35%。

②熟化：预处理后的原料经螺旋机处理，使之达到 90%~100% 的熟化。

③挤压：经过熟化的物料进入挤压机，温度 70~80℃，挤压出宽 200mm、厚 0.8~1mm 的大片，呈透明状，有韧性。

④冷却：挤压过的大片在 8~12m 长的输送带上进行冷却处理。

⑤复合成型：

a. 压花。由两组压花辊分别进行压花加工。

b. 复合成型。压花后的两片物料经过导向重叠进入复合辊制成成型胚料。

c. 多余物料进行回收再成型。

⑥烘干：成型的坯料含水量 20%~30%，要求在较低温度、较长时间里进行烘干，使之降到 12%。

⑦油炸：烘干后的坯料入油炸锅，水分 2%~3%，坯料膨胀 2~3 倍。

⑧调味、包装：用自动滚筒调味机在产品表面喷涂韩国泡菜调味粉 5%~8% 后进行包装即为成品。

（二）休闲食品

休闲食品与其他食品最大区别在于它是一种享受型食品，使人们在休闲时能够获得更为舒适的感觉。凡是以糖和各种果仁、谷物、水果以及鱼、肉类为主料，配以各种调味品生产的、具有不同风格的食品，均可称为休闲食品，既有传统的民间手工产品，又有新兴的现代机械化产品，最大特点是食用方便、保存期较长，薯饼就是其中的一支奇葩。

1. 薯饼

（1）原辅料配方 小麦面粉 500kg，食用植物油 12kg，马铃薯淀粉 20kg，饴糖 4kg，碳酸氢钠 0.8kg，奶粉 4kg，马铃薯氧化变性淀粉 10kg，焦亚硫酸钠 0.17kg，卵磷脂 1kg，白糖 30kg，水（适量）。

（2）工艺流程

原辅料→和面→静置→压面→成型→烘烤→冷却→检验→包装→成品

（3）制作要点

①和面：原辅料加入和面机，搅拌均匀，加水量约 18%。焦亚硫酸钠用冷水溶化后，在开始和面时加入。和面约需 20min 成为面团。

②静置：面团静置 30min（减少面团内部张力，消除薯饼收缩现象）。

③压面：将面团辊压约 11 次，每次都把面片的两端折回中间，并经两次折叠转向（改善其纵横之间收缩性能上的差异），尽量少撒粉（避免烘烤后薯饼起泡）。

④成型：冲印成型。

⑤烘烤：温度 225~250℃，烘烤 4~6min 即得成品。

270　⑥冷却、检验、包装：冷却至45℃以下进行检验和包装。

2. 营养泡司

营养泡司是以马铃薯淀粉、蔗糖、核苷酸、海米粉、营养强化剂等原辅料，经膨化等工序成的一种营养休闲食品，口感香脆，无渣，易于人体消化吸收，风味独特，是儿童、老年人等特殊人群补钙、补铁的功能性小食品。营养泡司的原辅料配比表见表11-5。

表 11-5　　　　　　　　　　营养泡司的原辅料配方　　　　　　　　　单位：kg

产品口味	土豆淀粉	蔗糖	食盐	紫菜末	海米粉	柠檬酸钙	磷酸二氢钙	硫酸亚铁
富钙、海鲜味	60	0.6	0.85	1.5	0.3	0.86	0.68	—
富铁、海鲜味	60	0.6	0.85	1.5	0.3	—	—	0.45
富钙、虾味	60	0.6	0.85	—	1.5	0.86	0.68	—

（1）原辅料配方

①主料：土豆淀粉60kg。

②调味料：蔗糖、食盐、核苷酸等。

③风味料：紫菜末、海米粉、营养强化剂等。

（2）工艺流程

原辅料→|打浆|→|糊化|→|调粉|→|成型|→|汽蒸|→|老化|→|切片（或切条）|→|干燥|→|油炸膨化|→
|沥油|→|调味|→|包装|→成品

（3）操作要点

①打浆：将10kg马铃薯淀粉和10kg水放入拌粉机中，搅拌均匀。

②糊化：在浆料中加入34kg沸水，边加边搅拌至浆料透明的糊状为止。温度控制在60~80℃。

③调粉：在已糊化的浆料中，按表11-5的比例加入各种调味料及营养强化剂，搅拌均匀后，再加入50kg马铃薯淀粉，调制均匀成为面团。

④成型：将面团制成长度直径分别为45mm、30mm椭圆形截面的面棍。

⑤汽蒸：用98MPa压力的蒸汽蒸1h左右，使面棍充分熟化，呈半透明状，组织绵软，富有弹性。

⑥老化：待熟化面棍凉透后，置于2~5℃的条件下，放置24~48h，使之恢复原状（呈不透明状，组织变实，富有弹性）。

⑦切片：老化面棍切成1.5mm厚的薄片（或1.5mm厚，5~8mm长的条形）。

⑧干燥：将切片（或条）后的坯料放于烘干机内，于50℃、6~7h烘干呈半透明状，此时水分含量为5.5%~6.0%。

⑨油炸膨化：使用棕榈油（或植物油），进行间歇式（或连续式）油炸，投料均匀一致，油温180℃左右，之后进行沥油。

⑩调味：根据需要拌撒不同的调味料，使不同成品的滋味和气味都具有独特之处。　271

3. 菠萝豆（小馒头）

菠萝豆（小馒头）是以马铃薯淀粉、低筋小麦粉、脱脂奶粉、鸡蛋、蜂蜜等为原辅料，经和面、成型、烘烤等工序制成的一种小食品。含水量约3%，易保存，食用方便，可作为婴儿断奶食品，也是儿童及中老年人等特殊人群的尚好点心食品。

（1）原辅料配方　马铃薯淀粉25kg，粉状葡萄糖1.25kg，白糖12.5kg，鸡蛋4kg，小麦低筋面粉2.0kg，脱脂奶粉0.5kg，碳酸氢铵0.025kg，蜂蜜1kg，水（适量）。

（2）工艺流程

原辅料→混合→压面→切割→滚圆成型→烘烤→冷却→分筛→成品→定量→包装→入库

（3）制作要点

①原料混合：先将马铃薯淀粉之外所有的物料在立式搅拌机中混合搅拌10min后加入马铃薯淀粉，转入卧式搅拌机搅拌3min，制成面团备用。

②压面：面团用饼干成型机三段压延成9mm厚的面片后，用纵横切刀切成正方形小面块。

③滚筒成型：将正方形小面块，用滚筒成型机制成球状体菠萝豆。

④烘烤：将球状的菠萝豆整齐地排列在传送带上，在传送的过程中，用喷雾器喷出细密均匀的水雾于菠萝豆表面，使其外表光滑后烘烤，温度200~230℃，时间为4min，水分含量为3.0%。

⑤冷却：烘烤后的菠萝豆冷却至室温。

⑥分筛、包装：将自然冷却的菠萝豆进行分筛，除残渣后的成品进行定量、包装、入库。

4. 马铃薯蛋糕

马铃薯蛋糕是一种方便的大众化营养食品。

（1）原辅料　马铃薯泥、面粉、鸡蛋、食盐、洋葱、马铃薯、食用植物油、香菜、芹菜、面包碎屑和水等。

（2）制作要点

①鸡蛋去壳打散成蛋液，备用。

②将马铃薯泥和马铃薯粉与蛋液和食盐混匀后，加入面包屑、香菜、芹菜、洋葱等辅料混匀。

③混合物料在连续蒸煮机内蒸煮后捣烂成泥状并做成蛋糕坯。

④将蛋糕坯上下两面沾上面包屑（或面粉）放入锅内油炸即可，将两面黄的成品冷却至室温后包装入库。

（三）冷饮食品

1. 马铃薯健康饮料

马铃薯健康饮料具有新鲜果品及玉米淡雅的香味，甜度适中、适口，具有加强新陈代谢、增强免疫力的功用，是一种新型功能性饮品。

272 （1）原辅料配方　马铃薯 10g，苹果 4g，甜味剂、着色剂、稳定剂和水（适量），玉米胚芽 4g。

（2）制作工艺要点

①将马铃薯、苹果、玉米胚芽经选料、清洗、磨浆、离心去渣得到上清液。

②在上清液中加入适量的甜味剂、着色剂和稳定剂，经均质、罐装、灭菌，冷却至室温，即为成品。

2. 马铃薯冰淇淋

马铃薯冰淇淋是以马铃薯为主要原料制作的产品，口感柔和、清爽，甜度适中，是一种营养型冷饮。

（1）原辅料配方　熟马铃薯泥 200g，牛奶 300g，细砂糖 60g，淡奶油 200g，食盐（适量）。

（2）制作要点

①牛奶和细砂糖加入奶锅，加热融化。

②融化的甜牛奶和马铃薯泥加入料理机打成细腻糊状，盛在搅拌桶中，冷却后覆以保鲜膜，冷藏 2h 以上。

③加入淡奶油，搅拌均匀后放入（冷冻好的）冰淇淋蓄冷桶中，搅拌 20min。

④搅拌好的软冰淇淋或者直接食用，或者分装在不锈钢小碗中，覆盖保鲜膜，冷冻至定型即为成品。

3. 马铃薯营养口服液

我国马铃薯资源丰富，对其吃法多种多样，因地域不同而异。但对喝马铃薯感到很陌生也很神奇：它是国家专利产品；制作具有"独特秘籍"；含有 17 种氨基酸、多种维生素和微量元素等营养成分。

该产品选用内蒙古武川县品质好的一级脱毒马铃薯为原料，采用先进的加工设备，按照医科大学专利的"独特秘籍"制成的一种新型营养口服液。对于消费者它不是普通食品，而是营养健康品；对马铃薯产业它扩大了加工领域，开拓了增值发展的新径。

三、彩色马铃薯功能性成分的应用

彩色马铃薯由于具有鲜艳的色泽、诱人的口味和较高的抗氧化活性等多种功能，所以在很多国家受到各方重视。其皮和肉中都富含花色苷的活性成分，皮中含量尤为丰富，是薯肉的 2.9 倍。红色马铃薯的总花色苷含量为 6.9~35mg/100g（FW），紫色的为 5.5~17.1mg/100g（FW），已经成为专家们研究开发的热点。

四、马铃薯淀粉有效利用新途径

我国产能较大（年产 5000t）的马铃薯颗粒全粉生产线已在东北建成，其工艺技术水平和产品质量达到国际先进水平，直接用于生产多种食品，应用领域十分广泛。

（一）马铃薯淀粉在食品工业中的应用

马铃薯淀粉中支链淀粉占约 80%。其品种有马铃薯全粉、变性淀粉、精制淀粉等。

其特点是黏度高、吸水性强、口感好，在食品配方中所占有相当的比例日渐提高，应用领域日益扩大。

1. 在糖果加工中的应用

马铃薯变性淀粉受热易溶解，冷却则易凝胶化，所以在制作各种高质量低甜度软糖和高档糖果中应用广泛，可改善"奶糖"的口感和咀嚼性，增加弹性和细腻度，防止糖体变形和变色；可延长产品的货架期；色泽洁白、口感爽滑、厚而不腻、弹性足、不黏牙，能很好地体现乳品的特有风味。在明胶糖果中，马铃薯变性淀粉因良好的透明度和持水性，能够与明胶很好地配合，形成韧而不硬、滑而不黏、具有良好口感和弹性的凝胶，可大幅度降低成本。马铃薯变性淀粉在"焦香糖"或"沙质软糖"中，可增加产品的咀嚼性。马铃薯通过 HCl 处理后，制成无甜味的变性淀粉，用于低糖果脯的生产中，是优良的保型剂。

2. 在方便面加工中的应用

马铃薯变性淀粉是方便面的理想配料，用量为面粉的 8%～20%，可使产品外表光亮洁白，通透性好，口感滑爽劲道，不断条、不混汤，复水快。国内方便面行业每年对马铃薯变性淀粉的需求量已经超过 4 万吨。马铃薯变性淀粉颗粒大，吸水能力很强，能够迅速膨胀，在面身结构里占据较大的空间，可提高面条的熟化程度。在油炸过程中，面条因迅速失去水分而使熟化程度固定。极度膨胀的马铃薯变性淀粉颗粒在高温下破裂，而周围的面筋结构等固化，于是，原来所占据空间变成了遍布面身的微孔，由于这些微孔的存在，为水分进入面条内部提供了畅通的路径，从而显著地改善了面条的复水性，缩短了泡煮时间。

3. 在粉丝加工中的应用

将马铃薯淀粉应用在加工透明和光滑粉丝时，可起到改善粉丝结构和品质的作用。若用 100%豆类淀粉制作粉丝，存在着蛋白质和纤维素处理的工艺问题。若改用 50%～80%马铃薯淀粉部分代替豆类淀粉，即可解决此问题，并能保持光滑粉丝之品质。

加工过程是：绿豆淀粉和水调和成浆并烧煮，加水使浆稍冷却加入马铃薯淀粉，搅拌成面团后挤压成粉丝，并在（-12℃）温度下保持 12～24h，再解冻、风干、包装，即为口感、结构、风味良好的粉丝制品。

4. 在肉制品加工中的应用

马铃薯变性淀粉具有很好的膨胀度，吸水能力很强。在加热过程中，肉类蛋白质受热变性，形成网状结构，由于网眼中尚存一部分结合不够紧密的水分，被淀粉颗粒吸收固定，使之变得柔软而有弹性，起到黏着和保水的双重作用，制品组织均匀细腻、结构紧密、富有弹性、切面光滑、鲜香适口。马铃薯变性淀粉糊化后透明度高，所以制品的肉色鲜亮，外观悦目，能够防止产品颜色发生变化而减少亚硝酸盐和色素的使用量。

酯化马铃薯淀粉应用于火腿（肠）生产中，由于其持水能力很强，能提高出品率，抗回生性能好，长时间贮藏时不会回生，颜色不变，口感不发硬，糊液冻融稳定性好，使火腿（肠）在低温条件下贮存也无水分析出。由于酯化马铃薯淀粉糊化温度低，使其更适合生产低温火腿的工艺要求，具有良好的乳化性，和其他糊化剂协同作用，可使火腿（肠）结构细腻、弹性好、有咬劲，是这类加工产品理想的增稠、稳定和赋形剂。

5. 在糕点生产中的应用

马铃薯淀粉的"磷酸单酯"分散液具有透明、黏度高、抗老化、稳定性好、保水性和冻融性强的性能，在食品中起到增黏和保型作用。蛋糕中添加可提高产品的体积、延长货架期，延缓老化，同时对蛋白发泡体系的持泡性能也有显著改善，还可改善蛋糕的湿润度、柔软性、色泽和孔泡均匀性。

6. 在冷冻食品生产中的应用

酯化马铃薯淀粉是一种新型冷冻食品添加剂，可用于雪糕、冰淇淋和速冻水饺的生产中，具有黏度高、冻融稳定性好、透明度高、乳化性强、膨胀率高等特性，还可承受胶体磨、均质机的剪切。在雪糕、冰淇淋中利用其主要其增稠稳定和乳化作用，使雪糕风味纯正、口感细腻，并可以提高膨化率，减少冰晶的形成，制品贮藏后淀粉不老化，口感如初。在速冻水饺生产时，可以明显改善产品的白度、亮度、表皮滑爽度、透明度，并可提高和面时的加水量。

7. 在酱料制品生产中的应用

马铃薯变性淀粉作为一种良好的增稠剂，被广泛地使用在浆料食品中。由于酱料品质稳定，可长时间存放不分层，产品外观油光泽且口感细腻。酱料产品含有较高的盐分，因而 pH 的变化较大，一般需经高温消毒，并伴随中等到激烈的搅拌或均质；鉴于各种酱料在组织状态、酸性程度、乳化效果等方面的要求不同，原料的选择就显得尤为重要，其糊化温度低，可降低高温引起的营养与风味损失；气味温和，不会掩盖产品原有的风味；透明度高，可赋予酱料良好的外观形态；经筛选的小颗粒产品可提供非常光洁的表面。同时马铃薯变性淀粉具有良好的抗老化、抗剪切、抗高温和低 pH 等特性，能够有效地防止酱料产品的沉凝和脱水现象，可增加乳化效果。在酱料产品中，它不仅可作增稠剂使用，也能赋予产品特定的组织结构和口感，还可用于改善酱油的流变性，以增强和提高酱料的附着性和挂壁率。

8. 在挂面生产中的应用

在挂面制作中，加入亲水性强的土豆变性淀粉，在和面过程中易吸水膨胀，与部分吸水的面筋蛋白一起形成网络，在搅拌过程中，随水分子的不断重新分配，另一些吸水不足或未吸水的面筋蛋白能进一步得到发展，修补一些被剪切破坏的网络结构。同时，吸水膨胀后的变性淀粉具有一定的黏着力，由于与面筋蛋白、面粉中的淀粉结合而提高面筋的稳定性。添加变性淀粉的面条受热时，面筋蛋白热变性凝固，变性淀粉由于糊化温度低，糊化后于面筋一起形成结实的表面与骨架，而面条中的小麦淀粉后糊化，体积受到限制，因而使煮后的面条不酥松、食感好。同时，先糊化的变性淀粉能贯穿网络中，使挂面的网络更细密，阻止面条中的淀粉颗粒溶入水中而不易浑汤。

（二）马铃薯淀粉在食品加工中的应用案例

马铃薯全粉保持了马铃薯的原有风味和营养价值，是食品加工的中间原料，可广泛应用于食品工业，在食品加工中的应用实例简介如下。

1. 作添加剂使用

在焙烤面食中添加5%左右的马铃薯全粉，可增加产品黏度并改善品质，还可使产品的存放期、保鲜期比同类面粉产品长。还可用作冲调马铃薯泥、制作马铃薯脆片等风味营养强化食品之原料。

2. 制作奶香马铃薯糊

用80%马铃薯全粉加20%奶粉，制成的奶香马铃薯糊，既有牛奶香味，也有马铃薯风味，营养丰富。用80~90℃的热开水冲调时，其体积可增至3倍左右，是一种营养型方便食品。

3. 制作糕点

用50%~70%马铃薯全粉和50%~30%面粉制成的糕点，外观形状与面粉制成的糕点相似，其中葱油酥、奶式桃酥的外形端正，大小厚薄和表面色泽一致，酥松适口，且有葱油或奶香味、马铃薯风味。

4. 制作月饼

加有15%制作月饼的浆皮陷，结构紧密着实，表面丰满、光滑，能很好地保持陷中水溶性或油溶性物质，使之不向外渗透，陷心不干燥、不走油、不变味，储存时间长，造型美观，品质松软适口。

5. 制作蛋糕

制作蛋糕加入10%的马铃薯全粉，可使蛋糕表面不起黑泡，不塌陷，不崩顶，口感绵软滋润，富有弹性。

第三节　山药及其制品

山药（又称薯药等）是我国卫生部门公布的"药食共用食品"。我国栽培的山药块茎有扁根状、块状、圆柱状等多种类型，是我国外贸出口土特产品之一，是上好的蔬菜和营养滋补食品。优良的品种有湖北利川的团堡红皮山药、河北蠡县麻山药、北京白货山药、浙江黄岩山药、四川牛尾苕、山西平遥山药、贵州安顺山药等。最著名的是久负盛名的河南武陟县产的怀庆山药（怀山药），细长而坚硬，素有"铁山药"之称，有粉多水少、煎煮不散、甘甜可口的特点，既是良好的中药材，又是入馔佳蔬，被人们誉为"长寿菜"，如今已多有种植和销售。

一、山药简介

山药皮有赤褐色、黄褐色、黑褐色、紫红色等，薯肉为白色、黄色、紫红色。鲜山药品种有普通菜山药和怀山药（铁棍山药）。铁棍山药是山药之极品，液汁浓，味道美，面而甜。铁棍山药的原产地为河南焦作。

（一）山药的营养成分及药用价值

山药药食同源，有营养、保健、食疗价值，是民间的传统食品之一。研究表明，山药含的黏液蛋白和多糖，可以提高人体的免疫功能，增强人体的抵抗力。山药的营养成分见表11-6。

表 11-6   山药的营养成分及含量   单位：mg/100g

成分	含量	成分	含量	成分	含量
蛋白质/（g/100g）	1.9	钙	16	叶酸/（μg/100g）	8
脂肪/（g/100g）	0.2	镁	20	胡萝卜素/（μg/100g）	20
糖类/（g/100g）	11.6	铁	0.3	烟酸	0.3
膳食纤维/（g/100g）	0.8	硒/（μg/100g）	0.55	维生素 B_1	0.05
能量/（kJ/100g）	234.4	锰	0.12	维生素 B_2	0.02
水分/（g/100g）	84.8	锌	0.27	维生素 C	5
钾	213	铜	0.24	维生素 E	0.24
钠	18.6	磷	34		

两种山药的营养成分比较见表 11-7。

表 11-7   怀山药的营养成分   单位：g/100g

品名	蛋白质	脂肪	淀粉	胆碱	皂苷	精氨酸	尿囊素	水分
怀山药	1.21	2.21	19.13	1.83	2.3	1.13	0.97	71.22
山药	1.9	0.2	11.6	0.89	2.4	0.48	0.84	84.8

山药可以熬粥、做汤、凉拌、蒸煮后食用，是健脾补肾的食疗佳品。山药中富含胆碱、黏液质、膳食纤维、皂苷及副肾皮素等多种生理活性成分。具有较高的食用和食疗价值，熟山药入口柔和爽滑、清甜芳香、人见人爱，经常食用可耳聪目明，延年益寿，属于低热量、低脂肪类营养、健康食品，可作主食，也可作蔬菜。食品专家提示：山药还具有收敛作用，所以患感冒、大便燥结及肠胃积滞者忌食；食用时去皮，以免产生麻、刺等异常口感。

1. 山药多糖

山药多糖具有抗氧化、抗衰老、抗突变、抗肿瘤、降血糖和提高免疫力等功效。通过抑制 α-淀粉酶而阻碍食物中碳水化合物的水解和消化，减少糖分的摄取，也提高了糖代谢酶（如己糖激酶、琥珀酸脱氢酶及苹果酸脱氢酶）活力而降低血糖值。山药多糖还能提高多肽含量，改善受损的胰岛 β 细胞功能而增加胰岛素分泌。

2. 山药糖蛋白

山药含糖蛋白能促进巨噬细胞活力，抑制炎症因子的表达，增强干扰素的表达而助力人体抗炎性之功能。

3. 山药皂苷

山药含的皂苷类成分，是其药用品质的主要评价指标。不仅具有抗溃疡、消炎、镇静、解毒等生理活性，还具有抗病毒、降血糖、防治冠心病和脂肪肝发生等功效。

4. 山药酯类

采用硅胶柱对山药乙醇提取物进行分离、纯化得到桐酸、β-谷甾醇、油酸、β-谷甾醇醋酸酯等 12 种酯类化合物。它们具有提高人体免疫和生命活力之功能。

5. 抗性淀粉

抗性淀粉具有抗酸解及酶解特性，能阻碍淀粉的水解，延缓其在消化道的吸收，从而抑制餐后血糖效应。还具有降低血清胆固醇含量、增加大肠内容物和排泄物、改善肠道微生物菌群、增加大肠中短链脂肪酸含量等功能。

6. 尿囊素

山药中的尿囊素具有抗刺激、麻醉镇痛、消炎抑菌及生肌等功能，能修复上皮组织，促进皮肤溃疡面和伤口愈合可用于治疗胃及十二指肠溃疡而成为皮肤科临床用药。

7. 花色苷

紫山药中的花色苷（可溶性酚类物质），具有抗氧化、降血糖和降血脂等功能。

（二）山药的保健价值

山药对人体具有增强免疫、抗氧化、抗衰老、抗肿瘤、降血糖等多种生物活性。作为中药方用的是"干山药"。鲜山药提取物可通过降低血清胃泌素水平而发挥抗溃疡作用。山药粉治疗婴幼儿病毒性腹泻病症疗效良好。《本草纲目》记载：山药具有"补虚赢、除寒热邪气、补中、益气力、长肌肉、强阳"的功效。从山药中提取的副肾皮素，是防治人体风湿、哮喘、急性白血病的药物。

山药能诱生干扰素而抑制肿瘤细胞增殖（具有抗癌作用）。山药的水提取物可消除尿蛋白而恢复肾功能。山药还有很好的减肥健美功能。山药与熟地、山茱萸等制成的"六味地黄丸"，适用于阴虚消渴及因肾液亏损、阴虚火旺，治疗发热、咳嗽、头昏目眩等症状；与人参、茯苓等制成的"参苓白术散"或"健脾丸"，能益脾养胃、理气消滞、止泻，适用于脾虚胃弱，久泻不止等症状；与人参、茯苓、白术制成的"薯蓣"，防治虚劳咳嗽。山药也可单味成药制成"止薯蓣散（丸）"，用于止咳定喘。捣烂敷患处，可治疗冻疮和肿毒。去皮晒干研磨成粉，加水煮沸成粥糊，调入食糖，能治疗婴幼儿单纯性腹泻。

1. 降血脂和胆固醇浓度

山药含的黏液蛋白能预防脂肪沉淀在心血管壁上；多巴胺具有扩张血管、改善血液循环功能，降低血液胆固醇的浓度，预防心血管疾病的发生。

2. 降血糖指数

山药含的膳食纤维，可延迟胃内食物的排空，控制饭后血糖升高；淀粉酶可水解淀粉，具有降低血糖、尿糖作用，并能缓解糖尿病症。

3. 抗衰老及调节免疫力

山药多糖能调节人体的免疫系统，作为术后体弱者的辅助食疗药膳，已列入《抗癌中草药大典》。山药中含的锰元素（锰是多种酶的激动剂），被世界卫生组织认为是对老年人心血管有益的必需元素，具有抗衰老延年益寿作用。山药中含的 GHEA（青春因子），对人体具有抗衰、美容、增强免疫力的功能。

4. 健脑益智

山药中含的卵磷脂胆碱成分，具有健脑益智的功用。

5. 益肺止咳

山药含的皂苷和黏液质具有润滑、滋润之功，可益肺气，养肺阴，治疗肺虚痰盛、久咳等病症。

6. 健脾益胃助消化

山药含有淀粉酶，多酚氧化酶等成分，有利于脾胃消化吸收功能，无论脾阳亏或胃阴虚，皆可食用。《本草纲目》概括山药有五大功用"益肾气、健脾胃、止泻痢、化痰咳、润皮肤"。山药煮粥或者用冰糖煨熟后服食，对体质差、肠炎、肾亏等慢性病均有疗效。

二、山药功能性制品

山药已经作为原料、调料或营养强化剂加入到多件食品或饮料中，以提高产品的营养和食疗价值。

（一）主食品类

1. 山药营养快餐粉丝

山药营养快餐粉丝是四川攀枝花市利用当地特产山药、甘薯、仙人掌等原料，研制生产的一种功能性方便食品，富含人体所需要的多种营养成分，风味独特、爽滑适口、老少皆宜。

2. 鲜山药挂面

鲜山药挂面是以鲜山药和小麦面粉为原料，制成的一种挂面产品，其特点是保留了鲜山药的各种营养素的活性成分，具有很好的营养保健价值，适于各年龄段食用。

3. 山药草汁面

山药草汁面产品有湿面条、挂面和方便面，因为其中添加了或中草药汁而得名。具有消除疲劳、恢复体力和护卫健康的功能。

（1）原辅料配比　小麦面粉1000g，山药60g，鸡蛋50g，碘盐5g，熟地10g，山茱萸10g，泽泻10g，茯苓10g，丹皮10g，水（适量）。

（2）制作技术要点

①先将山药、熟地、山茱萸、泽泻、茯苓、丹皮清洗干净，与适量水一起放入锅内煮熬，过滤去渣取汁。

②将小麦面粉、鸡蛋、碘盐和山药汁加入和面机，搅拌成面团。

③按制作湿面条、挂面、方便面的生产工艺流程，分别制成3种产品。

4. 山药茯苓饼干

山药茯苓饼干是以山药粉、茯苓粉等原辅料搭配，按饼干制作工艺生产的一种功能性粮油食品，具有祛湿消渴，降低血压、血糖的功效。

（1）原辅料配方　山药粉200g，白扁豆粉20g，荞麦面粉30g，枸杞子20g，花生油50g，玉米粉200g，小麦粉400g，甜叶菊糖6g，鸡蛋100g，发酵粉10g，茯苓粉80g，薏苡仁粉50g，白果粉20g，水（适量）。

（2）制作工艺流程

①取标准粉100g，花生油适量，搅拌成油面，备用。

②将鸡蛋去壳顺一个方向搅拌，并加入甜叶菊糖，搅拌均匀，拌入山药粉及茯苓粉，调和成面坯，备用。

③以温水适量将发酵粉化开，备用。

④其余物料及余下的小麦标准粉置和面盆内，用发酵粉水和成面团，与油面、山药面坯合并揉匀后擀压成厚约 1~2cm 长方形面片，将枸杞子撒在面片上，擀压均匀后切片（或用模具压）成为饼干坯片，放进烤箱以 180℃ 恒温烘烤 10min 即为成品，冷却后包装、入库。

（二）小食品类

1. 薯蓣八宝糕

八宝薯蓣糕是以怀山药、赤小豆等 8 种原辅料制成的一种功能性传统食品，具有消食和中、健脾止泻的功效，适于脾虚胃弱、大便稀溏、肠鸣、浮肿、饮食不振、食后腹胀、身倦无力、面色无华之人群食用。

（1）原辅料配方 怀山药 250g，赤小豆 150g，芡实米 30g，白扁豆 20g，茯苓 20g，乌梅 4 枚，果料、白糖和水（适量）。

（2）制作方法

①将赤小豆清理干净、浸泡、蒸煮，制成豆沙，加适量白糖调拌均匀，待用。

②将茯苓、白扁豆、芡实米分别清理干净，混匀共磨研成细末粉状，待用。

③将山药清洗干净，去皮煮熟，成泥后与茯苓、白扁豆、芡实米粉掺和，加少量水，搅拌成膏状，在盘中铺一薄层，再铺一层豆沙，如此铺六七层，呈千层糕状，在外层及上层点缀果料，上笼蒸熟后取出。

④将乌梅、白糖熬成浓汁，浇在糕上，即成薯蓣八宝糕产品。

2. 健脑益智蛋糕

健脑益智蛋糕主要以山药、莲子、茯苓、玉米粉、鸡蛋、麦芽糖醇等为原辅料，以科学配比，经和面、成型、蒸制而成的一种补脑益智功能性面点。

（1）原辅料配方 山药 10g，茯苓 500g，鸡蛋 100g，莲子 500g，玉米粉 30g，麦芽糖醇 50g，水（适量）。

（2）制作要点

①将莲子去皮、去心，同茯苓、山药一起碾成细粉，加入麦芽糖醇、玉米粉、鸡蛋，用水和成面团并做成糕状面坯。

②面坯上笼大火蒸（20min）熟透，出笼即为成品。

3. 西塘八珍糕

西塘八珍糕是浙江西塘的传统特色小食。已有近百年历史。是以糯米粉、山药等为原辅料，制成的一种功能性食品（气香味甘的淡灰色薄片），具有消食和胃、健脾利湿的功效。适于小儿体弱、面黄肌瘦、脾胃不和、食少腹胀等症状。

（1）原辅料配方 炒粳米粉 1650g，炒白扁豆 20g，茯苓 10g，山药 10g，炒糯米粉 2475g，薏苡仁 15g，藕粉 15g，炒芡实 10g，炒山楂 100g，白糖 3360g，炒大麦芽 20g，水（适量）。

（2）制作要点

①白扁豆、薏苡仁、山楂、芡实、山药、大麦芽、茯苓、莲子粉碎过筛。

②白糖加水加热熔化成糖浆。

③按配方物料混合均匀后，蒸熟先做成条状，再切成薄片经干燥、检验、称量、包装即为成品。

（三）饮料类

1. 怀山药乳饮料

怀山药乳饮料，是一种具有民族特色的功能性饮品。

（1）原辅料配方　怀山药6kg，白糖12kg，全脂奶粉3kg，奶品防褐剂E型0.01kg，动物多肽蛋白粉0.3kg，果粒防褐剂0.3kg，L-奶稳定剂B型0.45kg，乙基麦芽酚、食用酒精、安赛蜜、山梨醇、小苏打和水（适量）。

（2）工艺流程

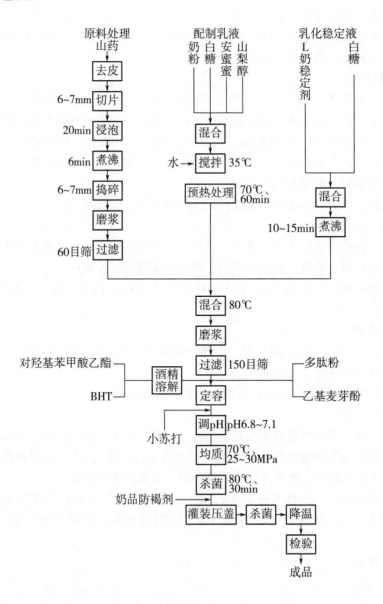

（3）制作要点

①山药去皮切片，厚度 6~7mm。

②切好的山药迅速投入果粒防褐剂溶液中进行护色（防褐变），浸泡 20min。

③护色后煮沸 6min，进行灭菌处理。

④用组织捣碎机把片状山药搅成膏状后用 7 倍 90℃热水混匀，用胶体磨制成山药浆液，通过胶体磨 3 次，处理使浆液细化；用 60 目金属筛网过滤去渣得到生产配料用的山药浆液。

⑤把奶粉与适量白砂糖、安赛蜜和山梨醇干混均匀。然后加入 35℃左右的温水中，一边搅拌一边升温，使奶粉和糖融化。在 70℃保温 20min。将 L-奶稳定剂 B 与 4 倍的白砂糖均匀混合，一边搅拌一边徐徐把稳定剂混合物加入夹层锅的冷水中，并煮沸 10~15min，直至胶体完全溶解为止。

⑥开启搅拌器，把山药浆液徐徐加入奶液中，二者进行充分混合，并升温至 80℃保温后加入乳化稳定液混合，温度调控在 80℃左右。用胶体磨精磨细化，150 目筛网过滤。

⑦把多肽粉、乙基麦芽酚等加入乳液中；对羟基苯甲酸乙酯、BHT 预先用食用酒精溶解后加入；对料液 pH 控制（用小苏打调整）在 6.8~7.1。

⑧物料温 70℃，均质压力 25~30MPa。

⑨对物料进行 85℃、30min（或 95℃、10min）杀菌处理，结束时，加入奶品防褐剂。

⑩取样品尝调制的山药奶合格后，进行灌装，封口后要立即投入 85℃的热水中，保温 30min，进行水浴杀菌，之后放入 50℃水中降温，最后用冷水降至室温，检验合格的成品入库。

2. 山药酸奶

山药酸奶是以新鲜牛奶和山药汁等原辅料制成的一种酸甜适中、口感细腻、润滑、具有独特风味的乳制品，是集山药与牛奶、营养与保健功能于一身的新型饮品。

（1）原辅料 山药，鲜牛奶，白糖，发酵剂，TKH01 护色剂，TKM13 系列稳定剂，TKM14 系列稳定剂，水（适量）。

（2）工艺流程

山药→清洗→去皮→切片→护色→预煮→灭酶→打浆→磨细→过滤→汁液→调配→均质→杀菌→冷却→接种→发酵→后发酵→成品

（3）制作要点

① 原料处理：选择优质鲜山药，去杂、清洗、去皮、切片（厚度 2mm），迅速放入 0.2%护色剂的水溶液中，加热到 90~95℃，不断搅拌，保持 5min 后先用打浆机打碎后再用胶体磨磨细，过滤去渣得山药全汁液，备用。

② 稳定剂选择：制作搅拌型酸奶可用 TKM13 系列稳定剂；制作凝固型酸奶则用 TKM14 系列稳定剂。把稳定剂和白糖拌均匀后加水溶解，备用。

③ 调配、均质：将山药汁和鲜牛奶混合，加入溶化的稳定剂，进行调配、均匀、混合定容、预热到 60~70℃均质（压力为 25~27MPa，时间 10min）。

④ 杀菌：采用 90~95℃，5~10min 进行杀菌处理。

⑤ 接种、发酵：将处理后的物料冷却至 42℃以下接种，并静置培养 4~5h，进行发酵。

⑥ 冷却、后发酵：物料冷却至 4~6℃进行后发酵，24h 后即为成品。

3. 山药汁饮料

尤其对糖尿病者等特殊人群具有特有的食疗价值。

（1）原辅料 山药、白糖、D-异抗坏血酸钠、TKM13 系列稳定剂、乳化剂、水等。

（2）工艺流程

选料→清洗→去皮→预煮→打浆→磨细→过滤→汁液→沉降→上清液→调配→脱气、均质→灌装→杀菌→冷却→检验→成品

（3）制作要点

①原料选择和处理：选取优质新鲜山药，去杂、洗净。

②碱液去皮：用温度 90~100℃、1.0%NaOH 溶液喷淋，5min 后用 0.01%柠檬酸中和，再用水漂洗干净。

③预煮：山药在水中煮沸后沥水。

④打浆、过滤：将煮过的山药放入打浆机中，加入 D-异抗坏血酸盐，并加入适量水（山药和水的比例为 1:6 左右）打浆后，用胶体磨精磨，过滤除渣得山药汁液。

⑤沉降：山药汁液中含有大量淀粉，用自然沉淀法（4h）将其分离。抽取上部汁汁液（纯山药汁），备用。

⑥调配：按配方要求，先把乳化剂、稳定剂与适量白糖干拌均匀后加入约 50 倍、70℃的水中，不断搅拌，完全溶解后与山药汁混合。其他配料也先溶解好再加入配料罐，充分搅拌均匀。

⑦脱气：物料温度 60~70℃，真空度 0.06~0.08MPa，时间 10min。

⑧均质：采用高压均质机，温度 60~70℃，压力 25MPa。

⑨灌装、灭菌、冷却：已均质的料液灌装后立即杀菌（121℃，20min），之后迅速冷却至室温，检验合格者为成品，包装入库。

4. 山药全浆乳饮料

山药全浆乳饮料是用山药泥、鲜牛奶、乳化剂、稳定剂、甜味剂、酸味剂、螯合剂等组分，以独特的加工工艺制成的一种新型饮料，最大限度地保留了山药的营养和功能性成分，加入了鲜牛奶，进一步提高和增强了饮料的功能和适口性，风味独特，稳定性很好，可随取即用，是适合各类人群的保健饮品。

5. 降血糖山药饮料

降血糖山药饮料酸甜可口，具有山药的天然美好风味，是适合糖尿病、肥胖症等特殊人群的功能性饮品。

（1）原辅料配方　山药30kg、柠檬酸0.2kg、高果糖浆5kg、稳定剂0.15kg、木糖醇 283
7kg、水（适量）等。

（2）工艺流程

山药→ 预处理 → 去皮护色 → 切块预煮 → 打浆 → 浸提、离心分离 → 灌装、杀菌 → 冷却 →
检验 → 成品 → 入库

（3）操作要点

①原料预处理：选取新鲜的山药，在清洗中不要擦伤山药表皮，以避免发生褐变反应。

②去皮护色：用擦皮机去除表皮后立即投入护色液中护色处理3~4h，护色液采用0.01%亚硫酸钠或（0.5%的氯化钙溶液）。

③切块预煮：用多功能切菜机将山药切成1~2cm见方的小丁，之后将其投入1.5倍的沸水中进行5~10min的预煮（灭酶），过程中不断搅拌。

④打浆、浸提、离心分离：将预小丁迅速冷却至40℃后送入打浆机打浆（其筛孔径为0.8mm），山药浆加入3倍重量的软化水后通蒸汽升温至60℃左右，在此温度下经二次浸提后与高果糖浆、木糖醇、柠檬酸、稳定剂一同泵入配料桶中，充分搅拌均匀；在离心机中分离除渣得纯净混合料液。

⑤杀菌、灌装：混合料液经板式热交换器迅速加热至95℃进行20s的杀菌处理，冷却至80℃时立即灌装并封口。

⑥冷却、检验、成品入库：冷却至室温后进行检验，合格者为成品，打印入库。

三、山药（紫）主要功能性成分的应用

山药（紫山药）食药兼备，被誉为"南方小人参"，已从传统养生滋补品走向现代保健品，我国已建成多余现代化加工生产线，生产出山药八宝粥、山药饮料、山药营养快餐粉丝等多种方便、营养和保健食品。

（一）山药的应用日渐广泛

我国贵州安顺地区，已建设2万亩山药种植基地，建成了山药速溶粉、山药仿生食品、山药八宝粥、山药饮品、山药罐头5条生产线，年产1.7万吨山药系列食品投放市场。

有企业采用瞬间干燥设备（20s内完成干燥），以连续化的电磁波辐射新技术，对山药进行防褐变处理，解决了在高温状态下停留时间过长而使营养成分遭破坏的难题，并创建了山药营养全粉生产线，实现了规模化生产。

河北蠡县被农业部命名为"河北麻山药之乡"，其企业加工已延伸到麻山药露、麻山药罐头、麻山药脆皮、麻山药脯、麻山药粉、麻山药酒等系列食品，并已形成产业化发展格局。产品通过了ISO9002质量体系认证，并被卫生部门认定为保健食品。

（二）紫山药的主要功能性成分及应用

紫山药是山药中珍品，因肉质红中带紫而得名，以肉质柔滑，紫色亮丽为特征。

1. 紫山药的主要功能性成分

紫山药医食两用，含有黏液质、多糖、蛋白质、淀粉、矿物质，特别是钾和镁含量较高，还含有尿囊素、薯蓣皂苷、花青素等有利于人体健康的功能性成分，其营养价值与怀山药相当。

2. 紫山药系列食品

紫山药具有很大的研发潜力，已推出的系列食品有：中式面食、西式点心、方便食品、冷菜、热菜、酒水、饮料等近百个品种，其颜色都非常漂亮、时尚，并逐渐走进千家万户，丰富人们的餐桌，还将进一步挖掘山药的饮食文化，打造山药产业链，更好地为国民造福，助推健康中国。

四、山药食疗药膳

药膳是含有药物成分的特殊膳食，既有药物功效，又有食品美味，用以防病治病、强身益寿，以中医药理为基础，制作方法大致相同。药膳是在传统食疗基础上，将食物与药物相结合，两者有不言而喻的明显差异。

（一）怀山药豆腐汤

怀山药豆腐汤是一种民间药膳，具有补肾固本、健脾益胃的功效，适用于脾胃虚弱、小便频数等症食用。

1. 原料

怀山药 200g，豆腐 400g，蒜茸、调味料、花生油、芝麻油和水（适量）。怀山药洗净去皮切丁，豆腐用沸水烫后切丁。

2. 烹制

将花生油烧至五成热，爆香蒜茸，加入山药丁翻炒，加适量水，煮沸后加入豆腐丁，加酱油，食盐煮沸；加葱花和芝麻油和味精少许，即可食用。

（二）怀山药人参糕

怀山药人参糕是益气健脾的早餐药膳。适用于脾胃虚弱，不思饮食者，具有健脾胃，补元气的功效。

1. 原料

怀山药 10g、人参 3g、白茯苓 10g、芡实 10g、莲子 5g、糯米和大米粉各 1000g、白糖粉 200 和水（适量）。

2. 制作

莲子温水浸泡后去皮、去心，与人参、白茯苓、芡实、怀山药共研磨呈粉状，再与糯米、大米、白糖粉加适量水揉成面团，制成糕坯，上笼用大火蒸 30min 即可。

（三）怀山药扁豆茶

怀山药扁豆茶是以怀山药、白扁豆为主料，制成的一种纯天然饮品。制作方法是：优选怀山药、白扁豆各 20g，白糖适量。先将扁豆清理干净焙炒至黄色，捣碎。怀山药洗净切片同白扁豆煎汤，取汁。加糖令溶化即可代茶饮用。具有健脾利湿的功效。

（四）山药酥

山药酥是民间的一种健脾、养胃药膳，具有益肾润肠、健脾养胃，辅助防治肾虚肺痿、久咳不止，须发早白等症之功效。

1. 原料

山药 500g、白糖 250g、黑芝麻 20g、食用油和水（适量）。

2. 烹制

将山药去皮洗净沥干水分，切成菱形角状，入热油中炸至内软外硬呈金黄色时捞出；将白糖倒入烧热的炒锅中加入少许食用植物油和水，炼成米黄色糖汁后加入山药块迅速翻炒，至全部包上糖浆，再撒上炒熟的黑芝麻，装盘即可食用。

（五）参苓山药汤圆馅

参苓山药汤圆是民间的一种传统小吃，具有补脾健胃、益气补肾，对腰腿酸软、消化不良、气短懒言者，具有良好的辅助治疗作用。

1. 原料

人参 10g、茯苓 10g、山药 15g、红豆沙 35g、白糖、猪油和水（适量）。

2. 烹制

将人参、茯苓、山药洗净（去皮）蒸熟，共捣成泥，与红豆沙、白糖、猪油搅拌均匀，搓成拇指大小的馅料，再制成汤圆食用。

（六）一品山药

一品山药是一种补肾滋阴传统小吃，具有防治消渴、尿频等病症的功效。

1. 原料

山药 500g、小麦面粉 150g、核桃仁、什锦果脯或蜂蜜、白糖、猪油、芡粉和水（适量）。

2. 烹制

将山药洗净、去皮蒸煮，放入搪瓷盒加入小麦面粉和水合成面团，放在盘中按成饼状，上锅蒸 20min 后上面放炒熟的核桃仁、什锦果脯或浇一层由蜂蜜、白糖、熟猪油和芡粉加热煮成的蜜糖即为成品。

（七）山药柿饼膏

山药柿饼膏是一款传统药膳，具有养阴清热、润肺止咳等功效。

1. 原料

山药 60g、百合 15g、杏仁 15g、柿霜饼 30g。

2. 烹制

将山药、百合、杏仁共同捣碎加水煮至烂熟，加入柿霜饼（切碎）调拌均匀即可随时服用。

（八）山药小豆粥

山药小豆粥为早餐药膳，具有清热利湿、止泻等功效。

1. 原料

山药 30g、赤小豆 30g、大米 50g、白糖和水（适量）。

2. 烹制

将大米、赤小豆清洗干净放入锅内，加清水适量用火烧沸后，转用文火继续煮至赤小豆半熟时加入山药片和白糖，继续煮至熟烂即为成品。

286 **（九）山药扁豆粥**

山药扁豆粥是早餐药膳，对于慢性肝炎反复不愈者具有补虚健中的作用。

1. 原料

山药 30g、白扁豆 15g、大米 100g、白糖和水（适量）。

2. 烹制

将大米清洗干净，山药去皮洗净切片，白扁豆洗净。大米、白扁豆入锅，加水适量，武火煮沸，再用文火熬制八成熟时加入山药片和白糖，熬熟烂即为成品。每日一次食之，可补虚健中，助力病体康复。

（十）五贤粥

五贤粥可以早、晚各食一碗，适用于慢性肝炎患者的康复食疗。

1. 原料

怀山药 30g、薏苡仁 50g、龙眼肉 25g、白木耳 15g、红枣 15g、水（适量）等。

2. 烹制

将怀山药、薏苡仁、龙眼肉、白木耳、红枣（去核）清洗干净，一同入锅，加水1500mL，武火煮沸后，去除泡沫，改为文火炖 1~2h，加入适量冰糖和蜂蜜，再炖20min 即可食用。

（十一）山药百合粥

山药百合粥可以早、晚餐食用，具有增强体质，提高免疫力的功效。

1. 原料

鲜山药 100g、鲜百合 20g、枸杞子 20g、冰糖 10g、大米 100g、蜂蜜 10g、水（适量）。

2. 烹制

将山药、百合、枸杞子、大米分别清洗干净，放入锅中加适量清水一起煮，成粥时加冰糖、蜂蜜再熬片刻即可食用。

（十二）山药羊肉粥

山药羊肉粥具有补肾益精之功效，适用于肾虚之老年慢性支气管炎和阻塞性肺气肿者食用，夏季调治"慢阻肺"有事半功倍的作用。

1. 原料

怀山药 50g、山羊肉 40g、粳米 100g、水（适量）。

2. 制作

将怀山药去皮清洗干净与山羊肉同放入锅内，加适量清水，上火煮熬取浓汁，再和清洗后的粳米同煮成粥食用，每日服 1~2 次，几日后即可见效果。

（十三）银耳山药红枣羹

1. 原料

银耳、山药、红枣、冰糖等各适量。

2. 烹制

将红枣、银耳泡软；山药洗净去皮切丁后，与红枣、银耳放入锅内，加适量清水烧开煮至熟软，放入适量冰糖，小火再煮约 30min 即为成品。经常适量食用，有美容养颜，滋阴润燥，益肺补气之功效。

（十四）山药桂枣汤

1. 原料

红枣12粒、山药300g、桂圆肉2匙、砂糖和水（适量）。

2. 烹制

红枣洗净、泡软、山药洗净去皮切丁，与红枣一同放入锅内，加适量清水上火烧开，煮至熟软，放入桂圆肉及砂糖调味，桂圆肉煮至散开即为成品。具有补脾和胃、益气血、健脾胃的作用。

（十五）龙眼山药粥

龙眼山药粥具有补肾益气之功效。

1. 原料

怀山药50g、龙眼肉5枚、粳米50g、水（适量）。

2. 烹制

将淮山药洗净去皮、切丁与龙眼肉，粳米（分别清洗干净）放入锅内，加适量清水共煮成粥，作为早餐食用。

（十六）山药内金饼

山药内金饼，有助消化，改善贫血症状之功效。

1. 原料

山药粉100g、鸡内金粉30g、小麦面粉500g、白糖、黑芝麻和水（适量）。

2. 烹制

将山药粉、鸡内金粉、小麦面粉，用清水调和成面团，再加入适量的白糖和黑芝麻，烙成10张薄饼，每天食一张，10d为一个疗程，连续食用2~3个疗程即显疗效。

（十七）瘦身排毒饮

苦瓜和山药均有减肥、降低血糖的功效，混合食用可增加减肥排毒效果，对防治便秘功效独到。

1. 原料

苦瓜粉20g、山药粉10g、白糖（或蜂蜜）和水（适量）。

2. 制作

将苦瓜粉、山药粉放入杯中，用开水冲泡，加入适量蜂蜜（或白糖）搅拌均匀后即可饮用。

（十八）山药枸杞粥

枸杞山药粥具有调和脾胃、补肝肾的功效。

1. 原料

山药100g、枸杞10g、粳米50g、水（适量）。

2. 制作

将山药、枸杞、粳米放入锅内，加适量水熬煮成粥即可食用。

（十九）山药百合大枣粥

1. 原料

山药90g、百合40g、大枣15枚、薏苡仁30g、大米100g、水（适量）。

2. 烹制

将原料分别清洗干净，加入锅内，加适量水，共煮成粥，每日两次，早晚服食，具有滋阴养胃、清热润燥的作用。适合胃部隐痛、饥不欲食、口干咽燥、形体消瘦、脉细者作调理之食。

第四节　魔芋及其制品

魔芋（又名蒟蒻）在我国的主产区是云南、贵州、四川，其次是湖北、湖南和陕西等地，是山区传统的经济作物，是世界上所有植物中唯一能提取优质膳食纤维素的植物，药食两用。我国是魔芋生产大国，魔芋粉产量居世界首位，魔芋精粉是我国的出口商品之一。魔芋食品被确定为十大保健食品之一。20 世纪 90 年代，联合国食品卫生组织公布："魔芋为人类宝贵的天然保健食品和医药原料"。可广泛应用于食品、化工及医药等领域，用作增稠剂、稳定剂、胶凝剂、保鲜剂，乳化成膜剂等。现已研发的魔芋系列食品有休闲食品、快餐食品、饮料、休闲食品、主食食品、佐餐食品等系列上百种产品，成为保健食品市场的新宠。

一、魔芋简介

魔芋的营养集中在球状根茎，主要品种有花魔芋、白魔芋及黄魔芋等。

云南产重达 25.18kg 的花魔芋；四川金阳县产的重达 2kg 的白魔芋，分别获得 2007 年度两品种"中国魔芋王"第一名。

（一）魔芋的营养价值

魔芋有着独特的营养成分，富含多种氨基酸，D-甘露聚糖（膳食纤维）含量丰富，能抑制肥胖，防治冠心病，不被人体消化吸收，能清除肠道中的废物，有良好的生理效应。还含有多种微量元素和维生素等营养物质。魔芋精粉的营养成分见表 11-8。

表 11-8		魔芋精粉的营养成分及含量			单位：mg/100g
成分	含量	成分	含量	成分	含量
能量/（kJ/100g）	154.9	镁	66.0	钙	19.0
蛋白质/（g/100g）	2.2	钠	49.9	锌	2.05
脂肪/（g/100g）	0.1	维生素 B_2	0.1	铜	0.17
膳食纤维/（g/100g）	17.5	烟酸	0.4	磷	51.0
糖类/（g/100g）	74.4	铁	1.6	硒/（μg/100g）	350.15
钾	299.0	锰	0.88		

从表 11-8 可知，魔芋精粉是迄今为止已知根茎类食物中含膳食纤维最高的产品，被誉为"膳食纤维之王"；含硒量为所有根茎类食物之冠。其最大特点是热量低。是一种低脂肪、低热量、高膳食纤维的天然健康食品、功能性食品。可应用于食品原料或添加剂、保健食品、化工产品及药物的生产。制成魔芋精粉后葡甘聚糖（KGM）含量在

65%以上，它是一种优良的膳食纤维，具有很强的溶胀能力，其水溶液具有强大的黏结性和凝胶性。适宜制作减肥饮料等食品。健康长寿是人类共同的愿望，作为天然保健食品的魔芋及制品，越来越受到人们的关注。近年来，在健康食品、低热食品、减肥食品、功能食品等系列食品中，魔芋成了食品原辅料之新秀，使其制品以它独特的保健和医疗功效而风靡全球，无愧于"魔力食品"之美誉。

（二）魔芋的健康价值

魔芋的功能成分为低度支链化的葡甘聚糖，主链中葡萄糖基与甘露糖基之比为15：23，大约每19个糖基有一个支链化的乙酰基。据《本草纲目》记载：魔芋性寒、味辛，块茎入药，对人体具有解毒、消肿、散积、化痰等多种功效，能医治疟疾、丹毒、烫伤、乳痈、疝气、疔疮、闭经和毒蛇咬伤等病症。

1. 降低血脂

葡甘聚糖能有效抑制小肠对胆固醇、胆汁酸等脂类物质的吸收，促进其排出体外，降低其在血清中的浓度而有防治高血压、高血脂和心血管疾病的作用。

2. 保护胃肠道，降低血糖

由于魔芋葡甘聚糖的黏度大，增强了消化道内食糜的黏性，延缓了胃肠道内食糜糊的滞留时间，并在肠壁形成保护膜，有效地抑制血糖值和尿糖值的上升，改善糖尿病人的症状，而收到控制病情的效果。

3. 自然减肥，控制体重保健美

魔芋葡甘聚糖，使人食后有饱腹感而减少摄入食物的数量和能量，有利于控制体重，达到自然减肥的效果，经常食用可以保持健美体态。

4. 清理胃肠道，解除便秘之苦

魔芋特有的葡甘聚糖可以使肠道保持一定的充盈度，促进肠道的生理蠕动，解除便秘之苦，促使各种对人体有害的毒素随之及时排出体外。

5. 平衡盐分，防治高血压

魔芋食品对人体具有调节或平衡体内盐分之功效，有益于改善和防治高血压症状。

6. 补充钙元素，增强体质

魔芋中不仅富含钙元素，还容易被人体吸收利用而起到增强体质的作用。

7. 排除毒素，防治胃肠道肿瘤

魔芋葡甘聚糖能促使肠道内重金属元素及毒性物质迅速排出体外，减少有害物质与肠壁的接触时间，阻止胃肠道对其吸收而预防和减少肠道系统肿瘤的发生率。

（三）魔芋的特异性

魔芋在植物分类上属天南星科，块茎较大（有的大如篮、排球），味淡，新鲜者辣而麻舌，有小毒，不可生吃，必须经过加工处理（如石灰水漂煮）破解毒素（植物碱毒素）后方可食用。在烹调菜肴或制成食品时，要切记熟透。魔芋的去毒、脱毒方法：将魔芋洗净、去皮，切成薄片，每500g魔芋用浓度为12%的食用碱溶液1000mL浸泡4h（石灰水或草木灰水浸泡24h），再用清水漂洗至无麻辣味方可。魔芋脱毒后，可供烹饪做菜（此物的特异性是越加热质地变得越劲道，由此得名"魔芋"），也可晒干成魔芋角（片）保存备用，或加工成魔芋精粉、微粉做

290　食品原料或辅料。

（四）魔芋的食用方法

魔芋的民间传统食法是制成魔芋豆腐（糕）或魔芋丝，用以凉拌、下火锅、炒菜、烧肉、烹鱼等，尤其是海蜇，口味鲜美劲道，别具一格。魔芋经加工制成的食品主要有挂面、粉条（4kg 精粉可以制得 100kg 纯魔芋产品）、果酱以及罐头等；魔芋馒头、面包，不仅口感美好，而且膨松个大，令人胃口大开。

1. 减肥胖、降血脂、抗脂肪肝的食疗膳食

将魔芋粉 10g 加适量水搅拌均匀，煮成糊，放凉后分成 4 杯，加入酸奶饮用（早晚各一杯）可减肥、降脂，减少脂肪肝的发生。

2. 清理肠胃、排毒通便的食疗膳食

魔芋粉 5g，西洋参和山茱萸各 1g，加水共煮成粥食用，具有清理肠胃，排毒通便的作用，对糖尿病、肥胖症等特殊人群功效尤著。

3. 魔芋冰粥

适量魔芋粉用开水冲调，变稠以后加入适量樱桃、杏、西瓜等水果丁，冷却，放入冰箱冷冻后加入蜂蜜即成"冰粥"。通肠开胃，美味营养，夏季佳品，老少皆宜。

4. 魔芋豆腐及其菜肴

魔芋豆腐的制作：用 80g 魔芋粉加入 2000g 水搅拌均匀，煮沸 20min 成糊状后，将 12g 食用碱（用水化开）加入糊中搅拌均匀后关火，15min 左右成为"豆腐"后加入凉水，划成小块，翻面再煮开即可。食用方法如下所示。

（1）魔芋素炒　魔芋豆腐切成小条，待锅烧热加入适量食用油、调味料，炒出香味后加入魔芋条同炒，再放入盐、味精、泡菜丝等，起锅即可食用。

（2）魔芋烧鸡（鸭）　锅中放油加热，把事先腌制的鸡（鸭）肉翻炒一下，放入豆瓣酱等调味料，炒出香味时，加水煮约 20min 时，放入魔芋豆腐块再烧，直至锅中水剩少许时加入味精和小葱即可。此菜为四川名菜。

（3）魔芋烧虾　虾清洗干净，入油锅烹呈金黄出锅待用。炒锅放油烧热，加调味料炒出香辣味后放入虾、魔芋豆腐块、洋葱及料酒，翻炒进味即可出锅，装盘食用。

二、魔芋功能性制品

魔芋食品被世界卫生组织确定为十大健康食品之一，被人们誉为"神奇食品""魔力食品""健康食品"。我国对魔芋及其制品的研究已获得可喜的成果。以下简介魔芋保健、功能性食品及制品，供参考。

（一）魔芋主食品

1. 魔芋玉米方便粥

魔芋玉米方便粥是以膨化玉米粉、魔芋粉和花生为原料，以芝麻、白糖粉、食盐等为辅料，经调配、灭菌等工序制成的一种方便食品。口感细腻，气味芳香，用开水冲调即可食用。

（1）原辅料配方　玉米膨化粉 70kg，魔芋精粉 1kg，花生粒瓣 10kg，白糖粉 8kg，精食盐 2kg，芝麻 8kg。

（2）工艺流程

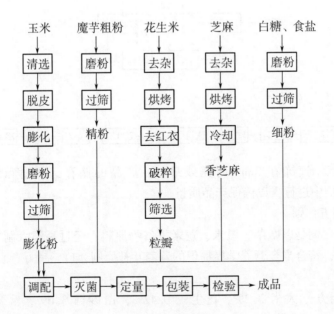

（3）制作要点

① 制备玉米膨化粉：玉米去杂精选经湿润后破碎，去除玉米皮胚，经膨化、稍凉、立即粉碎，并通过80目筛，得到玉米膨化粉，备用。

②制备魔芋精粉：魔芋粗粉经粉碎后，通过80目筛，得精粉，备用。

③白糖粉、精盐粉的制备：将白糖，精盐分别粉碎，过80目筛，备用。

④ 花生粒瓣的制备：选择优质花生清理除杂后，烘烤，（150℃，烘烤30min）至熟，冷却去红衣后破碎成1.5~2.5mm的粒瓣，备用。

⑤制备熟芝麻：芝麻清理除杂后清洗，沥干水分，放烤盘内烘烤至熟。

⑥ 调配、灭菌：按配方比例，将魔芋粉、白糖粉、精盐、芝麻、花生瓣放入搅拌缸内混合均匀，再加入玉米膨化粉搅拌均匀并用紫外线灭菌。

⑦ 定量、包装：用塑料袋包装30g/袋，检验后成品装箱入库。

2. 魔芋三鲜速冻水饺

我国速冻食品蓬勃发展，企业推出多种风味产品以满足消费者所需。水饺的风味特色主要体现在馅料和面皮上，魔芋三鲜速冻水饺就是其中的一种特色风味产品。

（1）原辅料的配方

① 饺子面皮：小麦面粉100%，磷酸氢钠0.15%，食用盐0.8%，魔芋胶0.15%，水、变性淀粉、碳酸氢钠（各适量）。

② 饺子馅料：猪肉30%，虾仁25%，虾粉1.0%，韭菜30%，酱油2.5%，香油0.5%，白胡椒粉0.2%，淀粉9.3%，食盐粉0.5%，水（适量）。

（2）工艺流程

①魔芋三鲜速冻水饺馅料制作工艺流程：

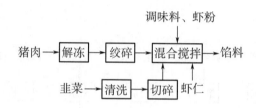

②成饺制作工艺流程：

和面制皮 → 包馅 → 输送 → 速冻（-30~-20℃）→ 装袋 → 成品 → 冷藏

③ 制作要点：速冻在 3min 内完成最佳；产品的储存、运输和销售货架均在（-18℃以下）冷链中进行，以确保产品质量。

3. 魔芋早餐五仁粥

魔芋早餐五仁粥是以魔芋、黑米、薏米等谷物原料，经过高温煮制成的方便食品，所含营养素均衡，符合当今营养学界提倡的营养互补原则，口感良好、食用方便、冷热皆宜。

（1）原料配方　大米 3.2%，花生仁 0.42%，白砂糖 3.6%，糯米 1.9%，绿豆 0.6%，魔芋胶 0.15%，薏米 1.4%，红小豆 0.46%，黑米 0.25%，魔芋丁 0.3%，水（补齐至 100%）。

（2）制作程序

①按照配方分别称料，去除杂物，清洗干净，沥干。

②魔芋清洗干净，去皮，切成小方丁。

③漂洗干净的谷物原料、魔芋丁放入锅中，加水，旺火烧沸后，改用小火焖煮 30min，至豆类、米类物料全部煮熟膨胀成粥。

④食用白糖、稳定剂、魔芋胶称量混匀后，用 30kg 热水搅拌，加热煮溶。

⑤将制好的稳定剂、悬浮增稠液加入已经煮好的粥锅中，充分搅拌使其混合均匀，小火焖煮 10~15min，并不断搅拌以免糊锅。

⑥煮好的五仁粥冷却至 70℃左右进行灌装，封口、消毒后冷却至室温、包装、检验、成品入库。

4. 魔芋营养挂面

魔芋营养挂面的配料有魔芋精粉、低糖南瓜粉、黄豆粉、马铃薯粉和玉米粉 5 种，按一定比例添加到小麦面粉中，按照挂面的制作工艺制成魔芋营养挂面，食用方便，卫生安全。南瓜粉也是高膳食纤维、高钙、高钾食品；黄豆粉富含蛋白质、赖氨酸、卵磷脂，与小麦粉混合，可以营养互补，提高生物价；马铃薯是低热量、低脂肪、富含多种维生素和矿物质的食物；玉米粉含的膳食纤维和镁元素较高。因此，将这 5 种健康食料按照科学配比制成的挂面，具有不浑汤、不断条、容易熟的特点，是人们喜爱的功能性粮油主食中的新产品。

5. 魔芋罐头拉面

魔芋罐头拉面是一种新型方便食品。是以魔芋精粉为原料，加入适量的水，经过滤、混合等工序制成的。其特点是：只要拉开罐盖，即可吃到有汤、竹笋和猪肉（或牛肉、羊肉）的拉面，冷热两吃，十分方便。保存期可长达 3 年。

这款产品是一种低脂肪、低热量、高膳食纤维的功能性方便食品，符合膳食平衡的健康理念。

6. 魔芋老年营养粉

魔芋老年营养粉，既是"十全十美"的营养食品，又是防治老年性疾病的疗效食品。

（1）原辅料配方　马铃薯全粉 72g，玉米油 5.5g，大豆蛋白粉 10g，魔芋精粉 0.5g，强化牛奶粉 12g。

（2）魔芋老年营养粉的营养成分　魔芋老年营养粉的营养成分见表 11-9。

表 11-9　　　　　　　　　魔芋老年营养粉的营养成分　　　　　　　　单位：g/100g

名称	水分	蛋白质	脂肪	碳水化合物	热量/ （kJ/100g）	膳食纤维	灰分
马铃薯全粉	8.5	9.2	0.72	76.1	350	1.69	3.85
大豆蛋白粉（P60-1）	6	67	0.3	16.7	338	3.5	6.5
强化奶粉	3	20.6	25	47.1	510	0	4.3
老年营养粉	7.08	15.8	9.05	62.1	397	2.07	3.93

魔芋老年营养粉的营养素含量与推荐指标比较见表 11-10。

表 11-10　　　　　　　魔芋老年营养粉的营养素含量与推荐指标的比较

比较项目	蛋白质/ （g/100g）	脂肪提供热量 占总摄入热量的 百分比/%	胆固醇 摄入量	动物食品提供 能量占总能量 的百分比/%	碳水化合物提供 能量占总能量 的百分比/%
老年营养粉	15.8	20.5	60/［mg/（d·人）］	15.2	63.2
推荐值	14.5	20~25	<300/［mg/（d·人）］	10	60~70

从表 11-10 可以看出，老年营养粉的各项指标都很理想，适合老年人食用。

（3）魔芋老年营养粉的必需氨基酸含量（表 11-11）。

表 11-11　　　　　　魔芋老年营养粉中必需氨基酸含量与推荐值的比较　　　　　　单位:%

品名	赖氨酸	甲硫氨酸+ 半胱氨酸	色氨酸	苏氨酸	异亮氨酸	亮氨酸	苯丙氨酸	缬氨酸	组氨酸
马铃薯全粉	0.420	0.266	0.145	0.320	0.320	0.510	0.368	0.510	0.371
大豆蛋白粉	4.20	1.78	0.75	2.78	2.81	4.62	5.28	3.47	1.40
强化奶粉	1.48	0.551	0.26	0.88	0.91	1.91	0.94	0.14	0.55

293

续表

品名	赖氨酸	甲硫氨酸+半胱氨酸	色氨酸	苏氨酸	异亮氨酸	亮氨酸	苯丙氨酸	缬氨酸	组氨酸
老年营养粉	0.825	0.436	0.201	0.551	0.594	0.951	0.627	0.653	0.473
WHO 推荐值/[g/(d·人)]	0.756	0.819	0.220	0.441	0.630	0.882	0.882	0.630	0.630

推荐值为 FAO/WHO/UNU 提出的每日成人的必需氨基酸需要量，此表数据是按体重 63kg 的计算值。牛奶和老年营养粉等的氨基酸含量比较见表 11-12。

表 11-12　　　　　牛奶和老年营养粉等食品中氨基酸含量比较　　单位：g/100g 粗蛋白

名称	亮氨酸	异亮氨酸	赖氨酸	甲硫氨酸+半胱氨酸	苏氨酸	色氨酸	苯丙氨酸	缬氨酸	组氨酸
牛奶	10.5	5.01	8.17	3.4+1.42	4.89	1.46	5.13	7.4	2.7
大豆	1.6	4.6	6.0	0.99+1.4	4.2	1.2	4.7	5.4	1.6
大米	9.0	3.35	3.79	1.93+2.21	3.87	1.63	4.69	5.5	2.17
小麦粉	7.11	3.58	2.44	1.41+2.53	3.06	1.14	4.53	4.22	2.23
老年营养粉	6.02	3.76	5.22	2.70	3.49	1.27	3.97	4.13	2.99
WHO 推荐值	7.0	4.0	5.5	3.50	4.0	1.0	3.4	5.0	

从表 11-11、表 11-12 可以看出，老年营养粉的必需氨基酸品种齐全，含量适中，必需氨基酸的组成优于大米、小麦、面粉和大豆。

（4）魔芋老年营养粉的脂肪酸含量　魔芋老年营养粉的多不饱和脂肪酸、单不饱和与饱和脂肪酸之比实现了平衡（为 1.05∶1.17∶1）。三种产品的脂肪酸组成见表 11-13。

表 11-13　　　　　　　　　三种产品的脂肪酸组成　　　　　　　　单位:%

产品	饱和脂肪酸	单不饱和脂肪酸	多不饱和脂肪酸	其中必需脂肪酸
玉米油	15.2	36.5	48.3	48.3（亚油酸47.8）
奶粉	60	35.8	4.2	4.2（亚油酸3）
老年营养粉	31	36.3	32.7	32.7

（5）魔芋老年营养粉的膳食纤维含量　四种产品的膳食纤维含量见表 11-14。

表 11-14		四种产品的膳食纤维含量比较		295
名称	大米	标准粉	玉米粉	老年营养粉
膳食纤维/%	0.7	0.8	1.5	2.07

综上所述，魔芋老年营养粉这款产品具有营养丰富，配制均衡，功能显著等诸多特点，是名副其实的防治老年性疾病的功能性疗效食品。

（二）魔芋小食品

1. 魔芋牛肉干

魔芋牛肉干是用魔芋精粉经加工、赋色、调香制成的一种休闲方便小食品，呈棕褐色，具有韧弹性、肉香气、兼有麻油香、咀嚼性，口感麻辣，回味持久，酷似天然牛肉干。

（1）原辅料配方　魔芋粉 40kg，食盐 3.5kg，花椒粉 1.0kg，大豆蛋白粉 4.0kg，芝麻油 1.0kg，土豆淀粉 4.0kg，鸡蛋 2.0kg，红辣椒粉 3.0kg，氢氧化钙粉 0.5kg，肉类提香剂 3kg，己二烯酸钾 1.0kg，水（适量）。

（2）工艺流程

魔芋粉 → 浸润 → 加热搅拌 → 凝胶 → 冷却 → 魔芋糕 → 切条 → 膨化处理 → 拌盐 → 调香 → 烘烤 → 包装 → 成品

（3）操作要点

①魔芋凝胶的制备：魔芋粉以 1：50 加水中，不断搅拌，待充分膨润后，加热至沸腾时，加入氢氧化钙粉末，停止加热后冷却成为魔芋凝胶。

②魔芋膨化华条的制备：将块状魔芋凝胶控干表面水分，切成 5cm×0.3cm×0.5cm 的条状，在 125℃、1.37MPa 下膨化处理 30min，使魔芋条形成蜂窝状组织（似牛肉纤维状）。

③魔芋条拌盐：经膨化后的魔芋条含水量约 65%，加入适量的食盐粉搅拌揉制后静置，食盐自然渗透，完成拌盐工序。

④挂糊赋予色香：将大豆蛋白、土豆淀粉、蛋液按比例调配成糊，加入芝麻油、红辣椒粉、花椒粉、芝麻、肉类提香剂和己二烯酸钾等调味料，搅拌均匀后进行挂糊，使魔芋条形成被覆。

⑤烘烤：魔芋条入烤箱烘烤至水分低于 28%，即得魔芋牛肉干成品。

2. 魔芋奶豆腐

魔芋奶豆腐是以魔芋精粉为原料，配以脱脂奶粉，以石灰乳为凝固剂制成的一种保健食品。

（1）配料　魔芋精粉 22g，脱脂奶粉 25g，石灰乳和水（适量）。

（2）制作要点

①魔芋精粉和脱脂奶粉混合均匀，加入 1000mL 温水（20℃），进行搅拌，形成溶液后保温，静置 4~6h。

②在溶液中，加入5%的石灰水乳不断搅拌，混合均匀。

③混合均匀的溶液在75℃的热水浴中煮60min左右，静置、降温即得魔芋奶豆腐产品。

3. 魔芋果丹皮系列食品

魔芋果丹皮系列食品主要包括山楂、番茄、咖啡和薄荷魔芋果丹皮等多种口味，有果粒、果条、果片等多种款型。这些产品用魔芋精粉与果蔬原料结合，经现代加工工艺精制而成，低热量、不含油脂、富含膳食纤维，既可以在休闲娱乐时食用，又不用担心肥胖的问题。这些食品的成功开发，为休闲食品的健康化和健康食品的休闲化提供了新思路，也为魔芋制品的升级换代开拓了新径。

三、魔芋主要功能性成分的应用

魔芋在食品工业中的应用，在国际上已得到普遍认可。

（一）在主食品中的应用

将魔芋精粉、红薯粉、米糠等原辅料，以适当比例搭配制作的魔芋人工米等产品，其外形、食用方法和口感与天然大米酷似，可煮成魔芋米粥、魔芋米饭等，口感清香，韧劲十足，受到消费者的好评。

（二）在健康食品中的应用

"魔酥"产品的原料为魔芋精粉，辅以蛋白质、糖、维生素和无机盐，它不仅可以达到减轻体重的目的，还可以减轻饥饿感造成的压抑、焦虑、急躁等不良反应。魔酥供运动员食用，已取得了可喜效果。世界冠军刘璇就是选用魔酥，场上场下始终将体重控制在理想水平，令人羡慕。

以魔芋粉为主要原料，配以维生素C、酸味剂、柠檬酸、果汁等辅料制成的低糖健康饮料，具有防治肥胖，调节肠胃及防治糖尿病等功效。

（三）米面制品的稳定剂

魔芋胶稳定剂在面条中应用，可使面条有韧性，有咬劲、爽口、下锅不断；在水饺中添加可使之不破；在冷冻食品中应用，可使水饺、汤圆在-25℃冻不破，烹调时突然上升到100℃也不破皮。魔芋黑米粉丝口感润滑，不断条。

（四）肉制品的高黏剂

魔芋胶（KGM）和卡拉胶（CAR）、黄原胶（XG）混合溶液中，胶液分子在热能作用下，能相互缠绕形成具有三维网络的"高黏结性物质"。由此高黏剂参与制作的午餐肉、火腿肠、肉丸、肉糜制品等韧弹性高、切片性优，切口光滑、色泽自然、有咬劲、口感好。产品品质稳定，不析水不析油。

（五）糊状食品的增稠剂

魔芋胶是一种非离子型高分子水溶性多糖，黏度可达20000mPa·s以上，具有良好的增稠性、黏结性、悬浮性和乳化性，它和绝大多数阳离子型和阴离子型食用胶都有互溶性和增效性，因此魔芋胶作为增稠剂可以广泛用于八宝粥、果菜、果珍、果酱、果汁、调味品和所有糊状食品的加工。

魔芋胶在我国食品工业中的应用见表11-15。

表 11-15 　　　　　　　　　　魔芋胶在食品加工中的应用

产品名称	用量/%	使用方法	功能特性
面粉品质改良剂	0.5~1.0	在微量进料器中直接加入面粉（或用混合搅料机混合）	提高专用粉的品质
米面制品增筋剂	0.3~0.8	完全溶涨后加入和面机中和面（或直接添加在粉状原料中搅拌均匀）	增强挂面、拉面、粉丝、面团的筋力、韧性、爽滑感、表面光泽、不断条、不糊汤
火腿肠、午餐肉增稠持水剂	0.5~1.3	完全溶涨后，加入完成盐溶工艺的肉中进行搅拌	提高重量，口味鲜嫩、爽滑、弹性好、真实感强、不析油
冰淇淋乳化稳定剂	0.3~0.5	用10倍的砂糖混匀后边搅拌边加入35℃以下的水，溶涨逐渐升温至60℃后按正常工艺操作	提高重量，质地细腻，口感爽滑、无水渣感、提升抗溶性
果冻、凝胶食品添加剂	0.5~0.8	同上	脆韧适口、水晶透明
植物蛋白饮料稳定剂	0.4~0.6	同上	不凝集、不分层、不析油、不沉淀、乳体均匀，口感爽滑
果茶、果汁稳定剂	0.2~0.3	同上	饮品稳定、不漂浮、不分层、不沉淀
八宝粥类稳定剂	0.1~0.15	同上	颗粒均匀分布，感官效果好，不分层、不沉淀
芝麻酱、花生酱类稳定剂	0.4~0.5	35℃以下水温搅拌，溶涨后加入酱体，通过胶体磨均质分散	酱体均匀稳定，不析油不分层、不结块，柔滑适口

第十二章

食用植物油料和油脂

────────

随着我国经济的快速发展、人民生活水平的提高，国民食物结构出现显著变化，植物油消费需求进入快速增长时期。2018年我国食用植物油消费3385万吨。我国食用植物油因品种、产地不同，其所含营养和各种脂肪酸的结构也有所差异，几乎没有任何一种食用植物油具有满足人体对脂肪酸需求的最佳比例，所以人们宜经常调剂、更换食用植物油的种类。

第一节　大豆和大豆油

大豆是我国五大油料之一，在我国分布极广，主要产区在东北松辽平原和黄淮平原，其中以黑龙江省的种植面积和总产量居首位。

一、大豆简介

大豆颗粒有球形、椭圆形、长椭圆形、扁圆形4类。一般球形的大、中粒黄色大豆含油量较高，油色也好，是很好的食用植物油料。

（一）大豆的营养价值

大豆营养价值很高，富含蛋白质、脂肪、多种维生素和微量元素，是营养全面的食物，因此大豆对增进国人的膳食营养、助推"健康中国"具有重要作用。大豆的营养成分见表12-1。

表 12-1　　　　　　　　　　大豆的营养成分及含量　　　　　　　　单位：mg/100g

成分	含量	成分	含量	成分	含量
蛋白质/（g/100g）	35.1	维生素 E	18	铁	8.2
脂肪/（g/100g）	16.0	烟酸	2.1	锌	3.34
糖类/（g/100g）	18.6	维生素 A	12	锰	2.26
膳食纤维/（g/100g）	15.5	钾	150	铜	1.35
能量/（kJ/100g）	1503	钠	2.2	磷	465
维生素 B_1	0.41	钙	191	硒/（μg/100g）	6.16
维生素 B_2	0.2	镁	199		

(二) 大豆的健康价值

大豆富含油酸和亚油酸，这两类不饱和脂肪酸使大豆具有降低人体血液胆固醇的作用。大豆中还含有卵磷脂、天门冬氨酸、胆碱、豆固醇等特殊营养物质，有益于人体健康。大豆蛋白质的质量接近于完全蛋白质，具有很高的健康价值，被百姓誉为"磨眼肉"。大豆中淀粉含量很低，对于不宜食用高淀粉膳食的特殊人群（糖尿病、肥胖症）是理想的食品。中医学认为，大豆性味甘、平，煮汤饮服能清热、利小便、解毒，可用于辅助治疗胃中积热、水胀肿毒、小便不畅等疾病，具有良好的食疗价值。大豆是营养学家公认的提高人体免疫力最有效的食物之一。

大豆中所含的皂苷与抑制大肠肿瘤细胞具有剂量依赖的相关性，可有效降低罹患大肠癌的风险。妇女每天适量增加大豆及豆制食品，可降低罹患乳腺癌的几率。大豆中的异黄酮对于膀胱癌的细胞株有抑制能力。大豆活性功能成分还包括具有抗菌、解毒等作用成分，能促进抗体形成，激活免疫细胞，以及对抗癌药物具有增效作用的植物凝集素（PHA）等。

二、大豆油

大豆油呈淡黄至棕黄色，清晰透明；加热到280℃油色不变浑，无沉淀物析出，人体消化吸收率达98%，是一种优质食品油。我国大豆油生产已经完成向优质、多品种、多档次、小包装方向发展的阶段，正在走向"适度加工，保存多种生物活性成分"及"综合利用、深度开发"的新征程。

(一) 大豆油的营养、健康价值

大豆油按国家标准分为一级、二级、三级、四级共4个等级。中医学认为，大豆油性味甘、辛、温，具有润肠、驱虫等功效，可用于辅助治疗大便秘结、肠道梗阻等病症。大豆油的脂肪酸构成较好，含丰富的亚油酸，还含有维生素E，对人体健康十分有益。在国人健康消费日益升温的今天，"维生素E纯香营养大豆油"应运而生，在保持正宗大豆油风味的同时，产品口味纯香，色泽透亮。

(二) 大豆油的理化指标及脂肪酸组成

大豆油的理化指标见表12-2。

表 12-2　　　　　　　　　　　　大豆油的理化指标

指标	数值	指标	数值
折射率（n^{40}）	1.466~1.470	皂化价/（mg KOH/g）	189~195
相对密度（d_{20}^{20}）	0.919~0.925	不皂化物/（g/kg）	≤15
碘值/（g I/100g）	124~139		

大豆油脂肪酸的组成见表12-3。

表 12-3　　　　　　　　　　　大豆油的脂肪酸组成

脂肪酸	含量/%	脂肪酸	含量/%	脂肪酸	含量/%
豆蔻酸 C14：0	ND~0.2	油酸 C18：1	17.7~28.0	花生一烯酸 C20：1	ND~0.5
棕榈酸 C16：0	8.0~13.5	亚油酸 C18：2	49.8~53.0	山嵛酸 C22：0	ND~0.7
棕榈一烯酸 C16：1	ND~0.2	亚麻酸 C18：3	5.0~11.0	芥酸 C22：1	ND~0.3
硬脂酸 C18：0	2.5~5.4	花生酸 C20：0	0.1~0.6	木焦油酸 C24：0	ND~0.5

注：①ND 表示未检出，定义为 0.05% 及以下；②上列指标与国际食品法典委员会标准 CODEX-STAN210—1999 指定的植物油法典标准的指标一致。

三、大豆功能性成分的应用

大豆除了富含蛋白质和油脂外，还含有大豆异黄酮、大豆皂苷、膳食纤维、卵磷脂等功能性成分。近年来，国际上对大豆的研究取得了许多令人振奋的成果，进一步证明了大豆是一种营养价值很高的功能性食品，有很高的深度开发、综合利用价值。

（一）大豆低聚肽

大豆低聚肽是以非转基因的大豆蛋白为原料，经酶解、分离、精制、干燥等加工工艺所制得的相对分子质量在 200~800 的小分子低聚肽。大豆低聚肽氨基酸与大豆蛋白十分接近，人体必需氨基酸平衡良好、含量丰富，有益人体健康。

1. 大豆低聚肽的理化特性

（1）水溶性好　因为酶解使分子量变小、两端极性基团增加使溶解度增大，即使是 10% 的溶液仍呈透明状态。

（2）耐酸溶性高　在较大 pH 范围内（pH4~8），其溶解度均没有明显变化。

（3）热稳定性好　低黏度大豆低聚肽的溶解性不受加热的影响，作为蛋白质补充剂，其稳定性强，并且其黏度随浓度增高变化不大，受 pH 影响也不大，在高浓度时仍具有较低的黏度。

2. 大豆低聚肽的生理特性

（1）不需消化，直接吸收　大豆低聚肽具有良好的稳定性，在人体内大部分都以多肽的形式被直接吸收。

（2）促进矿物质、微量元素的吸收和补充　大豆低聚肽可与钙、锌、铁等金属离子形成有机金属络合物，保护人体所必需的金属离子和微量元素，使之处于良好的可溶状态，促进金属离子和其他微量元素的吸收和补充。

（3）抗疲劳　大豆低聚肽可提高人体血清睾酮的含量，减少肌酸激酶外渗等，具有良好的抗疲劳功能。

（4）增强免疫力　大豆低聚肽对人体免疫功能有明显促进作用，对巨噬细胞吞噬功能有增强作用；对杀伤细胞（NKC）活性有促进作用。

3. 大豆低聚肽在营养健康食品中的应用

大豆低聚肽在我国已实现产业化生产，在营养、健康食品领域得到了广泛的应用。运动饮料完美地满足了"运动+营养"的需要。大豆低聚肽的高营养性、高活性及易吸收的功能特性，已成为营养、健康食品的重要原料，已经用于制作各种营养、健康及功能性粮油食品。

4. 大豆低聚肽在食品加工中的应用

近年来，新型功能性食品配料已经成为我国食品工业研究开发的热点。大豆低聚肽因其具有的营养特性、功能特性、加工特性和工业化程度高而备受关注。以大豆低聚肽为粮油食品的基料，可开发出许多优质功能性食品、医疗食品。

（1）生产医疗食品 根据大豆低聚肽良好的氨基酸平衡和易消化吸收的特点，已经开发出了消化道手术病人康复的肠道营养食品、流质食品、营养疗效食品、运动营养食品和减肥食品。

（2）生产运动食品 利用大豆低聚肽能促进蛋白质合成和抗疲劳的特点，已经开出了增强肌肉和消除疲劳的运动营养食品以及可供运动员使用的粉剂、片剂、颗粒状食品，蛋白质强化食品和能量补充饮品等。

（3）生产减肥食品 利用大豆低聚肽能促进脂肪代谢的特点，开发出了运动减肥食品，且能保证减肥与体能同时实现。这对于从事拳击、举重、摔跤等运动员的体重体能保持具有重要意义。

（4）生产蛋白饮料 利用大豆低聚肽能在酸性（pH3.5~4.0）饮料中溶解，保持稳定性好的特点，已配制成各种风味的蛋白质饮料，供老年人和运动员使用，也可以作为普通人的营养补充剂、速溶饮品、高蛋白食品。由于老年人单位体重对氮和氨基酸的需求并未随着年龄的增加而降低，利用大豆低聚肽能直接快速吸收的特点，成为老年人食品理想的氮源强化剂。其美国安利公司的强化蛋白粉标明的主要功能性成分就是大豆低聚肽。

（5）生产保健食品 大豆低聚肽具有降低血液胆固醇的生理功效，已开发出预防心血管疾病的功能性保健食品。美国 FDA 允许大豆蛋白质制品标注"可预防心血管疾病"的功能。

（6）生产豆制食品 利用大豆低聚肽良好的吸湿性、保湿性等特点，应用于生产豆制食品，可使产品软化，改善口感，保持水分，使豆制食品的品质风味更佳。

（7）生产焙烤食品 大豆低聚肽具有良好的发泡性，用在焙烤食品中，可使产品疏松，口感好。良好的吸湿性，保湿型及发泡性，应用在面包生产中可增加面团韧性和黏弹性，减少面包失水，延缓其老化，使之质地柔软、新鲜、体积增大。

（8）生产鱼肉食品 大豆低聚肽能抑制蛋白质的凝胶性，在生产中可改善蛋白食品的硬度和口感。在制作鱼肉这类高蛋白食品时，加入适量的大豆低聚肽，可突出制品中的肉类风味和鲜香度，改进品质使之具有弹性，质地柔软适中。

（9）生产香肠食品 大豆低聚肽良好的乳化性和乳化稳定性的特点，在食品生产中迅速乳化脂肪，用于香肠的制作可增强产品的浓厚度，滋味更适口，提升营养价值。

（10）生产发酵食品 大豆低聚肽对于微生物而言是极具有价值的氮源，甚至优于游离氨基酸，尤其对于依赖外源性氨基酸的微生物，如乳酸链球菌、双歧杆菌等起到了非常重要的生长促进的作用。因此在双歧杆菌的培养基中，通常要加入适量的大豆蛋白水解物。大豆低聚肽也能促进并增强面包酵母的产气作用。因此，大豆低聚肽可用于生产酸奶，干酪、食醋、酱油等发酵食品，提高生产效率，使产品质量稳定，风味改善。

（11）生产蛋糕食品　将大豆低聚肽以一定比例加入蛋糕粉中，可改善蛋糕的网络组织结构，提高产品质量档次和口感。

5. 大豆低聚肽的应用拓展

大豆低聚肽应用，在我国已有较大进展，已研制成功的消化肽，降血脂肽等新产品，已用于医药、健康食品等领域。已建成的年产 5000t 大豆低聚肽生产线，产品各项指标达到国际先进水平，在我国实现了大豆低聚肽的规模化生产，也是目前亚洲规模最大的生产线。大豆肽粉已经成为我国第一个具有国家标准的肽类功能性膳食品原料应用在多个领域，其拓展前景喜人。

（二）大豆皂苷

大豆皂苷是从大豆饼（粕）中提取的一类化学物质，由非极性的三萜苷元和低聚糖链组成的五环三萜类齐墩果烷型皂苷产品。经酸水解后，其水溶性组分主要为糖类（如葡萄糖、半乳糖、木糖等）。

1. 大豆皂苷的生理功能

大豆皂苷具有多种的对人体有益的生理功能和生物学活性，应用广泛。

（1）调节免疫功能，增强机体细胞活力，抗疲劳。

（2）有效抵抗脂肪生成，具有减肥作用。

（3）促进体内双歧杆菌的生成，调节肠胃、防治便秘。

（4）促进雌激素代谢，延缓更年期，防止骨质疏松症。

（5）降低血脂，防止动脉粥样硬化，抑制血栓形成，改善血栓后遗症。

（6）降低血糖，提升胰岛素水平，有效防治糖尿病。

（7）抗氧化，延缓人体衰老过程。

2. 大豆皂苷的性质及应用

大豆皂苷在豆饼（粕）中的含量较高，我国已经研究出较为经济的提取和纯化方法，这为大豆皂苷的研发提供了可靠的技术保障。并已广泛应用于食品、药品及化妆品中，具有发泡性和乳化性，在食品中可以作为添加剂，改良剂应用。啤酒中添加大豆皂苷可以增加泡沫的体积，保持泡沫的稳定性，有利于改善啤酒的风味。我国市场上的大豆皂苷根据其含量区别主要有 40 型和 80 型两种。主要是制成胶囊、片剂、冲剂，作为保健食品直接食用。有些企业将其与大豆肽，大豆异黄酮，大豆磷脂等复配成"复合大豆营养素"，也有的企业成功地将大豆皂苷添加到乳制品中。目前的大豆皂苷产品以高中档为主，其应用领域也以药品，保健食品为主，正日趋多元化，应用领域将进一步扩大。大豆皂苷作为功能性食品配料已成功地添加到乳品、饮料、肉制品、焙烤食品及调味品等多种加工食品中。

大豆皂苷的质量已有国家标准（GB/T 22464—2008《大豆皂苷》），由此可见，它已经是一种成熟的功能性产品。

（三）大豆膳食纤维粉

大豆膳食纤维粉来自大豆皮，是难得的膳食纤维产品，纯度高，口感好，附加值高。生产各种豆制品产生的豆渣，是其加工原料，数量可观，资源十分丰富。

1. 大豆膳食纤维的生理功能

经过微生物降解处理所得到的大豆膳食纤维尽管不能再为人体提供常见的六大营养物质，但对人体却具有重要的生理活性功能，已被世界公认为"第七大营养素"。

（1）增强人体免疫功能　可提高人体巨噬细胞率和巨噬细胞吞噬指数，并可刺激抗体的产生，从而增强人体免疫功能。

（2）防治高血压、心脏病和动脉硬化　人体胆固醇和胆汁酸的排出与膳食纤维有着极为密切的关系，大豆膳食纤维中的水溶性膳食纤维有明显降低血胆固醇浓度的作用，是动脉血管的健康卫士。

（3）防治糖尿病　不溶性食物纤维能促进人体肠胃吸收水分，延缓葡萄糖的吸收而产生饱腹感，可作为糖尿病人食品和减肥食品加工的原料之一。

（4）预防肥胖症　由于膳食纤维取代了食物中一部分营养成分的数量，使可以消化吸收的食物总摄入量减少，减小了对脂肪的吸收率而起防治肥胖症的作用。

（5）防治胃肠道肿瘤　膳食纤维可促进胃肠道蠕动，减少有害物与之接触和吸收的机会而有效防治肿瘤的发生或发展。

2. 大豆膳食纤维的应用

由于膳食纤维本身的特性以及对人体的生理效应，在食品加工原料中适量添加不同类型的膳食纤维产品，可制成具有不同特色的功能食品和风味食品。

（1）在健康食品中的应用　膳食纤维的功效已经为世界公认。增加饮食中膳食纤维的含量可减少患冠心病的几率；减轻饮酒对胰脏的损伤；降低血清中胆固醇含量；提高肾切除后对氮的排泄功能等等。已研发的保健食品主要有：大豆膳食纤维饮料，低热量木糖醇豆乳，大豆膳食纤维饼干、面包，大豆木糖醇健康饮料等，产品多样，范围很广。

（2）面包生产中的应用　面包已成为人们的主食，也是最便于添加强化剂大豆膳食纤维的粮油食品。在面包中添加可延迟面包"老化"，延长货架期。还可以改善面包蜂窝状组织和口感，改善面包的色泽，提高其品质，增大其体积。

（3）饼干生产中的应用　饼干属焙烤类粮油方便食品，便于较大比例地添加大豆膳食纤维，面团的可塑性增加，模纹清晰；产品的咀嚼感好，酥脆性增加，还能提高产品的风味。

（4）糕点生产中的应用　糕点在制作过程中添加大豆膳食纤维，可吸附多量水分，有利于糕点保持体积，保鲜降低成本，其添加量一般为面粉的 20%~25%。

（5）面条（挂面）生产中的应用　面条（挂面）中添加大豆膳食纤维，可改善产品的烹煮品质，使之韧性好，耐煮耐泡，不易断条。添加技术的关键是掌握合适的添加量和不同的膳食纤维，如含有果胶质或葡甘聚糖较多，不仅不断条，不混汤，口感更滑爽。一般添加量为 5%。

（6）在调味品、饮料和肉制品生产中的应用　将大豆膳食纤维用乳酸杆菌发酵处理后可以生产大豆乳清饮料；可以用于多种碳酸饮料（如纤维饮料、果汁饮料、高纤维豆乳等）的生产；可作为酱汁及调味品的增稠剂；可用作肉制品和鱼类制品的胶冻，发挥保水、保油之功效。

304 **（四）大豆异黄酮**

大豆异黄酮是大豆的次生代谢产物，东北春大豆品种含异黄酮平均为 332.9mg/kg；南方地区品种平均为 189.90mg/kg。如今我国既是大豆生产大国，也是进口大国，开发大豆异黄酮资源充裕。提取大豆异黄酮并开发其系列医药、健康食品，已引起国内外营养专家的高度重视，自 20 世纪 90 年代以来，随着大豆异黄酮的抗氧化作用以及对妇女更年期障碍、骨质疏松症、乳腺癌等具有预防效果的发现，为其主题的相关研究与市场极为活跃。

我国生产大豆异黄酮的单位已有 20~30 家，已向市场推出大豆异黄酮胶囊、大豆异黄酮口含片等制品，纯度已达到 90%以上，作为一类新药原料，已实现出口创汇，其中抗癌、防癌成分染料木素（G）含量达 80%以上。

1. 大豆异黄酮的生理功能

大豆异黄酮独特的生理活性，对人体具有预防骨质疏松症、抗氧化活性、预防心血管疾病、缓解更年期综合征及阿尔茨海默症等疾病而被广泛应用。临床医学实验同时表明，过量摄取（超过上限值）大豆异黄酮，有破坏女性激素平衡的危险，每日摄取的上限为 70mg；饮食以外的追加摄取量上限为 30mg（按非配糖体游离型大豆异黄酮换算值）；对孕妇和未满 15 岁儿童不推荐追加摄取量。

2. 大豆异黄酮的类型

大豆异黄酮是含在大豆胚芽中多种异黄酮衍生物的总称。在大豆和大豆食品中的大豆异黄酮，可分为"配糖体型"和"游离型"两种类型，前者是以糖苷配基与糖部分结合形态，豆腐等大豆食品和多种健康食品均为此型，因分子量大，在胃肠中有吸收低的缺点；而"游离型"则是以糖苷配基与糖分离的形态，多含在传统的豆酱和纳豆等大豆发酵食品中，因为分子质量小，在胃肠中吸收率高。人体摄取的大豆异黄酮的配糖体，由于肠内细菌的作用，可变为游离型大豆异黄酮，经肠道被吸收。通常，"配糖体型"大豆异黄酮摄取 50mg 时相当于摄取"游离型"大豆异黄酮 30mg。

3. 大豆异黄酮的提取技术

不久前我国采用树脂层析技术提取大豆异黄酮获得成功。主要是优选富含大豆异黄酮的大豆品种，获取理想的脱脂大豆饼（粕）后，采用大孔树脂层析技术去除大豆异黄酮粗品中含有的低聚糖和大豆皂苷等"杂质"，实现了产品的纯化（纯度达 86.3%），可用于生产大豆异黄酮口服液等医用制品，供特殊人群服用。提取 1kg 大豆异黄酮成品，需要优质的大豆原料 1t 左右，由此可见大豆异黄酮产品之精粹。

（五）植物甾醇和维生素 E

植物甾醇作为一种微量生理活性成分，主要来源是食用植物油脂。大豆油中含有 β-谷甾醇、豆甾醇、菜油甾醇等种类，总甾醇含量 0.32%~0.4%。

1. 植物甾醇的性质及医药应用

大豆甾醇是大豆细胞的重要组成部分，为白色或淡黄色结晶粉末，是性质稳定的中性脂质，比重略大于水，不溶于水，也不溶于酸碱，可溶于多种有机溶剂。熔点在 100℃以上，最高达 215℃。β-谷甾醇的熔点 138℃，豆甾醇熔点为 170℃，是一类耐热稳定成分，无臭，无味，是油脂中的主要"不皂化物"。大豆甾醇对人体具有重要的生理活性作用，能够抑制人体对血液胆固醇的吸收，促进胆固醇降解代谢，抑制胆固醇的生化合成；有良好的抗炎作用，在治疗牙周炎、牙周肿痛、口臭、促进伤口愈合等方面均有促进作用。如牙周炎、口腔溃疡及支气管哮喘的谷甾醇软膏与片剂，均采用 γ-谷甾醇、豆甾醇直接入药。天然植物甾醇、甾醇化合物已被食品科学家誉为"生命的钥匙"而开启人类保健产品的新空间。

2. 植物甾醇在食品加工中的应用

由于天然植物甾醇的保健功能和安全性好，可作为新型营养健康食品添加剂直接加入到食品（饮料）中，以提升功能性食用价值。近几年来，西方国家一些食品厂商已研发出系列含植物甾醇的健康食品，如冰淇淋、色拉酱、酸奶、口香糖、饼干、饮料以及其他含植物甾醇的功能性食品，市场效益上升。植物甾醇是食用植物油脂加工的副产品，一般在回收天然维生素 E 时同时提取。我国生产的植物甾醇产品已经达到95%的高纯度。河北保定市的一家企业并用于生产雄烯二酮（AD），产品除部分用于国内，大部分出口德国、韩国、美国、芬兰等国家，效益可观。

3. 维生素 E 和植物甾醇的提取

生产大豆一级油时，从"脱臭"流出物中提取维生素 E，回收率高达85%以上，一次性提纯到90%以上，这种先提取维生素 E，再提取大豆甾醇的生产工艺不久前已在我国获得成功，并已形成年产 300t 高纯度维生素 E 和 400t 大豆甾醇的生产能力。这项维生素 E 和大豆甾醇生产新技术、新工艺的生产化，提升了我国油脂行业的深加工综合利用能力和社会、经济效益，可喜可贺。

第二节　花生和花生油

花生（又称落花生、长生果等）在世界六大洲均有种植。我国花生的产量居世界第二位，在我国的分布较广，北方以种植普通型大花生为主，产量占全国总量的50%以上，是我国主产区和出口基地。花生是我国重要的经济作物，是油脂和花生食品加工的主要原料。花生食品是营养和健康成分最集中、最合理、最丰富的食品之一；传统的花生制品是中华民族最普通、最亲近、最喜爱的营养源。花生食品不仅养育了中华民族，还支持了中华五千年持续发展的农业。

发展花生加工产业，具有强劲的市场驱动力，蕴藏商机无限。我国花生产业正在利用高新技术，使花生油脂、花生蛋白、磷脂、多酚等营养功能性成分开发形成生产规模。2020 年，我国花生产业正在油用型向食品型方向转化，使花生这一宝贵的食材为健康中国贡献出更多辉煌。

一、花生简介

花生分为大粒、中粒和小粒品种，由种皮和胚乳、胚芽三部分组成。种皮薄，有紫色、紫红色、暗红色、红色、粉红色、红白相间及白色等颜色。

（一）花生的营养价值

花生是我国五大油料之一，含油率在 40%~55%。花生的营养成分见表 12-4。

表 12-4 　　　　　　　　　　花生的营养成分及含量 　　　　　　　　单位：mg/100g

成分	含量	成分	含量	成分	含量	成分	含量
蛋白质/（g/100g）	25.0	胡萝卜素/（μg/100g）	30.0	钙	39	镁	178
脂肪/（g/100g）	46.0	维生素 B_1	0.72	磷	324	锰	1.25
糖类/（g/100g）	16.0	烟酸	17.9	铁	2.1	锌	2.5
膳食纤维/（g/100g）	5.5	维生素 C	2.0	钾	587	硒/（μg/100g）	3.94
能量/（kJ/100g）	563	维生素 E	18.09	钠	3.6		

花生宜熟食，因生花生中含有胰蛋白酶阻碍因子、甲状腺肿素、植物性血球凝集素等对人体健康不利的成分，在加热时它们均被破坏（或失去活性）。花生的营养丰富，其中钙、磷、铁、硒等微量元素含量比鸡肉、猪肉等动物性食物还高。所以，花生又有"田中之肉"的美誉。花生饼（粕）中营养成分也很丰富，除了可以提取加工成花生蛋白粉、浓缩花生蛋白、分离花生蛋白等产品外，还是酿造酱油的尚好原料。

（二）花生的健康价值

花生是一种重要的高能量、高蛋白和高脂肪类植物性食物资源，是集营养、保健和抗衰老功能于一身的优质食品，也是一种营养健康价值较高的多功能食品。中医学认为，花生性味甘、平，对人体具有健脾、开胃、养血补血、滋养调气等功效。花生蛋白中的赖氨酸、蛋氨酸等人体必需氨基酸的种类齐全，比例也较为合理，人体消化吸收率高达 90%。花生不仅具有防治动脉硬化、心脑血管疾病以及血小板凝集止血作用，还含有一种生物活性很强的天然多酚类物质——白藜芦醇，它可有效预防一些肿瘤的发生。被列为美国"100 种最热门有效的抗衰老食物"之一。

花生种皮提取物可作为食品和饮料的功能性添加剂，它含有芦丁、藤黄菌素等黄酮化合物和 β-谷甾醇及其配糖体、原花青素苷等多种活性成分，具有抗氧化、止血降血压及抑制蛋白质糖化等功能。选取花生壳煎汤，去渣取汁代茶饮用，对动脉硬化、高血压和冠心病等病症都有辅助治疗效果。

（三）花生的特异性反应

花生的营养十分丰富，是人们蛋白质的良好来源，但是近年来，花生过敏时有发生，影响着患者（尤其是少儿）的健康，表现为：瘙痒、舌头和咽喉肿胀、气道收缩、血压骤降、心率加快、恶心呕吐乃至昏厥。如果不及时送医，患者会丧失生命。

过敏反应多由某种蛋白质引发，原因难寻，千差万别，其应急措施有以下几种。

（1）免疫疗法　采用免疫疗法可缓患者对花生（蛋白）的反应。为此，专家们建议，每一位花生过敏症患者随身携带 EpiPen（预装肾上腺素的自动注射器），以备在必要时进行解救。

（2）用全营养配方食品　食物蛋白过敏病人用全营养配方食品，作为 GB 25596—2010《特殊医学用途婴儿配方食品通则》中适用于食物蛋白过敏婴儿的配方食品，适用于 1 岁以上的小患者。此类食品的蛋白配方是小分子肽（或氨基酸），所使用的氨基酸来源应符合 GB 14880—2012《食品营养强化剂使用标准》的规定。

（四）花生食用价值的新发现

花生是我国人民的传统美食，一年不分四季，人人喜欢百吃不厌，尤其是对少年儿童提高记忆力、增进生长发育十分有益；对中老年人有滋补保健之功效。经常食用可补养血脉，补脾润肺，有滋润肌肤的效果。在我国民间还流传着许多花生治病的验方，如将花生用醋浸泡 7d 之后，每天坚持适量食用，具有降低血压的疗效。花生（带红衣）煮食，可辅助治疗血小板减少症。研究证明，花生红衣能抑制纤维蛋白的溶解、促进骨髓制造血小板、加强毛细血管的收缩功能，对各种出血性疾病有止血效果。

1. 花生是低血糖指数食品

有研究证实，花生食品可使人们患糖尿病的风险降低 30%。这是因为花生细胞壁较厚，并有弹性，加之淀粉含量低，是一种低血糖指数食品（GI≤55）具有调控血糖的作用远低于谷物食品的血糖指数。经常食用花生及制品，可以降低Ⅱ型糖尿病发病率。其机理被归纳为调节能量平衡、耐饥饿、有助减少食物摄入量。

2. 花生是双向调节食品

美国心脏病学会大力提倡食用花生油，美国国家医学科学院将花生和花生酱列为健康饮食的推荐食物。花生在解决人类营养不良和肥胖问题中的双向调节作用越来越受到全球营养学专家的重视。美国哈佛大学及波士顿妇女医院的一项研究成果也证实，花生油及花生制品能够有效帮助人们控制体重、防治肥胖。这是因为花生油中油酸（18：1）的含量高达 50%左右，它有助于人体内多余热量的转化而控制体重。花生还富含膳食纤维素，可清除人体肠道内的脂质而减少肥胖。

3. 花生是长寿食品

每 100g 花生的含锌量高达 8.48mg，是大豆的 7 倍。锌微量元素能促进少儿的大脑发育，激活中老年人的脑细胞。对延缓衰老、健康长寿有特殊的作用。常食花生及制品可降低血小板聚集而缓解心脑血管疾病的发生。

4. 花生是抗氧化食品

花生含有一种生物活性很强的多酚类物质——白藜芦醇，它是肿瘤类疾病、降低血小板聚集、防治动脉粥样硬化的预防剂，具有抗氧化和稀释血流的性能，有助改善心血管健康。

花生这些食用价值的新奥秘揭示，为花生的身份增添了砝码，提高了声誉，这就需要我们重新、全面、充分地认识花生及制品在中国公共营养改善和提高中的价值作用。花生及制品这种高热能、高蛋白和高油脂植物性粮油食品的开发和利用，更富有经济、社会效益和医疗保健价值。

二、花生油

花生油色泽淡黄、气味芳香，滋味美好，营养价值高，是一种优质食用植物油。有浓香花生油和多种烹调花生油制品。可以直接用于烹调、煎炸、制作糕点等多种食品，还多用于配制食用调和油。花生油是我国民众的主要食用植物油脂品种之一，售价不菲，地位显赫。

（一）花生油的营养、健康价值

花生油性味甘、平，有滑肠下积、降低血液胆固醇、延缓人体细胞衰老等健康价值。有辅助治疗蛔虫性肠梗阻、防止动脉粥样硬化和冠心病等药用价值。

花生油含油酸 35%～67%，亚油酸 13%～43%，另外还含有软脂酸等多种饱和脂肪酸，构成比较合理，易于人体消化吸收。花生油中还含有甾醇、酚类、维生素 E 等对人体健康有益的活性物质、功能性成分。经常食用花生油，还有防止皮肤皲裂等功效。

（二）花生油的理化指标

花生油的理化指标见表 12-5。

表 12-5 花生油的理化指标

指标	数值	指标	数值
折射率（n^{40}）	1.460～1.465	皂化值/（mg KOH/g）	187～196
相对密度（d_{20}^{20}）	0.914～0.917	不皂化物/（g/kg）	≤10
碘值/（gI/100g）	86～107		

（三）花生油是"中国橄榄油"的新奥秘

国内外营养学家通过科学实验证明：花生油膳食同橄榄油膳食一样，在预防人体心血管疾病方面有效。这个新奥秘的揭示，为人类健康与饮食营养的关系，尤其是花生油与健康的关系推向了新的高度。

1. 花生油同橄榄油一样，可有效预防心血管疾病

橄榄油早已风靡世界，被誉为"西方第一油"和"食用油皇后"。花生油主要产在中国，是中国人理想的食用油脂，很多地区都有吃花生和花生油的传统习俗，花生油的消费占中国居民总植物油消费的 17%，是中国居民的烹调用植物油的主要品种之一。美国的艾森特教授对橄榄油、花生油和花生制品与心血管疾病的关系进行了长期研究后评价：食用橄榄油可使心血管疾病发生的危险性降低 25%，食用花生油及花生制品可降低 21%。这是由于高油酸作用所致——橄榄油中含油酸高达 72%～83%，花生油的油酸含量高达 35%～67%。

单不饱和脂肪酸与多不饱和脂肪酸的不同之处在于：前者在降低人体血液总胆固醇、低密度脂蛋白胆固醇时，不会降低高密度脂蛋白胆固醇。科学家发现，食用花生油及花生制品可显著降低人体血液中 7%～25% 的总胆固醇含量和 10%～33% 的低密度脂蛋白胆固醇水平，减少罹患冠心病的风险。有专家预言，随着我国人民生活水平的不断提高，花生油有望成为"东方第一油"，与橄榄油形成"东西抗衡"的大好局面。

2. 花生油有益于人体心脏健康

有研究结果显示：富含高油酸的花生油膳食和花生油加花生膳食与低脂膳食一样，均降低了总胆固醇和低密度脂蛋白胆固醇。另有检测发现：花生油中含有总甾醇 0.19%～0.47%，其中 β-谷甾醇 54%～78%、豆甾醇 6%～15%、菜油甾醇 10%～20%、实验证明，β-谷甾醇对人体具有降低血液胆固醇，预防心脑血管疾病的功能。

3. 花生油与橄榄油的特点

（1）花生油与橄榄油都是高品质的植物性油脂，是国内外人们喜欢的食用油。其共同特点：一是油酸含量高；二是均为压榨法制取，最大限度地保留了油脂中的天然活性功能成分，使油品原汁原味，保证了成品油的安全、卫生、无污染。

（2）二者的不同特点是：橄榄油味淡，适合西方人口味，深受西方人的喜爱；花生油浓香扑鼻，适合中国人讲究食品色、香、味的传统饮食习惯。

以上新奥秘的指示，为花生油的身份增添砝码，有利于研发花生系列食品，为市场提供高品质的花生产品，既能创造良好的社会和经济效益，又可为提高公众营养健康水平做出新贡献。

三、花生功能性成分的应用

我国花生产业已步入良性发展时期，在我国的制油工业，尤其对于花生中油脂的制取新工艺、新技术的研究已取得了新成果，并制取了花生不变性蛋白粉，为花生中功能因子的开发利用提供了高品质的原料，保留了丰富的功能性成分：花生四烯酸（ARA）、山嵛酸、白藜芦酸、卵磷脂、维生素 B 族、维生素 C、维生素 E 以及微量元素钙、铁、硒等。

（一）花生蛋白活性多肽

花生蛋白活性多肽是花生蛋白质经酶解得到的多肽混合物，属于人体易于消化吸收型的功能性短链活性多肽，相对分子质量已经达到寡肽的水平，平均在 1000 以下；含有 18 种氨基酸，包括人体必需的 8 种氨基酸。有效成分活性蛋白肽的含量占 97%。花生蛋白活性多肽是一类具有重要生理功能的功能性物质，被视为"新兴的营养保健源"和"极具发展潜力的功能因子"，已经实现了工业化生产。《植物油料与功能肽高效制备产业化》项目经过我国武汉轻工大学、江南大学等高等院所及企业的 16 年共同攻关，项目成果已获得省部级一等奖三项，发明专项 18 项。

1. 花生蛋白活性多肽的性能

花生蛋白活性多肽的物化性质优良，其溶解性、耐热性、稳定性、可吸收性均优于花生蛋白粉。在高浓度下黏度依然较低；在较宽的 pH 范围内保持溶解状态；具有很强的吸湿性和保湿性；渗透压低于氨基酸；能抑制蛋白质形成凝胶，有调节产品结构、品质的功能。可应用于营养健康食品、减肥食品、婴儿和儿童配方食品、运动员食品和医疗食品的生产。还可作为营养、功能性食品添加剂（花生香味料），生产出多种直接食用的终端产品。

2. 花生蛋白活性多肽在食品加工中的应用

（1）用于营养功能性食品　将花生蛋白活性多肽加入鲜牛奶中，可以改善牛奶的风味，使之更符合中国人的饮食习惯，同时可增加牛奶的蛋白质含量，使牛奶的营养更丰富。添加不同比例和不同分子片段的花生肽，可以使牛奶成为具有不同功能的食品（如降低血脂、减肥牛奶，美容、抗衰牛奶等）。

（2）用于糕点、休闲食品和粮油食品　由于花生蛋白多肽的持水性能良好，在糕点、休闲食品、粮油食品中添加，可改善产品的口感和风味，提高蛋白质含量，使营养更均衡。

（3）用于饮料食品　将花生蛋白多肽作为饮料的营养、功能添加剂生产的饮料，常饮用可改善人体肌肤的持水性，使皮肤滋润且富有光泽。

（4）用于医疗食品、运动员食品　花生蛋白活性多肽可由肠道不经降解直接被人体吸收，可作为肠道营养剂或以流质食物的形式提供给特殊膳食人群，特别是消化道手术后的康复者；也是运动员、宇航员迅速恢复体力的理想蛋白源，制作营养棒、能量棒等食品。

（5）用于免疫功能食品　由于花生蛋白活性多肽能够为人体提供丰富的氨基酸、促进蛋白质合成，抑制核糖核酸酶活性下降，清除人体内的自由基，提高人体免疫功能。所以花生蛋白活性多肽可作为添加剂，制作免疫功能性食品和饮料。

（二）花生红衣

花生红衣富含功能因子，是一种很好的生产功能型粮油食品的原（辅）料，其营养、健康价值不凡。

1. 花生红衣的生理功能

花生红衣较之花生含有更多的多酚类和黄酮类、花青素等功能性成分，具有很强的抗氧化功能。

2. 花生红衣在食品加工中的应用

在花生制品中加入适量的花生红衣，能使之更有营养和增加膳食纤维的摄取量。现在，花生红衣已应用于多种食品和医药品（止血）的生产，它的应用也为功能性粮油食品原（辅）料新资源的开发带来了新的启迪。

第三节　油茶子和油茶子油

在我国南方地区，人们食用茶子油已有悠久的历史。油茶主产区在我国西南、中南、华东等地区，油茶、油棕、油橄榄和椰子并称为世界四大木本食用油料植物，也是我国最具特色的乡土油茶树种。茶子油是我国特有的传统食用植物油，其历史源远流长。我国油茶子油年产量已由 2008 年的 20 多万吨，增加到 2018 年的 105 万吨，产品除畅销全国各地外，还远销日本、韩国、东南亚国家和我国的港澳台等地区。油茶产业蓄势待发、方兴未艾，是一种利国惠民的绿色产业。国家提倡发展油茶林，防治荒漠化，共建绿色美丽家园，为油茶产业的发展注入了强大的动力。

一、油茶子简介

油茶子呈球形，由种皮和种仁构成，种仁呈白色（或象牙色），含油率在 38% ~ 53%，所制取的油脂是一种优质食用油。

二、油茶子油

油茶子油以油茶籽为原料所制得的食用植物油。

（一）茶子油的营养健康价值

对茶子油和橄榄油进行的对比研究结果表明，二者的构成成分尽管有相似之处，但茶子油的食和疗双重功能实际上优于橄榄油。茶子油作为中国特色食用植物油素有"东方第一油"之称。维生素 E 的含量也比橄榄油高出 1 倍，并含有山茶苷和茶多酚等功能性成分，具有很高的营养、健康价值。

经常食用茶子油，对于心脑血管疾病具有很好的医疗健康作用。随着人们保健意识的不断提高，食用茶子油的人越来越多，并广泛用于食品加工。茶子油性味甘、凉、平，对人体具有清热化湿、杀虫、解毒的功效。中医常用作辅助治疗清胃润肠、胀气胀痛、急性蛔虫阻塞性肠梗阻、疥癣、汤火伤和习惯性便秘等病症，在《本草纲目》中已有所记载。如选用油茶子油 10～15mL 加入 3～5mL 蜂蜜，每日早、晚各服用一次，3～5d 即显通便之效。

联合国粮农组织已将油茶子油作为重点推广的健康型高级食用植物油。茶子油日本人称之为"椿油"，在东南亚国家和地区又被誉为"东方橄榄油"，享有良好的声誉而被优选为日常食用油品。人们食用茶子油除营养因素外，对于食用油的偏好还受到地域环境特点和膳食习惯的影响。中东地区，气候干旱，土地沙化，蔬菜匮乏，当地人在清晨空腹饮用 2 勺茶子油，以满足身体对各种维生素的需求，已是流行千年的习俗。

在中国民间也有妇女产后食用茶子油的传统习俗。客家风俗中，产妇坐月子都会食用茶子油煮的鲫鱼汤来补充营养，恢复体力，因此，又称它为"月子油"。

茶子油和橄榄油的脂肪酸构成相似，可谓同胞兄弟（或姐妹）。

（二）茶子油的保健医疗价值

茶子油中富含油酸和亚油酸，不饱和脂肪酸含量高达 90% 以上，经检验，茶子油中还含有 DHA（二十二碳六烯酸）等功能性成分，因此，人们经常适量食用茶子油可降低人体血液胆固醇，防治心血管粥样硬化，可有效阻击亚健康。茶子油具有"不聚酯"性的特点，茶子油丰富的单不饱和脂肪酸，能与人体内的分解酵素产生作用，被碳酸气分解转换为能量，可阻断脂肪在人体内脏及皮下生成，从根本上开启了人体减肥之门。尤其精炼加工过的茶子油，"不聚酯"性（淡雅、不油腻）更为显著。

茶子油中含有微量的山茶苷、山茶皂苷和茶多酚等功能性成分。其中山茶苷对人体具有强心作用，山茶皂苷有溶血栓作用，茶多酚可降低血液胆固醇，预防肿瘤作用。中老年人群可因适量食用茶子油而受益，老当益壮。传统医学对茶子油的医疗保健功效也早有较详尽的论述，《中国药典》将茶子油列为药用油脂，可用于改善人体血液循环，降血脂，辅助治疗高血压、心脑血管疾病；促进消化系统功能，防辐射；对产妇有良好的营养、保健、恢复体力作用；有助于婴幼儿大脑及骨骼发育；可润泽肌肤、乌黑头发。在我国世代以茶子油为主要食用油的居民地区，调查者发现极少有心脑血管疾病患者，具有我国"长寿之乡"美称的广西巴马县就是其中一例。

我国的茶子油其单不饱和脂肪酸的含量是所有食用植物油脂中最高的，以茶子油在抗击各种疾病方面凸显出其有效作用。其功能的发现在世界医学、营养学史上是继氨基酸、蛋白质之后又一重要的里程碑，对预防和治疗心脏病、心脑血管疾病、肥胖症、糖尿病、老年痴呆、调养心智健康等都有显著效果。

（三）茶子油的理化指标及脂肪酸组成

（1）茶子油的理化指标　见表 12-6。

表 12-6 茶子油的理化指标

指标	数值	指标	数值
折射率 (n^{40})	1.460~1.464	皂化值/(mg KOH/g)	193~196
相对密度 (d_{20}^{20})	0.912~0.922	不皂化物/(g/kg)	≤15
碘值/(g I/100g)	83~89		

（2）主要脂肪酸组成 饱和脂肪酸 7~11%，油酸（C18：1）74%~87%，亚油酸 7%~14%。

茶子油的主要成分是油酸，所以，不易氧化变质，热稳定性好，耐贮藏。与橄榄油很接近，现被营养学家誉为"东方橄榄油"。常见油脂的脂肪酸组成见表 12-7。

表 12-7 常见油脂的主要脂肪酸组成 单位：%

油脂品种	饱和脂肪酸	不饱和脂肪酸			其他脂肪酸
		油酸	亚油酸	亚麻酸	
橄榄油	10	72~83	3.5~21.0	1.0	—
茶子油	7~11	74~87	7~14	1.0	—
花生油	19	35~67	13~43	0.3	1
葵花子油	14	14~39.4	48.3~74	ND~0.3	—
大豆油	16	17.7~28	49.8~59	5~11	3
芝麻油	15	34.4~45.5	36.9~47.9	0.2~1.0	0.7
棕榈油	42	35~44	9~12	ND~0.5	2
椰子油	92	0	6	2	—

从表 12-7 可知，茶子油的饱和脂肪酸为 7%~11%、橄榄油为 10%，两者比较接近；茶子油的油酸含量为 74%~87%，橄榄油的油酸含量 72%~83%，也比较接近；亚麻酸含量相等（1%），由此表明二者并肩媲美。从茶子油的理化指标可知茶子油的碘价为 83~89g I/100g，属于不干性油，是我国特有的食用油脂，品质优良。

三、油茶子油功能性成分的应用

油茶子油可广泛应用于我国食品工业，使用茶子油所烹调出的各种粮油食品颜色鲜黄，香酥可口，无油腻感，保酥时间长。茶子油属于一种不干性油，可用来制作人造奶油及医药用油等。我国广西已建成年产茶子油 600t 生产线，同时还生产出山茶油系列产品山茶油丸、茶皂素及高级美容化妆油等，延长了产业链。2008 年，我国湖北五峰县已创建年产茶子油 6000t 生产线，同时还生产亚油酸胶囊和化妆品。其茶籽饼（粕）除用来提取茶皂素，高蛋白饲料等产品外，还出口国外换取外汇，具有良好的社会、经济效益。

第四节 油橄榄和橄榄油

油橄榄树（又称洋橄榄、齐敦果）是一种以"高产、优质、高效益"为特征的世界名贵优质木本油料作物，主产于地中海周边西班牙、希腊、意大利、阿尔巴尼亚等国家。1965年橄榄树种在我国甘肃陇南等地区引种成功，突破了远东不植油橄榄的历史。目前油橄榄主要分布在我国的甘肃、陕西、四川、云南等省。

一、油橄榄简介

油橄榄的果实呈绿色，秋季成熟时变黑色，这时果实中含油量最高，含油率（干基）35%~40%，大约10%的橄榄果用于生产水果罐头或上餐桌食用。

（一）油橄榄果的营养价值

油橄榄果内含有丰富的营养，除了油脂外，还有丰富的维生素E、维生素A原、抗氧化剂以及矿物质。因此，油橄榄是十分健康的食品，也是地中海饮食中颇有代表性的食物。营养界一直推崇地中海式美食，因为那象征着健康的饮食生活方式。已有不少研究证明，生活在地中海地区的人口整体寿命较长。而油橄榄一直是地中海饮食不可或缺的代表性元素。过去，在地中海的乡村地区，油橄榄与面包一样，都作为果腹的主食品。现在，地中海地区的人们喜欢将青橄榄作为开胃小菜或者搭配面包食用，在家庭中自制的比萨和甜甜圈中则喜欢撒上黑橄榄。橄榄油在中国市场已不罕见，已越来越被人们选用。油橄榄果的主要营养成分，见表12-8。

表12-8		油橄榄果的营养成分及含量			单位：mg/100g	
成分	含量	成分	含量	成分	含量
蛋白质/（g/100g）	0.8~1.2	磷	18	硒/（μg/100g）	0.35
脂肪（干基）	35~40	铁	0.2	烟酸	0.7
糖类/（g/100g）	11.1~12.0	钾	23	胡萝卜素/（μg/100g）	130
膳食纤维/（g/100g）	4.0	镁	10	维生素C	3.0
能量/（kJ/100g）	49	锰	0.48		
钙	49	锌	0.25		

橄榄果的食用价值主要的在于富含油脂和含有具抗炎和抗氧化功能的橄榄多酚。国外开发出了大量以橄榄提取物为基料的膳食补充剂、功能食品和护肤品，在市场十分流行，目前也进入我国市场推广，一款名为"海德思"的产品，是橄榄提取物的水溶性冻干粉，含6%橄榄多酚和2.5%羟基酪醇，具有很强的抗氧化性能，对降低心血管疾病的发生、预防炎症效果好。

（二）油橄榄的健康价值

我国《中药大辞典》记载：橄榄主治清肺、利咽、生津、解毒、咽喉肿痛、咳嗽

314 吐血、菌痢、癫痫、解河豚毒及酒毒等功能。现代研究发现，橄榄果、叶中含有丰富的黄酮物质（3%~5%），其提取物粗品收率达10%。橄榄黄酮对金黄色葡萄球菌、大肠杆菌、痢疾杆菌、黑曲霉、黄曲霉等都有较强的抑菌作用。此外，橄榄含有丰富的超氧化歧化酶（SOD）、维生素C、多酚类物质及多糖等活性物质，有清除人体氧自由基的功能，对致癌物质 N-亚硝基化合物的合成，有阻断作用。

橄榄果还含有丰富的磷脂，其中47.3%~58.9%为卵磷脂（PC）、5.3%~8.0%为脑磷脂（PE）、18.0%~23.9%为肌醇磷脂（PI），橄榄果具有重要的食用价值和医用价值。我国以油橄榄餐用品种果实为原料，经特定工艺加工制成糖水青橄榄、盐水青橄榄、盐水发酵青橄榄、盐水发酵黑橄榄、油橄榄果酱以及油橄榄蜜饯、餐用油橄榄罐头等制品，具有油橄榄果特有的美好滋味，酸甜适口，深受国人的喜爱，有些产品还出口创汇。

二、橄榄油

橄榄油是植物油脂中唯一纯净和自然状态的食用油品。它是在常温下直接从新鲜橄榄果肉中榨取的果汁，无须精炼加工，是100%的纯天然绿色食品。

（一）橄榄油的营养价值

橄榄油的榨取过程纯属物理性，由于它全部保存了油橄榄新鲜果实中的各种营养成分，欧洲人誉其为"餐桌上的皇后""健康之良友"是不算夸张的，不失为一种优秀的食用植物油脂，其优点很多。

（1）橄榄油在烹调中的用量小，勿需要加热到高温就可烹炒菜肴，所烹调的菜肴色泽清亮，诱人食欲；直接入口或拌制菜肴更为理想。

（2）烤肉、烤鸡鸭时，在表面涂抹少许橄榄油，无油烟、不污染环境，产品鲜嫩可口。

（3）初榨型橄榄油最大程度地保存了对人体有益的成分，有新鲜橄榄果的芳香和绿叶的美丽，用于凉拌食物，是完全天然的沙拉油。橄榄油调和油，营养成分更为均衡，带有新鲜橄榄果味、清香淡雅、平和不腻，用于烹炒、煎炸、凉拌均可，是理想的凉拌、烹调用油。

（4）橄榄油适于高温烹调，特别是在130~190℃的高温下进行油炸，橄榄油给食物裹上一层金黄色的脆壳，令其更为可口诱人，同时不损其营养价值。另外，橄榄油并未渗入食品内部，所以用橄榄油炸过的食物显得比较清淡、容易消化。只要最高温度不超过190℃，橄榄油是不会分解的。可以重复使用几次，只需在油炸之后将其滤净即可。炸过的油冷却后存放在加盖的搪瓷、上釉陶瓷或不锈钢器皿内，以防氧化变质。

（二）橄榄油的保健价值

橄榄油所含油酸、亚油酸的含量与母乳成分相近，容易被人体消化吸收。含的不饱和脂肪酸多，而饱和脂肪酸少，是一款保健价值很高的油品。几种油脂的脂肪酸组成见表12-9。

表 12-9   几种油脂的脂肪酸组成   单位:%

成分	橄榄油	芥花子油	大豆油	花生油
不饱和脂肪酸	90	87	85	81
饱和脂肪酸	10	13	15	19

（1）能减少心血管病的发生　橄榄油里的油酸能维持胆固醇浓度的平衡，可以防止大脑的衰老，预防早期老年性痴呆。促进骨骼和神经系统的发育，有助于增强人体对矿物质磷、锌、钙等的吸收。

（2）女性坚持每天食用一次以上橄榄油，患乳腺癌几率可降低 45%。

（3）经常食用橄榄油可以防止和减少类风湿关节炎的发生。

（4）橄榄油的吸收率高，有助于减少胃酸，缓解发生胃炎、十二指肠溃疡等，还能刺激胆汁分泌，减少胆囊炎的发生。橄榄油以其独特功效被英、美等国家列入了药典。因此，在芬兰举行的食品与健康国际研讨会上，橄榄油被公认为"绿色保健食用油"、新世纪最有希望的防癌食品。

（三）橄榄油的特征指标

橄榄油的特征指标，按 GB 23347—2009《橄榄油、油橄榄果渣油》的规定执行。

1. 成分组成

橄榄油和油橄榄果渣油脂肪酸组成见表 12-10。

表 12-10   橄榄油和油橄榄果渣油脂肪酸组成

（GB 23347—2009《橄榄油、油橄榄果渣油》）

名称		含量/%	名称		含量/%
豆蔻酸（C14:0）	≤	0.05	亚油酸（C18:2）		3.5~21.0
棕榈酸（C16:0）		7.5~20.0	亚麻酸（C18:3）	≤	1.0
棕榈油酸（C16:1）		0.3~3.5	花生酸（C20:0）	≤	0.6
十七烷酸（C17:0）	≤	0.3	二十碳烯酸（C20:1）	≤	0.4
十七碳一烯酸（C17:1）	≤	0.3	山嵛酸（C22:0）	≤	0.2*
硬脂酸（C18:0）		0.5~5.0	二十四烷酸（C24:0）	≤	0.2
油酸（C18:1）		55.0~83.0			

注：* 油橄榄果渣油≤0.3%。

2. 反式脂肪酸含量

橄榄油和油橄榄果渣油反式脂肪酸含量见表 12-11。

3. 甾醇含量

橄榄油和油橄榄果渣油的甾醇含量，见表 12-12。

4. 甾醇组成

橄榄油和橄榄果渣油的甾醇组成见表 12-13。

表 12-11　　　　　　　橄榄油和油橄榄果渣油反式脂肪酸含量
（GB 23347—2009《橄榄油、油橄榄果渣油》）

反式脂肪酸种类	初榨橄榄油	精炼橄榄油	油橄榄果渣油
C18：1 T	≤0.05	≤0.20	≤0.40
C18：2 T+C18：3 T	≤0.05	≤0.30	≤0.35

注：混合型油品不要求。

表 12-12　　　　　　　橄榄油和油橄榄果渣油的甾醇含量

产品类别	甾醇总含量/（mg/kg）	产品类别	甾醇总含量/（mg/kg）
特级初榨橄榄油		混合橄榄油	
中级初榨橄榄油		粗提油橄榄果渣油	2500
初榨油橄榄灯油	1000	精炼油橄榄果渣油	1800
精炼橄榄油		混合油橄榄果渣油	1600

表 12-13　　　　　　　橄榄油、油橄榄果渣油中甾醇组成

甾醇组成	占甾醇总含量的百分比/%	甾醇组成	占甾醇总含量的百分比/%
胆甾醇	≤ 0.5	δ-7-豆甾烯醇 ≤	0.5
菜籽甾醇	≤ 0.2（适用于油橄榄果渣油）、0.1（适用于其他等级）	β-谷甾醇+δ-5-燕麦甾烯醇+赤铜甾醇+δ-5-23-豆甾二烯醇+谷甾烷醇+δ-5-24-豆甾二烯醇的总和 ≥	93
菜油甾醇	≤ 4.0		
豆甾醇	≤ 4.0		

三、橄榄油功能性成分的应用

我国 1965 年从阿尔巴尼亚引种的油橄榄，在甘肃陇南武都不足 1 公顷土地所引种的油橄榄，连年产量浮动于 6000～9000kg，平均亩产 400～600kg，亩产油 80～120kg。超过了我国大豆等油料作物单产水平，引种成功。

在橄榄油加工方面，我国研制的小型榨油机械设备已榨制出符合国际标准的橄榄油。且已研制出可与国外相媲美的乳酸发酵橄榄果罐头；利用榨油后的残渣废液酿制成功了中国橄榄酒；制油后的"饼粕"饲喂牛、羊、肉鸡已取得了 12 项生理、生化指标数据，可取代 30%～40%的粮食精饲料；以橄榄油为基质的系列化妆品，荣获美国洛杉矶第七届发明博览会的"国际发明成就奖"。在"第四届中国国际食用油及橄榄油展览会"上，甘肃陇南展出的橄榄油、健康橄榄油丸、系列化妆品、油橄榄茶、油橄榄酒等 6 大类 40 多个产品以其全而特的优势，受到国内外同行的广泛称赞和关注。

福建福州利用当地盛产油橄榄资源优势，已研制出橄榄健康茶、冲剂、饮料、酒 317类等系列产品，对人体具有清热、生津、消食、开胃、减肥、除口臭等营养健康、药食兼备的效果。橄榄油具有健康、美容的双重功效。尤其所含有的角鲨烯等功能性成分，是一种抗氧化物质，用橄榄油作基质的化妆品被称为"营养型化妆品"。品质纯正的食用型橄榄油完全可以兼备护肤美容功能。因此，可以用特级初榨型橄榄油替代橄榄油化妆品进行美容护肤。橄榄油富含脂溶性维生素及抗氧化物、单不饱和脂肪酸等多种与皮肤亲善的营养成分，加之不含任何人工化学物质，对于滋养肌肤十分有益。橄榄油还能促进上皮组织生长，用于烧伤、烫伤的创面保护，不留疤痕而用于医药制剂。橄榄油用于体育运动项目，如健美运动员和拳击选手在台上亮相时，人们会看到一个个身体健壮，肌肉发达，躯体油光锃亮，其秘密就是他们的体肤上涂抹了一层橄榄油。

位于地中海沿岸的西班牙现已生产加工的各种橄榄果系列食品，主要有夹心橄榄、绿橄榄、黑橄榄、橄榄片、橄榄泡菜、橄榄罐头、橄榄酒，以及蒜香型、柠檬型、桔香型橄榄油，口感有略苦的，也有略甜的，供应国内市场，并远销国外及出口到中国。橄榄油已广泛应用于食品工业、饮料业、医药及化妆品工业等，广阔的发展前景仍令人向往。

第五节　芝麻和芝麻油

芝麻（又称胡麻、油麻）广泛种植于我国各地，主产区为河南、安徽、湖北、江西、山西、山东等地。我国的芝麻产量居世界首位，资源丰富。

一、芝麻简介

芝麻分为黑、白、黄、杂 4 个品种，其营养成分也有所不同，黑芝麻药食同源。

（一）芝麻的营养价值

1. 黑芝麻的营养价值

中医认为，黑芝麻性味甘、平，有补肝肾、润五脏、益精血、通乳、养发等作用。黑芝麻可用于辅助治疗肝肾不足、虚风晕眩、风痹、大便燥结、须发早白、妇人乳少等症，药食兼用。

（1）黑芝麻中富含亚油酸人体最主要的必需脂肪酸。

（2）黑芝麻中含硫氨基酸丰富，而此酸在许多食物中都缺乏，是食品中第一限制氨基酸。

（3）黑芝麻中还含有微量元素硒，以硒基半胱氨基的形式存在，是人体重要的微量元素之一。

这些特殊的营养元素，使黑芝麻对人体有着特殊的营养和保健价值。黑芝麻具有降血压和降低血液胆固醇作用，对治疗肾虚也有帮助。黑芝麻以粒大、色黑、饱满、无杂质等为佳品，含油率 45%～55%，亚油酸含量约 37%。黑芝麻的主要营养成分见表12-14。

表 12-14 　　　　　　　　　黑芝麻的主要营养成分及含量 　　　　　　单位：mg/100g

成分	含量	成分	含量	成分	含量
蛋白质/（g/100g）	19.1	烟酸	5.9	钠	8.3
脂肪/（g/100g）	50.5	维生素 E	50.4	镁	290
糖类/（g/100g）	10.0	叶酸/（μg/100g）	18.45	锰	17.85
膳食纤维/（g/100g）	14.0	钾	358	铜	1.77
能量/（kJ/100g）	2223	钙	780	硒/（μg/100g）	4.7
维生素 B$_1$	0.66	磷	516		
维生素 B$_2$	0.25	铁	22.7		

2. 白芝麻籽的营养价值

白芝麻的主要营养成分见表 12-15。

表 12-15 　　　　　　　　　白芝麻的营养成分及含量 　　　　　　　单位：mg/100g

成分	含量	成分	含量	成分	含量
蛋白质/（g/100g）	18.4	烟酸	3.8	钠	32.2
脂肪/（g/100g）	53.1	维生素 E	38.28	镁	202
糖类/（g/100g）	21.7	叶酸/（μg/100g）	17.5	锰	1.17
膳食纤维/（g/100g）	9.8	钙	620	锌	4.21
能量/（kJ/100g）	2165	钾	266	铜	1.41
维生素 B$_1$	0.36	磷	513	硒/（μg/100g）	4.06
维生素 B$_2$	0.26	铁	14.1		

白芝麻性味甘、平，有补血、明目祛风、润肠、生津、通乳、养发的作用。白芝麻可用来补五脏、益气力、长肌肉、丰髓脑，人体食用后轻身不老。

（二）芝麻的健康价值

芝麻被人们誉为"抗衰果"，具有滋补益寿之功效。芝麻是一种高蛋白作物，营养丰富，食用价值高，蛋白质含量为 18.4% ~ 19.1%，其营养价值可与鸡蛋、肉类相媲美，含有人体必需的 8 种氨基酸，富含亚油酸和卵磷脂、维生素 A、维生素 B、维生素 E、维生素 K 及钙、磷、铁、锌、钾、硒等元素，经常食用芝麻及制品，对人体可起到滋补益寿的作用。《本草纲目》中记载：芝麻仁味甘气香，能健脾胃，膳食不良者宜食之，食后可以开胃、健脾、润肺、祛痰、清喉、补气，特别是与红枣相搭配止咳等功效。芝麻含有抗衰老功能成分，含有约 1% 的芝麻木聚糖（如芝麻明、芝麻酚等），它与维生素 E 一样具有抗氧化、抑制胆固醇的形成，促进乙醛分解之功能，防止人体衰老具有良好的效果，是一种优良的营养、功能食品。

二、芝麻油

芝麻含油率为 50%～55%，最高的超过 60%，居食用植物油料之首，是一种宝贵的食物和油料资源，用以制油和直接食用的比例大约各半。

（一）芝麻油的营养价值

芝麻油的消化吸收率高达98%，它含有丰富的维生素 E 和亚油酸，还含有天然抗氧化剂芝麻酚，所以芝麻油化学性质稳定。小磨芝麻香油香味浓郁，生食、熟食均味美，为上等食用油，广泛应用于糕点行业和粮油食品。

中医学认为，芝麻油性味甘、凉，对人体具有润燥通便、解毒、生肌的作用。常用来医治肠燥便秘、蛔虫、食积腹痛、疮肿、溃疡、疥癣、皮肤皲裂等。芝麻油含有不饱和脂肪酸高达 86%，对维持人体正常细胞的结构和功能起重要作用，还可用来防治动脉粥样硬化，具有药食兼用的价值。

（二）芝麻油的健康价值

种皮颜色浅的比色深的含油量高，但营养保健价值却正好相反，也就是人们常说的"取油以白者为胜，服食以黑者为良"，芝麻油亦然。

1. 润肠通便

芝麻油的润肠通便功效卓著，历来为人所知。习惯性便秘患者，只需早晚空腹饮一匙芝麻油，1～2d 即见润肠通便之效。

2. 延缓衰老

芝麻油（俗称"香油"）含有丰富的维生素 E，能清除人体内的自由基，具有促进细胞分裂和延缓衰老的功能。还可以预防脱发和防止过早出现白发，滋润皮肤，祛除斑点。

3. 预防或缓解高血压，保护血管

经常食用香油，对预防和缓解高血压十分有益。香油中含有油酸和亚油酸等不饱和脂肪酸，容易被人体吸收利用，软化血管，促进胆固醇的代谢；香油中丰富的维生素 E 有利于维持细胞的完整和功能正常，可减少体内脂质的积累，有助于消除动脉血管壁上的沉积物，保护血管弹性。

4. 辅助治疗气管炎

气管炎，肺气肿患者晚上就寝前，饮口香油，可显著减轻咳嗽症状。

5. 保护嗓子

经常吃点香油，可增强声带弹性，使声门张合灵活有力，对声音嘶哑、咽喉炎有良好恢复作用。

6. 减轻烟酒毒害

有抽烟习惯的人经常吃点香油，可减轻烟毒对牙齿牙龈，口腔黏膜的直接刺激和损害，延缓肺部烟斑的形成，对尼古丁的吸收也有抑制作用。爱饮酒者，在饮酒之前适量吃点香油，对口腔、食道、胃贲门和胃黏膜有保护作用。

（三）芝麻油的理化指标及脂肪酸组成

1. 芝麻油的理化指标

芝麻油的理化指标见表 12-16。

320 表 12-16　　　　　　　　　　　　芝麻油的理化指标

指标	数值	指标	数值
折射率（n^{40}）	1.465~1.469	皂化值/（mg KOH/100g）	186~195
相对密度（d_{20}^{20}）	0.915~0.924	不皂化物/（g/kg）	≤20
碘值/（g I/100g）	104~120		

2. 芝麻油的脂肪酸组成

芝麻油的脂肪酸组成见表 12-17。

表 12-17　　　　　　　　　　　　芝麻油的脂肪酸组成

脂肪酸	含量/%	脂肪酸	含量/%	脂肪酸	含量/%
棕榈酸（C16：0）	7.9~12.0	亚油酸（C18：2）	36.9~47.9	花生一烯酸（C20：1）	ND~0.3
硬脂酸（C18：0）	4.5~6.7	亚麻酸（C18：3）	0.2~1.0	山嵛酸（C22：0）	ND~1.1
油酸（C18：1）	34.4~45.5	花生酸（C20：0）	0.3~0.7	木焦油酸（C24：0）	ND~0.3

注：①上列指标与国际食品法典委员会标准 Codex-Stanz10（Amended 2003，2005）《指定的植物油法典标准》的指标一致；②ND 表示未检出，定义为不大于 0.05%。

三、黑芝麻功能性制品

芝麻是我国传统的滋补粮油食品，有着特有的芝麻香味，是制作各种芝麻制品，制取芝麻香油的优质基料，尤其黑芝麻黑色素的成功提取和应用，为益康功能性食品的开发创造了先决条件，实现增值高效利用黑芝麻这一宝贵资源。

（一）黑芝麻乳饮料

1. 原辅料配方

（1）配方 A　黑芝麻 2.5%，鲜奶 35%，白糖 4%，黑芝麻油 1.0%，稳定剂和水（补齐至 100%）。

（2）配方 B　黑芝麻 4%，白糖 4%，全脂奶粉 0.5%，黑芝麻油 1.5%，稳定剂和水（补齐至 100%）。

2. 制作要点

①将黑芝麻清理干净，用水浸泡 1~2h，淋水后晾干，焙炒至有浓郁焦香味。

②用配料总量 60% 的水（pH 为 7.0~7.5）加热至 60~70℃，用于黑芝麻磨浆，300 目筛过滤，滤液备用。

③稳定剂用 30~50 倍 70~75℃温水搅拌至完全溶解，加入奶液、黑芝麻滤液，定容后升温至 70~75℃，加入黑芝麻油和辅料。

④均质 2 次：第 1 次均质条件为 30MPa/70~75℃，第 2 次均质条件为 40MPa/70~75℃。

⑤均质后的乳液罐装后，进行二次灭菌（120℃/15~20min）即为成品。

⑥成品冷却后装箱，入库。

（二）黑芝麻雪糕

1. 原辅料配方

奶粉 8g，玉米淀粉 5g，黑芝麻色素 1g，硬化油 10g，食糖 15g，黑芝麻粉 2g，乳化稳定剂 9.4g，水（适量）。

2. 制作要点

将少量的稳定剂加水溶解，加入黑芝麻色素，加热溶解；将奶粉、食糖、淀粉、芝麻粉等混合均匀后加入，待全部溶解混合后进行均质、老化、冷却（1~5℃），注缸后速冻（-18℃）即可。

制品色泽黑亮、浓厚、均匀，具有浓郁芝麻香味，乃新型的特色冷冻食品。

（三）黑芝麻湿面条

黑芝麻湿面条呈灰色，煮熟后色泽加深呈灰黑色，但面汤不变黑，这是黑芝麻湿面条的重要特性。

1. 原辅料配方

小麦面粉 100g，食用碱 0.15g，食盐 2g，黑芝麻色素 0.05g，水（适量）。

2. 制作要点

称取食盐、食用碱，加水溶解后，加入黑芝麻色素，加热溶液。将此溶液冷却至40℃，加入面粉中，和成面团，静置 30min 后挤压成所需条状，即制得黑芝麻湿面条。

（四）黑芝麻软糖

黑芝麻软糖色泽黑亮，酸甜可口，柔软不粘牙，有韧性，弹性，是一种新型营养特色糖果。

1. 原辅料配方

白糖 100g，卡拉胶 1g，黑芝麻粉 3g，淀粉 36g，柠檬酸 1g，黑芝麻色素 0.2g，水（适量）。

2. 制作要点

将淀粉、60%糖、芝麻粉、卡拉胶、柠檬酸搅拌均匀，加水熬制成糊后，间歇加热熬制约 30min，加入剩余的糖继续熬至翻料困难时加入黑芝麻色素，快速强制搅拌后熬制片刻，即可出锅，制成糖块、冷却、包装。

（五）黑芝麻山药膏

黑芝麻山药膏，营养又美味，除了补肾，还能助长少儿发育，预防中老年人骨质疏松症，想保持身材的女士们也可放心食用，不会致人肥胖。可作食疗，也可作主食，预防高血压，降低血液胆醇，老少皆宜，是一道美味药膳。

这款产品的原料是山药 500g，炒熟的黑芝麻 50g。制作要点：把山药洗净、去皮、切块，蒸熟捣成泥。黑芝麻放研钵中捣碎后与山药泥混合在一起，按个人口味调制即可食用。黑芝麻山药膏对人体有特殊的保健作用，可以健脾补肺，固肾益精。黑芝麻本是补钙的"高手"，和山药搭配食用，补钙功效更佳（山药有促进钙质吸收的功能），帮助恢复体力，使人精力充沛。

四、芝麻在休闲食品中的应用

芝麻经过炒制、焙烤加工，口味酥香，回味悠长。传统食品有武大郎烧饼、芝麻

322　仁、芝麻糖等；新型食品有"芝麻香酥干吃面"等均风靡市场，还有地道的香烤芝麻味乐事"悠麦脆"等。芝麻历来就应用于各种休闲食品中，如今更助推着我国休闲食品加工行业的快速发展，有芝麻为伍的休闲食品正不断面市。

（1）在米果中及表面加入芝麻以增加烤芝麻香味。

（2）在雪米饼、仙贝等米制品中及表面，加入芝麻以增加烤芝麻香味。

（3）在复合薯片、膜片中加入芝麻以增加烤芝麻香味。

（4）在美味酥中的颗粒调味粉加入芝麻以增加烤芝麻香味。

（5）在担担面调味料中，加入焙烤过的芝麻以增加烤芝麻香味、美味。

五、黑芝麻功能性成分的应用

黑芝麻是一种优良的食品和食品原料，含蛋白质约 22%，还含有芝麻素、芝麻林素、芝麻酚、植物甾醇、卵磷脂、胡麻苷、芝麻糖等功能性成分，在表皮中还含有黑色素，为黑芝麻的身份增添了砝码，应用的前景也更加灿烂。

（一）芝麻多肽 KM-20

芝麻含有丰富的优质蛋白质成分，将芝麻中的油脂提取后，所剩饼（粕）作为主要原料，经酶法分解后，可制得芝麻多肽 KM-20，呈粉末状态。芝麻多肽 KM-20，具有耐热性、耐酸性，有独特的香味等性能。研究证明，对人体具有降低血压的功能，有望成为新型功能性食品的基料。芝麻多肽 KM-20，已被用来生产膳食补充剂、"芝麻百事茶"饮料、芝麻多肽胶囊、降血压保健食品等，正在研发它在健康食品和功能性食品生产中的应用。

（二）芝麻素

芝麻油的保质期大大长于其他食用油，原因在于芝麻中含有特殊物质芝麻素和芝麻酚。它们具有很强的抗氧化性，能够增加油脂的稳定性。研究证实，芝麻素（酚）还具有辅助治疗癌症及心血管等疾病功效。

（三）芝麻黑色素

把黑芝麻表皮中含有的天然黑色素提取出来，作为着色剂替代人工合成黑色素，可广泛用于食品、日化产品的着色，以其食用安全、营养和药理作用，受到各方专家的好评。不久前我国采用超临界 CO_2 萃取技术，成功地将其提取，产品质量符合 FAO/WHO 的有关规定，并投放市场。我国对于黑芝麻色素的生产已实现产业化，主要产品规格有粉状、膏状两种，其色泽为纯黑。

1. 芝麻黑色素的特性及使用量

黑芝麻色素是一种水溶性良好（尤其在 pH7.5 以上）的着色剂，是我国食品添加剂中的最新成员，具有理想的热稳定性（95℃），光稳定性（自然光照 32d），抗氧化性、还原性、耐糖、耐盐，对金属离子 Al^{3+}、Ca^{2+}、Zn^{2+}、Mn^{2+}、Mg^{2+} 等有增色作用，为纯黑色。对人体具有清除自由基的作用，可提高免疫功能。在食品加工中，黑芝麻色素可广泛用于"黑色食品"的着色和功能性食品、保健食品的生产。添加量糕点为 0.1%、饼干 0.05%、乌鸡精 0.03%、乌鸡口服液 0.02%。

2. 芝麻黑色素的制取工艺流程

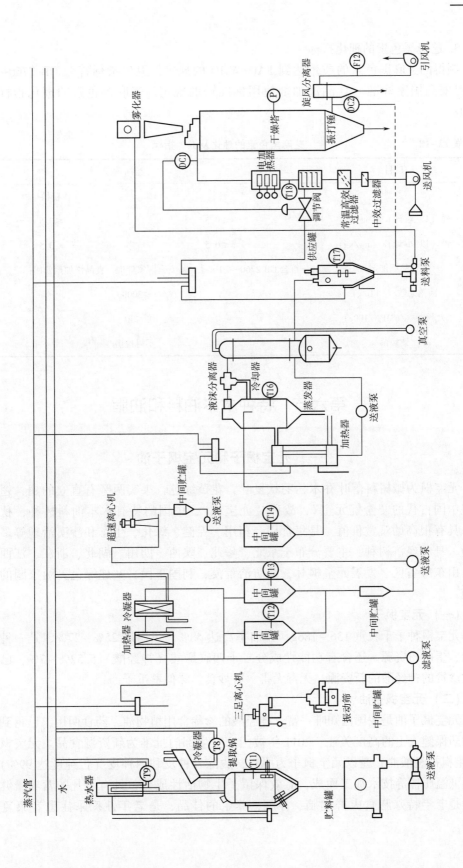

3. 芝麻黑色素的理化指标

制得的芝麻黑色素的质量达到 FAO/WHO 的规定，卫生指标符合 GB 2760—2014《食品安全国家标准　食品添加剂使用标准》的规定。芝麻黑色素的理化指标见表12-18。

表 12-18　　　　　　　　　　芝麻黑色素的理化及卫生指标

项目	指标	
类型	膏状	粉状
砷（以 As 计）/（mg/kg）	≤0.5	≤0.5
铅（以 Pb 计）/（mg/kg）	≤0.5	≤0.5
食品添加剂	符合 GB 2760—2014《食品安全国家标准　食品添加剂使用标准》的规定	
菌落总数/（CFU/g）	≤30000	
大肠菌群/（MPN/100g）	≤30	
致病菌	不得检出	

第六节　特种木本油料和油脂

一、元宝枫子和元宝枫子油

元宝枫为槭树科落叶乔木，羽状复叶，花黄绿色，果实两旁有直立的翅，翅果形状似中国古代的"金锭元宝"，故称"元宝枫"，中国的特有木本油料树种，秋叶色红，具有很高的观赏价值，是集食用、药用、保健、绿化、生态和沙漠治理等多种用途为一身的经济树种，主要分布于东北、华北、陕西、四川、湖北、浙江、江西、安徽、山东等省区。发展元宝枫林，是防治荒漠，利国惠民，共建绿色美丽家园的有效措施。

（一）元宝枫子

元宝枫种子千粒重 136～186g，含油率高达 48%，蛋白质 25%～27%，是一种优质油脂、蛋白质资源。还含有功能性成分二十四碳烯酸（神经酸）5.52%～7%，已成为开发珍贵的神经酸的新资源，无毒无害，可炒食，味似葵瓜子。

（二）元宝枫子油

元宝枫子油是我国已知唯一富含神经酸的珍稀食用植物油，药食两用，已得到国内外医药保健人士的高度关注，2011 年被国家卫生部门批准为新资源食品。元宝枫子油（元宝枫神经酸油）是以元宝枫子为原料，脱除外种皮和内种皮（仁纯度达 99%）后，采用低温压榨等技术加工而成，有效保留了生物活性成分，具有不凡的营养、健康价值，是老年特殊膳食人群健脑、补脑、养生的佳品，是老年性痴呆症患者康复的新希望。

1. 元宝枫子油的营养价值

元宝枫子油中含有的神经酸是国际公认的唯一能修复、疏通大脑神经纤维并促进神经细胞再生的"双效物质"。元宝枫子油的不饱和脂肪酸总量高达 90% 以上，其脂肪酸组成，除含有神经酸外，还含有人体必需脂肪酸（油酸 25%、亚油酸 36%），还含有脂溶性维生素维生素 A、维生素 D、维生素 E 等营养素，维生素 E 含量高达 125mg/100g，是橄榄油的 3 倍，花生油的 2 倍，这使其特别耐储存，在常温避光下保存 3 年不会变质。这种食用油进入市场，开启了高档油品消费的新篇章。

2. 元宝枫子油的健康价值

元宝枫子油医食兼用，对溃疡、烧伤、创伤等，具有消炎、镇痛、促进愈合作用；对腹腔肿瘤有抑制、止痛作用；对皮肤有调节代谢、清除色素沉淀和延缓衰老作用，还可以调节人体免疫功能，提高自然杀伤细胞活力、细胞免疫和体液免疫的双重作用。

元宝枫子油作为一种功能性食用植物油，可为饱受神经酸缺乏之苦的特殊膳食人群提供神经酸来源。补充神经酸对改善老年人大脑功能、增强记忆力具有重要作用，对防治老年性痴呆症具有非凡的意义。因此，开发元宝枫子油神经酸，会对实现"人类脑计划"做出贡献。因为专家说，"食用植物油含有神经酸在世界范围内都很难见，在发达国家，主要依靠生产缎花种子油（罗伦佐油）帮助民众补充保持健康必需的神经酸"。

（三）元宝枫的主要功能性成分及应用

1. 绿原酸

活性成分绿原酸存在于元宝枫树叶和种子中，具有广泛的抗菌作用，有抗病毒、抗诱变、抗肿瘤以及抗氧化活性，可用于制作保健食品、医药和化妆品等。

2. 黄酮

元宝枫树的树叶还含有黄酮等多种活性成分，具有清热解毒、活血化瘀、降低血脂、调节全身机体的功效，是加工绿茶、元宝枫保健茶的上佳原料，元宝枫保健茶已批量进入国内外市场，得到各方好评。

3. 蛋白质

元宝枫子含有蛋白质 25%~27%，不含淀粉，在植物种子中鲜见。制油后的饼（粕），是很好的蛋白质资源，属于完全蛋白质，用于制取的食品味道鲜美，是制作优质酱油等调味品的理想原料。

（四）元宝枫子油的发展前景

元宝枫子油的生产与推广填补了我国特种食用植物油的空白，元宝枫子油 2014 年面市；2015 年出台了首个"元宝枫子油团体质量标准"（TB/YBF001—2016）；2016 年，研制出以元宝枫子油和乳糖为原料的"元宝枫子油软胶囊"等系列新产品并投放市场。2016 年成立的"中国元宝枫子油产业联盟"有 23 家成员单位，共商产业发展，促进健康食品——元宝枫子油及其系列食品的生产和推广，助推健康中国。

二、杏仁和杏仁油

杏是蔷薇科植物杏树的果实，生食清甜糯软，多汁馨香，可以制成蜜饯、杏脯、果酱、果酒等，堪称色香味俱佳的上品。杏树分布在辽宁、黑龙江、吉林、河北、河南、

326 山东、江苏、新疆等省（区），以新疆的杏子品质最佳，加工的蜜饯、杏脯等食品畅销国内外市场。

（一）杏和杏仁

1. 杏的营养、健康价值

杏含有人体需要的多种营养成分，尤其胡萝卜素含量在水果中居第二位，是人们喜爱的营养食疗果品。杏的营养成分见表12-19。

表 12-19		杏的营养成分及含量			单位：mg/100g
成分	含量	成分	含量	成分	含量
蛋白质/（g/100g）	0.9	铁	0.8	硒/（μg/100g）	0.2
脂肪/（g/100g）	0.1	钾	226	胡萝卜素/（μg/100g）	450
糖类/（g/100g）	7.8	钠	2.3	烟酸	0.62
膳食纤维/（g/100g）	1.3	镁	11	维生素 B_2	0.03
能量/（kJ/100g）	150.5	锰	0.06	维生素 C	4.0
钙	26	锌	0.2	维生素 E	0.95
磷	24	铜	0.11		

杏肉味酸、甘、温，是一种高钾食品，具有润肺定喘、生津止渴的营养、医疗作用。杏仁分为苦和甜两种类型。甜杏仁是可即食的休闲小食品，具有调节人体血糖水平和低密度脂蛋白胆固醇含量的功能。《美国营养学院杂志》的一份研究报告说，食用杏仁有助降低糖尿病和心脏病的风险。

甜杏仁还具有润肺、滑肠、抑制癌细胞繁殖之功。杏皮呈黄褐色或深黄色，杏仁含脂肪40%~50%。

2. 苦杏仁的营养、健康价值

苦杏仁含苦杏仁苷2%~4%。味苦、性温，有小毒，药食兼用，具有止咳、平喘、祛痰、润肠的功效。苦杏仁的营养成分见表12-20。

表 12-20		苦杏仁的营养成分			单位：mg/100g
成分	含量	成分	含量	成分	含量
蛋白质/（g/100g）	24.7	钙	71	维生素 B_1	0.08
脂肪/（g/100g）	44.8	磷	27	维生素 B_2	1.25
糖类/（g/100g）	2.9	铁	1.3	维生素 C	26
膳食纤维/（g/100g）	19.2	钾	106	维生素 E	18.53
能量/（kJ/100g）	2418.5	钠	7.1	锰	0.61
硒/（μg/100g）	15.65	锌	3.64	铜	0.81

从表12-20可知，苦杏仁富含脂肪、蛋白质、维生素 E、钾和硒，营养和医疗价值

较高，已被国家卫生部门公布为"既是食品又是药品"的坚果。苦杏仁苷可防治因抗肿瘤药物（阿脲）引起的糖尿病；能增强心脏横纹肌的韧性，促进多余的钠排出而防治高血压症；苦杏仁含硒量居常见食物之首位，可防治克山病及抑制肿瘤病症的发生。

（二）杏仁油

杏仁油药食兼用，是一种上好的植物油脂。但因为其产量有限，目前只能供应医药及化妆品行业使用。

1. 杏仁油的营养、健康价值

中医学认为杏仁油具有增强体质、止咳平喘等多种功效，多用于制药（咳嗽糖浆、咳喘丸等）和化妆品生产。

2. 杏仁油的脂肪酸组成

杏仁油的脂肪酸组成见表 12-21。

表 12-21　　　　　　　　　　杏仁油的脂肪酸组成

脂肪酸种类	棕榈酸（C16：0）	棕榈油酸（C16：1）	硬脂酸（C18：0）	油酸（C18：1）	亚油酸（C18：2）	其他
含量/%	3.83	0.62	0.12	72.51	22.90	0.02

杏仁油属于不甘性油，在（-10℃）仍能保持澄清，在温度（-20℃）凝结。

（三）杏仁应用的重要产品

我国已提取和开发出苦杏仁苷、杏仁精油、杏仁油、杏仁种皮黑色素、杏仁蜡等系列产品，并得到了广泛应用。

我国不久前获得的"杏仁功能性短肽制备关键技术研究与应用"项目成果，用杏仁蛋白开发出了具有特定功能的"杏仁功能性短肽"产品，该项目概况如下：

以杏仁粕为原料，用筛选出的 Neutrase 和 Nizop 两种中性蛋白酶，对其进行同步复合酶解，通过工艺参数优化制备出杏仁功能性短肽，最终短肽水解度为 26.20%，得率为 65.49%，粗品中短肽含量 55.10%（其中相对分子质量小于 1000 短肽占 78.38%），为杏仁短肽的产业化奠定了基础。同时建立了一条 20kg/h 的中试生产线，取得良好效果，为工业化生产提供了技术依据。研究证明，杏仁功能性短肽具有较高的自由基清除能力，并验证了杏仁功能性短肽的体外血管紧张素转化酶（ACE）抑制活性，抗氧化活性以及体内抗高血压活性。因此杏仁功能性短肽可作为食品加工中理想的基础原料生产功能性食品，还可直接应用于医药行业、日化行业和发酵行业，其市场前景广阔。

三、翅果和翅果油

翅果油树是我国特有的国家二级保护木本油料植物，主要分布在山西和陕西两省。花朵芳香，也是良好的蜜源植物，翅果仁率高，果仁含油量大，具有很高的营养、医用和经济价值。

（一）翅果

翅果的部分果皮向外伸出像翅膀而得名，借着风力传播种子，翅果仁含粗脂肪

46.58%~51.46%，是一种很好的油料资源；翅果仁含蛋白质 32.31%，由 17 种氨基酸组成，其中含有 7 种人体必需氨基酸，是一种优良的植物蛋白质。还含有维生素和微量元素等多种营养成分，是维护人体健康的理想食物资源。

（二）翅果油

翅果油品质优良，其理化性质与芝麻油、花生油相近似，被民间视为珍贵稀有的食用植物油品。翅果油亚油酸含量为 45.2%，与核桃油、芝麻油接近，是生产"亚油酸丸"的优质原料之一，有很高的食用和医用价值。已经被卫生部门批准为"新资源食品"。

1. 翅果油的营养价值

翅果油是一种功能性食用油脂。亚麻酸和亚油酸的比例接近国际卫生组织的推荐标准和母乳的组成。天然维生素 E 含量为 987mg/100g，比小麦胚芽油、沙棘子油的和紫苏子油高 10~30 倍。所含皂素是人体合成类固醇激素的原料。所含的甾醇中，β-谷甾醇 82.34%，豆甾-5，24（28）-双烯-3β-醇 7.74%，麦角甾-5-烯-3β-醇 3.05%，具有调节血脂、降低血清胆固醇、防治高脂血症、高血压、肥胖症等作用。

2. 翅果油的健康价值

翅果油对人体健康有以下价值。

（1）翅果油中的维生素 E 具有抗自由基、抗衰老、提高免疫力、降低心脑血管发病率、保护肝脏等多种保健功能。

（2）翅果油所含黄酮类化合物木解皮素、芦丁等活性物质，可防治心血管和脑血管疾病。

（3）维生素 E 与类胡萝卜素、维生素 C 配合服用，可以有效防治白内障的发生和发展，它们能够防止眼球晶体蛋白质的氧化变质而避免发病和抑制恶化。近期推出的"翅果油软胶囊"每粒含维生素 E11mg，还含有油酸、亚油酸、α-亚麻酸、翅果皂素等营养成分，是保护吸烟、饮酒、喜食烧烤和油炸食品的特殊人群，身体健康的有效产品。

（4）自从研究证明植物甾醇能使人体低密度脂蛋白（LDL-C）的浓度降低 10%~15% 以来，受到越来越多的重视。美国食品与药品管理局发布了对植物甾醇的健康声明，含植物甾醇的人造奶油和色拉酱被列入功能食品。于是植物甾醇已被广泛用于人群亚健康和慢性病的防治。使翅果油的健康价值日益凸现，翅果油的功能形象如图 12-2 所示。

3. 翅果油的特征指标

翅果油是采用超临界 CO_2 萃取，在低温条件下从翅果仁中提取的，淡黄色、口感醇香，具有翅果油固有的气味、滋味，是一种功能性食用油脂，绿色食品。翅果油质量按 NY/T 751—2017《绿色食品　食用植物油》执行，其必需脂肪酸组成为：油酸≥28，亚油酸≥42，亚麻酸≥5，性状为淡黄色透明油状液体。其功能见图 12-1。

（三）翅果和翅果油的应用

产品"翅果油软胶囊"已荣获国家绿色食品证书并投放市场。翅果油还可制成单方或复方软胶囊供人食用；作为原辅料应用于食品加工、化妆品和药品等行业；"不皂

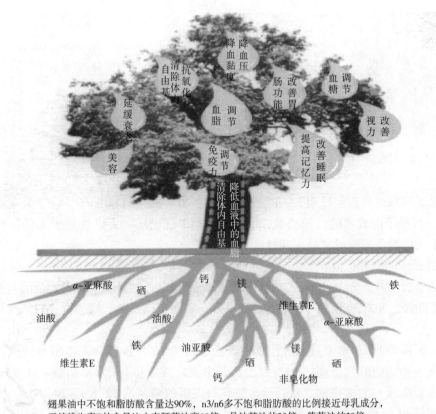

翅果油中不饱和脂肪酸含量达90%，n3/n6多不饱和脂肪酸的比例接近母乳成分，
天然维生素E的含量比小麦胚芽油高10倍，是沙棘油的20倍，紫苏油的30倍。

图 12-1　翅果油的功能形象图

化物"功能成分的提取，使翅果成为功能食品原料中的新资源；翅果油树叶中含有的黄
酮类化合物木解皮素、黄酮和芦丁等功能性成分，是治疗心血管疾病药物的原料之一。
利用翅果油树资源和高科技手段，生产出高营养翅果系列健康产品，让翅果和翅果油的
健康功能振翅高翔、走向世界，是油脂行业同仁的共同期望和努力的方向。

四、红松子和红松子油

红松是一种常绿针叶乔木名贵稀有树种。

我国黑龙江省伊春市就拥有世界上面积最大的红松原始林。在地球上仅分布在中国
东北的小兴安岭到长白山一带，及俄罗斯、日本、朝鲜的部分区域。伊春市境内小兴安
岭的自然条件最适合红松生长，全世界 5% 以上的红松资源分布在伊春境内。森林覆盖
面积 86.5%，素有"红松故乡""中国林都"的美誉。

（一）红松子

红松子是红松树的种子，现场采摘就地加工的方式，可完美保留原生态果实的营养
成分和风味口味。红松子仁既可食用又可榨油。其红松子的含油量为 63%~69%。

红松子的红松塔、红松子、红松子仁形态见图 12-2、图 12-3、图 12-4。

图 12-2　红松塔

图 12-3　红松子

图 12-4　红松子仁

红松属高寒树种，生长期长，一般树龄长达 70 年以上才能结子，仅孕果期就长达 18 个月，红松子由成熟的红松塔脱出，如图 12-2 红松塔。所以红松子无任何化学污染，属于天然绿色的有机食品、森林食品。

1. 红松子的营养价值

红松子的营养成分十分丰富。据有关研究部门测定：红松子中含有大量的营养素粗蛋白、粗脂肪、粗纤维等。同时还含有维生素、矿物质以及钙、锰、铜、锌、铁等微量元素。

人体所需要的 20 种微量元素，其中红松子富含 16 种，富含人体 80% 的所需微量元素。不饱和脂肪酸含量高达 91% 以上，其中亚麻酸含量高达 18.61%~37.93%，其含量和成分组成均为植物油之冠；所含独有的皮诺敛酸高达 12.6%~14.7%。所以说红松子它不仅是美味食物，更是食疗佳品，有"长寿果"之称，备受历代医学家、营养学家所推崇。长寿果坚果中的鲜品为人们所喜爱，老年人的理想保健食物、健脑食品。

松子仁为松科植物红松的种子仁，又称松子、海松子等，其营养成分据研究部门测定，每百克松子仁中营养素的含量见表 12-22。

表 12-22　　　　　　　　松子仁的营养成分（每 100g 含量）

营养成分	含量	营养成分	含量	营养成分	含量
蛋白质/g	16.7	钙/mg	78	镁/mg	5.67
脂肪/g	63.5	磷/mg	236	锰/mg	83.0
碳水化合物/g	9.8	铁/mg	8.5		

以上这些营养成分，对人体健身强体皆有良好的促进作用。

2. 红松子的健康价值

红松子仁纯属天然有机食品，其味甘、性温，入肝肺、大肠经。人们久食可强壮身心、滋润皮肤、延年益寿。所含大量的不饱和脂肪酸，可以清除人体内的毒素，具有较高的食疗价值。

红松子仁味甘补血，早已成为我国古代医学文献，对红松子仁的疗效具有详细记

载，例如润肺止咳、滑肠通便等，成为人们的食疗佳品，清宫还曾将红松子（仁）列 331
为御膳食品。

现代医学研究表明，红松子（仁）对强健身体，延年益寿所具有的功效在坚果中
无出其右，并享有千年的"长寿果"实至名归。

3. 红松子（仁）的药膳食疗方

（1）松子抗衰膏

原料：松子仁 200g、黑芝麻 200g、核桃仁 100g、蜂蜜 200g、黄酒 500mL。

制作方法：将松子仁、黑芝麻、核桃仁同捣成膏状，入砂锅中，加入黄酒，用文火
煮沸约 10min，倒入蜂蜜，搅拌均匀，继续熬煮收膏，冷却之室温，装入清洁瓶中，备用。

服法：每日 2 次，每次服食 1 汤匙，温开水送服。

功效：滋润五脏，益气养血。适用于辅助治疗肺肾亏虚、久咳不止、腰膝酸软、头
晕目眩等症。经常服用，对人体具有健脑益智、增强记忆力、防痴呆，是抗老防衰的有
效健康食品。

（2）松子补脑安神膏

原料：松子仁 30g、核桃仁 30g、蜂蜜 250g。

制作方法：将松子（仁）、核桃仁用清水浸泡去皮，然后研磨成末状，放入容器内，
加入蜂蜜，调和均匀，装入干净瓶内，备用。

服法：每日早、晚各一次，每次取一汤匙，用滚开水冲服。

功效：益精润燥、补脑安神。适用于腰膝酸软、健忘失眠、心神不宁、大便干燥者
食用。

宜忌：大便溏泻者慎服食。

（二）红松子油

红松子油是选取新鲜颗粒饱满的红松子为原料，采用德国进口先进工艺设备，超临
界二氧化碳萃取（非化学浸出、无添加、无残留），所提炼出的纯自然最珍贵的木本植
物食用油。

1. 红松子油的营养价值

在目前所知的各种食用植物油中，红松子油无论在不饱和脂肪酸的含量，还是在分
布上，都是目前所知各种食用植物油中的最佳品种，被誉为世界食用植物油之王，则当
之无愧。

红松子油营养成分含量十分丰富，天然维生素有 A、维生素 B_1、维生素 B_2、维生
素 E 等，其中维生素 E、维生素 A 含量最丰富，并含有人体所需的各种氨基酸，对人体
具有良好的软化血管、延缓衰老的作用。

红松子油所含大量不饱和脂肪酸占有效成分总量的 91% 以上，每 1g 红松子油中，
含皮诺敛酸 152.6mg，11，14-二十碳二烯酸 5.37mg，二十碳烷酸 4.66mg、亚油酸
574.4mg。其中皮诺敛酸只存在于红松子油中，对人体不仅能够降低胆固醇（TC）、甘
油三酯（TG）、升高高密度脂蛋白（HDL），被称为人体血管"清道夫"。

红松子油还含有抗病毒因子（HSB），最新研究表明，抗病毒因子还具有抗炎、解
热、镇痛，对抗各种真菌、病毒感染，促进中老年人排泄功能等作用。皮诺敛酸则是刚

332 刚引起全球医学界重视的新功能因子。

因此，独含皮诺敛酸功能因子的红松子油，将会对人体生命注入无限活力。

红松子油的营养价值与其他高档食用植物油的对比情况见表12-23；红松子油与之比较的橄榄油营养成分见表12-24。

表 12-23　　　　　　　　　　红松子油的营养成分表　　　　　　　单位：g/100g

营养成分	含量	营养素参考值	营养成分	含量	营养素参考值
能量/(kJ/100g)	3960	47	不饱和脂肪酸	91.0	—
蛋白质	0	0	单不饱和脂肪酸	27.0	—
脂肪	99.8	166	多不饱和脂肪酸	73.0	—
碳水化合物	0	0	其中占比/%		
维生素 E/(mg/100g)	12.0	86	亚油酸	54.5	—
钠/(mg/100g)	0	0	亚麻酸	30.8	—
饱和脂肪酸	9.0	45	皮诺敛酸	14.7	—

表 12-24　　　　　　　　　　橄榄油营养成分　　　　　　　　　　单位：g/100g

营养成分	含量	营养素参考值	营养成分	含量	营养素参考值
能量/(kJ/100g)	3700	44	饱和脂肪酸	10	50
蛋白质	0	0	反式脂肪酸	0	—
脂肪	100	167	单不饱和脂肪酸	79.0	—
碳水化合物	0	0	多不饱和脂肪酸	11	—
钠/(mg/100g)	0	0			

红松子油是一种可直接供人们食用的营养健康油，但它多少有些固有的松脂特有味道，气味较重，对人体无毒无害，可大胆放心食用，同时可收到强健身体、增强免疫力的特有效果。

所以红松子油的常食用的方法是：将红松子油按照 1：10 的比例勾兑到花生油、大豆油、葵花子油等食用油中，然后以常规食用即可，既可美味又可强壮身体，一举两得。

2. 红松子油的健康价值

红松子油中的总脂肪主要以脂肪油的形式存在，含量高达 63%~69%。其中包含 13 种脂肪酸，饱和脂肪酸约占 9%，不饱和脂肪酸约占 91%。其中亚油酸占 35.7%~43.13%、亚麻酸占 18.61%~37.93%、油酸占 12.49%~27.17%。

红松子油中总磷脂成分含量为 0.75%~0.81%，其中磷脂酰胆碱占 45.5%~49.1%、磷脂酰乙醇胺占 27.4%~28.3%、磷脂酸占 17%~20%。因此，人们常食用红松子油将具有软化血管、降低血脂、胆固醇、甘油三酯及防止衰老的作用。将红松子油入药能熄风、润肺、防便秘，对人体动脉粥样硬化、高血压具有预防和辅助食疗作用。

红松子油中磷脂多糖和维生素 E 可提高人体的免疫力，提高人体抗疾病能力，磷脂 333
还可补脑健脑、预防神经衰弱、老年痴呆症等。

红松子油中的二十八烷醇是世界上公认的抗疲劳物质。文献报道表明，二十八烷醇
混合物对人体还具有消炎和防止皮肤病作用，对人体胃、十二指肠溃疡及脱发等疾病具
有显著辅助疗效。

(三) 红松子油的主要功能成分及应用

红松子油是一种纯天然、原生态、更健康的食用植物油，红松子为唯一无人工种植
的原料；选用高科技现代工艺设备，超临界二氧化碳萃取，无化学浸出，无添加，无残
留，属于营养健康油；红松子油在所有食用植物油中，凝固点最低，低温不凝固。在零
下 40℃不凝固，保持原油品本色。因此红松子油具有广阔的发展前景。

2013 年黑龙江省伊春市一家食品股份有限公司，坐落于伊春生态经济开发区，是
一家集研发生产于一体的大型森林食品科技企业，该公司伊始即以"在与自然和谐共生
中改善人类生活"为使命，按照"共享、共进、共生"的企业宗旨，依托当地生物资
源优势。目前已形成初加工三大产品系列：

(1) 高端食用油系列，有高档红松子油、榛籽油、核桃油和高档坚果复合油等；

(2) 以松仁蛋白粉为主的坚果蛋白粉系列；

(3) 红松果仁及开口松子系列（以出口为主的红松果仁、开口松子系列）。

以上这些营养健康森林系列食品，将会更好地为人类造福。

(四) 发展红松子油的前沿展望

红松子和红松子油由于营养健康，被誉为长寿食品，备受历代医学家、营养学家所
推崇。尤其所含新功能因子皮诺敛酸更是引起了全球医学界的广泛关注和重视。

2008 年，美国国家生物技术信息中心（NCBI）发布了一项关于皮诺敛酸对人体减
肥影响的研究报告。报告指出，在全球肥胖人数不断增长，以及需要有效减肥营养品的
情况下，皮诺敛酸对人体健康则更具有特别的意义。

据资料记载，当前世界各国对红松子油的功效研究成果主要有如下几方面。

(1) 抗衰老，润肤美容 人体衰老的元凶就是体内自由基的存在。红松子油含有
丰富的松三烯酸和维生素 E，能保护人体细胞免受自由基的侵害，可达到延缓衰老，润
肤美容的健康目的。

(2) 强筋壮骨 红松子（仁）含有大量的矿物质，如钙、铁、磷、钾等，这些营
养素对人体都具有强壮筋骨、消除疲劳的功能。红松子油中还含有丰富的微量元素，对
人体具有补血益气、缓解疲劳的作用。松子仁中所含的钙则是珍稀的补钙佳品。

(3) 补脑益智 红松子油中所含有的亚麻酸，是合成大脑和神经细胞的主要物
质，具有增强脑细胞代谢，维护脑细胞和神经功能的作用。红松子中的谷氨酸含量高
达 16.3%，具有很强的健脑作用，可增强人体的记忆力。红松子中所含丰富的磷、
锰，是胎儿、婴幼儿大脑发育不可缺少的营养物质，也是学生、脑力劳动者的健脑补
脑佳品。

(4) 润肠通便 红松子油主要为油酸和亚油酸，纯天然、原生态，对人体具有润
肠通便功效，且不伤正气。

（5）软化血管，预防心血管疾病　红松子油中所含不饱和脂肪酸，对人体调整和降低血脂、软化血管和防止动脉粥样硬化，均具有特殊的功效，且对心血管系统有很强的保护作用。

（6）辅助治疗风湿病　红松子油可辅助治疗风湿病。松树避温耐寒，红松子（仁）具有高热量，用于辅助治疗风湿症，无论内服、外敷皆有辅助疗效。

（7）防治肿瘤　在自然界所有食用植物油中，唯独红松子油中含有一种丰富的特殊物质皮诺敛酸，它对皮肤癌、胃癌、鼻咽癌等肿瘤病症，具有良好辅助食疗价值。

红松子（仁）、红松子油所含丰富的营养素，对人体健康具有特别的意义，将会为人体生命注入新的活力。

我国拥有世界上面积最大的红松原始林，依托生物资源优势，着力发展红松全产业链产品的深加工前景广阔，大有可为。

第七节　高亚油酸食用植物油料和油脂

一、红花子和红花子油

红花（又名红兰、草红花等）是一年生双子叶菊科草本植物。红花子是一种新兴的高亚油酸油料资源。红花以新疆、西藏地区种植最多，其次是华北和东北也有种植。红花药食两用。

（一）红花子

红花子千粒重 25~76g，含油量 30%~34%。红花入药，对人体具有活血、通经、止痛等功用。红花植株的形态如图 12-5 所示；红花子的形态如图 12-6 所示。

图 12-5　红花植株形态

图 12-6　红花子形态

（二）红花子油

红花子油是由红花子提取的天然食用植物油脂，浅黄色，含有极丰富的亚油酸和维生素 E（1500~1600mg/100g）、黄酮（628mg/100g），是一种优质食用油，新资源食品，特殊营养功能性食品。

1. 红花子油的营养价值

红花子油在我国的常用植物油中的亚油酸含量最高，素有"三王"之美誉：亚油酸之王、维生素 E 之王、黄酮之王。

（1）红花子油亚油酸的生理功能

①使胆固醇酯化，降低血液中胆固醇和甘油三酯，以达到降低血脂、降低血压、活血化瘀的目的。

②降低血糖黏稠度，改善血液微循环，软化血管、抑制血栓的形成。

③调节内分泌系统、恢复神经功能，对神经性偏头疼效果显著。

④提高脑细胞的活性，促进脑细胞的发育，增强记忆力和思维能力。能有效防止老年性痴呆症，延迟视力老化的进程。

（2）红花子油维生素 E 的生理功能

①有很强的抗自由基作用，能延缓人体衰老。

②是肝细胞生长的重要保护因子之一，对急性肝损伤具有保护作用，对慢性肝纤维化有延缓作用。

③维持机体生殖器官正常机能，并对机体代谢有良好作用。

④稳定并提高维生素 A、维生素 D 的生理作用，提升机体免疫力。

⑤重要的血管扩张剂和抗凝血剂，可降低动脉粥样硬化的发病率。

⑥具有美容作用，能增强皮肤的光泽和弹性，减少皮肤的皱褶。

（3）红花子中黄酮含量是所有植物中最高的，是一种天然的抗生物质　红花子中含有的植物甾醇是一类具有生理活性的纯天然物质，在肠内能抑制胆固醇的吸收，可有效减少 20% 左右沉积在血管内的胆固醇，并可修复组织、抑制肿瘤生长。联合国（FAO）/（WHO）举办的世界红花大会（TISC）向全世界推荐的食用油中，红花油名列榜首。在"必需脂肪酸与人类健康"国际研讨会上，来自世界各地的专家学者一致指出："红花子油中的亚油酸人体吸收率高达 99%，降低血液中胆固醇，调整血脂水平，食用红花子油是最有效的途径"。21 世纪解决人类心脑血管疾病的曙光就是红花子油。

（4）红花子油适宜的特殊膳食人群

①高血脂、高血压、高血糖的亚健康人群。

②冠心病、糖尿病、心脑血管疾病人群。

③希望延缓衰老、减肥、健美的人群；注重保健，追求健康的人群。

红花子油已被我国卫生部门批准为"具有调节血脂功能的食用油"。中医认为，红花子油味甘、无毒，对人体具有活血通经、逐淤止痛的功效。需注意儿童及孕妇不适合直接口服；不能代替药物。

2. 红花子油的健康价值

红花子油的生理功能在于调节血脂，降低甘油三酯、胆固醇和 β-脂蛋白等。专家进行人体实验（100~200 人），每天分别食用 12 种油脂，每天食用 60g，7d 后分析 12 组人血液中胆固醇水平，红花子油等 12 种油脂降低血清胆固醇的功效见表 12-25。

表 12-25　　　　　　　　　　红花子油等 12 种油脂降低血清胆固醇的功效比较

食用油名称	胆固醇变化/%	食用油名称	胆固醇变化/%	食用油名称	胆固醇变化/%
油茶籽油	+3	芝麻油	-4	红花子油	-14
芥花籽油	±0	葵花子油	-14	调和油（米糠油70%，	
棉籽油	±0	小麦胚芽油	-14	红花油30%）	-26
大豆油	-3	玉米油	-14		
花生油	-3	米糠油	-18		

常用食用油脂对人体血清胆固醇的影响如图 12-7 所示。

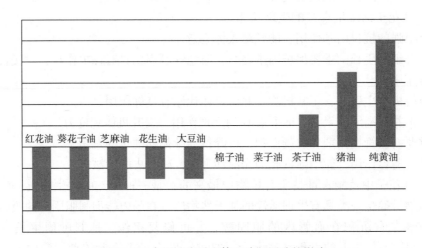

图 12-7　食用油脂对人体血清胆固醇的影响

从表 12-25 和图 12-7 可以看出，红花子油和（红花子油与米糠油）混合油对人体具有显著的降低血清胆固醇的功效，可有效防治心脑血管疾病。我国已研制出了"天山红花油胶丸""益寿宁""脉通"等，用于医药防治高血压、肝硬化、冠心病等疾病的辅助治疗。红花子油还被用于药用注射油。研究证明，红花油乳剂静脉注射对防治原发性脂肪酸缺乏病症具有一定辅助疗效。新制品红花子油针剂，已用于心脑血管疾病的辅助治疗。国际市场上畅销的"健康油"配方是 30% 的红花子油和 70% 的米糠油，有助于降低血脂。长期以来，欧美各国都把红花子油作为一种营养保健油食用。

3. 红花子油的特征指标及脂肪酸、甾醇组成

红花子油呈浅黄色，溶于各种油脂溶剂，常温下为液体，未经冬化处理的，有微量的蜡质可能会出现云雾状。红花油属"高亚油酸型"食用植物油脂，是一种优质干性油脂（碘值较高）。

（1）红花子油的特征指标　见表 12-26。

表 12-26 红花子油的特征指标

指标	数值	指标	数值
折射率（n^{40}）	1.467~1.470	不皂化物/（g/kg）	≤15
相对密度（d_{20}^{20}）	0.922~0.927	皂化价/（mg KOH/g）	186~198
碘值/（g I/100g）	136~148		

（2）红花子油脂肪酸组成（GB/T 22465—2008《红花子油》） 见表 12-27。

表 12-27 红花子油脂肪酸组成（GB/T 22465—2008《红花子油》）

脂肪酸	含量/%	脂肪酸	含量/%
豆蔻酸（C14：0）	ND~0.2	亚麻酸（C18：3）	ND~0.1
棕榈酸（C16：0）	5.3~8.0	花生酸（C20：0）	0.2~0.4
棕榈一烯酸（C16：1）	ND~0.2	二十碳一烯酸（C20：1）	0.1~0.3
十七烷酸（C17：0）	ND~0.1	山嵛酸（C22：0）	ND~1.0
十七碳-烯酸（C17：1）	ND~0.1	芥酸（C22：1）	ND~1.8
硬脂酸（C18：0）	1.9~2.9	木焦油酸（C24：0）	ND~0.2
油酸（C18：1）	8.4~21.3	二十四碳一烯酸（C24：1）	ND~0.2
亚油酸（C18：2）	67.8~83.2		

注：ND 表示未检出，定义为≤0.05%。

（3）红花子油甾醇成分含量 红花子油总甾醇含量为 2100~4600mg/kg，红花子油甾醇成分含量（GB/T 22465—2008《红花子油》）见表 12-28。

表 12-28 红花子油甾醇成分及含量（GB/T 22465—2008《红花子油》）

甾醇成分	占总甾醇的分数/%	甾醇成分	占总甾醇的分数/%
胆固醇	ND~0.7	δ-5-燕麦甾醇	0.8~4.8
芸苔甾醇	ND~0.4	δ-7-谷甾醇	13.7~24.6
菜籽甾醇	9.2~13.3	δ-7-燕麦甾醇	2.2~6.3
豆甾醇	4.5~9.6	其他	0.5~6.4
β-谷甾醇	40.2~50.6		

注：ND 表示未检出，定义为≤0.05%。

（三）红花子油功能性成分的应用

红花子油是一种功能性食用植物油，也是食用植物油脂中亚油酸含量最丰富，碘值较高的一种优质食用油。其主要功能性成分已被应用到许多领域。

1. 在食品加工中应用

红花子油在食品加工中的应用十分广泛，如烹调用油、煎炸油、人造奶油、色拉调料、冷冻甜食、面包、糕点等以及高级烹调油。红花子油也很适合于低温下需保持稳定和风味的食品，如人造奶油、乳化蛋糕及面包起酥油等。我国新疆已研发出红花营养色拉油、红花子色拉油、红花营养调和油等绿色食品。红花还可以制红花茶、红花奶、红花营养品、红花健康品等系列食品。

2. 在医药中的应用

我国的一些制药公司已生产出益寿宁、脉通、血脂平、心脉乐、亚油酸丸、天山红花油胶丸、丹红素注射液针剂（由红花、丹参配制）等红花（油）系列制品，用于防治人体心脑血管疾病的辅助治疗。红花是一种集药材、油料和染料为一身的特种经济作物。我国新疆地区的红花品种，大多为无刺红花，产量高、花色鲜红油润，红花子油中亚油酸含量较其他省份产的高出 5%~8%，因此有专家认为，中国红花产业和产品开发优势非新疆莫属。通过精深加工一定会使我国红花产业发展跃上一个新台阶。

二、葡萄子及葡萄子油

葡萄甜酸多汁，是大宗水果之一，也是酿酒的重要原料，我国主产在新疆、宁夏、河北、河南等省区，宁夏贺兰山葡萄红酒在 2011 年北京举办的一场葡萄酒盲评比赛中，击败了拥有百年历史的法国波尔多葡萄酒。我国现已跻身世界五大葡萄酒生产国之中。

葡萄子是酿酒工业的副产物，是制油工业的原料资源，正在开发利用，已取得可喜成果。我国年产葡萄约 300 万吨，含有葡萄子 18 万吨左右可供制油和提取多种功能性成分。葡萄子油属于高亚酸食用植物油，已被我国卫生部门批准为"具有调节血脂功能的食用油"。

（一）葡萄和葡萄子

葡萄是一种富有营养和医用价值的水果，含糖量为 15%~30%，其中以葡萄糖为主，容易被人体吸收利用，含有蛋白质、酒石酸、苹果酸、果胶、胡萝卜素及维生素等，它们有助于人体平衡血酸，是人体骨骼和神经生长的必需营养物质。

1. 葡萄的营养价值

葡萄汁被营养学家誉为"植物奶"，提倡人们食用葡萄、葡萄汁、葡萄干、葡萄子油和葡萄酒等系列食品，以增强体质，提高免疫功能。葡萄用于酿酒，酒质纯净，口感圆润。葡萄的营养成分见表 12-29。

2. 葡萄的健康价值

中医学认为，葡萄性味甘、酸、平，对人体具有健脑强心、利尿止渴除烦、开胃化食、增强体力的功效，可辅助治疗未老先衰、形体羸瘦、体倦乏力等疾病。据研究报告称，葡萄是肾炎、肝炎、关节炎和贫血病人的适宜食品，还能防治肝脏疾病。葡萄汁可以降低血液中钠的含量，对体弱、血管硬化和肾炎病人的康复有辅助疗效。葡萄是水果中含复合铁元素最多的水果之一，是贫血患者的营养食品。葡萄中还含有类似胰岛素的物质，因此，医生把葡萄汁列入糖尿病人的食谱中，并用于痛风、关节炎和风湿病患者

的营养食品中。葡萄中的白藜芦醇，不但具有抗菌、抗氧化、抗血小板凝集等健康作
用，对肺部健康也有好处，能辅助治疗哮喘，降低心脏病的发病几率。葡萄皮的颜色不
同，功效有异。

表 12-29　　　　　　　　　　　葡萄的营养成分及含量　　　　　　　　　单位：mg/100g

成分	含量	成分	含量	成分	含量
蛋白质/（g/100g）	0.5	铁	0.4	硒/（μg/100g）	0.2
脂肪/（g/100g）	0.2	钾	104	胡萝卜素/（μg/100g）	50
糖类/（g/100g）	9.9	钠	1.3	维生素 B_1	0.1
膳食纤维/（g/100g）	0.4	镁	8	维生素 B_2	0.2
能量/（kJ/100g）	753.5	锰	0.06	维生素 C	25
钙	5	锌	0.18	烟酸	0.2
磷	13	铜	0.09		

（1）黑葡萄（黑提）　滋阴养肾，使人头发黑亮，发质不好的人，食用黑葡萄大有
益处。黑葡萄中的钾、镁、钙等矿物质的含量要高于其他颜色的葡萄，这些矿物质离子
大多以有机酸盐的形式存在，对维持人体的离子平衡有重要作用，可有效抵抗疲劳，有
效缓解神经衰弱等病症。

（2）紫葡萄（玫瑰香、巨峰）　富含花青素和类黄酮，都是强力抗氧化剂，有清除
人体内自由基的功效。能减少皮肤上皱纹的产生，缓解老年性视力退化。

（3）白、绿色葡萄（无核白葡萄、马奶葡萄）　也称"无色葡萄"，中医有"白入
肺""肺主皮毛"之说，认为白葡萄可补肺气和润肺功效，适合咳嗽，患呼吸系统疾病
及肤色不佳的人群食用。

（4）红葡萄（红提）　富含逆转酶，它通过清除动脉壁胆固醇的堆积而软化血管，
活血化瘀，预防血栓形成，对预防心血管病和中风有效。葡萄良好的利小便作用能帮助
人体排出毒素，消除内热等。

2012 年 1 月 19 日美国《自由基生物与医学》月刊称"食用葡萄可防治老年性黄斑
变性"。这种眼病是导致老年人失明的首要原因。老年性视力损失是累积氧化性损伤造
成的。葡萄酒中的白藜芦醇可促进人体骨骼生长，红葡萄酒比白葡萄酒效果更好；黄酮
类物质有阻止紫外线对人体皮肤细胞造成伤害的功能，被称为"可防止皮肤癌的功能性
食物"。

3. 葡萄子功能性成分的应用

葡萄子占葡萄粒重的 5%~7%，含油量 14%~17%，还含有多种功能性成分。

（1）原花青素　原花青素含于葡萄子，是一种强抗氧化剂，可广泛应用于功能性
食品生产领域。易溶于水，在酸性、中性环境中稳定，耐热性强，对光氧化有抑制作
用，是一种天然安全的功能性食品基料，还可用于增白化妆品制作。

低聚原花青素产品有强抗氧化性能，对人体具有高效捕捉导致人体衰老、心血管疾

病和癌症的亲水自由基，抑制血液胆固醇吸收和动脉硬化，保护胃黏膜；有抑制酪氨酸酶活性、黑色素产生及紫外线引起色素沉淀的作用。葡萄子具有重要的开发价值，我国采用超临界 CO_2 萃取技术以制取葡萄子油后的粕为原料，再提取原花青素已取得重要成果，提取效率达到90%，并有效地保护了产品的生物活性。

（2）黄酮类化合物　从葡萄子中提取的类黄酮，分子结构特殊、水溶性好、有效性高（生物利用度在90%以上），极易被人体吸收。专家们说，是迄今为止发现的最强效纯天然抗氧化剂，应用领域广泛，涉及食品、医药品及化妆美容产品的生产。

（3）白藜芦醇　白藜芦醇（又称芪三酚）从葡萄子中提取，是一种含有芪类结构的非黄酮类多酚化合物，是肿瘤疾病的有效预防剂。20世纪90年代国际上发现白藜芦醇大量存在于葡萄子中，美国《抗衰老圣典》将白藜芦醇列为"100种最有效的抗衰老物质"之一。研究表明，葡萄子是重要的抗衰老和抗癌的天赐产物。红葡萄子所含丰富的白藜芦醇，能使人体50%的癌细胞失活、凋零。人们已将它用于膳食补充剂，佐餐酒、饮料以及植物保护剂等多领域。在我国已将白藜芦醇制成具有降血脂、美容、减肥和抗肿瘤的胶囊产品；还将其添加到各种酒中，配制出对心血管疾病有防治作用的功能性白藜芦醇保健佐餐酒，以及白藜芦醇茶（冲剂型）等。

（4）葡萄多酚　葡萄多酚在葡萄子中的含量高达6.5%~7.0%，具有显著的抗氧化效果。据"美国科学世界报告"2014年6月报道，食用葡萄子提取产品不仅可减轻膝关节炎的症状和疼痛，还能改善关节的柔韧性，提高人体的活力，其中葡萄多酚发挥的功效最大。年产近100t葡萄多酚生产线已在我国投产，产品畅销国内外市场，效益显著。

（二）葡萄子油

葡萄子油是从葡萄子中，采取现代制油工艺和技术提取的一种功能性植物油脂，可广泛应用于食品等多个行业生产各种品牌的健康食品、功能性食品、美容化妆和医药制品。

1. 葡萄子油的营养、健康价值

葡萄子油是一种优质的食用植物油脂，富含原花青素及维生素 E、β-胡萝卜素，含不饱和脂肪酸达92%。在巴西作为甜杏仁油的替代品。对人体具有调节血脂的功能。葡萄子油中的原花青素已被我国卫生部门批准为"具有延缓衰老功能、美容、调节免疫功能的物质"。

2. 葡萄子油的特征指标、脂肪酸及甾醇组成

葡萄子油呈淡黄色，口感清爽，清香淡雅，属于干性高亚油酸型食用植物油。

（1）葡萄子油的特征指标　见表12-30。

表12-30　　　　　　　　　　葡萄子油的特征指标

指标	数值	指标	数值
折射率（n^{40}）	1.467~1.477	碘值/（g I/100g）	128~150
相对密度/（d_{20}^{20}）	0.920~0.92	不皂化物/（g/kg）	≤20
皂价值/（mg KOH/g）	88~194		

（2）葡萄子油的脂肪酸组成　见表 12-31。

表 12-31　　　　　　　　　　葡萄子油的脂肪酸组成　　　　　　　　　　单位:%

脂肪酸	含量	脂肪酸	含量	脂肪酸	含量
豆蔻酸（C 14:0）	ND~0.3	油酸（C 18:1）	12.0~28.0	二十碳一烯酸（C 20:1）	ND~0.3
棕榈酸（C 16:0）	5.5~11.0	亚油酸（C 18:2）	58.0~78.0	山嵛酸（C 22:0）	ND~0.5
棕榈油酸（C 16:1）	ND~1.2	亚麻酸（C 18:3）	ND~1.0	芥酸（C 22:1）	ND~0.3
硬脂酸（C 18:0）	3.0~6.5	花生酸（C 20:0）	ND~1.0	木焦油酸（C 24:0）	ND~0.4

（3）葡萄子油甾醇组成及含量　葡萄子油中总甾醇含量为 2000~7000mg/kg。葡萄子油中甾醇含量是含羟基的环戊烷骈全羟菲类化合物的含量总和，以游离状态或同脂肪酸结合成酯的状态存在于生物体内，葡萄子油甾醇成分含量（GB/T 22478—2008《葡萄子油》）见表 12-32。

表 12-32　　　葡萄子油甾醇成分及含量（GB/T 22478—2008《葡萄子油》）　　　单位:%

甾醇成分	占总甾醇的质量比	甾醇成分	占总甾醇的质量比	甾醇成分	占总甾醇的质量比
高根二醇	>2	豆甾醇	7.5~12.0	δ-7-谷甾烯醇	0.5~3.5
芸苔甾醇	ND~0.2	β-谷甾醇	64.0~70.0	δ-7-燕麦甾烯醇	0.5~1.5
菜子甾醇	7.5~14.0	δ-5-燕麦甾烯醇	1.0~3.5	其他	ND~5.1

注：ND 表示未检出，含量≤0.05%。

3. 葡萄子油主要功能性成分及应用

葡萄子油的亚油酸含量可与红花子油媲美，还含有生育三烯酚，甾醇等功能性成分，具有降低血液胆固醇、调节植物神经、营养大脑细胞等功效，已被确认为功能性油脂，作为高血压、高脂血症以及高空作业人员、飞行员、婴幼儿的特定营养保健油。在医药上，葡萄子油已于生产益寿宁，心脉乐等产品，用于辅助医治心脑血管及高血压等疾病。葡萄子油还是化妆品的生产基料。总之它在食品工业、医药、航空、化工中都有着广泛的应用。在葡萄子油供不应求的情况下，由其配方的多种调和油面市了，人们不再为买不到葡萄子油发愁。

三、核桃仁和核桃仁油

核桃（又名胡桃）为胡桃科植物核桃树的果实，为落叶乔木。主产地为云南、新疆、四川等省区。云南的大泡核桃、新疆的纸皮核桃、河北的石门核桃、四川的露仁核桃、山西的香玲核桃、陕西的鸡蛋皮核桃等都是我国著名的品牌产品。除直接或加工制作各种食品外，对核桃仁的深度开发重点在于制取油脂和核桃蛋白及其制品，以增加核桃综合利用的高附加值，对促进我国核桃产业良性发展意义重大。核桃是我国民间的一种传统养生坚果，素有"人间仙果"和"长寿果"之美誉。国家卫生部门已把核桃列

342 为"食药兼用的优质资源"。

(一) 核桃仁

核桃仁含油脂 40%~50%，有的品种高达 58%~75%，是一种优质油料资源，价值高昂，效益可观。

1. 核桃仁的营养价值

核桃仁不含钠和胆固醇的天然健康食品，营养十分丰富。2012 年，欧盟正式确认核桃（仁）具有维持心血管健康的作用，有助于改善血管弹性，并建议人们每天吃 30g 核桃仁或其加工食品。核桃仁的营养成分见表 12-33。

表 12-33　　　　　　　　　核桃仁的营养成分　　　　　　　　单位：mg/100g

成分	含量	成分	含量	成分	含量
蛋白质/(g/100g)	14.9	磷	294	铜	1.17
脂肪/(g/100g)	58.8	铁	2.7	胡萝卜素/(μg/100g)	30
糖类/(g/100g)	9.6	钾	385	维生素 B	0.14
膳食纤维/(g/100g)	9.5	钠	6.4	烟酸	0.9
能量/(kJ/100g)	2624.5	锰	3.44	维生素 E	43.21
钙	56	锌	2.17	维生素 C	1.0

2. 山核桃仁的营养价值

山核桃仁是核桃科植物山核桃树的果仁，含油脂和蛋白质高，风味香美，是人们喜食的坚果之一。可以生食，用盐炒后更加香酥可口。山核桃仁的营养成分见表 12-34。

表 12-34　　　　　　　　　山核桃仁的营养成分　　　　　　　　单位：mg/100g

成分	含量	成分	含量	成分	含量
蛋白质/(g/100g)	18	铁	6.8	硒/(μg/100g)	0.87
脂肪/(g/100g)	50.4	钾	237	胡萝卜素/(μg/100g)	30
糖类/(g/100g)	18.8	钠	250.7	维生素 B₂	0.09
膳食纤维/(g/100g)	7.4	镁	306	烟酸	0.5
能量/(kJ/100g)	2972.0	锰	8.16	维生素 E	65.55
钙	57	锌	6.24	维生素 B₁	0.4
磷	521	铜	2.14		

山核桃的特性与功用类似普通核桃，只是个较小，壳甚坚，取之不易，人称"铁核桃"。具有治疗失眠、健忘和因精血不足而导致的白发、脱发等症，民间常用于食疗。

3. 核桃仁的健康价值

自古以来核桃就被视为珍稀、高档、具有独特保健功能的营养型坚果。据专家分析，1kg核桃仁相当于5kg鸡蛋（或9kg鲜牛奶）的营养量。核桃仁含有丰富的维生素及矿物质镁磷钾，有益于人体能量代谢和骨骼健康，也有益于调节心律，有助降低心血管疾病的发病风险。核桃仁对心血管病、糖尿病、高血脂和老年性便秘等多种疾病也有辅助食疗效果，经常食用可以强体和延缓衰老。2011年，经过美国心脏协会认证，核桃成为"健康心脏食品"。核桃仁中含有丰富的褪黑素（一种调节人体睡眠节律的元素），能够帮助人体入眠。随着年龄增长，不少人夜间分泌褪黑素的能力减弱，核桃仁可补充人体所需的褪黑素而帮助入眠。

（二）核桃油

核桃油有核桃油和山核桃油之分，其营养价值大同小异。核桃油是一种药食同源的功能性食用油脂。

1. 山核桃油的营养价值

山核桃油是山核桃仁经冷榨工艺制取的，可以直接食用的保健油品。也是烹调和食品加工的一种高档原辅料。山核桃油含有丰富的亚油酸，经常食用可以有效促进血液循环氧，提高微血管功能，降低血液中胆固醇的含量和血液的黏度，提高血液的流动性，预防心脑血管疾病的发生。山核桃油气味清香、色泽淡黄、透明清亮，润肺、健脑、滋补保健功效明显。山核桃主产区的浙江省临安市天目山区是国务院授予的"中国山核桃之乡"。当地民间不仅有将山核桃当作休闲食品，还有将山核桃油和蜂蜜拌均匀，直接给产妇、孕妇进补的食俗。山核桃油还用来生产保健食品、孕妇食品、老年食品等高档保健食品。在制作糕点和营养食品中作营养强化剂，提高食品品质和档次。

2. 核桃油的营养价值

核桃油的营养成分除含有常见营养成分以外，还含有植物甾醇、生育酚和多酚类抗氧化剂、角鲨烯、褪黑激素、叶酸等多种营养素和活性成分，使核桃油的营养和健康价值倍增。国家卫生部门把核桃列为药食同源的资源，同时也是基于对其营养保健功效的认可。核桃油是当今医学界公认的健康食用植物油之一，它含有丰富的多不饱和脂肪酸，其中α-亚麻酸含量高达10%。除了供给人体能量外，还能在增加高密度脂蛋白胆固醇（HDL）的同时降低低密度脂蛋白胆固醇（LDL），调节人体血液中二者的比例而减少血栓的形成几率。对促进胎儿和婴儿的大脑、视网膜、皮肤和肾脏功能的发育也具有重要作用。

核桃油的人体消化吸收率极高，有减少胃酸、刺激胆汁分泌的功能。核桃油含的角鲨烯与人体皮肤具有亲和力，吸收迅速，具有保持皮肤弹性和润泽，防治手足破裂等功效，被国人誉为"可以吃的美容护肤品"，在西方则有"美女神油"之美誉。是近年国内外市场需求量最大的三种特殊高档多用途植物油（核桃油、月见草油、红花油）之一，市售价高昂（是花生油的5~6倍），效益可观。

3. 核桃油的健康价值

我国《本草纲目》中记载，核桃味甘，性平，对人体具有健脑补肾，润肺通便，定喘化痰，养血强身等功效。适合神经衰弱、失眠健忘、肾虚腰痛等特殊人群食用。核桃油还可"通经脉，润血脉"，使皮肤细腻光滑。还可用于治疗皮炎、湿疹、疮癣、痢疾、外耳道疖肿、中耳炎、酒渣鼻、驱绦虫等病症。将其用于保健食品中，对人体具有

344 减轻疲劳、恢复精力、提高脑神经功能、治疗失眠健忘的效果。

4. 核桃油的特征指标及脂肪酸组成

核桃油是从核桃仁中制取的一种功能性油脂，属于高亚油酸、干性油品系列。

（1）核桃油的特征指标　见表12-35。

表12-35　　　　　　　　　　　核桃油特征指标

指数	数值	指数	数值
折射率（n^{40}）	1.467~1.482	碘值/（g I/100g）	140~174
相对密度（d_{20}^{20}）	0.902~0.929	不皂化物/（g/kg）	≤20
皂化价/（mg/g KOH）	183~197		

（2）核桃油的脂肪酸组成　见表12-36。

表12-36　　　　　　　　　　　核桃油脂肪酸组成　　　　　　　　　　单位：%

脂肪酸	含量	脂肪酸	含量
棕榈酸（C16：0）	6.0~10.0	油酸（C18：1）	11.5~25.0
棕榈油酸（C16：1）	0.1~0.5	亚油酸（C18：2）	50.0~69.0
硬脂酸（C18：0）	2.0~6.0	亚麻酸（C18：3）	6.5~18.0

（三）核桃油生理功能的应用

近几年的科学研究表明，α-亚麻酸、亚油酸及其异构体共轭亚油酸对人体都有着重要的保健功能。α-亚麻酸具有明显的降血压、降血脂、降胆固醇及改善心脑血管疾病、提高脑神经功能等作用，它在酶的催化作用下，生成二十碳五烯酸（EPA）和二十二碳六烯酸（DHA，脑黄金），是人体神经细胞的重要组成部分。亚油酸是人体必须的脂肪酸，在人体内不能合成，必须从食物中获得，它在人体内转化成γ-亚麻酸，在碳链延长酶和不饱和化酶的作用下代谢为花生四烯酸，它的异构体共轭亚油酸具有抗氧化、降胆固醇、促进生长、抑制脂肪累积和防治糖尿病的作用。共轭亚油酸在动植物食品和海洋食品中含量都很少，特别是具有生物活性的共轭亚油酸含量更少，正在成为继磷脂和深海鱼油之后的又一种市场前景广阔的功能脂质。我国研制的"核桃素油软胶囊"，是以100%核桃油制成的软胶囊制品，是老少皆宜的营养品。已经面市，反映良好。

（四）核桃植株的综合利用

汉朝时张骞出使西域带回核桃种子，之后核桃树逐渐遍布神州。核桃仁除供榨油、当干果食用外，核桃花、叶、青果皮及壳等核桃植株上下可谓全身是宝，对其进行综合开发利用，高附加值可待。

1. 核桃花的食用及加工

每年的4月，核桃树开花，花呈絮状，挂果后花絮落地，刚落地时呈绿色，自然风干后呈灰黑色。凡是有核桃树林的地方，核桃花遍地都是，除了当地人少量用作蔬菜外，大部分被浪费了。其实，核桃花是一种亟待开发的天然营养保健食品资源，民间食用、药用习俗源远流长。

（1）核桃花的食用　核桃花营养丰富均衡，特别是所含有的蛋白质高达21%（干基），微量元素以及胡萝卜素等营养素含量很高，对人体具有保护细胞膜，维持细胞正常生理功能，促进成长，保护眼睛，清除自由基，增强免疫力，抗感染，抗衰老等药用价值。核桃花酊剂可去除疣子。焯熟、滤水的核桃花加辣椒油、食盐等调味料凉拌，便是一道佐酒的佳肴。

（2）核桃花的食用和加工　核桃花采收之后的加工、储藏和运输是关键，尤其是将新鲜的核桃花干燥技术很重要。营养专家提示，可用浓度为85%的酒精置换核桃花中的水分。为了防止酒精浸泡使核桃花颜色改变，可添加有机酸（如柠檬酸等）调节酒精浸泡液的 pH，浸泡后以 55℃ 干燥 15min 左右，即可得到含水率低于 10%、与生鲜花同样色彩、形态的干燥花，可以较长时间保存不褪色、不变形。如果采用真空冷冻干燥技术加工，干花的复水性更好，能保留更多营养和风味成分。

2. 核桃叶的食用和加工

核桃叶经炒制即为核桃茶叶，所泡茶汤清绿透亮、口感柔和香醇，能松解疲惫，提神强筋，是一种新型的保健茶叶。

（1）核桃叶的食用　核桃叶采摘炒制的最好时节是在六月份，从核桃树上精心采撷 2cm 长。芳香味浓的嫩绿小叶片，含的维生素 C 比猕猴桃、柠檬还高；类黄酮含量是龙井茶的 3 倍；多酚类物质含量仅为 5%，是一般绿茶多酚含量的 1/6（多酚类物质是茶汤涩味的主要成分），所以核桃茶叶口感柔和香醇，令人精神愉悦，杯不释手。

（2）核桃叶的加工　炒制核桃茶叶的新工艺如下所示，无需用食盐水浸泡与烫煮。

采叶 → 清洗 → 晾干 → 杀青 → 揉搓 → 炒焙 → 回潮 → 包装 → 成品

核桃叶食药同源，用核桃叶煎水沐浴，可解皮肤瘙痒；1% 以上浓度的核桃叶浸剂能杀灭钩端螺旋体；核桃叶的提取物，可作为防止食用植物油脂氧化的天然抗氧化剂。6 月份采叶时，恰逢核桃树叶浓密之际，适当摘去一些，有利通风采光，可以提高坐果率，并无不利影响，可谓一举两得。

3. 核桃青皮的食疗、医用价值

核桃果实主要由外层青果皮，内层硬果壳和核桃仁组成。核桃的青果皮成熟时间比核桃仁晚 7~14d，果农为了得到商业价值高的核桃仁，需要在核桃青果皮未成熟前进行采摘收获。在我国的中医验方中，核桃青皮泡酒，可用于治疗胃痛、痛经等病症，具有良好的止痛效果。现代医学研究表明，核桃青皮中含有的钾盐，是镇痛的活性成分。民间有用鲜青皮汁涂治顽癣的经验；乙酸乙酯提取物可制成新的抗肿瘤药物。核桃青皮还可以做成稳定的食用色素，其主要方法是，萃取剂是 60℃ 的水，水与核桃青皮重量比为 1：5，提取得到有淡淡香味的褐色苏浸膏，其水溶性、耐热性、耐光性、抗氧化性均良好，且对蔗糖、金属离子稳定，是食品着色的好选择。在棕黄色的核桃青皮色素稀

346 溶液中加入少量乙醇，可变成极具魅惑力的稳定的深酒红色，可用于红酒酿造业。在每年的深秋季节里，核桃成熟收获时，核桃青皮数量很大，若不尽快妥善处理还会造成产地的环境污染，所以将其有效综合利用，既可保护环境，又可得到高值回报，是果农致富又一新径。

4. 核桃壳的有效成分及药用效果

核桃壳含核桃醌、氢化核桃醌、β-葡萄糖苷、鞣质、没食子酸等成分。核桃醌，是橙色针状结晶体，具有抗出血的生物活性，与核桃醌共存的还有几种还原衍生物，都具有抗菌活性，可以作药用，治血崩、乳痈、疥癣、牛皮癣及疮疡等病，有消肿止痒作用。核桃壳是生产活性炭的理想原料；作为燃料热值很高，只是有资源浪费之嫌。

四、文冠果和文冠果油

文冠果（又称木瓜、文官果等），文冠果植株是落叶灌木（或小乔木），是我国特有的一种经济、优良木本油料树种。文冠果树具有花美、叶奇、果香的三大特点，也是一种优良的蜜源植物，被国家列为制造生物柴油八大树种之一，因此，文冠果被国家林业局确定为中国北方唯一适宜发展的"生物质能源树种"，分布在我国内蒙古、辽宁、河南、甘肃、宁夏等地。大力发展文冠果树林，防治荒漠，利国惠民，共建绿色美丽家园。国家林业部门正大力推广文冠果与油用牡丹套种，即"上乔下灌"（即上种文冠果树，下栽油用牡丹，实行套种。文冠果树给怕阳光曝晒的油用牡丹遮了阳，又弥补了只种文冠果树而树冠下不能种植其他农作物的缺陷），一举两得，有望实现文冠果和油用牡丹果双丰收，为我国油脂工业提供两种宝贵的制油原料。

图 12-8　文冠果植株及果实结构

（一）文冠果

文冠果的果实呈长椭圆形、黄色、有浓烈香味，每个果实中有 12 粒种子，种子呈扁球状，有黑色光泽，千粒重 1000~1500g，含油量为 35%~40%，种仁含油量 59%~73%，亚油酸 48%，有"不饱和油王"之美称，堪称食用油中的"软黄金"。文冠果的形态结构如图 12-8 所示。

1. 文冠果的营养价值

文冠果是一种药食兼备的果品，其油脂是一种优质食用植物油，制油后的饼（粕）蛋白质含量高、无毒、适口性好，是很好的蛋白质资源。文冠果的营养成分见表 12-37。

文冠果果肉经蒸煮加工与蜂蜜共同熬制后腌藏，可制成风味独特的蜜饯和风味独特的饮料等，具有补充营养和消渴解暑之功效。

2. 文冠果的健康价值

文冠果全身都是宝。中医认为，文冠果性味甘、平、酸，微温，入肝脾经，具有平肝舒筋，和胃祛湿，通乳之功效。可用于治疗妇女产后乳汁不足，脾胃不和，消食止渴，腰膝酸软无力，慢性关节炎等病症。其种壳是生产治疗前列腺炎药物的主要原料；
将文冠果树的鲜枝叶粉碎，熬膏作医用，对风湿性关节炎有辅助治疗。

表 12-37　　　　　　　　　　　　　　　　文冠果的营养成分　　　　　　　　　　单位：mg/100g

成分	含量	成分	含量	成分	含量
蛋白质/（g/100g）	0.4	钾	18	维生素 E	0.3
脂肪（干基）/（g/100g）	58	钠	28	胡萝卜素/（μg/100g）	870
糖类/（g/100g）	6.2	铜	1.0	维生素 B$_1$	0.01
膳食纤维/（g/100g）	0.8	钙	17	维生素 B$_2$	0.02
能量/（kJ/100g）	113.0	镁	9	维生素 C	43
硒/（μg/100g）	1.8	铁	0.2	叶酸	0.2
磷	12	铝	0.1		

（二）文冠果油

文冠果油得自文冠果种子，金黄明亮，亚油酸含量高，易被人体吸收，有降血脂等多种功效。2015 年，在第六届全国食用油博览会上荣获金奖。

1. 文冠果油的营养价值

文冠果油的营养价值很高，是一种功能性油脂，被称为"油之珍品"，其独特之处在于它含有神经酸，受到行业油脂专家的高度认可。医学专家称，神经酸可预防和缓解老年性痴呆，婴幼儿大脑发育有积极的促进作用，是唯一能修复疏通受损大脑神经通路——神经纤维、促使神经细胞再生的双效神奇物质。

2. 文冠果油的健康价值

文冠果油含有丰富的不饱和脂肪酸，其中亚油酸48%、油酸30%，经常食用可防治动脉硬化症，已经成为亚油酸丸、益寿宁等药物的重要组分。医学研究表明，对于人体的高血脂、高血压、血管硬化、慢性肝炎、胆石症、风湿症、神经性遗尿症、消炎止痛等均有辅助疗效。

3. 文冠果油的特征指标

文冠果油是一种属半干性油脂，皂化价为 191mg KOH/g，碘价为 111g I/100g。文冠果的出油率为 30%，文冠果油在常温下呈淡黄色，澄清透明，气味芳香，耐储藏。

（三）文冠果油功能性成分的应用

国家林业部门大力发展文冠果林，防治荒漠，利国惠民，可为我国制油工业提供油料资源。2016 年，辽宁省利用当地盛产文冠果的资源优势，已研发出"文冠牌"文冠果高端食用油，并已批量生产，万吨文冠果油生产线已经建成，"十三五"规划，到2020 年将向年产 6 万吨文冠果油发展助推健康中国。文冠果油除食用、医药外，还可用于生产机械润滑油、肥皂、高级硬化油等制品。副产物饼（粕）可做饲料，果皮可提取糠醛、制活性炭。文冠果树属于观赏兼油用树种，是良好的蜜源植物，是国家林业部门大力推广的木本油料经济作物，发展前景令人向往。

五、罂粟子和罂粟子油

罂粟子（御米）是一种优良的油料资源。罂粟子油是一种功能性食用植物油，被列为"新资源食品"。

（一）罂粟子（御米）

罂粟子可谓"出淤泥而不染"，虽然与鸦片汁液同处于一个果壳内，却保持着"百毒不侵"的高洁之身，不含有毒成分。例如，河豚皮、内脏、血液都剧毒无比，唯独肉里没有毒，因此常因肉质异常鲜美而被人喜爱食用。罂粟的枝、干、叶、花、壳里都含有吗啡和可待因，唯独罂粟子不含，所以无毒。

1. 罂粟子的生理特性

罂粟子（又名象谷、米囊子、御米等）状如瓶子，米如粟，曾经专供皇室，故有"御米"之称。罂粟子，呈白色，状如肾形，颗粒较小，略小于普通芝麻颗粒（经"灭活"后的罂粟子呈黑色，有光泽）极易辨认。我国是获得联合国麻管局批准的合法种植、生产、储备、药用罂粟的六个国家之一。在我国实行严格管制（理）。罂粟子含油量为50%，罂粟子油（御米油）可供食用。

2. 罂粟子食用的安全性

据报道，罂粟子及其油脂中虽含有极微量的吗啡和可待因生物碱，但认定兴奋剂含量极低，长期服用不会成瘾，送检样品所检项目符合 GB 2716—2018《食品安全国家标准 食用油》的要求。甘肃省卫生厅甘卫函字（1999）第 182 号文："御米油中含有吗啡 0.79μg/mL，可卡因 0.88μg/mL，该含量远低于国家限量标准，长期使用不会成瘾"。因为其含量不足国家限量标准的 1/1820，有专家风趣地说："每人每天食用御米油（罂粟子油）最好不要超过 180kg，否则在不间断地食用 4000 年后，会成为轻度的瘾君子。"《大英百科全书》指出，成熟的罂粟子不含麻醉成分，国家权威检验部门指出罂粟子油（御米油）没有毒性，这与蒸馏水虽然也含有微量有害病菌，但只要控制在相关标准允许范围内，便可称为合格的道理一致。因此会用罂粟子、罂粟子油（御米油）是安全勿虑的。

"罂粟子"本来就无毒，经过"钴-60"辐射（照）现代高科技"灭活"处理后更加安全。随着食品加工技术的提高，已解决了不破坏罂粟子营养成分的"灭活"难题。罂粟子经"灭活"被列为"新兴食品原料"，以调味品身份出现（"鲜极牌"系列调味品）。前几年由原卫生部等五部委联合颁发的《关于加强罂粟子食品监督管理工作的通知》，由国家专控的食品御米油（罂粟子油）成功面市，这对预防疾病、调节身体机能、促进保健等人们关心的康问题，起到不同凡响的作用。

3. 罂粟子的功能特性

（1）罂粟子的营养价值 罂粟子通常以粉、油等形态被加以利用。罂粟子粉富含人体所需的功能脂肪酸成分，富含 18 种氨基酸，还含有多种微量元素及维生素 E 等。罂粟子系列食品由纯天然罂粟子经"灭活"加工制成。专家特别强调并提示，罂粟子系列食品不含对人体有害的吗啡，可放心食用。灭活后的罂粟子粉可广泛用于食品行业。

罂粟子含油量高，罂粟子油（御米油）历来是皇室贵族的御用营养品。欧美国家 349
一直将罂粟子油奉为营养极品。现今，我国社会名流则誉之为"超级商务礼品"。

现代医学研究证明，罂粟子油是一种含有极高复合营养成分的天然珍稀有机食品、功能性油脂而倍受关注。罂粟子来自与世隔绝的中国西北大漠（国家唯一合法种植基地），纯天然、无污染，蕴藏多种人体缺乏的营养成分。欧洲人采用罂粟子为蛋糕馅料以及面包的配料，来提高食品的美味，已有百年历史。20 世纪末 ISO 676—1982 已将罂粟子列入调味品名单，欧美国家用其加工面包、汉堡馅料、沙津酱等系列健康食品。我国现已制定国标 GB/T 12729.1—2008《香辛料和调味品　名称》将罂粟子作为香辛调味料，使它的综合利用有了政策依据。

（2）罂粟子的健康价值　我国《中药大词典》中记述，罂粟子可称御米，其性味甘、平、寒、无毒，多食利二便，动膀胱之气。主治反胃、腰痛、泻痢、脱肛等。《辞海》中记述"罂粟子可榨油，其功能敛肺、涩肠、止痛。主治：久咳、久泄、久痢、胸腹诸痛等症"。香港卫生署将御米油定性为中药，无毒。事实上，罂粟子作为药物的功能，早在我国唐代就有记载：当年唐王李世民受伤后，得了箭伤恐惧症，惊恐焦虑、失眠心慌，不能看箭及听箭声响，史书描写得病症很严重。后来有个白发长者赠送来罂粟子煮饭，唐王食之病愈，之后李世民便封罂粟子为"御米"，专供皇宫。

我国民间，将罂粟子水煮，加蜜做汤甚宜；用罂粟子油做菜肴，久食可解胸闷，益血畅，解燥，益阳补遗，有着良好的食疗效果。罂粟子及罂粟子油具有多种独特的食疗价值和药理价值。

4. 罂粟子功能性成分的应用

在我国以灭活罂粟子为原料已开发的系列食品主要有罂粟子油（御米油）、御米香辣酱、御米酱、御米珍、罂粟子调味粉（鲜极粉）、御米牛皮糖等系列食品。罂粟子油（御米油）可直接用于烹制菜肴，具有高温不冒烟，最大程度保持菜蔬原有颜色的特点；御米珍主要用于烤制面包、点心及各类馅料添加使用，类似于芝麻的使用方法；御米牛皮糖是根据罂粟子的特点，清理、焙烤后所具有的香气和口感，与扬州特产牛皮糖嫁接而成的一种糖果小吃；罂粟花蜂花粉是在特定种植园采集后，并经冷冻、干燥、灭菌处理制成的纯天然蜂产品；罂粟子调味粉主要用于烹调菜肴、煲汤及调制火锅汤料，增加其鲜味；罂粟子具有与其他调味料完全不同的风味，与常用食品调味料混合调配后，能体现出一种独特的风味，其中鲜味是其他调品料的几倍。

现已推出的主要产品有"鲜极粉""鲜极露""鲜极精"。其中"鲜极精"又细分为原味鲜极精，增加鸡味的、牛肉味的、海鲜味的"鲜极精"等不同风味的系列产品。

（1）增加食品鲜味　罂粟子富含甘氨酸、丙氨酸、酪氨酸、苯丙氨酸、天门冬氨酸等提升鲜味的氨基酸，可为食品增加鲜美的味道。

（2）增加食品原味　肉食产品、速食调味汤包、酱包或酱油在添加罂粟子调味粉相关产品后，口味更加醇厚，能达到强化食物原味的功效。

（3）增加食品营养　罂粟子粉富含人体所需要的多种功能脂肪酸成分，富含 18 种氨基酸，它还含有多种矿物质及维生素 E 等营养素。用于食品可增加其营养。

（4）提升食品档次　罂粟子调味粉能大幅度提升调味品中氨基酸态氮的含量，是酱油品质标志性的指标。

5. 罂粟子的加工新技术

（1）罂粟子本无毒，经灭活处理后更安全　我国用于调味料的罂粟子全部经过"灭活"处理，罂粟子及制品各项指标无毒无害。2002 年国家卫生部门正式同意罂粟子可作为食品香辛料进行销售和管理，以"灭活"罂粟子为原料，符合现代化食品行业加工要求以及国家安全质量要求标准，可以在食品领域开发利用。

（2）采用冷粉碎加工技术，保留罂粟子的有效成分　富有营养的罂粟子，除了传统食用、食疗、药用以外，还用于新型食品的加工。通常罂粟子是以粉、油等形态被加以利用，这就需要尽量保留罂粟子的原有功能成分不被破坏。因为罂粟子含油量高，食品香辛料在高速粉碎加工过程中会产生高热，易使精油等有效成分挥发或破坏。根据罂粟子的生物特性，采用冷粉碎技术，在低温下，利用汤料的冷脆性，将其有效功能成分保留下来。我国具有自主知识产权的冷粉碎设备，不仅适用于食品香辛料，中药材的生产，对于罂粟子也可应用于开发生产低温灭活的新一代产品。

（二）罂粟子油（御米油）

罂粟子含油量高可用于制取罂粟子油（御米油），是一种新兴优质油料资源。罂粟子油是选用成熟的罂粟子为原料，经过钴-60 辐照工艺"灭活"处理，运用现代化生物技术萃取提纯，保留原罂粟子的功能性成分，安全卫生的营养植物油，一种新型的功能性油脂。2006 年，御米油"新资源食品"获得国家卫生部门批准。罂粟子油加工获得国家政策许可，使其发展步入了快车道。

1. 罂粟子油的营养价值

罂粟子营养价值高，这在药学界是历来公认的，其史已载入《开元本草》，列于《本草纲目》第八卷谷部。

罂粟子油的营养成分，经有关检测结果表明，含有多种生物碱、维生素、不饱和脂肪酸以及黄酮等有效功能成分。其中含亚油酸 67.5%、油酸 19.23%、亚麻酸 0.2%，这些营养成分的有机搭配组合不仅人体吸收率高，而且其生理功效相互协同，叠加倍增。

2007 年在天津召开的"全国粮油学会油脂分会学术年会"上，来自全国的 300 余位油脂专家和全国著名的油脂产品企业代表，对罂粟子油进行了专题讨论和评议，与会专家一致认为：罂粟子油是国家新资源食品，长期食用安全、无毒；罂粟子油原料栽培环境特殊并受国家相关部门的严格监管，在生长过程中不施加化肥、农药，在加工过程中原有的天然成分得到了完好的保存，是一种营养价值高的珍稀天然植物油脂（功能性植物油脂）。

2. 罂粟子油的健康价值

罂粟子油富含对人体有益的多种营养成分，对人体有着重要的保健价值。罂粟子油稳定性好，在经受 250℃ 的高温处理时，仍然不冒烟，可广泛应用于食品行业及餐饮、烹饪行业，是一种优质的功能性油脂。罂粟子油所含不饱和脂肪酸对人体的生理意义在于它是人体组织细胞的组成部分，而且这些不饱和脂肪酸在人体内还可以有效的参与磷脂的合成，并以磷脂的形式存在于线粒体和细胞膜中。不饱和脂肪酸可以明显降低人体血液胆固醇含量，调节血脂平衡，防止发生高血脂和动脉粥样硬化，有效阻断心脑血管疾病的诱发因素。

在《本草纲目》中，罂粟子油被称为御米油，其性平、味酸涩、无毒，对人体具有敛肺、涩肠，止痛的功效。主治久咳、久泄、久痢、胸腹诸痛等症疾。

六、红棘营养油

红棘营养油是一种高亚油酸型，具有功能特性的调和油脂产品。有红花子油、沙棘子油、红花提取物、维生素 E 等原辅料制成，具有多种营养功效。

（一）红棘营养油的调配原理

红棘营养油的主要成分红花子油西域四宝之一，是国家卫生部门批准的"具有调节血脂功能的食用油"。沙棘对人体具有壮阴升阳，活血化瘀的功效，富含 α-亚麻酸，属于功能性植物油脂，也被国家卫生部门批准为"具有调节血脂功能的食用油品"。两者的有效成分进行调和，并针对不同的高血脂、各种心血管疾病症状，加入了能软化血管、调节免疫力的维生素 E 和能够活血化瘀、溶解血栓的红花精华提取物，四者配伍，明显提高了相互的药理作用，能活血化瘀、补血养血、壮阴益阳，从而发挥降低血脂，预防中老年人心血管疾病的作用。

（二）红棘营养油的功能特性

1. 红棘营养油的营养价值

红棘营养油的营养成分及含量、功能见表 12-38。

表 12-38　　　　　　　红棘营养油的营养成分及含量、主要功能　　　　单位:%

营养成分		含量	主要功能
亚油酸		72	降血脂、降胆固醇、软化血管
油酸		10	保持血管弹性、双向调节血脂
亚麻酸		1.0	降胆固醇、营养神经细胞
饱和脂肪酸	≤	11	储能和氧化供能
谷固醇	>	0.5	抑制胃肠道对胆固醇吸收
黄色素		4	改善血管痉挛、溶解血栓、改善组织缺氧和改善微循环
维生素 E/（mg/100g）	≥	160	软化血管、美容护肤、养颜、增强免疫力、减轻疲劳
红花提取物	≥	1.0	促进产品功效成分更有效吸收
天然性		保留天然成分，原汁原味	符合绿色食品要求

2. 红棘营养油的健康价值

红棘营养油除含有丰富的亚油酸外，还含有人体必需的功能性成分和营养素，除了能协同亚油酸调节血脂外，还有多种营养保健功效。

（1）亚麻酸　亚麻酸对人体神经组织特别是脑组织的生长发育至关重要，具有营养神经，恢复被损伤的神经细胞功能，还能降低血液胆固醇，能维护肝脏健康。

（2）维生素 E　能软化血管、治贫血、美容护肤、增强免疫力、延缓衰老等。

352

（3）谷固醇　能抑制胃肠道对胆固醇的吸收，降低其在血液中的含量。

（4）黄色素　是红花浸提物中的主要成分，是三种查耳酮葡萄糖苷结构分子的混合物，为水溶性功能性色素（极稀时为金黄色，较稀时为橙黄色，较浓时为橙红色），耐光、耐热，是红花油产品活血化瘀功效的主要成分，它可阻止血栓形成，加速血栓溶解，使阻塞的部分畅通，改善组织微循环，使其得到更多的营养，从而改善缺血状态。对冠心病、肌肉劳损、抗炎等均有疗效。

（三）红棘营养油与降血脂药物的主要区别

高血脂患者大多是单独服用降低血脂的西药、中药及中成药品等，这是一种亡羊补牢的方法，是在高血脂、高血黏度出现症状以后，才给予治疗，促使血脂降到健康指标，以恢复健康。红棘营养油是通过改变膳食结构，从源头上阻击高血脂的产生，将体内多余脂肪排出体外，达到预防与治疗的双重效果，不会产生毒副作用，有益无害，给人健康，这就是食疗与药疗的最大区别所在。

我国居民营养过剩与营养不良并存的状况已成为营养学界的共识，这已引起粮油食品专家的重视。我国油脂加工业正在向品质的标准化方向发展，正在打造营养健康型的油脂品牌，以助大健康中国推出红棘营养油的初衷正在于此。

（四）红棘营养油的质量要求

红棘营养油是一种食用调和油，符合食用调和油的定义，具有功能特性的食用植物油脂（高亚油酸，富含维生素 E 和谷固醇型油脂）。食用调和油的定义是："根据食用油的化学组分，以大宗高级食用油为基质油，加入另一种或一种以上具有功能特性的食用油，经科学调配具有增进营养功效的食用油品"。红棘营养油的质量按 SB/T 10292—1998《食用调和油》规定执行。

第八节　高 γ-亚麻酸食用植物油料和油脂

一、黑加仑子和黑加仑子油

黑加仑的原产地在新疆的塔城、阿尔泰地区，现已在黑龙江、辽宁、内蒙古等省（区）大量引种栽培，并作为防沙林，防治荒漠，利国惠民，建设绿色美丽家园。黑加仑是一种浆果植物，其种子黑加仑子是一种富含 γ-亚麻酸的油料资源，药食兼用。

（一）黑加仑果（子）

黑加仑（学名黑穗酸栗），成熟果实为黑色小浆果，可以直接食用。黑加仑果实形态如图 12-9 所示。

黑加仑果含有果糖、有机酸、膳食纤维素、微量元素钙、钾和维生素 C、花青素等营养成分，是一种优良的浆果，还可制成果汁、果酱、果酒等营养、健康食品。具有预防痛风、贫血、水肿、关节炎、风湿病等功效，同时对人体的

图 12-9　黑加仑果实形态

高血压、高血脂、心脑血管疾病也有良好的防御效果，可有效预防延缓衰老、补血补 353
气。黑加仑子可供制油。

（二）黑加仑子油

黑加仑子油是功能性油脂，富含珍贵稀有的 γ-亚麻酸，已被国家卫生部门批准为"具有调节血脂的功能性油脂"。黑加仑子含油率 20% 左右。

1. 黑加仑子油的营养价值

黑加仑子油的营养、健康价值很高，受到国内外各方专家的重视，面市以来供销两旺。主要用于医药、保健、食品、化妆品的生产。常食用黑加仑油脂有助于降低血液胆固醇，防治心脑血管疾病；促进女性荷尔蒙的分泌，改善妇女经前综合征等。

2. 黑加仑子油的健康价值

研究表明，孕妇和婴幼儿食用黑加仑子油，可减少婴幼儿出现遗传性过敏的几率。对照组的孕妇及其婴幼儿服用相同剂量的橄榄油。经对比发现，母亲在怀孕期间食用黑加仑子油的婴幼儿在一岁时出现遗传性过敏湿疹的几率比对照组的婴幼儿低 1/3。因此，研究人员认为，黑加仑子油在预防婴幼儿遗传性过敏性湿疹方面具有明显功效。

3. 黑加仑子油的感官及脂肪酸组成

黑加仑子油是 γ-亚麻酸油脂的重要资源，不饱和脂肪酸含量超过 90%，具有黑加仑子油固有的滋味、气味，无异味，油品呈淡黄色。黑加仑子油的脂肪酸组成见表 12-39。

表 12-39			黑加仑子油的脂肪酸组成		单位:%
脂肪酸	分析者		脂肪酸	分析者	
	Traitler 等	周青峰等		Traitler 等	周青峰等
棕榈酸（C16：0）	6~8	7.29	γ-亚麻酸［C18：3（n-6）］	15~20	11.71
硬脂酸（C18：0）	1~2	2.72	α-亚麻酸［C18：3（n-3）］	12~14	14.75
油酸［C18：1（n-9）］	9~13	16.27	C18：4（n-3）	2~4	4.41
亚油酸［C18：2（n-6）］	44~51	42.52	其他	<2	—

采用超临界 CO_2 萃取法可得到高质量、无溶剂残留的黑加仑子油。

二、月见草子和月见草油

月见草（又称夜来香、山芝麻）属柳叶科一年生草本植物，主要分布在我国东北三省及内蒙古、江苏、河北等地区，是重要的草本油料植物资源。鉴于国内外市场对月见草子油的渴求，我国不少省市（区）已有大面积种植，亩产月见草子达 1000kg，为月见草油的生产提供了基础原料。月见草油富含 γ-亚麻酸，被加拿大、法国、美国等 20 多个国家列为"营养油"，出口创汇紧俏，有"王者万能药"之称，可见其珍贵，在营养、保健、功能性等方面身手非凡，已被我国卫生部门批准为"具有调节血脂功能的食用油脂"。

354　　（一）月见草（子）

月见草花，香而美丽，人们常栽培以供观赏，其花可提制芳香油。月见草的植株形态如图 12-10 所示。

图 12-10　月见草花

月见草种子大小类似芝麻粒，褐色，含油量在 22.6%～30.1% 之间，是一种优良珍稀的制油原料。

（二）月见草子油

取自月见草子的月见草油呈淡黄色，富含多种维生素等营养成分；含有 90% 的不饱和脂肪酸，其中 γ-亚麻酸为 3%～15%，属于高亚油酸、高 γ-亚麻酸"双高"罕见的油品。

1. 月见草子油的营养、健康价值

月见草油药食兼用。中医学认为，月见草油性味甘、苦，性温，具有祛风湿、强筋骨、主风寒湿痹；筋骨酸软，活血通络；息风平肝；主胸痹心痛，中风，腹痛泄泻、痛经、湿疹等，是一味常用中药，还是 20 世纪发现的重要的营养型脂类药物，可谓"多功能高手"。

（1）调节血脂　降低人体血清胆固醇，降低血脂，提高高密度脂蛋白胆固醇，其效果优于红花油。实验表明，月见草油具有良好降血脂，保护内皮细胞和预防动脉粥样硬化形成的作用。

（2）防治过敏性皮炎、抗击炎症　能抑制炎症期的炎性渗出和水肿。

（3）抗血小板聚集作用　对高脂血症患者的血小板聚集有明显抑制功效，可防治冠心病。

（4）减肥塑身　γ-亚麻酸具有显著的减肥作用，能促进棕色脂肪酸线粒体活性而消耗多余热量，达到减肥塑身，苗条体态之效果。

（5）改善乙醇代谢　对于酒精中毒症者，可使肝功能快速恢复正常，因为 γ-亚麻酸可提高酒精的代谢速度。

（6）缓解月经前症候群　能使 2/3 的妇女经前期腹痛、乳房胀痛减轻，出血量适中；使 20% 妇女经前期症候明显减轻。

2. 月见草油的脂肪酸组成和特征指标

（1）月见草油的脂肪酸组成　见表 12-40。

表 12-40　　　　　　　　　　　　月见草油的脂肪酸组成

脂肪酸	棕榈酸	硬脂酸	油酸	亚油酸	γ-亚油酸	其他
含量/%	5～10	1～2	6～11	65～80	3～15	0.1～0.2

（2）月见草油的特征指标　见表 12-41。

表 12-41		月见草油的特征指标		355
指数	数值	指数	数值
折射率（n_D^{20}）	1.477~1.497	碘值/（g I/100g）	150~165
相对密度（d_4^{20}）	0.920~0.935	皂化值/（mg KOH/g）	185~195

该油品碘值较高，属于干性油脂系列。

（三）　月见草油功能性成分的应用

月见草油的特征功能性成分是 γ-亚麻酸，居第二位的是高含量的亚油酸，已广泛应用于食品、制药及化妆品的多种产品制作。

（1）月见草油已被很多国家批准为功能性食品的原辅料和营养剂，用于方便面汤料、饮料、果冻、婴幼儿乳粉、滋补食品、保健食品及减肥食品等配方中。

有企业将月见草油、复合磷脂脂质体、维生素 E、维生素 C 等成分科学配比，生产的"磷脂脂质体口服液"系列产品，对调节血脂、净化血液，防治心脑血管疾病效果明显，市场反应很好。

（2）月见草油作为美容产品的基料配方。

（3）月见草油更多地用于冠心病、心脑血管障碍、糖尿病和肥胖症等的辅助医疗。

（4）我国已制成"月见草油软胶囊"等产品，用于防治女性经前及更年期综合征效果明显。

（5）月见草油含有多酚化合物，能降低淀粉酶的活力而延缓其吸收，从而抑制人体血糖值上升。还能消除有害的活性氧自由基，而有效延缓人体组织和器官的老化进程。

随着我国经济的发展，科技水平的提高和人民生活的改善，γ-亚麻酸作为一种特殊保健品、健康食品的功能性成分，其应用领域一定会更为广泛。

第九节　高 α-亚麻酸食用植物油料和油脂

一、紫苏和紫苏子油（苏子油）

紫苏（又称白苏、赤苏）为唇形科一年生草本植物，在我国湖北、云南、四川、吉林、江苏、陕西、辽宁等地均有分布，其中以西北、东北地区的产量较高，每公顷为1125~1500kg，因含有特殊的活性物质及营养成分，成为近些年来备受世界关注的多用途植物，身价倍增。俄罗斯、韩国、美国等对其物进行了大规模商业性种植，开发出了食用油、药品、腌制品、化妆品等系列产品。

（一）　紫苏

紫苏药食同源，紫苏子呈紫黑色、灰色或黄棕色，小坚果近球形，可供制油。紫苏嫩叶呈紫色或紫绿色，气味清香微辛，可作蔬菜，对人体具有食疗功效。我国多用于医药、食用油、香料、饮食等方面。

1. 紫苏的营养价值

紫苏叶有一种特殊的芳香，人们常用嫩叶做拌凉菜或羹汤食用，具有开胃和预防感冒的功效。北京蔬菜研究所对300多种蔬菜样品进行防癌活性物质成分检测，结果显示，紫苏名列榜首，功力非凡。紫苏子含蛋白质、油脂、维生素、微量元素的种类齐全，营养价值很高。紫苏油的α-亚麻酸含量高达60%，是迄今发现的含量最高者。名列国家卫生部门公布的首批食药同源产品之中。

2. 紫苏的健康价值

紫苏作为药用，《本草纲目》中记载，"苏性舒畅，行气活血，故谓之苏"。在我国中医药发展的实践中，紫苏在临床上应用十分广泛。紫苏味辛、性温，归肺脾经，具有发表散寒，理气宽中的功效，对人体具有解毒、散寒、和胃的作用。紫苏叶含紫苏醛、左旋柠檬烯、精氨酸等成分。紫苏叶水煎剂，能促进消化液分泌及胃肠运动，是治疗感冒的常用药之一，临床常与藿香配伍。元代《饮食须知》记载，人们食蟹中毒，可服紫苏叶汁消解。清代《调鼎集》记载，蟹与柿子同食会使人引起胃肠不适，服用紫苏叶汁可解。这是因为紫苏含的紫苏醛，具有很强的解毒功能。

3. 紫苏功能性成分的应用

紫苏为我国传统中药材和辛香蔬菜，我国南京野生植物研究所对紫苏的研究和应用，已取得多项成果。

（1）紫苏子的应用　采用压榨酶脱胶生产工艺制备紫苏子油，并对α-亚麻酸的分离纯化进行研究，获得纯度高达90%的α-亚麻酸产品，并由此制得稳定性能好的α-亚麻酸衍生物，为紫苏资源的深加工奠定了技术基础。

（2）紫苏叶的应用　采用真空冷冻干燥技术制备冻干辛香蔬菜，并将紫苏叶挥发油作为食品防腐剂加以应用。

（3）紫苏子的提前萌芽　采用低温和赤霉素处理，可改变紫苏子的休眠期，种子提前发芽，使秋播得以实现，解决了紫苏资源不能跨年供应的难题。

（4）紫苏子油选作生产特种油脂的原料　用来生产孕妇、儿童专用油和特种油脂等。为了推进公众营养改善行动，专家们研制出了"孕妇专用油"和"儿童益智油"（其中亚油酸与α-亚麻酸的比例为5∶1），体现了食用油营养、健康新理念。

（二）紫苏子油（紫苏油）

（1）紫苏油的营养价值　紫苏油色泽淡黄（或淡绿色），澄清透明，气味清香，可用于煎炒炸烹，也可凉拌、调汤食用。紫苏油是一种新型功能性油脂，已被国家卫生部批准为"具有调节血脂功能的油脂"。

（2）紫苏油的健康价值　紫苏油含有丰富的α-亚麻酸，在人体内代谢转换为二十碳五烯酸（EPA）和二十二碳六烯酸（DHA）。α-亚麻酸是人体神经系统必需的不饱和脂肪酸，对人体记忆能力有重要的功用，可提高脑神经功能，能预防过敏性疾病；有效预防和抑制乳腺癌及大肠癌的发生。紫苏油对孕妇、胎儿、婴幼儿健康都有益。它能促进儿童大脑发育，胎儿视力、机能、形体发育；控制孕产妇体重，促进产后身体恢复，促进泌乳，增强母乳DHA含量，增强孕产妇身体的抵抗力，现已制成"紫苏油胶囊""清脂康软胶囊"和"紫苏油微胶囊"等产品用于医疗。

（3）紫苏油的特征指标

①脂肪酸的组成：紫苏子出油率约45%，富含不饱和脂肪酸中的功能成分。还含有天然维生素E（50～60mg/100g）等营养成分。紫苏子含油量及主要脂肪酸组成见表12-42。

表12-42　　　　　　　　　　紫苏子含油量及主要脂肪酸组成　　　　　　　单位:%

油料来源	含油量	主要脂肪酸组成				
		棕榈酸	硬脂酸	油酸	亚油酸	α-亚麻酸
云南瑞丽	37.1	10.2	2.7	14.5	21.5	51.1
云南勐腊	45.4	9.1	2.8	14.7	17.3	56.1
四川南部	38.2	8.1	1.3	14.0	17.2	59.4
陕西宁强	42.6	8.0	2.6	13.6	19.1	55.5
甘肃平凉	47.0	7.8	2.2	21.7	12.6	53.8
辽宁开原	46.3	6.7	2.8	18.5	18.2	52.9
中国18份油料	24.75~39.52	4.99~8.22	1.41~2.68	13.58~21.14	11.49~16.65	56.14~64.82

从表12-42可以得知，紫苏油是α-亚麻酸含量很高的食用植物油脂之一，是一种优质功能性食用油脂。

②特征指标：见表12-43。

表12-43　　　　　　　　　　　　　　紫苏油特征指标

指数	数值	指数	数值
密度/（g/cm³）（19℃）	0.9256	碘价/（gI/100g）	175~208
折射率（n_{20}^{D}）	1.470~1.483	皂化价/（mg KOH/g）	187~197

（三）紫苏子油主要功能性成分及应用

紫苏油的功能性成分有高α-亚麻酸、亚油酸、不皂化物中功能性脂质成分，可降低人体的血脂，血液胆固醇，预防动脉粥样硬化和血栓等，是一种功能性油脂，可用于食品、医药、保健、美容等领域，是近年来功能性油脂研究开发的热点。将紫苏油添加于儿童食品中，可以降低发炎、哮喘等疾病的发生率；紫苏油作为调味品也受人们欢迎。我国紫苏油加工技术创新及产业化获重要突破，产品实现了系列化。

1. 紫苏醛

紫苏的香味成分是含量为0.5%的香精油，香精油的主要成分是紫苏醛，占香精油成分的55%，它除了有抗菌、镇静和抗过敏反应的作用以外，还有富含α-柠檬烯和α-蒎烯等其他香味成分的特色。

2. 多酚化合物

紫苏的抗过敏成分是紫苏叶和种子中含有的多酚化合物，通过对3′、4′、5、7-四羟基黄酮等类黄酮成分及迷迭香酸等多酚类成分的研究，发现了紫苏的许多生理活性功能：可以使人体炎症和过敏反应迅速缓解，使花粉过敏反应症得到抑制；可抑制溃疡坏死因子的产生；对引发牙周病的变形杆菌和引起溃疡型牙周炎的菌类等都有很强的抑制作用。

3. 紫苏 α-亚麻酸

α-亚麻酸还具有保护视力、提高智力、调节人体免疫功能的作用。专家指出，紫苏确实是一种值得开发应用的功能性食用植物油资源，我国粮油工业部门已建成了紫苏子脱皮低温压榨制油、紫苏叶色素和黄酮类化合物提取及年产 500 万瓶紫苏叶汁饮料、紫苏叶类胡萝卜素提取、年产 10 亿粒紫苏油胡萝卜素软胶囊、紫苏油粉末等生产线并投产。生产出了脱皮低温压榨紫苏油、苏叶汁饮料、紫苏油胡萝卜素软胶囊、紫苏油粉末等高附加值紫苏子系列食品，投放市场，供特殊人群选用。这项科技新成果挖掘了紫苏资源的利用价值，提高了紫苏深加工产品的国际竞争力，产生了显著的效益。

二、沙棘和沙棘子油

沙棘（又称酸柳、黄酸刺）是地球上最古老的植物之一，主要分布在青海、西藏、新疆、内蒙古、陕西、甘肃等省区，世界上约有 95% 的沙棘林生长在中国，有着"土地绿色卫士"的美称，已列入《中国药典》，是一种广谱性营养保健食品资源，药食用食物，沙棘子油被国家卫生部门批准列为"功能性食用植物油脂"。

（一）沙棘（子）

沙棘是一种药食兼用，橙黄色的球形小浆果；沙棘子是功能性食用油脂的原料资源，富含维生素、多种黄酮类化合物、氨基酸、微量元素、不饱和脂肪酸以及生物碱、甾醇、萜类、磷脂等多种生物活性物质。

1. 沙棘的营养、健康价值

沙棘的营养成分十分丰富，主要有以下几类。

（1）维生素　沙棘浆果含有维生素 A、维生素 B、维生素 C、维生素 E 等多种维生素，其中维生素 C 含量高达 580~800mg/100g，居果品、菜蔬之冠。维生素 A 含量（总胡萝卜素）为 4.5mg/100g，也算丰富。

（2）蛋白质和氨基酸　沙棘果汁、种子均富含蛋白质，分别含量为 2.89%、0.9%~1.2%、24.38%，均含有 10 多种氨基酸，其中有 7~8 种必需氨基酸。

（3）黄酮类化合物　沙棘叶富含黄酮类化合物（如槲皮素、异鼠李黄素、山奈酚、儿茶素、黄芪苷等）20 余种。

（4）三萜、固醇类化合物　沙棘叶和果实含有 10 多种三萜烯类化合物，其中包括环卵黄、磷蛋白醇等 10 多种。

（5）脂肪酸　脂肪酸中油酸、亚油酸和 α-亚麻酸含量丰富且较为均衡。

（6）酚类、有机酸　苹果酸、柠檬酸及多酚总含量为 3.86%~4.52%。

（7）微量元素　钾、钙、镁、锌、铁等含量都很丰富。

沙棘是一种具有很高营养价值的野生浆果，之所以被关注和开发利用，因为沙棘几乎全身都是宝。

其沙棘不同部位化学成分及含量见表 12-44。

表 12-44　　　　　　　　　　沙棘不同部位化学成分及含量　　　　　　　单位：g/100g

项目名称	叶子	果实	果肉	种子	鲜果汁
干物质	32.3	22	23	82.3	6.74
游离糖总量	2.6	2.69	0.54	0.38	0.78
水溶果胶	0.42	0.59	0.41	0.14	0.21
酸度	—	3.8	—	1.81	3.2
植酸	1.5	0.02	0.02		0.004
油脂	0.33	5.2	4.8	9.4	
番茄红素/(μg/g)	—	0.011	0.032	—	0.004
黄酮素/(μg/g)	1.62	1.428	0.316		0.262
3-萜烯酸/(μg/g)	3.18	2.82	2.26	2.35	1.23
绿原酸/(μg/g)	2.82	1.72	2.14	1.82	1.03

2. 沙棘功能性成分的应用

随着人们对沙棘认识的提高，我国已开发出的沙棘产品有八大系列 200 多种品种。主要以沙棘果、籽、叶、枝为原料生产的沙棘果汁饮料、沙棘酒、沙棘子油及软胶囊、沙棘黄酮、沙棘复合提取物、沙棘茶等产品。在我国沙棘已作为原料或添加剂被广泛应用于各类食品中。在饮食方面，现已研制出以沙棘浓缩汁、脱脂奶粉、鸡蛋全粉为原料的冲调型沙棘蛋白食品；以沙棘果汁、白砂糖为主要原料的沙棘果冻食品，这类食品凝胶状态好，气味清新，酸甜可口且无水分析出；利用沙棘果实为原料酿造出的具有沙棘果香的，沙棘酱油和沙棘保健醋。此外还有沙棘原粉、沙棘晶、沙棘果罐头、沙棘饼干、沙棘酒等产品。

（二）沙棘子油

沙棘子油已被我国卫生部门批准为"具有调节血脂，调节血糖，抗疲劳的功能性油脂"。被广泛应用于食品工业制作健康食品。

1. 沙棘子油的营养价值

沙棘子油中的功能性成分丰富（脂溶性维生素、脂肪酸、黄酮和酚等多种），具有很高的保健价值，俄罗斯专家将沙棘子油定为"宇航餐必需食品"，用于抵御宇宙射线的伤害。

2. 沙棘子油的健康价值

在我国，沙棘原为藏、蒙医的常用中药，藏医经典《四部医典》中就记载了沙棘对人体具有祛痰、利肺、化湿、壮阴、升阳的作用，还记载了沙棘健脾养胃与破瘀活血的功用，而且还有沙棘的汤、散、丸、膏、酥、灰、酒等 7 种制剂与 84 种沙棘的医疗配方。沙棘已列入《中华人民共和国药典》。沙棘对扩张血管、改善微循环、营养组织

360　细胞、抗疲劳、抗辐射、肿瘤辅助治疗等方面都有很好的效果，在临床治疗中应用广泛。

（1）沙棘子油在辅助治疗中的应用　①提高免疫力；②抗炎生肌促进组织再生；③健脑益智，有助提高视力；④降低血脂，抑制肥胖；⑤延缓衰老，美容护肤；⑥改善睡眠质量，提高记忆力；⑦抗辐射。

（2）沙棘子油在的临床中应用　沙棘子油已广泛应用于临床，辅助治疗心脑血管疾病及消化系统疾病等。

①呼吸系统疾病：中医学认为，沙棘具有止咳平喘、利肺化痰作用，对慢性咽炎、支气管炎、哮喘、咳嗽等呼吸道系统疾病均有良好作用。沙棘挥发油中化合物能消炎，促进毛细血管循环而有利于呼吸系统疾病的康复。

②消化系统疾病：由于沙棘中含有氨基酸、有机酸等多种营养成分，可促进胃酸的生物合成，刺激胃液分泌。具有消食化滞健脾养胃、疏肝理气作用。沙棘中的苹果酸，草酸等有机酸具有缓解抗生素和其他药物毒性的作用而保护肝脏。沙棘中的卵磷脂等磷脂类化合物是一种生物活性成分，可改善肝功能，抗击脂肪肝。

③心脑血管系统疾病：沙棘总黄酮可以降低血脂、软化血管、降低血黏度、改善血液循环、防止动脉粥样硬化。沙棘黄酮可以通过清除活性氧自由基起到抗心律失常，改善心功能，应用于缺血性心脑血管系统疾病，有着良好的效果。沙棘子油对心脏、骨髓等均具有保护作用，可作为保健食品。

④外伤：沙棘子油中含有大量的活性物质，尤其是含有丰富的 α-亚麻酸和亚油酸，具有促进人体组织再生和上皮组织愈合的功效，临床上用于治疗烧伤、刀伤、烫伤和冻伤，均取得良好的效果。

3. 沙棘子油的特征指标

沙棘子油中含有多种功能性成分，主要有脂肪酸、脂溶性维生素、植物甾醇及不皂化物。沙棘子含油量5%~9.4%，其中不饱和脂肪酸占90%以上。沙棘子油主要脂肪酸组成见表12-45。

表 12-45　　沙棘子油的主要脂肪酸组成

油样来源	主要脂肪酸/%				
	棕榈酸	硬脂酸	油酸	亚油酸	α-亚麻酸
甘肃陇西	10.1	1.7	24.1	40.3	25.8
新疆和田	10.0	2.6	27.4	40.0	17.9
陕西黄龙	9.3	1.9	24.1	38.6	25.4
西藏	7.6	2.1	17.6	38.4	32.1
内蒙古	4.1	1.8	22.5	46.8	17.6
青海互助县	7.8	2.0	20.8	35.0	33.3

沙棘子油中含量较高的活性成分还有天然维生素 E、植物甾醇、β-胡萝卜素、维生

素 K、维生素 C 等。沙棘子油中含维生素 E 高达 323mg/100g。沙棘子油中植物甾醇含 361
量为 1000~1300mg/100g。沙棘子油中维生素 E、甾醇的组成及含量见表 12-46。

表 12-46　　　　　　　　　沙棘子油中维生素 E、甾醇的组成及含量　　　　　　　　单位：%

制油方法	α-生育酚	β-生育酚	γ-生育酚	δ-生育酚	β-谷甾醇	Δ5-燕麦甾烯醇	油菜甾醇	Δ7-燕麦甾烯醇
压榨法	42.2	7.1	43.1	6.2	72.6	22.5	2.2	1.5
浸出法	46.7	6.2	39.7	5.2	72.1	23.2	2.0	1.5

（三）沙棘子油功能性成分的应用

我国开发的特色健康产品"沙棘 B 型油"和"沙棘干乳剂"产品，用于肿瘤疾病，具有减轻肿瘤患者所用放、化疗药物对身体的毒副作用，被医学界称为"生命油"。推出的沙棘原汁，沙棘子油胶囊，沙棘浓缩果汁，沙棘保健醋、酒，高浓缩沙棘果浆（沙棘果蜜），沙棘果汁喷干粉，沙棘单体黄酮，沙棘总黄酮（含量为 12%，30%，90%）等系列沙棘食品、药品，已经畅销于市。

内蒙古赤峰市是我国最大的沙棘基地、"中国沙棘之都"，几年前建成了年产沙棘浓缩果汁 4000t、沙棘子油 1200t、沙棘异黄酮 30t、沙棘生命活力胶囊 400t、沙棘生命活力口服液 600t 等 5 条沙棘系列产品生产线。之后吉林白城建成沙棘加工厂一座，年产酿制沙棘果酒 60 万瓶、沙棘运动饮料 360 万瓶、沙棘爽口冰淇淋 600 万支、沙棘活力色拉油 30 万瓶。中科院西北生物研究院对沙棘资源的研究开发和利用成效更为卓著。该院所持有的产品主要有沙棘果汁、三刺果汁、浓缩沙棘果汁、沙棘咀嚼片、沙棘木糖口服液、沙棘膳食纤维、沙棘果粉、三刺果酒、沙棘果蜜、沙棘果茶、儿童营养液（可用于线粒体疾病患儿的康复）沙棘眼睛保健品、沙棘护肤产品、糖尿病功能食品，精炼沙棘油等系列产品，有力地促使我国沙棘产业化生产，进入一个可持续开发利用的全新时代。

（四）沙棘果渣（饼，粕）的有效利用

沙棘子制取油脂后剩下的沙棘果渣（饼、粕），利用分级提取技术，可以提取沙棘黄酮，沙棘多糖等可利用物质。每 100t 沙棘果渣可以提取约 2.4% 的黄酮，1% 的沙棘多糖。沙棘黄酮，对人体可降低血糖，辅助防治慢性糖尿病；沙棘多糖对 Ⅱ 型糖尿病也有辅助治疗效果。呼和浩特市已建成一条从沙棘果渣饼中提取沙棘黄酮，沙棘多糖的生产线，产品面市后，被制药企业全单收购。

三、亚麻子和亚麻子油（胡麻油）

亚麻（又称胡麻）食药两用，历史悠久。亚麻子是世界八大油料之一，张骞出使西域将其带回国，在中华大地种植，主要分布在内蒙古、甘肃、宁夏、青海、河北、山西、陕西、新疆等省区，其中内蒙古和山西的产量占全国总产量的 50% 左右，甘肃的总产量居全国首位。我国亚麻子年产量 50 多万吨，居世界第二位。亚麻子油是我国工业用干性植物油和主产区内蒙古、甘肃、宁夏、新疆等高寒地区（三北地区）的主要食

362 用油。

（一）亚麻子（胡麻子）

亚麻子是我国制油工业的重要资源，也是蛋白质，亚麻子胶，膳食纤维的潜在资源。亚麻子由壳和仁组成，壳占30%~39%，含有少量的蛋白质和油脂，而富含聚合的碳水化合物（约12%）。亚麻子胶的含量占种子重量的2%~10%。油用亚麻子的千粒重7~13g，含油量32%~40%，含蛋白质23%~33%，是一种重要的植物油料和蛋白质资源。

1. 亚麻子的营养价值

亚麻子药食两用，我国《本草经集注》中记载："麻子，味甘平，无毒。主补中益气，久服肥健不老，治中风汗出，逐水利小便，破积血，复血脉……久服神仙。"亚麻子营养素含量丰富，以每次食用30g烘焙亚麻子为例，提供的营养成分含量见表12-47。

表 12-47　　　　　　　　　　烘焙亚麻子提供的营养成分及含量

营养成分	含量（以30g计）	营养素参考值/%	营养成分	含量（以30g计）	营养素参考值/%	营养成分	含量（以30g计）	营养素参考值/%
能/kJ	402	5	膳食纤维/g	3.00	12	维生素 B_1/mg	0.25	18
蛋白质/g	3.00	5	钠/mg	4.50	0	维生素 B_2/mg	0.30	3
脂肪/g	7.00	12	钙/mg	38.20	5	烟酸/mg	0.47	4
饱和脂肪酸/g	0.50	3	铁/mg	0.86	6	泛酸/mg	0.15	3
多不饱和脂肪酸/g	5.00	—	镁/mg	59.00	20	维生素 B_6	0.07	5
n-6 脂肪酸/g	1.00	—	磷/mg	96.00	14	维生素 B_{12}/μg	0.18	8
n-3 脂肪酸/g	3.00	—	锌/mg	0.65	5	胆碱/μg	11.80	3
单不饱和脂肪酸/g	1.00	—	锰/mg	0.38	13	叶酸/μg	13.00	4
碳水化合物/g	5.00	2	硒/μg	3.8	8			

亚麻子含有 n-3 脂肪酸，可溶性和不溶性膳食纤维及木酚素三种功能性成分，使亚麻子营养价值非凡。亚麻子不仅可以制油，还可以经低温烘焙后整粒或研磨成粉状直接食用。研究表明，在烘焙和加热过程中，亚麻子中的木酚素和 α-亚麻酸是稳定的，而且烘焙赋予了亚麻子坚果般的美好风味和芳香。我国已有经烘焙过的亚麻子（粉）上市，受到消费者的欢迎。

2. 亚麻子的健康价值

（1）亚麻子可平衡体内脂肪酸比例　亚麻子的独特之处在于，它是世界上 n-3 系脂肪酸，含量最高的食物之一，食用亚麻子可以平衡体内脂肪酸比例。亚麻子不仅富含 n-3 系脂肪酸还有着理想的脂肪酸配比：饱和脂肪酸和单不饱和脂肪酸含量都不高，多不饱和脂肪酸丰富。其中 n-6 系和 n-3 系脂肪酸的构成比例也十分合理。这两系列多不饱和脂肪酸的摄入量必须保持一定的平衡，才能使身体健康保持良好状态。对于中国居民经常直接食用亚麻子产品或亚麻子油是提高 $n-3$ 系脂肪酸（α-亚麻酸）摄入量的最好选择。

（2）亚麻子可以改善便秘　亚麻子是可溶性，不溶性膳食纤维以及木酚素的良好来源。长期以来，医学界都将亚麻子看作是一种温和的天然润肠通便药物。亚麻子中含有丰富的膳食纤维，能有效改善便秘。亚麻子含有的木酚素是一种类雌激素物质，抗氧化功能卓著，可以延缓衰老的历程。

（3）亚麻子（粉）可以提升食品的营养和口感　经烘焙的亚麻子（粉）几乎可以添加到所有的食品中（如甜点、冰激凌、面包、烤肉等）。在食品配方中添加亚麻子（粉），不但可以增加食品的天然口感，还可安全有效地补充 $n-3$ 系脂肪酸。在欧洲许多国家生产的饼干、蛋糕、面包、乳制品等食品都添加亚麻子（粉），成为补充 $n-3$ 系脂肪酸新时尚。亚麻子又被称为"内陆产出的植物鱼油"，因为它在人体内可转变为二十碳五烯酸（EPA，深海鱼油的主要功能性成分）。需要提及的是，亚麻子含有活性很强的脂肪氧化酶，在加工中亚麻油容易发生氧化变质，加工者必须拥有完善的质量保证体系，才能确保产品的质量和食用安全。

（二）亚麻子油（胡麻油）

亚麻子油的产品质量应符合 GB/T 8235—2008《亚麻子油》的要求，方可直接供人类食用。

1. 亚麻子油的营养价值

亚麻子油是一种优质食用油，富含 α-亚麻酸及各种不饱和脂肪酸，在人体内可直接转化成 EPA 和 DHA，是深海鱼油的主要成分，被称为"高原上的深海鱼油"和"液体脑黄金"。对人体具有降低"三高"、保护视力、提高抗压力、调节免疫功能和保胎、消炎、抗癌的功用，是补充人体必需 α-亚麻酸的最佳来源之一。除供人们食用外，还可用于医药、医疗等。防止肠燥、皮肤瘙痒，毛发脱落等，都有不凡的食疗保健效果。

α-亚麻酸对脑神经功能及视网膜功能也具有高度的保护作用，对人体的脂质代谢起着重要的作用。人体一旦缺乏 α-亚麻酸，就会引起人体脂质代谢紊乱，导致免疫力降低、健忘、疲劳、视力减退、动脉粥样硬化等症状发生。尤其是婴幼儿、青少年，如果缺乏 α-亚麻酸就会严重影响其智力和视力的发育。亚麻子油还可以用来防治青光眼。需要注意的是，亚麻子油的营养成分在150℃以上容易被破坏，最好的方法是用作凉拌油和汤食用油。

2. 亚麻子油的健康价值

20世纪90年代以来，德国、法国等国家已申请专利，将 α-亚麻酸作为药物或食品添加剂，用来防治心脑血管疾病。美国等国家立法规定，在孕产妇、婴幼儿、运动员、老年人等特殊膳食人群的食品中必须添加 α-亚麻酸，对维持膳食中 $n-6$ 系多不饱和脂肪酸和 $n-3$ 系多不饱和脂肪酸的平衡比例具有重要意义。

我国人群膳食中普遍缺乏 α-亚麻酸，日摄入量不及世界卫生组织推荐量［1g/（人・d）］的50%，因此需要在食品中强化 α-亚麻酸。我国对亚麻油的研究已取得了诸多成绩。内蒙古、新疆、甘肃、宁夏等盛产亚麻子地区的粮油加工厂，积极采用先进的低温

364 螺旋冷榨技术，最大限度地保持了亚麻油的天然风味、色泽和营养成分，提高了稳定性和生理活性，使之成为功能性食用油脂，为提高公众营养健康水平服务，助推健康中国做出了贡献。

3. 亚麻子油（胡麻油）的特征指标和脂肪酸组成

亚麻子油澄清透明，呈淡黄色，具有清香味和亚麻油固有的滋味，无异味，是一种优质健康食用植物油脂，碘值高，属于干性油脂。

（1）亚麻子油特征指标　见表12-48。

表 12-48　　　　　　　　　　　　　亚麻子油特征指标

指数	数值	指数	数值
折射率（n_D^{20}）	1.478~1.484	碘值/（g I/100g）	164~202
相对密度（d_{20}^{20}）	0.927~0.938	不皂化物/（g/kg）	≤15
皂化价（以 KOH 计）/（mg/g）	188~195		

（2）亚麻子油的脂肪酸组成　见表12-49。

表 12-49　　　　　　　　　　　　亚麻子油的脂肪酸组成

脂肪酸	含量	脂肪酸	含量
棕榈酸（C16：0）	5.8	硬脂酸（C18：0）	4.3
油酸（C18：1）	18	亚麻酸（C18：3）	46
亚油酸（C18：2）	22	其他	3.9

（三）亚麻子胶

亚麻子胶是一种与蛋白质结合的杂多糖。我国新疆已建成一条年产 50t 亚麻子胶自动生产线，银川建成一条年产 200t 的生产线，亚麻子胶平均得率为 6.26%，已获得良好的效益。该产品是具有乳化功能的多糖亲水胶体，有着"低浓高黏"的特性。因此，亚麻子胶是亲水胶体领域结构和性能最为特殊的一种物质，在食品工业中可作为添加剂，用于面制品、肉制品、乳制品等。在生产油脂前，从亚麻子中提取之实现亚麻子胶、亚麻油双丰收，提高了亚麻子的综合利用价值。

1. 亚麻子胶的主要成分

亚麻子胶又称富兰克胶，系采用优质的亚麻子为原料，经科学加工精制而成的一种纯天然无污染植物胶。其主要成分为 80% 多糖和 9% 的蛋白质，亚麻子胶中所含单糖种类及含量见表12-50。

表 12-50　　　　　　　　　　　亚麻子胶中所含单糖种类及含量

单糖名称	L-鼠李糖	L-岩藻糖	L-阿拉伯糖	D-木糖	D-半乳糖	D-葡萄糖
含量/%	34.2±2.5	4.5±0.1	9.8±0.5	32.2±0.5	17.3±1.4	2.2±0.4

2. 亚麻子胶的生理功能

亚麻子胶能吸附铅、砷等重金属后排出体外，起到显著的解毒作用，被国家卫生部门批准为"具有排铅功能的食用胶"。

3. 亚麻子胶的性质

亚麻子胶为黄色颗粒状结晶（或白色或淡黄色粉末），无臭无味，溶于水后呈黏稠状液体，不溶于乙醇。水溶液黏度很高，其指标为 $500 \sim 2500 Pa \cdot s$。加热和冷却处理可提高其黏性和弹性，显示出介于液体与胶体之间的物性，耐热、耐酸、耐盐性都良好。亚麻子胶是国家绿色食品发展中心认定的绿色食品专用添加剂，具有营养成分多、黏性大、吸水性强、乳化效果好、对重金属有吸附解毒作用等特点，还具有护肤、美容、保健之功效。可以用作增稠剂、黏合剂、稳定剂、乳化剂和发泡剂，在食品工业及制药工业中已得到广泛应用。亚麻子胶的性能、用量比较情况见表 12-51。

表 12-51　　　　　　　　　　　亚麻子胶的性能、用量和效果比较

产品名称	1%溶液黏度/mPa·s	乳化性	发泡率和稳定性值/%		产品稳定性	单位产品中的用量
			发泡率	稳定性		
亚麻子胶	≥10000	乳化性强	150	100	稳定	1.6%肉制品 0.5%饮料冷食
阿拉伯胶	≤10	乳化性弱	—		稳定	1%~3%饮料
黄原胶	≤2000	—	120	93	降解	2%~4%饮料、冷食
瓜尔豆胶	≤10000	—	110	90	易降解	4%~6%饮料、冷食
酪蛋白	—	乳化性强	130	88	易变性	1.25%肉制品

高黏度亚麻子胶的使用，为用户在改善产品质量、降低生产成本诸方面，起到了积极的作用，提高了亚麻子胶的市场竞争力，在食品工业的需求量逐年上升。从表 12-51 可知，在同等条件下，亚麻子胶用量仅为黄原胶、阿拉伯胶、酪蛋白等产品的 1/5 左右，性价比优势明显。

4. 亚麻子胶的应用

亚麻子胶以其优良的性能和加工优势，已经在面制品、肉制品、乳制品、烘焙食品及冰淇淋等领域有了成功的应用实践。

（1）在面制品中的应用

①麻籽胶对挂面、方便面、面饼、面条的加工性能、烹调性能、口感均有明显改善，起到了增强面条韧性、耐煮性的作用，还可明显增强面条的延伸性，提高面制品的质量。

②亚麻子胶对速冻面制品产品质量的提升效果明显。能够减轻速冻水饺、馄饨、包子在冷冻过程中的冻裂程度，避免鲜冻时粘皮、减少粘牙感，使速冻面制品的口感更接近新鲜制品。

③亚麻子胶用于面包、糕点之类的烘焙食品中，可稳定制品的物理性质和组织状态，提高加工性能。

（2）在医药制品中的应用　亚麻子胶可作为脂溶性药物的乳化剂、中西药片赋形剂和黏合剂等。

（四）亚麻子（油）主要功能性成分的应用

我国对亚麻子功能性成分和蛋白开发应用十分重视，且已取得多项成果，并率先应用于食品加工业，生产出了高质量的健康食品和功能性食品投放市场。

1. 我国对亚麻子功能性成分的应用

（1）α-亚麻酸和维生素 E 专利调和油面市　α-亚麻酸是亚麻子油中的系列脂肪酸之一，是人体必需脂肪酸。α-亚麻酸及其代谢物是构成人体细胞膜的重要组成部分，被誉为"生命核心物质"。我国采用现代双螺旋低温冷榨技术，建成一条纯物理性质低温压榨、精炼生产线，所制得的亚麻子油多不饱和脂肪酸含量高达 90% 以上，其中 α-亚麻酸含量为 56.76%，维生素 E 含量提高到 830mg/kg，是同类产品的 16~20 倍，成效卓著。我国推出的 4:1 健康调和油第三代专利产品就是选用富含 α-亚麻酸的亚麻子油为基料，配以紫苏油、葵花子油、芝麻油、大豆油，严格按照亚油酸 48%、亚麻酸 12% 的要求，调配而成的。

（2）制取高纯度 α-亚麻酸浓缩制剂　我国新疆伊犁研发出"脂导源 α-亚麻酸乙酯软胶囊"，可用于调节人体血脂，成为心血管疾病辅助治疗的功能性食品。2012 年我国西安油脂科研设计院完成的"高纯度 α-亚麻酸乙酯制备新工艺"课题，将高纯度 α-亚麻酸乙酯制成胶囊，口服液健康食品。产品得率提高到 4.6%，α-亚麻酸乙酯含量大于 85%，达到国内领先水平。

（3）制取 α-亚麻酸乙酯、木酚素　2014 年，亚麻子综合加工项目在山西省忻州市繁峙县实施，该项目采用我国先进的工艺和设备，分期建设年加工 3 万吨亚麻子综合利用生产基地，其中一期日处理 100 吨亚麻子的浓香油和冷榨油生产线已建成投产；二期工程 α-亚麻酸乙酯、木酚素、亚麻饲料、亚麻粉等生产线已在筹建。在未来 5 年内，该基地是我国亚麻子油单体生产规模最大的工厂。所制取的 α-亚麻酸乙酯可用于制作对人体具有调节血脂，辅助治疗心血管疾病的医用胶囊制剂及功能性食品等。木酚素是与人体雌激素十分相似的植物雌激素，木酚素对人体雌激素依赖性疾病具有预防作用；能抑制卵巢雌激素的合成，从而可降低乳腺癌的发病危险性。木酚素可用于医药，制成胶囊、片制剂，还可作早餐和快餐的添加剂以及健康饮料等，其营养和健康价值非凡。

（4）用于固体饮料及健康食品　将优质亚麻子经清理-脱壳-脱酶-脱臭等生产工艺，通过预煮、浸泡、打浆、分离、均质、脱臭、杀菌、调味等工序，可以把亚麻子生产成像豆浆一样的乳化液，调味后可以加工出口感细腻、风味各异的健康饮料，还可以同其他谷物基料匹配，生产出品种多样的健康粮油功能性食品。

2. 国外对亚麻子主要功能性成分的应用

国外已研发了各种以亚麻子为原料的功能性食品添加剂、口服软胶囊，并应用于许多食品加工中，特别是功能性食品的生产。加拿大玛尼托巴市的劈赞斯米林（Piggeys Miwing）等公司已开发出多种亚麻子系列新产品。

（1）亚麻子的优质浓缩制品　亚麻子的优质浓缩制品称作"Natri Crad"的商品，是将亚麻子磨成细度为 30 目的粉末状制品，稳定性好，使用方便，富含 n-3 脂肪酸，广泛用于焙烤食品、早餐谷物快餐食品、营养制品和膳食补助剂等。

（2）亚麻木酚素高浓度制品 阿卡特利斯（Aca-Tris）公司研发出以亚麻子为原料的标准化木酚素提取方法，生产出的商品名为"Linum Life"，是化学稳定性极佳的粉末状产品。这种产品是亚麻木酚素的高浓度制品，是比全粒亚麻子或其他亚麻制品高百倍的浓缩制品。该公司还生产出商品称作"Linum Life Compcex"的另一种食品和添加剂制品，是天然亚麻木酚素的浓缩产品。另一种称作"Linum Life Exta"的产品是符合疗效补助剂要求而设计的高浓度木酚素提取物，这种产品可应用在胶囊、压片、软凝胶、谷物早餐、营养棒、快餐等食品中。

（3）富含 $n-3$ 脂肪酸功能性饮料产品 一种功能性饮料产品称作"Ben Grede"，含有丰富的 $n-3$ 脂肪酸（24%）、可溶性食物纤维（10%）、木酚素等物质，作为营养饮料和能源饮料配制而成，具有柔滑滋润的组织结构和呈稳定的淡白色，略带柔和的焦味。

（五）亚麻子油的应用前景

亚麻子油在国际上已得到公认。20世纪末，联合国卫生组织和世界粮农组织声明，鉴于 α-亚麻酸的重要性和人们普遍摄入不足的状况，建议专项补充 α-亚麻酸。21世纪初，在中国举办的"必需脂肪酸的健康营养国际研讨会"上，世界卫生组织、德国、美国专家等一致同意，"α-亚麻酸是人体必需的营养素"。美国食品药物管理局确定亚麻子油为富含 α-亚麻酸的健康食品，并确认其具有13项功能。亚麻子油的强项在于富含 $n-3$ 系列多不饱和脂肪酸。可以说，亚麻子和亚麻子油自带国际范儿，从营养、健康角度讲，在西方的呼声甚至已高过橄榄油。亚麻子油早已被加工为天然保健品，可以直接供人食用。在我国，亚麻子油正化茧成蝶，将成为健康食用油的新宠，为更多消费者所青睐。

四、油牡丹和牡丹子油

牡丹落叶灌木，花大而华美，常为深红、粉红、黄色、紫色、白色或淡绿色五彩缤纷，乃"百花之魁"。在我国传统文化中，牡丹是名贵的观赏花卉，象征富贵和喜庆高雅，多种植在花园里供人观赏。而今山东菏泽、河南洛阳和偃师、辽宁朝阳、四川旺苍、河北承德、太行山区和沁河流域等地区却在大面积种植"油用牡丹"，以生产稀缺的牡丹子油。不但投入产出比值可观，还可以为建设绿色美丽家园、发展观光旅游和环保友好做贡献。是我国林业新政助推牡丹产业发展，为扶贫攻坚开辟的一条精准新径。

（一）油牡丹（子）

油牡丹是我国一种新兴的、独具特色的木本油料作物，油牡丹籽具有独特的医药和营养、健康成分，含油量约22.5%，不仅是一种功能性油料资源，其根（丹皮）还可入药，茎、叶、花可提取丹皮酚；花瓣可提取牡丹精油；花粉更有"浓缩蛋白质"之美誉，真可谓全身皆宝。

（二）牡丹子油

牡丹子油营养丰富而独特，具有较高的营养、健康价值，药食两用，是一种新型功能性油脂，有"液体脑黄金""世界上最好的油"和"植物油皇后"等诸多赞誉。

2011 年，牡丹子油被国家卫生部门批准为"新资源食品"。

1. 牡丹子油的营养价值

牡丹子油含不饱和脂肪酸高达 92%，其中 α-亚麻酸为 42%。能口服、做菜或用于制作各种食品。素以严苛著称的美国食品与药品管理委员会（FDA）确认以 α-亚麻酸为主要构成的油脂具有不少于以下 13 项功能：①降血脂、降血压；②增强自身免疫力；③防治糖尿病；④防治癌症；⑤减肥；⑥防治脑中风和心肌梗死；⑦清理血液中有害物质和防治心脏病；⑧缓解更年期综合征；⑨提神健脑、增强注意力、记忆力；⑩辅助治疗多发性硬化症；⑪辅助治疗类风湿性关节炎；⑫辅助治疗皮肤癣；⑬防治便秘、腹泻和胃肠综合症。

2. 牡丹子油的健康价值

牡丹子油是通过冷榨工艺从牡丹籽仁中制取的一种功能性食用油脂，富含 α-亚麻酸，对人体脑细胞发育和视神经发育具有重要影响。尤其对于孕妇、胎儿及婴幼儿、青少年的影响更为显著，主要是促进脑神经.视神经的发育，增强记忆力。孕妇如果缺乏 α-亚麻酸会导致胎儿发育不良、畸形、早产；儿童会导致记忆力和学习认知能力下降；老年人缺乏会导致老年性痴呆。经常食用富含 α-亚麻酸的牡丹子油，可增强免疫力，增加 DHA、EPA 而提高脑细胞活性，改善血液黏度、浓度和微循环。还具有活血化瘀、消炎杀菌、促进细胞再生、激活末梢神经的功效。外用时，对治疗口腔溃疡、鼻炎、皮肤病有良效。

3. 油牡丹功能性成分的应用

油牡丹除了用于制油，还有其他多种用途。牡丹花瓣富含精油，制成干花，用来泡茶、沐浴都是很好的选择。其根皮可入中药，性微寒，对人体具有清热凉血、活血化瘀等功效；丹皮酚具有镇痛、消炎作用。花茎、花球均可作为中药材。花蕊、花瓣还是上好的美容佳品。牡丹子油还含有独特的牡丹皂苷和黄酮、多酚类、牡丹多糖和牡丹甾醇等诸多生物活性成分，在食品、医药、化妆品等领域被广泛应用。现已研发的新产品主要有牡丹子油、牡丹籽功能性调和油、α-亚麻酸牡丹蛋白粉、α-亚麻酸牡丹子油微胶囊、牡丹花果脯、牡丹花酒、牡丹花蕊茶、牡丹花粉茶、牡丹酚牙膏、牡丹精油化妆品、牡丹系列面膜、牡丹花色素、牡丹面食品等系列产品，已初显油牡丹产业化发展的美好前景。

4. 牡丹子油国家（行业）标准的制定

由山东菏泽一家牡丹生物科技公司，新筹建的国内首条牡丹子油生产线已投产运营，年产能力超过 1 万吨。为引领牡丹子油产业化的健康发展，我国粮油标准化技术委员会于 2014 年 11 月发布了 LS/T 3242—2014《牡丹子油》。明确规定牡丹子油中的主要成分是 α-亚麻酸，其含量应不低于 38%，该标准的发布是油牡丹产业发展的里程碑，无疑会带动油牡丹产业质量的提升，促进油牡丹行业准入机制的建立和推动油牡丹产业健康持续发展，迈入产业化发展"高铁"轨道。

（三）油牡丹的前景展望

2014 年，由中科博创科研联合体举办的"油牡丹产业发展研讨会"上和 2014 首届"油牡丹论坛"上均提议将油牡丹列入国家精准产业扶贫项目。

1. 发展油牡丹产业，为我国扶贫攻坚开辟新路

油牡丹产业是一项绿色产业，营养、健康产业。优选的油牡丹新品种，适应性强，容易种植。如果走"植物资源优势转化经济优势"之路，如果在自然条件适宜地区扩大种植油牡丹，其"花农"就是一个"浪漫"的职业，其投入产出比值可观。据资料显示，一亩地以产250kg牡丹籽计，这项收入就可达5000元；从第二产业看，若以含油量22.5%计算，可制得牡丹子油约56kg以及牡丹籽渣（饼、粕）和多种其他产品，综合利用价值很高，开发空间很大。尤其是由牡丹子油研发的化妆品，保健和润肤功效都超过国际上许多流行产品。因此，发展油用牡丹可以使我国部分贫困人口脱贫。2015年，四川旺苍县投资建设10万亩油牡丹种植基地和油料深加工项目，筹建年加工10万t油料生产线，以加工牡丹籽食用油、牡丹子精油等系列产品；2014年，河南洛阳、孟津、偃师等地区分别开辟了1000余亩油用牡丹种植基地，所收获的油牡丹籽用于制油及牡丹籽系列产品加工，并布局了销售专卖店；2015年，山东菏泽生产的牡丹子油受到了习近平总书记的关注，亲自询问其质量和售价。这一情景对油牡丹产业的发展无疑是极大的助力。

2. 推广"上乔下灌"套种，实现增效共赢

近年来，油牡丹、文冠果的种植及系列产品的开发，已逐渐被社会各界认知。油牡丹在我国25个省、市、自治区都有分布，其中长江、黄河流域和秦巴山区分布较多。油牡丹和文冠果是我国的原生物种，在全世界范围内独一无二。实施油牡丹和文冠果套种可以实现优势互补，相得益彰的"上乔下灌"（即上种文冠果树，下栽油牡丹）；在坡地则将光伏发电与油牡丹种植相结合的"上电下花"，形成两种产业共赢的模式，一举两得。预计到2025年全国油用牡丹种植面积将达到1137万亩，其中新增面积1089万亩，让全国14亿同胞每人都能吃上5kg牡丹子油。

3. 发展油牡丹产业，促进食用油品种结构变革

牡丹子油中不饱和脂肪酸含量丰富，是高α-亚麻酸食用油之一。是我国八大油料油脂所缺乏的，发展油牡丹产业，增加牡丹子油的产出和供应，对改变我国食用油脂的品种变革、增强人民体质和美化田园山林、助推健康中国，都具有重大意义。大力发展油牡丹产业，可改变我国食用油结构，可以让国民食上牡丹子油。

4. 发展油牡丹产业，为保障国家的粮油安全做贡献

2013年，我国进口棕榈油、橄榄油、大豆油、菜籽油等成品食用植物油922.1万t。2015年我国大豆消费量为9300万t，国内产量仅1000多万t，即80%以上需要进口（进口大豆8169万t、大豆油881.79万t）。我国食用油对外依存度大于60%，超过了国际安全预警线。如果将油牡丹种植逐年扩大到6000万亩，每年可产出牡丹子油300多万t，能为食用油安全供应、降低对外依存度、提高自给率做出卓越贡献。油牡丹种植是我国新兴的绿色产业，是提供健康优质食用植物油的有效途径，利国利民，前景广阔。

五、亚麻子营养调和油

我国的《健康中国建设规划（2016—2020年）》从大健康、大卫生、大医学的高

370　度出发，强调以人的健康为中心，因此具有营养与功能特性的健康物质（食品）被越来越多的健康产业界人士所关注，亚麻子营养调和油便是其中之一。

（一）亚麻子营养调和油的调配原理

人们在日常饮食生活中，最好不要长期只食用单一品种的油脂，原因是为了保持膳食脂肪酸的平衡，有益于健康。自从中国营养学会建议中国居民膳食脂肪适宜摄入量（AI）时，提出了两种必需脂肪酸（$n-3$ 和 $n-6$）的适宜比例为 $1：（4~6）$ 之后"调和油"被广大消费人群逐渐认可。常见的大豆油、葵花子油、菜籽油、玉米油、花生油等大多是富含 $n-6$ 脂肪酸（亚油酸）而缺乏 $n-3$ 脂肪酸（亚麻酸），容易导致所需脂肪酸比例失衡，增加患现代"文明病"的风险。亚麻子营养调和油的面市化解了这种风险，有的产品还获得了发明专利。

（二）亚麻子营养调和油的营养、健康价值

亚麻子油中富含 $n-3$ 脂肪酸（亚麻酸），在人体内能够被转化成一些可以抗血小板凝聚、舒张血管、改善大脑、减轻炎症反应及避免细胞损伤的 DHA 和 EPA 等物质。因此，摄入 $n-3$ 脂肪酸与 $n-6$ 脂肪酸比例平衡的食用油，有利人体健康。规律适量补充亚麻子油可使抑郁症患者情绪得到改善，精力显著提高，睡眠质量更佳；对于老年人，有助于思维敏捷、降低老年性痴呆症的风险；对于孕产妇，则有助于婴儿脑神经细胞和视神经细胞的发育；而对于青少年，可以保障其高度用脑、用眼视力的需求。所以亚麻子油被人们誉为"植物脑黄金"、食用油中的"液体黄金"。

在欧美日等国家食用亚麻子油已成为一种时尚。当前我国多数人的用油消费习惯，会导致 α-亚麻酸的摄入量不足，而通过食用亚麻子油来实现膳食中 $n-6$ 与 $n-3$ 脂肪酸的适宜比例，无疑是有效和便捷的方法。

我国推出的（1：4）亚麻子营养调和油，以亚麻子油为主要原料，配以紫苏油、葵花子油、芝麻油、大豆油，严格按照亚麻酸12%、亚油酸48%的要求调配而成。是一种新型功能性植物油脂，为人们选择营养、健康、美味食用油开通了捷径。

（三）亚麻子营养调和油的双优化

亚麻子油因其富含 α-亚麻酸、木酚素、维生素 E 及其他营养成分受到青睐。然而，亚麻子油因有特殊的味道（微腥），限制了大多消费者的食用。亚麻子营养调和油严格按照 SB/T 10292—1998《食用调和油》的质量标准要求，通过科学配比调和而成，既优化了营养配置，也优化了风味特性，得到了广大消费者的青睐。

（四）亚麻子营养调和油的质量要求

亚麻子营养调和油符合"食用调和油"的定义。其质量要求，按 GB 2716—2018《食品安全国家标准　植物油》。

第十节　谷物油料和油脂

一、小麦胚芽和小麦胚芽油

在国际上，小麦胚芽被作为面粉加工业提高综合效益的重要资源，从中提取的小麦胚芽油是提高小麦附加值的最佳选择。我国小麦种植面积居世界第二位，每年可供利用的小麦胚芽数量十分可观，是一大笔财富。随着我国面粉工业生产技术的发展，各省市粮食部门面粉生产线的引进，提胚分离设备的增加，使小麦胚芽产量大增。我国每年可供利用的小麦胚芽约 300 万 t，可制取小麦胚芽油约 20 万 t。

（一）小麦胚芽

小麦胚芽是小麦籽粒的生命源泉，被誉为"天然的营养宝库"，是油脂工业的特种油料资源。

1. 小麦胚芽的营养价值

小麦胚芽占小麦总重的 1%~3%，是小麦的营养精华所在。小麦胚芽的营养成分见表 12-52。

表 12-52		小麦胚芽的营养成分			单位：mg/100g
营养素名称	含量	营养素名称	含量	营养素名称	含量
蛋白质/（g/100g）	25~35	维生素 B_6	1~2	钾	800~900
脂肪/（g/100g）	8~10	泛酸	0.5~1.0	锌	10~15
碳水化合物/（g/100g）	30~45	镁	300~400	锰	10~15
维生素 E	15~20	铁	8~12	硒/（μg/100g）	20~40
维生素 B_1	3~4	钙	20~40		
维生素 B_2	0.5~1.2	磷	1000~1500		

小麦胚芽可以直接应用到食品中（如麦胚片、麦胚饼干、麦胚面包等）是深受消费者欢迎的大众化健康粮油食品。小麦胚芽富含维生素 E，是已知含维生素 E 最高的食物，是一种理想的抗衰老、美容食品。小麦胚芽所含谷胱甘肽在硒元素参与下生成氧化酶，可使化学致癌物质失去毒性，并具有保护大脑、促进婴幼儿生长发育等功能。小麦胚芽作为天然营养食品添加剂，可代替脱脂奶粉、鸡蛋蛋白，广泛用作面包、饼干、糕点、面条、馄饨皮等食品营养强化剂，并产生特有的小麦清香味。小麦胚芽可用于糖果、酱类、饮料等，提高产品的营养价值和食用品质。新鲜的小麦胚芽可制成麦胚片加入牛奶、粥中或直接食用，是少儿和中老年人的营养滋补品。

（1）做烙饼、烤面包、蒸馒头　500g 小麦面粉加入小麦胚芽粉 50g。

（2）蒸窝头　500g 玉米粉加入小麦胚芽粉约 100g，粗细粮混作，营养互补，可提高其营养价值。

做面条、饺子等主食时，均可加入适量的小麦胚芽粉，以改善口感，提高营养价值。

2. 小麦胚芽的健康价值

小麦胚芽除含有全面均衡的基础营养素外，还含有一些天然的功能性成分，二者结合在人体需要时可以发挥特有的功效而更加有利于健康。

（1）麦胚凝集素（WGA）　小麦胚芽中能与专一性糖结合，促进细胞凝集的单一蛋白质，具有抗癌、抗微生物、凝血等多种效应，在医学免疫中广泛应用，是一种很有希望的抗癌药物成分。

（2）谷胱甘肽（GSH） 是一种生物活性的三肽，有保护人体生物膜、抗衰老、解毒、抗癌、预防动脉粥样硬化及抑制饮酒过度而致的脂肪肝等作用。

（3）二十八烷醇 是一元高级饱和直链脂肪醇，具有抗疲劳物质，增进人体体力、耐力、精力，提高应激能力和反应灵敏性，改善心肌功能。是一种使人健康长寿的功能因子。

（4）黄酮类化合物 小麦胚芽中的黄酮类化合物，具有广泛的生物活性，能捕捉人体内膜脂质过氧化自由基，保卫人体健康阻击衰老，延长寿命。

（5）脂多糖 小麦胚芽脂多糖的生物活性很强，可增强人体免疫功能和辅助医疗类风湿、抗疱疹、降低血糖、血脂等。

（6）膳食纤维 小麦胚芽具有低糖、高蛋白、高膳食纤维的特性，还含有合成胰岛素所必需的亮氨酸等成分，可预防（缓解）糖尿病。所含的可溶性膳食纤维，对人体肠道具有双向调节作用，使肠道通畅，破解便秘，预防结肠癌。

努力提取小麦胚芽并推动其应用，改善主食营养结构，对遏制我国居民现代文明病和亚健康高发势头，既有现实作用更有长远意义。

3. 小麦胚芽在食品加工中的应用

小麦胚芽中含蛋白质25%以上，接近完全蛋白质，其中赖氨酸、蛋氨酸、组氨酸的含量高达8%，用其制取的小麦胚芽粉是很好的食品营养强化剂，可用于多种产品中。可作为食品、医药和化妆品生产的原料，制作各种营养、功能以及美容产品。

（1）用于面包制作 在面包制作中，小麦胚芽片的添加量为8%～20%、小麦胚芽粉为3%～8%。按此比例制成的小麦胚芽面包，其内部组织结构、体积、口感都有明显的改善，并具有独特的麦胚香味。在面包卷制作中，可将15%～20%的小麦胚芽片（粉）和蔗糖、奶粉、奶油等调和成糊状，卷入面包中间制成风味独特的小麦胚芽面包卷。

（2）用于蛋糕制作 在蛋糕制作中，小麦胚芽的添加量为10%，经烘烤处理的片状产品的蛋白质、脂肪含量增加，结构类似海绵，口感细腻柔软，色香味俱佳。小麦胚芽粉可作为裱花奶油蛋糕的装饰涂料；或夹入烘烤后的蛋糕中间，制成小麦胚芽夹心蛋糕；或均匀地涂在10mm厚的蛋糕坯上，卷起后切成蛋卷。

（3）用于挂面（面饼）制作 在挂面制作中，将3%的小麦胚芽粉加入面粉与碱水反应后产生新鲜的金黄色，加工出来的麦胚挂面（面饼）可作为健康食品，风味独特，劲道可口。

（4）用于健康饮料制作 在豆奶中添加的小麦胚芽浸提汁或小麦胚芽粉末，经现代制作工艺，可生产出清甜醇厚，具有奶香口感和清新植物香味的麦胚豆奶，消化吸收率高达95%；也可做麦胚营养液、食疗饮品等。

小麦胚芽还可用于婴幼儿、老年食品以及功能性粮油食品，这一发展方向，是粮油企业提高产品附加值的有效举措，值得推广。

（二）小麦胚芽油

小麦胚芽油是采用低温压榨（或亚临界低温萃取）制得的油脂，是一种珍贵的功能性谷物油脂。

1. 小麦胚芽油的营养价值

小麦胚芽油富含功能性成分，可作为粮油等诸多产品的原（辅）料，制作保健、运动食品及维生素 E 胶丸等。小麦胚芽油的功能性成分主要有：①维生素 E（多为 α 构型）、维生素 D、维生素 K；②二十八碳烷醇；③不饱和脂肪酸（其中亚油酸占 50% 以上）；④植物固醇。

2. 小麦胚芽油的健康价值

（1）能防止生成过氧化脂质，预防动脉粥样硬化，增强免疫力，促进血液微循环。

（2）预防心血管病（抑制动脉血栓形成）、高血压；降低血脂、血液胆固醇；改善心肌功能。

（3）防治肥胖症，预防糖尿病。

（4）提高运动时的爆发力和耐力，改善灵敏性，对肌肉和能量的生成具有促进作用。

（5）促进人体生长发育，抗击衰老进程。

小麦胚芽油已被国家卫生部门批准为"具有调节血脂功能的物质、抗疲劳功能物质（二十八烷醇）"。

3. 小麦胚芽油的功能成分

小麦胚芽含油量 6%～14%，维生素 E 含量为 27～30.5mg/100g，高的可达 50mg/100g，这是其有别于其他任何油脂的特征，也是其受到营养学家的珍视并作为谷物功能性油脂的原因所在。植物甾醇含量也很丰富。小麦胚芽油维生素 E 和植物甾醇的含量见表 12-53。

表 12-53　　　　　　　　　　　　小麦胚芽油的维生素 E 和植物甾醇组成

成分	维生素 E（0.2%～0.55%）				植物甾醇（1.3%～1.7%）			
	α 型	β 型	γ 型	δ 型	β-谷甾醇	菜油甾醇	豆甾醇	Δ5-燕麦甾烯醇
含量/%	55	25	8	2	67	26	1	6

小麦胚芽油的脂肪酸组成见表 12-54。

表 12-54　　　　　　　　　　　　　小麦胚芽油的脂肪酸组成

脂肪酸	棕榈酸	硬脂酸	花生酸	棕榈油酸	油酸	亚油酸	α-亚麻酸
含量/%	18.5	0.7	0.6	0.7	17.3	57.0	5.2

由表 12-42 可知，小麦胚芽油中的主要脂肪酸为亚油酸、油酸、α-亚麻酸和棕榈酸，其中不饱和脂肪酸占总量的 82%。

（三）小麦胚芽油功能成分的应用

小麦胚芽油可作为其他油脂的抗氧化、安全贮存的稳定剂，增强活性功效的强化剂。例如将其添加到高 γ-亚麻酸月见草油中就是代表性案例，精制成保健口服液等功

374 能性制品，用于中老年人及高血脂人群调节血脂，预防心脑血管疾病。小麦胚芽油大多制成胶丸作为医药用油或营养补充剂（抗不妊娠症）。

1. 制作营养保健品

以小麦胚芽油85%～95%、3%～8%蛋黄卵磷脂混合成液状，制成明胶胶囊（明胶由明胶、甘油、水混合而成）。该产品既有小麦胚芽油抗氧化、保护细胞防止老化、降低血液胆固醇的作用，又有鸡蛋黄卵磷脂中的多量胆碱预防脂肪肝，条件血液胆固醇浓度的双重效果。

2. 制作多肽营养液

以小麦胚芽饼（粕）为原料，用复合蛋白酶进行酶水解，制作的多肽营养液，多肽氨基酸氮占总氮的80%，氨基酸组成接近国际卫生组织提供模式，营养液呈黄色，口感舒缓，易于吸收，是一种近年的创新、时尚美容保健饮品。

3. 制作强壮食品

强壮食品的配方包括小麦胚芽油、葡萄糖、维生素、碱、盐等。有专家声称，在澳大利亚墨尔本奥运会上，打破世界纪录的4名美国游泳运动员，之前都服用了6个月以小麦胚芽油为主料的"强壮食品"。苏联学者也认为，体育运动员食用小麦胚芽油，能增强人的条件反射，使运动员反应更加敏捷。二十八烷醇等成分能增加其耐久力，精力和体力。浙江省粮科所以小麦胚芽油为原料，研制出的"力达营养片"（每片含二十八烷醇25mg），已用作强壮食品、运动食品等。内蒙古一家大型制粉公司，年产小麦胚芽2000t，已成功开发出小麦胚芽油、维生素E胶丸、麦胚乳饮料、富硒麦胚粉（片）、麦胚蛋白营养强壮食品等高附加值的功能性产品，成为我国粮食加工行业的一大亮点。

二、米糠和米糠油（稻米油）

米糠油（又称糠油、稻米油），近年来我国米糠制油发展很快，主要产区在长江和珠江流域的稻谷主产区，以湖南省产量最多。利用米糠制油，是一种不需要占有耕地的油料资源。我国粮油工业所生产的米糠油几乎全是采用浸出制油工艺所得。米糠油是一种集食用、药用、保健价值于一身的高级营养油，它顺应时代潮流的发展，具有广阔的开发前景。

（一）米糠油的营养、健康价值

米糠油营养丰富，除含有一般的食用植物油的营养成分外，还含有谷维素、甾醇、维生素E等功能性成分。米糠油性味甘、辛、平，对人体具有补中益气、养心宁神、降低血液胆固醇、防治动脉粥样硬化的作用，可用来辅助防治高血压、高血脂等症。已被国家卫生部门批准为"具有调节血脂功能的油脂"。被西方人誉为"东方神油"，甚至把防治现代文明病的希望寄托于我国正大力开发的米糠油。

（二）米糠油的特征指数和脂肪酸组成

米糠的含率为16%～21%，成品米糠油呈淡黄色，澄清透明，气滋味纯正，营养丰富，保健功能不凡。

1. 米糠油的特征指数（表 12-55）

表 12-55		米糠油的特征指数	
指数	数值	指数	数值
折射率（n^{40}）	1.464~1.468	相对密度（d_{20}^{20}）	0.914~0.925
碘价/（g I/100g）	92~115	皂化价/（mg KOH/g）	179~195
不皂化物/（g/kg）	≤ 45		

2. 米糠油的脂肪酸组成

米糠油的显著特性是稳定性高，原因是富含植物甾醇、天然维生素 E 和丰富的谷维素等功能性成分。米糠油的主要脂肪酸组成见表 12-56。

表 12-56		米糠油的主要脂肪酸组成	单位:%
主要脂肪酸	含量	主要脂肪酸	含量
豆蔻酸（C 14：0）	0.4~1.0	亚油酸（C 18：2）	29~42
棕榈酸（C 16：0）	12~18	亚麻酸（C 18：3）	<1.0
硬脂酸（C 18：0）	1.0~3.0	花生酸（C 20：0）	<1.0
油酸（C 18：1）	40~50		

米糠油的维生素 E 和植物甾醇含量见表 12-57。

表 12-57	米糠油的维生素 E、甾醇组成及含量						
油脂名称	维生素 E				植物甾醇		
	总量/（mg/100g 油）	α 型占比/%	β 型占比/%	δ 型占比/%	总量/（g/100g 油）	谷甾醇占比/%	豆甾醇占比/%	菜油甾醇占比/%
米糠油	91~168	61	24	18	2.55~3.66	53	17	30
芥花籽油	56~67.3	30	63	7	0.58~0.81	54	18	28
棉籽油	78.5~86.0	55	39	6	0.37~0.72	89	2	9

米糠油和 8 种植物油的脂肪酸组成比较见表 12-58。

表 12-58	9 种植物油脂的脂肪酸组成比较			单位:%
油脂名称	三类脂肪酸含量			S：M：P
	饱和脂肪酸（S）	单不饱和脂肪酸（M）	多不饱和脂肪酸（P）	
米糠油	20.20	43.6	36.20	1：2.16：1.80
大豆油	15.90	24.00	60.10	1：2.21：2.07
芥花籽油	13.10	58.80	28.10	1：4.49：1.89

油脂名称	三类脂肪酸含量			S∶M∶P
	饱和脂肪酸（S）	单不饱和脂肪酸（M）	多不饱和脂肪酸（P）	
棉籽油	24.30	27.00	48.70	1∶1.11∶1.84
花生油	18.50	40.86	40.64	1∶2.21∶2.07
芝麻油	15.30	38.20	46.50	1∶2.50∶3.03
玉米油	14.50	27.70	57.80	1∶1.91∶3.93
茶子油	10.10	78.80	11.10	1∶7.80∶1.10
棕榈油	43.40	44.10	12.50	1∶1.02∶0.28

米糠油中还含有 2%~3% 的阿魏酸酯（抗氧化剂）、2.0%~2.5% 谷维素，维生素 E 总含量为 91~168mg/100g 以及含有 0.3% 左右的角鲨烯（可用于医药原料的抗氧化剂）。

（三）米糠油主要功能性成分的应用

70% 的米糠油与 30% 的红花子油的调和油产品，已经是人们熟知的"健康营养油"。经过精炼和冬化处理的米糠油适合作蛋黄酱、色拉调料和其他乳化产品的配料；精制米糠油稳定性能好，保存期较长，煎炸食品时不起泡沫，抗聚合和抗氧化能力强，色泽浅黄，气味淡雅，热稳定性好，适合用于高温煎炸、烹饪及凉拌用油。用米糠油生产的化妆品，与肌肤的亲和力强，且稳定性好，不易发生氧化和分层，是一种优良的化妆品用油脂。一种优质的健康油、功能性油脂。

三、高油玉米与玉米油

玉米在世界上被誉为"黄金作物"。从玉米胚芽中制取的玉米油营养价值也很高，是一种优秀的谷物油脂，也是国内外公认的"高端健康油"，2011 年，被世界卫生组织第 113 次会议推荐为"最佳食用油"之一。2016—2020 年我国粮油工业发展"十三五"规划中，强调要大力支持和积极发展玉米油产业。玉米油在国际上又被称为"营养健康油"。中国粮油企业金龙鱼旗下的"植物甾醇玉米油"荣获美国科宁"2010 年产品创新大奖"，同时获得了"胆固醇天然克星"的称号，有力地促进了我国玉米产业的快速发展。2011—2013 年，我国玉米油的年均增长率高达 25%。巨大的刚需市场，为玉米油的发展提供了很大的空间，尤其是我国食用油消费量一直呈现刚性增长，自给率已不足 40%。近年来我国玉米产量居世界第二，具有充足的玉米胚芽资源，开发、生产玉米油具有得天独厚的优势，不仅经济效益好，对提高我国食用油自给率也具有重大的战略意义。

（一）高油玉米

玉米胚芽占玉米籽粒重量的 10%~15%，是玉米营养成分最多的部分式玉米的生命之源。玉米胚芽集中了玉米粒 97% 的脂肪、83% 的无机盐、65% 的糖和 22% 的蛋白质。新培育成功的高油玉米品种，整粒粗脂肪含量 8%~10%（平均 8.8%），是一种优质油料资源。因此，大力开发利用这种加工玉米时的副产物、质优价廉的玉米胚芽，不与粮

食生产争抢耕地的油料资源是提高玉米增值高效综合利用的有效途径，也是我国粮油工
业的当务之急。

（二）玉米油

玉米油得自制油原料玉米胚芽，油色金黄，质地纯正，气滋味淡雅，令人青睐。玉米油含有丰富的亚油酸和其他微量功能性成分，被专家们誉为"液体黄金"。人体消化吸收率高达 99%，是一种宝贵的功能性谷物油脂。

1. 玉米油的营养、健康价值

测算显示，每 70 万粒玉米胚芽仅能提取 5L 玉米油，可谓滴滴珍贵，不逊黄金，玉米胚芽富含不饱和脂肪酸和植物甾醇、维生素 E 等功能成分，对人体健康十分有益，对降低血液胆固醇、降低血脂、预防和改善动脉粥样硬化等均具有食疗效果，还具有延缓脑细胞衰老、提高机体抵抗能力的营养、健康价值。被国家卫生部门批准为"具有调节血脂功能的油脂"。

2. 玉米胚芽油的脂肪酸组成和特征指数

传统玉米含油量为 4%～5%，高油玉米可达 8.5%，集中于胚芽。玉米油的营养价值非凡，是一种价廉物美的高级保健谷物油脂产品。

（1）玉米油的脂肪酸等成分组成

①玉米油的脂肪酸组成见表 12-59。

表 12-59　　　　　　　玉米油的脂肪酸组成（GB 19111—2017《玉米油》）

脂肪酸	含量/%	脂肪酸	含量/%	脂肪酸	含量/%
十四碳以下脂肪酸	ND～0.3	硬脂酸（C18：0）	ND～3.3	花生二烯酸（C20：2）	ND～0.1
豆蔻酸（C14：0）	ND～0.3	油酸（C18：1）	20.0～42.2	山嵛酸（C22：0）	ND～0.5
棕榈酸（C16：0）	8.6～16.5	亚油酸（C18：2）	34.0～65.5	芥酸（C22：1）	ND～0.3
棕榈-烯酸（C16：1）	ND～0.5	亚麻酸（C18：3）	ND～2.0	木焦油酸（C24：0）	ND～0.5
十七烷酸（C17：0）	ND～0.1	花生酸（C20：0）	0.3～1.0		
十七碳一烯酸（C17：1）	ND～0.1	花生一烯酸（C20：1）	0.2～0.6		

注：①上列指标与国际食品法典委员会标准 Codex Stan 210：1999《指定的植物油法典标准》的指标一致；②ND 表示未检出，定义为≤0.05%。

②玉米油的维生素 E、甾醇的组成见表 12-60。

表 12-60　　　　　　　玉米油的维生素 E、甾醇的组成

成分脂	维生素 E（总量 51.94mg/100g）				植物甾醇（总量 259.71mg/100g）			
	α 型	β 型	γ 型	δ 型	β-谷甾醇	豆甾醇	菜油甾醇	Δ5-燕麦甾烯醇
占比/%	9～13	—	81～90	—	66	6	24	4

（2）玉米油的特征指数　见表 12-61。

表 12-61　　　　　　　　　　　　　玉米油的特征指数

指数	数值	指数	数值
折射率（n^{40}）	1.456~1.468	皂化价/（mg KOH/g）	187~195
相对密度（d_{20}^{20}）	0.917~0.925	不皂化物/（g/kg）	≤28
碘值/（g I/100g）	107~120		

玉米油的稳定性高，碘值不高，属于半干性植物油脂。

（三）玉米油功能性成分的应用

研究证明，玉米油对防治人体心脑血管疾病有很好的效果，是一种名副其实的治未病的功能性谷物油脂。已被广泛应用于食品、医药及化妆品等行业。

1. 在医药、食疗中的应用

研究表明，玉米油对人体血清胆固醇的降低率为16%，是生产亚油酸丸、心脉乐、血清平脉通、益寿宁等药品的重要配方。这是因为玉米油含理想的脂肪酸组成，高含量的维生素E和植物甾醇等功能性成分使之成为治病和食疗"高手"。

2. 在食品加工中的应用

玉米油在贮藏和烹调期间的品质和风味都很稳定，在食品生产中可谓"多面手"，作为煎炸油也很受欢迎，可多次反复使用。更多的是用于色拉油、烹调油以及人造奶油的制作，作为人造鸡蛋、蛋黄酱、调味油、糖果、母乳化奶粉等食品加工中的配方，可以提高制品的品质。焙烤食品加工中用玉米油作为涂膜用油或刷于食品表面，能增加色香味，产品的质量和卖点。在美国，有30%的玉米油用于制作人造奶油；60%~65%作为色拉油消费，被誉为"营养健康油"，已成为人们除传统黄油之后的"第二爱"油脂产品。

3. 在其他行业中的应用

玉米油是一种半干性油脂，已经广泛应用于化妆、皮革、纺织、军工等行业。玉米油是一种集食用、医用、化妆、军工等多种功能于一身的功能性谷物油脂，是时代的需要，人们的青睐，使它的开发和应用具有广阔的前景。

四、稻米胚芽油（稻米胚油）

稻米胚芽油（又称稻米胚油）是经压榨（或浸出）等制油工艺从稻米胚芽（米糠的组分之一）中提取的一种食用谷物油脂。2015年由山东一家企业生产这种新型食用油，具有多种功能特性，当年就荣获"第五届IEOE中国国际食用油产业博览会"金奖，并被国家发改委中国公众营养与发展中心认定为"国家营养健康倡导产品"。

（一）稻米胚芽油的营养特点

稻米胚芽油是以稻米胚芽为原料制取的又一珍贵的功能性谷物油脂，不同于米糠油，而是其精华。纯度高、风味淡雅、黏度低、不油腻，富含谷维素、植物甾醇、维生素E等营养成分（含谷维素800g/100g）为食用油之冠。稻米胚芽油具有以下4大特点：

（1）最平衡的脂肪酸构成比例，被专家赞誉为"救援心脏油""永驻青春油""稻米黄金油"。 379

（2）富含谷维素、维生素 E（生育三烯酚）、β-谷甾醇等天然活性成分，具有降低血脂.调节神经系统、抗衰老等功能。

（3）高烟点，品质稳定，使菜肴保持原汁原味，提升保鲜度和保鲜时间。

（4）低黏性，烹调中食材表面能减少 20% 附着，产生极少量的聚合物，厨房清洗方便快捷。

在生产稻米的泰国、印度及日本，近年来稻米胚芽油正逐渐兴起，成为中小学生营养午餐的指定用油指日可待。因为稻米胚芽油被世界卫生组织（WHO）推荐为"健康食用油、最佳食用油"。

（二）稻米胚芽油的健康价值

稻米胚芽油除了脂肪酸这一主要营养成分构成比例平衡外，还富含谷维素、植物甾醇、维生素 E 等多种生理活性成分，是备受推崇的营养、健康植物食用油之一。专家指出：

（1）谷维素是一种强氧化剂，对于成年人具有调节植物神经、改善睡眠、维持神经系统平衡，有效缓解疲劳的独特功效，对于少儿则有利于大脑发育，使其聪明、健康。

（2）植物甾醇可帮助人体减少对胆固醇的吸收，能有效改善心脑血管疾病，改善人体血液循环。对心血管疾病和糖尿病具有很好的预防作用，尤其有益于缓解身体处于"亚健康态"的特殊人群。

（3）维生素 E 具有极强的抗氧化作用，对人体有美容护肤作用，延缓细胞衰老，清除体内氧化自由基的危害。

（4）含有稻米生命源（胚芽）的营养精华，能实现抗疲劳、抗氧化、抗衰老的三重抗击"亚健康"，品质优良，特点突出。

2015 年，稻米胚芽油在我国一经投放市场，就受到社会各界的高度关注。可以相信在不久的将来，这种从米糠油家族中诞出的"骄子"，会以高贵的面貌、高昂的售价、高级的营养之"三高"姿态出现在一些大型超市货架的显著位置上，供一些消费者观赏、咨询和购买。

第十三章

植物蛋白及其制品

————————

粮油食品的主要成分蛋白质、脂肪、碳水化合物是人类生存最基本的三大营养素，大米、面粉、油脂及其制品是三大营养素的重要载体，是人类解决温饱问题的主要食粮，也是维持健康的基本资源。

根据我国食物与营养发展总体目标，以最大限度满足我国人均每日植物蛋白质摄入量为契机，为国民提供高品质、无公害的系列植物蛋白，实现植物蛋白安全供应，我国生产的大豆分离蛋白、浓缩蛋白、组织蛋白的产量已居世界前列；花生组织蛋白已实现工业化生产；已建成世界上最大的蛋白肽以及饮料生产线；花生蛋白饮料、各种功能性分离蛋白、浓缩蛋白产品不断涌现，经过改性的大豆浓缩蛋白的性能已接近大豆分离蛋白的性能，为实现植物蛋白质安全、健康供应创造了条件。

我国已产出的精制脱腥脱脂大豆蛋白粉、脱腥全脂大豆蛋白粉、活性大豆蛋白粉、乳制品专用蛋白粉等新产品，已广泛被用于肉制品、面制品、冷食、巧克力、固体饮料、保健品和医药品中，能提高这些产品的质量、降低成本、强化营养而成为绿色食品的新型高蛋白营养添加剂和改良剂，助推食品工业，助推健康中国。

第一节　大豆及其制品

大豆及大豆制品是中国的传统食品，含有丰富的营养素。《中国居民膳食指南》推荐每日摄入 30~50g 大豆或豆制品。要实现 2020 年食物营养发展纲要的目标，大豆食品的消费量至少翻一番，使粮油行业有了巨大的发展空间。

大豆食品是国际上当今流行的健康食品，正在成为全球性的热潮。2011 年美国农业部发布了"美国居民膳食指南"及"我的餐盘"，其中豆类食品在"餐盘"里占据了很大的比例。2012 年我国出版发行《大豆食品营养手册》和《粮油食品》专著，迈出了"行业发起，专家、企业参与"的向公众推荐大豆食品、营养科普的步伐，以期提高国民大健康水平，收获可喜。

一、大豆简介

大豆是一种营养丰富，保健功能卓越的食品。在自然界所有植物性食物中，大豆是为数不多的可与动物性食品媲美的高蛋白食品之一，具有独特的保健功能，为功能性食品的开发利用提供了良好的资源。

（一）大豆食品的分类

大豆食品的种类十分丰盛，其分类主要按照大豆食品终端产品进行，并按照我国行业标准（SB/T 10687—2012《大豆食品分类》）的有关规定执行。

大豆食品的分类方法见图 13-1。

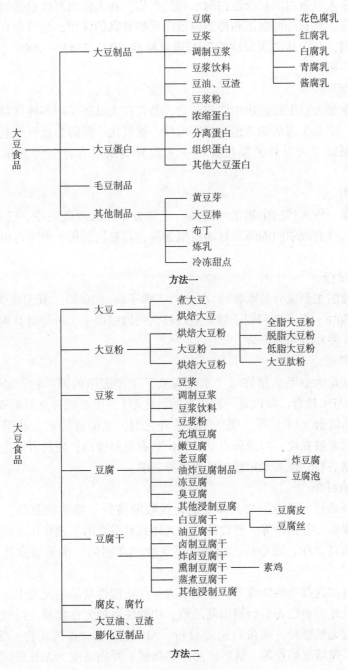

图 13-1　大豆食品的分类

（二）大豆功能性成分及功效

大豆蛋白质、亚油酸含量高，还含有维生素、微量元素、膳食纤维、卵磷脂、异黄酮、低聚糖、皂苷以及甾醇等成分，是一种大众化、营养丰富的廉价的普及型功能性食品。

1. 大豆多肽

大豆多肽是大豆蛋白经复合蛋白酶水解的产物，在人体内可以直接被吸收利用。不会引起过敏反应，具有降低血压和抑制血液胆固醇升高的作用，是当今食品工业中的功能性蛋白添加剂，其产品"大豆肽粉"的国家标准 GB/T 22492—2008《大豆肽粉》已于前几年颁布实施。

2. 大豆异黄酮

大豆异黄酮是大豆生长的次生代谢产物，是含在大豆胚芽中多种异黄酮衍生物的总称。研究发现，主要生理功能为预防骨质疏松、抗氧化、预防心血管疾病、缓解更年期综合征等。已制成"大豆异黄酮胶囊""大豆异黄酮口含片"等面市，为相关病友服务。

3. 大豆皂苷

大豆皂苷是一种天然的生物活性物质，主要分布在大豆胚轴中，已知有 A_1、A_2 等五种，可降低人体血液中胆固醇和甘油三酯含量，且有抗氧化、消除自由基、调节免疫力等功能。

4. 大豆低聚糖

大豆低聚糖的主要成分是水苏糖（71%）、棉子糖（20%），其甜度为蔗糖的 70%，热量为蔗糖的 50%。水苏糖和棉子糖是双歧杆菌的增殖因子，可促进其生长繁殖，调节肠胃功能，防止便秘等功效显著。

5. 大豆卵磷脂

大豆卵磷脂是大豆毛油精炼时"水化脱胶"工序去除的副产物，是一种两性物质（既溶于油脂又与水软合，所以是一种很好的乳化剂），主要成分是肌醇磷脂（PI）、卵磷脂（PC）、脑磷脂（PE）等。既是很好的乳化剂，又能够防治血液胆固醇在血管内壁的沉积、降低血液黏度；对预防心脑血管疾病有重要作用；还具有促进大脑活力、增强记忆力、健脑益智、预防老年性痴呆等多种功能。

6. 大豆膳食纤维

大豆膳食纤维是大豆中不为人体所消化吸收的高分子糖类的总称，主要包括纤维素、果胶、木聚糖、甘露糖等。膳食纤维对人体具有重要的生理作用，是医学界和营养学界公认的预防高血压、冠心病、肥胖症等现代"文明病"的重要食物成分，被称为"第七大营养素"。

大豆所含有的这些功能性成分，决定了大豆在功能性食品的开发中，具有重要的作用。我国粮油食品行业已先后研制出高品质、功能性系列大豆食品：纯豆粉、高钙卵磷脂豆粉、高蛋白无糖豆粉、高蛋白速溶豆粉、AD 钙豆粉、高钙乳粉、低糖高钙豆粉、铁锌钙豆奶粉、速溶豆奶粉等。这些产品口感细腻，香甜适度，无豆腥味，适合各种人群食用。对青少年的生长发育、补充体力、健脑益智，效果尤著。

（三）大豆去除嘌呤（抗营养因子）加工新技术

大豆是我国的传统物产，"金豆银豆不如黄豆""磨眼肉"和"地头肉"等民谚充分体现了中华民族几千年来与大豆相依相伴的深厚情结。日常膳食中，大豆作为人们喜闻乐见的一种美妙食物（品），营养丰富，食法多样。值得提及的是，大豆中存在五种抗营养因子：

（1）脂肪氧化酶，具是豆腥味及苦涩口感的始作俑者。

（2）尿素酶，会导致胃肠道细菌感染和氮源性腐败物的生成。

（3）血球凝集素，是红细胞凝集的祸首，使某些人食用豆制品后会产生过敏反应，引起呕吐、恶心等症状，严重者危及生命安全。

（4）肠胃胀气因子，会引起肠胃胀气，使人感觉不适。

（5）嘌呤，氧化后转变为尿酸，引发痛风。痛风患者对豆制品应该忍痛割爱。

以上5种抗营养因子中，前4种遇热即失能，吃熟透的豆制品就勿虑其害，第5种则十分难对付，使痛风患者及某些特殊膳食人群，不能尽情享用美好的豆制品。

由广西桂林一家公司推出的去大豆嘌呤技术，已于2016年9月在北京举办的《美丽中国梦，健康你我他——健康产业论坛》上得到与会专家的认可和高度评价，该项技术能够去除大豆中的抗营养因子（嘌呤），是食品工业的一次重大突破，破解了大豆嘌呤危害人体健康这一困扰了人们上千年的难题，标志着我国食品科技提升到了新的平台，要尽快转化为生产力，为健康中国做出贡献。

《中国食物与营养发展纲要（2014~2020）》中明确指出"大力发展大豆制品，达到年人均消费量13kg，每天35.6g"。去大豆嘌呤技术正逢其时，它的推出、产业化和推广，一定会为《纲要》目标的实现助一臂之力。

（四）大豆（食品）的营养、健康价值

大豆及制品不仅具有营养保健作用，还具有协调人体内分泌的功能，起到预防和辅助治疗多种疾病的重要作用。

1. 延缓衰老进程

绝经是卵巢功能衰退的标志，是妇女进入老年期的开始。大豆异黄酮属于植物雌激素，可延缓卵巢功能衰退历程，双向调节雌激素水平而缓解更年期综合征；大豆中还有丰富的磷脂和必需脂肪酸，能改善细胞膜的功能，延缓细胞的衰老而发挥抗衰老的作用。

2. 防治骨质疏松症

人体由于代谢和内分泌等各方面的原因，老年人几乎都难免患骨质疏松症，容易骨折。妇女在绝经期补充大豆异黄酮，对预防骨质疏松有积极作用。

3. 防治心脑血管和糖尿病疾病

大豆食品富含必需脂肪酸，可以升高人体血清中高密度脂蛋白胆固醇水平，常吃大豆和豆制品能有效预防心脑血管疾病。大豆中还富含低聚糖，在肠道中起"清道夫"作用，既能及时清除肠道中的有害物质，保持大便通畅，又能维护血糖正常水平，对防治老年性糖尿病和肠癌具有重要意义。

4. 防癌抗癌

大豆食品中富含的维生素 E 等抗氧化剂，可防止 DNA 氧化损伤，通过诱导肿瘤细胞凋亡，抑制肿瘤细胞基因表达等抑制肿瘤细胞的生长。另外，大豆中富含大豆皂苷可抑制人体乳腺癌、前列腺癌、胃癌细胞的生长。

二、大豆胚芽和纳豆制品

我国民谚"宁可一日无肉，不可一日无豆"，揭示了亿万百姓对大豆食品的钟爱、重要性认知和消费之渴求。

（一）大豆胚芽粉

大豆胚芽粉具有抗氧化、降低血液胆固醇等功效，因此受到各国食品营养专家的重视，并将其应用于糕点、茶饮料、营养棒等，添加到谷类、汤汁等食品中，可增加产品的营养价值。大豆胚芽的主要营养成分，见表 13-1。

表 13-1　　　　　　　　　　大豆胚芽粉的主要营养成分

含量	蛋白质	淀粉	脂肪	膳食纤维	水分
含量/%	33.3	41.8	6.8	6.2	11.0

美国一家食品公司，利用 100% 大豆幼芽开发出天然营养食品"大豆生命之源"，所含的营养成分主要有大豆异黄酮、皂角苷、蛋白质和 $n-3$ 系脂肪酸等大豆原料中固有的功能性成分，已被当作营养强化剂，应用于早餐谷物、营养棒、快餐食品和焙烤类制品等，以提高产品的营养价值。大豆胚芽粉则用于糕点、茶饮料加工中，以增加制品的营养及食疗功能。

（二）纳豆及纳豆制品

纳豆以大豆为原料，蒸煮后接种纳豆芽孢杆菌（纳豆菌）发酵而成的一种功能性豆制品，它源于中国，兴于日本，盛于全球，已有上千年的历史。纳豆凭借着独特、营养、美味、健康的特点，得到我国、日本、韩国、美国等诸多国家消费者的青睐。还有纳豆制品、纳豆系列健康食品（如纳豆咖喱、纳豆寿司、纳豆蛋卷、纳豆面条等）如今也遍布国内外食品市场。

1. 纳豆的感官特性

纳豆是一种古老而有崭新的健康食品，很近似豆豉，有人称纳豆与豆豉是一对姐妹花。纳豆表面有一层深深地白霜样的纳豆菌丝，有似豆豉的风味，用筷子搅拌时会出现拉丝，且越搅拌越长、越多，这是纳豆不同于其他豆类食品的特征，这些拉丝是纳豆菌繁殖形成的。

2. 纳豆的营养及药性功能

纳豆是熟食品，蛋白质含量高达 42%，由于被分解，纳豆容易被人体消化吸收，是一种药食兼用的高蛋白营养食品。纳豆中除富含氨基酸、有机酸、寡糖等多种易被人体吸收的成分外，还含有生理活性成分纳豆激酶、超氧化歧化酶、异黄酮、皂苷、生育酚、吡啶二羧酸等物质。纳豆及纳豆食品，对高血压、动脉粥样硬化、糖尿病、肥胖

症、妇女痛经等有助于预防、缓解及辅助治疗的作用，是广大消费者健康生活的好帮手。 385

3. 纳豆的生理功能

纳豆有多种保健功能。

（1）溶血栓功能 纳豆中含有纳豆激酶（溶纤维蛋白酶），具有显著的溶栓作用，且作用时间长，无毒副作用，纯天然成分。

（2）降低血压 纳豆表面黏液性的物质中，具有降低血压作用的血管紧张肽转化酶抑制剂，使纳豆及纳豆食品具有预防、辅助治疗高血压的作用。

（3）抗氧化 纳豆中含有大量的抗氧化物质异黄酮和维生素 E，纳豆抑制脂肪氧化的功力高达 91%（大豆为 13%）。

（4）抗菌消毒 纳豆芽孢杆菌所含吡啶二羧酸成分对致病性大肠杆菌、沙门氏菌、金黄色葡萄球菌均有抑制作用。

（5）调节肠道 纳豆菌进入肠道后，可通过生物夺氧来促进益生菌的增殖，抑制致病菌的繁殖。

（6）防止骨质疏松 纳豆菌含有维生素 K_2，这恰是骨质疏松症患者的短板，维生素 K_2 可帮助生成骨质蛋白质，与钙共同生成骨质，增加骨密度，防止骨折。因此，医学家主张用维生素 K_2 含量高的纳豆治疗骨折，实践证明，确实有用。

（7）提高蛋白质的消化率 由于纳豆菌能分泌淀粉酶、蛋白酶、脂肪酶、纤维素酶和脲酶等多种酶类，纳豆必需脂肪酸含量高，营养平衡等优点，能使大豆蛋白质的消化率从 50% 增加到 90% 以上。

（8）抑制高血糖 纳豆中的高弹性蛋白酶（胰肽酶）具有与猪胰脏所含的这种酶的作用，而猪胰脏的弹性蛋白酶已用于治疗高血糖的药物。

（9）抗衰老功能 纳豆菌在发酵大豆过程中，可产生卵磷脂、维生素 B_2、维生素 B_6、维生素 K_1、维生素 K_2 和亚麻酸等物质，使之具有抗衰老，提高人体记忆力的功效。

（10）防酒醉功能 纳豆在发酵过程中，在大豆表面产生拉丝样的黏液物质的主要成分是果糖和 γ-多聚谷氨酸，它覆在肠胃黏膜表面，可保护肠胃而防止酒醉。

纳豆的这些功能、效用，已供医药工业开发出了相关产品（如纳豆咀嚼片、纳豆素胶囊、纳豆益生菌片等），纳豆健康、功能性食品的深度开发正方兴未艾，端倪初现。

4. 纳豆功能性成分的应用

纳豆及其提取物中含有天然的血栓溶解酵素（纳豆酵素），使纳豆所具有多种生理活性功能，纳豆新产品已成科研热点。天津一家公司培养出优良纳豆菌种，生产出纳豆咀嚼片并投放市场。北京一家公司建成生产线，年产 1000t 纳豆和 30t 纳豆素胶囊等系列纳豆健康食品，首次在中国实现了古老传统食品纳豆的工业化生产，产品纳豆素胶囊，已作为降低血脂、免疫调节健康食品供应市场。

在美国纳豆激酶类产品已研制成功。其主要功能性成分为纳豆激酶、豆油、大豆卵磷脂、淀粉酶、蛋白酶、纤维素酶、脂肪酶、矿物质。制成品为干粉状，无味、低温干燥，保质期长达两年。在各大医院纳豆激酶已被广泛应用，特别是在对静脉血栓，房颤

386 病症的医疗当中，针剂纳豆激酶已经纳入了心脑血管疾病的抢救方案中。我国卫生部门已批准"枯草芽孢杆菌为食品益生菌新品种"；我国已制定了《纳豆》的行业标准，为纳豆及制品的生产和应用提供了政策依据，为它的持续、健康发展铺平了道路。

（三）纳豆甾醇复合制品（片）

血管是人体的生命交通线，但随着年龄增长，不良生活习惯等诸多因素的影响，容易形成血栓，诱发心脑血管疾病。对于这种慢性病，除了要重视医药治疗外，日常保养. 保健也非常重要。纳豆因其对人体心脑血管具有养护作用而被人们誉为"长寿豆"，成为近年来风靡全球的营养健康食品。

医学研究表明，食用纳豆及其营养健康品，可以养护心脑血管。纳豆在发酵过程中产生的多种营养素，对人体健康有着非凡的意义。纳豆营养健康品几乎完全保留了纳豆活性功效成分，包括活性纳豆菌、各种酶及多种营养素，纳豆激酶的含量提高 7 ~ 10 倍。

将纳豆激酶、植物甾醇科学配制发挥协同作用，有益于心脑血管健康，现已制成纳豆甾醇复合制品（片），作为纳豆升级产品投放市场，可为中老年人特殊膳食人群的心脑血管健康给力，除含有纳豆激酶外，还添加了植物甾醇成分。植物甾醇被专家们誉为"生命的钥匙"，补充植物甾醇能够养护心脑血管健康。纳豆甾醇复合片中（每片）含纳豆激酶 1000FU、植物甾醇 100mg。

（四）含乳酸菌纳豆食品

纳豆中除了纳豆激酶外，乳酸菌也是一种可资开发健康食品的有益菌群，对人体具有改善肠道菌群，防止便秘等疗效，有关专家已用这两种功能因子开发新型健康食品（含乳酸菌纳豆食品等），其有效率大于 90%，含大豆蛋白 38% ~ 40%。加工成的豆腐脑，色泽白嫩，口感细腻，老少皆宜。

三、大豆功能性制品

（一）豆制品饮料

豆渣是一种膳食纤维源和植物蛋白源，膳食纤维含量约 50%，对人体健康具有独特的生理功效。用以制作饮料是一种优质的产品设计。

1. 大豆膳食纤维饮料

大豆膳食纤维饮料以豆渣为原料，配以芝麻提取液，酸味剂，甜味剂等辅料及麦芽糖醇，加工调配而成的产品，具有芝麻香味、口感温和、热量低等特点。

（1）原辅料配方 豆渣纤维粉 8%，芝麻 3%，海藻酸钠和果胶各 0.05%，麦芽糖醇 10%，柠檬酸钠 0.1%，水（适量）。

（2）工艺流程

新鲜豆渣→漂洗→碱液处理→抽滤水洗→脱色→抽滤水洗→烘干→粉碎→混合调配→均质→杀菌→灌装→冷却→检验→成品→入库

（3）制作要点

①碱液处理：室温下将新鲜豆渣用浓度为 2% 的 NaOH 溶液浸泡 2h，浸泡过程中搅

拌数次。

②脱色处理：碱处理豆渣置于真空抽滤器抽滤、水洗数次，直至豆渣呈中性后加入4%H_2O_2溶液进行脱色（55℃，5h）。

③抽滤水洗：脱色湿豆渣用2%H_2SO_4溶液滴定到料液到 pH5 左右，以还原料液中残留的 H_2O_2，中和碱度后用抽滤法分离料液，并用蒸馏水冲洗、抽滤豆渣数次。

④烘干：将处理过的豆渣放入鼓风干燥箱中，在 105℃条件下烘干后粉碎，过 100目筛，得浅黄色豆渣纤维粉，备用。

⑤芝麻提取液的制备：芝麻在 200℃高温下焙炒，出香、熟透、冷却后碾碎成 100目粉末，将粉末用沸水浸泡 30min（加水比为 10：1）后过滤即得提取液，备用。

⑥混合配料：先将果胶及海藻酸钠等辅料配成一定浓度溶液，过滤后按配方混合备用物料，再加入麦芽糖醇和柠檬酸，充分搅拌混合均匀。

⑦均质：在 400MPa 均质 2 次，使内容物分布均匀、稳定性好。

⑧杀菌、灌装：在 95℃处理 30s 后趁热灌装、封口。

⑨冷却、检验：冷却至室温后进行检验，合格者为成品、入库。

2. 大豆木糖醇健康饮料

大豆木糖醇健康饮料是以大豆低聚糖为原料，辅以木糖醇、山楂汁、枸杞汁加工而成的一种低热量健康饮品、功能饮料。

（1）原辅料配方　大豆低聚糖浆（40%）20kg，山楂 5kg，木糖醇 2kg，柠檬酸0.2kg，枸杞子 5kg，水（适量）。

（2）制作要点

①大豆低聚糖浆的制备：除去大豆乳清液中的蛋白质，经超滤净化后的乳清液泵入离子交换装置进行脱盐后吸附去除其中的异味成分。脱臭、脱色后的稀糖浆送入浓缩装置，经浓缩后即得固形物含量为 40%的大豆低聚糖浆，备用。

②山楂汁的制备：清洗后的山楂与 2 倍质量的软化水进行打浆处理，所得浆液加入0.05%的果胶酶、0.02%的纤维素酶和 4 倍质量的软化水后，一同加入到多功能浸提罐中，在 45℃温度下浸提 4h，然后用 120 目的滤布过滤除去果渣，所得汁液经杀菌、灭酶、澄清，备用。

③枸杞汁的制备：枸杞经除杂清洗后用净化水浸泡，粉碎细化后加入果胶酶和纤维素，再经过浸提、过滤，所得枸杞汁液经过杀菌灭酶和澄清，备用。

④调配：按配方比例称取柠檬酸和木糖醇，用适量水充分溶解后经过滤除去其中的杂质，然后与制得的大豆低聚糖浆、山楂汁、枸杞汁一同加入配料罐中充分搅拌混合，获得均一的料液。

⑤杀菌灌装：经调配均匀的大豆低聚糖饮料经板式换热器加热至 90℃杀菌冷却后灌装、密封、贴标签即为成品。

3. 植物奶粉（谷物奶粉）

植物奶粉通常是指采用大豆、谷物、坚果等植物性原料浆液经干燥制成的、蛋白质和钙含量丰富、冲调后状态接近动物奶粉的粉末状食品。谷物奶粉则是采用大豆、大米、小麦等谷物的浆汁，通过生物代谢干预、蛋白和油脂乳化技术以及内源酶、酶切技术等创新工艺直接将谷物中的植物蛋白转化为类似乳制品中动物蛋白的物质。是一种完全乳化的、稳定的、集聚丰富天然营养素的粉末状食品，是全植物的谷物奶粉，性能优良，可作为食品原料或直接食用。谷物奶粉的营养成分见表 13-2。

表 13-2 谷物奶粉的营养成分

营养成分含量	蛋白质/ （g/100g）	脂肪质/ （g/100g）	糖类质/ （g/100g）	膳食纤维质/ （g/100g）	钙/ （mg/100g）	钾/ （mg/100g）	锌/ （mg/100g）
谷物奶粉	25	21	48	6	277	601	80
普通全脂速溶牛奶粉	24	21	55	0	659	541	2

从表 13-2 可知，谷物奶粉的主要营养素含量与普通奶粉十分接近。谷物奶粉不含乳糖，适合乳糖不耐症人群食用；所含的脂肪 80% 以上为不饱和脂肪酸；富含低聚糖、膳食纤维、皂苷、异黄酮、卵磷脂等功能性成分，功能性和生产成本的优势凸显。

谷物奶粉可与牛奶或奶粉复配，生产双蛋白发酵酸奶；或与谷粒、果粒等多种物料搭配，制作口味各异的植物酸奶新食品。作为一种营养、安全、健康的食品原料，谷物奶粉可部分替代动物奶粉，广泛用于奶茶、红枣燕麦片、胚芽谷乳、代餐包等固体饮料以及谷物奶、含乳饮料、学生奶、冰淇淋等液体饮料、烘焙食品、糖果等食品领域，在新型优质营养、健康食品的开发过程中，具有重要的作用和意义。谷物奶粉的面市开创了营养、健康奶制品的新理念。

4. 复配豆浆

大豆富含异黄酮、皂苷、卵磷脂等功能性成分，是科学家公认的提高人体免疫力最有效的食物之一。与其他食物科学搭配食用，可收到营养互补的理想效果。

（1）山药甘薯豆浆

①用料：黄豆 30g，甘薯丁 15g，山药丁 15g，大米 10g，小米 1g，水（适量）。

②制作方法：

a. 黄豆清洗，充分浸泡；大米，小米淘洗干净。

b. 将甘薯丁、山药丁、大米、小米、黄豆一起放入豆浆机杯中，加水至上下水位线间。接通电源，按"五谷豆浆"键，听到提示音，山药甘薯豆浆即成。

（2）玉米豆浆

①用料：黄豆 60g，甜玉米粒 30g，水（适量）。

②制作方法：

将泡好的黄豆，玉米粒一起放入豆浆机杯中，加水至上下水位线间，接通电源，按"玉米汁"键，听到提示音，玉米豆浆即成。

5. 全豆高纤维浓缩浆系列食品

我国豆制品消费量大，但在豆制品生产过程中产生了大量豆渣，大约 1kg 大豆产生 1.5kg 的鲜湿豆渣，这些豆渣不仅富含膳食纤维、蛋白质等营养成分，是可供利用的重要资源。我国江南大学成功开发的基于高剪切技术原理的湿法超细粉碎系列装备技术，于 2011 年推向市场，为高韧性鲜湿豆渣的超细粉碎及绿色高纤维健康食品的开发提供了技术支撑。

经该设备处理后，豆渣细度可达 150 目以上，满足了食品加工对物料细度的要求。现已成功开发出了"全豆高纤维浓缩浆"和"全豆高纤维冰淇淋"系列食品。滑爽可口，醇厚浓郁，用热水（或冷水）冲调，即可制成高纤维豆浆饮料；用此浓浆与果仁混合，可制成高纤维果仁奶昔；用此浓浆制成"润肠瘦身"的全豆高纤维冰淇淋更显特色。这些高纤维豆浆系列食品符合现代公众的消费理念，实现豆制品加工过程中无渣、清洁化生产，成为食品工业发展的一种环境友好型新模式。

6. 高膳食纤维系列豆制品

高膳食纤维系列豆制品是将大豆去皮、脱脂后，直接以热挤压工艺成型，完全保留了大豆的主要营养成分。生产过程中不排放任何废弃物，产品、筋韧、口感好、品种多、系列化。所生产的高膳食纤维系列豆制品达到了营养化、方便化、多样化，可常温储存。品种有原味豆浆、甜味豆浆、黑豆浆以及果汁、蔬菜汁等调味豆浆和快餐豆腐脑等系列豆制食品。

（二）大豆豆豉和醋豆乳粉（片）

大豆调味品是以大豆为原料经微生物发酵所制成的发酵食品（如豆豉、大豆酱油等），既可用于烹饪调理，也可代菜佐餐，是我国的一类传统美味食品。

1. 豆豉

豆豉（香豉、淡豉），类似纳豆，是一种以大豆为原料经微生物发酵而成的一种传统发酵食品，既可用于烹调，也可代菜佐餐。有重庆著名的"永川豆豉""水豆豉""姜豆豉"等。作为一种调味品，湖南浏阳豆豉也很有名，有"马王堆豆豉留香 2000 年"之美誉。

（1）豆豉的感官特点　豆豉的成品呈酱红色（或黑褐色），大豆颗粒状，风味独特，美味无渣，口感清香，回味微甜。

（2）豆豉的营养价值　豆豉的营养价值较高，是富含蛋白的食品。豆豉在制作过程中，所含有的维生素、蛋白质等营养成分没有损失，发酵使蛋白质分解，消化率可提高 85% 以上。豆豉的营养成分比较见表 13-3。

表 13-3			豆豉的营养成分比较									单位：mg/100g
食品名称	蛋白质/（g/100g）	脂肪/（g/100g）	膳食纤维/（g/100g）	糖类/（g/100g）	维生素 B_1	维生素 B_2	烟酸	维生素 E	钙	铁	锌	能量/（kJ/100g）
豆豉	24.1	15.0	5.9	36.8	0.02	0.09	0.6	40.69	29	3.7	2.37	1021.3
牛肉	20.2	12.3	0	1.2	0.07	0.13	6.3	0.35	8	2.8	3.71	1213.9
牛奶	3.0	3.2	0	3.4	0	0.14	0	0.21	104	0.3	0.42	946.0
鸡蛋	12.7	9.0	0	1.5	0.09	0.31	0	1.23	48	2.0	1.0	2415.2

从表 13-3 可以看出，豆豉与常见高营养价值的食品相比较毫不逊色，它的蛋白质、油脂、维生素 E 含量均高。

390 　　豆豉 18 种氨基酸及其百分比含量见表 13-4。

表 13-4　　　　　　　　　　　　　豆豉 18 种氨基酸及其占比

成分	天冬氨酸	丝氨酸	苏氨酸	谷氨酸	甘氨酸	丙氨酸	半胱氨酸	缬氨酸	甲硫氨酸	异亮氨酸	亮氨酸	苯丙氨酸	赖氨酸	组氨酸	精氨酸	脯氨酸	色氨酸	酪氨酸
占比/%	11.7	5.3	4.1	17.9	4.0	4.5	0.8	5.1	2.0	4.8	2.7	5.1	4.9	2.4	6.3	5.5	3.9	4.0

（3）豆豉的生理功能　豆豉是蒸煮过的熟食品，其营养健康功能显著。中医认为，豆豉性味苦、寒，具有解表、除烦、宣郁、解毒的作用。常用来辅助治疗伤寒、热病、寒热、头痛、烦躁、胸闷等病症。豆豉自古入药，是药食兼佳之品。研究发现，豆豉中含的细菌，能产生大量的 B 族维生素和抗生素。这就从现代科学中找到了我国民间用"生姜豆豉汤"治疗感冒具有特效的理论根据。食用豆豉有提高抗病能力、减缓衰老、消除疲劳等多种保健作用。

（4）豆豉的保健价值　研究发现，豆豉不仅含有原料大豆（黄豆、黑豆）中所含的蛋白、多种维生素、微量元素、亚油酸、磷脂和膳食纤维等营养素外，还含有大豆多肽、大豆低聚糖、大豆异黄酮等多种功能性成分，他们均具有特殊的营养保健价值。我国市场上除含盐量高（约 12%）的传统豆豉品种外，还生产有低盐豆豉新品种，可供不同人群选用。

（5）豆豉生产新技术　最近几年，我国不少豆豉生产企业在传统生产工艺的基础上，进行创新，采用"米曲霉盐固态发酵法"制作豆豉新工艺，所得豆豉色泽黝黑、光亮，颗粒松疏，清香鲜美，口感甜润，具有豆豉特有的美好风味，产品质量大有提高，理化指标达到氨基酸氮 0.8g/100g、总酸 0.6g/100g、还原糖 4.5g/100g、水分 46g/100g。和传统的制作工艺相比，不但发酵时间和生产周期大为缩短，而且突破了季节性限制，减轻了劳动强度，有着较高的推广价值。

2. 醋豆乳粉（片剂）

醋豆乳粉是专家研制的一种大豆健康食品，是将豆乳粉与食醋混合、熟化后干燥，成为无酸味、无豆腥味的粉末状豆制食品，具有预防高血压、高血脂、润肤、美容的功效。醋豆乳粉（片剂）主要制作方法如下：

（1）将大豆制成豆乳粉（喷雾干燥）；

（2）在豆乳粉中加入米醋，放置，使豆乳粉膨胀湿润，加盖、熟化，再自然干燥（或热风 60℃干燥），粉碎过 60 目筛。醋豆乳粉得率（以豆乳粉计）为 90%，呈粉状；

（3）在醋豆乳粉中加食糖压成片状（制成片剂），可作疗效食品。

第二节　大豆蛋白及其制品

大豆是唯一能满足人体全部氨基酸需要的植物蛋白源，和人们的营养、健康息息相关。我国大豆蛋白制品大豆分离蛋白，大豆浓缩蛋白，大豆组织蛋白产量已跃居世界前列，并建成了世界上最大的蛋白肽饮料生产线。各种功能性大豆食品，功能性分离蛋白，浓缩蛋白不断涌现。经过改性的大豆浓缩蛋白的性能已接近大豆分离蛋白的性能，为实现植物蛋白质安全，健康的为国民供应奠定了有利的基础。

　　大豆蛋白、大豆多肽是一种功能性食品配料，具有丰富的营养和功能特性。可广泛用于食品加工，作为辅料添加在方便面、焙烤食品中，制成蛋白质高含量功能食品，对预防高血压，冠心病等现代文明病，具有潜在的市场和推广价值。

一、大豆蛋白的应用价值

　　近年来，大豆蛋白作为主要的植物蛋白食品资源，以高营养，高蛋白，低成本的优势成为食品工业不可或缺的物料，获得市场广泛认可。我国大豆蛋白食品主要有全脂大豆粉、脱脂大豆粉、组织化大豆蛋白、浓缩大豆蛋白、分离大豆蛋白和大豆拉丝蛋白6类以及大豆肽类食品及制品。大豆蛋白制品是一种天然的植物蛋白，已广泛应用于食品加工中，特别是用于面包、糕点、饼干等焙烤食品以及罐头食品、医疗食品等，应用价值逐年提升，主要表现有三点。

（一）改善制品的加工性能

　　添加大豆蛋白制品，在焙烤食品制作时能改善面团的加工作业性能；增加体系的乳化效果，降低产品的硬度，提高持水性，使之质地柔软及组织结构良好，促进色泽的形成，提高新鲜度及延长贮存时间。

　　脱脂大豆粉含有大量蛋白质和赖氨酸，用于糕点既增加蛋白含量，又改善颜色，延长存放时间；还可以使奶油形成胶体状而增进可溶性。面粉中有影响面筋发酵的谷朊粉，而脱脂豆粉可以将谷朊粉稀释，有利于面粉中酵母的发酵。

（二）提高制品的营养价值

　　已生产出含有15g大豆蛋白的能量棒，供运动员食用。在生产饼干的面粉中添加15%~30%的大豆蛋白粉，可大幅度提高蛋白质的含量，并且能够增加饼干的酥脆性，还有保鲜的作用。在面制品中添加脱脂大豆蛋白，可改善面粉中蛋白质质量，提高蛋白质利用率。大豆蛋白赖氨酸含量高，添加到谷物食品中，不仅能提高产品的蛋白质含量，而且能根据赖氨酸互补的原则，提高焙烤食品蛋白质的营养功能。

（三）强化制品的保健功能

　　大豆蛋白和牛奶蛋白相比能改善亚健康人群的血脂状况。大豆蛋白有助于降低低密度脂蛋白胆固醇导致的冠心病的重要生物指标。摄入大豆蛋白补充剂可以降低血脂，有助于亚健康人群减少罹患冠心病的风险。大豆蛋白可以增加高密度脂蛋白胆固醇，降低低密度脂蛋白胆固醇。大豆蛋白中的功能成分（大豆皂苷、低聚糖、大豆异黄酮、大豆乳清粉）在焙烤食品中的应用是作为功能性辅助剂，可以强化焙烤食品的保健功能，提高制品质量、档次。大豆异黄酮对人体雌激素起到双向调节作用，异黄酮面包（含有40mg植物雌激素）以及含有60mg异黄酮的柠檬酸糕，可供妇女选用。黄豆苷原是牛奶中所缺乏的，女性经常食用豆浆和富含大豆蛋白的制品，有助于降低乳腺癌的发病率，减轻更年期综合症的不适。

二、新兴大豆蛋白食品

所谓新兴大豆蛋白食品，就是将大豆蛋白与有健康功效的其他配料一起用于终端食品，这是新兴大豆食品扩展应用的一大亮点。我国已启动的"双蛋白"开发战略就是指植物蛋白质与动物蛋白质并举，以植物蛋白质为基础，综合开发利用这两大蛋白质资源，并促进两者相结合，有利于发展中国大豆蛋白产业。"双蛋白"食品的推出，可以改善我国城乡居民膳食的营养结构，助推健康中国。

（一）双蛋白营养豆奶

双蛋白营养豆奶是一种新型的均衡营养蛋白饮品，由安徽一家公司推出。该产品的问世，开创了我国"双蛋白"营养产品之先河。它是先将优质大豆浸泡制成豆浆（奶）。后加入牛奶，经混合、匀质、灭菌、灌装等工序而成，是一款优良的健康饮品。

（二）双蛋白营养豆浆

双蛋白营养豆浆的氨基酸结构比例和数量更符合人体的需要，易于吸收和利用。其所含蛋白质$\geqslant 2.0g/100mL$，脂肪$\geqslant 0.8g/100mL$，质量稳定，口感细腻，味道醇香，有多种口味的品种，可适应儿童成长的需求。这是 2012 年由天津科技大学与企业合作研发出的一款新产品。参照世界卫生组织推荐的人乳蛋白质必需氨基酸的构成比例，以豆浆和乳清蛋白为主要成分配制而成，使产品中的必需氨基酸组成类似人乳，易为儿童消化吸收和利用。该产品质量稳定，口感细腻醇香，少年儿童爱不释手。

（三）酸豆乳及其饮料

将牛奶和大豆配合，实现营养互补，制成的复合型酸豆乳系列产品有凝固/搅拌型酸豆乳、杀菌型酸豆乳饮料、活性酸豆乳饮料等，所含蛋白质中除甲硫氨酸稍低外，其余的氨基酸与 FAO/WHO 提出的模式符合，加之大豆中还富含钙元素和异黄酮。所以酸豆乳及其饮料又是女士和中老年人的功能性食品。

1. 凝固/搅拌型酸豆乳饮料

（1）原辅料配方　大豆（或花生或黑豆）5%，全脂奶粉 5%，稳定剂 SA～2C 0.25%，白糖（或无热量糖）适量加水定容至 100%。

（2）制作要点

①稳定剂 SA～2C 用适量白糖干拌搅匀，加入水中溶解。

②全脂奶粉还原成标准化牛奶。

③剩余的糖溶解，过滤，杀菌。

④将上述 3 种溶液混合均匀后均质、灭菌。

⑤冷却至 40～45℃接种、发酵。

⑥至发酵终点后，将酸奶冷却至 20℃后冷藏即得凝固型酸豆乳；或在 20℃慢速搅拌均匀后灌装即得搅拌型酸豆乳产品。

2. 杀菌型酸豆乳饮料

（1）原辅料配方　发酵酸豆乳 40%，稳定剂 SA～2E 0.55%，糖、酸、盐各适量，调节 pH 至 4.0～4.2，加水至 100%。

（2）制作要点

①将发酵酸豆乳制成凝乳。

②稳定剂溶解成透明的胶液状。

③白砂糖溶解、煮沸、过滤。

④将凝乳、稳定剂液、糖液及辅料混合均匀，用酸液调至 pH4.0~4.2，定容，搅匀。

⑤均质、灌封、杀菌。

⑥冷却、检验、装箱入库。

(四) 大豆花生冰淇淋

大豆花生冰淇淋是以大豆、花生为原料，配以奶粉等辅料，经磨浆、煮浆等工序，制得的一款冷饮，色泽乳白（或淡黄），风味美好，香甜可口、口感细腻。

(1) 原辅料配方 大豆乳 10%，花生乳 4%，脱脂奶粉 4%，白糖 1%，环状糊精 1%，人造奶油 6%，海藻酸钠 0.25%，蔗糖酯 0.15%，水（适量）。

(2) 工艺流程

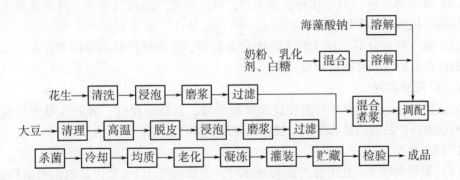

(3) 制作要点

① 选择原料：选取优质花生米、大豆，分别清理干净。

② 花生浆液的制备：花生米漂洗，加 2 倍清水浸泡 10h 左右，清洗后加 4 倍水磨浆，100 目筛过滤，去渣，得花生浆液，备用。

③ 大豆浆液的制备：将大豆经 145℃高温处理 3min（使大豆脂肪氧化酶失活），脱皮后，用 85~90℃，5%碳酸钾溶液浸泡软化后在 80~85℃温度下加水磨研成浆，100 目筛过滤，经两次真空脱臭，去除豆腥味，制得大豆浆液。

④ 混合煮浆：把大豆浆液、花生浆液混合后煮沸 5min。

⑤ 调配、杀菌：先将海藻酸钠充分溶解后，将奶粉、蔗糖酯等加入白糖中混合均匀，热水溶解，再加入人造奶油融化后，与大豆、花生浆液搅拌充分混合，补充水分，在 80℃温度下进行巴氏杀菌 10min。

⑥ 冷却、均质、老化：将杀菌后的浆液沉降至 55℃，进行均质（压力为 18~20MPa）后迅速冷却至 4℃，进入老化缸，在 4℃老化 6~8h。

⑦ 凝冻、灌装与储藏：老化好的浆液采用连续式凝冻机凝冻，膨胀率达 85%以上时灌装，在-28℃条件下速冻硬化 8~10h，再移到-18℃条件下冷库储存，检验合格后，即为成品。

三、大豆蛋白在食品加工中的应用

在图 13-1（1）大豆食品的分类中可见，大豆蛋白的产品有 4 类——浓缩、分离、组织及其他大豆蛋白，作为加工食品的原（辅）料，本节简介其应用效果和应用实例。

（一）应用效果

大豆蛋白具有高溶解性、分散性、乳化性、凝胶性、保水性、吸油性的特性，而被广泛应用于多种食品的生产中。

（1）加工水产品　用于鱼肉香肠、鱼丸等产品，可以改善产品的风味、口感和降低生产成本。

（2）加工乳制品　用于咖啡伴侣、豆奶粉等产品，可以提高奶粉中蛋白质的含量，增加其营养价值。

（3）加工饮料　用于柠檬酸饮料、咖啡、果汁、豆奶等产品，可以改善产品的口感和风味。

（4）加工冰淇淋　用它代替脱脂奶粉，可以改善产品的乳化性，抑制冰淇淋中乳糖的结晶，提高产品质量。

（5）加工医疗食品　用于病人肠内营养制剂、胃肠维护制剂等疗效食品、医疗食品，提高产品的营养和健康价值。

（二）应用实例

大豆蛋白是一种营养、功能性食品原料组方，具有凝胶性、溶解性等多种加工特性，可以提高产品的质量和品位，被广泛应用于各种食品生产中。

1. 罐头食品

（1）午餐肉罐头　在午餐肉罐头制作时，添加相当于 1% 猪肉量的大豆组织蛋白，所制出的午餐肉罐头品质良好，无豆腥味。在成品质量相同的条件下，蛋白质含量提高，脂肪含量降低，使午餐肉罐头的营养更加平衡。

（2）军用肉酱罐头　这种罐头可作为馒头等面食的涂抹调味料，供给部队官兵早餐食用。在制作时添加 30% 大豆组织蛋白，效果类似瘦肉丁，既保证了肉酱罐头的质量，又能达到口感细腻的效果。

（3）婴幼儿糊状罐头　婴幼儿糊状罐头要保持糊状特点，选用有凝胶功能特性的大豆分离蛋白做添加剂，可以提高产品蛋白质含量，在保证产品质量的同时，还开发出了系列糊状婴幼儿辅助食品，满足了婴幼儿对双蛋白营养之需求。

（4）四鲜植物蛋白肉（素肉）罐头　四鲜植物蛋白肉（素肉）罐头是一种高蛋白方便食品，蛋白质含量在 50% 以上，含有人体所必需的八种氨基酸等营养成分。制作方法如下：

①原料处理：大豆组织蛋白放入温水中浸泡 20min，吸水膨胀后挤干水分，再放入清水中漂洗（去掉豆腥味），捞出挤去多余水分后送油炸。

②油炸：油温控制在 150℃ 左右，油炸 3min，呈金黄色出锅。

③调味焖烤：称取如下原辅料——油炸大豆组织蛋白 40kg、笋片 3kg、生姜 0.15kg、食糖 2.1kg、黄酒 700g、味精 100g、酱油 7.5kg、茴香 100g、精盐 300g、清水

80kg，酱色（适量）。混合均匀后入锅焖烤 45min 出锅，待用。

④辅料处理：把香菇、木耳、金针菇放入温水中浸泡，去除杂质。笋去壳切半，用沸水煮 40min 后冷却，用流动水漂洗，切成 4cm×2cm×0.3cm 的丁，待用。

⑤装罐：罐型 CKO，净重 440g，油焖大豆组织蛋白 270g，香菇 5g、金针菇 6g、木耳 6g、笋片 15g、熟油 10g、调味汤 130g。

⑥排气封口：将装好物料的罐头加热排气，中心温度 70~75℃，真空排气（3.99~4.66）×10^{4}Pa，然后封口。

⑦杀菌：罐头排气后进行杀菌：180℃，60min。

⑧成品包装：杀菌后的罐头，冷却至室温后进行包装即为成品。

2. 医疗食品和功能性饮料

（1）医疗食品

①肠内营养剂：这种产品是根据我国居民膳食营养素参考摄入量标准（DRI），结合病人的营养及代谢需求，以优质大豆分离蛋白、酪蛋白、糊精、玉米油等为主要能量原料，添加各种维生素、微量元素以及某些特殊营养基质，经混合、乳化、均质、灌装等工序所制成的一种乳状液。可鼻饲（或造口给予），也可口服。实践证明，具有很好的适口性、安全性、营养性和功能性，有较高的医疗价值。它是一种系列配方产品，对于提高病人的临床治疗效果及生活质量均有效果。这种安全、高效的产品问世，率先实现了国内同类产品的工业化生产。

②木糖醇营养乳粉：这种产品是根据糖尿病患人的生理、病理特点，从医疗出发，以鲜牛乳为主要原料，配以木糖醇、小麦胚芽油、卵磷脂、大豆分离蛋白、维生素等辅料制成的一种高效功能性乳粉，甜味纯正柔和，各种营养组成比例合理，并含有小麦胚芽油的有效功能性成分，具有抗疲劳、增智力、降血糖、改善心血管系统机能等效果，是糖尿病患人、肥胖症等特殊膳食人群的双蛋白医疗食品。其制作方法如下：

a. 原辅料配方。鲜牛奶 300g，小麦胚芽油 9g，大豆分离蛋白 6g，卵磷脂 0.2g，液体木糖醇 12g，乳酸钙 5g，乳精粉 35g，葡萄糖酸锌 0.087g，乳酸亚铁 0.062g，牛磺酸 0.5g，维生素 A 1.2g，维生素 D 0.8g，维生素 C 0.5g，维生素 B$_1$ 1.2g，维生素 B$_2$ 1.2g，烟酸 8g，水（适量）。

b. 工艺流程。

净化牛奶 → 配料 → 预热 → 均质 → 杀菌 → 浓缩 → 喷雾干燥 → 筛粉 → 检验 → 包装 →成品

c. 制作要点。

牛乳净化：对牛奶进行检验、过滤、除杂后冷却至 5℃ 以下，送入贮奶罐，备用。

配料：将水溶性原、辅料木糖醇、葡萄糖酸锌、乳精粉、大豆分离蛋白粉、维生素 C、维生素 B$_1$、维生素 B$_2$、牛磺酸、乳酸钙、烟酸、乳酸亚铁等，加 1 倍重量的净化水充分溶解，并过滤去除杂质得到糖浆；将脂溶性成分维生素 A、维生素 D、卵磷脂等，先溶解于小麦胚芽油中，并加热至 40℃ 左右后将两部分辅料和净化乳送入配料罐，充分搅拌，调配均匀，达到乳化之目的。

预热，均质：将调配均匀的混合乳液加热至 65℃，进行均质。均质分为两级，一

396 级均质压力为 20~25MPa，对脂肪球进行粉碎细化；二级均质，压力为 3.5MPa，使细小脂肪球及其他物质均匀分散于乳液中。

杀菌、浓缩：均质后的混合乳液迅速加热至 95℃，进行 25min 的热力杀菌处理后浓缩，Ⅰ效蒸发温度为 68℃，Ⅱ效蒸发温度为 48℃，经双效真空浓缩后，浓缩乳的固形物含量为 48%~50%。

喷雾干燥：经浓缩的混合乳液进行喷雾干燥，得到固体乳粉后，经筛理除去团块，冷却至室温后进行质量检验。

包装：将检验过的乳粉，称量后用铝箔复合袋进行包装，即为成品。

③大豆低聚肽营养粉：这种产品是以大豆低聚肽为主要原料，辅以大豆分离蛋白、乳清蛋白、卵磷脂，使传统膳食的整体蛋白吸收方式改进为梯度吸收方式，并强化多种维生素和微量元素等成分，使营养更全面均衡，是新一代高科技营养、快餐、双蛋白食品。食用方便，每次取用 10~15g（3~4 勺），用 10 倍 80℃ 左右开水冲调均匀即可食用，早晚各一次，体弱、病患者（肾病除外）可增加用量，其显著特点是吃后不会产生过敏反应，可以强化、快速补充蛋白质及其他营养素。目前这种快餐营养粉已成为部队官兵的营养食品，官兵食用后，可增强抗核辐射能力，快速补充营养，修复骨骼损伤，减少细胞内肌酸激酶外渗，缓解疲劳，恢复体能，增强机体免疫调节功能。

该产品是由解放军总后军需研究研制生产的新型方便食品。

（2）功能性饮料

①大豆蛋白肽饮料：以大豆蛋白肽为主要原料制作的这款饮品，肽含量多于 1.5%，属于无糖型产品，是糖尿病人等特殊膳食人群的上佳选择。

②大豆复合功能性饮料：该款新型饮料，是用醇溶浓缩大豆蛋白生产时得到的复合功能组分为原料制成，其中大豆异黄酮含量 ≥35mg/542mL（瓶），大豆低聚糖含量 ≥1.2g/542mL（瓶），是功能性饮料，适合妇女和胃肠功能不济的特殊膳食人群饮用。

③大豆多肽木糖醇饮料：大豆多肽能促进脂肪的代谢，具有减肥作用，是一种重要的功能食品基料。选用它制成的饮料，酸甜适口，还具有果香味，能增进食欲，易于吸收，能迅速补充营养，恢复体力。还具有降血糖，改善人体肠道微生态环境的功效，是适宜于消化系统功能不良者及糖尿病患者食用的饮料，其制作方法如下：

a. 原辅料配方。大豆分离蛋白 10kg，浓缩橙汁（68°Brix）20kg，液体木糖醇 4kg，柠檬酸 0.15kg，维生素 C 30g，乳酸钙 0.12kg，钾 0.05kg，维生素 B_1 1.0g，维生素 B_2 1.8g，水（适量）。

b. 工艺流程。大豆多肽木糖醇饮料制作工艺如图 13-2 所示：

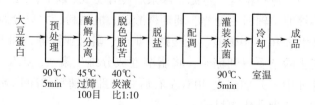

图 13-2　大豆多肽木糖醇饮料制作工序流程图

c. 制作要点。

大豆蛋白的预处理：按配方比例称取大豆分离蛋白（蛋白含量>90%），用9倍重量的净化水充分溶解制备浓度为10%的大豆蛋白溶液，然后加热至90℃保温5min，使其发生适当的热变性。

蛋白质酶解及分离：经预处理的大豆蛋白溶液加入中性蛋白酶和胰蛋白酶，之后一同泵入生化反应罐，在45℃的温度下进行水解反应，结束后进行灭酶处理，然后将大豆蛋白酶解物的pH调至大豆蛋白的等电点，使其中未水解的蛋白质发生酸沉淀，并用100目以上的滤布过滤除去，得到纯净的大豆蛋白酸溶性酶解液。

脱色、脱苦：经分离后的大豆蛋白酶解液是肽类和氨基酸的混合物，其中的苦味成分是疏水性的肽类和氨基酸，用活性炭吸附法进行脱色、脱苦处理，反应条件为炭液比1∶10，温度40℃，经处理后口味得到明显改善。

脱盐：在酶解过程中，为保证反应中pH不变，需不断加入NaOH溶液进行滴定，在分离工序中为去除未水解的蛋白质，需加入盐酸来调节pH至等电点，因此在酶解液中有一定量的NaCl成分（所以酶解液有咸味），为此需脱盐处理。

调配：按配方比例称取液体木糖醇、柠檬酸等加适量净化水充分溶解，并经双联过滤器过滤除去其中的固体杂质，之后与上述所得的大豆多肽溶液及20kg的天然浓缩橙汁一起加入调配罐，开启搅拌器进行充分搅拌，使各种成分混合均匀。

罐装、杀菌：调配均匀的大豆多肽混合液用罐装机注入350mL的玻璃瓶并用自动旋盖密封，之后用90℃的热水进行水浴杀菌30min，冷却至室温并沥干瓶外水分后贴标，即得成品。

3. 主、副食品类

（1）早餐食品　在早餐食品中加入一定量的大豆蛋白粉，可改善其氨基酸平衡，提高早餐食品的蛋白质含量。把大豆加入燕麦片中，其蛋白质含量可达18%；在燕麦粉中加入大豆蛋白质浓缩物，蛋白质含量提高到18%，早餐食品的营养价值得到提高。

（2）速冻饺子　在制作以猪肉大葱速冻饺子时，在馅料中大豆组织蛋白添加量相当于总肉量的30%时，饺子的风味良好，无豆腥味，能提高饺子的蛋白质含量。在降低饺子生产成本的同时，还保证了饺子的质量，可谓一举两得。

（3）豆腐牛肉汉堡

①主要原、辅料配方（适合6人份）：豆腐250g，牛肉馅250g，番茄1个，汉堡坯6只，芝士片一包，黑胡椒粉、精盐、生菜叶、千岛酱（各适量）。

②制作要点：

a. 将豆腐放入盛器中捣碎。

b. 加入牛肉馅，加黑胡椒粉、盐、鸡精调味，搅拌均匀，可适量加入淀粉使豆腐牛肉馅更容易成形。

c. 将豆腐牛肉馅料分成6份，揉成团，分别按压成大小薄厚适中的饼形，煎锅放适量油烧热，豆腐牛肉饼下锅，煎至两面金黄至熟，过程中注意轻轻翻动，以防粘锅。

d. 生菜叶洗净沥干，番茄洗净切片，取汉堡胚，按照下层汉堡坯、芝士片、生菜

398 叶、豆腐牛肉饼、番茄片、生菜叶、芝士片、上层汉堡坯的顺序自下向上叠加，各层随意淋入千岛酱调味即得产品。

（4）健康素鸡排（仿生食品） 所谓健康素食其实就是 20% 为动物性原料（牛肉、猪肉、鱼肉等）；80% 为植物性原料（淀粉、大豆组织蛋白——人造肉等）。属于低糖、低盐、低油食品，可有效预防人体的"三高症"（高血压、高血脂、高血糖）。健康素食品的需求量日益增加，如今吃素食正在成为一种新趋势，新时尚。

①原辅料：

a. 大豆人造肉 100%、新奥尔良调料 8%。

b. 鸡胸肉 15%、复合磷酸盐 0.1%、盐 0.5%、冰水 2%（以鸡肉量为 100% 计）。高速轧拌出弹性，待用。

c. 肥膘 25%、鸡蛋液 20%、淀粉 8%、朗姆酒 1.5%、水（适量）。

d. 红薯粉（或面包糠）。

e. 新奥尔良调料配方。海藻糖 3%，蔗糖 1%，盐 1.5%，红辣椒粉 0.1%，甘草粉 0.2%，白胡椒粉 0.1%，黑胡椒粉 0.2%，玉桂粉 0.03%，肉豆蔻粉 0.02%，乙基麦芽醇 0.01%，新奥尔良肉香氨基酸反应肉味 0.1%。

②制作要点：

a. 干的人造肉用 85℃ 热水泡软，待降温换清水漂洗去豆腥味。待软化后高速脱干，重量达到原来的 2.5 倍。

b. 打丝（抽丝）冷藏保鲜库内待用。

c. 将上项 100%+8% 新奥尔良调料拌匀，朗姆酒加入，冷藏静置 45min 使之入味。鸡蛋去壳打散取液拌入鸡肉泥和肥膘，拌匀。

d. 最后加入淀粉，拌匀。

e. 成型（每片重 50g）压成肉排，外蘸红薯粉（或面包糠）。

f. 油温 175℃ 炸至七分熟。

g. 冷却，速冻，包装，装箱，入库 1 周后出货。

③食用方法：食用前再次油炸加热，并可依个人口味蘸甜辣酱、辣椒酱、黑胡椒盐等。

第三节　黑豆及其制品

黑豆在我国各地均有种植，尤以河北、山西、陕西、河南栽培较多。多数黑豆籽粒较小，俗称小黑豆。黑皮青子叶者称为药黑豆（药豆），营养、药用价值较高，出口东南亚和我国港澳地区市场深受欢迎。

一、黑豆简介

（一）黑豆的营养价值

黑豆的营养成分比较，见表 13-5。

品种	蛋白质/(g/100g)	脂肪/(g/100g)	糖类/(g/100g)	钙/(mg/100g)	磷/(mg/100g)	铁/(mg/100g)	胡萝卜素/(mg/100g)	维生素/(mg/100g)		
								B$_1$	B$_2$	B$_5$
黄豆	36.3	18.4	25.3	367	571	11.0	0.40	0.79	0.25	2.1
青豆	37.3	18.3	29.6	240	530	5.4	0.36	0.66	0.24	2.6
黑豆	49.8	16.9	18.9	250	450	10.5	0.40	0.51	0.19	2.5

表 13-5　　　　　　　　　　　　　　黑豆的营养成分比较

从表 13-5 可知，黑豆的蛋白质含量居豆类之首，其含量明显高于鸡蛋、牛奶、肉类，素有"植物蛋白之王"的称号。维生素、微量元素等含量均较高。黑豆油的不饱和脂肪酸中含油酸 18.84%、亚油酸 56.36%、亚麻酸 10.28%。黑豆还富含膳食纤维和异黄酮、黄酮混合物，特别是黑色豆皮含有多种色素和皂苷等独特的功能性成分，在黑色食品开发中具有较大的潜力。在我国民间有食用黑豆、饮用黑豆乳及黑豆饮料的习俗，有食补、食疗的效果。

黑豆以紧小者皮内绿色之雄黑豆入药最佳、养阴补气、滋阴明目、祛风防热。民间相传青仁黑豆具有药性，可食补、食疗。所以民间常用黑豆酒给产妇饮用，可尽快恢复体力；黑豆酒还可以消除头痛痼疾。黑豆豆豉加食盐水萃取得到"荫油"，不少中老年人对其风味念念不忘。黑豆浆具有整肠的功效，可以降低胆固醇、消除疲劳。黑豆浆加柠檬汁制成黑豆酸性饮料（呈粉红色），对于治疗感冒咳嗽疗效甚佳，对于花粉过敏症也有意想不到的疗效。

以黑豆为原料制成酱油，其熟成时间短、香气足，是一种良好的传统调味料。黑豆酱油、黑豆豆花、黑豆豆浆等黑豆制品已成为健康新宠。将黑豆制成黑豆醋，对人体具有消水肿、补肝肾、降血脂、减肥胖、乌发护肤等功用，可作为食疗、功能性调味品。

（二）黑豆的健康价值

中医认为，黑豆性味甘、平，具有活血、利水、祛风、解毒的功效。黑豆可用来治水肿胀满、风毒脚气、黄疸浮肿、风痹痉挛、产后风痛、口噤、疮毒痈肿等病症，还可以解药毒等多种食疗功效。黑豆食品富含异黄酮和黄酮混合物、皂苷等生理活性物质，具有滋补强身、消炎解毒、补肾利水、活血化瘀、清脑明目等功效。黑豆是一味重要的中药材，自古就有"大豆数种，唯黑入药"的记载，并有大量中药验方。在中药制取中，有许多中药丸有黑豆成分，能治疗盗汗、咳嗽、夜尿症、老年性痴呆症、妇科疾病等；黑豆和黑豆衣养血平肝、除热止汗、补肾壮阳的功效；黑豆油可预防动脉粥样硬化、胃肠溃疡、肠炎及皮肤病；从黑豆中提取的卵磷脂及大豆异黄酮、皂苷等功能性成分，可防治心脑血管、高血压等病症，已被医学界所公认。

以黑豆为主料，附加红小豆、黑香米、黄芪等辅料研发的黑豆系列食品，富含氨基酸和维生素，有着良好的免疫调节功能。黑豆与黑芝麻、玉米粉等植物性食料配合制作保健、医疗食品，用于治疗贫血、糖尿病等有良好的效果。民间将黑豆作为食用、保健、医用品的方法甚多，值得借鉴。我国陕西延安地区自古就是有名的黑豆产地，因当地居民经常将外皮脱落、有裂痕、卖相不佳的瑕疵黑豆用来煮汤喝，很多人不知什么为

400 感冒，也无关节痛、腰痛等病症，甚至到了80多岁仍充满活力，由此可见，黑豆具有很好的营养、健康功效。

1. 能促进人体血液循环

黑豆含有花青素，能促进人体血液循环，加快胆固醇、脂肪代谢，因而具有降低血压的效果。中医将这种促进血液循环的作用称为"活血"，"通则不痛，痛则不通"。黑豆由于能促进血液循环，因此有助于缓解疼痛。我国民间一向推崇黑豆汤的效用，认为饮用黑豆汤能消除运动后的肌肉僵硬，再添加适量柠檬汁，制成酸性饮料，更能加速代谢，消除疲劳，发挥相得益彰的效果。

2. 抗击衰老

黑豆中的花青素、异黄酮等功能性成分，可以抑制活性氧的生成，促进血液流通，保护组织细胞，发挥抗击衰老的功效。

3. 提高内脏新陈代谢功能

黑豆能提高内脏的水分代谢功能，将多余水分排出体外，改善肺部、皮肤、胃肠等的不适（减轻痰喘、水肿、湿疹、胸部郁闷、腹泻、便秘等）症状。

4. 解毒良方

民间流传"食物相克与解毒方"，其中就有黑豆、甘草两味，有人发生食物中毒，首先饮用"黑豆汤"急救，再快速送医院救治。

5. 减肥塑身

黑豆含有的皂苷能抑制葡萄糖转变成脂肪，膳食纤维阻止脂肪吸收效果出众；异黄酮能调整女性荷尔蒙美容、净化血液排除毒素；花青素能抗氧化、抑制体内脂肪的生成。故黑豆能减肥塑身。

（三）黑豆主要功能性成分的应用

将黑豆中含有的异黄酮、皂苷、维生素等有效功能性成分，用热水浸泡加工制成含固形物70%的糊膏型制品，添加适量糊精，通过热风干燥得到粉状制品，再添加乳糖、玉米淀粉等辅料，制成颗粒制品等三种类型的润喉止咳保健品，对于润喉止咳食疗效果明显。

研究证明，黑豆对疲劳引起的咽喉症状有良好的改善效用，对气管黏液上皮纤毛运动也有促进排除异物的效果。黑豆自古以来作为抑制嗓音嘶哑镇咳的食料已经得到民间应用，并成为生产润喉止咳类糖果、含片的配料及健康食品的基料。黑豆特有的润喉止咳功能，使其身价倍增。

二、黑豆功能性制品

（一）黑豆主食品

1. 黑豆营养糊

黑豆营养糊是以黑豆等为原料，经微粉化处理、膨化技术制得的一种方便、功能性食品。外观呈浅黑色、无结块，口感细腻、无豆腥味、无不良异味，具有黑豆特有的香味。

（1）原辅料　黑豆、黑米、薏苡仁、绿豆。

（2）工艺流程

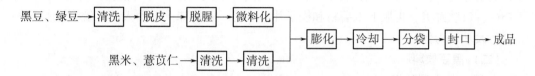

（3）制作要点

①选取优质黑豆、绿豆，分别清理、洗净、脱皮、脱腥、微粉化。

②选取优质黑米、薏苡仁，分别清理干净，进行粉碎。

③将以上物料按3∶2∶2∶1混合（黑豆∶黑米∶薏苡仁∶绿豆）、膨化后冷却至室温、称量、分装、封口、检验、成品、入库。

2. 速溶黑豆玉米粉

速溶黑豆玉米粉是以黑豆、玉米粉为原料，经磨浆、配料、真空浓缩、干燥工艺技术制得的一种营养、方便主食品，具有溶解性好、口感细腻、清甜的特点。

（1）原辅料　黑豆、玉米、磷酸钠、蔗糖脂肪酸酯。

（2）工艺流程

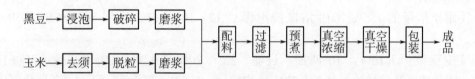

（3）制作要点

①将黑豆清理、洗干净、浸泡、破碎、磨浆；选新鲜玉米清理、去须、洗净、脱粒、磨浆；以黑豆浆、甜玉米浆配比（100∶30）；加入3.3%磷酸钠、1.65%蔗糖脂肪酸酯调配，以增加制品的溶解性。

②将调好的物料过滤、预煮、真空浓缩、50℃真空干燥、冷却、包装即为产品。

3. 黑豆糙米糕

黑豆糙米糕是在糙米中加入一定比例的黑豆、大麦、高粱、荞麦、小米、山药、枸杞子后制成的系列食品，有五谷糙米糕、荞麦糙米糕、山药糙米糕和枸杞糙米糕四种。

黑豆糙米糕因为添加了药食兼用的黑豆，可增强心脏活力，缓解疲劳、预防现代文明病，口味鲜美、营养丰富，颇受消费者的喜爱。这款产品食用方便，是生活在快节奏人群的健康食品。

4. 巴西国菜"黑豆饭"

巴西是个"豆子王国"，豆子无处不在，是巴西人的基本食物之一。在巴西餐厅，可以看到白色餐桌上放着一排七八个热气腾腾的大黑陶罐，其中就有装着"黑豆饭"。顾客们可以从陶罐中挑选想要的，自取自添，直至酒足饭饱。"黑豆饭"是由黑豆、咸肉、香肠等食材一同用小火焖炖制成。黑豆饭的烹制方法如下。

（1）黑豆清洗干净。

（2）黑豆与牛肉干、香肠和猪蹄（或尾巴、口条）混合，加入食盐、香料、香草和甘蓝菜等配料，放进陶罐，再加入适量饮用水，用小火焖炖，制成的"黑豆饭"香气扑鼻，口感鲜美，再撒上木薯粉和橙子片。别有一番风味。巴西人的传统食法是这种美食与大米饭为伴。

（二）黑豆饮料

1. 黑豆凝固型酸奶

黑豆凝固型酸奶是以黑豆、鲜牛奶为原料，配以葡萄糖、白糖、发酵剂等辅料，经生物发酵工艺制成的一款饮品，呈黑紫色、口感细腻、酸甜适度，具有黑豆酸奶特有的风味，是一种新型豆类方便功能食品。

（1）原辅料　黑豆、鲜牛奶、白糖、葡萄糖、发酵剂、水、食盐、环己基氨基磺酸钠。

（2）工艺流程

黑豆 → 清理 → 筛选 → 浸泡 → 去皮 → 灭酶 → 磨浆 → 调配 → 过滤 → 混料 → 均质 → 灭菌 →

冷却 → 接种 → 发酵 → 后酵 → 成品

（3）制作要点

①用 4 倍量的 1.5% NaCl 溶液浸泡黑豆 12~16h，去皮后用 80℃ 水热烫 30min，磨浆。

②按豆浆：水比 1:10 调配、过滤、加入 20% 鲜牛奶、1% 葡萄糖、5% 白糖、0.06% 环己基氨基磺酸钠，经 24~27MPa 均质后，115℃、5min 灭菌接入 5% 驯化好的两种菌种（1:1），42℃ 发酵 3~3.5h，再经 4℃、36h 发酵即得成品。

2. 黑豆果汁饮料

黑豆果汁饮料，可为人体健康加分，有着食补、食疗的效果。这是因为柠檬富含维生素 C、柠檬酸和精油成分，能改善血液循环，调精理气，有活络精神的效果。运动后饮用一杯能消除疲劳和缓解肌肉疼痛。

（1）原辅料配方　黑豆 80g，白糖 130g，柠檬汁 5mL，水 950mL。

（2）制作要点

①黑豆清理、清洗干净。

②黑豆放入锅内加水，中火煮沸后转为小火，继续 20min。

③黑豆捞出，留下黑豆汤。

④汤中加入柠檬汁、白糖，以小火混溶即可。

⑤将煮好的饮料放凉至室温，装瓶，置冰箱里保存。饮用时加水稀释（比例为 3:2）。

3. 黑豆乳酸菌乳

乳酸菌黑豆乳是选用优质黑豆，经清理洗净、浸泡、打浆、过滤、杀菌等工序制成的。黑豆浸泡后期升温灭酶（15℃、5min），使脂肪氧化酶钝化，去除豆腥味，浸泡水中加 0.5%NaHCO$_3$ 可以提高蛋白质的浸出率。黑豆浆经杀菌后接入乳酸杆菌与乳酸球菌

（比例 1：3）发酵即可制得口感柔和、凝固状态好的黑豆乳饮品，营养丰富，具有多种 403
保健功能，适合各种特殊人群食用。我国有的超市货架上已经有黑豆乳酸菌乳销售，它
是豆乳制品家族中的新成员。

（三）黑豆营养粉

1. 一吃黑营养粉

一吃黑营养粉是由北京一家公司新近研制的一款乌发养生专利产品，是一种五谷杂
粮功能性食品，组方是黑豆、黑糯米、黑芝麻、黑桑葚、花生衣和海盐等为原辅料，采
用专利工艺制成的一种粉状食品，食用、携带均都方便。如今白发现象已经不是老年人
的象征，而是在年轻化的趋势，无论男女老少，年龄大小，都可能出现白发。中医认
为，白发的出现与肾脏阴虚有关，强调乌黑亮泽的头发要养血养肾调五脏。

2. 黑发早餐营养粉

黑发早餐营养粉，是南京农业大学研制的一款中医食疗黑发组方功能性粮油食品。

（1）原辅料配方 A　黑豆，黑芝麻，燕麦，淮山药，黑桑葚，枸杞，红枣，益智
仁，黄精，覆盆子，百合，阿胶。

（2）用钢磨打成粉，每天早餐煮粥食用。

（3）原辅料配方 B　黑豆 15g，黑芝麻 10g，黑桑葚 5g，淮山药 8g，黑糯米 7g，枸
杞 10g，阿胶 8g，覆盆子 15g，红枣 8g，黄精 15g，百合 5g，蛹虫草粉 5g。

（4）用钢磨打成粉，每天早餐煮粥食用。

（四）黑豆小食品

1. 黑豆脯

黑豆脯是采用果脯加工技术制作的黑豆休闲小食品。

（1）原辅配料　黑豆、甘草、罗汉果、白糖等。

（2）工艺流程

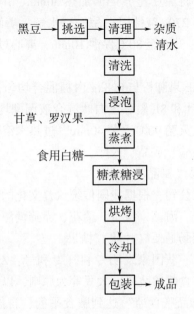

（3）制作要点　选择优质黑豆，经挑选、清理、去杂、清洗、浸泡，待黑豆吸足水分，浸泡透后进行蒸煮（浸泡和蒸煮时加入甘草和罗汉果，黑豆要蒸煮熟烂）后，加入白糖，对黑豆进行糖煮和糖浸，多次糖煮和糖浸后，进行烘烤干燥（成品含水不大于9%），冷却后，切块、包装。

2. 黑豆蛋白果脯

黑豆蛋白果脯是以黑豆为原料，配以果脯粉、白糖、苹果汁等辅料，经磨浆、酶解、调配、灭菌等工序所制得的一种甜食，呈棕红色，口感细腻，酸甜适度，有天然果汁和黑豆的清香风味。

（1）原辅配料　黑豆、果脯粉、白糖、苹果汁、柠檬酸、NaOH 溶液、碱性蛋白酶、水。

（2）工艺流程

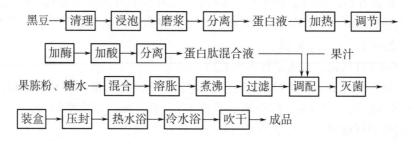

（3）制作要点

①制备黑豆蛋白肽混合液：将优质黑豆清理去杂、洗干净、浸泡、粉碎至60～80目，加2倍50~60℃水进行2次（或3次）磨浆回收其中的蛋白质，合并浆液后，1kg黑豆可制得4L蛋白液，备用。

②制备蛋白肽混合液：将黑豆乳于95℃加热30min，用1mol/L NaOH 溶液调整 pH 至9.0，于50℃下恒温加入270g碱性蛋白酶进行水解。酶解后用柠檬酸水溶液降低黑豆蛋白水解液的 pH 至4.2，升温至80℃保温10min，离心过滤，1L黑豆乳可得到2L黑豆蛋白肽混合液，备用。

③果脯成品的制作：1kg 果脯粉与0.8kg白糖混合均匀，加2L水搅拌溶胀、煮沸、过滤后，加入1L澄清苹果汁和8L黑豆蛋白肽混合液调配均匀，90℃灭菌10min，倒入模盒中，压模封口后，二次灭菌90℃灭菌40min，过热水浴降温，过冷水浴冷却至室温后吹干即得果脯，包装、检验、成品、入库。

3. 黑豆马齿苋压片糖果（御品膳食通）

御品膳食通是天津一家公司，根据我国传统饮食文化的经典配方，精选黑豆、马齿苋、芹菜叶、金银花、山楂、海藻、绿茶、菊花、赤藓糖醇和低聚果糖等原、辅料，进行合理搭配，制成的一种润肠通便（片状）糖果。

2013 年，"御品膳食通"获国家发明专利（专利号：ZL201210112836.1）。该产品以食物多样，谷类为主，多食粗粮蔬果、大豆等为原则，以未病先防的理念进行产品开发，希望亚健康者通过"御品膳食通"达到膳食平衡，自然畅通，实现"零损伤"地康复。这款产品自面市以来，受到很多消费者的欢迎。

三、黑豆食疗药膳的制作

食疗药膳是在中医药指导下，利用食物本身或者在食物中加入特定的中药材，使之具有调整人体脏腑阴阳气血、生理机能、以及色、香、味、形、效的特色，适用于治未病特定膳食人群的食品，包括菜肴、汤品、面食、米食、豆食、粥、茶、酒、饮品、果脯等。随着人们保健意识的增强，中医食疗药膳越来越受青睐，已成为人们健康养生的新潮流、新时尚。黑豆药食兼备，用以制作各种食疗药膳是很好的配伍。

（一）黑豆桂圆汤

将黑豆 50g、桂圆肉 15g、大枣 50g、用清水共煮成汤，加蜂蜜适量，制成"黑豆桂圆汤"分早、晚 2 次食用。可用于辅助治疗低血压病症。

（二）黑豆芝麻粥

黑豆 1000g、黑芝麻 500g，分别清理干净、混合、粉碎成粉。食用时，每次取粉 100g，加玉米粉 50g，制成"黑豆芝麻玉米粥"食用，适用于各型糖尿病患者辅助治疗，具有生津补肾、降血糖的功效。

（三）黑豆酒

炒过的黑豆浸泡于米酒中供产妇饮用，由于黑豆中富含大豆异黄酮活性成分，泡于米酒中容易释放出有效成分（一种植物雌激素），喝此酒有利于产妇恢复体力。黑豆酒还可以减轻头痛痼疾。

（四）葱豉汤

黑豆豉加葱白煮成汤，即为有名的葱豉汤，防治感冒效果佳。

（五）黑豆柠檬汤（汁）

黑豆煮成汤，加柠檬汁调制成酸性饮料，呈粉红色，口感酸甜，风味独到，治疗感冒疗效上佳。对花粉过敏症亦然。

（六）黑豆黄芪粥

黄芪 10g，加水熬制，取汁（去渣）；黑豆 30g、红小豆 30g、黑香米 50g 分别清洗干净，同黄芪汁同煮成粥食用，可提高人体免疫力。

（七）黑豆脯

以黑豆为主料，配以甘草、罗汉果、食用白糖等辅料，制成黑豆脯食品，香甜软糯，是咽喉炎的疗效之食。

（八）黑米黑豆粥

黑米素有"补血米"之美誉。中医认为"色黑可入血分"，黑豆与黑米制成药膳食用，有养血、补血、滋阴益肾的作用。将黑豆 20g、黑米 60g，分别清洗干净，放入锅内，加适量清水，煮至米熟豆烂即成。每日食用一次，适用于贫血症者食疗。

（九）陈皮冬瓜二豆粥

原料：冬瓜 250g、陈皮 5g、扁豆 30g、黑豆 30g。

制法：将冬瓜洗净，去皮切片，与洗净的陈皮、扁豆、黑豆同入锅中，加适量水，

406 文火煮至两种豆子熟烂，调味即食。对治疗胸腹胀满、便溏泄泻有食疗作用。

（十）黑豆核桃奶

原料：黑豆500g、核桃仁500g、牛奶、蜂蜜各适量。

制法：将黑豆清理干净，炒熟后摊凉，磨成粉状；核桃仁清理炒微焦去衣，摊凉后捣成蓉备用。每次取黑豆粉、核桃蓉各一匙，冲入煮沸过的牛奶，加入蜂蜜一匙，早餐食用，可改善眼睛疲劳症状，增强眼内肌力，加强调节功能，防治眼干症。

第四节　花生蛋白及其制品

花生是一种高热能、高蛋白和高油脂的粮油食品。花生的营养价值很高，含蛋白质约30%，是一种重要的植物性蛋白资源，生食、熟食对人体都有滋补、益寿、健体的作用，历来都有"长生果"的美誉，是人见人爱之美食。花生蛋白质的营养价值与动物蛋白质相近，仅次于大豆蛋白质。

花生蛋白制品形式多种多样，其中以粉状为主，包括全脂、半脱脂和脱脂花生粉蛋白粉；按制品的蛋白含量分为浓缩和分离蛋白粉两种，分别为约60%和90%以上。

一、新兴花生蛋白食品

2006年，在"第二届中国大豆食品产业圆桌峰会"上首次提出"双蛋白食品"概念。所谓"新兴花生蛋白食品"，就是将花生蛋白与其他蛋白一起用于食品生产，这是花生蛋白扩展应用的一大亮点。我国的"双蛋白食品"开发战略是指植物蛋白与动物蛋白开发并举，以植物蛋白为基础，二者结合，以发展包括花生蛋白在内的多种植物蛋白之开发与应用，助推中国大健康。

（一）花生奶茶

花生奶茶口感细腻、香味浓郁、柔和，是一种新型的功能性饮品。

1. 原辅料配方

花生仁3%，白糖6%，乳化稳定剂0.2%，红茶粉0.2%，奶粉0.5%，食盐0.03%，乙基麦芽酚10ppm，水（适量）。

2. 工艺流程

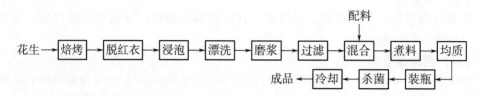

（二）花生营养浆（乳）

这款产品色泽洁白、香味纯正、口感细腻，可与牛奶媲美。

1. 花生营养浆

花生营养浆由花生仁、枸杞等原辅料经发酵等工序制成的饮品，易于保存，富有营养，又把糖及淀粉转化为乙醇，适合众人饮用。

原辅料配方：花生仁35%，枸杞6%，大枣12%，可可粉3%，栗子面、苹果和山楂（各10%），水（14%）。

2. 花生营养乳

原辅料配方：花生9kg，CMC 2g，分子蒸馏单甘酯2g，赖氨酸20g，黄原胶0.6g，白糖10kg，脱脂牛奶1kg，蔗糖脂肪酸酯2.6g，水（适量）。

3. 制作要点

（1）辅料处理 把分子蒸馏单甘酯和蔗糖酯混合均匀，添加5倍的水，缓慢加热到68~70℃，高速搅拌制成乳化液，冷却至室温。枸杞、大枣、苹果、山楂均制成蓉，备用。

（2）花生灭酶 选择优质花生，并清洗干净。进行灭酶处理。

（3）花生脱红衣 烘烤花生、脱红衣并用碱水浸泡花生仁，用清水漂洗干净。

（4）磨浆、配料 粗磨，加水量为花生仁的8~14倍。用80目筛过滤后，把活化好的乳化剂和其他配料均匀加入花生浆中，再用胶体磨细磨2遍。

（5）均质 在70℃左右，采用30MPa压力均质。

（6）灌装、杀菌、冷却、贴标、成品、入库 按饮料常规制作工序执行。

（三）花生绿豆奶（乳）

绿豆药食同源，有"济世食谷"之称谓。将花生和绿豆进行搭配，制成的花生绿豆奶（乳），营养互补，具有特有的清香，适口的香味，可消暑降火，补脑益寿，符合人们健康消费理念。

1. 原辅料

花生、绿豆、白糖、食用碱、护色剂、水等。

2. 工艺流程

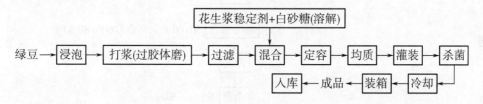

3. 制作要点

（1）绿豆清理干净加水充分浸泡，加TKH01 0.1%护色打浆，过两遍胶体磨，再60目过滤得绿豆汁，加入0.02%NaHCO$_3$，90℃维持5min，脱腥。

（2）花生浆过60目后，加入绿豆汁混合均匀。

（3）稳定剂先与适量的白砂糖干拌，加入30倍左右的热水中搅拌溶解，过胶体磨，成为均匀的胶溶液，混合绿豆汁、花生浆充分搅拌均匀。

（4）定容后的混合液加热至70~80℃，25~30MPa均质。

（5）灌装后超高温灭菌，冷却、装箱、成品入库。

408　（四）花生果茶

花生果茶是以花生仁为主料，配以山楂、胡萝卜等辅料制成的一种新型功能性饮品，浅红色，口感细腻，具有花生和山楂果的浓郁香味，四季均可饮用。

1. 原辅料配方

花生蛋白水溶液 25%，蔗糖 10%，胡萝卜汁 12%，柠檬酸 0.3%，山楂汁 15%，软水 37%，羧甲基纤维素钠 0.7%。

2. 工艺流程

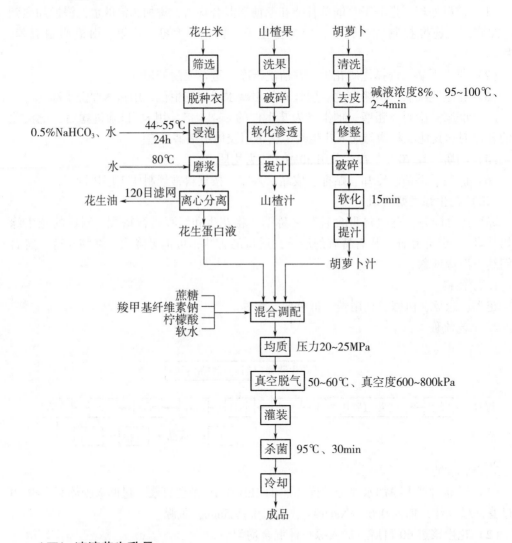

（五）速溶花生乳晶

速溶花生乳晶是一种现冲式的功能性饮品，味香适口，食用方便，营养均衡。脂肪中不饱和脂肪酸含量 80%，富含烟酸、钙等营养素，是一种高营养健康饮品。对增强记忆力，防治癞皮病等有效。速溶花生乳精的制作工艺流程如下：

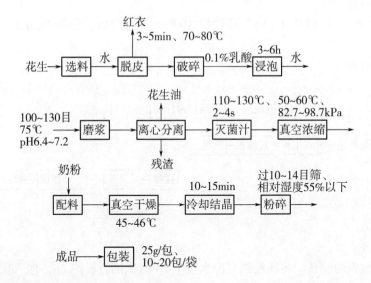

（六）乳香花生蛋白粉

乳香花生蛋白粉呈乳白色，具有乳香风味，水溶性好，所含8种必需氨基酸比例接近 FAO/WHO 模式，有益于人体健康，特别是高血压、高血脂等特殊人群食用效果好，是一种"双蛋白食品"。乳香花生蛋白粉的制作工艺如下：

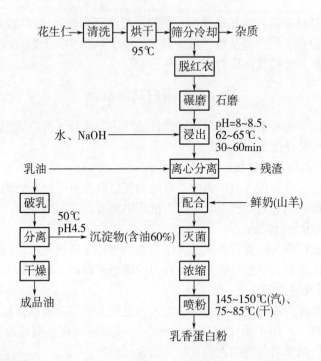

（七）澳洲牛轧

澳洲牛轧是近年来兴起的一种充气糖果，原产于澳洲而得名，截面多细孔，组织细腻，酥脆可口，含水约3%。

1. 原辅料配方

烤花生 80kg，白砂糖 100kg，葡萄糖 100kg，奶油 8kg，膨松剂 4kg，食盐 0.3kg，水 35kg。

2. 工艺流程

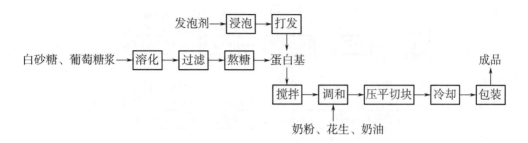

3. 制作要点

（1）发泡剂的制备　将膨松剂与冷水按 1∶5 的比例，浸泡 2h，加入搅拌机，打发起泡，备用。

（2）轧糖基的制备　在快速搅拌过程中，起泡剂中加入熬制的（145℃）糖膏，搅拌 10min 左右，备用。

（3）搅拌　开启高速挡，将已升温至 150℃ 的轧糖基料加入搅拌机，搅拌 2min 停机。

（4）调和　基料中放入烤熟的花生、奶粉、奶油等物料，搅拌均匀。

（5）冷却、包装　将物料从搅拌机中取出，摊平、冷却，分割成块，至室温（20~25℃）后进行包装，经检验，即为成品。

二、花生蛋白功能制品

花生蛋白活性多肽可谓花生蛋白功能性食品的核心成分，可广泛用于减肥食品、运动员、医疗等多种食品的生产。

（一）花生高蛋白营养食品

将适量花生蛋白多肽加入鲜牛奶中，可增加其蛋白含量，使牛奶能加工出更多的功能性食品，如降低血脂和减肥胖牛奶、美容抗衰牛奶等。

（二）医疗及运动员食品

花生蛋白多肽可作为肠道营养剂，或以流质供给特殊膳食人群，特别是消化道手术后康复者；也是运动员、宇航员迅速恢复体力的理想蛋白源，制作营养棒．能量棒等。

（三）疗效及免疫食品

花生蛋白多肽作为添加剂，可配制提高人体免疫力的等功能性食品和饮料，例如血宁花生蛋白多肽粉，可用于治疗流鼻血和血小板减少等病症；制成疗效食品，对糖尿病、肥胖症和肠胃病患者等特殊人群有明显的食疗作用。

三、花生蛋白在食品加工中的应用

优质的花生蛋白粉的溶解性值（PDI）高达到 90%，将其应用于食品制作，可表现出营养、乳化、赋香这三种功能，所以它的应用领域广泛。

（一）在谷物制品中的应用

将花生蛋白粉8%~25%添加于饼干、面包、蛋糕、米粉、粉丝、发糕等粮油食品中，可以提高其营养价值，使产品蓬松柔软而富有弹性，成为高蛋白的营养健康食品。在小麦面粉中只需添加约2%的花生蛋白粉，就可以增加面团柔韧性，制作的馒头、包子、花卷等光鲜而有咬劲，个大而有回味。

（二）在肉制品中的应用

发挥花生蛋白良好的吸水性、保水性、吸油性、乳化性等特性，将其添加到火腿、香肠、午餐肉等肉类制品中，可使制品组织细腻、口感美好、富有弹性、风味更佳、营养更高。

（三）在乳制品中的应用

利用花生蛋白的香味和溶解特性，将其添加到乳制品中，可生产代乳品、饮料等营养强化食品，或单独冲调，或与奶粉等混合冲调饮用，可形成稳定的胶体溶液，使乳制品品质、口感更佳，营养结构更均衡。

（四）在饮料、冷冻食品中的应用

以花生蛋白粉为主料，可生产花生蛋白奶粉、花生糊、花生晶等固体饮料和花生乳、花生酸奶等液体饮料。将花生蛋白粉添加到冰淇淋中，可增加其乳化性，提高膨胀率和改进产品质量，改善营养结构。

（五）在高蛋白营养食品中的应用

在花生蛋白粉中添加一些调味品，可制成乳香型、甜味型、果味型等多种产品，花生蛋白乳和花生组织蛋白等营养食品。

（六）在疗效食品中的应用

血宁花生蛋白粉，可用于治疗流鼻血和血小板减少等病症。加工精制花生蛋白粉作为病员食品，对帮助糖尿病、肥胖症和肠胃病患者等特殊膳食人群都有一定疗效。

（七）在强化食品营养中的应用

在小麦粉中添加5%~10%的花生蛋白，可以制成高蛋白挂面、面包、糕点、饼干、馒头等食品，使花生蛋白和小麦蛋白的氨基酸平衡互补，是一大类高营养食品。

1. 复合食品的营养强化剂

将花生蛋白粉用于早餐麦片、快餐食品肉饼等复合食品中，可以提高主料的蛋白含量和营养价值。

2. 花生糖果的营养强化剂

添加有花生蛋白糖品种已达50多种。据资料得知，糖果产品中60%以上有花生及其蛋白粉组分。花生在全世界人们的心里，历来占据着重要的位置，一直以来广受好评。

3. 花生酱的营养强化剂

由于花生酱的诱人香味及高营养功能，已广泛用于三明治涂料、各种小吃、烹调配料，它之所以有如此神通，完全是添加花生分离蛋白和花生蛋白肽强化了营养与加工性能使然。

花生酱广泛被应用于薄脆饼干、三明治、花生味小甜饼、被烤食品、糖果、早餐谷物食品及冰激凌中。花生酱与配料（白糖、蜂蜜、卵磷脂、果脯等）制成的涂抹产品，是西洋人近年来的黄油替身，在国人餐桌上也不乏其踪影。

第五节　核桃蛋白及其制品

核桃被专家公认为营养最丰富的坚果，含蛋白质 14%~17%、油脂 50%~65%。研究证明，核桃中的脂肪、蛋白质特点突出，不仅含量高，而且营养和健康功效显著。国内外近年来开发核桃产品的热潮方兴未艾。我国已研发出的产品有核桃蛋白肽、核桃蛋白粉、核桃蛋白饮料（露）等多种产品，其市场购销两旺。纯天然和功能型饮料品类在 2014 年以双倍数增长。其中富含蛋白质饮料增长 24%。河南省推出的含蛋白质的饮料"六个核桃"产品，实现了企业、品牌的华丽转身，赢得了市场和效益。山西大寨开发的核桃露及核桃系列饮品，有精品型、无糖型和加钙型等，可供脑力劳动者、缺钙儿童、中老年人、糖尿病患者等特殊膳食人群食用，谈不了健脑益智饮品类的空白。云南建成的现代化核桃生产线，产品有核桃蛋白营养粉、核桃酒、核桃油、核桃油胶囊等系列食品，使云南的核桃资源优势转化为经济优势。河北石家庄在建多味核桃仁生产线，同时还生产核桃油等产品，畅销国内外，经济效益显著。

一、核桃蛋白肽

核桃营养成分丰富，有"万岁子""长寿果""养生之宝"等美誉。核桃仁不仅形似人脑，确实具有健脑补脑、补虚强身和乌发等多种功能。药食兼用。核桃蛋白肽是其蛋白质的水解低分子产物。

（一）核桃蛋白肽的特点

所谓蛋白肽是以蛋白为原料经酶（水）解技术，将蛋白大分分解为小分子，这些小分子称为"肽"。平均相对分子质量小于 1000。用核桃仁为原料生产的肽即为核桃蛋白肽或简称核桃肽，其他肽产品的命名与此相同。其特点是分子质量小，容易被人体吸收利用，营养价值高，可以添加生产食品，化妆及医学品等，是近年来高效、高值开发利用的创新成果。蛋白肽与氨基酸相比，具有以下优点：

（1）吸收快速；

（2）以完整的肽分子形式直接被人体吸收利用；

（3）人体对肽的吸收，具有低消耗能量和直接利用的特点，通过十二指肠吸收后直接进入血液循环，输送到人体各个需要的部位；

（4）人体对肽吸收具有不饱和的特点，来者不拒，多多益善，这对人体健康十分有利。

（二）核桃蛋白肽在食品加工中的应用

核桃蛋白肽具有优良的理化特性、加工特性和营养生理功能，可作为食品原料应用到肉制品、乳制品、冷饮食品及焙烤食品的加工中，以改善食品的品质、风味，提高营养价值。核桃蛋白肽的特殊功能成分已被人们所认定，核桃蛋白中 18 种氨基酸种类齐全，而且人体必需的 8 种氨基酸含量合理，对人体健康具有重要功能的谷氨酸、天冬氨酸、精氨酸含量均较高。可广泛应用于食品工业和保健品、功能性食品的生产。

1. 核桃蛋白肽增智食品

核桃蛋白肽的谷氨酸丰富，它是影响人体特别是青少年智力及记忆发育的重要功能物质，因此可以利用核桃蛋白肽研发出良好的增智及加强记忆的保健品和功能性食品。

2. 核桃蛋白肽补钙食品

核桃蛋白肽能促进钙在人体内的吸收，可添加到一些补钙食品中，以增加钙的利用率，提高其生物效价，可供缺钙少儿及老年性骨质疏松症等特殊膳食人群食用。

3. 医疗食品、运动员植物多肽饮料

核桃蛋白肽具有良好的营养学特性，容易被人体吸收，迅速恢复和增强体力，促进健康。因此，核桃蛋白肽适合用于特殊膳食病人的营养剂，特别是作为消化系统中肠道营养剂和流质食品，应用于康复期病人、消化功能衰退的老人及消化功能未成熟的婴幼儿，以满足他们对蛋白质的需求。由于核桃蛋白肽能迅速补充人体的能量，促进脂质代谢和恢复体力，可制成专用食品，快速补充运动员及体力劳动者的体能，迅速消除肌肉疲劳，增强耐力。

二、核桃蛋白制品

核桃蛋白粉是一种新兴的富有市场前景的食品营养强化产品，已广泛应用于焙烤食品、乳品、饮料及健康食品领域。特别是在焙烤食品中，核桃蛋白粉参与生产健康饼干、蛋黄派、高档面包等，能提高制品的营养价值和风味、质量、品味、增加卖点和附加值。

（一）核桃蛋白饮料

核桃蛋白饮料是核桃蛋白的深加工，提高附加值的重要项目。我国山西核桃油除含有丰富的蛋白质外，还含有丰富的油脂和其他营养成分，是生产核桃蛋白饮料的优质资源，已生产的大寨核桃露正是这种核桃资源的高效利用。还可生产"核桃奶"等饮品。

1. 原辅料配方

核桃蛋白粉（或核桃仁）3.5%，白糖粉 4%，全脂奶粉 0.75%，AK 糖 20ppm，稳定剂 SA~5A 0.12%，乙基麦芽酚 60g，水（补齐至 50kg）。

2. 制作要点

（1）核桃仁清理、去皮、洗净、备用。

（2）核桃仁磨浆、过滤。奶粉溶于部分水中，水合 30min，杀菌，备用。

（3）稳定剂 SA~5A 充分溶解。

（4）将所有物料混合、定容，料液温度 70~75℃。

（5）均质两次，第一次 25MPa，第二次 38MPa。

（6）灌装后在 121℃、15~20min 的条件下杀菌，冷却，成品包装、装箱入库。

（二）核桃蛋白焙烤食品

核桃蛋白用来生产焙烤的食品也是不错的选择，如生产的风味奇曲饼干、蛋黄派、高档面包等焙烤食品，就是很好的保健、功能性粮油食品，它能提高这些食品的营养价

414　值和风味、质量,增加附加值和产品的花色品种。

第六节　小麦蛋白及其制品

我国所产小麦品质优良,所含蛋白质 11.9% ~ 13.1%(最高者为 15.3%),所含面筋质为 21% ~ 24.3%(最高者为 28.7%),为小麦蛋白食品及制品的制取和加工奠定了坚实的基础,是丰富的优质资源。我国小麦制粉工业正着力转变发展模式,探索绿色、生态、可持续、创效益的新路子。对小麦蛋白食品的开发和应用,就是创效益的一条新径。现已生产出改性谷朊粉、水溶性小麦蛋白粉、活性小麦面筋粉、小麦蛋白肽和谷朊多肽等新产品,并广泛应用于食品、医疗、药业及化妆品等领域,取得了令人欣喜的成绩。

一、小麦蛋白产品及应用

(一)水溶性小麦蛋白粉

水溶性小麦蛋白粉是小麦面筋(谷朊粉)的深加工产品。以小麦为原料,在提取淀粉后的副产品就是谷朊粉。上海天冠集团是我国最大的谷朊粉生产企业,年产能力达 7 万吨,为水溶性小麦蛋白粉的生产提供了充足的资源。对谷朊粉采用酶水解技术加工,制得的水溶性小麦蛋白粉,具有良好的水溶性、乳化性和分散性等特性,可应用于植脂末、乳制品、肉制品、面粉等食品行业,并为相关下游产品生产提供蛋白质添加剂或植物蛋白乳化稳定剂。河南省一家企业集团充分利用当地小麦资源优势,在生产燃料乙醇的过程中提取谷朊粉,对其进行酶水解技术生产水溶性小麦蛋白粉,年产量超过万吨。

(二)小麦谷朊粉

谷朊粉(活性面筋粉)是小麦中提取的蛋白质产品,是一种优良的面团改良剂,食品抗老化剂,被广泛应用于糕点、面包、馒头、面条、挂面等面制品的生产中。在面粉工业中,谷朊粉作为面粉改良剂可提高面粉品质和丰富营养,例如在面包、面条、拉面等专用面粉中,添加谷朊粉能提高面筋含量,增加面团的网络结构而提升产品质量。

1. 在面条、挂面专用面粉中的应用

在面条、挂面等专用面粉中添加谷朊粉,能提高面条的抗挤压能力、抗弯曲能力和抗拉能力[对通心粉(面粉)效果尤为显著],从而提高产品品质和营养价值。

2. 在面包专用面粉中的应用

谷朊粉添加到面包专用粉中,随着谷朊粉添加量的增加,面团发酵时间逐渐缩短,使面包的烘焙特性变优,所得面包优点良多:颜色深黄,香味浓郁,手感柔软,不易老化,货架期长。

3. 制取粉末油脂

粉末状的油脂是液体油微粒被蛋白质膜包裹的产品,因呈粉末状而得名。它具有油脂和蛋白质的双重特性,不仅性能稳定,受温度变化影响小,对其他粉体原料的分散性也很好,还能提高所得产品的营养和品质。粉末油脂在包装、运输及使用、保质等多方面都优于液体油脂和固体油脂产品。

（三）改性小麦谷朊粉

河南省一家味精集团公司通过协作攻关，建设了 4 条小麦淀粉生产线，年产小麦淀粉 40 万吨，对副产品——小麦谷朊粉进行改性，推出 5 种改性谷朊粉产品，其中高乳化性能谷朊粉 I 型（两种产品），稳定时间 24h；高乳化性能谷朊粉 II 型（两种产品），稳定时间 12h。并开发出改性谷朊粉猪肉火腿肠生产新工艺，提高了产品的柔嫩性、咀嚼性及成品率，获得了良好的市场效益。

二、小麦蛋白肽及应用

（一）小麦蛋白肽

小麦蛋白肽是小麦谷蛋白经蛋白酶水解、分离、纯化制成的一种新型功能性产品，可以直接食用、医用、化妆用，也可作为诸多产品的品质改良剂使用。

1. 小麦蛋白肽的组成及氨基酸含量比例

小麦蛋白肽的组成见表 13-6。

表 13-6　　　　　　　　　　　　小麦蛋白肽的构成组分

成分	水分	蛋白	脂肪	糖类	灰分
含量/%	5.6	85.8	0.3	3.6	4.7

小麦蛋白肽中含有 17 种氨基酸（11.3%），其含量比例见表 13-7。

表 13-7　　　　　　　　　　　小麦蛋白肽氨基酸构成及比例

氨基酸名称	亮氨酸	苯丙氨酸	丝氨酸	天冬氨酸	精氨酸	缬氨酸	异亮氨酸	甘氨酸	酪氨酸	天冬酰胺	苏氨酸	赖氨酸	甲硫氨酸	组氨酸	半胱氨酸
占比/%	12.8	11.0	10.6	7.7	7.3	7.2	6.7	6.9	6.4	5.2	5.2	3.2	3.2	4.0	1.6

由表 13-6，13-7 可见，小麦蛋白肽的蛋白质含量高达 85.8%（平均相对分子质量 1000），氨基酸组成与原料蛋白无异。

2. 小麦蛋白肽的生理功能

小麦蛋白肽具有抑制人体血液胆固醇上升的作用，促进胰岛素分泌调节人体血糖，改善糖尿病症状，抑制血管紧张素酶活性而调节血压指数。还有吗啡样的镇痛效果。

3. 小麦蛋白肽在食品加工中的应用

小麦蛋白肽是一种新型食品改良剂，也是一种功能性产品，可广泛应用于各种食品的加工。

（1）饼干　小麦粉中添加小麦蛋白肽，可使面团提高弹性，改善延伸性、口溶性和润滑性。

（2）面包　小麦蛋白肽与维生素 C 并用能增加面包体积、改善面包的外观与品质。

（3）干酪　干酪是将数种天然干酪与磷酸盐等乳化混合而成产品。用小麦蛋白肽代替磷酸盐乳化混合不会产生油层分离。风味与天然干酪无异。

（4）油炸食品　鱼、虾等包裹小麦蛋白肽作外衣后油炸后芳香而松脆，存放时此优点不易缺失。

（二）谷朊多肽

谷朊（面筋）是小麦面粉提取淀粉时得到的副产品（蛋白质），将谷朊进行酶水解，即得"谷朊多肽"（营养制剂）。

1. 谷朊多肽的生理特性

谷朊多肽具有增强人体免疫力，促进手术后肠功能恢复和抗精神压力等功效。所含的半抗原低聚肽能阻止过敏的发生和改善脑神经功能的作用。

2. 谷朊多肽在医疗食品加工中的应用

谷朊多肽能用于生产多种功能性饮料与食品。

谷朊多肽易溶于水，可用于制作儿童、老人食品及营养口服液等系列保健品。将其与水溶性果胶、膳食纤维素等配比，再与菜子油、大豆油配，作为医用流食效果好，可防止小肠黏膜绒毛萎缩、肠内细菌群恶化而引起腹泻、便秘等症，适合不能进食的病人使用。

第十四章

磷脂及其制品

————

磷脂是一类含磷酸根的类脂化合物的总称，其中最常见的是磷脂酰胆碱（PC）即卵磷脂。磷脂存在于所有动植物的细胞内；在植物中则主要分布于坚果、种子及谷类；在人类及其他动物体内，磷脂主要存在于脑、肾、骨髓、卵及肝脏等器官内，是细胞膜的主要成分。磷脂在人体生命活动中发挥着重要的作用，是新陈代谢的重要参与者。

第一节　磷脂

磷脂是动植物中细胞膜、核膜、质体膜的基本成分和生命的基础物质之一。

一、磷脂的来源

磷脂按来源分为植物磷脂和动物磷脂，植物磷脂源主要为大豆，利用大豆制油厂的副产品新鲜油脚或粗磷脂做原料，生产精制卵磷脂含量65%的流质磷脂或含量为98%的粉状磷脂。卵磷脂主要从大豆毛油精炼时水化脱磷脂工序所得的水化油脚中提取，动物磷脂源主要为蛋黄。

（一）植物磷脂源

植物磷脂主要含在油料（种子）中。例如大豆种子的磷脂含量为1.2%~3.2%，花生仁0.44%~0.63%。因此天然卵磷脂主要是豆类种子中获取，我国市场上流通的商品大豆卵磷脂就是从大豆毛油中得到的。常见植物油毛油中的磷脂含量见表14-1。

表 14-1　　　　　　　　　常见植物油毛油中的磷脂含量

名称	玉米油	小麦胚油	米糠油	大豆油	花生油	棉籽油
含量/（g/100g）	0.9~1.5	0.8~1.2	0.3~0.5	1.8~3.0	0.3~0.8	0.7~0.9

植物油料中磷脂的组成见表14-2。

表 14-2　　　　　　　　　　　　　　　　植物油料中磷脂的组成表

来　源	所占比例/%		
	磷脂酰胆碱（PC）	磷脂酰乙醇胺（PE）	磷脂酰肌醇（PI）
油菜子	40.5	40.0	19.5
棉子	56.2	27.0	16.8
葵花子	45.8	22.1	32.1
橄榄果	62.9	10.5	22.6
花生仁	53.9	21.9	24.2
米糠	44.6	39.9	13.5

（二）动物磷脂源

几种蛋品中的磷脂含量见表 14-3。

表 14-3　　　　　　　　　　几种蛋品中的磷脂含量　　　　　　　　单位：mg/100g

食物名称	总磷脂含量	卵磷脂含量	卵磷脂占总磷脂的比例/%
鸡蛋黄	3403	2687	79.0
鸭蛋黄	3527	2760	78.3
鹅蛋黄	3230	2455	76.0
鹌鹑蛋黄	3463	2923	84.4

从表 14-3 得知，蛋黄磷脂含量大于 3%，高于大豆的磷脂含量。就磷脂的组成而论，鹌鹑蛋中 PC 占总磷脂的比例高于鹅蛋、鸭蛋和鸡蛋，因此，鹌鹑蛋的营养价值高于三者。

二、磷脂的功能特性

在西方国家磷脂与蛋白质、维生素并列为三大强身健体营养素，并成为防治心脑血管疾病的第一要素，是医学界在防治心脑血管疾病等现代文明病的探索中，美国 FDA 认可和积极推荐的最佳营养健康食物之一。专家认为，磷脂是过去 50 年间发现的最重要的营养素。人体内卵磷脂（PC）含量越充分，代谢能力、免疫和再生能力就越强，越健康且长寿。磷脂是一种混合物质，它由卵磷脂、脑磷脂、肌醇磷脂和神经鞘髓磷脂等成分组成，存在于人体所有的器官和细胞中，担负着细胞的营养代谢、能量代谢、信息代谢等多项重任，是人体生存和健康的必需之物。

（一）磷脂在人体内的分布

人体由多种细胞组成，不同种类的细胞因其结构、功能的不同、磷脂的含量也不同。大脑是人体的神经中枢和代谢中枢，也是磷脂含量（为 43.0%）最集中的所在。其中，卵磷脂和脑磷脂基本是 1:1，而人肺中以卵磷脂为主（为 47.5%），当人们食补磷脂时，在血液中的含量得以提高，多种细胞均能获益，但各器官磷脂含量不同，对脑功能的修复和健康尤为重要。人体重要器官的磷脂含量及组成见表14-4。 **419**

表14-4　　　　　　　　　　　人体重要器官磷脂含量及组成比例　　　　　　　　　　单位：%

人体器官	脑	心脏	肝脏	肾脏	肺	主动脉
磷脂含量	43.0	8.0	10.3	6.6	3.5	9.8
其中：卵磷脂（PC）	30.7	40.0	43.6	33.1	47.5	30.2
溶血磷脂酰胆碱（LPC）	—	3.5	1.3	2.9	2.0	1.3
脑磷脂（PE）	34.1	26.3	27.9	27.4	21.0	17.3
溶血脑磷脂（LPE）	—	1.5		3.0	1.1	—
肌醇磷脂（PI）	—	6.1	8.6	5.5	3.2	2.9
磷脂酰丝氨酸（PS）	15.7	2.7	3.1	6.0	7.0	7.5
神经鞘髓磷脂（SM）	19.5	4.9	0	12.0	11.1	38.1
磷脂酰甘油酯（PG）		0.6		0.6	2.5	
二磷脂酰甘油酯（DPG）		9.0	3.7	4.2	1.0	0.7
磷脂酸（PA）	—	0.4	0.7	0.4	0.5	0.6
其他		5.0	5.5	4.9	2.6	1.4

（二）磷脂的营养、健康价值

磷脂是生命的基础物质之一，人类生命始终都离不开它的滋养和保护。磷脂存在于人体每个细胞之中，更多的是集中在脑及神经系统、血液循环系统、免疫系统以及肝、心、肾等重要器官，担负着重要的生理功能。人类补充磷脂的主要来源是大豆磷脂。早在1996年于布鲁塞尔召开的"第七届磷脂国际会议"上，磷脂作为营养品和功能性健康食品，在增进健康及预防疾病方面的重要作用，赢得了世界营养、药物和医学专家们的一致认同。其生理功能是：组成细胞膜、活化细胞、使人体健康长寿；溶解血液胆固醇、抗击动脉粥样硬化；维护大脑机能、预防老年性痴呆等等，归纳梳理如下。

1. 健脑、补脑、消除大脑疲劳、防治阿尔茨海默病

磷脂的摄入，增加了乙酰胆碱传递信息之功能，消除紧张、疲劳、减少神经衰弱、脑力下降及神经疾患的发生。阿尔茨海默病是人体大脑细胞老化的结果，侵扰着世界上千百万老者及其亲朋乃至社会，急需磷脂，以阻击和破解其来势汹汹的"攻势"，还老年世界之安宁与祥和。

2. 防治心脑血管疾病

心脑血管疾病主要由高血压、动脉粥样硬化引起。磷脂可降低血液胆固醇、软化血管、降低血压、增加血红素、促进氧代谢，而有效防治心脑血管疾病。

3. 助力肝病患者的康复

磷脂可提高肝细胞的再生能力，活化肝细胞，恢复肝功能，肝病患者补充磷脂，对肝功能恢复的重要性如同久旱逢甘露。

4. 恢复肾病患者的健康

肾脏病患者大都有浮肿、高血压、胆固醇升高等症状。磷脂可将细胞内外的毒素，经组织液以尿、汗的方式排出体外，起到利尿和降低血压的作用。还可降低血液胆固醇和促进细胞活力恢复，对肾脏病患者的康复有效。

5. 防治糖尿病人发生动脉硬化

糖尿病人的血糖过高，易将高密度脂蛋白氧化、变性沉淀于动脉血管壁上，高密度脂蛋白的减少，使胆固醇的运送分解、排泄能力下降，导致"双重积淀"，使动脉血管发生粥样硬化而发生冠心病及脑血管意外。为防治糖尿病人发生动脉硬化，补充磷脂应及早。

6. 防治胆结石

胆结石是指人体的胆道内有"石头"而得名，这种石头的组分，大约90%是由胆固醇构成，其次是胆色素、钙盐等多种，呈球状，坚硬如石，会引起剧烈腹痛、黄疸，直接危害着患者的健康。胆囊分泌的胆汁主要成分是胆酸、胆固醇和磷脂。当磷脂含量不足时，胆固醇沉淀而形成结石。所以富含磷脂的食品，不但能防止胆结石的形成，还能使已有的结石溶解，使胆囊保持健康，正常发挥助力脂肪食物消化之功能。

7. 防治老年性骨质疏松症的发生和发展

磷脂在人体内释放的又一成分是磷酸。磷酸与人体内的钙结合形成磷酸钙，有利于人体骨质的生长，老年人经常食用富含磷脂的食品，可以促进钙质的吸收和利用，改善和防止老年性骨质疏松症的发生和发展，使老年人能行走、生活能自理而安享晚年。

8. 防治克山病的发生和发展

克山病是一种发生在我国东北、西南贫困山区，以心肌坏死、心肌线粒受损害为主要特征的地方性心肌病。对克山病的研究发现，患者膳食中的磷脂含量低是发病的主要原因之一，偏食（尤其长期偏食）玉米的人中容易出现磷脂不敷供给而生病，原因是胆固醇沉积、心血管损伤而危及心肌健康所致。专家赴克山病区考察结果证明，磷脂对克山病的防治具有辅助疗效。

9. 保持健美身材

卵磷脂在人体内可生成脂肪降解因子，将多余脂肪溶解、氧化、分解后排出体外，避免多余脂肪堆积，从而保持健美身材。磷脂是一种天然解毒剂，也是人体细胞与外界进行物质交换的通道，体内足量的磷脂能促进毒素分解并由肝脏、肾脏排出；能增加血色素，使皮肤拥有充足的水分和营养供应而光滑细腻。

10. 提高运动员比赛成绩

人体在高强度体力活动时，肌肉细胞依赖磷脂的信息和物质传递功能获得所需要的营养和能量，并排除代谢废物，在此生理过程中，磷脂被分解和消耗，只有及时补充磷脂，肌肉才能获得能量和营养。磷脂能够提高马拉松、游泳等耐力型运动成绩的作用已被运动专家所证实。

三、磷脂功能性成分的应用

磷脂中几种主要成分的化学结构，决定了它的功能特性。磷脂分子中既有亲水基团—NH_2、=NH 和—OH，又有亲油基团烃基链（脂肪酸碳链 R），所以具有良好的乳化性能及独特的生理功能。大豆磷脂产品类型常见的有浓缩磷脂（含油 50%~60%）和粉末磷脂（几乎不含油，纯度 97%），二者的组成及含量见表 14-5。

表 14-5　　　　　　　　　　大豆磷脂产品的含量及组成　　　　　　　　　　单位:%

功效成分		固态粉末磷脂	液态浓缩磷脂
磷脂总含量	≥	97	40
其中：PC		42	16
PE		31	15
PI		24	9
大豆油	<	3	60

磷脂产品在食品、医药、饲料等多个领域有着广泛的应用，其情况见表 14-6。

表 14-6　　　　　　　　　　　磷脂的主要应用及功能

应用领域	磷脂的种类	产品	应用的功能
食品	粗制大豆磷脂 酶处理磷脂（溶血磷脂）	人造奶油，食用油	乳化
		起酥油	乳化，改善起泡性
		巧克力	乳化，制造时降低黏度，防霜
		面包、点心	乳化，防止老化
		饼干	乳化，防止老化
		太妃糖，糖果	乳化
		冰淇淋	乳化，分散
		奶油类	乳化，分散
		面类	湿润，保湿，改善操作性能
		可可，快速粉末食品	改善水中的分散
		肉类产品，水产品	乳化
营养品	精制磷脂 脱脂精制磷脂	营养健康食品	胆碱、肌醇、磷、必需脂肪酸供给源 防止老化，改善脂质代谢 改善神经、肝、心脏血管系统等的机能
医药品	分提磷脂 氢化磷脂 高纯度磷脂 高纯度酶分解产品 高纯度大豆磷脂 精炼溶血磷脂	医药助剂	乳化，分散，湿润
		新生儿肺机能的改善	赋予肺表面活性
		静脉注射用乳化剂	乳化
		脂质体新型导向性释药	膜结构形成，湿润作用
		系统药物基材制剂	药物的导向性能
		义齿固定剂	稳定性提高
		治癌制剂	湿润作用，细胞融合
		皮肤外用贴敷剂	湿润作用

421

（一）在食品生产中的应用

在食品生产中，利用磷脂的乳化、分散、湿润作用以及改善食品的起泡性与操作性能等，在快速粉末食品、肉类产品、水产品中有着广泛的应用。利用磷脂中磷脂胆碱、磷脂酰肌醇、必需脂肪酸等营养素作为营养健康食品的强化剂，所得产品可以延迟人体老化，改善脂质代谢和提高人体神经系统、肝脏、心脑血管的机能。

（二）在医药品生产中的应用

在医药制品中，磷脂功效受到专家们的高度重视，磷脂既可作为功能成分，又可作为调理剂和乳化剂，还可应用在药剂的传递或输送系统中。磷脂的降血脂作用已被医学界所证实，可制成治疗肝脏脂肪代谢障碍、高胆固醇血症、动脉硬化症等药品。大豆磷脂还可作为抗衰老食品的主要原料。美国最早推出的磷脂保健品——补脑汁，主要销售对象是大中专学生，是脑力劳动者的特殊营养补剂。

1. 磷脂用作调理剂

在医药工业中，常用磷脂作原料或作调理剂生产的药品主要有，以大豆磷脂为原料生产高纯度的注射用大豆磷脂、脂肪乳剂和多相脂质体等药物，对抢救垂危病人生命有着特殊的疗效作用。美国以高纯度的大豆药用磷脂制备的抗癌新药"139"针剂，供不应求。在我国医药工业中，典型的磷脂应用，还有 β-内酰胺抗生素、乙烯雌酚等固醇类、前列腺素（PG）等，大豆磷脂用于二乙基纤维素微胶囊助剂，氢化磷脂用于静脉注射乳液等。

2. 磷脂用于脂质体

磷脂在水溶液中溶胀而形成磷脂脂质体，专家们将其用于口服液与静脉注射液中，充当药物、疫苗、酶和激素的载体。深圳一家公司把磷脂脂质体、维生素 E、维生素 C、月见草油等有效成分以合理的配方精制成"复合磷脂脂质体口服液"等系列产品，用于中老年人及高血脂患者调节血脂、净化血液、预防各种心脑血管疾病等，收效明显。

（三）在营养品生产中的应用

磷脂是一种在动植物中广为分布的物质，本身就是天然的营养品，由它还可以生产出多种产品，对人体的营养和健康很重要，地位很高。

1. 磷脂营养品的保健作用

磷脂对人体细胞的生存、活化，脏器功能的维持，肌肉与关节的活动，以及脂肪的转化和代谢，都具有其他物质不可替代的作用。

（1）是构成生物细胞膜的主要成分　磷脂是细胞膜的主要构成部分，膜的流动性优劣取决于磷脂，其既亲水又亲油的"双亲"特性，才使细胞膜具有通透性，运输营养物质进入细胞的同时排出代谢废物。人体只有保持充足的磷脂，才能增强细胞通行顺畅的活性，使人保持充沛的精力，提高免疫能力。

（2）是脑神经细胞构成的传递信息的活性物质　磷脂的代谢产物是乙酰胆碱，它参与神经细胞的构成与信息传递。充足的磷脂可以阻止脑细胞的衰亡，而维护脑神经系统的正常运作。

（3）对脂肪肝有抑制作用　磷脂中的胆碱指导着脂肪的代谢，胆碱不足是导致脂

肪肝的主因。磷脂酰胆碱是合成脂蛋白的必需物质，进入人体后，参与高密度脂蛋白的
合成，是脂肪肝的克星。补充磷脂既可阻止脂肪肝的形成，又可提高肝细胞的活力，可
谓一举两得。

（4）有益于大脑活力　磷脂在血液中给大脑的亿万毛细血管运送新鲜氧气和营养，
供数以百万亿计的脑细胞使用，使人的大脑活力不减，健康睿智，难怪有专家称磷脂是
大脑的活力之源。

（5）有益于降血脂　造成心脏疾病的主要原因是胆固醇在心血管内的沉积。磷脂
在血液中能调节胆固醇与脂肪的运输与沉积，缩短脂肪在人体内的滞留时间。这是因为
磷脂中含有的不饱和脂肪酸能将胆固醇酯化而不能沉积于血管壁上，减少了血中胆固醇
的含量，降血脂。磷脂不愧为降血脂的高手。

（6）有益于抗击衰老　磷脂含有不饱和脂肪酸，能降低细胞膜由胆固醇导致的硬
化程度，保护和恢复细胞活性，延缓其衰老的历程，从而起到抗击衰老尖兵的作用。

（7）有益于健脑益智　研究证明，磷脂可激活大脑细胞提高记忆力与注意力，人
体内水解生成的胆碱、甘油和脂肪酸具有很强的生理活性，可以增强大脑机能，减缓脑
细胞的退化与衰亡，增强体质，提高记忆力，的确是人们健脑益智的挚友。

2. 磷脂营养品的重要地位

大豆磷脂纯品为淡黄色（或棕色）粉末，与蛋黄磷脂相比，大豆磷脂具有不含
胆固醇的最大优势。大豆磷脂是大豆中除了蛋白质、脂肪之外的第三种主要营养物
质，是人体生存健康之必需。人脑（干物质）约 40% 是由磷脂组成的。在人体其他
细胞组成中，磷脂也是不可缺少的物质。同时，磷脂还是人体获得微量元素磷的重要
来源。磷脂能降低人体血清中 LDL-胆固醇，提高 HDL-胆固醇含量，抑制肠内胆固
醇的吸收。研究证明，大豆磷脂能选择性地提高 HDL-胆固醇与磷脂的含量。医生在
治疗神经紊患者时通常给病人开 20~30g 磷脂，以提高其在膳食中的含量，使病人早
日康复。

第二节　大豆磷脂产品

大豆磷脂是制油工业的副产品，是一种资源较丰富的功能性食品，作为新型的营养
资源，我国已开发出系列磷脂产品。磷脂在医药中应用的专利几乎占非食品应用专利的
25%，医药品对磷脂的需求量越来越大，其次是保健品的生产需求，大豆磷脂系列产品
主要有：大豆粉末磷脂、高纯度卵磷脂、改性磷脂、氢化卵磷脂、脑磷脂、磷脂营养
乳、磷脂片剂、卵磷脂胶囊等，广泛应用于食品、医药、化妆品、植物保护、饲料等生
产领域。我国粮科院研发的"大豆磷脂咀嚼片"新一代片剂产品（磷脂含量 75% 以
上），已批量生产投放市场。黑龙江省龙江县一家磷脂有限公司生产的大豆粉状磷脂
（磷脂含量 95%~98%），产品畅销国内外。可以相信，我国各类磷脂营养健康食品，一
定会实现健康中国的战略目标做出日益显著的需求。

一、大豆磷脂系列产品

（一）大豆浓缩磷脂

1. 工艺流程

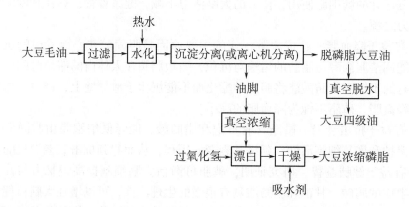

2. 制作要点

（1）大豆毛油水化脱胶工序的副产品水化油脚，在压力 0.08MPa、温度 85℃ 条件下，将含水量降至 10% 以下时，加入物料量 2%~4%，浓度 30% 的过氧化氢，在 60℃ 温度下进行漂白脱色。

（2）脱色后物料内加入 3% 的吸水剂，进行再浓缩至水分 1%，即成透明状的流体浓缩大豆磷脂。

（二）大豆粉状磷脂

1. 工艺流程

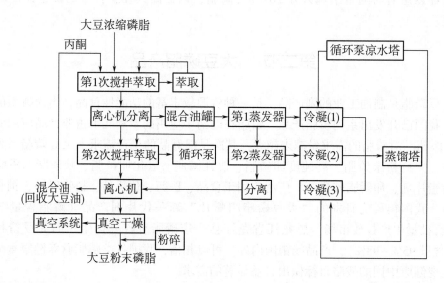

2. 制取要点

以大豆浓缩磷脂（含油 30%~40%）为原料，丙酮为溶剂，经高效混合后，进行两次循环萃取、离心分离，真空干燥即得大豆粉状磷脂产品。

（三）大豆分提卵磷脂（PC）

以浓缩大豆磷脂为原料，先后以乙醇、丙酮为溶剂进行富集卵磷脂、脱除油脂的方法，制得高纯度卵磷脂（含量 70% 以上），这款产品的生产原理是：卵磷脂溶于乙醇不溶于丙酮，而油脂溶于丙酮而不溶于乙醇，因此可采用此工艺富集卵磷脂（实际上就是去除大豆浓缩磷脂中所含有的大豆油，从而提高卵磷脂产品的纯度）。

工艺流程如下：

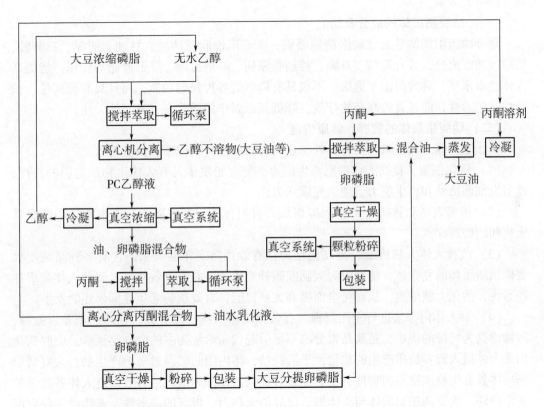

（四）大豆磷脂软胶囊

1. 工艺流程

2. 制取要点

（1）配制和研磨　将磷脂与维生素 E、不饱和脂肪酸等按比例要求进行配制，混合后用胶体磨研磨成浆。

（2）压丸　研磨成的浆用压丸机进行明胶体表层包覆并压制成 0.5g 的软胶囊丸，再经冷却、定型、干燥后，即为软胶囊丸。

（3）清洗和烘干　制成软胶囊丸表层有油及石蜡等附着物，需用乙醇进行清洗后经低温烘干，即得产品。

二、磷脂与脂质体

磷脂脂质体是由高纯度的磷脂经过处理，使之成为直径 $0.4\sim1\mu m$ 且具有良好的亲水性、亲脂性的微粒体，具有细胞膜的生物特性。是超微细分子状态的磷脂类悬浮在水中的液体泡囊物，属于磷脂加工产品，磷脂脂质体的研发成功是现代生命科学和医药产业界的一大成果。

（一）磷脂脂质体的成分及功能

复合磷脂脂质体是大豆磷脂精制而成，含有不饱和脂肪酸、甘油、胆碱、乙醇胺、肌醇等功能成分，具有健脑、补脑，控制糖尿病、降低血糖、降低血脂等作用；能提高人体健康水平，有效阻击亚健康。不仅具有磷脂的各种保健功能，而且具有靶向性、长效性、包容性，能显著提高药物疗效，降低其毒副作用而受多方专家的关注。

（二）磷脂脂质体的营养、健康价值

磷脂脂质体除具有磷脂的特性外，还具有自身独特的性质和保健功效。

（1）活化细胞，提高人体细胞再生能力。复合脂质体具有人体生物细胞膜的特性，能激发细胞活性和再生能力，使人充满活力。

（2）溶解人体动脉壁上的胆固醇斑块并排出体外，有效防治高脂血症、心脑血管疾病和脂肪肝症。

（3）改善人体大脑机能，提高记忆力，有效预防老年性痴呆。含有多种高纯度大豆磷脂脂质体的复合体，能高效为大脑细胞补充磷脂，并能有效修复，调节人体高级神经系统，活化大脑细胞，从而可全面提高大脑机能，有效预防老年性痴呆症的发生。

（4）对人体内分泌进行全面调理，有效预防糖尿病、肥胖症。糖尿病则是以血糖、尿糖增高为特征的疾病，是胰岛素分泌不足引起代谢紊乱为主的内分泌疾病。肥胖病是由于人体摄入营养物质产生的热量大于消耗量，体内脂肪贮存过多而产生的。大豆磷脂脂质体具有生物细胞膜的特性，使它能显著提高人体细胞活性，有效促进人体各腺液的正常分泌。大豆磷脂脂质体与人体细胞极好的亲和力、极好的亲水性、亲脂性，使它能够疏通被"多余脂肪"堵塞的腺体细小管道，保证腺体正常运行。对因内分泌失调引起的糖尿病、肥胖症有良好的防治作用。

（5）消除胆结石有辅助功效。人体胆结石症一般分为两类：以肝脏制造胆汁中的胆固醇为主要成分的胆固醇结石，及以胆红素为主要成分的胆红素结石。由于大豆磷脂脂质体对胆固醇有很好的溶解性能，因此是预防胆固醇结石的有效措施之一。

（三）磷脂脂质体的生理特性

（1）具有生物细胞膜的特性，与人体细胞有很好的亲和力，能直接参与人体脂质体代谢和其他生化反应。

（2）不需要消耗人体能量而被高效直接吸收。

（3）作为靶向给药系统的药物载体，有天然的靶向性、长效性和包容性；

（4）极好的亲水、亲脂性（乳化性）。

（四）磷脂脂质体前景展望

1. 几种磷脂脂质体产品已投入临床

近年来美国 FDA 已批准阿霉素脂质体 TLCD99、两性霉素 B 脂质体、柔红霉素脂质体和庆大霉素脂质体、治疗干眼病的脂质体滴眼剂等产品进入临床试验。结果表明，成倍的提高治疗指数，显著降低了药物毒性，存在脂质体成本高的待解问题。

2. 磷脂脂质体作为生物技术科学和医学产品的型剂研究

随着现代生物技术领域的迅猛发展，生物技术医药产品与日俱增，这类药物主要有多肽和蛋白质类。使用脂质体作为生物技术医药产品剂型将有如下优点：

（1）避免加热、有机溶剂等使这类药物失活；

（2）保护被包封的酶、蛋白质和肽类药物的功能，并延长在人体内的半衰期；

（3）提高人体免疫功能与药物产生协同增效作用；

（4）降低药物的毒副作用；

（5）与人体细胞发生吸附、融合、酯交换及被细胞内吞等，将包封的药物直接带入细胞，使药物具有靶向性而提高治疗指数。领域研究的热点之一是脂质体作为细胞因子和超氧化物歧化酶（SOD）的新剂型研究。

3. 血红蛋白脂质体作为人造血液代用品的研究

血液是人体所需氧气的有效载体，血红蛋白脂质体是一种无抗原，无病毒，有效的氧载体。医学实验证明，磷脂脂质体结合及释放氧的动力学至少与血红细胞一样迅速，且容易使用和输注，这将使血红蛋白脂质体可在平时及战时缺乏新鲜血液时紧急使用。

4. 磷脂脂质体在心血管疾病治疗中的应用

磷脂脂质体作为心脑血管疾病药物载体越来越受到医学界的重视，期望利用脂质体作为心脑血管疾病药物载体，将药物选择性输送至心脑血管系统病变部位，延长药物半衰期，降低药物毒副作用，为有效地导向治疗心脑血管疾病开辟一条新途径。磷脂脂质体不论运载亲脂性或亲水性药物，都可有效的输送到缺血损伤的心肌组织，有效的导向治疗心脑血管病症。为能并可延长脂质体在人体血管中的循环时间，研究部门又开发出各种新型的隐形脂质体、目标导向脂质体、阳离子脂质体等制剂，为各种蛋白质脂质体口服液（剂）、脂质体疫苗、血液代用品、病原细胞清除导向性药物以及基因治疗的利用奠定了基础。

第十五章

国外的功能性粮油食品

————

近些年来，人们由于摄入膳食的"三高"（高脂、高糖、高蛋白）和体力支出减少，出现了营养过剩造成的所谓现代"文明病"，尤其是代谢性疾病如肥胖症、糖尿病、心脑血管疾病等患者逐年增加，这已引起国际上的重视，美国在规划进行全民膳食结构的改变；降低膳食中脂肪热量的比重（由42%降为30%，尤其是饱和动物脂肪）；降低精制砂糖热量的比重（由24%降为15%），以调节公众的膳食平衡，减少现代文明病的发病率。另一条有效途径就是针对慢性疾病如糖尿病、肥胖症、心脑血管疾病等患者人群，专门配制生产疗效主食品、功能性主食品等，在这些食品中分别限制或强化某些营养素，生产出营养、健康的主食品供应市场。

第一节 功能性面制品

一、日本的面制品

（一）糙米面包

糙米面包的配方、工艺和特点是：原料60%的糙米，40%的黑麦粉和一定比例的食盐，加工成酥脆饼干样的薄片，特别适宜于中年人以上的肥胖病、糖尿病、动脉硬化和心脏病等患者。由于维生素和矿物质含量丰富，可增强耐力。

（二）绿色面包

在制作绿色面包时，重点是小麦面粉中掺入3%～5%海带粉、小球藻粉等藻类食物的粉末，所制成的面包含有丰富的碘和多种维生素，味道好、口感柔软，具有预防、治疗甲状腺肿大、舒张血管、降低血压、预防动脉粥样硬化和补血、润肺等功效。

（三）膳食纤维面包

膳食纤维面包属于低热量、疗效主食品，对缓解便秘、促进消化等，具有良好的辅助治疗功效。

1. 主要成分

小麦粉（强力粉60%～70%）、膳食纤维（放在主面团中）、活性面筋、酵母、盐、砂糖、油脂、奶粉、酵母营养液、水、硬脂酰、乳酸钠等。

2. 工艺流程

主面团调制 → 分割搓圆 → 中间发酵 → 输送带 → 整形 → 最终发酵 → 烘焙 → 冷却 →
切片 → 成品

3. 主要特点

这种膳食纤维面包，膳食纤维含量为全麦粉面包的 4 倍，能量比一般面包减少约
30%，是一种低热能、疗效食品。选用的膳食纤维是：小麦麸皮、大豆皮、燕麦壳、米
糠、小麦胚芽等粮油加工厂的副产品。

二、美国的面制品

（一）棉籽蛋白面包

棉籽蛋白面包的主要成分为面粉、乳清、无毒棉籽仁粉等，其脂肪含量比普通面包
低，对降低人体血脂和胆固醇含量有一定的效果，所提供的蛋白质比一般面包多 60% 左
右，可供心血管疾病患者选用。

（二）减肥面包

这种面包添加了一种从小豆中提取的名为"小豆色素"的物质，该物质具有减少
体内脂肪和防止高胆固醇、高血脂、动脉硬化之功效。食之能减轻体重，利于身体
健康。

（三）麦麸面包

这种面包含麦麸 50%、精盐 2% 和一些调味品面包酥松、贮存性能好、热量低、含
有大量的膳食纤维，对改善肠胃功能有作用。是糖尿病患者的功能性粮油食品。

（四）抗糖尿病饼干

抗糖尿病饼干的主要配方：大米粉 30%，膳食纤维、果胶物质（如脱水蔬菜泥）
28%，麦芽粉 2.5%，食盐 1.5%，发酵粉 0.3%，富含甘油酯的蔬菜 7%，按饼干制作工
艺技术，制成 20g/块 的饼干。供高血糖者和糖尿病人等特殊膳食人群食用，一日 3 次，
每次一块（20g），是疗效食品。

（五）蘑菇汉堡

蘑菇汉堡渐成美国人的新时尚。特别是褐菇，其褐色和味道造就了完美的美食。蘑
菇在未来有可能替代汉堡包中的肉类。蘑菇热量低和丰富的营养元素，使经典的食物变
成更健康的食品，同时还能改善风味和感观。

（六）健康甜食品

用葡萄干为糖源代替白糖，可以减少白糖的摄入量，开发健康的甜食品。第 61 届
美国心脏病学会（ACC）年会上宣布的研究表明，高血压前期的人们食用葡萄干可降低
血压，同时可减少患心脏病的风险。第 72 届美国糖尿病协会（ADA）科学年会上发布
的研究表明，与同等热值的普通零食相比，一日三次食用葡萄干能降低餐后血糖水平。
专家现场介绍了用葡萄干制作甜食品的三款健康配方。

1. 葡萄干曲奇

（1）原、辅料　低筋面粉 200g，葡萄干 400g，牛油 700g，砂糖 300g，鸡蛋 3 个。

（2）制作方法

①牛油与砂糖打到呈白色，放入蛋液搅拌均匀。

②低筋面粉加入①中搅拌成面团，再加入葡萄干，搅拌均匀。

③面团平铺在托盘上，放入冰柜冷冻3h，取出面团切块，1~2cm/块。将切块放在烤盘上，放入烤炉，上、下火160℃焙烤33min即可。

2. 葡萄干蛋糕

（1）原、辅料　低筋面粉450g，砂糖400g，牛油450g，葡萄干300g，鸡蛋10个，泡打粉5g，模具16个（10cm×5cm×2.5cm）。

（2）制作方法

①牛油和砂糖打到呈白色，加入面粉和泡打粉，搅拌成蛋糕糊。

②蛋糊倒入已放进葡萄干的模具中。

③模具放入烤炉，上火、下火均180℃焙烤25min即可。

3. 葡萄干吐司

（1）原、辅料　高筋面粉500g，水320mL，葡萄干250g，砂糖25g，牛油25g，食盐8g，酵母6g，模具1个（30cm×12cm×10cm）。

（2）制作方法

①葡萄干清洗、浸泡20min，取出沥干，备用。

②酵母放入温水（38℃以下）浸泡、发酵，备用。

③面粉放在工作台上，拨开中间，将②倒入，揉搓成光滑面团。

④食盐、葡萄干、砂糖分别加入面团，充分揉搓均匀，形成有韧性的薄膜。将面团分成100g/个，用保鲜膜封包，静置发酵45min。

⑤取出面团，将其擀成椭圆形，卷成圆柱体，放入模具。

⑥面团在模具中2次发酵至八成满时，放入烤炉，上火、下火200℃焙烤30min，调整炉温，上火、下火180℃焙烤10min即可。

三、其他国家的面制品

（一）意大利血粉面包

血粉面包是一种高蛋白面包，在面粉中添加了牛血或猪血制成的血粉（这种血粉是由60%~70%的血浆和30%~40%的血球所组成），增加了面包的营养成分，改善了面包的味道，形色香味俱佳。

（二）瑞士胚芽面包

胚芽面包在制作时，在小麦面粉中掺入一定比例的小麦胚芽粉、玉米胚芽粉、蜂蜜、牛乳、鸡蛋清、氨基酸和维生素等，不仅可以改善面包的质量、品质、口感，还利于贮存，延长货架期，是一种营养价值很高的健康粮油食品。

（三）印度健身面包

健身面包在制作时，先从豆类植物的胚乳中提取一种称作"瓜耳树胶"的原料，掺入面粉中。这种面包的特点是糖类物质比普通面包含量少、热量低，膳食纤维多，口感优于普通面包，食后耐饥饿，受到糖尿病患者的欢迎。

（四）秘鲁马铃薯面包

马铃薯减肥面包，是将20%的土豆泥和80%的小麦粉混合制成的。土豆蛋白质含量虽然比小麦面粉的蛋白质低，但生物效价高，相当于动物蛋白的营养价值。面包的味道、颜色、香味等都比一般面包好，是一种低热能食品，适合减肥者食用。

（五）德国草药面包

草药面包借鉴中国的中草药功能，药食同根、医食同源的机理生产的一种疗效食品。添加草药元素后，不但不影响烘焙，而且还提高了生产率，改进了孔隙结构，膨胀了面包体积。具有促进人体消化和净化血液等功能。

（六）法国花粉面包

在花粉面包制作中，添加了一种富酶花粉，含有丰富的蛋白质、维生素和微量元素等营养物质，这种面包色香味形俱佳，对人体具有防治动脉粥样硬化，预防心血管疾病的功用。

（七）土耳其肉夹馍

土耳其被誉为世界三大美食国之一。肉夹馍是一种别具风味的名吃，其外形似我国陕西产品没有什么不同，主要区别在用料上，其馅料是以羊肉为主，不用卤汁浸泡，经过烤制而成。即将烤好的整块羊肉切成细丝，食用者可选择自己喜欢的蘸料（黄油、橄榄油、食盐、洋葱、食醋等）与羊肉调和拌匀，夹入切开的面饼里。与中国的肉夹馍味道也有所不同，发面饼有麦芽糖的甜味，加上面饼特有的松脆及馅料厚重的浓香，吃一口便沁人心脾，深受国内外食客的青睐。

第二节　功能性大米制品

一、日本的大米制品

（一）α-糙米粉

将 α 化糙米粉加入到牛乳或热水中即成糙米粥，主要作为糖尿病人的早餐。也适合于登山和旅行食用。肥胖症、便秘、高血脂和高血压等特殊膳食人群也适用。

（二）全谷物大米食品

近年开发的这类制品多种多样，主要的有：发芽糙米、糙米粥、糙米年糕、糙米面条、糙米片、糙米面包、发芽糙米色拉等系列全谷物大米食品。每年的生产量已达到1.6万吨，扩大了人们全谷物大米的消费量。

1. 发芽糙米的营养成分

发芽糙米不仅改善了糙米的食味和物性，还增加了 γ-氨基丁酸（GABA）、肌醇、阿魏酸等多种功能性成分，γ-氨基丁酸的含量尤其丰富。产品标准规定，每100g发芽糙米中 γ-氨基丁酸的含量最少为15mg。γ-氨基丁酸是一种天然活性成分，对人体具有抑制血压上升和改善大脑功能的效果。

2. 发芽糙米的营养、健康价值

发芽糙米除含有原有糙米的营养成分外，还增加了 γ-氨基丁酸、肌醇、阿魏酸等

432　多种功能性成分。研究表明，发芽糙米的生理功效显著，可以降低高血压、糖尿病等的患病风险。可以减轻更年期障碍和精神紧张。发芽糙米在日本被定义为"加工食品"，所制定的品质标准中规定，100g 发芽糙米中 γ-氨基丁酸的含量最少为 15mg。

（三）胚芽大米

这种大米的精度和口感类似普通的精白米，但在加工中保留了 80% 以上的大米胚芽。胚芽米营养素丰富，所含蛋白质、微量元素等，接近于糙米；其维生素和膳食纤维高于精白米。胚芽米的加工，主要是选用摩擦式碾米机，使糙米表层和运转中的金刚砂砂轮粗糙面适度摩擦，保留大米的胚芽，如此提高了大米的营养和健康价值。

（四）水磨大米（免淘洗米）

这种米表面光滑清爽（又称清洁米），在蒸煮前无须淘洗，可减少营养素的流失，适口性亦好，易于人体消化吸收。清洁米是在加工中给大米加水抛光，使大米表面形成光泽。加工流水为：水通过碾米机的碾白辊空心轴超声波喷嘴，对精白处理过的大米粒喷射 $20\mu m$ 左右的微粒雾加湿，将大米粒表面的糠粉完全除去，在表面形成光泽，清洁爽滑，免于淘洗。

（五）强化大米

这种米是用维生素 B_1 对大米进行强化，提高的大米营养。加工流水是：先将维生素 B_1 溶于 1% 的乙酸溶液，再以浸泡大米 16~24h，当大米含水量增至 30% 左右时，短时间熏蒸后，进行干燥至含水量为 14% 左右以便储藏。

（六）发芽糙米和发芽留胚米（GABA 胚芽米）

生产发芽糙米的程序，包括糙米精选、加工、蒸煮/干燥、轻碾等工序。根据加工和干燥的方法不同，发芽糙米的加工方法有微量加水法和高温高湿法。发芽糙米的加工工艺流程如下：

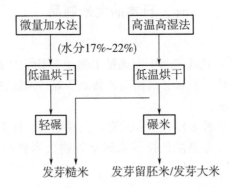

1. 微量加水法

微量加水法是用少量的水逐渐添加到糙米中，将糙米水分慢慢提高到 17%~22%，加水速度控制在 0.5~1.2%/h，以防大米"爆腰"。在发芽过程中，γ-氨基丁酸等功能性成分在胚芽、糠层中生成并转移至胚乳。经微量加水法后，γ-氨基丁酸的含量从每 100g 糙米中的 4mg 增加到 17mg（胚乳中 γ-氨基丁酸含量的增加尤其显著）。此法的特点是，生成的 γ-氨基丁酸中水溶性功能性成分不会流失，爆腰少，从而在烘干后可以

进行碾米，加工成精白米，也称"γ-氨基丁酸米"。γ-氨基丁酸米的外观看起来同普通 433
大米无异，但 γ-氨基丁酸的含量 10 倍于后者，其他功能性成分也增加了 3~4 倍。

2. 高温高湿法

高温高湿法是用高温（60~70℃）、高湿（相对湿度 90%~99%）的空气来提高糙
米水分，加水速度比微量加水法更慢，基本上不发生爆腰。用这种发芽糙米加工 γ-氨
基丁酸米，γ-氨基丁酸含量是普通精白米的 6 倍，食味和口感基本相同。

（七）防动脉硬化大米

利用大豆蛋白的基因，借助于土壤杆菌植入水稻中培育而成的这种大米，可提高球
蛋白的含量，降低人体血液中胆固醇浓度，防治动脉硬化。

（八）功能肽大米

应用酶切技术，从大米中提取可促进胰岛素分泌的 4 个氨基酸组成的降血压肽，增
强免疫系统肽，可作添加剂添加到大米中，生产高健康价值的功能性肽大米，成为当今
的一种时尚产品。

（九）低磷化大米

采用乳酸菌使大米低磷化，能减少含磷量 75%。低磷化大米可预防因缺钙引起的骨
质疏松症，尤其对肾功能不全者更有医疗效果。

二、美国的大米制品

（一）苹果大米

美国利用苹果胶和大米粉制成的苹果大米，呈微黄色，具有苹果味和高度吸湿特
性。苹果米可以做馅料，制成馅饼和富含维生素包子的馅料。此乃新型功能性大米
制品。

（二）强化大米

这种强化米是用维生素 B_1、维生素 B_2、烟酸和微量元素铁的溶液对大米进行强化，
以提高大米的营养成分。其加工工序是：先将大米吸足富含维生素 B_1、维生素 B_2、烟
酸和微量元素铁的溶液，然后用含玉米朊等不溶性蛋白质的酒精溶液，在米粒表面涂上
一层薄膜。这样大米用冷水淘洗时维生素不致溶出流失，而在蒸煮时薄膜融化，使大米
所能吸附的营养素可以均匀地扩散到米饭中而为人食用。

（三）叶绿素大米

这种叶绿素大米做成的饭呈绿色，其色香味俱佳，可以增进食欲，用做宴席主食
可以增添食客们的情趣，所以可当作招待贵宾的佳品。其制作工序是：用一定比例的
叶绿素水溶液喷雾到精白米的表层或将精白米浸渍于叶绿素水溶液中，经干燥即成
产品。

三、韩国的功能性大米

（一）人参大米

韩国将当地所产优质大米用人参液混合浸泡，使大米饱含人参营养成分后经烘干而
成，可长期保存，可以干食。烹调时先取定量的普通大米，加入 20% 人参大米，便可烹

434 制成人参营养米饭。

(二) 防治酒精中毒大米

这款产品是将黑色的糯米（黑糯米）和胚芽巨大的（"巨大胚芽"）大米进行杂交所培养出来的新型大米，同时具有黑大米、糯米和大型胚芽大米（巨胚米）特性的"密阳263号"大米新品种，神经传递物质 γ-氨基丁酸的含量比普通大米高9倍。鉴于其 γ-氨基丁酸含量越高，酒精摄取量越少的特点，研发出了这种防醉酒的大米。它的抗氧化成分花青素和具有皮肤美白功能的谷维素含量比普通大米也高很多。

(三) 防治贫血大米

韩国培育出了防治贫血的新水稻，它是向水稻DNA中注入一种"强化因子"提高大米铁和锌的含量，比普通大米分别提高1.9倍和1.2倍。根据世界卫生组织的资料，世界上约有1/3的人口日常饮食中的锌摄入量不足，有20亿人口患有因缺铁导致的贫血。导致人体免疫力下降，阻碍儿童和孕妇的正常发育。这种防贫血水稻的研究成功，无疑是对人类健康的一大贡献。

四、其他国家的大米制品

(一) 瑞士的富含维生素A大米

瑞士科学家在稻谷植株中加入3种基因，培育出富含 β-胡萝卜素的稻米。食用这种新品种大米后，大米中的 β-胡萝卜素能转化成维生素A。它有望成为低成本防治药品的载体，给因为严重缺乏维生素A而失明及患夜盲症人群带来重见光明的希望。

(二) 印度免煮即食大米

印度科学家成功培育出一种不用蒸煮，只需在水中浸泡软化就可食用的大米。单位面积产量与普通稻米相当，这种在印度东北部阿萨姆邦的土壤里种植出的稻米，并未对大米进行基因改造。这种大米，因淀粉酶含量低，一旦在水中浸泡，就会软化（在冷水中浸泡大约45min，或在温水中浸泡15min），即可食用。保留了大米原生态的全营养素成分，受到高血糖特殊膳食人群的欢迎。

五、东南亚国家的奇葩粽子

粽子是中国的传统食品，在几千年的发展历程中，已从神州大地漂洋过海传到了全世界，受到异国他乡人们的青睐，并赋予了它当地的特色，出现了很多可称为奇葩的粽子。

(一) 泰国粽子

泰国人一般在每年4月泼水节或7~9月雨季吃粽子。以甜为主，包粽子前，先将糯米浸泡在椰子汁里，使之具有椰味清香，馅料选用椰子肉、黑豆、芋头、甘薯等做成，用芋头叶包裹，大小形如鸡蛋，有蒸、烤两种吃法。

(二) 越南粽子

越南粽子是用芭蕉叶包裹的，有圆形和方形两种，取天圆地方之意。粽子里馅中有绿豆、猪肉和胡椒粉，风味独特。

（三）印度尼西亚粽子

印度尼西亚的粽子馅一定是肉，有猪肉馅、牛肉馅、鸡肉馅，腊肉馅、火腿馅，还有广味香肠馅、虾仁（肉）馅、鱼肉馅。粳米制作，香蕉叶包裹，较之糯米粽子容易消化吸收。

第十六章

糖尿病人功能性粮油食品

————

糖尿病是一种以高血糖为特征的代谢性疾病，属于一种依赖性高血糖临床综合征，直接影响着人体健康和生存质量。新中国成立初期，我国糖尿病发病率不足 2%，2015 年增至 9.7%。全球约 3.82 亿成年人患有糖尿病，我国患者居首。被列为我国重点防治的疾病之一。

引发糖尿病的原因很多。有遗传因素，更有膳食和生活方式等外在因素，运动量减少，饮食结构失衡，与我国糖尿病发病率升高有着密切联系。更让专家忧心的是，人们对糖尿病的发生、发展及其对自身健康的危害和防治还没有足够认识，尤其是如今很多人"不会吃"了，如暴饮暴食、三高（高脂肪、高蛋白、高热量）的膳食方式和食俗——中国传统的"享受"观念；还有些人"食商"较低，使营养伪科学得以泛滥……这是一项急需改变的公共卫生现象。

糖尿病是一种内分泌代谢性疾病，只要认真按照《中国居民膳食指南（2016）》推荐的食物多样、谷类为主；多吃蔬果、奶类、大豆；少盐少油、控糖限酒；吃动平衡、健康体重等 6 个核心条目，保持膳食平衡，合理使用药物，选用调理降血糖的功能性粮油食品，阻击糖尿病之战是一定可以取得胜利的。

第一节　糖尿病人的膳食配制原则

糖尿病是人体糖、蛋白质、脂肪等物质代谢紊乱性综合征。饮食是这些物质之源。要控制好血糖与其他物质在体内的水平，改善代谢紊乱症状，巩固治疗效果和治疗达标，必须将饮食作为糖尿病的治疗基础，以此提高患者生活质量以及延长寿命。实践证明，调节患者的膳食结构和热量，是当今糖尿病饮食治疗的原则，其主要内容如下。

一、低热量食品

糖尿病患者的饮食疗法原则，是选择能够缓慢释放葡萄糖的糖类（淀粉），避免食用大量葡萄糖、麦芽糖和蔗糖，甜味剂或用限量糖的代用品（果糖、木糖醇、山梨糖醇）。在热能方面可使用还原麦芽糖浆，其发热量为每 100g 约 167.4J，仅相当于砂糖的 1/10。以还原麦芽糖浆制成低热量的糖果或果酱类食品，其热能比一般产品降低 50% 以上。低热量食品是糖尿病、高血糖等的特殊人群的重要疗效食品，主要有低糖小麦粉、全谷物食品，低 GI 值食品（详见附录三）、杂粮复合食品、降糖糕点、荞麦制品、燕麦片等。

二、非热源食品

适合糖尿病、高血糖特殊人群食用的非热源食品，主要是多糖类琼脂食品（琼脂面），魔芋食品及制品等。以甘露醇、花生酱、褐藻酸钠、小麦麸皮、黄豆皮等为原料，加以调味所制成的膳食纤维疗效食品，例如维乐粉、降糖乐、五谷健康浆（粉）等，均有一定的食疗效果。

三、强化疗效食品

糖尿病患者食品中一般是强化矿物质和维生素，限制刺激性香辛料。硒是抗氧化剂，能调节糖、脂等物质的代谢及利用，改善其在血管壁上的沉积，稀释血液黏稠度，减少冠心病、高血压等血管并发症的发生和发展。我国粮油食品的有些产品已将硒元素作为强化剂，生产的强化疗效食品（富硒大米、富硒小麦面粉、硒化卡拉胶强化营养挂面等）已投放市场。

四、低 GI 值膳食

低 GI 值膳食，也就是低血糖生成指数（GI）的科学膳食。而血糖生成指数的定义则在 GB 29922—2013《特殊医学用途配方食品通则》明确注释：含 50g 碳水化合物的试验食品的血糖应答曲线下面积，与等量碳水化合物的标准参考物（葡萄糖或白面包）的血糖应答曲线下面积之比。数据认定如下：

GI≤55 为低 GI 食物，55~70 为中 GI 食物，≥70 为高 GI 食物。GI 值仅为临床指导指标值，而非质量控制指标。

GI 的解读是：食物中碳水化合物的吸收速率越慢，引起的血糖升高水平越低，GI 值就越小。文献表明，低 GI 值膳食的效果是：体重减轻、血糖和甘油三酯（TAG）下降，血压改善等。迄今为止，超过 2500 种食物的 GI 值已被权威部门检测和公布。常见食物的 GI 值见表 16-1。

表 16-1　　　　　　　　　　常见食物的 GI 值

名称	GI 值	名称	GI 值	名称	GI 值
黄豆	23	脱脂奶	46	木瓜	58
绿豆	31	小麦面条	47	乌冬面	58
扁豆	35	芒果	51	杏	61
梨	37	泰国香米	55	米粉（干）	61
全麦面包	38	玉米粥	55	通心粉	64
绿豆面	39	苹果	55	全麦粉	67
米粉（湿）	40	荞麦面条	56	寿司	67
橙	42	江西米粉（煮）	56	台湾细粉（煮）	68

续表

名称	GI 值	名称	GI 值	名称	GI 值
白面包	70	牛奶什锦	81	香蕉	88
嘉顿牛奶	73	碎米	86	糯米	94
山药	73	燕麦粥	87	煮土豆	100
橙汁	75	干炸面（煮）	88	米脆	111

食用低 GI 值的膳食，不仅可以降低 II 型糖尿病的风险，还可以给膳食控制糖尿病的患者带来益处，控制病情及并发症。

五、全谷物食品

全谷物食品营养全面，富含多种功能性成分，经常食用，可降低血脂、血糖，减少患糖尿病、肥胖症的风险。健康的生活方式与富含全谷物食品的平衡膳食可以预防和减少多种慢性与营养有关的疾病，此浪潮正席卷全球。

全谷物食品主要有全小麦粉、全糙米粉、全燕麦粉、全荞麦粉及其制品（全麦粉馒头、挂面、面条、面饼等），全谷物方便冲调粉（糊状类），糙米粉（冲调糊状类），全粒杂粮，全谷物膨化食品等系列食品。

全谷物大米制品主要有发芽糙米、糙米粥、糙米年糕、糙米面条、糙米片、糙米面包、发芽糙米等系列食品。发芽糙米除了富含原有功能性成分外，还改善了糙米的食味和物性，增加了 γ-氨基丁酸、肌醇、阿魏酸等多种功能性成分，γ-氨基丁酸的含量尤其丰富（100g 发芽糙米中 γ-氨基丁酸的含量达 15mg 以上）。γ-氨基丁酸是一种天然的活性成分，十分有益于人体健康。发芽糙米的生理功效显著，可以降低糖尿病、肥胖症等疾病的患病风险，还可以减轻更年期障碍和精神紧张、改善大脑功能。发芽糙米的血糖生成指数（GI 值）与白米相比约低 40%；如果将白米和发芽糙米混合煮饭，GI 值也会根据不同的混合比率而相应降低。

第二节　糖尿病人食疗膳中的有效成分

糖尿病功能性粮油食品，含有调节血糖的多种功能性成分，研究得知，现有食品中可能含有多种调节血糖的功能成分。这些功能性成分有的能促进胰岛素分泌或调整胰岛素的水平，有的则能提高胰岛素受体活性或增加受体的数量，还有些成分具有间接调节血糖的作用等。

一、多糖类化合物

这类食物成分可促进胰岛素释放，增加肝糖原合成和组织对糖的作用。糖尿病患者的食疗食品大多都含有多糖类化合物，种类及多少有所差异。一般根茎类富含淀粉多糖，花草类含纤维多糖较多。自然界含有多糖类的食物品种很多。常用于防治糖尿病的

有薏苡仁、葛根、茯苓、南瓜、苦瓜、魔芋、桑葚等及其粮油制品（魔芋挂面、利康挂面、百合桑葚糕等）。 439

二、萜类化合物

萜烯类化合物可抑制体内非糖物质的无氧糖酵解，增加肝脏对糖的摄取和肝糖原的贮存，并可扩张血管，促进血液循环，改善血液黏稠度，调节血糖水平；同时还能增强组织的呼吸，加强对糖的利用等。自然界含萜类化合物较为丰富的食品有人参、灵芝、茯苓、枇杷、橄榄、薏苡仁及其粮油制品（利康挂面、山药茯苓饼干、茯苓饼、茯苓挂面、五仁香芋酥、八宝米糕等）。

三、黄酮类化合物

黄酮类化合物在改善胰岛 β 细胞功能，促进胰岛素分泌功能中均有积极作用。黄酮类中的槲皮素、水飞蓟素等对醛糖还原酶活力有明显的抑制作用，这种作用能降低机体组织蛋白的非酶糖化，减少其糖化终端产物的沉积，对高血糖的并发症也有防治作用。自然界富含黄酮类化合物，常用于糖尿病食疗的食品有山药、山楂、大豆、荞麦及其粮油制品（用山药粉、荞麦粉、薏苡仁粉、小麦粉制作成的"四合面馒头"，山药泥花卷、杂粮馒头——黄豆粉、玉米粉、黄米面、小麦粉四合面和五豆长寿浆、五豆健康饼等）。

四、甾醇类化合物

甾醇类调节血糖的机理，被认为与"磺脲类降糖药"类同。通过餐后刺激胰岛 β 细胞释放胰岛素，增加靶细胞胰岛素受体数目，提高外周靶细胞组织对胰岛素的敏感性，调节血糖水平。自然界富含甾醇类化合物的食品有荠菜、山药、五味子及其粮油制品（利康挂面、四合面馒头、山药南瓜饼、冬瓜山药饼等）。

五、含硫化合物类

含硫化合物类可以促进人体新陈代谢。这类具有挥发性和刺激性的有机化合物，在新鲜的洋葱、大蒜、大葱、芹菜、萝卜中都含有硫化物，通常含维生素 B_1 较多的就含有硫化物，如葱花饼、萝卜馅饺子（包子）、新疆抓饭（有洋葱配料）等。

六、不饱和脂肪酸

这类成分通过改善人体血管功能和降低血黏度，调节血糖水平。富含不饱和脂肪酸的食物有大豆、花生、核桃、芝麻、杏仁及其粮油制品（花生油、大豆油、芝麻油、核桃油、芥花籽油、茶子油、玉米油、橄榄油等）。

七、生物碱

生物碱可以促进人体对脂肪的吸收利用，扩张冠状动脉及内脏血管，从而促进减肥和调节血压和调节血糖。富含生物碱的食物有山药、桑葚、百合及其粮油制品（山药泥

440　花卷、百合桑葚糕等）。

八、多肽、氨基酸、胰岛素类

多肽与胰岛素具有互补和协调的作用，有调节或降低血糖的功效。富含多肽类的食物有灵芝、香菇、木耳等。胰岛素是生物体内唯一有调节血糖作用的内分泌激素，存在于多种动物的胰脏中，有些食物中存在类似胰岛素的物质，有类似胰岛素的作用（苦瓜、柚子肉、蚕蛹、百合、桑葚糕等）。氨基酸能保护人体细胞膜完整，增加血管弹性，间接调节血糖，富含氨基酸的食物有：牛奶、瘦肉、豆制食品、水果、新鲜蔬菜及利康挂面等。

九、皂苷类化合物

它以皂苷、氨基酸、肽和胰岛素等激素样前体物质组成，能影响或减慢糖类、脂肪和蛋白质在人体内代谢的速度。自然界富含皂苷类化合物的食品有山药、苦瓜、大豆及制品、黑豆及制品、山药及制品等。

十、D-手性肌醇

D-手性肌醇为白色粉末，微甜，易溶于水，是粮食作物荞麦、大豆、米糠、小麦中的活性因子。在自然界中以化合物的形式存在于豆类、荞麦等植物种子中。粮食作物中D-手性肌醇的含量见表16-2。

表16-2　　　　　　　　　　　粮食作物中D-手性肌醇的含量

名称	角豆豆荚	大豆	大豆胚芽	大豆叶	大豆豆荚	大豆乳清（干燥）	大豆低聚糖	脱脂大豆	荞麦	小麦	大米
肌醇含量/（g/kg）	40.0	4.82	7.05	8.25	7.05	20.0	17.4	6.45	1.55	0.17	0.50

D-手性肌醇是肌醇的9种异构体中具有旋光性的一种。研究发现，除了具有肌醇促进肝脏脂代谢的功能外，它还具有一些特殊的生理功能，例如胰岛素增敏、降血糖、抗氧化，因此，可以作为医药、保健品原料以及膳食补充剂。

D-手性肌醇可提高胰岛素敏感性，调节血糖，有效改善糖尿病以及并发症。将富含此物的荞麦和苦瓜配方，用于糖尿病的动物模型，也取得了显著的效果。研究发现，D-手性肌醇还有保护神经、提高耐力等功能，对预防动脉粥样硬化、高尿酸血症等也有良好效果。

第三节　糖尿病人的营养膳食

糖尿病人由于遗传因素、内分泌失调等原因引发食物营养成分的代谢紊乱。调整营养素的含量及比例可以和为病人治疗提供得力的营养支持，其建议方案如下。

一、建议食用全营养配方食品

糖尿病人食用的全营养配方食品，属于特殊医学用途配方食品，是为了满足"进食受限、消化吸收障碍、代谢紊乱"或其他特定疾病状态人群对营养的特殊需要，专门配制成的食品。资料表明，特殊医学用途配方食品在患者治疗、康复及机体功能维持过程中，是必要的营养支持，其本质是食品，不是药品，不具特定治疗作用。糖尿病人用全营养配方食品是我国 GB 29922—2013《特殊医学用途配方食品通则》的重要内容之一。糖尿病人用全营养配方食品需满足如下技术要求：

①为低血糖生成指数（GI）配方，GI 值应不超过 55。

②饱和脂肪酸的含量不大于 10%。

③碳水化合物热能为 30%~60%，膳食纤维含量不低于 0.3g/100kJ。

④钠含量不低于 7mg/100kJ，不高于 42mg/kJ。

二、建议进行营养治疗

营养治疗是临床上对特定疾病的营养障碍，采取的特定营养干预措施。国际上也一致推荐其作为糖尿病的重要支撑。

（1）糖尿病合并高血压病人的营养支撑与普通高血压病人相似。

（2）降低糖尿病人并发心血管疾病风险的生活方式：保持正常体重、健康饮食、戒烟、适量饮酒、适当增加活动量、控制血压（<130/80mm Hg）、控制糖化血红蛋白（<7.0%）。

（3）糖尿病合并高血压的病人需限制每天钠摄入量少于 1700mg（相当于 4.25g 氯化钠）。

（4）对于合并脂代谢异常的糖尿病人，建议减少饱和脂肪酸、反式不饱和脂肪酸及胆固醇摄入量；增加 n-3 不饱和脂肪酸、膳食纤维及植物固醇摄入量；增加活动量；控制体重。每天膳食胆固醇不超过 200mg、可溶性膳食纤维 10~25g，植物甾醇 2g。

（5）关注高果糖摄入量对血尿酸水平升高的影响，它的摄入会升高血尿酸水平，增加痛风风险。

（6）低血糖生成指数（LGI）膳食，有助于降低 LDL-C；对于 II 型糖尿病，LGI 和低碳水化合物饮食有助于升高 HDL-C。

（7）坚持"地中海"饮食可升高 HDL-C，降低甘油三酯（TG）及血压，同时降低空腹血糖指数及胰岛素抵抗。

（8）高尿酸血症也是引起糖尿病和心血管疾病的危险因素。

（9）对于调整血糖及膳食营养后，仍存在高 LDL-C 和（或）高 TG 血症的病人，建议配合进行药物治疗。

第四节　糖尿病人主要功能性粮油食品

功能性食品是当今国际上食品加工发展过程中新的增长点。全球功能性食品总量在

442 食品中占 10%~15%的市场份额，正在逐年增长。将一些能调节健康的功能成分，加入到普通食品中，使之成为特定的保健食品将大有可为。

馒头、面条等我是国传统食文化的瑰宝，在制作过程中，功能成分易于添加，是发展不同人群所需功能食品最理想的载体。为适应我国不同人群和常见多种（发）慢性病患者的需要，以及针对健康和亚健康人群防病抗病的诉求，除了研发新药和保健品外，开发各种功能食品，并使之进入一日三餐，显得更为重要和迫切。

广大消费者迫切希望市场上有更多既好吃，又有防病抗病功能的食品，其中，功能性粮油食品占据首位。所谓糖尿病功能性粮油食品是指以预防糖尿病、维护人体健康为目的而生产的一类含有特定营养与功能性成分的粮油食品。

一、杂粮营养健康粉（米）

（一）苦荞麦粉

苦荞麦粉由苦荞麦经研磨而制成，是糖尿病的一种疗效食品。苦荞麦味甘苦、性平，具有健胃顺气、清热降火等功效。苦荞麦粉为黄绿色，稍有苦味。北京粮科所利用新工艺精制出 3 种苦荞粉：苦荞营养粉、苦荞疗效粉、苦荞颗粒粉，用它们做原料，制作出一种"复方苦荞双降粉"，具有降血脂、降血糖作用。为了食用者方便，还研制了苦荞挂面、方便面、空心面条以及蛋糕、面包、维夫饼干、儿童饼干及各种中西式糕点等苦荞系列食品。苦荞麦是一种营养成分全面又具有保健疗效的粮食作物。荞麦 P 族中的芦丁（芸香苷）、烟酸及苦味素等都很丰富。苦荞麦粉的营养成分见表 16-3；矿物质及维生素含量见表 16-4。

表 16-3			苦荞麦粉的营养成分及含量			单位：g/100g
产地	蛋白质	脂肪	碳水化合物	粗纤维	灰分	热量/（kJ/100g）
北京	10.8	2.5	72.2	1.3	1.3	1481.8
湖北	9.3	3.1	63.4	0.6	8.6	1419.0
四川	10.9	2.8	69.8	1.4	2.1	1456.7

表 16-4			苦荞麦粉的矿物质及维生素成分及含量		单位：mg/100g
产地	Ca	P	Fe	维生素 B_1	维生素 B_2	烟酸
北京	15	180	1.2	0.22	4.1	0.38
湖北	49	287	1.4	0.11	3.2	0.35
四川	68	169	—	0.15	3.4	—

苦荞麦粉蛋白质中各种必需氨基酸的含量均较丰富，特别是赖氨酸，是稻米的 2.7 倍、小麦粉的 2.8 倍、小米的 3.2 倍。苦荞粉所含苦味素，具有清热降火健胃的作用。"复方苦荞双降粉"经北京同仁等多家医院临床应用，对糖尿病人膳食营养治疗的，有

效率在 90% 以上。

（二）维乐粉

膳食疗法是单纯性肥胖及糖尿病治疗措施中的重要一招。维乐粉具有减少人体脂肪堆积的功效，可缓解易饥饿又不影响对营养成分的摄取，从而保证身体健康。维乐粉由全小麦粉、燕麦粉、玉米粉、大豆粉、小麦胚芽粉等配制而成。富含高蛋白、微量元素锌、维生素 E；适量的膳食纤维；低含量的碳水化合物；必需氨基酸等配方组成。维乐粉的营养成分及比例见表 16-5。

表 16-5		维乐粉的营养成分及含量比较			单位：g/100g
品名	蛋白质	脂肪	碳水化合物	膳食纤维	热量/(kJ/100g)
维乐粉	22.9	9.79	44.0	1.3	1491
小麦粉	9.9	1.8	74.6	0.6	1487
大米粉	7.8	1.3	76.6	0.9	1465

由表 16-5 可知，维乐粉和蛋白质、脂肪、膳食纤维含量都高于比较者，但碳水化合物很低，所以它确实是一款降血糖的功能食品，可改善糖尿病患者的"三多"症状，是该病的疗效食品。维乐粉对小鼠糖耐量的影响功能性评价如图 16-1 所示。

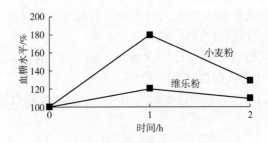

图 16-1　维乐粉对小鼠糖耐量的影响功能性评价

从图 16-1 可见，维乐粉具有延缓肠道吸收碳水化合物效应，其血糖值明显低于小麦面粉，为糖尿病患者膳食营养治疗提供了科学依据。

（三）降糖面粉

低糖面粉是由西安交通大学医学院老年内分泌科研发，2011 年获国家发明专利产品。低糖面粉主要是以小麦粉为主料，合理搭配近 10 种天然原粮，制成低糖、高膳食纤维、高蛋白、低碳水化合物复合型食物"降糖面粉"。低糖面粉淀粉含量只有小麦的 60%，含糖量只有小麦含糖量的 2/3。低糖面粉与小麦特一粉等普通小麦面粉相比，在进食量相同的情况下，可使餐后血糖降低约 30%；此外，超重及肥胖者食用这种低糖面粉，在进食量不变的情况下，可以使体重一月减少 2kg，填补了国内外饮食减肥的一项空白。低糖面粉可以解决糖尿病患者超重及肥胖人群不敢吃饱的饮食难题，也给这些患者的饮食治疗提供了良好的方法。低糖面粉主要是以调配粮食各类比例的方法达到降

444 糖甚至减肥的目的，无任何添加剂和药物成分，生产工艺简单易行，且口感好，可供一日三餐食用。还可加工成面条、馒头、饺子、挂面、冷冻食品等多种面制食品。低糖面粉成本相对较低而附加值较高，受到当地粮食加工企业的支持。我国陕西、湖北、河南等地的粮食企业已开始运用这项新技术生产低（降）糖面粉，初见成效。

二、降血糖挂面

（一）利康挂面

利康挂面以小麦面粉为主体，配以药食同源的葛根、薏苡仁、山药、荞麦等辅料，按照挂面制作工艺要制成的一种疗效粮油食品。具有降低人体血糖指数的功效，除含有人体所需的营养成分外，还富含功能性成分（膳食纤维、皂苷、铬、硒、蛋白分解酶、萜类化合物、薏苡素、甾醇、黄酮、多糖类、多巴胺、葛根素、槲皮素、β-谷甾醇等），这些成分协同、互补、叠加在调节血糖中发挥功效。利康挂面调节血糖的有效率高达 80% 以上，市场信誉日渐提高。

（二）全谷物杂粮挂面（红高粱挂面）

2016 年，全谷物杂粮挂面由国家粮食局科学研究院研制成功。其生产技术经专家鉴定达到国际先进水平。

全谷物杂粮挂面有红高粱挂面、青稞挂面和苦荞挂面三个品种，其中杂粮（青稞面粉、苦荞麦面粉、红高粱面粉）用量均为 51%。

（1）青稞挂面含膳食纤维 5.49%、β-葡聚糖 2.28%，分别是小麦粉挂面的 3.73 倍和 10 倍以上。血糖生成指数值为 70.86。

（2）苦荞挂面的黄酮（以芦丁计）含量为 1.26%，人体试验的血糖生成指数值为 54.92，属于低血糖生成指数食品（参阅表 16-1）。

（3）红高粱挂面的单宁含量为适度的 0.28%，血糖生成指数值为 71.85，属于中等 GI 食品。

三、降血糖糕点

糕点是我国的一种传统粮油食品，人们常作早餐或零食用。将其制成降血糖的功能型粮油食品，则可以使糖尿病患者（或高血糖）作为"打间"的疗效健康食品。

（一）百合桑葚糕

百合桑葚糕具有生津增液、疗渴、降低血糖的功用，适宜各种类型糖尿病人，更适合伴有高血压、高血脂的人群食用。

1. 原辅料配方

小麦面粉 100g，玉米面 300g，百合粉 100g，甜叶菊糖 2g，白果（炒）粉 20g，山药粉 50g，桑葚果 20g，蚕蛹 50g，酵母粉 5g，牛奶 10mL，花生油 48mL，鸡蛋 5 个，水（适量）。

2. 制作工艺

（1）以清水将蚕茧煎煮片刻，取汁 50mL，备用。

（2）鸡蛋去壳，同牛奶及蚕汁放入盒内（或专用蛋糕桶内），打成糊状，加入花生油、甜汁菊糖等继续搅拌，再加山药粉、小麦面粉、玉米面、酵母粉等搅拌成稠糊，后倒入烤盘中，刮平，洒上桑葚，放入烤箱用160℃烘烤20~25min，色泽呈棕黄熟透即为产品。

（二）五仁香芋酥

五仁香芋酥具有消渴、降低血糖、活血安神的功用，适用于气滞血瘀和神经衰弱、失眠等症的糖尿病患者食用。

1. 原辅料配方

面粉400g，花生油200mL，南瓜仁20g，桃仁10g，核桃仁（碎）5g，柏子仁10g，鸡蛋4个，薏苡仁粉100g，花生仁5g，甜叶菊糖0.2g，香芋头泥200g，酵母粉5g，水（适量）。

2. 制作要点

（1）面盆中，放适量花生油、鸡蛋、酵母粉搅拌均匀，加入面粉揉成面团，放入冰箱冷藏室，备用。

（2）将五仁和薏苡粉分别入锅炒黄，放入盆内，加入香芋头泥、甜菊叶糖、花生油搅拌均匀和成馅，备用。

（3）取出冷好的面团，揉搓均匀，切成鸡蛋大小的面团，擀压成圆皮，包上馅料，轻压成圆饼，摆进烤盘，刷上花生油，放入烤箱180℃烘烤15min，取出即为成品。

（三）八宝米糕

八宝米糕具有补气养血、增津止咳、降低血糖等功用，适合于各种糖尿病患者食用。

1. 原辅料配方

粳米500g，糯米500g，桑葚20g，枸杞15g，莲子12g，百合12g，花生仁12g，柏子仁、西瓜子仁各8g，甜叶菊糖0.2g，葵花子仁8g，酵母粉10g，水（适量）。

2. 制作要点

（1）先将花生仁、柏子仁、西瓜子仁、葵花子仁分别放锅内炒黄，备用。

（2）莲子、百合研磨成粗粉，桑葚用清水清洗干净，沥尽水，备用。

（3）粳米、糯米淘洗干净，用温水（30~50℃）浸泡至米粒松散后，带水搅拌成糊状，再加入全部配料搅拌均匀成为糕糊。

（4）取蒸锅并铺上屉布，将拌好的糕糊加入平摊均匀，用旺火蒸20min出笼，待稍凉后，切制成5cm左右的小块即为成品。

（四）木糖醇荞麦饼干

木糖醇荞麦饼干在原辅配方研制中，降低了糖和油脂的用量，增添了降血糖的木糖醇、山药粉、荞麦粉、谷朊粉等成分，既有饼干的色、香、味等特点，又能符合糖尿病人的代谢需要，具有调节血糖的功效，是适合于糖尿病、高血脂、肥胖症特殊膳食人群食用的一种功能性粮油食品。

1. 原辅料配方

小麦粉30kg，荞麦粉15kg，山药粉20kg，高纯果糖浆8kg，木糖醇5kg，谷朊粉1.5kg，食盐1.5kg，鸡蛋2kg，脱脂奶粉3kg，食用植物油6kg，大米粉7kg，碳酸氢钠

446　0.5kg，碳酸氢铵 0.5kg，水（适量）。

2. 制作要点

（1）调粉　按配方比例称取高纯果浆、木糖醇加入溶解加热后过滤去杂；食用植物油加热后，将热糖浆、蛋液、食盐、奶粉、碳酸氢铵、碳酸氢钠等物料倒入和面机搅拌均匀；最后将小麦粉、山药粉、荞麦粉、米粉、谷朊粉等筛理后加入和面机，调制成面团。

（2）静置、辊轧　面团静置 15～20min 后，将其辊轧成片状，成型饼干坯。

（3）焙烤　成型饼干坯送入烤炉，烘烤 6～10min，高温烘烤。

（4）冷却、整理、包装　将烤熟的饼干出炉，冷却至室温，进行整理、包装、检验合格，方为成品。

四、降血糖主食品

降血糖主食品是以小麦面粉为主料，选配一些具有降低血糖功用的辅料，加工而成的、适合糖尿病及高血糖人群食用的主食品。

（一）茯苓馒头

1. 原辅料配方

小麦粉 500g，玉米粉 100g，大豆粉 40g，茯苓粉 30g，酵母粉 7g，水（适量）。

2. 制作要点

先用温水溶化酵母粉；再把小麦粉、玉米粉掺和一起，加入酵母液揉合发面；面发好后，掺入茯苓粉和大豆粉揉合均匀，做成馒头，上屉蒸熟即为成品。

（二）山药泥花卷

山药泥花卷的配方中有百合、山药、薏苡仁（均为药食同源食料），具有益气生血、降低血糖的功用，适宜各种类型糖尿病患者食用，每餐 100～200g，可作主食。

1. 原辅料配方

小麦面粉 500g，百合粉 100g，酵母粉 10g，山药粉（泥）200g，薏苡粉 100g，水（适量）。

2. 制作要点

（1）小麦面粉放入盆内，加入溶化后的酵母粉溶液，和成面坯发酵，待用。

（2）再将山药泥（粉）、百合粉、薏苡粉合并搅拌均匀，和成面坯、待用。

（3）把发酵后的面团，擀压成大面片，再将山药泥面坯擀压成小面片，放在大面片上面，卷成长条圆形，制成花卷，放入蒸锅，用旺火蒸 25min，即为成品。

（三）五粉健康饼（糕）

制作五粉健康饼的原料是黄豆粉、玉米粉、糯米粉、荞麦粉、高粱粉各 50g 和 2 个鸡蛋，食用植物油及白糖、食盐、葱花等辅料各适量。

按此组方，做成的"五粉健康饼（糕）"散发着清新、诱人的香味，可当早餐主食。对糖尿病患者、高血脂、肥胖症等人群具有良好的食疗效果。其制作要点如下：

（1）"五豆长寿浆"［请见本节五（一）五豆长寿浆］打好后，取出自动豆浆机中的豆渣，放入搪瓷碗中。

（2）将五粉加入碗中，再加入鸡蛋、放糖（糖尿病者食用宜放木糖醇或山梨糖 　447
醇）、食盐和葱花，搅拌成糊。

（3）搅拌均匀后，在锅内放少许植物油，加入适量糊（可分3~4次煎饼），摊开，
勤翻两面，煎成金黄色、熟透即可食用。

（四）五谷杂粮香酥饼

五谷杂粮香酥饼口感细腻、营养平衡、口味独特，有天然纯香味。以优质玉米、麦
芽、燕麦等为主料，进行清理、粉碎、挤压等工序加工，后加入鸡蛋、奶酪粉、多谷仁
麦预拌粉等辅料，经成型、焙烤而成。五谷杂粮香酥饼的配料见表16-6。

表16-6　　　　　　　　　　　五谷杂粮香酥饼配方　　　　　　　　　　单位：kg

原辅料名称	用量	原辅料名称	用量	原辅料名称	用量
低筋小麦粉	75	饮用水	8	粗纤维粉	1.5
棕榈油	30	鸡蛋	6	碳酸氢铵	0.6
白糖粉	20	即食玉米片	4	食盐粉	0.5
多谷仁麦预拌粉	12	麦芽粉	3	碳酸氢钠	0.4
烤麦麸皮	10	大豆油	2	卵磷脂	0.2
燕麦粉	8	奶酪粉	2	乙基麦芽酚	0.08

五、粥（浆）类主食

（一）五豆长寿浆

制作五豆长寿浆的五种豆是黄豆、青豆、黑豆、豌豆、花生豆按3∶1∶1∶1∶1的
比例配制，浸泡6~12h后洗净，放入豆浆机中，加入适量清水，启动机器后自动熬熟
即可饮用。从生豆到煮成豆浆只要10多分钟即可饮用。清香扑鼻、热气腾腾的"五豆
长寿浆"，具有营养全面均衡、食疗保健方便的特点，可作早餐。其副产品豆渣是制作
前面四（三）"五豆长寿饼（糕）"的原料，富含膳食纤维等营养成分。

（二）"神禾早餐"

"神禾早餐"（黎食真）食品是山西省孝义地区民间的食疗验方，经山西省食品工
业研究所分析、检验、科学筛选，采用传统工艺制作而成。具有低GI值的膳食特点，
可作为糖尿病人及高血糖特殊膳食人群的食疗膳食。

1. 原辅料配方

黑麦300g，小黄豆200g，花生100g，小黑豆200g，苦荞麦300g，白柜子300g，胡
桃仁300g，薏苡仁250g，红枣150枚，水（适量）。

2. 制作要点

（1）先将小黄豆、黑麦、花生、小黑豆、苦荞麦、白柜子、薏苡仁、胡桃仁等物
料清理干净，再分别研磨成粉状，混合均匀，等分成30份，备用。

（2）食用时，取粉一份（约65g）、大枣5枚放入锅内，再放入1~2个洗净的带皮
鲜鸡蛋，加清水约500mL，煮5min，把鸡蛋取出磕破外壳（不去壳），再重新放入锅

448 中，用小火煮至全熟灭火。将鸡蛋去壳后与汤料全部食用（其中大枣为引子，只煮不吃）。

（三）复方八宝糊（三组方）

世界卫生组织和联合国粮农组织向人们，尤其是糖尿病患者推荐，参照食物 GI 值，合理选择食物，控制饮食，一定会收到事半功倍的效果。"复方八宝糊"配方不仅 GI 值低，而且有辅助医疗、食疗消渴病的功效。

1. 复方八宝糊（Ⅰ）

（1）原辅料配方　黑米 300g，玉米糁 150g，小米 50g，大豆 50g，荞麦仁 50g，水（适量），红小豆 50g，绿豆 50g，白芸豆 50g，加权平均 GI 值为 35~40，加权平均抗氧化容量（ORAC）为 3500~5000。

（2）食用方法　选用九阳豆浆机料杯量取 1~1.5 杯谷、豆混合物 75~120g，用水清洗干净后，按九阳豆浆机说明书要求操作，制出复方八宝糊即可食用，每日 1~2 餐。

2. 复方八宝糊（Ⅱ）

（1）原辅料配方　黑米 300g，玉米糁 150g，鹰嘴豆 50g，四季豆 50g，红扁豆 50g，水（适量），青刀豆 50g，绿豆 50g，豌豆 50g，加权平均生糖指数 GI 值为 39.8。

（2）食用方法　选用九阳豆浆机随机料杯量取 1~1.5 杯谷、豆混合物 75~120g，用水清洗干净后，按九阳豆浆机说明书要求操作，制成复方八宝糊即可食用，每日 1~2 餐。

3. 复方八宝糊（Ⅲ）

（1）原辅料配方　黑米 300g，黑麦仁 150g，黑糯米 150g，黑豆 100g，黑眼豆 50g，水（适量），加权平均 GI 值为 39.2。

（2）食用方法　选用九阳豆浆机料杯量取 1~1.5 杯谷、豆混合物约 75~120g，用水清洗干净后，按九阳豆浆机说明书要求操作，制成复方八宝糊即可食用，每日 1~2 餐。

六、其他降血糖制品

（一）苦荞保健醋

苦荞保健醋主要选用山西优质苦荞麦为原料，将老陈醋传统酿造工艺与现代生物技术相结合，辅以枸杞子、大枣、绞股蓝等精制成的一种兼调味、保健于一品的新型功能食醋，具有色泽清亮、酸味浓厚、口感柔和、风味独特，并保持了原有营养成分的特点，被国家卫生部门批准为保健食品。经测定，苦荞保健醋所含的 18 种氨基酸总量为 2026mg/100g，是普通食醋的 7 倍。其中人体必需的 8 种氨基酸齐全，并含有维生素 B_5、硒等营养素。具有降低血脂、血糖，增进食欲，消除疲劳的作用。可作调味品，可冲调饮用，也可用于现代人崇尚的"醋吧"饮品。

1. 原辅料配方

苦荞麦 25kg，麸皮 50kg，麸曲 28.5kg，酒母 230kg，稻壳 75kg，食盐 2.5kg，醋酸菌种 23kg，水（适量），枸杞子、绞股蓝、大枣经分别加工，提取汁液。

2. 工艺流程

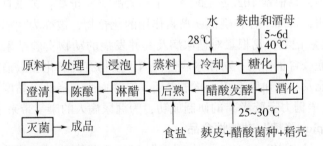

（二）生物降糖戴可普胶囊

生物降糖戴可普胶囊是用最新生物技术，将阿拉斯加苦荞麦、洋葱、苦瓜子、南瓜子四种原料中的有效成分提出，配制成的一种新型保健品。现已被我国食品药品监管部门（SFDA）审核批准为"具有辅助降血糖作用的进口保健食品"（批准文号：国食健字J20090014），允许在华上市销售。

1. 生物降糖戴可普胶囊的特点

它既可降低血糖，又能控制血糖水平；取于纯天然植物的功能成分，无毒副作用和依赖性；在预防糖尿病并发症方面有积极作用，食用安全。

2. 组方及功能成分

（1）苦荞麦提取物　医学证实，苦荞麦具有降血糖、降血压、降血脂等功用，被称为具有"三降一放"作用的"五谷之王"。

（2）南瓜子提取物　专家推荐糖尿病人多食南瓜及制品。南瓜子比南瓜肉的降糖功效更胜一筹。研究表明，南瓜子蛋白调节血糖的身手不凡。

（3）苦瓜子提取物　苦瓜作为降血糖之品，已有悠久历史。苦瓜子仁不仅可降低血糖，还具有抗病毒、抗肿瘤、抗衰老等功能。

（4）洋葱提取物　我国历来有用洋葱作为糖尿病食疗的传统。研究证实，洋葱含有丰富的S-甲基半胱氨酸亚砜、二烯丙基二硫化合物等功能成分，这些物质对糖尿病的缓解作用，不输于胰岛素之功力。

（三）陈政壹号苦荞片

苦荞麦既是营养丰富的粮食作物，也是优良的药用作物。人们几千年的食用历史证明，它既安全、无副作用，又具有很高的保健功能。陈政博士根据苦荞的特点，历经10多年的研究，采用前沿生物活性成分提纯化技术，从高原野生苦荞麦中，提取出具有降血糖、降血脂功能的活性成分，制成"陈政壹号苦荞片"等系列产品，并投放市场。2015年，"陈政壹号"产品荣获"2015米兰世博会金奖"。

陈政壹号苦荞片是一种新型无糖健康食品。苦荞片生物利用率超过98%，且无毒副作用，在国际胰岛素类似物研究领域中跨出了成功的大步。这款产品由广东中山市生物制药公司推出，市场前景向好。

（四）口服植物胰岛素（糖力宁胶囊）

口服植物胰岛素（糖力宁胶囊）是以苦瓜、葛根为原料，分别提取植物胰岛素和

450 葛根素，进行科学配伍制成的降血糖产品，糖力宁胶囊每 100g 含植物胰岛素 P-INSULIN 16.8 mIU，葛根素 102mg。我国《中药大辞典》记载：苦瓜具有辅助调节血糖的作用。研究表明，苦瓜中存在疑似胰岛素作用的化合物，被称为"植物胰岛素"。

《中药大辞典》记载：葛根素对糖尿病及其并发症的动物实验结果显示，有降低动物血糖、血清果糖胺含量作用；对糖尿病性白内障动物有抗氧化应激损伤作用；能改善糖尿病动物肾功能及心脑血管系统；葛根素还具有降血脂、降低血黏度、抗氧化以及提高免疫力等作用。"糖力宁胶囊"的研制成功，为糖尿病人的康复带来了新的希望。

（五）"ALAplus 降糖"功能性食品

据日媒报道，日本 SBI ALApromo 公司根据 2015 年颁布的《功能性标示食品制度》，向消费厅提交了产品名为"ALAplus 降糖"的功能性标示食品申请，该产品含有功能性成分 5-氨基乙酰丙酸磷酸盐，适合血糖高的人群。该功能标示食品经审批之后，可以上市销售。该产品在外包装上有标记："含有 5-氨基乙酰丙酸磷酸盐，可将空腹时的高血糖调节到接近正常值、延缓饭后血糖升高的功能，适合血糖值高的人群"。

第五节　糖尿病人食疗药膳

专家指出，现代人饮食结构的不合理（如"三高"）是造成糖尿病的重要原因，从日常饮食着手是防治此疾的重要举措之一。

一、糖尿病人的食疗药膳

我国食疗药膳历史悠久，品种丰富，食材安全可靠，不仅能满足各界人士对健康的需求，还能起保健作用。所以，积极研发食疗药膳，利国利民，助推健康中国，意义非凡。食疗药膳将"医食同源"的食物相配合，既有果腹之功，又有药物疗效，有食补药治的双重叠加效果。本书汇聚了一些古今医家及民间验方，重点介绍食疗药膳在辅助治疗糖尿病方面的应用和实践，以期为糖尿病患者一点小小的帮助。

（一）竹笋米粥

【组方】粳米 100g、鲜竹笋一个。

【制法】鲜竹笋脱皮切片，与粳米同煮成粥。

【适应证】清肺除热，兼能利湿。适用于久泻久痢型的糖尿病患者食用。

【用法】每日早、晚餐食用。

（二）酸枣仁粥

【组方】粳米 100g、酸枣仁 50g。

【制法】酸枣仁炒黄磨研成粉状，粳米上火加水煮粥，待粳米煮熟时，加入酸枣仁粉，继续煮开后，即可食用。

【适应证】补气清热，益脑安神。适用于各种类型的糖尿病患者食疗。

【用法】每日早、晚餐食用。

（三）蚕蛹米粥

【组方】大米 100g，带蚕蛹茧 10 个。

【制法】用带蚕蛹茧煎水，去茧取汁，加入大米共煮成粥。

【适应证】益肾、止渴。适用于消渴尿频类型的糖尿病患者食用。

【用法】早、晚餐食用。

（四）胡萝卜米粥

【组方】新鲜胡萝卜及粳米（各适量）。

【制法】胡萝卜洗净切丁，与洗净的粳米同煮成粥。

【适应证】健脾和胃、明目、降低血压。适应于高血压类型糖尿病患者食用。

【用法】早、晚温热食用。

（五）萝卜缨薏苡仁粥

【组方】薏苡仁 30g，马齿苋 30g，萝卜缨 30g。

【制法】萝卜缨、马齿苋洗净切碎；薏苡仁洗净，同入锅，加水适量，煮成粥。

【适应证】具有清热祛火，凉血润燥之功效。富含薏苡素，三萜化合物，去甲基肾上腺素，多种有机酸，多种酶，多种维生素等功能成分。适用于糖尿病并发皮肤瘙痒症风热血燥者。

【用法】早、晚餐食用。气血亏虚者不宜食用。

（六）苋菜粳米粥

【组方】冬苋菜及粳米（各适量）。

【制法】冬苋菜，粳米分别洗净，共入锅加水，煮成粥。

【适应证】具有清热润燥止咳之功效。富含甜菜碱、草酸盐、胡萝卜素、烟酸、维生素（维生素 B、维生素 C）等营养成分。适用于糖尿病并发肺部感染，属热邪犯肺者食疗。

【用法】早、晚食用。

（七）薄荷粥

【组方】鲜薄荷 30g（或干薄荷 10g）、粳米 50g，冰糖少许。

【制法】薄荷洗净，加水煮沸 5min，去渣取汁备用。将粳米洗净，加水煮成粥后，兑入薄荷汁，再煮片刻，加入少许冰糖即可。

【适应证】具有疏散风热之功效。富含薄荷脑、薄荷酮、异薄荷酮、矿物质、维生素等营养及功能性成分。适用于糖尿病并发风热型感冒，发热、咽痛明显者。

【用法】早、晚餐食用。注意：薄荷汁入粥后不宜久煮；薄荷粥不能用糯米。虚弱多汗者忌食。

（八）菠菜根粥

【组方】鲜菠菜根 250g，鸡内金 10g，大米 100g。

【制法】菠菜根洗净切碎，与鸡内金加水煎煮 30min，去渣取汁再加入淘洗净的大米，共煮成粥。

【适应证】利五脏，止渴润肠。适用于各种类型的糖尿病患者。

【用法】每日一次，食用。

（九）冬瓜山药粥

【组方】粳米、鲜品山药、冬瓜各 100g、食盐 2g。

452

【制法】将冬瓜、山药洗净去皮，切丁，与洗净粳米共煮成粥，加食盐调味。

【适应证】清心和脾，滋生去渴。适用于肾、脾虚弱，浮肿类型的糖尿病人食用。

【用法】每日2次，早、晚餐服食。

二、糖尿病人的主要食疗食物和配方

（一）我国糖尿病人的部分食疗食物

我国糖尿病人的部分食疗食物见表16-7。

表 16-7　　　　　　　我国糖尿病人的常用食疗食物、功能性成分及功用

品名	功能性成分	食疗功用
荠菜（甜桔梗）	甾醇、纤维素、红萝卜素	清热、明目、疗渴
荠菜（护生草）	黄酮类、芸香苷、槲皮素，生物碱等	和脾明目、降血糖、降血压
茼蒿菜	挥发油、纤维素、多种氨基酸	和脾健胃、行气通脉
枸杞菜	甜菜碱、生物碱、酚类、甾醇、肌苷等	止渴、降血糖、降血脂、降血压
紫苜蓿	大豆黄酮、异黄酮衍生物、皂苷、苜蓿酚、生物碱等	清脾涤胃、抗氧化作用
蒲公英	蒲公英甾醇、胆碱、菊糖、果胶等	清血净血、降血脂、降血压
蕨菜	皂苷、生物碱、纤维素等	除烦降热、利水利血
南瓜花	氨基酸、戊糖类、生物碱、腺嘌呤等	止渴、祛热、消肿、解毒
藏红花	红花素、红花酸、皂苷等	活血散瘀、开结、止痛
雪莲花	多糖类、蛋白质、多种氨基酸、维生素等	除寒、助阳、温经、止血
啤酒花	黄芪苷、芸香苷等黄酮类、鞣质、树脂等	健胃、消食、行水、安神
马齿苋	皂苷、黄酮、生物碱、钾盐等	清热解毒、散血止痢
枸杞子	甾醇、甜菜碱、维生素 B_1、维生素 B_2、维生素 C、胡萝卜素	滋肾润肺、补肝明目
茯苓	三萜类、多糖、胆碱、蛋白酶、卵磷脂	除湿行水、生津止渴
薏苡仁	三萜类、薏苡素、纤维素、多糖、不饱和脂肪酸	健脾补肺、清热利湿

（二）我国糖尿病人食疗食物的营养素及功能成分

我国糖尿病人食疗食物的营养素及功能成分见表16-8。

表 16-8　　　　　我国糖尿病人常见食疗食物的营养素及功能成分　　　　单位：g/100g

食品名称	糖类	脂肪	蛋白质	膳食纤维	功能成分
荸荠	9.1~14.8	0.4	0.8~1.9	0.6~3.3	荸荠英
山楂	18.3~23.6	0.3~0.6	0.7~2.8	2.8~3.8	三萜类、黄酮类

续表

食品名称	糖类	脂肪	蛋白质	膳食纤维	功能成分
无花果	10.0~13.0	0.1	1.0~1.5	0.5~3.0	多种酶、抗癌成分
花生仁	5.2~17.5	25.4~48.0	12.1~28.1	3.5~7.7	儿茶素、不饱和脂肪酸
核桃仁	0.9~24.1	55.4~65.5	11.8~16.4	5.5~12.2	戊聚糖、不饱和脂肪酸
西瓜子仁	3.2~7.1	45.9~46.5	30.3~32.3	4.5~5.4	不饱和脂肪酸
南瓜子仁	4.1	41.7~50.5	33.0~38.9	2.8~5.4	不饱和脂肪酸
葵花子仁	10.0~19.6	48.4~48.9	10.0~19.1	4.6~14.7	不饱和脂肪酸
橄榄果	5.2~11.1	0.1~0.2	0.6~0.8	0.5~4.0	维生素C、果胶等
桑葚	9.6~10.0	0.3~0.4	1.6~1.8	3.3~4.9	黄酮类
山药	8.0	0.2	1.5	0.2	肽、萜、酚、皂苷、多糖等
芋头	11.4	0.1	1.9	0.8	肽、多糖、皂苷
魔芋粉	16.3	(微)	3.4	65.4	魔芋胶
南瓜	1.2	—	0.9	1.0	视黄醇
扁豆	8.9	0.2	22.8	1.6	视黄醇
蚕豆	48.6	0.8	28.2	4.7	视黄醇
豌豆苗	1.4	0.6	3.1	1.4	视黄醇、多肽
黄豆	25.3	18~22	36.3	4.8	皂苷、异黄酮、磷脂
绿豆	58.8	2.5	23.8	4.2	多肽、磷脂
张家口小米	76.1	1.7	9.7	1.2	小米黄色素
标准粳米	76.0	1.7	6.9	0.4	蛋白、多肽
标准籼米	75.5	1.8	8.2	0.5	蛋白、多肽
标准糯米	78.9	1.4	7.9	0.2	蛋白、多肽
小麦标准粉	74.6	1.8	9.9	2.64	谷胱甘肽
黄玉米	72.2	4.3	8.5	1.3	多肽、胶原蛋白

(三) 我国历代治疗糖尿病人的部分食疗配方

1. 我国历代治疗糖尿病人的部分食疗配方 (Ⅰ)

我国历代治疗糖尿病人的部分食疗配方 (Ⅰ) 见表16-9。

表16-9　　　　　　　**我国历代治疗糖尿病的部分食疗配方 (Ⅰ)**

食疗方名称	配方	制作方法	功用	作者
酸枣仁粥	酸枣仁50g, 粳米100g	将酸枣仁炒黄磨碎,粳米煮粥,米熟时加入枣仁粉煮开即可	补气清热,益脑安神,用于糖尿病食疗	宋代 王怀隐

454 续表

食疗方名称	配方	制作方法	功用	作者
枸杞叶粥	枸杞叶适量，面粉50g，食盐、芝麻油各适量	将枸杞叶洗净放入锅，加水200mL，用旺火煮开，将面粉加水调成糊状，待水开后搅进面糊，煮熟，并加适量食盐、芝麻油即可	补虚退热，除烦止渴，用于伴有阴虚低热作渴的糖尿病者	宋代 王怀隐
《图经本草》萝卜粥	粳米100g，鲜白萝卜一个	将萝卜清洗切丁，与粳米同煮成粥，早、晚食用	宽中顺气，开胃祛痰，用于食积不化糖尿病者	宋代 苏颂
《易简方》百合粥	鲜百合100g，粳米100g	清洗百合与粳米同煮成粥，食用	清肺去热，生津止渴，用于肺热哮喘多渴糖尿病者	宋代 王硕
《儒门事亲》山药粥	山药300g，白茯苓200g，大米或小麦粉适量	将山药、白茯苓分别磨成粉，每次各20g，与大米或小麦粉煮粥食用	补脾健胃，益肾消渴，用于脾肾双虚糖尿病者	金代 张从正
《饮膳正要》小麦粥	陈小麦仁100g	将小麦仁炒黄，磨研碎，煮汤或熬粥食用	养心益肝，生津止汗，用于心虚多汗，易渴多尿糖尿病者	元代 忽思慧
酸枣仁汤	酸枣仁15g，茯苓10g，人参5g	将酸枣仁、茯苓、人参煎熬，去渣饮汁或将三味中药研末，用米汤送服	安神补气，除湿止汗，用于气虚多渴盗汗糖尿病者	明代 朱木肃
《本草纲目》消渴饮	人参2g，鸡蛋清3个	将人参研末与鸡蛋清调和，用沸水冲服	补气生津，止渴，用于消渴频饮糖尿病患者	明代 李时珍
《本草纲目》猪肉粥	瘦猪肉100g，鲜山药50g，粳米100g，调味品适量	将猪肉、山药、粳米分别洗净，肉与山药切成丁，与粳米同煮成粥熟时，加入调味品，即可食用	补脾宽胃，止渴润燥，用于脾虚体弱，食少尿多便稀型糖尿病患者	明代 李时珍

2. 我国历代治疗糖尿病人的部分食疗配方（Ⅱ）

我国历代治疗糖尿病人的部分食疗配方（Ⅱ）见表16-10。

表16-10 我国历代治疗糖尿病人的部分食疗配方（Ⅱ）

食疗方名称	配方	制作方法	功用	作者
《苏沈良方》枸杞汤	枸杞15g，黄精15g，粳米100g	将枸杞、黄精水煎取汁，与洗净粳米同煮粥，食用	补气生血、添精止渴，用于糖尿病患者	宋代 沈括
《圣济总录》乌梅粥	乌梅5g，粳米100g	将乌梅洗净浸泡12h去渣取汁，与洗净粳米同煮粥，每早空腹食用	清热生津，敛肺润肠，用于胃肠虚弱型糖尿病患者	宋代 赵佶

续表

食疗方名称	配方	制作方法	功用	作者
《尊生八笺》菊苗粥	甘菊苗（或菊花瓣）50g，粳米100g	将甘菊苗洗净与粳米同煮成粥食用	清肝明目，宁心消渴，用于伴有高血压、视网膜病变型糖尿病患者	元代高濂
《普济方》黄母鸡粥	黄母鸡一只，淡豆豉10g，粳米100g，调味品适量	将鸡去毛，去内脏，洗净，粳米洗净和豆豉同放进鸡腹内，加入调味品，用旺火炖煮熟后，吃鸡肉喝汤	滋阴补气，生津止渴，用于气虚生热型糖尿病患者	明代朱木肃
《本草纲目》黑芝麻粥	黑芝麻15g，粳米100g	将黑芝麻清理干净，炒熟磨碎与洗净粳米同煮成粥食用	补肝养胃、益肾疗渴，用于糖尿病患者	明代李时珍
《本草纲目》薏苡仁粥	薏苡仁50g，粳米100g	将薏苡仁洗净，用温水浸泡（或炒黄），粳米洗净与薏苡仁同煮成粥食用	清热除湿、消渴，用于浮肿的糖尿病患者	明代李时珍
《本草纲目》白果粥	乌鸡一只，白果15g，莲子15g，粳米50g，调味品适量	将鸡去毛，内脏洗净，白果仁放入鸡腹，粳米洗净和鸡同炖至熟，加入调味品，即可食用	补气化浊，收湿固精，用于体虚型糖尿病患者	明代李时珍
《本草纲目拾选》甜浆粥	鲜豆浆500mL，大米50g	将大米洗净，用豆浆煮成粥，每日早餐空腹食用	补中益阴、生津止渴，用于糖尿病患者	清代赵学敏
《养生随笔》海参粥	海参2只，粳米100g，调味品适量	将海参洗净切碎与粳米同煮成粥熟后，加入调味品，即可食用	补血益精，止渴润燥，用于糖尿病患者	清代曹庭栋

第十七章

肾脏病人功能性粮油食品

我国最新流行病学的调查显示，成年人的慢性肾脏病发生率为 10.8%，其中约 1% 的患者为终末期肾衰竭（尿毒症），需要透析治疗。一个透析患者，每人每年需花费大约 8 万元的治疗费用（据此估计，要花费 800 亿元人民币）。这不仅对患者个人的健康造成危害，还会给家庭、社会带来沉重的负担。统计显示，我国慢性肾病和尿毒症患者的第一病因是慢性肾小球肾炎，其中半数是中青年人，20 多岁的患者并不鲜见，年轻化的趋势严重。因此，做好全民慢性肾病防治，迫在眉睫。其中功能性粮油食品可以为该病患者的康复助一臂之力。

第一节 肾脏病人的膳食配制原则

肾脏是人体的过滤器，负责血液的过滤和尿液的排泄，使血液保持清洁和水分的平衡与稳定，同时把多余的盐类、代谢废物排出体外。肾脏对人体的健康至关重要。肾脏疾病分为肾炎、肾病。近几年用饮食疗法治疗肾病已取得较大进展。饮食治疗需根据人体肾功能不全的不同阶段进行调整，主要分为急性期、急性症状消失和恢复期，以及透析疗法膳食、尿毒症膳食等。

一、一般肾病患者的膳食配制原则

（一）选用低蛋白质食品

这类食品常用主食有面条、粉丝、米制品等，它们的蛋白质含量低（每天限制在 30~35g），但其品质较优，适于各类一般肾脏病患者食用。蛋白质太多会增加肾脏的负担而不利于康复。

（二）选用低（无）蛋白质高热量食品

此种食品主要是淀粉的水解物，水解至甜味适当和容易消化的程度。另一类是在饴糖粉（或饴糖浆）中添加中碳链脂肪（MCT）以增加热量。这些增热食品可与果汁、红茶等饮料一起食用，也可制成饼干、果酱等食用。

（三）选食用高蛋白质食品

这类食品适用于肾病症手术后及兼有肝病、胃溃疡的病人。选用优质蛋白质，例如动物性蛋白、大豆蛋白、花生蛋白及谷朊粉等。以大豆为原料的蛋白质含量可高达 85%

（如速溶高蛋白豆浆晶等），粉末状的高蛋白食品，食用时可按比例添加到果汁和冰淇淋中，以满足病人对优质蛋白质的需要。

二、尿毒症患者的膳食配制原则

所谓尿毒症是由于肾功能衰竭引起严重的代谢紊乱（特别是水和电解质的平衡失调），加上肾脏不能清除毒性产物而导致的自身中毒综合征。配合食疗会收到一定的效果。尿毒症膳食配制的原则如下：

（1）选用低蛋白质食品，每日蛋白质限制在 20g 左右（为优质者），以减少蛋白质代谢所产生的废物（尿素等）在血液中的含量，减轻肾脏清除毒物的负担。

（2）大量饮水，冲洗肾和排尿系统，以利排出毒素和病菌。每天饮 1000～3000mL 水为好。

（3）选用高碳水化合物食品（米、面制品等）。

（4）严格限制（乃至禁用）食盐和含碱食物。

（5）最优膳食配制　选用小麦淀粉代替面粉；以大米为主要热源（每 100g 干小麦淀粉含蛋白质 0.6g，热能 346kcal），可用来蒸包子、烙饼等。也可选用含蛋白质少的粉皮、粉丝、粉条等。我国生产的小麦淀粉及制品已投放市场，可供选用。

三、肾脏病人用全营养配方食品

肾脏病人用全营养配方食品属于特殊医学用途配方食品。根据国际食品法典委员会定义，特殊医学用途配方食品是针对进食受限、消化吸收障碍、代谢紊乱或其他特定疾病状态人群的特殊营养需要，专门配制加工而成的配方食品。国外使用表明，这类食品在患者治疗、康复及机体功能维持过程中，起着极其重要的营养支持作用，其本质是食品，不是药品，不具特定治疗作用。

肾脏病人用全营养配方食品是我国 GB 29922—2013《特殊医学用途配方食品通则》规定的重要内容之一。这类食品适用于成人慢性肾脏病（CKD）人，配方根据透析或非透析慢性肾脏病人对营养素的不同需求，通过调整蛋白质及电解质的水平，以满足其营养需要，以利于病情稳定和康复。

（1）对于非透析慢性肾脏病人，膳食配方的原则是：蛋白质含量不高于 0.65g/100kJ。其他营养素配制请见国家标准 GB 29922—2013《特殊医学用途配方食品通则》。

（2）对于透析慢性肾脏病人，膳食配方的原则是：蛋白质含量不低于 0.8g/100kJ。其他营养素配制请见国家标准 GB 29922—2013《特殊医学用途配方食品通则》。

四、日本肾脏病患者的治疗膳食

肾脏病患者的膳食治疗，根据病人肾功能不全的不同阶段进行调整。

（一）肾脏病患者的膳食治疗标准

肾脏病患者的治疗膳食见表 17-1。

表17-1　　　　　　　　　　　日本肾脏病患者的治疗膳食配方

病症		蛋白质/（g/d）	食盐/（g/d）	热量/（kJ）	水分
	急性期	25	0	7534.5	限制
肾炎	急性症状消失	50	3	7953.1	—
	恢复期	70	6	8371.7	—
	急性期	70	0	7534.5	限制
肾病	急性症状消失	80	3	7953.1	—
	恢复期	100	6	8371.7	—
急性肾功能不全		<5	0	7534.5	前1d尿量+500g
慢性肾功能	严重	20	6	8371.7	限制
不全	中度	30	6	8371.7	—
透析	严重	30	6	9208.9	前1d尿量+800g
	中度	40	3	9208.9	

（二）酱油味蛋白调整面条

不久前研制出一种碗装方便"酱油味蛋白调整面条"，作为肾病患者的治疗膳食。这种方便面所含蛋白质比普通面条低50%，盐分减少30%，虽然味道清淡一些，但是料包中的鸡肉和蔬菜鲜味起到了提味的效果，并不影响食欲。

第二节　肾脏病人主要功能性粮油食品

肾脏病人用功能性粮油食品，是指以辅助治疗肾脏疾病、稳定和缓解病情为目的而研发的一类含有特定营养与生物功能性成分、具有肾脏疾病特定消费人群和功能指向的一类食品。

一、肾炎健康面包

肾炎保健面包的特点是蛋白质含量低，氨基酸组成平衡，不易老化，其外观、组织、口感等感官指标与普通面包相同，适合于肾炎辅助治疗，也可供肾功能低下者食用。

1. 肾炎健康面包配方

肾炎健康面包配方　小麦淀粉1000g、酵母40g、起酥油110g、水110g、乳清蛋白浓缩物（75%）150g、汉生胶60g、蔗糖酯20g、食用糖110g、食盐7g。

2. 肾炎健康面包的生产工艺流程

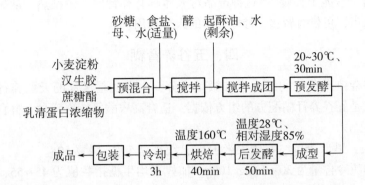

3. 制作要点

（1）将上述配方中的小麦淀粉、汉生胶、蔗糖酯、乳清蛋白浓缩物粉体原料混合，制成预混合粉。

（2）在粉体中添加酵母砂糖、食盐等溶解液及水，进行搅拌。

（3）添加起酥油后，搓制成面团，进行预发酵（20～30℃，30min）。

（4）切割成350g的小块，成型，放在相对湿度为85%、温度为28℃的发酵室中进行后发酵（50min）。

（5）放入烤炉中，用160℃的温度烘焙40min，取出，在室温中自然冷却3h，包装入库。

二、杂粮南瓜九合面粉

杂粮南瓜九合面粉以杂粮九合面粉为基质，添加鲜南瓜粉配制而成，既保证了产品的筋性又增加了制品的香甜口感，可用于制作馒头、烙饼、面条、包子、饺子和各种糕点等食品，是申报国家专利产品。配方有玉米、小米、高粱米、黄米、荞麦仁、稷子米、大豆、薯全粉、绿豆等九种，采用低温水磨制粉工艺制成。经检验，该产品蛋白质、维生素E、镁、锌、铁、钙的含量分别比精制小麦粉提高57.5%、116%、40%、128.5%、37%、92.9%，达到营养互补，平衡之目的，可用于制作适合慢性肾病患者的功能性粮油食品。

三、沙苑子（茶）及制品

沙苑子（白蒺藜），形似小米粒，呈金黄色（或黄褐色），是陕西省秦东地区的一种特有农作物。据我国《药典》记载，炮制后的沙苑子，味甘、性温、无毒，对人体具有补肾、养肝、明目等食疗功效。可用于辅助治疗头晕、目眩、腰膝酸软、尿频余沥及医治小儿遗尿等症。沙苑子茶是用沙苑子为原料，经加工制成的一种新型滋补健康饮料。检测结果显示：它含有丰富的碳水化合物、脂肪、蛋白质、维生素C、维生素B、生物碱、β-谷甾醇、黄酮苷以及微量元素等成分。茶汤具有碧绿透明，香味浓郁和口感清醇的特点，由陕西省粮食厅秦东保健茶厂生产。

460   河北一家医药研究中心将沙苑子提取液浓缩、提纯、改良后配以民间传统药方制成了方便服用的"沙苑子胶囊"。这种产品对人体具有补肾虚、清湿热、活瘀血等食疗功效。产品已上市，可供有肾虚、肾亏症状的人群选用。

四、五谷养肾糊

我国五谷杂粮（豆）的维生素和微量成分，本身就是优良的天然养肾药食兼备的营养素，这就是五谷养肾糊配方的组方依据。适合高尿酸等特殊膳食人群食用。

1. 原料配方

小米 250g，黑米 250g，富硒大米 150g，红小豆 50g，绿豆 50g。

加权平均嘌呤含量为 30~40mg/100g；加权平均生糖指数值为 45~55；加权平均抗氧化容量（ORAC）为 300~4000。

2. 制作和食用方法

选用九阳豆浆机料杯量取 1~1.5 杯谷、豆混合物 75~120g，用水清洗干净后，按豆浆机说明书要求操作，即可制得五谷养肾糊。每日 1~2 餐适量服食。

五、复方扶元糊（浆）

依据我国中医学固本扶元的理论及现代营养学的抗氧化理论，配制的复方扶元糊（浆），不仅对肾病患者有益，还有抗癌、防癌的食疗作用。

1. 原料配方

富硒大米 200g，小米 150g，黑米 150g，黑豆 50g，红小豆 50g，绿豆 50g，白芸豆 50g，花芸豆 50g。加权平均生糖指数值为 35~40；加权平均抗氧化容量为 6500~7500。

2. 制作和食用方法

选用九阳豆浆机料杯量取 1~1.5 杯粮谷、豆类混合物 75~120g，用清水清洗干净后，按九阳豆浆机说明书要求操作，即可制得复方扶元糊（浆）。食用前加入亚麻子油 5g，疗效更佳。每日 1~2 餐适量服食。

六、复方早餐糊

复方早餐糊是精选药食同源的山药、茯苓、鸡内金、莲子肉、薏苡仁、芡实、紫苏子以及燕麦、发芽糙米等原、辅料，分别经清理干净后，按科学配方，由南京农业大学食品科技学院研制的专利产品。具有不用熬煮、冲调即食、入口即溶、易消化吸收的特点。适用于肾虚尿频、心悸气短，以及"三高"特殊膳食人群等当早餐食用。

七、蚕豆营养复合粉

蚕豆营养复合粉是以蚕豆粉、大豆粉、荞麦粉、玉米粉、糙米粉等五谷杂粮为原料，按照科学比例，营养互补的原则制成的一种功能性食品，具有生物效价高、营养全面均衡、口感风味独特、符合现代膳食结构新理念的特点。可用于制作各种花色品种的粮油食品，适合肾脏病人等特殊膳食人群食用。

461

1. 原料配方

蚕豆粉 30%；糙米粉、玉米粉、小麦粉各 20%；大豆粉、荞麦粉各 5%。

2. 配制要点

①先将优质蚕豆、大豆、荞麦、糙米、玉米、小麦等原料，分别清理干净，分别研磨成粉状后烘干，备用。

②将以上粉料，按配方比例进行搭配并混合均匀，即为成品，可用于制作各种粮油食品（馒头、面包、糕点等）。

③按照 1、2、5、10 等不同规格进行包装、出售，以便消费者选购。

八、养生挂面

养生挂面是优选药食同源的百合、葛根、薏苡仁、猴菇以及小麦面粉等原料制成的产品，其方法是：将百合、葛根、薏苡仁、猴菇分别清理干净并加工成粉状，按科学配方，分别与小麦面粉混合，按照挂面的制作工艺，制成养生百合挂面、葛根挂面、薏苡仁挂面和猴菇挂面，它们的功效如下。

（1）百合挂面：中医学认为百合有润肺止咳、宁心安神、补中益气的药用价值。百合挂面滑嫩如凝脂，对人体具有安神补气的功效。

（2）葛根挂面：据《本草纲目》记载，葛根味甘辛、性平无毒，食之可生津止渴，清热解毒。葛根挂面滑爽易熟，对人体具有清热解毒的功效。

（3）薏苡仁挂面：据《本草纲目》记载，薏苡仁健脾益胃，补肺清热，祛风祛湿。其所生产的薏苡仁挂面柔软细腻，对人体具有清热除湿的功效。

（4）猴菇挂面：据《本草纲目》记载，猴菇性平、味甘，有"利五脏，助消化"的功效。猴菇挂面香味浓郁，对人体具有养胃、润肠、通便的功效。

这些养生挂面，营养丰富，口感风味独特，符合现代膳食结构新理念，适合肾脏病人特殊膳食人群选择食用。

九、大豆拉丝蛋白素食品

大豆拉丝蛋白素食品是大豆拉丝蛋白制品，由非转基因低温豆粕、谷朊粉、小麦淀粉等为原、辅料，不含任何化学制剂，完全靠物理性膨化而成，具有很强的瘦牛肉丝感、咀嚼感，脂肪含量低，蛋白含量高，经过再加工卤制后，具有很高的营养、健康价值，不但是大众食品，更适合肾脏病手术后（或肝脏及胃溃疡病症患者）特膳食人群食用，以达到快速补充蛋白质之目的。

第三节　肾脏病人食疗药膳

慢性肾病若能在药物治疗的同时，辅以食疗药膳，可以收到事半功倍的效果。药膳"寓医于食"，即将药物作为食物，又将食物赋以药性；药借食力，食助药威。食疗药膳的主旨是科学烹调，以食养生。肾脏病人用食疗药膳需掌握十六字令：辩证施膳，辨病施膳，因人施膳，因时施膳，方可收到调理、祛病和保健之功效。

一、冬瓜赤豆粥

【组方】冬瓜 500g，赤豆 30g，大米 100g。

【制法】将冬瓜洗净去皮，与清洗干净的赤豆、大米一起煮成粥。

【适应证】利小便，消水肿，解热毒，止烦渴。适用于急性肾炎浮肿尿量少者。

【用法】不加食盐（或少加食盐）。吃瓜喝粥，每日 2 餐适量食用。

二、冬瓜蚕豆壳粥

【组方】新鲜连皮冬瓜 100g，蚕豆壳 20g，粳米 100g。

【制法】先将蚕豆壳加水煎煮，去渣取汁液，再将冬瓜洗净，切成丁，同粳米一起煮成粥后兑入蚕豆壳汁，煮沸即可。

【适应证】利小便，消水肿，清热毒，止烦渴。适用于急、慢性肾炎患者。

【用法】每日 1~2 次，温热服食。

三、白果芡实粥

【组方】白果 10 粒，芡实 50g，糯米 50g。

【制法】将白果去壳取仁，同洗净的芡实，糯米加适量水共煮成粥。

【适应证】利水消肿，适用于慢性肾炎、水肿等症。

【用法】每日 1 次，温热服食。

四、荠菜粳米粥

【组方】粳米 100g，鲜荠菜 90g。

【制法】先将鲜荠菜去杂质，清洗干净，切成 2cm 长后同洗净的粳米同入锅加水武火煮沸后改文火熬煮至熟，成粥。

【适应证】健脾补虚，明目止血。适用于慢性肾炎，水肿及便血，视网膜出血等症。

【用法】每日 2 次，早、晚 温热服用。

五、茯苓山药粥

【组方】茯苓 30g，干山药片 30g，糯米 50g。

【制法】将茯苓、山药片、糯米清理洗干净，加水适量同煮成粥。

【适应证】补脾胃，补肾润肺。适用于慢性肾炎及脾虚腹泻，便秘等症。

【用法】供四季早、晚餐服食。

六、黑豆鸡蛋粥

【组方】大黑豆 30g，小米 90g，鸡蛋 2 枚。

【制法】将黑豆、小米、鸡蛋分别洗净，放入锅内加适量水同煮至蛋熟，鸡蛋去壳后再煮至粥熟。

【适应证】滋补肝肾脾。适用于由肾、脾两亏所致的水肿症。463

【用法】每日早、晚温热服用。

七、茅根赤小豆粥

【组方】粳米 100g，赤小豆 50g，鲜茅根 200g。

【制法】将鲜茅根洗净煎熬去渣取汁液，以汁液和粳米、赤小豆共煮为粥。

【适应证】适用于急性肾炎患者，水肿血尿症状者。

【用法】分 2~3 次服用，每日一剂或隔日一剂。

八、鲤鱼苡仁粥

【组方】薏苡仁 60g，赤小豆 30g，活鲤鱼 500g。

【制法】将鲤鱼刮鳞去内脏洗干净，放锅内加适量水煮熟去渣取汁，另用水煮洗净的薏苡仁、赤小豆至熟透后加入鲤鱼汁即可食用（可加少许食盐）。

【适应证】适用于肾病综合征水肿难消患者。

【用法】分 2~3 次服食，每日一剂或隔日一剂。

九、黄芪糯米粥

【组方】糯米 100g，黄芪 50g。

【制法】将黄芪加水煮煎去渣取汁，再与洗净的糯米共同煮为粥即可食用。

【适应证】适用于急性肾炎恢复期气虚而见水肿、蛋白尿患者。

【用法】每日分早、晚两次服用。

十、黄芪山药粥

【组方】粳米 50g，生黄芪 25g，生山药 25g。

【制法】煮黄芪 20min，去渣取汁，再同洗净山药（切块）、粳米共煮成粥。

【适应证】适用于慢性肾炎症见浮肿、心悸气短、乏力、面色萎黄、脉缓或细弱患者（阴虚火旺及外感发热者忌用）。

【用法】分早、晚两次温服，每日一剂。

十一、花生蚕豆汤

【组方】花生仁 120g，蚕豆 250g，红糖适量。

【制法】先将花生仁、蚕豆清洗干净，放入砂锅内，加水适量，用微火煮至蚕豆皮破碎，待水呈棕色混浊时，加入红糖，即可食用。

【适应证】适用于治疗慢性肾炎等症。

【用法】每日分早、晚适量服用。

十二、薏米绿豆粥

【组方】薏苡仁 30g，绿豆 30g，大米 50g。

464　　　【制法】先将薏苡仁、绿豆、大米分别清洗干净放入锅内，加适量水上火煮熟成粥，即可食用。

　　【适应证】肾盂肾炎初发阶段。

　　【用法】分早、晚适量服用，连用 7d。

十三、山药莲子枣粥

　　【组方】粳米 100g，山药 200g，莲子 100g，红枣 10g，白糖适量。

　　【制法】山药洗净，蒸熟后去皮、压碎；莲子洗净上笼蒸酥；红枣洗净去核；粳米清洗干净。四味一同放入锅内，加适量水煮成粥，加入白糖即可食用。

　　【适应证】急性肾小球肾炎恢复期。

　　【用法】分早、晚适量食用，连用 7d。

十四、桑薏葡萄粥

　　【组方】桑葚 25g，薏苡仁 25g，葡萄干 25g，粳米 50g。

　　【制法】将桑葚、薏苡仁、葡萄干、粳米分别洗净，一同放入砂锅，加适量水，用文火煮成粥，即可食用。

　　【适应证】慢性肾小球肾炎。

　　【用法】每日一剂，分早、晚 2 次食用。

十五、薏苡仁枣蜜粥

　　【组方】薏苡仁 50g，红枣 15 枚，蜂蜜 30g，糯米 50g。

　　【制法】将薏苡仁洗净沥干；红枣用温水浸泡片刻后洗干净；糯米清理洗净。三味一同入锅，加适量水煮粥，待粥将煮熟时加入蜂蜜，再煮片刻离火即可食用。

　　【适应证】慢性肾小球肾炎。

　　【用法】每日一剂，分早、晚食用。

十六、黑豆赤豆薏仁荷叶汤

　　【组方】黑大豆 50g，赤小豆 25g，薏苡仁 25g，荷叶 6g。

　　【制法】先将荷叶清洗干净切碎放入锅内，加适量水煮煎 10min，去渣取汁备用；将黑大豆、红小豆、薏苡仁分别清洗干净，与荷叶汁一同放入锅内，加足水，武火煮开后，改用文火炖至豆烂熟，吃豆喝汤。

　　【适应证】慢性肾小球肾炎。

　　【用法】每日一剂，分早、晚食用。

十七、芡实莲薯粥

　　【组方】芡实 40g，莲子 40g，黑豆 30g，马铃薯 30g。

　　【制法】将芡实、莲子、黑豆分别清洗干净；马铃薯洗净、切丁；将四味食料同加入锅内，加适量水，煮开后改为小火至食料煮熟，即可服用。

【适应证】急性肾小球肾炎症。

【用法】每日服食 1~2 次，分早、晚食用。

十八、健肾粥

【组方】山药 150g，糯米 50g，芡实 40g，人参 15g，茯苓 15g，莲子仁 25g。

【制法】先将组方原料分别清理，清洗干净；然后将茯苓加适量水煎熬取其滤液；再把各味用料放入砂锅，加适量清水上火共煮成粥膳。食用时，可加适量白糖调味。

【适应证】健脾益肾，可辅助治疗慢性肾炎及脾肾虚弱的各种类型肾炎患者。

【用法】每天服食 2 次，每次 25~30g。

十九、枸杞桑葚粥

【组方】枸杞 5g，桑葚 5g，山药 5g，红枣 5 枚，粳米 100g。

【制法】将以上原辅料分别清理，清洗干净，山药去皮，切块后，一同放入锅里，加适量清水，加盖，上火共煮成粥。

【适应证】肝脾胃虚弱的肾炎患者。可强体、健身明目、补肾。

【用法】每日早、晚各食用一次。

二十、核桃栗子粥

【组方】小米 100g，核桃仁 20g，栗子仁 20g。

【制法】将组方原辅料同放锅内，加水适量，上火煮成粥。

【适应证】治疗肾气虚衰，补肾，治疗老年性尿频。

【用法】每日作为早餐食用。

二十一、芡实莲子粥

【组方】莲子、芡实、枸杞子各 30g，桂圆 20g，小米 100g。

【制法】将莲子、芡实捣碎，桂圆去壳，和小米同放砂锅内，加水适量，文火煮成粥。

【适应证】补肾，对治疗老年性尿频，尿失禁颇有效验。

【用法】每日作为早餐食用。

二十二、芡实茯苓粥

【组方】芡实 15g，茯苓 10g，大米 50g。

【制法】将芡实、茯苓捣碎加适量清水煮粥，待粥快成时加入大米，共煮成米粥。

【适应证】治疗肾虚气弱、小便不利、尿液混浊症疾有辅助治疗效果。

【用法】每日作为早餐食用。

二十三、蚕豆衣浸膏

【组方】蚕豆衣 1000g，红糖 250g。

466 　【制法】用蚕豆衣加适量清水进行熬制，取汁去渣后将蚕豆衣浓汁和红糖继续熬制成浸膏 500mL，冷却后装瓶保存于冰箱。

【适应证】防治肾性高血压症。蚕豆衣含有多巴 1-酪氢酸有效成分，临床用于来降低肾性高血压，改善肾小球缺血性损害。

【用法】每次服 20mL，日服 2 次，饭前空腹。

二十四、冬瓜薏米粥

【组方】皮冬瓜 500g，薏米 50g，陈皮 6g，大米 60g。

【制法】将冬瓜洗净切块，薏米、陈皮、大米分别淘洗干净，用旺火把水烧开，加入各料煲粥。

【适应证】对肾炎浮肿，夏日小便短黄都有良好的疗效。

【用法】每日 2 次，早、晚适量服食。

二十五、西须饮

【组方】西瓜 500g，玉米须适量。

【制法】将西瓜瓤切成小块，榨出西瓜汁，玉米须清理，洗净放入锅中，加入清水 500mL，煮沸，去渣取汁，再将西瓜汁倒入，混合均匀，冷却后服用。

【适应证】清热解暑，利尿。对急慢性肾炎、高血压、膀胱炎、尿道炎、咽喉炎、都具有辅助治疗效果。

【用法】每日 3 次，早、中、晚当茶水饮用，每日一剂。

二十六、复方黄芪粥

【组方】生黄芪 30g，生薏苡仁 30g，红小豆 15g，金橘饼 2 枚，鸡内金 9g（研为细末），糯米 30g。

【制法】先将生黄芪、生薏苡仁、红小豆分别洗净后用清水 600mL 煮黄芪 20min，除渣取汁，再加入鸡内金（粉状）和糯米，煮成米粥。

【适应证】益肾补阳，健脾和胃，可辅助治疗慢性肾炎，蛋白尿。

【用法】每日分 2 次温服，食后嚼金橘饼 1 枚。

二十七、黄芪山药小米粥

【组方】生黄芪 30g，山药 10g，枸杞子 10g，藕粉 10g，小米 10g，玉米须 30g。

【制法】先将生黄芪、玉米须加水煎熬，去渣取汁液代水熬煮小米，待粥将熟时，调入藕粉，枸杞子，山药片，续煮至山药片熟即可。

【适应证】益气补肾、清热利水，适用于肾病、糖尿病的辅助治疗。

【用法】每日食用 1 次，连食 7 日。

第十八章

心血管病人功能性粮油食品

————

一个世纪前，中华民族积贫积弱，百姓饥寒交迫，营养不良，传染病肆虐。今日的中国，国富民强，丰衣足食，吃饱已不成问题。然而心血管疾病却逐渐成为"富贵病"的代表，年轻患者不在少数，不再是中老年人的"专利"。

据 2015 年我国慢性病防控中心公布的一项调查得知：超重、肥胖、高血压、血脂异常、血糖异常（糖尿病）及亚健康人群近些年来不断攀升。全国 18 岁及以上成人中超重率为 30.1%，高血压患病率为 25.2%，较 10 年前呈逐年上升趋势。

现代"富贵病"不仅高发于老干部、老知识分子和老总之"三老"人群，已经向"第四老"（老百姓）发动进攻了，并日趋"低龄化"，直接危害着民众的健康和生活安宁。

阻击"富贵病"的尖端武器是平衡膳食，认真按照《中国居民膳食指南（2016）》的 6 个核心条目调整生活习惯，健康和长寿是可以实现的。

第一节　心血管病人的膳食配制原则

心血管系统疾病的范围很广，如高脂血症、动脉硬化、冠心病、高血压以及各种类型的心脏病等，与饮食关系都比较密切。医学专家普遍认为，防治心血管疾病的首要举措是膳食疗法。如今，国内外心血管疾病患者用膳食的配制原则如下。

一、选用低热能食品

如果患者体重超标，需要节制饮食并选用低热能食品，以每日每千克体重供给126~147kJ 能量为宜。因总热能过高时，血清胆固醇会升高。常见食物热量见表 18-1。

表 18-1　　　　　　　　　　　　**常见食物的发热量**

食物种类	食物量	热量/J	食物种类	食物量	热量/J
白米饭	1 小碗	921	炸春卷	1 只	569
即食面	1 包	1599	汉堡包	1 个	1549
植物油	1 汤匙	168	饼干	1 块	126

续表

食物种类	食物量	热量/J	食物种类	食物量	热量/J
一般鱼类	100g	377	薯条	1 小包	1047
午餐肉	500g	461	甜蛋糕	1 个	879
炸鸡翅	1 只	431	煎蛋	1 只	327
豆腐	1 小盘	222	炒饭	1 小碗	1943

二、控制胆固醇的摄入量

研究表明，血清胆固醇含量超过 260mg/100mL 的冠心病发病率，比 200mg/100mL 者高 5 倍。若经常大量摄入高胆固醇食物，会破坏体内胆固醇的动态平衡，最终导致动脉粥样硬化和冠心病。含胆固醇高的食物有动物脑、内脏以及某些甲壳动物（蚌、蟹黄等）。年龄超过 40 岁的人，即使血清胆固醇不高，也应避免经常食用过多的动物脂肪及含胆固醇较高的食品。最好代之以植物油脂及黄豆和豆制品（豆腐、豆浆等）。血液中胆固醇的含量增高，会导致动脉硬化的发生，高血压便随之而至。常见食物中胆固醇含量见表 18-2。

表 18-2　　　　　　　　　常见食物中胆固醇含量表　　　　　　　单位：mg/100g

名称	含量	名称	含量	名称	含量
猪蹄	6200	鳗鱼	186	鲫鱼	90
猪心	3640	小牛肉	140	草鱼	85
牛脑	2300	肥猪肉	126	鸭肉	70~90
鸡蛋黄	2000	肥牛肉	125	鸡肉	60~90
鱿鱼	1170	牛油	110	兔肉	65
羊肚	610	猪油	110	山羊肉	60
全蛋	450	牛肉	106	瘦猪肉	60
猪肝	420	猪排骨	105	瘦牛肉	24
奶油	300	火腿	100	海参	0

三、限制脂肪的摄入量

限制脂肪的摄入量，主要是限制动物性脂肪（即含饱和脂肪酸多者）。这是因为胆固醇与饱和脂肪酸有依赖关系，胆固醇只有溶解在饱和脂肪酸中，才能在动脉内膜中沉积并逐渐形成动脉粥样硬化。而不饱和脂肪酸则可使血胆固醇下降。饱和脂肪酸主要存在于动物油脂中，常用植物油主要含不饱和脂肪酸。常用油脂含饱和脂肪酸从多到少的排列顺序是：羊油、牛油、猪油。含不饱和脂肪酸从多到少的顺序是：茶子油、葵花子油、豆油、芝麻油、玉米油、花生油、米糠油。如能在膳食中合理选用，对于防治高血 脂、动脉硬化及冠心病，具有积极意义。但是食用植物油的量也要限制（每天以 20～30g 为宜），否则，大多数人会变成大胖子，不利于健康，更不利于疾病患者恢复健康。

四、合理供给蛋白质

摄取蛋白质可以预防高血压、脑卒中。蛋白质含氨基酸，具有抑制血压升高的作用，并且由于氨基酸种类的不同，对高血压管壁的阻抗作用也不同。合理的蛋白质供给一般人以每公斤体重每天 1g 为宜；动物性和植物性蛋白质占一半最为理想。

五、限量供给食盐

食盐的主要成分是钠和氯。钠摄入过量，在内分泌物的作用下，会使血压升高。钠还有吸收水分的作用，如果体内钠盐积聚过量，就会增加心脏负担。限量供给食盐可降低血压，减少血管壁损害，也可降低冠心病的危险。食盐摄入量宜限量在 6g 以下，并以低钠盐代替普通食盐。

六、摄入必需的矿物质

铬元素可使人体血清胆固醇水平显著下降，缺乏铬会导致动脉粥样硬化。精制的白糖有使机体内的铬流失的作用，红糖则含有较多的铬。

镁元素对心脏活动具有重要的调节作用，有利于心脏的舒缓和休息；还可以保护心血管，减少血液中胆固醇的含量，防止动脉硬化。含镁较多的食物有香蕉、红果、青豆、黄豆、红豆、玉米面、荞麦、面粉、花生、核桃、蘑菇等。

钾元素可以保护心肌细胞。人体缺少钾会引起心动过速和心律不齐。含钾高的食物有苋菜、小白菜、西红柿、洋白菜、冬瓜、苦瓜、芋头、慈姑、山药等。

碘元素有防止脂质在动脉壁沉着的作用。多吃海带和紫菜对防治心血管有好处。

七、摄入足量的维生素

维生素 C 对心血管疾病患者具有加强心血管弹性、韧性，减少脆性和防止血管出血作等用。维生素 C 含量高的食物，首推绿叶蔬菜和水果，红枣、猕猴桃、山楂、葡萄、草莓以及柑橘类含量最丰富。维生素 B_6 与亚油酸协同用降低血脂，维生素 B_6 含量较多的是酵母、动物肝脏、糙米、鱼、蛋、牛奶、豆类、花生等食物。医学研究表明，有 30%～40% 的男性心肌梗死与叶酸的缺乏密切相关，为此，人们宜常吃富含叶酸的食物，例如豇豆、豌豆、蚕豆、菠菜、莴苣、橙等。

八、适量增加全谷物食品

膳食纤维在防治动脉硬化和冠心病方面，具有特殊功能。首先，高膳食纤维的饱腹感强而避免过食，从而防治高血脂和肥胖症。其次，它在肠腔内可与胆固醇代谢物胆酸结合排出体外，减少冠心病发病的危险；它的"清道夫"和通便功能对防治高血压和冠心病也大有好处。因此，适当增加全谷物食品（尤其是杂粮食品）是心血管病人用

470 膳食配制的重要原则之一。

九、选用富含类黄酮的食物

类黄酮为一种酚类抗氧化剂，能抑制低密度脂蛋白氧化，减少血栓形成。常吃富含类黄酮的食物，患心脏病的命亡危险可减少 1/2；如能每天食相当一个苹果所含的类黄酮，则可使老年性冠心病的命亡危险减少 1/2。除苹果外，富含类黄酮的食物还有葡萄、洋葱、绿茶等。

第二节　心血管病人粮油食品的有效成分

心血管疾病人用功能性粮油食品含有多种调节血脂的有效成分，主要有大豆蛋白质、植物甾醇、大豆皂苷、芝麻素、共轭亚油酸、结构脂质等，对人体都具有直接或间接的调节血脂和脂质代谢的功能。

一、大豆蛋白质

有关大豆蛋白质对人体的降低血清胆固醇的效果，早在 40 年前就有报道，之后研究确认它的这种功效。美国等国家都已确认大豆蛋白质是降低人体血液胆固醇的功能食品。FDA 批准大豆蛋白食品可标明"具有保健效果"（1999 年）。人体每天摄入 25g 以上大豆蛋白质，即可降低血液胆固醇。我国研究者认为，大豆蛋白含有与胆汁酸相结合的组分，此组分在人体消化过程中会游离出来与胆汁酸结合而抑制对胆固醇的吸收。

二、大豆皂苷

大豆皂苷是大豆重要功能性成分之一，是三萜或甾醇的配糖体，在大豆中的含量为 0.1%~0.3%。大豆皂苷具有表面活性，其三萜和类甾醇部分为疏水性而糖的部分的亲水性。由于大豆皂苷的这种特性，具有溶血和降低胆固醇的作用。还有直接降低人体血液中胆固醇浓度的作用。

大豆皂苷还具有抑制血小板凝集、促进人体内纤维蛋白的溶解、调整冠状动脉与脑血管流量，以及提高心肌供氧量等功能。人们经常食用富含大豆皂苷的食品，就可以预防心脑血管系统疾病的发生和发展。我国大豆加工企业每年生产有近 1.3 万吨大豆皂苷产品，供生产富含大豆皂苷的保健食品，如豆腐、腐竹、冻豆腐等。

三、植酸

植酸是肌醇分子结构式上带有 6 个磷酸的物质，是大豆的功能性成分之一，含有 1%~2%。植酸与蛋白质（或淀粉、矿物质）结合，能降低其消化吸收率，因而被认定为营养素，但它对心脑血管疾病具有防治作用，它还可抑制淀粉生成葡萄糖，也对预防心脑血管疾病和糖尿病有一定效果。

471

四、大豆异黄酮

大豆异黄酮是一种苯酚化合物，单独或与糖结合作为配糖体存在，是冠心病的预防功能性成分。并具有抗氧化效果，可防止人体低密度脂蛋白的氧化而降低血液胆固醇，抑制高血压，预防心脑血管疾病等功用。据报道，有公司最近推出的产品"大豆胚芽茶"饮料，因富含大豆异黄酮功能成分，被专家评定为"特定保健食品"。这种茶饮料除具有预防心脑血管疾病的作用外，还具有减少钙质从骨骼中溶出，预防骨质疏松症，维护骨骼健康的功效，受到中老年人的青睐。

五、植物甾醇（谷甾醇）

在芬兰等国家，植物甾醇已被批准为"具有降低人体血液胆固醇的功能食品"，并生产出含有 60%谷甾醇的医药保健品，食用及临床效果均显著。植物甾醇降低血清胆固醇的作用机理是：

（1）抑制胆固醇在肠道的吸收；

（2）阻止胆汁酸与胆固醇形成复合体；

（3）能使胆固醇吸收酶减少；

（4）吸收的植物甾醇可抑制体内胆固醇的合成，从而降低人体血液胆固醇的含量。

六、芝麻木酚素（芝麻素）

木酚素是植物中所含有的一类生物调节物质。人们食用的芝麻油，芝麻酱中就含有丰富的木酚素类化合物，包括异芝麻素、芝麻素酚、芝麻林素、芝麻林素酚以及芝麻酚等功能性成分。研究证实，芝麻素具有降低人体血液胆固醇在胆汁酸胶束中的溶解性而发挥阻碍从肠道吸收胆固醇的效果，芝麻素还能降低合成胆固醇相关酶的活性。专供心血管病人用的芝麻素与维生素 E 相结合的功能性食品已经面市。

七、结构脂质

结构脂质是指甘油的羟基结合有特殊脂肪酸的那类油脂，水解后游离出的特殊脂肪酸便能发挥生理功能，降低人体血液胆固醇。我国开发出的结构脂质主要有低热量油脂，高氧化稳定性油脂、酯交换油脂、类可可脂、代可可脂等产品，其中低热量油脂，是减肥者上佳的功能食品。

八、共轭亚油酸

共轭亚油酸作为亚油酸的几何以及位置异构体，是一类分子内具有共轭二重键结合的化合物的总称。共轭亚油酸的生理功能，主要是具有抑制肥胖、减轻动脉硬化，并能阻碍脂肪的积累。已研制出的共轭亚油酸健康食品，受到运动员的欢迎，食用后既可保持旺盛的体力，又可以减肥，可谓一举可得。

九、其他调节脂质代谢的功能成分

除了上述的 8 类调节血脂，调节脂质代谢的有效功能性成分之外，还有 γ-亚麻酸及抗消化蛋白（例如荞麦蛋白、丝蛋白等），对人体也具有降低血液胆固醇和减肥的效果。

第三节　心血管病人主要功能性粮油食品

心血管病人的功能性粮油食品主要是指以预防心血管疾病、维护人体健康为目的而生产的一类含有特定营养与功能性成分，具有补充特殊营养预防心血管疾病和保健的功能，具有心血管疾病特定消费人群和功能指向的食用，所制成的粮油食品。

一、低钠食品

医学证明，少吃盐能预防中风，低钠盐和低钠食品对原发性高血压患者有明显的降压作用，而且，低钠食品还可以降低血浆中的胆固醇，改善体内钾、钠的不平衡状态，有利于身体健康。低钠食品是指那些钠被限制或排除，使之具有特殊食用价值的食品。其产品有：低钠、特低钠、特殊低钠、特殊特低钠之分，其钠含量（100g 食品中）在120~140mg。我国已生产的低钠食品有低钠酱油、低钠保健调味品、无盐面条等。低钠食品适用于高血压及因心脏病和肾病引起的全身性浮肿，其钠的含量一般为同类食品的一半以下，其他营养成分的含量不变，如低钠盐酱油、低盐豆酱等），有些甚至无盐或含钠很低（麦淇淋、酥脆饼干、无盐面条、牛奶等）。我国已研制出了保健防病盐（钾盐、镁盐等）。

二、油脂强化营养食品

这类食品只使用植物油脂（对动脉硬化有良好疗效者），有米糠油、红花油、玉米油、芝麻油、亚麻油（胡麻油）、核桃油、茶子油、葡萄子油、小麦胚芽油和葵花子油等。它们具有降低血清胆固醇的作用。以其强化矿物质及维生素配制成的食品有蛋黄酱、人造奶油和色拉油等。

三、植物蛋白食品

研究表明，植物蛋白具有降低血液胆固醇的作用，因此植物蛋白食品是心血管病患者的疗效食品。大豆蛋白、核桃蛋白、小麦蛋白、花生蛋白及葵花蛋白为这类功能性食品提供了丰富的资源。各种功能食品，均可添加一定量的植物蛋白（大豆粉、花生粉、大豆浓缩蛋白、花生浓缩蛋白、大豆分离蛋白、花生分离蛋白、核桃蛋白以及葵花子蛋白等）。我国大豆蛋白主要用于面包和面条的加工、早餐食品、医疗食品、肉制品、罐头制品等。花生蛋白主要用于花生糖果、花生酱、花生复合食品、奶制品、高蛋白营养食品、冷饮、疗效食品等。

四、降血脂面制品

(一) 苦荞挂面条

1. 原辅料配方

小麦面粉 75%，苦荞面粉 25%。

2. 工艺流程

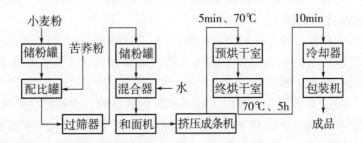

3. 营养价值

该产品所含蛋白质中的赖氨酸较多，淀粉容易糖化，易被人体消化吸收。据报道，以荞麦为主食的尼泊尔，人们就很少发生高血压症。苦荞挂面条的主要营养成分，见表18-3。

表 18-3 苦荞挂面条的营养成分及含量

名称	蛋白质/(g/100g干基)	脂肪/(g/100g干基)	总糖/(g/100g干基)	可溶性糖/(g/100g干基)	淀粉/(g/100g干基)	水分/(g/100g干基)	钙/(mg/100g干基)	磷/(mg/100g干基)	总黄酮/(mg/100g干基)	维生素C/(mg/100g干基)	维生素B_2/(mg/100g干基)	β-胡萝卜素/(mg/100g干基)
甜荞挂面条	10.05	0.39	80.49	11.0	69.49	9.07	0.21	0.19	0.19	17.75	0.24	—
苦荞挂面条	11.01	0.36	78.69	12.41	66.28	9.94	0.14	0.16	0.27	16.50	0.23	5.25

四川凉山彝族人长期以荞麦为食，其高血压、脑溢血患者很少见。由此说明荞麦的确是防治高血压及心脑血管疾患的"高手"。

(二) 全麦食品及制品

全麦食品是指用带麸皮的小麦、燕麦、黑小麦、荞麦面粉制成的食品。它的确具有降低血压和预防心血管等疾病的功能。我国全谷物食品开发以传统主食为切入点，已逐步由家庭自制向社会化供应转变。现已推出全麦馒头（花卷、大饼、包子）；全麦馕等；以荞麦、紫米为原料的杂粮馒头、发糕；黑麦面包、馒头、发糕；燕麦全麦食品等；全谷物杂粮挂面（其中的杂粮使用量均高达51%）；青稞挂面、苦荞挂面、红高粱挂面等。

（三）无糖粗粮养生月饼

月饼（团圆饼），是我国人们每年中秋节不可或缺的传统美食，历史悠久，寓意深刻。但是，作为一种"三高"之食，对肥胖症等患者而言，如今却成了两难——不吃馋得慌，大快朵颐损害健康。破解此"两难"的方法是把月饼的组分进行"改革"：把其中的精白面粉替成各种粗面粉，白糖替换低聚糖，降低富油果仁和馅料的占比，在色泽、气味、滋味不变的情况下，把传统月饼改制成为时尚月饼，让人们在中秋佳节全家共赏圆月之时，能够开心地吃这种既能饱口福又能保健康之团圆饼。

（四）青稞膳食纤维饼干

饼干是人们的零食，最受欢迎的有夹心饼干、曲奇饼干和苏打饼干等。"三高"也是其特点。如何像月饼的革新那样，破解人们（尤其是儿童、女性）在月饼吃与舍问题上的两难，现今也有了解决方法。

2015 年，一家公司推出了一种以"吃不胖"为卖点的"青稞膳食纤维饼干"。检测得知，青稞的膳食纤维含量为 16%（其中不可溶性为 9.63%，是小麦的 8 倍；可溶性为 6.37%，是小麦的 15 倍），加上高寒地区的锤炼，这种食物含有很多强身健体的成分。以它为原料是智慧的选择。青稞膳食纤维饼干面市后，深受包括白领一族和传统爱好者的青睐。

五、降血脂大米制品

（一）降血脂大米粉

降血脂大米粉是以早籼糙米为原料，红花子油、月见草油和米糠油为辅料，制成的一种功能性粮油粉状系列食品，含有 60%~80% 的早籼糙米粉；1%~9% 米糠油、2%~10% 月见草油、1%~9% 红花子油按比例混合制得的粉末油脂。其制作流程如下。

（1）优质早籼糙米粉碎、过筛、加水调成浆料、辊筒干燥后粉碎成粉备用。

（2）三种油按比例混合后经过滤、加糊精调和、乳化、杀菌、均质、喷雾干燥制成粉末油脂备用。

（3）将大米粉和粉末油脂按所需比例进行复配，即得符合设计要求的降血脂大米粉产品。

（二）降血脂红曲米（粉）

红曲，药食兼备，是传统的功能性发酵产品。我国红曲生产已颇具规模，主要产于福建、广东、浙江等省，一般用于制酒（福建的红曲酒、台湾的江露酒等），具有营养保健功效。红曲米（粉）已被国家卫生部门批准为"调脂、降脂保健食品"。"红曲"被中华预防医学会遴选为重点推广产品。

1. 红曲米（粉）

我国已生产出含洛佛他丁（有降血脂的功能）0.4% 以上的红曲，有的高达 1.0% 以上，被视为"功能红曲"，美国已从中国进口作为食物功能强化剂推向市场。欧洲则以食品配料从中国进口红曲，用于火腿肠的生产。

中国红曲包括红曲米和红曲米粉两类产品。古为今用，并赋予了它新的生机与活力。老药换新颜，被认为是最有前途的降血脂物质之一。

我国传统红曲生产是用籼米为主料，现在改用小米为主料生产已获成功，丰富了产品的新资源。小米红曲色价高，出曲率可达 30%～35%。还培育出富硒红曲霉菌种，为开发红曲健康食品提供了新菌株。

2. 红曲米（粉）系列食品

籼米红曲米被称为"心脑血管的保护神"。用红曲制作的"脂益康"产品含洛伐他丁 480～500mg/kg。被国家卫生部门批准为"调脂、降脂保健食品"。北大维信生产的"血脂康"作为降血脂药品已走向国际市场。

降脂红曲米对降低血脂，防治冠心病具有显著的药用效果，其主要原因是红曲中含有药理功能性物质：红曲红色素、抗菌活性物质、活性酶类（糖化酶、淀粉酶、蛋白酶、果胶酶、麦芽糖酶等）、降血压物质、降血液胆固醇活性物质莫那克林–K 是国际公认的调脂、降脂药物成分。

最近，我国中科院一家研究所生产了 4 种新产品：红曲红素、降脂红曲原粉、红曲胶囊和洛佛他丁纯品（原料药）。用其生产的红曲火腿肠、饼干、面包、发糕（红曲加入量为面粉总量的 3%）、面条、糖果、豆腐、醋饮料等系列功能性食品，还有红曲健身酒和红曲海鲜调味汁等新产品已相继面市。

（三）发芽糙米及制品

发芽糙米除含有糙米的营养成分外，远增加了 γ–氨基丁酸、肌醇、阿魏酸等多种功能性成分。研究表明，发芽糙米的生理功效显著，可以降低高血压，以及糖尿病等与营养相关疾病的患病风险；可以减轻更年期障碍和精神紧张；改善大脑功能。发芽糙米富含的 γ–氨基丁酸是一种功能性成分，要求 100g 发芽糙米中 γ–氨基丁酸的含量在 15mg 以上。发芽糙米的血糖生成指数（GI 值）与白米相比约低 40%，健康价值高。现在发芽糙米及其制品［面包、糙米片、年糕、粥（饭）等系列产品］均已面市。

六、糊类主食品

营养学研究显示，我国五谷杂粮（豆）中含有的功能性成分以及维生素、微量元素等，本身就是良好的天然降低血脂、降低血压的药食兼用元素。这就是类主食品（八珍养心糊、五色养颜糊、复方扶元糊）的组方依据。

（一）八珍养心糊

1. 原辅料配方

黑荞麦仁 150g，黑豆 150g，黑芝麻 100g，糜子 100g，燕麦 100g，赤小豆 50g，核桃仁 50g，莲子 50g。

2. 制作及食用方法

选用九阳豆浆机料杯，量取 1～1.5 杯粮豆混合物 75～120g，用水清洗干净后，按九阳豆浆机说明书要求操作，即可加工出八珍养心糊。每日 1～2 杯适量食用。

（二）五色养颜糊

1. 原辅料配方

赤小豆、绿豆、黑豆、黄豆、黑米各 150g。

2. 制作及食用方法

选用九阳豆浆机料杯，量取 1~1.5 杯粮豆混合物 75~120g，用水清洗干净后，按九阳豆浆机说明书要求操作，即可加工出五色养颜糊。每日 1~2 餐适量食用。

（三）复方扶元糊

1. 原辅料配方

黑豆、赤小豆、白芸豆各 150g；黑眼豆、燕麦、鹰嘴豆各 100g。

2. 制作及食用方法

选用九阳豆浆机料杯，量取 1~1.5 杯粮豆混合物 75~120g，用水清洗干净后，按九阳豆浆机说明书要求操作，即可加工出复方扶元糊。每日 1~2 餐适量食用。

七、其他降血脂食品

（一）苦荞健茶饮料

苦荞健茶饮料是一种适合"三高"特殊膳食人群饮用的功能性谷物饮料。以苦荞为原料，经萃取、烘干、焙烤等多道工序制成，其特点比碳酸饮料更解渴、口感怡人、清香淡雅。这款产品由山西一家苦荞食品公司于 2016 年推出面市，销售情况尚好。

（二）醋蜜液

这款产品由广西柳州福玲堂醋蜜液厂推出，其系列产品有普通饮用型醋蜜液、宴席饮用型醋蜜液、滋体补肾营养型醋蜜液、少儿滋体健胃消食营养型醋蜜口服液等，以其独特的口感、品位、功效和优良的品质，赢得了市场，取得了良好的社会效益和经济效益。

"醋蜜液"在研制生产过程中，以"食疗为上"为指导，传承千百年之古方，将食醋与医食同源的菊花、枸杞、桂圆、决明子等多味中草药的功能性成分，再加上蜂蜜，按科学配伍，制成的一种健康饮品，其味醇和绵酸，醋香和酯香浓郁、清澈适口；含有多种人体必需的氨基酸，微量元素及维生素等营养物质，具有独特的保健和养生价值。有中风后遗症、高血压、高血脂及其引起的头昏、头痛、血糖偏高和肥胖，便秘、脂肪肝、纳差的人群，均可饮用。

（三）保宁醋

保宁醋被誉为"中国四大名醋之一，药醋代表，麸醋典范"。产于四川古城阆中，早在 1915 年就获得"巴拿马万国博览会"金奖。

1997 年，被国家卫生部门批准为"保健食品"，是一种绿色食品和国家免检产品，产品畅销全国各地，并出口国外，久负盛名。

1. 原辅料的选择

保宁醋以麸皮、小麦、大米、糯米等为主料，配以砂仁、杜仲、花丁、白蔻、母丁、麦芽、山楂、独活、肉桂、当归、乌梅、杏仁等多味健脾保胃的中药材制曲发酵，选用当地清洁甘芳的泉水，采用先进的酿造工艺制成的一种调味品。

2. 感官特点及保健功能

保宁醋的最大特点是：色泽黑褐、味道幽香、酸味浓厚、体态澄清、久存不腐。1985 年，进入人民大会堂，成为国宴调味品。

保宁醋是我国唯一的药曲醋，具有杀菌、防感冒、开胃、健脾、清心益肺、降血压、增进食欲等保健、食疗功效。

第四节 心血管病人食疗药膳

食疗药膳是食物加药物，是一种含有药物成分的特殊膳食。它是由药物、食物和调料三者精制而成的一种既有药物功效，又有食品美味，用以防病治病、强身益寿的特殊膳食。药膳方既有谷米效果，又有药物疗效，因此具有食治、药补的双重叠加效应。食借药力，药助食威，两者相辅相成，相得益彰。食疗药膳在防治高（低）血压、高血脂、动脉粥样硬化等心血管疾病方面的应用易于接受和实践，达到医食结合、同治并补、防病、强身、养生的目的。专家认为，心血管疾病采取综合治疗效果更为理想，配合食疗药膳便为一举，是心血管病人零损伤、康复的睿智选择。

（一）菊花粥

【组方】粳米 100g，菊花末 10~15g。

【制法】将粳米清洗干净煮粥，熟时，调入菊花末，稍煮沸片刻即可。

【适应证】清肝火、散风热、降低血压、明目等。适用于高血压眩晕目暗、头痛症状，还对缓解风热目赤、冠心病（脾虚便溏者忌食用）有一定作用。

【用法】供早、晚餐温热食用，夏季尤佳。

（二）菊苗粥

【组方】粳米 100g，甘菊新鲜嫩芽（或幼苗）50g，冰糖适量。

【制法】将菊苗洗净切碎，水煮取汁约 100g，加入洗净的粳米、冰糖，再加水适量，煮成粥。

【适应证】清肝明目、降低血压。适用于高血压、高脂血症（脾胃虚寒、慢性腹泻者忌食用）。

【用法】每日 2 次，早、晚稍温食用。

（三）决明子粥

【组方】粳米 100g，决明子（炒）15g，冰糖适量。

【制法】先把决明子入锅炒至微香，取出，冷却后入砂锅煮沸，去渣取汁 100g，放入粳米再加水煮粥，将熟时加入冰糖，再煮沸片刻即可食用。

【适应证】清肝明目，通便。适用于高血压、高血脂以及习惯性便秘等症（大便泄泻者忌食用）。

【用法】每日 1~2 次，7d 为一疗程，温热食用。

（四）芹菜粥

【组方】新鲜芹菜 60g，粳米 100g。

【制法】将芹菜洗净切碎，与清洗干净的粳米同入砂锅，加水 600g 左右，同煮成粥。

【适应证】清热平肝、固肾利尿。适用于高血压、糖尿病。此粥疗效较慢，需要频服久食，方可见效（现煮现吃，不宜存放）。

【用法】每天早、晚餐温热食用。15d 为一疗程。

478　　（五）胡萝卜粥

【组方】新鲜胡萝卜60g，粳米100g。

【制法】将胡萝卜洗净切丁，与粳米同入锅，加清水适量，煮粥熟烂。

【适应证】健脾和胃、降低血压。适用于高血压、消化不良、夜盲症。

【用法】每日早、晚餐，温热食用。

（六）杏陈薏苡仁粥

【组方】粳米100g，薏苡仁30g，杏仁5g，陈皮6g。

【制法】先煎煮杏仁、陈皮，去渣取汁100g，与清洗干净的粳米、薏苡仁同入锅，加适量清水共煮为粥。

【适应证】健脾和胃，适宜高血压病患者食用（肝阳上亢之高血压者不宜食用）。

【用法】每日1~2次，温热食用。

（七）山楂粥

【组方】粳米100g，山楂45g（或鲜山楂60g），白糖适量。

【制法】先将山楂煎煮取浓汁，去渣，与洗净的粳米加适量清水同煮，煮至粥将熟时，放入白糖，稍煮沸片刻即可。

【适应证】健脾胃，助消化，降低血脂。适用于高血脂、高血压等症（不宜空腹及冷食）。

【用法】作点心热食，10d为一疗程。

（八）山楂决明粥

【组方】粳米100g，山楂40g，草决明30g，白糖适量。

【制法】先将草决明、山楂加入砂锅加适量水煎熬，去渣取浓汁100g，加入清洗干净的粳米、白糖，再加适量清水放锅内同煮成粥。

【适应证】化食消积、降血脂、减肥胖。适用于高血脂、冠心病以及单纯性肥胖症。

【用法】两餐间当点心食用（不宜空腹），以10d为一疗程。

（九）木耳山楂粥

【组方】粳米60g，山楂30g，木耳5g。

【制法】将木耳（黑、白木耳均可）浸泡、发透、洗净，与洗净的山楂（去核）、粳米放入砂锅，加水500mL，共煮成粥。

【适应证】降低血脂，缓解冠心病症。

【用法】每日晨起，空腹服用。10d为一疗程。

（十）首乌降脂粥

【组方】粳米100g，何首乌50g，芹菜100g，调味品适量。

【制法】先将何首乌煎煮取汁液100g，与粳米煮粥，待粥快熟时，加瘦肉末、芹菜末，再煮片刻至熟，加调味品即可。

【适应证】补肝肾、益精血、强壮身体。

【用法】每日早、晚各服一次，长期坚持必有效果。

（十一）**决明海带汤**

【组方】草决明 10g，海带 20g。

【制法】将草决明、海带分别清理、洗净，同入砂锅加清水 200g，煎汁 100g，去渣饮汤，食用海带。

【适应证】平肝潜阳、降压明目。适于高血压、目胀、头疼头晕患者食疗。

【用法】每日一剂。

（十二）**葛根山楂饮**

【组方】葛根 60g，山楂 30g，白糖适量。

【制法】葛根（鲜品为好）切片，山楂洗净，加水 1000mL 煮沸后去渣，加入白糖，即可饮用。

【适应证】清热、生津、除烦，降低血压和血脂，缓解冠心病症状。

【用法】当茶喝，每日一剂。

（十三）**健脑益智粥**

【组方】小米 50g，金针菇 20g，猴头菇 20g。

【制法】将小米洗净熬粥，待粥快熟时，放入金针菇段和猴头菇丁，再煮 5 分钟即可食用。

【适应证】可预防老年痴呆症，降低血压、血脂。

【用法】每日一剂，10d 为一疗程。

附　　录

___

附录一　常见食物胆固醇含量

食物名称	含量/(mg/100g)	食物名称	含量/(mg/100g)	食物名称	含量/(mg/100g)
紫菜	0	牛肉	106	鳗鱼	186
海参	0	牛羔	90~107	白带鱼	244
海蜇	24	猪油	110	奶油	300
牛奶	24	牛油	110	牛肝	376
羊肚	41	鸽	110	猪腰	380
瘦猪肉	60	鲳鱼	120	牛腰	400
山羊肉	60	羊油	89~122	猪肝	420
曹白鱼	63	肥牛肉	125	全蛋	450
兔肉	65	肥猪肉	126	青蛙	454
绵羊肉	75	小牛肉	140	鱼肝油	500
草鱼	85	芝士	140	羊肚	610
鲑鱼	86	牛心	145	鱿鱼	1170
比目鱼	87	牛肚	150	鸡蛋黄	2000
鲫鱼	90	猪肚	150	牛脑	2300
鲩鱼	90	猪肠	150	鹌鹑蛋	3100
鸡	60~90	腊肠	150	猪心	3640
鸭	70~90	虾	154	猪脚蹄	6200
黄鱼	98	蟹	164	鸭蛋	634
火腿	100	墨鱼	348	鸭肝	515
猪排骨	105	蛤	180		

注：90mg/100g 食物以上者勿多吃。

附录二　常见食物热量参考值

食物种类	食物量	热量/J	食物种类	食物量	热量/J
白饭	1 碗	920.9	炒饭	1 碗	1942.3
叉烧饭	1 碗	2402.7	排骨饭	1 碗	2239.5
方包	1 片	1088.3	甜面包	1 个	1423.2
即食面	1 碗	1599.0	云吞面	1 碗	1184.6
干炒牛河	1 碟	5178.0	牛腩面	1 碗	1465.1
植物油	1 茶匙	167.4	牛油	1 茶匙	150.7
沙拉酱	1 茶匙	138.1	瘦肉（生）	1 两	251.2
一般鱼类	2 两	376.7	中虾	6 个	318.1
午餐肉	1 片	460.4	香肠	1 条	485.6
炸鸡翅	1 只	431.1	焓蛋	1 只	326.5
豆腐	1 件	221.9	炒菜	3 两	397.7
橙	1 个	209.3	焓菜	3 两	133.9
苹果	1 个	355.8	梨	1 个	230.2
纸包果汁	1 盒	531.6	雪糕	1 小杯	711.6
汽水	250mL	753.5	豆奶	250mL	669.7
咖啡	1 杯	217.7	奶茶	1 杯	217.7
脱脂奶	250mL	376.7	酸乳酪	1 杯	460.4
啤酒	355mL	627.9	茶楼点心	1 粒	188.4
炸春卷	1 条	569.3	牛肉肠粉	1 条	334.9
叉烧包	1 个	393.5	莲蓉包	1 个	493.9
汉堡包	1 个	1548.8	薯条	1 小包	1046.5
吐司	1 件	1465.1	甜蛋糕	1 个	879.0
饼干	1 块	125.6			

附录三　常见富含碳水化合物食物的血糖生成指数（GI）

食物名称	血糖生成指数	食物名称	血糖生成指数	食物名称	血糖生成指数	食物名称	血糖生成指数
烤制食品		香蕉	83	奶制品		硬意大利面条	78
蛋糕	87	生香蕉	51	冰淇淋	84	黑意大利面条	53
小甜饼	90	过熟香蕉	82	全奶	39	薯类	
小麦饼干	99	猕猴桃	75	脱脂奶	46	速食	118
松饼	88	芒果	80	加糖酸奶	46	烤薯	121
米制蛋糕	123	橘子	62	甜味剂酸奶	27	新薯	81
面包类		橘汁	74	豆类		煮白薯	80
大麦粒	49	木瓜	83	烘豆	69	薯泥	100
大麦粉	96	罐装桃	67	豇豆	59	薯条	107
黑麦粒	71	梨	54	棉豆	44	红薯	77
黑麦粉	92	谷类		鹰嘴豆	47	山药	73
黑麦薄脆饼干	93	珍珠大麦	36	罐装鹰嘴豆	59	零食	
白面包	101	碎大麦	72	扁豆	54	胶质软糖	114
全面粉	99	荞麦	78	芸豆	42	"小救星"糖果	100
早餐谷类		碾碎的小麦	68	罐装芸豆	74	巧克力	84
全麸	60	蒸粗麦粉	93	小扁豆	38	爆米花	79
玉米片	119	甜玉米	78	绿小扁豆	42	炸玉米片	105
牛奶什锦早餐	80	粟	101	罐装绿小扁豆	74	炸土豆片	77
燕麦麸	78	白米	81	菜豆	46	花生	21
燕麦粥	87	低淀粉米	126	干绿豌豆	56	汤	
爆米花	123	高淀粉米	83	绿豌豆	68	豆汤	84
爆麦花	105	黑米	79	杂色豆	61	西红柿汤	54
小麦片	99	速食米	128	大豆	23	糖	
水果类		蒸（谷）米	68	黄豌豆	45	蜂蜜	104
苹果	52	特种米	78	面食		果糖	32
苹果汁	58	黑麦粒	48	扁面条	71	葡萄糖	138
干杏	44	木薯	115	通心面	64	蔗糖	87
罐装杏	91			白色意大利面条	59	乳糖	65

附录四　常见食物的抗氧化指数（ORAC）

序号	食物名称	抗氧化指数
1	核桃	1000~13000
2	红芸豆	7500~8500
3	红小豆	7000~8000
4	黑豆	7000~8000
5	绿豆	6500~7500
6	白芸豆	6500~7500
7	大豆	5000~5500
8	豇豆	4000~4500
9	草莓	3000~3500
10	樱桃	3000~3300
11	苹果	2000~2500
12	谷类	1700~2100
13	梨子	1500~2000
14	橙	1500~2000
15	桃子	1500~1800
16	萝卜	1500~1700
17	橘子	1300~1600
18	菠菜	1200~1500
19	马铃薯	1000~1300
20	洋葱	800~1000

附录五　既是食品又是药品、可用于保健食品和保健食品禁用物品名单

类别	明细
既是食品又是药品的物品名单（药食同源）	丁香、八角茴香、刀豆、小茴香、小蓟、山药、山楂、马齿苋、乌梢蛇、乌梅、木瓜、火麻仁、代代花、玉竹、甘草、白芷、白果、白扁豆、白扁豆花、龙眼肉（桂圆）、决明子、百合、肉豆蔻、肉桂、余甘子、佛手、杏仁（甜、苦）、沙棘、牡蛎、芡实、花椒、赤小豆、阿胶、鸡内金、麦芽、昆布、枣（大枣、酸枣、黑枣）、罗汉果、郁李仁、金银花、青果、鱼腥草、姜（生姜、干姜）、枳椇子、枸杞子、栀子、砂仁、胖大海、茯苓、香橼、香薷、桃仁、桑叶、桑葚、橘红、桔梗、益智仁、荷叶、莱菔子、莲子、高良姜、淡竹叶、淡豆豉、菊花、菊苣、黄芥子、黄精、紫苏、紫苏籽、葛根、黑芝麻、黑胡椒、槐米、槐花、蒲公英、蜂蜜、榧子、酸枣仁、鲜白茅根、鲜芦根、蝮蛇、橘皮、薄荷、薏苡仁、薤白、覆盆子、藿香
可用于保健食品的物品名单	人参、人参叶、人参果、三七、土茯苓、大蓟、女贞子、山茱萸、川牛膝、川贝母、川芎、马鹿胎、马鹿茸、马鹿骨、丹参、五加皮、五味子、升麻、天门冬、天麻、太子参、巴戟天、木香、木贼、牛蒡子、牛蒡根、车前子、车前草、北沙参、平贝母、玄参、生地黄、生何首乌、白及、白术、白芍、白豆蔻、石决明、石斛（需提供可使用证明）、地骨皮、当归、竹茹、红花、红景天、西洋参、吴茱萸、怀牛膝、杜仲、杜仲叶、沙苑子、牡丹皮、芦荟、苍术、补骨脂、诃子、赤芍、远志、麦门冬、龟甲、佩兰、侧柏叶、制大黄、制何首乌、刺五加、刺玫果、泽兰、泽泻、玫瑰花、玫瑰茄、知母、罗布麻、苦丁茶、金荞麦、金樱子、青皮、厚朴、厚朴花、姜黄、枳壳、枳实、柏子仁、珍珠、绞股蓝、葫芦巴、茜草、荜茇、韭菜子、首乌藤、香附、骨碎补、党参、桑白皮、桑枝、浙贝母、益母草、积雪草、淫羊藿、菟丝子、野菊花、银杏叶、黄芪、湖北贝母、番泻叶、蛤蚧、越橘、槐实、蒲黄、蒺藜、蜂胶、酸角、墨旱莲、熟大黄、熟地黄、鳖甲
保健食品禁用物品名单	八角莲、八里麻、千金子、土青木香、山莨菪、川乌、广防己、马桑叶、马钱子、六角莲、天仙子、巴豆、水银、长春花、甘遂、生天南星、生半夏、生白附子、生狼毒、白降丹、石蒜、关木通、农吉利、夹竹桃、朱砂、米壳（罂粟壳）、红升丹、红豆杉、红茴香、红粉、羊角拗、羊踯躅、丽江山慈姑、京大戟、昆明山海棠、河豚、闹羊花、青娘虫、鱼藤、洋地黄、洋金花、牵牛子、砒石（白砒、红砒、砒霜）、草乌、香加皮（杠柳皮）、骆驼蓬、鬼臼、莽草、铁棒槌、铃兰、雪上一枝蒿、黄花夹竹桃、斑蝥、硫黄、雄黄、雷公藤、颠茄、藜芦、蟾酥

附录六　保健食品原料目录与保健功能目录管理办法

（2019 年 8 月 2 日国家市场监督管理总局令第 13 号公布）

第一章　总　　则

第一条　为了规范保健食品原料目录和允许保健食品声称的保健功能目录的管理工作，根据《中华人民共和国食品安全法》，制定本办法。

第二条　中华人民共和国境内生产经营的保健食品的原料目录和允许保健食品声称的保健功能目录的制定、调整和公布适用本办法。

第三条　保健食品原料目录，是指依照本办法制定的保健食品原料的信息列表，包括原料名称、用量及其对应的功效。

允许保健食品声称的保健功能目录（以下简称保健功能目录），是指依照本办法制定的具有明确评价方法和判定标准的保健功能信息列表。

第四条　保健食品原料目录和保健功能目录的制定、调整和公布，应当以保障食品安全和促进公众健康为宗旨，遵循依法、科学、公开、公正的原则。

第五条　国家市场监督管理总局会同国家卫生健康委员会、国家中医药管理局制定、调整并公布保健食品原料目录和保健功能目录。

第六条　国家市场监督管理总局食品审评机构（以下简称审评机构）负责组织拟订保健食品原料目录和保健功能目录，接收纳入或者调整保健食品原料目录和保健功能目录的建议。

第二章　保健食品原料目录管理

第七条　除维生素、矿物质等营养物质外，纳入保健食品原料目录的原料应当符合下列要求：

（一）具有国内外食用历史，原料安全性确切，在批准注册的保健食品中已经使用；

（二）原料对应的功效已经纳入现行的保健功能目录；

（三）原料及其用量范围、对应的功效、生产工艺、检测方法等产品技术要求可以实现标准化管理，确保依据目录备案的产品质量一致性。

第八条　有下列情形之一的，不得列入保健食品原料目录：

（一）存在食用安全风险以及原料安全性不确切的；

（二）无法制定技术要求进行标准化管理和不具备工业化大生产条件的；

（三）法律法规以及国务院有关部门禁止食用，或者不符合生态环境和资源法律法规要求等其他禁止纳入的情形。

第九条　任何单位或者个人在开展相关研究的基础上，可以向审评机构提出拟纳入或者调整保健食品原料目录的建议。

第十条 国家市场监督管理总局可以根据保健食品注册和监督管理情况，选择具备能力的技术机构对已批准注册的保健食品中使用目录外原料情况进行研究分析。符合要求的，技术机构应当及时提出拟纳入或者调整保健食品原料目录的建议。

第十一条 提出拟纳入或者调整保健食品原料目录的建议应当包括下列材料：

（一）原料名称，必要时提供原料对应的拉丁学名、来源、使用部位以及规格等；

（二）用量范围及其对应的功效；

（三）工艺要求、质量标准、功效成分或者标志性成分及其含量范围和相应的检测方法、适宜人群和不适宜人群相关说明、注意事项等；

（四）人群食用不良反应情况；

（五）纳入目录的依据等其他相关材料。

建议调整保健食品原料目录的，还需要提供调整理由、依据和相关材料。

第十二条 审评机构对拟纳入或者调整保健食品原料目录的建议材料进行技术评价，结合批准注册保健食品中原料使用的情况，作出准予或者不予将原料纳入保健食品原料目录或者调整保健食品原料目录的技术评价结论，并报送国家市场监督管理总局。

第十三条 国家市场监督管理总局对审评机构报送的技术评价结论等相关材料的完整性、规范性进行初步审查，拟纳入或者调整保健食品原料目录的，应当公开征求意见，并修改完善。

第十四条 国家市场监督管理总局对审评机构报送的拟纳入或者调整保健食品原料目录的材料进行审查，符合要求的，会同国家卫生健康委员会、国家中医药管理局及时公布纳入或者调整的保健食品原料目录。

第十五条 有下列情形之一的，国家市场监督管理总局组织对保健食品原料目录中的原料进行再评价，根据再评价结果，会同国家卫生健康委员会、国家中医药管理局对目录进行相应调整：

（一）新的研究发现原料存在食用安全性问题；

（二）食品安全风险监测或者保健食品安全监管中发现原料存在食用安全风险或者问题；

（三）新的研究证实原料每日用量范围与对应功效需要调整的或者功效声称不够科学、严谨；

（四）其他需要再评价的情形。

第三章　保健功能目录管理

第十六条 纳入保健功能目录的保健功能应当符合下列要求：

（一）以补充膳食营养物质、维持改善机体健康状态或者降低疾病发生风险因素为目的；

（二）具有明确的健康消费需求，能够被正确理解和认知；

（三）具有充足的科学依据，以及科学的评价方法和判定标准；

（四）以传统养生保健理论为指导的保健功能，符合传统中医养生保健理论；

（五）具有明确的适宜人群和不适宜人群。

第十七条　有下列情形之一的，不得列入保健功能目录：

（一）涉及疾病的预防、治疗、诊断作用；

（二）庸俗或者带有封建迷信色彩；

（三）可能误导消费者等其他情形。

第十八条　任何单位或者个人在开展相关研究的基础上，可以向审评机构提出拟纳入或者调整保健功能目录的建议。

第十九条　国家市场监督管理总局可以根据保健食品注册和监督管理情况，选择具备能力的技术机构开展保健功能相关研究。符合要求的，技术机构应当及时提出拟纳入或者调整保健功能目录的建议。

第二十条　提出拟纳入或者调整保健功能目录的建议应当提供下列材料：

（一）保健功能名称、解释、机理以及依据；

（二）保健功能研究报告，包括保健功能的人群健康需求分析，保健功能与机体健康效应的分析以及综述，保健功能试验的原理依据、适用范围，以及其他相关科学研究资料；

（三）保健功能评价方法以及判定标准，对应的样品动物实验或者人体试食试验等功能检验报告；

（四）相同或者类似功能在国内外的研究应用情况；

（五）有关科学文献依据以及其他材料。

建议调整保健功能目录的，还需要提供调整的理由、依据和相关材料。

第二十一条　审评机构对拟纳入或者调整保健功能目录的建议材料进行技术评价，综合作出技术评价结论，并报送国家市场监督管理总局：

（一）对保健功能科学、合理、必要性充足，保健功能评价方法和判定标准适用、稳定、可操作的，作出纳入或者调整保健功能目录的技术评价结论；

（二）对保健功能不科学、不合理、必要性不充足，保健功能评价方法和判定标准不适用、不稳定、没有可操作性的，作出不予纳入或者调整的技术评价建议。

第二十二条　国家市场监督管理总局对审评机构报送的技术评价结论等相关材料的完整性、规范性进行初步审查，拟纳入或者调整保健食品功能目录的，应当公开征求意见，并修改完善。

第二十三条　国家市场监督管理总局对审评机构报送的拟纳入或者调整保健功能目录的材料进行审查，符合要求的，会同国家卫生健康委员会、国家中医药管理局，及时公布纳入或者调整的保健功能目录。

第二十四条　有下列情形之一的，国家市场监督管理总局及时组织对保健功能目录中的保健功能进行再评价，根据再评价结果，会同国家卫生健康委员会、国家中医药管理局对目录进行相应调整：

（一）实际应用和新的科学共识发现保健功能评价方法与判定标准存在问题，需要重新进行评价和论证；

（二）列入保健功能目录中的保健功能缺乏实际健康消费需求；

（三）其他需要再评价的情形。

第四章　附　则

第二十五条　保健食品原料目录的制定、按照传统既是食品又是中药材物质目录的制定、新食品原料的审查等工作应当相互衔接。

第二十六条　本办法自 2019 年 10 月 1 日起施行。

附录七　食品营养强化剂使用标准

GB 14880—2012《食品安全国家标准　食品营养强化剂使用标准》（2013年1月1日起正式实施），本标准代替 GB 14880-1994《食品营养强化剂使用卫生标准》。

1. 范围

本标准规定了食品营养强化剂在食品中的强化原则、食品营养强化剂的使用原则、强化载体的选择原则，并规定了允许使用的食品营养强化剂品种、使用范围及使用量。

本标准适用于所有食品中营养强化剂的使用。

2. 术语和定义

2.1 营养强化剂 nutritional fortification substances

指为了增加食品中的营养成分而加入到食品中的天然或人工合成的营养素和其他营养物质。

2.2 营养素 nutrient

指食物中具有特定生理作用，能维持机体生长、发育、活动、繁殖以及正常代谢所需的物质，包括蛋白质和氨基酸、脂肪和脂肪酸、碳水化合物、矿物质、维生素等。

2.3 其他营养物质 other nutritional components

指除营养素以外的具有营养或生理功能的其他食物成分。

2.4 强化食品 fortificated food

指按照本标准的规定加入了一定量的营养强化剂的食品。

2.5 特殊膳食用食品 food for special dietary uses

指为满足特殊的身体或生理状况和/或特殊疾病和紊乱等状态下的特殊膳食需求而特殊加工或配方的食品。这类食品的成分应与普通食品或天然食品有显著不同。

3. 营养强化原则

在以下情况下可以使用营养强化剂：

3.1 用于弥补食品在正常加工、储存时造成的营养素损失；

3.2 有充足的证据表明在一定的地域范围内有相当规模的特定人群出现某种营养素的缺乏，且通过强化营养素可以改善上述营养素摄入水平低或缺乏导致的健康影响，可以通过强化在此地域内向营养素缺乏人群提供强化营养素的食品；

3.3 有证据表明当某些人群由于饮食习惯或其他原因可能出现某些营养素及其他营养物质的摄入量水平较低或缺乏，且通过添加营养强化剂可以改善上述营养素及其他营养物质摄入水平低或缺乏导致的健康影响；

3.4 当生产传统食品的替代食品时，用于增加替代食品的营养成分；

3.5 补充和调整特殊膳食用食品中营养素及其他营养物质的含量。

4. 营养强化剂的使用原则

营养强化剂的使用应符合以下原则：

4.1 营养强化剂的使用不能导致人群食用后营养素及其他营养物质摄入过量或不均衡，不会导致任何其他营养物质的代谢异常；

4.2 添加到食品的营养强化剂应能在常规的贮藏、运输和食用条件下保持质量的稳定；

4.3 添加的营养强化剂不会导致食品一般特性如颜色、味道、气味、烹调特性等发生不良改变；

4.4 不应通过使用营养强化剂夸大强化食品中某一营养成分含量或作用误导和欺骗消费者；

4.5 营养强化剂的使用不应鼓励和引导与国家营养政策相悖的食品消费模式。

5. 强化载体的选择原则

选择营养强化剂的强化载体作为强化食品时应符合以下原则：

5.1 应选择目标人群普遍消费且容易获得的食品进行强化；

5.2 强化载体食物消费量应比较稳定，有利于比较准确地计算出营养强化剂的添加量，同时能避免由于食品的大量摄入而发生人体营养素及其他营养物质的过量；

5.3 已经是某营养素良好来源的天然食物，不宜作为该营养素的强化载体。

6. 营养强化剂的使用规定

6.1 营养强化剂在食品中的使用范围、使用量应符合附录 A 的要求，所使用的化合物来源应符合附录 B 的规定；

6.2 特殊膳食用食品中营养素及其他营养物质的含量按相应食品安全国家标准执行，允许使用的营养强化剂及化合物来源应符合附录 C 的要求；

7. 食品分类系统

食品分类系统用于界定营养强化剂的使用范围，只适用于本标准，参见附录 D。如允许某一营养强化剂应用于某一食品类别时，则允许其应用于该类别下的所有类别食品，另有规定的除外。

8. 质量规格标准

所使用的营养强化剂应符合相应的质量规格标准或相关规定。

附录八　人体主要营养素功效简表

营养素	主要功效	缺乏的症状	含量较多的食物
维生素 A	预防夜盲症、视力减退 保持皮肤和黏膜正常 维持免疫机能的运作	容易脱毛、肌肤干燥、指甲易脆 夜间视力不好，遇强光时易流眼泪 易患感冒、肺炎等感染病	肝脏、甘油、鳝鱼、鳕鱼、鸡蛋、牛奶、乳制品、胡萝卜、菠菜、青椒、油菜、南瓜等
维生素 B_1	协助米饭、面包、砂糖等糖分解 维持脑的中枢神经、手脚的末梢神经机能正常 让精神安定、增进食欲、预防疲劳、预防脚气病	心情烦闷，精神力分散，协调性失衡 容易疲倦，食欲不振，恶心想吐，便秘 出现脚气病	小麦胚芽、食物米糠、鳝鱼、肾脏、心脏、猪肉、芝麻、玉米、黄豆、大豆、豌豆等
维生素 B_2	让毛发、指甲、肌肤更健康 增强视力 预防口唇炎、舌炎、口内炎 具有分解药物、解毒的功能	易患白内障，畏光 易患脂溢性皮肤炎、口唇炎、舌炎、口内炎 易患动脉硬化、肛门、阴部附近易糜烂	猪肝、牛肝、鱼、蛋、乳制品、牛奶、鳗鱼等
维生素 B_6	维护皮肤的健康，保持神经功能正常 让脂肪质代谢变好，预防脂肪肝 减轻孕妇初期的孕吐、缓和紧张 具有解毒、抗过敏的作用	神经过敏，睡不着 皮肤炎、湿疹、口腔炎等 易产生蛀牙、贫血 易产生脂肪肝 孕妇初期孕吐严重	鲑鱼、沙丁鱼、比目鱼、豆类、糙米、肝脏等
泛酸	增强免疫力，预防感冒 增加好的胆固醇 减轻药的副作用	易产生白发、头发失去光泽 易患感冒等 胃肠功能障碍	肝脏、鸡蛋、牛奶、肉类、花生、花椰菜、番薯等
叶酸	预防贫血、口内的发炎症状 增强对抗疾病的抵抗力	神经过敏、烦闷、健忘症 出现口腔炎 造成贫血、食欲不振、胃溃疡	肝脏、肉类、黄豆、菠菜、扁豆、番薯、芦笋、香蕉等
维生素 C	抗酸化、抗癌及解毒作用 强化血管、皮肤、黏膜、骨骼等组织 抑制黑色素的形成 帮助铁、铜的吸收，协助红细胞中的血色素的合成	肌肉缺乏弹性，出现老人斑、雀斑 贫血、刀伤难以治疗，易致坏血病 增加胃癌、肝癌的危险性 易患感冒，免疫力、解毒力变弱	草莓、橙、红枣、柑橘、柿子、葡萄、柚、青椒、油菜、菠菜、番薯、奇异果、木瓜等

续表

营养素	主要功效	缺乏的症状	含量较多的食物
维生素 D	保护牙齿和骨骼的健康 帮助婴儿的骨骼和牙齿的正常发育 防止骨折	出现蛀牙、牙龈脆弱 婴儿出现 X 型、O 型腿或佝偻病 骨骼脆弱、易骨折、引发骨骼软化症、骨质酥松症	沙丁鱼、鲑鱼、鲅鱼、青鱼、带鱼、木耳、香菇等
维生素 E	保持血管年轻，降低心脏病、脑中风等危险性 与黄体荷尔蒙、男性荷尔蒙分泌有关，维持生殖机能，防止流产 延缓衰老、预防癌症	女性易造成不孕、流产，快速出现更年期症状 肌肉僵硬、运动能力下降 易导致动脉硬化、心脏及脑中风疾病	杏仁、小麦胚芽、向日葵子、花生、南瓜、菠菜、鳝鱼、鳕鱼子、竹黄鱼等
蛋白质	构成人体、维持生命 让脑的功能活性化 精神安定、神经功能变好 强化肌肉，维持消化系统正常 提高疾病或受伤的抵抗力	大脑迟钝，记忆力、思考力减弱 没有体力、精力 性能力减弱 出现水肿	肉、鱼、家禽等，蛋类、鲜奶、奶粉、大豆、四季豆、豌豆、谷类等
糖类	转换成能源 以血糖的方式在体内循环，供给能量 维持肌肉运动和体温	血糖变低，使脑能源缺乏，严重失去意识 全身能源不足，产生疲劳	谷物、面粉、面包、麦片、玉米、苹果、凤梨、西瓜、香蕉、柑橘等
膳食纤维	让精神安定，防止失眠 维持牙齿和骨骼健康 防止骨质疏松症，减少骨折	便秘、痔疮、大肠癌 肥胖、高血压、糖尿病 动脉硬化、心脏疾病 十二指肠溃疡	黑麦粉、豆腐渣、麦片、四季豆（干）、大豆（干）、黄豆粉、萝卜、菠菜、花椰菜、奇异果等
钙	预防便秘、痔疮等 预防肥胖，降低胆固醇 防止血压上升，预防高血压 增加肠内有益细菌、减少腐败细菌 增强肠的蠕动，促进排便	神经不安，情绪焦躁 出现牙周病、蛀牙等 易患动脉硬化、高血压、肾结石等 软骨症，小孩易患佝偻病 容易骨折，导致骨质疏松症	牛奶、乳制品、小鱼干、干虾、豆腐、杏仁、开心果等
磷	制造健康的牙齿和骨骼 帮助细胞修复 缓和关节炎	牙齿和牙龈脆弱，形成齿槽脓漏 小孩发育迟缓，引发佝偻病 易患肾结石 骨骼变脆，导致骨质疏松症	牛奶、乳制品、小鱼干、干虾等

续表

营养素	主要功效	缺乏的症状	含量较多的食物
铁	让肌肉血色变好 预防缺铁性贫血 供给脑或身体的氧气，提高身体机能	大脑思考力、注意力低下 舌头和口角呈红色溃烂状、脸色差 抵抗力低，易形成着凉的体质 易患贫血 幼儿发育迟缓，孕妇早产	肝脏、肉类、菠菜、油菜、冻豆腐、沙丁鱼等
锌	防止毛发脱落 保持味觉、嗅觉的正常 促进小孩发育及人体新陈代谢 维持男性生殖器官发达，维持生殖能力	毛发脱落、容易秃头 精神忧郁、情绪不安定 味觉异常 易患感冒且难以治愈 男性性能力降低	牡蛎、肝脏、坚果、杏仁、荞麦粉、沙丁鱼、红豆、小麦胚芽、小鱼干等
镁	让精神安定 防止钙质在肾脏等软组织中沉积 是构成骨骼的重要成分，维持骨骼的正常代谢 让牙齿的珐琅质中的钙质沉淀	牙齿发育不全 焦躁不安、心烦、集中力低下 易产生肾结石 骨骼脆弱，造成骨质疏松症 易造成心律不齐，引发心脏病	杏仁、腰果、牡蛎、大豆、菠菜、四季豆、红豆、毛豆、香蕉、小麦胚芽、鲮鱼等
碘	让人精神活泼 预防、治疗甲状腺肿 使皮肤、毛发、指甲健康 促进小孩身体及智力发育 让脂肪燃烧，预防肥胖	精神不佳、反应迟钝 甲状腺肿大 皮肤、毛发失去光泽 孩童身体、发育缓慢 容易肥胖	海带、沙丁鱼、海苔、海产品等

主要参考文献

―――――

［1］何东平，白满英，王明星．粮油食品［M］．北京：中国轻工业出版社，2014．

［2］凌关庭．保健食品原料手册［M］．北京：化学工业出版社，2005．

［3］巴塔罗瓦，戈丽娜．燕麦在膳食、医疗中的应用［M］．西安：陕西科技出版社，2011．

［4］郭元新，金荣，张钟．苦荞挂面质量改进研究［J］．粮油食品科技，2008（3）：6-8．

［5］塞苏耶夫·瓦西里，任长忠，戈得罗娃．黑麦——人类的健康食品［M］．西安：陕西科技出版社，2011．

［6］何东平，张郊忠．木本油料加工技术［M］．北京：中国轻工业出版社，2016．